中国科学院中国孢子植物志编辑委员会 编辑

中 国 苔 藓 志

第 五 卷

变齿藓目

吴鹏程 贾 渝 主编

中国科学院知识创新工程重大项目

国家自然科学基金重大项目

(国家自然科学基金委员会 中国科学院 国家科学技术部 资助)

科 学 出 版 社

北 京

内 容 简 介

　　《中国苔藓志》第五卷记载了产于中国的苔藓植物的变齿藓目的 5 亚目、21 科 83 属和 283 种。每个科、属、种均有形态描述，分属及分种的中、英文检索表；每种均有主要文献异名及标本引证、生境、中国产地及世界分布，多数种后附有相关的分类系统及区系或新分布等问题的讨论。几乎每个种附有识别特征图，共计 206 幅，并具中、英文对照图注。本书可供有关生物学学者在中国进行生物资源调查及物种多样性研究查考，亦可供环境生物学、农林牧及医药工作者以及大中专院校有关师生参考，并为我国开发利用苔藓植物资源提供基础资料。

图书在版编目(CIP)数据

中国苔藓志. 第 5 卷, 变齿藓目 / 吴鹏程，贾渝主编. —北京：科学出版社，2011

(中国孢子植物志)

ISBN 978-7-03-031231-0

I. 中… II. ①吴… ②贾… III. ①苔藓植物–植物志–中国 ②藓类植物–植物志–中国 IV. Q949.35

中国版本图书馆 CIP 数据核字(2011)第 100067 号

责任编辑：韩学哲　李晶晶/责任校对：刘小梅
责任印制：钱玉芬/封面设计：槐寿明

科 学 出 版 社 出版

北京东黄城根北街 16 号
邮政编码：100717
http://www.sciencep.com

中国科学院印刷厂 印刷
科学出版社编务公司排版制作
科学出版社发行　各地新华书店经销

*

2011 年 6 月第 一 版　　开本：787×1092 1/16
2011 年 6 月第一次印刷　　印张：32 3/4
印数：1~1 000　　　　　　字数：760 000

定价：138.00 元
(如有印装质量问题，我社负责调换)

CONSILIO FLORARUM CRYPTOGAMARUM SINICARUM
ACADEMIAE SINICAE EDITA

FLORA BRYOPHYTORUM SINICORUM

VOL. 5

ISOBRYALES

REDACTORES PRINCIPALES

Wu Pan-Cheng   Jia Yu

**A Major Project of the Knowledge Innovation Program
of the Chinese Academy of Sciences**
A Major Project of the National Natural Science Foundation of China
(Supported by the National Natural Science Foundation of China,
the Chinese Academy of Sciences, and the Ministry of Science and Technology of China)

Science Press
Beijing

献　给

中国苔藓植物学奠基者

陈邦杰　教授

(1907~1970)

DEDICATUM

VOLUMEN　HOC

PROF. PAN-CHIEH CHEN

(1907~1970)

《中国苔藓志》第五卷

编研分工表

变齿藓目

木灵藓亚目

树生藓科　中国科学院植物研究所　汪楣芝
高领藓科　中国科学院植物研究所　汪楣芝
木灵藓科　中国科学院植物研究所　贾渝、王庆华、于宁宁

卷柏藓亚目

卷柏藓科　中国科学院植物研究所　汪楣芝

白齿藓亚目

虎尾藓科　中国科学院植物研究所　汪楣芝
蔓枝藓科　中国科学院植物研究所　汪楣芝
隐蒴藓科　中国科学院西安植物园　张满祥
白齿藓科　中国科学院西安植物园　张满祥
稜蒴藓科　中国科学院植物研究所　吴鹏程
毛藓科　中国科学院植物研究所　贾渝
扭叶藓科　中国科学院植物研究所　吴鹏程
金毛藓科　中国科学院植物研究所　贾渝
蕨藓科　中国科学院植物研究所　贾渝
蔓藓科　中国科学院植物研究所　吴鹏程、汪楣芝、裴林英
带藓科　中国科学院植物研究所　贾渝
平藓科　中国科学院植物研究所　吴鹏程
木藓科　中国科学院植物研究所　吴鹏程
细齿藓科　中国科学院植物研究所　吴鹏程
船叶藓科　中国科学院植物研究所　吴鹏程

水藓亚目

水藓科　中国科学院植物研究所　吴鹏程
万年藓科　中国科学院植物研究所　吴鹏程

FLORA BRYOPHYTORUM SINICORUM

Vol. 5

Auctores

Pleurocarpi-Diplolepideae

Isobryales

Family	Erpodiaceae	Wang Mei-Zhi
Family	Glyphomitriaceae	Wang Mei-Zhi
Family	Orthotrichaceae	Jia Yu Wang Qing-Hua Yu Ning-Ning
Family	Racopilaceae	Wang Mei-Zhi
Family	Hedwigiaceae	Wang Mei-Zhi
Family	Bryowijkiaceae	Wang Mei-Zhi
Family	Cryphaeaceae	Zhang Man-Xiang
Family	Leucodontaceae	Zhang Man-Xiang
Family	Ptychomniaceae	Wu Pan-Cheng
Family	Prionodontaceae	Jia Yu
Family	Trachypodaceae	Wu Pan-Cheng
Family	Myuriaceae	Jia Yu
Family	Pterobryaceae	Jia Yu
Family	Meteoriaceae	Wu Pan-Cheng Wang Mei-Zhi Pei Lin-Ying
Family	Phyllogoniaceae	Jia Yu
Family	Neckeraceae	Wu Pan-Cheng
Family	Thamnobryaceae	Wu Pan-Cheng
Family	Leptodontaceae	Wu Pan-Cheng
Family	Lembophyllaceae	Wu Pan-Cheng
Family	Fontinalaceae	Wu Pan-Cheng
Family	Climaciaceae	Wu Pan-Cheng

序

  中国孢子植物志是非维管束孢子植物志，分《中国海藻志》、《中国淡水藻志》、《中国真菌志》、《中国地衣志》及《中国苔藓志》五部分。中国孢子植物志是在系统生物学原理与方法的指导下对中国孢子植物进行考察、收集和分类的研究成果；是生物物种多样性研究的主要内容；是物种保护的重要依据，对人类活动与环境甚至全球变化都有不可分割的联系。

  中国孢子植物志是我国孢子植物物种数量、形态特征、生理生化性状、地理分布及其与人类关系等方面的综合信息库；是我国生物资源开发利用、科学研究与教学的重要参考文献。

  我国气候条件复杂，山河纵横，湖泊星布，海域辽阔，陆生和水生孢子植物资源极其丰富。中国孢子植物分类工作的发展和中国孢子植物志的陆续出版，必将为我国开发利用孢子植物资源和促进学科发展发挥积极作用。

  随着科学技术的进步，我国孢子植物分类工作在广度和深度方面将有更大的发展，对于这部著作也将不断补充、修订和提高。

中国科学院中国孢子植物志编辑委员会

1984 年 10 月　北京

中国孢子植物志总序

　　中国孢子植物志是由《中国海藻志》、《中国淡水藻志》、《中国真菌志》、《中国地衣志》及《中国苔藓志》所组成。至于维管束孢子植物蕨类未被包括在中国孢子植物志之内，是因为它早先已被纳入《中国植物志》计划之内。为了将上述未被纳入《中国植物志》计划之内的藻类、真菌、地衣及苔藓植物纳入中国生物志计划之内，出席1972年中国科学院计划工作会议的孢子植物学工作者提出筹建"中国孢子植物志编辑委员会"的倡议。该倡议经中国科学院领导批准后，"中国孢子植物志编辑委员会"的筹建工作随之启动，并于1973年在广州召开的《中国植物志》、《中国动物志》和中国孢子植物志工作会议上正式成立。自那时起，中国孢子植物志一直在"中国孢子植物志编辑委员会"统一主持下编辑出版。

　　孢子植物在系统演化上虽然并非单一的自然类群，但是，这并不妨碍在全国统一组织和协调下进行孢子植物志的编写和出版。

　　随着科学技术的飞速发展，人们关于真菌的知识日益深入的今天，黏菌与卵菌已被从真菌界中分出，分别归隶于原生动物界和管毛生物界。但是，长期以来，由于它们一直被当作真菌由国内外真菌学家进行研究；而且，在"中国孢子植物志编辑委员会"成立时已将黏菌与卵菌纳入中国孢子植物志之一的《中国真菌志》计划之内并陆续出版，因此，沿用包括黏菌与卵菌在内的《中国真菌志》广义名称是必要的。

　　自"中国孢子植物志编辑委员会"于1973年成立以后，作为"三志"的组成部分，中国孢子植物志的编研工作由中国科学院资助；自1982年起，国家自然科学基金委员会参与部分资助；自1993年以来，作为国家自然科学基金委员会重大项目，在国家基金委资助下，中国科学院及科技部参与部分资助，中国孢子植物志的编辑出版工作不断取得重要进展。

　　中国孢子植物志是记述我国孢子植物物种的形态、解剖、生态、地理分布及其与人类关系等方面的大型系列著作，是我国孢子植物物种多样性的重要研究成果，是我国孢子植物资源的综合信息库，是我国生物资源开发利用、科学研究与教学的重要参考文献。

　　我国气候条件复杂，山河纵横，湖泊星布，海域辽阔，陆生与水生孢子植物物种多样性极其丰富。中国孢子植物志的陆续出版，必将为我国孢子植物资源的开发利用，为我国孢子植物科学的发展发挥积极作用。

中国科学院中国孢子植物志编辑委员会

主编　曾呈奎

2000年3月　北京

Foreword of the Cryptogamic Flora of China

Cryptogamic Flora of China is composed of *Flora Algarum Marinarum Sinicarum*, *Flora Algarum Sinicarum Aquae Dulcis*, *Flora Fungorum Sinicorum*, *Flora Lichenum Sinicorum*, and *Flora Bryophytorum Sinicorum*, edited and published under the direction of the Editorial Committee of the Cryptogamic Flora of China, Chinese Academy of Sciences(CAS). It also serves as a comprehensive information bank of Chinese cryptogamic resources.

Cryptogams are not a single natural group from a phylogenetic point of view which, however, does not present an obstacle to the editing and publication of the Cryptogamic Flora of China by a coordinated, nationwide organization. The Cryptogamic Flora of China is restricted to non-vascular cryptogams including the bryophytes, algae, fungi, and lichens. The ferns, a group of vascular cryptogams, were earlier included in the plan of *Flora of China*, and are not taken into consideration here. In order to bring the above groups into the plan of Fauna and Flora of China, some leading scientists on cryptogams, who were attending a working meeting of CAS in Beijing in July 1972, proposed to establish the Editorial Committee of the Cryptogamic Flora of China. The proposal was approved later by the CAS. The committee was formally established in the working conference of Fauna and Flora of China, including cryptogams, held by CAS in Guangzhou in March 1973.

Although myxomycetes and oomycetes do not belong to the Kingdom of Fungi in modern treatments, they have long been studied by mycologists. *Flora Fungorum Sinicorum* volumes including myxomycetes and oomycetes have been published, retaining for *Flora Fungorum Sinicorum* the traditional meaning of the term fungi.

Since the establishment of the editorial committee in 1973, compilation of Cryptogamic Flora of China and related studies have been supported financially by the CAS. The National Natural Science Foundation of China has taken an important part of the financial support since 1982. Under the direction of the committee, progress has been made in compilation and study of Cryptogamic Flora of China by organizing and coordinating the main research institutions and universities all over the country. Since 1993, study and compilation of the Chinese fauna, flora, and cryptogamic flora have become one of the key state projects of the National Natural Science Foundation with the combined support of the CAS and the National Science and Technology Ministry.

Cryptogamic Flora of China derives its results from the investigations, collections, and classification of Chinese cryptogams by using theories and methods of systematic and evolutionary biology as its guide. It is the summary of study on species diversity of cryptogams and provides important data for species protection. It is closely connected with human activities, environmental changes and even global changes. Cryptogamic Flora of China is a comprehensive information bank concerning morphology, anatomy, physiology, biochemistry, ecology, and phytogeographical distribution. It includes a series of special monographs for using the biological resources in China, for scientific research, and for teaching.

China has complicated weather conditions, with a crisscross network of mountains and rivers, lakes of all sizes, and an extensive sea area. China is rich in terrestrial and aquatic cryptogamic resources. The development of taxonomic studies of cryptogams and the publication of Cryptogamic Flora of China in concert will play an active role in exploration and utilization of the cryptogamic resources of China and in promoting the development of cryptogamic studies in China.

C. K. Tseng
Editor-in-Chief
The Editorial Committee of the Cryptogamic Flora of China
Chinese Academy of Sciences
March, 2000 in Beijing

《中国苔藓志》序

苔藓植物为孢子植物中组织构造复杂性仅次于蕨类的一大类群。它与孢子植物其他大类的共同特点系通常以孢子来繁衍后代。

由于苔藓植物习生于水湿条件较丰富的生境，在历史上曾与孢子植物其他大类中生态习性近似的种类归为同一类群。在 1801 年和 1844~1847 年，藓类和苔类分别作为植物界的组成部分被确立。20 世纪 70 年代，角苔类被从苔类中分出，因此，苔藓植物门(Division Bryophyta)现包含苔纲(Hepaticae)、角苔纲(Anthocerotae)和藓纲(Musci)三大类。在系统上，它们被置于蕨类植物和藻类植物之间，而认为系植物界大系统"树"发育上的一个侧枝，或因苔藓植物无演化成其他植物的渊源关系，也有称苔藓植物是植物界的"盲枝"。

苔藓植物在世界各地从热带雨林至寒温带荒漠包括南极洲在内均有分布。一般认为全世界约有 23 000 种苔藓植物，其中包括 8000 种苔类、100 种角苔类和 15 000 种藓类。中国地域辽阔，涉及热带山地雨林、常绿阔叶林、针叶林、草原和干旱荒漠以及形式多样的小生境。中国又具有世界独特的青藏高原和横断山区，现知中国苔藓植物的种类约为全世界的十分之一，并富有特有类型和东亚特有类型。

《中国苔藓志》是 1973 年广州召开的"三志"工作会议上确立，作为中国孢子植物志所包含的藻类(又分海藻和淡水藻)、菌类、地衣和苔藓等五志的一个组成部分。在中国孢子植物志编委会领导和中国科学院给予经费大力支持下，长达十多年酝酿，野外补点和全国有关科研机构及大学间协调，确定了编研分工和编研计划。

自 1993 年中国孢子植物志与《中国植物志》和《中国动物志》作为重大项目列入国家自然科学基金委员会"八五"计划，在国家自然科学基金委员会、中国科学院和国家科学技术部联合资助下，《中国苔藓志》正陆续开始出版，预期在"九五"期间将完成藓类 8 卷的编研任务，"十五"结束全部《中国苔藓志》12 卷的任务。

苔藓植物内在的系统多以苔类植物组织构造较简单，并对环境的适应性弱，而一般认为苔类植物较原始，其次为角苔类，然后是藓类。在苔类和藓类各自的小系统中，又均以植物体直立，孢蒴顶生于茎者为原始，而植物体匍匐的类型及孢蒴非着生茎顶者为进化。《中国苔藓志》的系统因考虑我国对藓类的研究力量较强，其出版顺序以藓类先于苔类，对卷的编号也以藓类在前，苔类在后，前者自 1~8 卷，而后者为 9~12 卷。就具体系统而言，《中国苔藓志》中的藓类部分系按陈邦杰在 1963 年修正的 Brotherus 系统，而苔类部分采用 Schuster(1966~1992)及 Grolle(1983)融合的系统。

《中国苔藓志》的研究历史可回溯至 20 世纪 30 年代末。当时以《中国植物志要》(*Symbolae Sinicae*)为名，由奥地利人 Handel-Mazzetti 在中国西南地区采集的数以千计的苔藓标本，分别按藓类和苔类由 Brotherus 及 Nicholson、Herzog 和 Verdoorn 鉴定和撰写。在该"志要"中所包含的种类分别为中国藓类种数的 1/3 和苔类的 1/6。

1963 年及 1978 年出版由陈邦杰主编的《中国藓类植物属志》上、下册系《中国苔藓志》的雏形，虽然该套书不包括种的文献和描述，但已列入中国迄今所知约95%的藓类植物。《中国高等植物图鉴》第一卷中的苔藓植物门及后来一系列的地区苔藓志：《东北藓类植物志》、《东北苔类植物志》、《秦岭植物志·苔藓植物门》、《西藏苔藓植物志》和《内蒙古苔藓植物志》及《横断山区苔藓志》等的出版，均为《中国苔藓志》的编研奠定了坚实的基础。

在我国已签署"国际生物多样性公约"，并重视加强对濒危和珍稀物种保护的前景下，《中国苔藓志》成果的陆续问世，无疑可为环境保护、植物资源的更为合理的利用，以及为地球上生物间的相互关系研究做出积极的贡献。

中国科学院中国孢子植物志编辑委员会

副主编　吴鹏程

2000年3月　北京

Foreword of Flora Bryophytorum Sinicorum

Bryophytes, as the second largest group in the cryptogams, have less complex construction than Pteridophytes. The common characteristic of the bryophytes with the other taxa in cryptogams is that they usually use their spores for propagation.

Historically, the Bryophytes were classified as members of the cryptogams, in which the majority of members are hygrophilous in habit. In 1801 and from 1844 to 1847, the Musci and the Hepaticae were established separately in the plant kingdom. In 1970s', the hornworts were isolated from the Hepaticae. Thus for the division of Bryophyta consists of Hepaticae, Anthocerotae, and Musci. In the system, the Bryophyta are arranged between the Pteridophyta and the Algae. They are recognized as a lateral branch of the phylogenetic tree in the evolutionary process of the plant kingdom, and seen as a blinding branch, and more so, this branch does not have confirmed connection with any other plant groups.

The bryophytes are distributed worldwide from the tropical rain forest to the cold harsh desert, including Antarctic. Generally, about 23,000 species of bryophytes exist in the world, among them 8,000 species of liverworts, about 100 species of hornworts, and 15,000 species of mosses. China contains not only various microhabitats, but encompasses a wide area, including tropical rain mountain forests, evergreen broad-leaf forests, coniferous forests, meadows, and dry harsh deserts. The Qinghai-Xizang(Tibet) Plateau and the Hengduan Mountains of China are some the most unique regions in the world. There are about 10 percent of the bryophyte species distributed in China, including also members of the endemic taxa and the Eastern Asian elements.

The project "*Flora Bryophytorum Sinicorum*", established at the "Fauna, Flora and Cryptogamic Flora of China Workshop" in Guangzhou in 1973, is a part of the major project that includes the flora of fresh and marine algae, fungi, lichens, and bryophytes. Academically directed by the Editorial Committee of the Cryptogamic Flora of China, the *Flora Bryophytorum Sinicorum* was financially supported by the Chinese Academy of Sciences and was prepared over a period of ten years. Additionally, through a series of field works, along the close cooperation between the institutions and universities, the editorial plan and schedule were designed.

Since 1993, the Cryptogamic Flora of China, *Flora Reipublicae Popularis Sinicae* and *Fauna Sinica*, as one of the major projects has been enlisted in the "Eighth Five-Year Plan" of the National Natural Science Foundation of China. Under the cooperative financial support of the National Natural Science Foundation of China, the Chinese Academy of Sciences, and the National Science and Technology Department, the total 12 volumes of the *Flora Bryophytorum Sinicorum* will be published in succession. Among which, eight volumes are expected to appear during the "Ninth Five-Year Plan" and the others will be completed in the

"Tenth Five-Year Plan".

In the infra-system of Bryophytes, generally, the Hepaticae are more ancestral in their characters, followed by the more isolated Anthocerotae, and the more advanced Musci. In both systems of liverworts and mosses, the group with erect stems and acrocarpous capsules is evolutionally primitive, while the group with creeping stems and pleurocarpous capsules is advanced. In consideration of the present study on Chinese mosses, the published order of the *Flora Bryophytorum Sinicorum* is the mosses first, followed by liverworts. Volume 1~8 are for mosses and 9~12 are liverworts. The taxonomic system of the *Flora Bryophytorum Sinicorum* is adapted from one of Brotherus' works and modified by Pan-Chien Chen for mosses in 1963. The liverwort one combines both Schuster's(1966~1992) and Grolle's(1983) systems.

The research history of Chinese bryophytes can be dated back to the late 1930s'. At that time, the *Symbolae Sinicae*, written by Brotherus for mosses, and Nicholson, Herzog and Verdoorn for liverworts, was a preliminary monograph of the bryoflora of China, based on the thousand bryophyte specimens collected by the Austrian Handel-Mazzetti from Southwest China, with some one-third of Chinese mosses and one-sixth of Chinese liverworts included in that monograph.

The *Genera Muscorum Sinicorum*(Volume I and II), edited by Pan-Chien Chen in 1963 and 1978, are the embryonic form of the *Flora Bryophytorum Sinicorum*. About 95% of the species of mosses of China up to that time were listed, although the literature citation and description of each species were not included. The three volumes of the *Flora Bryophytorum Sinicroum* and following local bryofloras including *Iconographia Cormophytorum Sinicorum*, *Flora Muscorum Chinae Boreali-Orientalis*, *Flora Hepaticarum Chinae Boreali-Orientalis*, *Flora Tsinglingensis Tom. III: Bryophyta*, *Bryoflora of Xizang*, *Bryoflora of Hengduan Mts*, *SW China*, *Flora Bryophytarum Intramongolicarum*, and *Flora Bryophytorum Shandongicorum* established a steady foundation for the compilation of the *Flora Bryophytorum Sinicorum*.

Under the provision of the "Convention on Biological Diversity" signed by the Chinese government, the studies on the rare and endemic species of biology have been strengthening in China. The publications of the *Flora Bryophytorum Sinicorum* will stimulate environmental protection, promote better usage of plant resources, and allow for great contributions to be made to the studies on the correlation between the biological groups of the world.

Wu Pan-Cheng
Deputy Editor-in-Chief
The Editorial Committee of the Cryptogamic Flora of China
Chinese Academy of Sciences
March, 2000 in Beijing

前　言

　　本卷包含中国藓类植物的侧蒴双齿亚类(Pleurocarpi-Diplolepideae)中最原始的类群，无论在形态、分类系统及至分子生物研究方面，本卷内的科间和属间关系错综复杂，各家观点相异，甚至可能相互对立。本卷在以标本为基础，参考前人工作成果，确立了本卷中相关科属，尤其是白齿藓科、木灵藓科、扭叶藓科、蔓藓科和平藓科等的系统。在中国，本卷所含的科、属及种共有 1 目、21 科、83 属的 283 种，包括数量甚众的热带类型及中国和东亚特有类型。本卷共增加中国藓类植物 3 科、15 属和 40 种，其中 2 新种。

　　Brotherus (1929)及 Noguchi 在 20 世纪30~50 年代曾就中国西南地区和台湾地区做过与本卷相关藓类的部分科属的研究，并发表了不少新种。之后，陈邦杰(1955)、Touw (1962)、罗健馨(1983，1989a,b)、林善雄和吴声华(1985，1986a,b, 1987)、Tan (1984)、Higuchi *et al.*(1989)、Buck (1994a,b)、Menzel (1992)、Enroth (1991、1992、1993、1994、2006，2007)、吴鹏程(1994)、He (1997)、Enroth 和 Ji (2006)、Shevock 等(2006)、Guo 等(2007)、Lewinsky (1992)、张满祥和何强(1999)、黎兴江和张大成(2003)、Wu 等(2007, 2010，2011)就木灵藓科、扭叶藓科、蔓藓科、平藓科、白齿藓科、毛藓科等做了专题研究，报道了一些新种和新记录种。在云南、西藏、横断山区、秦岭山区、东北地区、内蒙古和山东等地区的苔藓志中也有与本卷中相关的科属和部分种的记载。

　　在本卷的研究中，获得芬兰赫尔辛基大学(H)、日本服部植物研究所(NICH)、日本东京自然科学博物馆(TNS)、美国密苏里植物园(MO)、纽约植物园(NY)、哈佛大学隐花植物标本馆(F)、台湾东海大学(THU)、台中"国立"自然科学博物馆(NNSM)、加拿大不列颠哥伦比亚大学(BCU)、美国密苏里西南州立大学(SWMU)、奥地利自然科学博物馆(W)、奥地利大学标本馆(WU)、意大利佛罗伦萨大学(FI)和荷兰来顿标本馆(L)等单位大力支持，借阅模式标本及有关中国标本。

　　本卷植物志能顺利完成必须感谢全国各植物研究机构及高等院校提供标本和资料等大力支持，尤其是中国科学院昆明植物研究所(HKAS)借阅了大量珍贵标本，中国科学院华南植物园(IBSC)、中国科学院沈阳应用生态研究所(IFP)、云南大学(YUKU)、华东师范大学(HSNU)、上海自然博物馆(SHM)、西安植物园标本室(XBGH)、中国科学院西北植物研究所(WUK)、贵州大学(GZU)、贵州师范大学(GNUB)、中山大学(SYS)、河北师范大学(HBNU)、新疆大学(XJU)和贵州省环境科学研究所(GIES)等在标本上也给予大力帮助。在研究经费上，长期以来获得国家自然科学基金会、中国科学院和科技部共同多次重大基金资助(No. 30499340、3081013901)，本项目才得以完成。

　　卷内大部分附图是由中国科学院植物研究所高级工程师郭木森和何强所绘，在此一并致谢。

　　本卷内相关科、属的模式标本和重要引证标本分散世界各地，不易借阅齐全，国内相关标本未曾经系统研究，订名不一致，因此，延迟了本卷工作的结束和出版。中国苔藓志第五卷的问世标志着中国藓类植物研究的初步总结，及一个新的深入研究阶段的开始。值中国苔藓志第五卷完成交付出版之际，衷心感谢关心和支持此卷研究的各个单位、学者和读者们。

*《中国苔藓志》*第五卷主编

吴鹏程　贾　渝

2011 年 5 月 3 日

Preface

This volume contains the most primitive groups of the pleurocarpi-dipolepideae of Musci in China. From the morphology, taxonomy and molecular biology, the relationships between the families and genera of the mosses of this volume are not only very complex, but the concepts of these families and genera are also quite different due to the treatment by the different bryologists. Under the base of the specimens and the previous works and studies, we try to confirm the rather natural system for the families of Leucodontaceae, Orthotrichaceae, Trachypodaceae, Meteoriaceae and Neckeraceae (s.l.). Totally, there are 1 order, 21 families and 83 genera and 283 species in this volume, and among them many tropical types and East-Asiatic types, including 3 families, 15 genera, 40 species and 2 new species, are firstly recorded in China.

From 60-80 years ago, Brotherus and Noguchi published many genera and species and a series of new species dealing with the families of the Flora Bryophytorum Sinicorum Vol. 5 in southwest China and Taiwan province. Since then, Chen (1955), Touw (1962), Luo (1983, 1989a,b), Tan (1984), Lin and S.-H. Wu (1985,1986a,b,1987), Lewinsky (1992), Menzel (1992), Buck (1994a, b), Higuchi *et al.*(1989), Enroth (1991,1992, 1993,1994, 2006, 2007), Wu (1994), Enroth and Ji (2006), Zhang and He (1999), He (1997), Li and Zhang (2003), Shevock *et al.* (2006), Guo *et al.* (2007), Wu *et al.* (2007, 2010, 2011) did a series studies and monographies concerning Orthotrichaceae, Leucondontaceae, Meteoriaceae, Neckeraceae *et al.,* and among them many new species and new distributed species were published too. In the floras of Yunnan, Xizang, Hengduan Mts., Qinlin Mts., northeast China, Inner Mongolia and Shangdong, the related families, genera and some species were also recorded.

During the studies of this volume, the hebaria of Helsinki University (H), Hattori Botanical Laboratory (NICH), Tokyo Natural History Science Museum (TNS), Austria Natural History Museum (W), Austria Universit Herbarium (WU), Missouri Botanical Garden (MO), New York Botanical Garden (NY), Farlow Herbarium of Harvard University (F), Tunghai University (THU), National Natural Science Museum. Tai Zhong (NNSM), British Columbia University (BCU), Southwest Missouri State University (SWMU), Florunsa University (FI) and Leiden Herbarium (L) gave the great supports on the loan of types and important Chinese specimens.

We also appreciate all the Chinese botanical institutes and universities for loaning the specimens and references, especially the Kunming Institute of Botany, Chinese Academy of Sciences (HKAS), South China Botanical Garden, Chinese Academy of Sciences (IBSC), Shenyang Institute of Applies Ecology, Chinese Academy of Sciences (IFP), Xian Botanical Garden, Chinese Academy of Sciences (XBGH), Yunnan University (YUKU), East China

Normal University (HSNU), Shanghai Natural Science Museum (SHM), Guizhou University (GZU), Guiyang Normal University (GNUB), Zhongshan University (SYS), Hebei Normal University (HBNU), Inner Mongolia University (IMU), Xinjiang University (XJU), Northwest Institute of Botany, Chinese Academy of Sciences (WUK) and Guizhou Environmental Science Institute (GIES). As well, the Chinese Academy of Sciences, the National Natural Science Foundation of China and the Ministry of Sciences and Technology gave a series financial supports (No. 30499340, 30810103901) in the last decade.

A part of the black and white lined figures of this volume were drawn by the senior engineer M.-S. Guo and Q. He of the Institute of Botany, Chinese Academy of Sciences.

The types and sited specimens related to this volume are widely distributed in the world, therefore it took several years to gather most of them completely. The publication of this volume is a sign of the primary conclusion of the study on Chinese mossflora, as well it also shows the beginning of a new period for the further study on Chinese mosses. We would like to present our sincerely thanks to the institutions, colleagues and graduate students, who kindly encouraged and supported us in different ways for years.

Wu Pan-Cheng   Jia Yu

Editors in Chief

Flora Bryophytorum Sinicorum Volume 5

May 3rd, 2011 in Beijing

目 录

亚类 3 侧蒴双齿亚类 Pleurocarpi-Diplolepideae

目 11 变齿藓目 Isobryales

亚目 1 木灵藓亚目 Orthotrichinales

科 29 树生藓科 Erpodiaceae[*]

多为树生藓类。外形小，多纤细，柔弱，灰绿色、黄绿色、鲜绿色至暗绿色，匍匐，干燥时一般紧贴基质生长，湿时稍倾立。多数茎具中轴，不规则分枝或近于羽状分枝，常着生稀疏假根。叶螺旋排列或呈 3~4 列，有时具腹叶与背叶，干时多覆瓦状排列，或稀疏扁平生长。叶片卵形、长卵形或卵状披针形，内凹或平展，无皱褶，先端圆钝、渐尖或具急尖；叶边全缘；无中肋；有时腹叶与背叶异型；叶中上部细胞六边形或菱形，平滑或具疣，一般薄壁，有时边缘细胞稍不同，角部细胞略有分化。雌雄同株。生殖苞无配丝或稀少。雄苞小，通常呈膨大的芽胞形，腋生；雌苞一般生于短枝顶端。雌苞叶较大，多数直立。蒴柄短或稍长。孢蒴卵形或圆柱形，直立，淡或深色，薄壁；口部常呈红色，环带有或无，有时较高，常宿存；台部短；气孔在蒴壶基部；蒴轴短粗。蒴齿缺失或仅具外齿层，齿片披针形，16 片，具细密疣及横脊，先端圆钝、平直或略扭曲。蒴盖略凸或圆锥形，一般具短喙。蒴帽兜形或钟形，常具纵褶或分瓣。孢子通常大形，表面具疣。部分种类的染色体数目 $n=13$。

近年来经研究，认为本科有 5 属：苔叶藓属 *Aulacopilum*、树生藓属 *Erpodium*、细鳞藓属 *Solmsiella*、钟帽藓属 *Venturiella* 和 *Wildia* 属。Crum (1972)将细鳞藓属并入树生藓属中，后 Stone (1997)又将其列为单种属。原 *Microtheciella* 属植物因其叶长舌形，单中肋达叶片上部等特征，与本科另外几属差别甚大，故另立一科 Microtheciellaceae (Crosby *et al*., 1999)。

我国目前有该科 3 属。

分属检索表

1. 叶细胞平滑；孢蒴具蒴齿 ·· **3. 钟帽藓属 *Venturiella***
1. 叶细胞具细疣；孢蒴无蒴齿 ·· 2
2. 背叶与腹叶明显异形；叶先端圆钝 ··· **2. 细鳞藓属 *Solmsiella***
2. 背叶与腹叶无明显分化；叶具披针形尖 ······························· **1. 苔叶藓属 *Aulacopilum***

* 作者(Auctor)：汪楣芝(Wang Mei-Zhi)

Key to the genera

1. Leaves cells smooth; peristome teeth present ································· **3. Venturiella**
1. Leaves cells finely papillose; peristome teeth lacking ··························· 2
2. Antical leaves and ventral leaves distinctly heteromorphic; leaf apices obtuse ··········· **2. Solmsiella**
2. Antical leaves and ventral leaves indistinctly heteromorphic; leaf apices lanceolate ··········· **1. Aulacopilum**

属1 苔叶藓属 *Aulacopilum* Wils.

London Journ. Bot. 7: 90. 1848.

模式种：苔叶藓 *A. glaucum* Wils.

植物体一般鲜绿色或较暗，纤小，匍匐着生树干上，稀疏或密集交织生长。茎、枝不规则羽状分枝；腹面着生稀疏假根。茎横切面由等径细胞构成，无中轴。叶干时覆瓦状排列，湿时稍倾立；背叶与腹叶略异形。腹叶卵形，先端圆钝、渐尖或具急尖，有时具无色透明毛尖，叶边全缘，内凹，不对称；有时背叶较小，卵状披针形，内凹，较对称；无中肋。叶中上部细胞近于六边形、菱形或近方形，细胞腔突起，表面常具细密疣，多薄壁；叶边细胞及角部细胞近方形或长方形。雌雄同株。雄苞侧生于茎上。雄苞叶少数，卵形，先端圆钝或具尖，隔丝少数或无。雌苞叶稍长，直立。蒴柄略长，黄色，直立。孢蒴卵形，偶有气孔，稍伸出苞叶；环带矮或不分化，有时宿存；蒴齿多退失。蒴盖圆锥形，具短或长喙。蒴帽大，钟状，罩覆整个孢蒴或孢蒴上部，平滑或具纵褶；干燥时略旋扭，一列绽开或基部收缩并深裂；尖部稀具细疣。孢子多绿色，一般表面具细密疣。有的种类染色体数目 $n=13$。

全世界有 7 种，分布于温热地区。我国有 2 种。

分种检索表

1. 植物体形小，羽状分枝，干时带叶宽常小于 0.6 mm；叶片最宽多小于 0.3 mm；叶细胞疣稍大，每个细胞一般 3~8 个 ························· **1. 圆钝苔叶藓 A. abbreviatum**
1. 植物体稍大，不规则分枝，干时带叶宽超过 0.7 mm；叶片最宽多大于 0.4 mm；叶细胞疣小，每个细胞一般多于 15 个 ························· **2. 东亚苔叶藓 A. japonicum**

Key to the species

1. Plants smaller, pinnately branched, less than 0.6 mm wide with leaves; leaves less than 0.3 mm wide; each leaf cell 3~8 larger papillae ··························· **1. A. abbreviatum**
1. Plants larger, not irregularly branched, more than 0.7 mm wide with leaves; leaves more than 0.4 mm wide; each leaf cell with more than 15 smaller papillae ··························· **2. A. japonicum**

1. 圆钝苔叶藓 图 1

Aulacopilum abbreviatum Mitt. , Journ. Linn. Soc. Bot. 13: 308. 1873; Brotherus in Handel-Mazzetti, Symb. Sin. 4: 91. 1929.

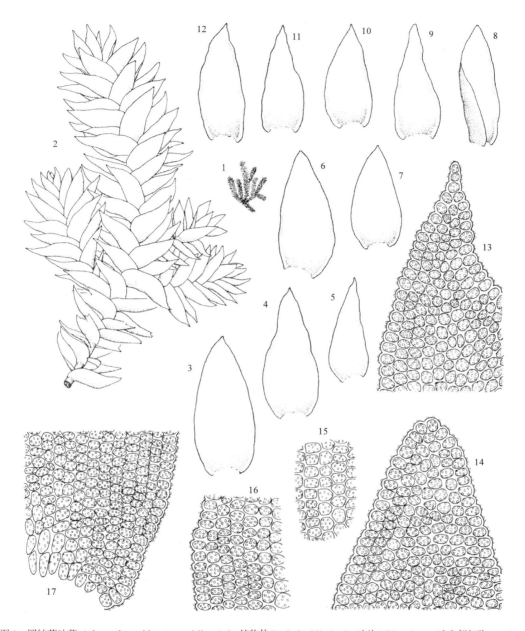

图 1　圆钝苔叶藓 *Aulacopilum abbreviatum* Mitt. 1~2. 植物体(1.×2; 2.×38), 3~12. 叶片(×75), 13~14. 叶尖部细胞(×370), 15. 叶中部细胞(×370), 16. 叶中部边缘细胞(×370), 17. 叶基部细胞(×370) (绘图标本：四川，Yalong, Handel-Mazzetti 873, H) (郭木森 绘)

Fig. 1　*Aulacopilum abbreviatum* Mitt. 1~2. habits (1.×2; 2.×38), 3~12. leaves (×75), 13~14. apical leaf cells (×370), 15. middle leaf cells (×370), 16. middle marginal leaf cells (×370), 17. basal leaf cells (×370) (Sichuan: Yalong, Handel-Mazzetti 873, H) (Drawn By M. -S. Guo)

植株鲜绿色，细小，稀疏或密集交织生长在树皮上。茎、枝匍匐横生，不规则分枝，长 0.5~0.8 (~1) cm，干时带叶宽不超过 0.6 mm，有时腹面具少数紫红色假根。叶干时平展覆瓦状排列，湿时伸展。背叶与腹叶略异形；叶片卵状披针形，0.5~0.7 mm ×

0.2~0.3 mm，不对称，具短尖；叶边全缘；无中肋。叶中上部细胞近于六边形，17 μm×7~13 μm，每个细胞具 3~6 (~8)个不规则疣，胞壁略厚；角细胞近方形。雌雄同株。雌苞叶较长，直立。蒴柄稍长出苞叶，黄色。孢蒴卵形，长 0.5~1 mm。环带不分化。蒴齿退失。蒴盖圆锥形，具短喙。蒴帽大形，多细皱褶，干时皱褶常旋扭，罩覆整个孢蒴，基部有深裂瓣。孢子绿色，表面具细密疣。

　　生境：于林下树生。

　　产地：云南：保山，树上，海拔 1520~1530 m, D. G. Long 31142, 31251 (E, PE, HKAS)。四川：Yalung-Ufer bei Datiaoku, 27°10′N，海拔 1180 m, H. Handel-Mazzetti 873 (5309) (H)。

　　分布：中国和印度。

2. 东亚苔叶藓　图 2

Aulacopilum japonicum Broth. ex Card. , Bull. Soc. Bot. Geneve. ser. 2, 1: 131. 1909.

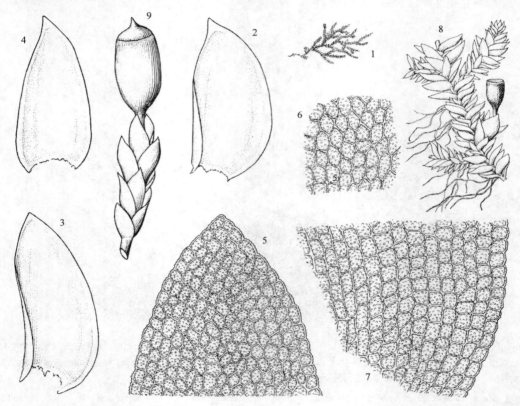

图 2　东亚苔叶藓 *Aulacopilum japonicum* Broth. ex Card. 1. 植物体(×1), 2~3. 背叶(×65), 4. 腹叶(×65), 5. 叶尖部细胞(×155), 6. 叶中部细胞(×155), 7. 叶基部细胞(×155), 8. 雌株的一部分和孢蒴(×20), 9. 孢蒴和枝条的一部分(×30) (绘图标本：福建，崇安县，陈邦杰等 335, PE) (郭木森 绘)

Fig. 2　*Aulacopilum japonicum* Broth. ex Card. 1. habit (×1), 2~3. antical leaves (×65), 4. ventral leaf (×65), 5. apical leaf cells (×155), 6. middle leaf cells (×155), 7. basal leaf cells (×155), 8. portion of plant, showing a capsule (×20), 9. capsule and a branch (×30) (Fujian: Chong'an Co. P.-C. Chen *et al.* 335, PE) (Drawn by M.-S. Guo)

植物体小，纤细，深绿色至暗绿色，稀疏或密集交织贴生于树上。茎、枝匍匐横生，不规则分枝，多数长超过 0.8 cm，干时带叶宽不超过 0.7 mm，腹面着生稀疏假根。叶干时扁平覆瓦状排列，湿时稍伸展，背叶与腹叶常略异形。腹叶卵状披针形，略不对称，0.5~1 mm×0.3~0.5 mm，稍内凹，具短尖；背叶较对称，一般 0.5~0.65 mm×0.2~0.25 mm，具钝或锐尖，叶边全缘。叶中上部细胞多为六边形，长 20~30 μm，宽 13~17 μm，每个细胞具 15~20 个细小密疣，疣乳凸状，胞壁略薄；下部细胞稍宽，长 20~30 μm，宽 17~20 μm，略具角隅加厚；角部细胞近方形，长 17~20 μm。雌雄同株。内雄苞叶宽卵形，内凹，长约 0.25 mm，细胞具少数疣。雌株直立，雌苞于短枝上顶生。雌苞叶稍长，少数，直立。内雌苞叶最大，长卵形，长可达 1.2 mm，先端圆钝。蒴柄短，0.9~1.2 mm，灰白色。孢蒴长卵形，淡绿色，0.5~1 mm×0.4~0.55 mm，直立，略高出苞叶。环带高 2~3 个细胞，黄褐色。无蒴齿。蒴盖圆锥形，具短喙，长 0.25~0.35 mm。蒴帽稍大，钟形，长 1~1.3 mm，灰白色，具细纵皱褶，基部深裂，罩覆整个孢蒴，稀顶端具细齿。孢子绿色，表面具细密疣。染色体数目 n=13。

生境：见于林下树上。

产地：湖北：武昌，钟心煊 438、441、442 (PE)。福建：H. H. Cheng 6 (H)；崇安县，赤石街，树上，陈邦杰等 335 (PE)。江苏：宜兴，秦怀兰 49-a (PE)。河北：东陵，李建藩 564、566 (PE)。

分布：中国、日本和朝鲜。

属 2　细鳞藓属 *Solmsiella* C. Müll.

Bot. Centralbl. 19: 149. 1884.

模式种：细鳞藓 *Solmsiella biseriata* Aust.

植物体纤细，绿色至灰绿色，紧贴基质，稀疏生长，形似树干附生的苔类。茎匍匐，长 0.5~1.3 cm，不规则分枝，枝条短而扁平，腹面有少数假根。具明显背、腹叶分化，两侧各 2 列：侧叶近于卵圆形，先端圆钝，0.4~0.7 mm×0.5 mm，两侧不对称，背侧边缘呈圆弧形，腹侧近于平直，基部略内折，斜展；腹叶较小，长舌形，钝尖，一般 0.2~0.4 mm×0.2 mm，多呈 45°角或不规则向两侧斜展。叶中上部细胞圆六边形，长 10~16 μm，宽 8~13 μm，具粗密疣；叶边细胞稍小。雌雄同株。雌苞于短枝上顶生。雌苞叶稍大，直立，卵状披针形，先端圆钝，略内卷。蒴柄长 0.6~0.8 mm，略高出苞叶。孢蒴圆柱形，长 0.5~0.8 mm；白黄色，无蒴齿；环带 1 排小细胞。蒴盖圆锥形，具短喙。蒴帽兜形或僧帽形，罩覆孢蒴上部，有时具纵褶，常一侧深裂，多数表面粗糙。孢子细小，绿色，直径 20~30 μm，表面有细疣。

本属为单种属，主要分布于热带地区。我国有记录。

1. 细鳞藓　图 3

Solmsiella biseriata (Aust.)Steere, Bryologist 37: 100. 1935.

Lejeunia biseriata Aust., Proc. Ac. Sc. Philadelphia 21: 225. 1869.

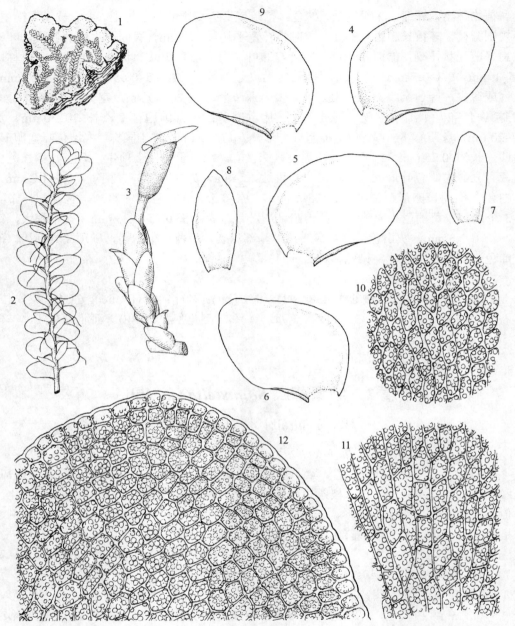

图 3　细鳞藓 *Solmsiella biseriata* Aust. 1. 植物体(×15), 2. 枝条的一部分(×18), 3. 孢蒴和雌株的一部分(×35), 4~7. 背叶(×90), 8~9. 腹叶(×90), 10. 叶尖部细胞(×440), 11. 叶中上部细胞(×440), 12. 叶基部细胞(×440) (绘图标本：广东，鼎湖山，张伟廉 10, PE) (郭木森 绘)

Fig. 3　*Solmsiella biseriata* Aust. 1. habit (×15), 2. portion of a branch (×18), 3. capsule and a branch (×35), 4~7. antical leaves (×90), 8~9. ventral leaves (×90), 10. apical leaf cells (×440), 11. middle leaf cells (×440), 12. basal leaf cells (×440) (Guangdong: Dinghu Mt., W.-L. Zhang 10, PE) (Drawn by M.-S. Guo)

Erpodium ceylonica Thwait. et Mitt. , Journ. Linn. Soc. Bot. 13: 306. 1873.

Erpodium biseriatum (Aust.)Aust. , Bot. Gaz. 2: 142. 1877.

Solmsiella ceylonica (Thwait. et Mitt.) C. Müll. , Bot. Centralbl. 19: 149. 1884.

种的特征同属。

生境：于林下树上。

产地：贵州：258 (PE)。广东：鼎湖山，树上，张伟廉 10 (IBSC, PE)。台湾：34、81、141、387、392 (PE)。

分布：中国、泰国、斯里兰卡、印度、爪哇、澳大利亚，非洲(坦桑尼亚)、北美和中南美洲。

属 3　钟帽藓属 *Venturiella* C. Müll.

Linnaea 39: 421. 1875.

模式种：钟帽藓 *V. sienesis* (Vent.) C. Müll.

属的特征同种。

本属全世界仅 1 种。我国有分布。

1. 钟帽藓　图 4

Venturiella sinensis (Vent.) C. Müll. , Nuov. Giorn. Bot. Ital. n. ser. 4: 262. 1897.

Erpodium sinense Vent. in Rabenh. , Bryoth. Eur. 25: 1211. 1873.

E. japonicum Mitt. , Journ. Linn. Soc. Bot. 22: 314. 1886.

Venturiella japonica (Mitt.) Broth. , Hedwigia 38: 225. 1899.

Erpodium magofukui Sak. , Journ. Jap. Bot. 25: 223. 1950.

植物体小形，长 1~2.5 cm，一般深绿色至暗绿色，疏松或密集贴生于树上，交织成小片。茎匍匐，不规则分枝，常具稀疏褐色假根。叶密集着生，干时覆瓦状排列，上部稍倾立；湿时伸展；背、腹叶分化，叶片常为浅绿或透明色。腹叶卵状或长卵状披针形，一般 1.0~2.5 mm×0.5 mm，内凹，常具无色透明毛状尖；背叶略小，1.0 mm × 0.4 mm；叶边全缘，有时近尖部具齿突；无中肋；叶中上部细胞近于六边形或菱形，长 25~57 μm，宽 15~25 μm，平滑无疣，胞壁薄；叶边细胞近方形，一般 20~25 μm；角部细胞常呈扁方形或长方形，长 20~30 μm；叶尖细胞狭长。雌雄同株。雄苞于茎上侧生。雄苞叶卵状披针形，内凹，0.4~0.5 mm×0.25 mm，无隔丝。雌苞于分枝顶端。雌苞叶较大，卵状披针形，内凹，直立，有时具透明细长毛尖，干时毛状尖常扭曲；内雌苞叶长约 2 mm。蒴柄短，为 0.3~0.5 mm，黄色。孢蒴卵形，0.9~1.8 mm×0.5~0.8 mm，灰白色至黄棕色，直立，有时隐没于苞叶之中。环带高 7~8 个细胞，红色至红棕色，宿存。蒴齿单层，16 条，狭披针形，棕红色，长约 0.2 mm，密被多数细疣，内侧具横隔，稀疏排列，常成对着生。蒴盖扁圆锥形，具短喙。蒴帽钟形，长 1.4~1.8 mm，具宽纵褶，有时褶上具细齿，基部常瓣裂，几乎罩覆全蒴。孢子球形，直径 27~33 μm，表面具细密疣。

生境：一般生于树干或树枝上。

产地：四川：雷波，石上，陈邦杰 5836、5917 (PE)；宁云，海拔 1650 m，Handel-Mazzetti 333 (1213) (H)。重庆：北碚，陈邦杰 5063、54822 (PE)。湖北：长沙，His-yuean 公园，海

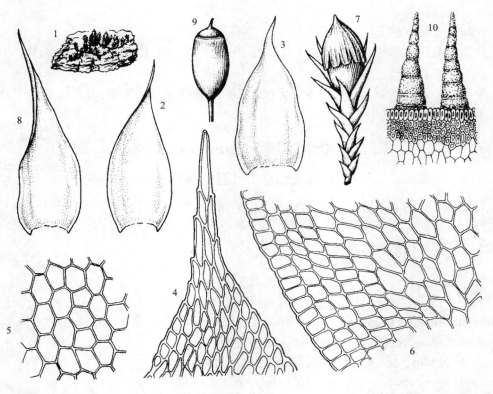

图 4　钟帽藓 *Venturiella sinensis* (Vent.) C. Müll. 1. 植物体(×1), 2~3. 叶片(×54), 4. 叶尖部细胞(×260), 5. 叶中部细胞(×260), 6. 叶基部细胞(×260), 7. 孢蒴和枝条的一部分(×15) , 8. 雌苞叶(×54), 9. 孢蒴(×15), 10. 蒴齿(×180)(绘图标本：江苏，南京，万宗玲 59-01, PE) (郭木森 绘)

Fig. 4　*Venturiella sinensis* (Vent.) C. Müll. 1. habit (×1), 2~3. leaves (×54), 4. apical leaf cells (×260), 5. middle leaf cells (×260), 6. basal leaf cells (×260), 7. capsule and a branch (×15), 8. perichaetial bract (×54), 9. capsule (×15), 10. peristome teeth (×180). (Jiangsu: Nanjing, Z.-L. Wan 59-01, PE) (Drawn by M.-S. Guo)

拔 30 m, H.-M. 11438 (H)；武昌，树皮上，钟心煊 2、444、452 (PE)。湖南：南岳，衡山，毕列爵 2020 (PE)。福建：H. H. Cheo 6015 (E. B. Bartram, 1935)。浙江：陈邦杰 6026 (PE)，王国英 73-01 (PE)。安徽：黄山，陈邦杰 7582 (PE)；万宗玲、罗健馨 9348 (PE)。江苏：南京，万宗玲 59-01；黎兴江 42、57-01 (PE)；苏州，陈邦杰 2246 (PE)；常州，陈邦杰 21 (PE)；无锡，万宗玲 8、29 (PE)。上海：关克俭 B7 (PE)；徐树铭、李苑梅 162、174、308 (PE)。山东：崂山，全治国 1、121 (PE)；泰山，全治国 13、18 (PE)。河南：西峡，大庙，何宗智 6841 (PE)；林县，太行山，叶德闲 14 (PE)。山西：中条山，李静丽 27 (PE)。河北：西陵，王启无 1972、1973、1974 (PE)。北京：碧云寺，王启无 1860、1861、1862 (PE)；香山，陈阜东 6 (PE)；门头沟，小龙门，树上，海拔 1280~1350 m，吴鹏程 26004、26005、26006、26050 (PE)；汪楣芝 48881、48898 (PE)。天津：蓟县，茹欣 200637 (PE)。辽宁：千山，付杰 645416 (PE)；凤凰山，贾学乙 960 (PE)。吉林：长春，唐学耕 645418 (PE)。陕西：秦岭，太白山，张满祥 170008 (XBGH, PE)；魏志平 4846、4847 (PE)；华山，树干，海拔 460 m，张满祥 265、266、267 (XBGH, PE)；武功，黎兴江 405 (PE)。甘肃：文县，张满祥

660 (XBGH)。

分布：中国、朝鲜、日本和北美。

科 30　高领藓科 Glyphomitriaceae[*]

Arboricola. Caulis simplex vel furcatus. Folia lingulata vel oblongo-lanceolata, carinato-concava, marginibus inferne recurvis integerrimis, interdum 2-seriatis; cellulis quadratis vel irregularibus, parietibus crassioribus, basilaribus rectangularibus, parietibus tenuibus. Autoicous. Bracteae perichaetii convolutae, 1-nerves, nervis tenuibus. Theca oblongo-cylindrica; cellulis exothecii orificii 2-8-seriebus. Exostomii dentes 16, 1-seriati, late lanceolati, siccitate saepe recurvati. Calyptra campanulata, saepe longitudinaliter tenuiterque canaliculata, capsulam totam tegens.

Type: *Glyphomitrium* Brid.

植物体小形至中等大小，绿色、棕绿色至深褐色，一般散生或交织丛生，多着生于树上。茎直立或倾立，单一或分枝，一般具中轴，基部常有棕色假根。叶片长舌形、剑形或披针形，多呈龙骨状对折，先端披针形尖或急尖，干时叶中上部伸展、抱茎或扭曲，湿时一般倾立；多数种类叶边全缘，有时由多层细胞构成，下部常略背卷；中肋强劲，单一，达叶中部以上或突出叶尖。叶细胞近方形、六边形、椭圆形或不规则，少数种类具疣或乳凸，细胞多厚壁或具三角体加厚；叶基部细胞渐呈长方形，有时胞壁略薄，个别种类角部细胞膨大。一般雌雄同株。雄苞多芽状。雌苞常生于枝茎顶端。雌苞叶少，大形，通常鞘状，似筒环抱蒴柄，具钝尖、长尖或毛状尖，有时高出蒴柄，中肋单一，细弱。蒴柄一般直立，较短，有时垂倾。孢蒴卵形、长卵形或圆柱形，对称或略偏斜，一般直立，基部常具气孔，有时隐没于苞叶内；蒴口细胞卵形、六角形、近方形或扁椭圆形，2~8 层，通常壁胞厚；蒴壁细胞狭长。蒴齿单层，齿片 16，一般披针形，红棕色至淡黄色，有时两两并列，平滑或具细密疣，有横脊。蒴盖圆锥形，多具长喙。蒴帽钟形，常有纵列细沟槽，偶具稀疏毛，罩覆整个孢蒴，基部常瓣裂。孢子大，近球形或卵圆形，常由多细胞构成，表面具密疣。

近年来，又有学者将高领藓属 *Glyphomitrium* 与曲尾藓科 Dicranaceae 的几个属合并为一个新科 Oncophoraceae。自 1909 年至今本属的系统位置一直争议较大，诸多学者曾分别将高领藓属列入紫萼藓科 Grimmiaceae、缩叶藓科 Ptychomitriaceae 及苔叶藓科 Erpodiaceae 等，因它们在外形、叶片、叶细胞和蒴齿等特征均有近似于以上各科之特征，但仍无较近的亲缘。与木灵藓科 Orthotrichaceae 也是若近若离，因此本书仍将其列为一个独立的科，放在苔叶藓科与木灵藓科之间。

本科仅 1 属，主要生长于东亚暖湿地区。多数种类分布于中国。

---

* 作者 (Auctor)：汪楣芝 (Wang Mei-Zhi)

属 1　高领藓属 *Glyphomitrium* Brid.

Mant. Musc. 30. 1819.

模式种：高领藓 *G. daviesii* (With.) Brid. (*Bryum daviesii* Dicks. ex With.)

属的特征同科。

目前全世界记录 10 种。1964 年、1970 年 Z. Iwatsuki 发表了 *G. formosanum* 和 *G. formosanum* var. *serratum*，经观察此为曲尾藓科 Dicranaceae 植物。另 Brotherus (1929)曾记录分布云南大理有 *G. acuminatum* Broth. var. *brevifolium* Broth. (Handel-Mazzetti 6545)，未见到标本，有待进一步研究。因此，本书记录中国有 6 种。

分种检索表

1. 植物体长度一般超过 2.5 cm ·· 6. 卷尖高领藓 *G. tortifolium*
1. 植物体长度小于 2 cm ··· 2
2. 植物体长度小于 0.5 cm；叶片中肋达中上部 ························· 3. 滇西高领藓 *G. grandirete*
2. 植物体长度大于 0.5 cm；叶片中肋达或突出叶尖 ··· 3
3. 植物体一般长度超过 1.5 cm ·· 1. 尖叶高领藓 *G. acuminatum*
3. 植物体小，多数长度小于 1 cm ··· 4
4. 孢子为单细胞构成 ·· 5. 湖南高领藓 *G. hunanense*
4. 孢子由多细胞构成 ··· 5
5. 蒴齿不具疣 ·· 4. 短枝高领藓 *G. humillimum*
5. 蒴齿具疣 ·· 2. 暖地高领藓 *G. calycinum*

Key to the species

1. Plants larger, more than 2.5 cm long ·· 6. *G. tortifolium*
1. Plants smaller, less than 2 cm long ··· 2
2. Plants smaller, less than 0.5 cm long; leaf costa reaching the leaf upper ··········· 3. *G. grandirete*
2. Plants rather large, more than 0.5 cm long; leaf costa excurrent ························ 3
3. Plants large, usually more than 1.5 cm long ································ 1. *G. acuminatum*
3. Plants small, less than 1 cm long ··· 4
4. Spores unicellular ·· 5. *G. hunanense*
4. Spores multicellular ··· 5
5. Peristome teeth not papillose ·· 4. *G. humillimum*
5. Peristome teeth densely papollose ·· 2. *G. calycinum*

1. 尖叶高领藓　图 5

Glyphomitrium acuminatum Broth. in Handel-Mezzetti, Symb. Sin. 4: 66. 1929.

植物体稍大，大于 1.5 cm，绿色、棕绿色至深褐色，多于树上密集丛生。主茎葡匐，支茎短，倾立或直立，单一或具分枝，一般簇生，常有棕色假根。叶片狭长披针形，可达 2.5 mm，呈龙骨状，多有披针形尖或小急尖，干时叶伸展或略扭曲，湿时倾立；叶边全缘，有时双层细胞，或略背卷；中肋单一，达叶尖或突出；叶细胞近方形或不规则，一般宽 8~10 μm，平滑，胞壁厚；叶基部细胞渐长，呈卵状长方形，胞壁略薄，角部细

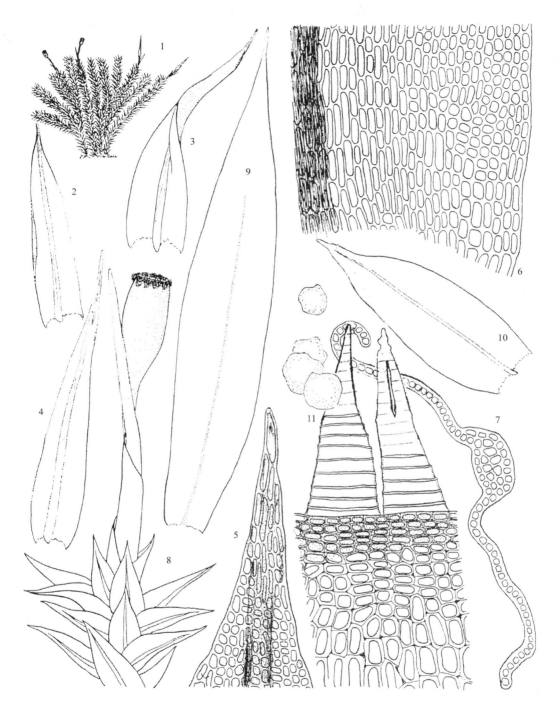

图 5　尖叶高领藓 *Glyphomitrium acuminatum* Broth. 1. 植物体(×5), 2~4. 叶片(×50), 5. 叶尖部细胞(×450), 6. 叶基部细胞 (×450), 7. 叶中部横切面(×450), 8. 孢蒴和枝条的一部分(×25), 9. 内雌苞叶(×50), 10. 外雌苞叶(×50), 11. 蒴齿和孢子(×450) (绘图标本：云南，禄劝，臧穆 29182, HKAS) (何强 绘)

Fig. 5　*Glyphomitrium acuminatum* Broth. 1. habit (×5), 2~4. leaves (×50), 5. apical leaf cells (×45), 6. basal leaf cells (×450), 7. middle portion of the cross section of leaf (×450), 8. capsule and a branch (×25), 9. inner perichaetial bract (×50), 10. outer perichaetial bract (×50), 11. peristome teeth and spores (×450). (Yunnan: Luquan Co., M. Zang 29182, HKAS) (Drawn by Q. He)

胞多膨大。雌雄同株。雄苞多芽形。雌苞生于枝茎顶端。雌苞叶长、大，呈鞘状，席卷环抱蒴柄，具长尖；内雌苞叶最大，长可达 7 mm×2 mm，通常高出孢蒴，具细长披针形尖；中肋细弱，单一，有时稍扭曲。蒴柄直立，长 2~3 mm。孢蒴长卵形，对称，直立，基部常具气孔。蒴口部细胞近方形或不规则，3~5 排。蒴齿单层，齿片一般为宽披针形，棕红色，中缝常具穿孔，有横隔，上部边缘有时不规则凹凸，内外侧平滑，16 片，常两两并列，干时通常外翻。蒴盖扁圆锥形，具长喙，喙长约 1 mm。蒴帽钟形，有纵列细沟槽，罩覆孢蒴，成熟时基部深瓣裂。孢子一般卵圆形或不规则，直径 30~70 μm，常由多细胞构成，表面具粗与细疣。

生境：多生于树干或树枝上，有时也见于岩面。

产地：西藏：下察隅，林下岩面，臧穆 5277-a (HKAS, PE)。云南：昆明，海拔 2050~2200 m ， Handel-Mazzetti 84 (21) (*Glyphomitrium acuminatum*, holotype, H)；Tschangtschung-schan-Mazzetti 8616 (1638) (H)；禄劝，臧穆 29182 (HKAS，PE)。四川：渡口，大宝鼎，树干，王立松 83-77 (HKAS)。

分布：本种目前仅见于中国西南地区。

2. 暖地高领藓 (东亚高领藓)　　图 6

Glyphomitrium calycinum (Mitt.) Card. , Rev. Bryol. 40: 42. 1913.

Macromitrium calycinum Mitt. , Journ. Linn. Soc. Bot. Suppl. 1: 49. 1859.

Aulacomitrium warburgii Broth. , Hedwigia 38: 215. 1899. syn. nov.

Glyphomitrium warburgii (Broth.) Card., Rev. Bryol. 40: 42. 1913. syn. nov.

植物体小，长 0.5~1.5 cm，绿色、黄绿色至褐色，密集簇生。主茎匍匐，支茎短，直立或倾立，多分枝，密被叶片，常具棕色假根。叶片狭长披针形，1.5~2.3 mm×0.25~0.6 mm，一般龙骨状，基部略下延，干时叶片扭曲，湿时倾立；叶边多层细胞；中肋单一，粗壮，突出叶片呈小突尖；叶中部细胞近方形或不规则，长 4~15 μm，宽 4~12.5 μm，平滑，胞壁厚；叶基部细胞近于长方形，长 5~20 (~35) μm，宽约 10 μm，胞壁薄，近中肋处细胞最长，达 50 μm×10 μm。雌雄同株。雄苞芽状，于叶腋处着生，雄苞叶少数；内雄苞叶卵形，长 0.8 mm，无配丝。雌苞于枝茎顶生。雌苞叶大，椭圆形的鞘部，具细长急尖，内雌苞叶长 2~5 (~6) mm；中肋细弱，单一，达叶尖部消失；卷成筒状，环抱蒴柄。蒴柄长 1.5~3 mm，平滑，胞蒴高出雌苞叶。蒴孢圆柱形，1~1.5 mm×0.6~1 mm，对称，直立或垂倾。蒴口部细胞近方形，(2~) 3~4 排。蒴齿单层，齿片披针形，16 片，内外侧均具细密疣，有横脊，干时多数不外翻。蒴盖扁圆锥形，具喙。蒴帽钟形，有细纵褶，罩覆孢蒴。孢子由多细胞构成，球形、卵形或椭圆形，直径 30~80 μm，表面具疣。

生境：湿热地区树上着生。

产地：重庆：缙云山，树干，陈邦杰 5062 (中国标本集 I: 29，原定名为 *G. acuminatum*) (PE)。四川：树干，陈邦杰 38 (PE)。台湾：Karobetsu, Waldweg，海拔 250 m，无采集人，18 (PE)。江西：庐山，毕列爵 48 (PE)；崇义县，阳岭，岩面，海拔 900~1250 m，何思 40954 (MO, PE)。Peking, Futschan, Warburg. n. (*Aulacomifrium warburgii*, holotype, H)。

分布：中国、日本和斯里兰卡。

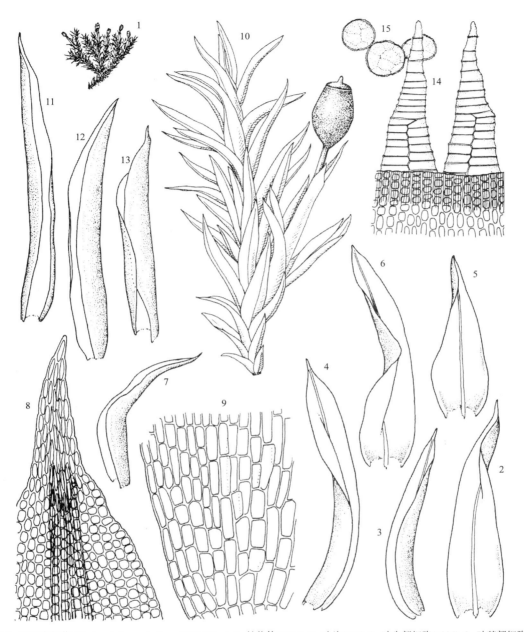

图 6 暖地高领藓 *Glyphomitrium calycinum* (Mitt.) Card. 1. 植物体(×2), 2~7. 叶片(×28), 8. 叶尖部细胞(×225), 9. 叶基部细胞 (×225), 10. 孢蒴和雌株的一部分(×14), 11~13. 雌苞叶(×28), 14. 蒴齿(×225), 15. 孢子(×190) (绘图标本：江西，庐山，毕列爵 48, PE) (郭木森 绘)

Fig. 6   *Glyphomitrium calycinum* (Mitt.) Card. 1. plant (×2), 2~7. leaves (×28), 8. apical leaf cells (×225), 9. basal leaf cells (×225), 10. capsule and a branch (×14), 11~13. perichaetial bracts (×28), 14. peristome teeth (×225), 15. spores (×190) (Jiangxi: Lushan Mt., L.-J. Bi 48, PE) (Drawn by M.-S. Guo)

3. 滇西高领藓   图 7

Glyphomitrium grandirete Broth. in Handel-Mazzetti, Symb. Sin. 4: 67. 1929.

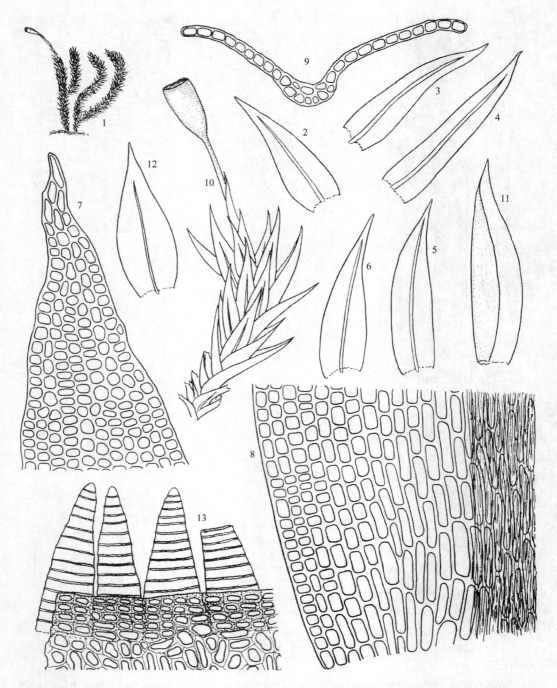

图 7　滇西高领藓 *Glyphomitrium grandirete* Broth. 1. 植物体(×5), 2~6 .叶片(×50), 7. 叶尖部细胞(×450), 8. 叶基部细胞(×450), 9. 叶中部横切面(×450), 10. 孢蒴和雌株的一部分(×25), 11. 内雌苞叶(×50), 12. 外雌苞叶(×50), 13. 蒴齿(×450) (绘图标本: 云南, Handel-Mazzetti 10044, PE) (何强 绘)

Fig. 7　*Glyphomitrium grandirete* Broth. 1. female plants (×5), 2~6. leaves (×50), 7. apical leaf cells (×450), 8. basal leaf cells (×450), 9. middle leaf cells (×450), 10. portion of a branch (×25), 11. inner perichaetial bract (×50), 12. outer perichaetial bract (×50), 13. peristome teeth (×450) (Yunnan: Handel-Mazzetti 10044, PE) (Drawn by Q. He)

植物体小，一般 0.5 cm，绿色、棕绿色至深褐色，在树上密集丛生。主茎匍匐，支茎直立或倾立，单一或少分枝，密生叶片。叶片长披针形，长约 1.3 mm，龙骨状内凹，具锐尖；叶边全缘，有时具双层细胞，下部略背卷；中肋粗壮，单一，达叶中上部；干时叶基部抱茎，湿时伸展。叶细胞卵形、椭圆形或近方形，一般直径长 10~15 μm，宽 5~8 μm，透明，胞壁厚；叶基部细胞近长方形或长椭圆形，胞壁稍薄。雌雄同株。雄苞芽形。雌苞于枝茎顶端。内雌苞叶可达 0.6 mm×1 mm，基部略呈鞘状，具钝尖，卷成圆筒形，环抱蒴柄；中肋单一，细弱，达叶上部。蒴柄直立，黄色，最长 1.8 mm。孢蒴卵形，0.7~1 mm×0.3~0.5 mm，对称，灰白色，直立，基部具气孔；口部细胞扁椭圆形，5~8 排，胞壁厚。蒴齿单层，齿片一般为宽披针形，先端圆钝，边缘平滑，橙黄色，16 片，常两两并列，具横隔，干时或外翻。蒴盖扁圆锥形，具短喙。孢子卵圆形，直径约 45 μm，表面具密疣。

生境：生树干或树枝上。

产地：云南：维西县至 Djientdvhwan，Basulo，海拔 2650 m，Handel-Mazzetti 10044 (1890) (*G. grandirete* Broth. , holotype, H)。

分布：中国仅见于此标本采集地。

4. 短枝高领藓　图 8

Glyphomitrium humillimum (Mitt.) Card. , Rev. Bryol. 40: 42. 1913.

Aulacomitrium humillimum Mitt. , Trans. Linn. Soc. Bot. ser. 2, 3: 161. 1891.

植物体小，长约 5 mm，绿色、棕绿色至深褐色，一般树生。主茎匍匐，常分枝，直立或倾立，密集丛生，多具棕色假根。叶片狭长披针形，约 1.8 mm×0.4 mm，常呈龙骨状，具披针形尖或短急尖；干时茎上部叶常一向旋扭，叶基部抱茎，湿时倾立；叶边全缘，常为双层细胞，有时稍背卷；中肋粗壮，单一，近叶尖处消失或突出。叶细胞近方形、卵形或不规则，长 3.5~9 μm，宽 3.5~5 μm，厚壁；叶基部细胞近方形、长方形或不规则，长 35~45 μm，宽 9~11 μm，一般胞壁稍厚。雌雄同株。雄苞多芽形。雌苞生于枝茎顶端。雌苞叶长、大，长 2~4 mm，略呈鞘状，环抱蒴柄呈筒形，具长尖或钝尖；内雌苞叶长可达 7 mm 以上，宽约 2 mm，有时高出孢蒴；中肋细弱，单一，近叶尖部消失。蒴柄直立，长 1.5~3 mm。孢蒴长卵形，0.8~1 mm×0.5~0.7 mm，对称，基部常具气孔，直立。蒴口部细胞扁形，6~8 排细胞高。蒴齿单层，齿片为长披针形，长 0.35 mm，多为棕红色，16 片，常两两并列，平滑，具横隔，干时通常外翻。蒴盖扁圆锥形，具喙。蒴帽钟形，1.5~1.7 mm，基部收缩，具细纵列沟槽，罩覆孢蒴。孢子一般球形，直径 40~70 μm，表面具细密疣。

生境：多生于树上，有时也见于岩面。

产地：云南：思茅，水库边，树干，徐文宣 11401 (PE，YUKU)。台湾：台北，J. Juruki 无号(PE)。福建：福州，H. H. Chung B-201 (PE)。江西：庐山，陈邦杰等 210 (PE)。

分布：中国和日本。

图 8 短枝高领藓 *Glyphomitrium humillimum* (Mitt.) Card. 1. 孢蒴和雌株的一部分(×25), 2~4. 叶片(×50), 5. 叶尖部细胞 (×200), 6. 叶基部细胞(×200), 7. 叶中部横切面(×220), 8. 内雌苞叶(×50), 9. 外雌苞叶(×50), 10. 蒴齿(×450) (绘图标本: 江西, 庐山, 陈邦杰等 210, PE) (何强 绘)

Fig. 8 *Glyphomitrium humillimum* (Mitt.) Card. 1. capsule and a branch (×25), 2~4. leaves (×50), 5. apical leaf cells (×200), 6. basal leaf cells (×200), 7. middle portion of the cross section of leaf (×220), 8. inner perichaetial bract (×50), 9. outer perichaetial bract (×50), 10. peristome teeth (×450). (Jiangxi: Lushan Mt., P.-C. Chen *et al.* 210, PE) (Drawn by Q. He)

5. 湖南高领藓 图 9

Glyphomitrium hunanense Broth. in Handel-Mazzetti, Symb. Sin. 4: 67. 1929.

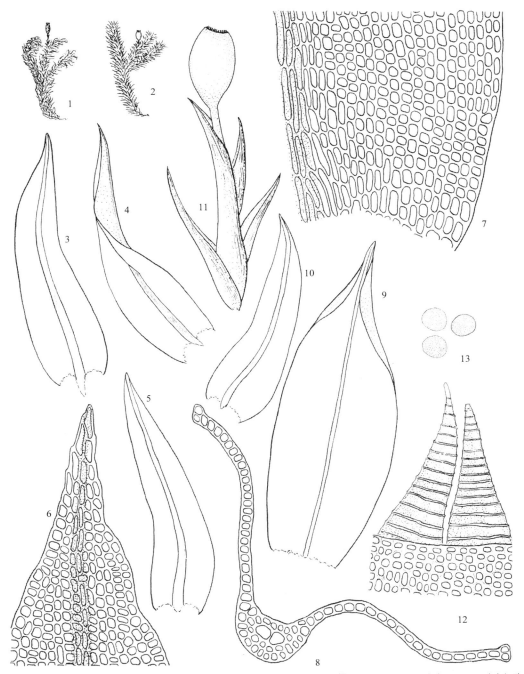

图 9　湖南高领藓 Glyphomitrium hunanense Broth. 1. 植物体(干时) (×8), 2. 植物体(湿时) (×8), 3~5. 叶片(×50), 6. 叶尖细胞(×200), 7. 叶基部细胞(×200), 8. middle portion of the cross section of 叶片(×200), 9. 内雌苞叶(×50), 10. 外雌苞叶(×50), 11. 孢蒴和雌苞叶(×25), 12. 蒴齿(×450), 13. 孢子(×550) (绘图标本：1~2 福建，武夷山，陈邦杰等 261-a，PE；3~13 湖南，岳麓山，H. Handel-Mazzetti 11543 PE) (何强　绘)

Fig. 9 Glyphomitrium hunanense Broth. 1. plant (dry condition) (×8), 2. plant (moist condition) (×8), 3~5. leaves (×50), 6. apical leaf cells (×200), 7. basal leaf cells (×200), 8. middle portion of the cross section of leaf (×200), 9. inner perichaetial bract (×50), 10. outer perichaetial bract (×50), 11. capsule and perichaetial bracts (×25), 12. peristome teeth (×450),, 13. spores (×550). (Fujian: Mts. Wuyi, P.-C. Chen et al. 261-a, PE; 3~13 Hunan: Mt. Yuelu, H. Handel-Mazzetti 11543, PE) (Drawn by Q. He)

植物体小，约 0.5 cm，多褐绿色，簇状密集生于树上。主茎短，匍匐生长，多分枝，密生叶，常有棕色假根；支茎短，直立，单一，不分枝。叶片狭长披针形，基部常呈卵形，长可达 2.5 mm，呈龙骨状，具披针形锐尖，干时叶略扭曲，湿时伸展；叶边全缘，略背卷；中肋单一，近叶尖或稍突出。叶细胞近方形或不规则，长、宽 5~12 μm，胞壁厚；叶基部细胞渐呈长方形，壁略薄，透明或黄色，边缘细胞方形。雌雄同株。雄苞芽形。雌苞生于枝茎顶端。雌苞叶长、大，具短的鞘部，尖长钻状，环抱蒴柄及胞蒴中部；中肋细弱，单一。蒴柄长约 4 mm，黄色。孢蒴长卵形，灰白色对称，直立，基部常具气孔。环带分化，蒴外壁细胞近方形至多边形，壁稍厚。蒴齿单层，齿片宽披针形，边不平滑，黄白色，16 片，表面具不明显细密疣，有横隔，干时通常外翻。蒴盖扁圆锥形，具喙。蒴帽钟形，无毛，具细纵褶，罩覆孢蒴，基部收缩，成熟时基部深瓣裂。孢子卵圆形，直径 30~35 μm，表面具细小密疣。

生境：一般于树上着生。

产地：湖南：长沙，岳麓山，树干，Handel-Mazzetti 11543 (H)。福建：武夷山，树干，陈邦杰等 261-a (PE)。江西：庐山，毕列爵 43 (PE)。

分布：中国特有。

6. 卷尖高领藓　图 10

Glyphomitrium tortifolium Jia, Wang et Y. Liu in Liu Y., Jia et Wang, Acta Phytotax. Sin. 43 (3): 278~280. 2005.

植物体粗壮，多分枝，簇生，上部近顶部为黄绿色或暗绿色，下部为褐色，高 2.5~3.2 cm，密被叶片。叶片长卵状披针形，呈龙骨状，长 4~6 mm×0.8 mm，中上部狭长渐尖；叶边全缘，一侧略外卷；中肋粗壮，达叶尖部或突出，干时叶扭曲并且先端常强烈卷曲，湿时伸展。叶中部细胞近方形或不规则，长、宽为 10~20 μm，胞壁厚；基部细胞狭长，长 50~110 μm，宽 5~13 μm，具明显壁孔。雌雄同株。雄苞芽状。雌苞生于枝茎顶端。内雌苞叶长椭圆形，渐尖或突呈芒状和毛状尖，5~8 mm×0.8~1.1 mm，明显鞘状，卷成筒状；叶边全缘；中肋细弱，常突出叶尖。蒴柄橙色，长约 5 mm。孢蒴长卵形，1.7~2.3 mm×0.8~1 mm，稍不对称，直立。蒴齿宽披针形，透明，长 170~190 μm×60~70 μm。蒴盖扁圆锥形，具细长喙，喙长 0.7~0.8 mm。蒴帽钟形，基部收缩，具细纵褶，罩覆孢蒴。孢子近球形，直径(50~) 60~80 μm，表面具密疣。

生境：多着生于树上或岩面。

产地：重庆：南川，金佛山，古佛洞，朱浩然 49 (*Glyphomitrium tortifolium*, holotype, PE)；海拔 2050~3100 m，汪楣芝 860866-c、861040-b (PE)；胡晓耘 0724-b (PE) (原定名为"卷叶高领藓 *G. crispiifolium* Nog."，胡晓耘等，1991)。四川：峨眉山，海拔 2050~3100 m，洗象池，钟心煊 522 (PE)；七里坡，戴伦焰 T117 (PE)；雷洞坪，孙祥钟 69 (PE)；金顶，李乾 2409 (PE)；高谦 18818、19403 (IFP, PE)。

分布：现仅见于中国东南部。

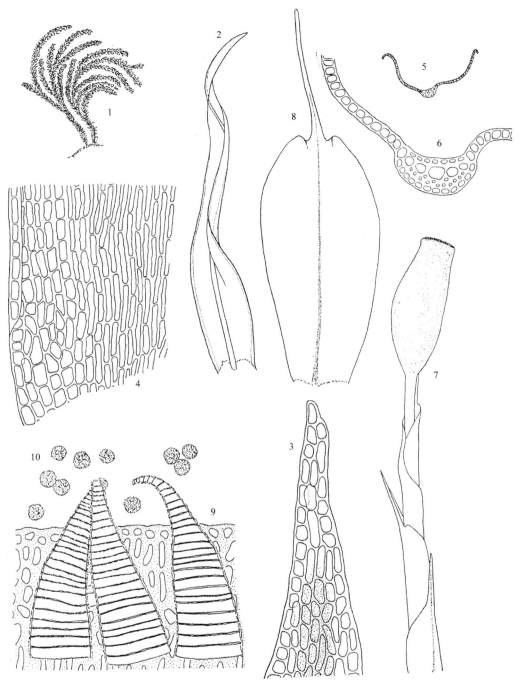

图 10　卷尖高领藓 *Glyphomitrium tortifolium* Y. Jia, M.-Z. Wang et Y. Liu 1. 植物体(×2), 2. 叶片(×37), 3. 叶尖部细胞(×225), 4. 叶基部细胞(×225), 5. 叶中部横切面(×90), 6. 横切面的一部分(×260), 7. 孢蒴和雌苞叶(×20), 8. 内雌苞叶(×37), 9. 蒴齿 (×260), 10. 孢子(×260) (绘图标本：四川，金佛山，朱浩然 49, holotype, PE) (郭木森 绘)

Fig. 10　*Glyphomitrium tortifolium* Y. Jia, M.-Z. Wang et Y. Liu 1. habit (×2), 2. leaf (×37), 3. apical leaf cells (×225), 4. basal leaf cells (×225), 5. middle portion of the cross section of leaf (×90), 6. portion of the cross section of leaf (×260), 7. capsule and perichaetial bracts (×20), 8. inner perichaetial bract (×37), 9. peristome teeth (×260), 10. spores (×260) (Sichuan: Jinfo Mt., H.-R. Zhu 49, holotype, PE) (Drawn by M.-S. Guo)

科 31　木灵藓科 Orthotrichaceae[*]

常呈垫状或片状密丛集，多数树生、稀石生的藓类。茎无中轴，皮部细胞厚壁，表皮细胞小形；直立或匍匐延伸，有短或较长、单一或分歧的枝，密被假根。叶多列，密集，干时紧贴茎上，卷缩成螺旋形扭曲，湿时倾立或背仰；叶片通常呈卵状长披针形或阔披针形，稀舌形；叶边多全缘；中肋达叶尖或稍突出。叶细胞小，上部细胞圆形，四边形或六边形；基部细胞多数长方形或狭长形。雌雄同株或异株，稀叶生雌雄异株(即雄株细小，着生于大形雌株的叶上)。雌苞叶多略分化，稀呈高鞘状。孢蒴顶生，隐没于雌苞叶内或高出，直立，对称，卵形或圆柱形，稀呈梨形。环带常存。蒴齿多数两层，有时具前齿层，稀完全缺失。外齿层齿片外面有细密横纹，多数有疣；内面有稀疏横隔；内齿层薄壁，无毛，基膜不发达，齿条 8 或 16，线形或披针形或缺失。蒴盖平凸或圆锥形，有直长喙。蒴帽兜形，平滑或圆锥状钟形，平滑或有纵褶，或有棕色毛，稀呈帽形而有分瓣。

本科现有 19 属(Goffinet, Buck et Shaw, 2008)，我国有 8 属。

亚科检索表

1. 茎纤长，延伸而平展，匍匐横生，近于羽状分枝，常成大片丛生 ········ **3. 蓑藓亚科 Macromitrioideae**
1. 茎较短而直立，近于二歧分枝，常成丛生长 ··· 2
2. 叶基部细胞较上部细胞长，通常呈长方形或狭长形；蒴帽钟形，常有纵褶 ··················
·· **2. 木灵藓亚科 Orthotrichoideae**
2. 叶基部细胞与上部细胞同形，通常呈方形或短长方形；蒴帽兜形，无纵褶 ····················
·· **1. 变齿藓亚科 Zygodontoideae**

Key to the subfamilies

1. Stems thin and long, prostrate, subpinnately branched ························· **3. Macromitrioideae**
1. Stems short and straight, nearly dichotomously branched ··· 2
2. Basal cells longer than upper leaf cells, usually rectangular or narrowly elongated; calyptrae campanulate, often plicate ··· **2. Orthotrichoideae**
2. Basal cells same as upper leaf cells, often square or shortly rectangular; calyptrae cucullate, not plicate ·······
·· **1. Zygodontoideae**

亚科 1　变齿藓亚科 Zygodontoideae

茎直立。叶细胞近于同形，无色透明。孢蒴梨形或长圆形，有 8 条深纵褶。蒴帽小，兜形，无纵褶。

本亚科共 5 属：我国现知有变齿藓属和刺藓属。此外，*Ulea* 属叶片舌形，细胞有疣，蒴齿平滑，见于南美。《植物科属自然系统》中把它列于丛藓科的丛藓亚科，兹根据陈邦杰(1940)的观察，其叶片具疣，雌苞叶略呈鞘状和蒴齿两裂，与刺藓属相近，故本书

---

* 作者 (Auctores)：贾渝、王庆华、于宁宁 (Jia Yu, Wang Qing-Hua, Yu Ning-Ning)

改列于此。*Leptodontopsis* 属产于中非，叶细胞有密疣，无蒴齿，原亦列于丛藓科，1933年移于本科。*Rhachitheciopsis* 属叶鞘不分化，蒴柄弯曲，蒴齿具疣，蒴帽平滑，为非洲的单种属。

分属检索表

1. 植物体细小，散生；茎短小，常单一，稀分枝。叶干时紧贴，叶尖扭转，但不卷曲；叶细胞疏松薄壁；雌苞叶鞘状，高出；孢蒴短梨形 ·· **2. 刺藓属 *Rhachithecium***
1. 植物体稍大，常丛生；茎叉形分枝。叶干时常卷曲，湿时常背仰；叶细胞小而厚壁；雌苞叶略分化，不呈鞘状；孢蒴长卵形 ·· **1. 变齿藓属 *Zygodon***

Key to the genera

1. Plants small and slender, tufts; stems short and slender, often simple, rarely branched. Leaves appressed when dry, apex flexuose, but not crisped; cells lax and thin-walled; perichaetial leaves vaginate, exerted; capsule short pyriferous ··· **2. *Rhachithecium***
1. Plants large, cushion; stem forked branched. Leaves crisped, reflexed when moist; cells small and thick-walled; perichaetial leaves slightly differentiated, not vanginate; capsule elongate-ovoid ·· **1. *Zygodon***

属 1　变齿藓属 *Zygodon* Hook. et Tayl.
Musc. Brit. 70. 1818.

模式种：变齿藓 *Z. conoideus* (Dicks.) Hook. et Tayl.

植物体纤细，疏松或丛集着生的树生藓类。茎直立或螺旋式生长，单一或二叉形分枝，密生棕红色假根。叶干时紧贴，常扭转或卷曲，湿时斜出或背仰，多数披针形或长披针形，有长尖，或长舌形而有钝尖；叶边平展，全缘，或近尖端处有齿；中肋粗圆，在叶尖处消失，稀突出叶尖外。叶细胞圆形、四边形或六边形，通常为厚壁，两面均有单疣或平滑，向基部处细胞渐成长方形，无色透明。雌雄异株或同株，稀杂株。雌苞叶不分化，无明显鞘部。蒴柄长，黄色。孢蒴狭长卵形，小口，具显明纵褶及纵沟，台部长约为壶部的一半或等长。环带分化，常存留于孢蒴上，老时才脱落。蒴齿两层、单层(仅有内齿层)或缺失。外齿层齿片 16，两两并列，外面有宽间隔的横脊，基部有密疣集合成的横纹，上部有密疣；内齿层由 8 或 16 条齿条构成。蒴盖扁圆锥形，有斜长喙。蒴帽小，兜形，早落；通常平滑，稀有毛。孢子有疣。多数种有无性芽胞，自茎或叶产生。

全世界有 91 种(Crosby *et al.*, 1999)，世界各地均有分布，但主要分布于南美洲。我国有 4 种。短柄变齿藓和钝叶变齿藓均见于云南及四川西部山地。南亚变齿藓是热带亚洲的藓类，我国云南中部山地有记录。云南变齿藓为云南特有。

分种检索表

1. 叶腋处生芽胞，由 5~10 个细胞组成 ························· **5. 绿色变齿藓 *Z. viridissimus***
1. 叶腋处无芽胞 ·· 2

2. 叶尖端圆钝 ··· **4. 钝叶变齿藓** *Z. obtusifolius*

2. 叶渐尖 ··· 3

3. 叶尖部具不规则疏齿 ··· **2. 南亚变齿藓** *Z. reinwardtii*

3. 叶边全缘 ··· 4

4. 植物体较大，高 1.5~2 cm；叶片长、狭长披针形，渐尖 ················· **3. 云南变齿藓** *Z. yunnanensis*

4. 植物体较小，高约 1 cm；叶片短、披针形，短渐尖 ···················· **1. 短齿变齿藓** *Z. brevisetus*

Key to the species

1. Gemmae growing on axillary, consisted of 5~10 cells ································· **5.** *Z. viridissimus*

1. Gemmae absent ··· 2

2. Leaf apex obtuse ··· **4.** *Z. obtusifolius*

2. Leaf apex acute ·· 3

3. Irregularly loose teeth at leaf apex ··· **2.** *Z. reinwardtii*

3. Leaf margins entire ·· 4

4. Plants large, 1.5~2 cm high; leaves long, narrowly lanceolate, acuminate ··········· **3.** *Z. yunnanensis*

4. Plants small, about 1 cm high; leaves short, lanceolate, shortly acuminate ··········· **1.** *Z. brevisetus*

1. 短齿变齿藓　图 11

Zygodon brevisetus Wils. ex Mitt., Journ. Proceed. Linn. Soc. Bot. Suppl. 1: 47. 1859;
　　Luo in Wu, Bryoflora. Hengduan Mts. 456. 2000; Gangulee, Mosses E. India 5:
　　1157. 1976.

Z. brevisetus Wils., Kew. Journ. Bot. 9: 325. 1857. nom. nud.

　　植物体簇生或垫状生长，绿色至黄绿色。茎二歧分枝，直立，高 1.7~2.1 cm。叶片紧贴着生至向外倾立。叶片披针形至卵状披针形，长 1.9~2.1 mm；宽 0.4~0.5 mm，无龙骨状突起，渐尖，但不形成毛尖；叶边平直，全缘。中肋在叶尖下部消失。叶细胞方形至圆方形，厚壁，具疣；叶片基部细胞平滑，薄壁，长方形，长 18~20 μm，宽 14~15 μm，向边缘处细胞逐渐变为方形。雌苞叶不分化。蒴柄直立，长约 6.0 mm。孢蒴直立，长梨形，干燥时具 8 个条纹。

　　生境：习生于树生。

　　产地：西藏：察隅县，日东，汪楣芝 12090 (PE, H)，汪楣芝 12418-a (PE)。云南：中甸县，Handel-Mazzetti 6981 (H)，Long24176 (E)；永宁县，Handel-Mazzetti 7141 (H) 丽江，Long18879 (E)。四川：盐源县，Handel-Mazzetti 2317 (H)；木里县，汪楣芝 23444 (PE)；普雄县，管中天 7429 (PE)。

　　分布：中国和印度。

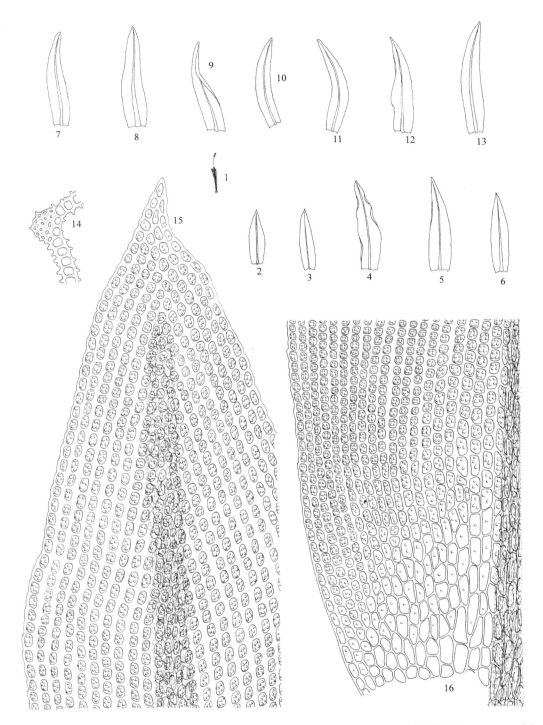

图 11 短齿变齿藓 *Zygodon brevisetus* Wils. ex Mitt. 1. 植物体(×1)，2~13. 叶片(×20)，14. 叶片横切面(×300)，15. 叶上部细胞(×300)，16. 叶下部细胞(×300) (绘图标本：四川，普雄县，管仲天 7429, PE) (唐安科 绘)

Fig. 11 *Zygodon brevisetus* Wils. ex Mitt. 1. habit (×1), 2~13. leaves (×20), 14. cross section of leaf (×300), 15. upper leaf cells (×300), 16. lower leaf cells (×300) (Sichuan: Puxiong Co., Z.-T. Guan 7429, PE) (Drawn by A.-K. Tang)

2. 南亚变齿藓　图 12

Zygodon reinwardtii (Hornsch.) Braun in B.S.G., Bryol. Eur. 3: 41. 1838; Luo in Wu, Bryoflora Hengduan Mts. 456. 2000; Hu and Wang in Li, Bryoflora of Xizang: 230. 1985.

Syrrhopodon reinwardtii Hornsch., Nova Acta Acad. Caes. Leop. Carol. German. Nat. Cur. 14 (2): 700. 1829.

Zygodon denticulatus Tayl., London Journ. Bot. 6: 329. 1847.

Z. andinus Mitt., Journ. Linn. Soc. Bot. 12: 236. 1869.

Z. circinatus Schimp. ex Besch., Mém. Soc. Sci. Nat. Cherbourg 16: 18. 1872.

　　植物体形成疏松的簇生，高可达 2.0 cm，上部鲜绿色或黄绿色，下部颜色暗，基部具密的假根。茎不规则的分枝，茎横切面中部细胞大而薄壁，外层细胞小而厚壁。叶片干燥时不规则的扭曲或弯曲，在茎上疏松的螺旋着生，多少具波纹，湿润时伸展，有时呈反仰，外弯，具波纹，长 1.5~2.5 mm，龙骨状卷曲，狭椭圆状披针形至宽披针形，锐尖，尖部由一至数个细胞组成，具下延；叶边下部全缘，常外卷，上部具尖锐的齿；中肋在尖部下消失，平滑。叶上部细胞为不规则的圆形至椭圆状六边形，细胞壁中等加厚，宽 2.0~6.0 µm，每个细胞具 3~6 个小圆疣；基部近中肋处的细胞为长形，平滑，向边缘处细胞逐渐变短，椭圆状方形。混生同株或雌雄异株。蒴柄长 4.0~13 mm；孢蒴长 1.5~2.5 mm，成熟时呈卵状纺锤形或卵状椭圆形，老时和干燥时椭圆形或狭圆柱形，在颈部收缩，有时稍弯曲，有 8 条明显的条纹。孢蒴外壁不明显分化成带。颈部的气孔多。蒴齿无或具 8 个残片。孢子具粗疣，直径 18~25 µm。蒴盖具长喙。蒴帽钟形，光滑。

　　生境：树生。

　　产地：云南：大理县，海拔 3400 m，Handel-Mazzetti 6493 (H)；德钦县，Long24023 (E)；贡山县，汪楣芝 12179-a (PE)。四川：木里县，树上，海拔 3650 m，汪楣芝 23455c、23637 (PE)；峨眉山，罗健馨、辛宝栋 3106、3107 (PE)。

　　分布：中国、印度尼西亚，美洲、非洲和大洋洲。

3. 云南变齿藓

Zygodon yuennanensis Malta, Gatt. Zygodonl: 111. 1926.

　　植物体高 2.0~2.8 cm，上部黄绿色，下部褐色，密被假根，并可生长到茎中部的位置，分枝稀疏且不规则。叶片干时扭曲、弯曲，紧密着生于茎和枝上，湿时伸展，狭披针形，平展，全缘，长 1.4~1.8 mm，宽 0.3~0.4 mm。叶细胞不规则的圆形，具 3~4 个圆疣，细胞壁加厚，基部的细胞逐渐变为方形。雌苞叶较营养叶稍小，呈三角形，上部细胞不规则的圆形，具 2~3 个圆疣；中下部细胞呈斜长方形，无疣。

　　生境：树干。

　　产地：云南：中甸县，Handel-Mazzetti 6951 (H, PE)。

　　分布：中国特有。

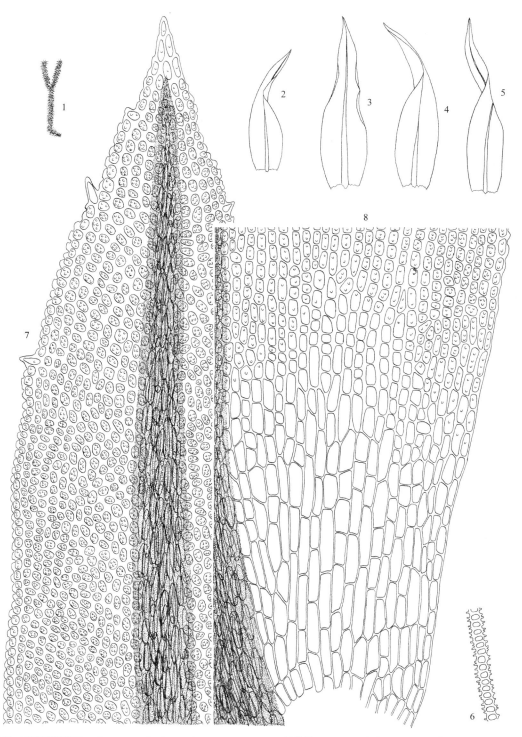

图 12　南亚变齿藓 *Zygodon reinwardtii* (Hornsch.) Braun in B.S.G. 1. 植物体(×1)，2~5. 叶片(×30)，6. 叶横切面(×450)，7. 叶尖部细胞(×450)，8. 叶基部细胞(×450) (绘图标本：四川，木里县，汪楣芝 23637, PE) (唐安科　绘)

Fig. 12　*Zygodon reinwardtii* (Hornsch.) Braun in B.S.G. 1. habit (×1), 2~5. leaves (×30), 6. cross section of leaf (×450), 7. apical leaf cells (×450), 8. basal leaf cells (×450). (Sichuan: Muli Co., M.-Z. Wang 23637, PE) (Drawn by A.-K. Tang)

4. 钝叶变齿藓　图 13

Zygodon obtusifolius Hook., Musci Exot. 2: 159.1819; Gangulee, Mosses E. India 5: 1154. 1976.

Z. erythrocarpus C. Müll., Linnaea 42: 365. 1879.

Z. linguiformis C. Müll., Bot. Zeitung (Berlin) 16: 163. 1858.

Z. spathulaefolius Besch., Mém. Soc. Sc. Nat. Cherbourg, 16: 187. 1872.

Codonoblepharon obtusifolium (Hook.) Jaeg., Ber. S. Gall. Naturw. Ges. 1872-73: 119 (Gen. Sp. Musc. 1: 397). 1874.

Z. araucariae C. Müll., Bull. Herb. Boiss. 6: 95. 1898.

Z. neglectus Hamp. ex C.Müll., Hedwigia 37: 133. 1898.

Z. asper C. Müll. in Malta in Gatt. Zygod.: 166. 1926.

Z. rufulus Dus. in Malta in ibid.: 166.1926.

植物体呈密集的垫状，直立，高可达 2.5 cm，上部常呈黄绿色，下部褐色或黑色。茎硬挺，不规则的分枝，具假根，茎横切面的细胞同型，细胞薄壁。叶片干燥时紧贴或内弯，湿润时伸展，长 0.6~1.0 mm，龙骨状卷曲，狭舌形或卵状舌形，尖部呈明显的圆顶，叶边上部平展，下部外卷，全缘；中肋粗，在顶部下消失，背面被具小疣的细胞覆盖。叶上部细胞厚壁，圆形至圆方形，具疣；基部细胞壁不加厚，平滑，近中肋处呈长方形，边缘有 2~3 排方形细胞。雌雄异株。雌苞叶较营养叶更长，具狭的尖部，边缘平展。蒴柄直立，长 2.5~4.5 mm。孢蒴直立，长梨形，长 0.7~1.4 mm，卵状圆柱形，干燥或成熟时具 8 个条纹。蒴盖呈圆锥形并具短喙；蒴壁分化成纵带；在颈部具多数的气孔。蒴齿双层；外蒴齿 8，发育良好，成熟时直立，老时外卷或外弯，具疣；内蒴齿 8 或 16，良好，但短于外蒴齿，内弯，下部具垂直的条纹，上部具条纹或粗糙的疣，具低的基膜。孢子圆形，平滑，直径 8.0~13 μm。蒴帽钟形，光滑。

生境：树干附生或岩面着生。

产地：云南：昆明，西山，徐文宣 50 (YUKU)；西双版纳，勐海县，徐文宣 6279 (YUKU，PE)腾冲县，Long32419 (E)。

分布：中国、斯里兰卡、澳大利亚、墨西哥、巴西、新西兰和非洲中部。

本种与分布于澳大利亚的 *Z. hookeri* Hampe 因叶边缘具齿而十分相似，但前者的齿大而较密，后者的齿小而稀疏。另外，钝叶变齿藓 *Zygodon obtusifolius* Hook. 的中肋在叶片尖部加宽并贯顶，而 *Z. hookeri* Hampe 的中肋则在近叶尖处消失。

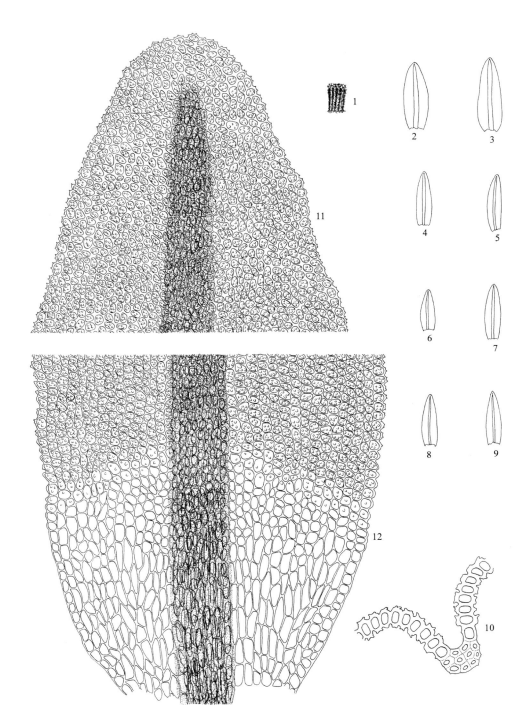

图 13　钝叶变齿藓 *Zygodon obtusifolius* Hook. 1. 植物体(×1)，2~9. 叶片(×30)，10. 叶横切面(×450)，11. 叶尖部细胞(×450)，
12. 叶基部细胞(×450) (绘图标本：云南，昆明市，徐文宣 50, PE) (唐安科 绘)

Fig. 13　*Zygodon obtusifolius* Hook. 1. habit (×1), 2~9. leaves (×30), 10. cross section of leaf (×450), 11. apical leaf cells (×450),
12. basal leaf cells (×450) (Yunnan: Kunming city, W.-X. Xu 50, PE) (Drawn by A.-K. Tang)

5. 绿色变齿藓 (新拟名) 图 14

Zygodon viridissimus (Dicks.) Brid., Bryol. Univ., 1: 592. 1826.

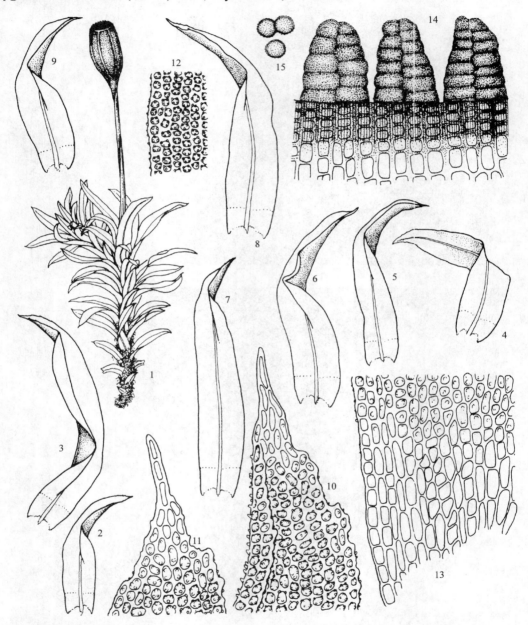

图 14　绿色变齿藓 *Zygodon viridissimus* (Dicks.) Brid. 1. 具孢子体植物体(×14)，2~9. 叶片(×35)，10~11. 叶尖部细胞(×367)，12. 叶中边缘细胞(×367)，13. 叶基部细胞(×367)，14. 蒴齿(×258)，15. 孢子(×367) (绘图标本：四川，九龙县，贾渝 08456，PE) (郭木森 绘)

Fig. 14　*Zygodon viridissimus* (Dicks.) Brid. 1. plant with sporophyte (×14), 2~9. leaves (×35), 10~11. apical leaf cells (×367), 12. median marginal leaf cells (×367), 13. basal leaf cells (×367), 14. peristome teeth (×258), 15. spores (×367) (Sichuan: Jiulong Co., Y. Jia 08456, PE) (Drawn by M.-S. Guo)

Bryum viridissimum Dicks., Pl. Crypt. Brit., fasc. 4, p. 9. 1801.

Dicanum viridissimum (Dicks.) Turn., Musc. Hib.: 71. 1804.

Gymnostomum viridissimum (Dicks.) Sm., Engl. Bot., 22: 1583. 1806.

Amphoridium viridissimum (Dicks.) De Not., Atti Univ. Geneva 1: 277. 1869.

Zygodon stirtonii Schimp. in Stirt., Trans. Bot. Soc. Edin., 9: 75. 1871.

Z. aristatus Lindb., Act. Soc. Sc. Fenn., 10: 542. 1875.

Z. dentatus Brid. in Jur., Laubfl. Oest. Ungarn: 190. 1882.

Z. gracilis Jur. in Jur., Laubfl. Oest. Ungarn: 190. 1882.

Z. teichophilus Stirt., Scott. Natural., 9: 37. 1887.

Z. baumgartneri Malta, Latv. Univ. Raksti 9: 147. 1924.

Z. rufo-tomentosus Britt. ex Malta, Gatt. Zygodonl: 54. 1926.

植物体高可达 1.5 cm，鲜绿色或暗绿色，假根稀少或无。茎二歧分枝，直立。叶片倾立至平展，干燥时卷曲，湿润时伸展，尖部外弯，长 1.0~2.0 mm，下部常呈龙骨状卷曲；渐尖常具短的尖头(1~2 个细胞长)；叶边平展全缘；中肋在叶尖下部消失，在背面明显突起。叶细胞圆形至圆方形，厚壁，两面具密细疣，基部近中肋处的细胞平滑，长方形，薄壁，向边缘的细胞逐渐变短。叶腋处生芽胞，由 5~10 个细胞组成。雌雄异株。蒴柄长 4.0~7.0 mm，孢蒴黄色，狭梨形，具纵沟，黄褐色。蒴壁无或稍有分化的条纹。蒴齿通常缺乏，或者偶尔存在，但仅具一个低的具疣的基膜。孢子棕色，具疣，直径 11~14 μm。蒴盖具斜的长喙。蒴帽光滑，无毛。

生境：腐木着生。

产地：西藏：察隅县，汪楣芝 12787-b (PE)。云南：漾濞县，Redfearn *et al*.，346，893a (SMS, PE)。四川：峨眉山，陈邦杰 5604 (PE)；九龙县，瓦灰山，贾渝 08456 (PE, FH)；色达县，霍西乡，贾渝 08933 (PE, FH)；木里县，汪楣芝 23479 (PE)。重庆：南川县，金佛山，汪楣芝 860322 (PE)。河北：中台谢家户，王启无 980 (PE)。

分布：分布于北半球北部地区。

属 2　刺藓属 *Rhachithecium* Broth. ex Le Jolis

Mém. Soc. Sc. Nat. Math. Cherbourg 29: 308. 1895.

模式种：刺藓 *R. perpusillum* (Thwait. et Mitt.) Broth.

植物体纤小，为稀疏群丛的树生藓类。茎短小，直立，单一或少有分枝，基部有假根，茎横切面午中轴。叶干时紧贴茎上，叶尖内曲，湿时倾立，基部卵形或长卵形，上部剑头形，钝端而有小尖；叶边平直，全缘；中肋强，不及叶尖消失；叶细胞疏松薄壁，圆方形或六边形，平滑，边缘处细胞较小，基部细胞长方形，无色透明。雌雄同株。雌苞叶较长大，鞘部高，呈卷筒形，上部短披针形，钝端，有短尖；中肋不及叶尖；细胞长形，薄壁，无色，仅尖部细胞呈短方形。蒴柄稍露出苞叶外，略弯曲，干时旋扭，平滑。孢蒴直立，阔卵形，蒴口小，有 8 条纵脊，台部略粗，台部有气孔。环带阔，自形散落。蒴齿单层，齿片 16，两两并列，阔披针形，有横脊，平滑。孢子平滑，球形或椭圆形。蒴盖圆锥形，有斜短喙。蒴帽阔兜形，罩覆蒴壶上半部，尖部粗糙，基部有时成裂瓣，易脱落。

全世界有 4 种，分布温暖地区。中国有 1 种。刺藓，见于云南和四川西南山地，生于树干上。其余数种见于南美各地。

在 1964 年，Robinson 将该属提升至一个科(Rhachitheciaceae)，主要是特征是蒴柄扭曲，环带大而明显，蒴齿单层。后来，Goffinet (1997)对该科进行了修订。

1. 刺藓　图 15

Rhachithecium perpusillum (Thwait. et Mitt.) Broth., Nat. Pfl. 1 (3): 1199. 1909; Gangulee,
　　Mosses E. India 5: 1159. 1976; Luo in Wu, Bryoflora. Hengduan Mts. 458. 2000.

Zygodon perpusillus Thwait. et Mitt., J. Linn. Soc. Bot. 13: 303. 1873.

Hypnodon transvaaliensis Müll. Hal., Hedwigia 38: 126. 1899.

Rhachithecium brasiliense Broth., Nat. Pfl. I (3): 1199. 841. 1909.

Tortula propagulosa Sharp., Bryologist 36: 20. 1933.

植物体纤细，黄绿色，呈疏松的垫状，具红色的绒毛状假根。茎长不超过 3.0 mm，直立，单一或具稀疏分枝，下部呈辐射状。下部叶片小而排列疏松，上部叶片大而密集排列，叶片直立至倾立，内凹，上部呈龙骨状，叶尖部圆形，圆钝或呈非常短的渐尖；叶边平展，全缘；中肋强并消失于叶尖下部。叶细胞平滑，疏松，细胞常可见一些原生质，圆形至圆方形，直径 19~20 μm，厚壁，基部细胞较透明，薄壁，长方形，近边缘处细胞为短的长方形至方形。有时具芽胞，芽胞圆柱形或棒状。雌雄同株异苞。蒴柄直立，平滑，高约 2.0 mm。孢蒴直立或倾斜，卵状圆柱体，对称，长约 0.7 mm，直径约 0.3 mm，棕色，干燥时有 8 条色带。蒴盖具短喙。蒴齿 16 条，并在基部成对联合，深红棕色，披针形，具横条纹，高约 150 μm。孢子平滑，圆形至椭圆形，直径 15~17 μm。

生境：树干附生。

产地：云南：杨承元 152c、161d、172a、381 (PE)；鹤庆县，Handel-Mazzetti 6546、676、507 (H, PE)；丽江县，徐文宣 5784 (PE)；昆明市，1920 m，Handel-Mazzetti 5730 (H, PE)；西双版纳，勐海县，巴达乡，吴鹏程 26664、26673 (PE)；福贡县，J. R. Shevock 25178 (PE)。四川：盐源县，2325m，Handel-Mazzetti 2480 (H, PE)；峨眉山，罗健馨、辛宝栋 3069 (c172) (PE)。

分布：中国、印度、斯里兰卡、墨西哥、巴西和非洲。

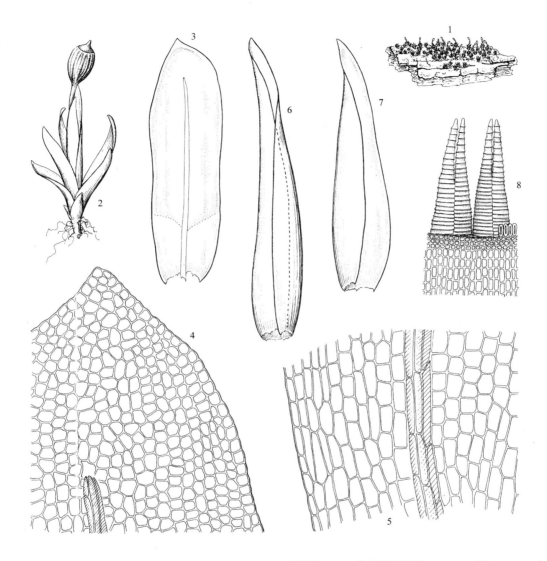

图 15　刺藓 *Rhachithecium perpusillum* (Thwait. et Mitt.) Broth. 1. 植物体(×1), 2. 带孢蒴的植物体-(×15), 3. 叶片(×40), 4. 叶尖部细胞(×185), 5. 叶基部细胞(×185), 6~7. 雌苞叶(×42), 8. 蒴齿一部分(×130) (绘图标本：云南，丽江县，徐文宣 5784, PE) (郭木森 绘)

Fig. 15　*Rhachithecium perpusillum* (Thwait. et Mitt.) 1. habit (×1), 2. plant with sporophyte- (×15), 3. leaf (×40), 4. apical leaf cells (×185), 5. basal leaf cells (×185), 6~7. perichaetial leaves (×42), 8. portion of peristome teeth (×130) (Yunnan: Lijiang Co., W.-X Xu 5784, PE) (Drawn by M.-S. Guo)

亚科 2　木灵藓亚科 Orthotrichoideae

茎直立，叶基细胞长形。孢蒴卵形或长柱形，平滑或有纵褶。蒴帽钟形，有纵褶。

本亚科有 5 属，我国有木灵藓属和卷叶藓属。

分属检索表

1. 叶基近中肋处细胞和边缘细胞通常厚壁，平滑；蒴帽钟帽形，基部瓣裂，有少数毛 ·· **4. 卷叶藓属 *Ulota***
1. 叶基近中肋处细胞和边缘细胞相同，薄壁或厚壁，常有疣或乳头，稀平滑；蒴帽钟形，有明显纵褶和多数毛 ·· **3. 木灵藓属 *Orthotrichum***

Key to the genera

1. Cells near costa at base thick-walled, smooth; calyptrae mitriform, lobed at base and covered with rare hairs ·· **4. *Ulota***
1. Cells near costa at base similar to ones at margin, thin-walled or thick-walled, usually papollose or mamollose, rarely smooth; calyptrae mitriform, plicate and covered with numerous hairs ·················· ·· **3. *Orthotrichum***

属 3　木灵藓属 *Orthotrichum* Hedw.

Sp. Musc. Frond. 162. 1801.

模式种：木灵藓 *O. anomalum* Hedw.

植物体密集的簇生至疏松的垫状生长形式，着生于树干、灌丛上或岩面和岩壁上，黑色、褐色、橄榄绿色、绿色和黄绿色，稀呈淡灰绿色，通常高 0.8~2.2 cm，少数种类高 5.0~6.0 cm，个别种类甚至高达 13 cm。茎直立或倾生，叉形或成簇分枝，基部有假根。茎横切面上的表皮层细胞小，红褐色，厚壁，无中轴分化。叶干时不皱缩，直立而紧贴茎上，但有时扭曲、卷曲、卷缩、平展、龙骨状折叠，稀具波纹，湿润时伸展，叶片线形、卵状线形、卵形、椭圆形、椭圆状披针形、卵状椭圆形、卵形或卵状狭长形，长 0.6~6.0 mm，宽 0.3~0.9 mm；锐尖或圆尖，渐尖，有时钝尖，稀具毛尖；叶片通常单层，部分种类叶片双层；叶边外卷或外曲，稀平展或内曲，常全缘；角部细胞几乎不分化；中肋强，单一，在近叶尖处消失；上部叶细胞圆方形或等径多边形，长 7.0~15 μm，稀长达 30 μm，细胞壁多少厚壁，每个细胞具 1~3 个分叉或不分叉的疣，稀平滑；渐向基部渐成长方形，边缘细胞略短小。繁殖体有时存在于叶片或稀生于假根上，形状为圆柱形、棒形，稀球形。雌雄同株，稀异株。雌苞叶不分化。雄苞叶大，芽形，红褐色，其上有几个精子器和隔丝。孢蒴隐生、稍伸出或明显伸出，球形或圆柱形，长 0.7~3.0 mm，在近蒴柄处收缩，平滑，具 8 或 16 个条纹，有时它们收缩于孢蒴口部。蒴柄向左扭曲，长约 15 mm；无环带；气孔显型或隐型，位于孢蒴的中部和下部。蒴齿双层，稀单层或缺失；外蒴齿 16、8 或无，具疣或横纹，干燥时外卷、外弯曲或直立；内蒴齿 8、16 或无，宽的三角形，与外蒴齿同高，有时联合形成一个基膜。孢子球形，直径 9.0~45 μm，具疣，褐色。蒴帽大，钟形，具长喙或短喙，具毛或裸露，具纵褶或光滑，基部不分裂。

本属分布于全世界各地，主要分布于温带地区，在热带和亚热带地区局限于山区。全世界总计 116 种。Lewinsky-Haapasaari (1993)将本属分为 7 个亚属。

亚属检索表

1. 蒴齿干燥时直立或倾立 ……………………………………………………………………… 2
1. 蒴齿干燥时外卷或外曲 ……………………………………………………………………… 3
2. 气孔显型 …………………………………………………… **6. 圆孔亚属 subg. *Phaneroporum***
2. 气孔隐型 …………………………………………………… **7. 木灵藓亚属 subg. *Orthotrichum***
3. 气孔显型 …………………………………………………………………………………………… 4
3. 气孔隐型 …………………………………………………………………………………………… 6
4. 雌雄异株；叶边直立，内曲或内卷；叶尖钝或圆尖；细胞厚，细胞壁不规则；蒴齿双层或缺失；内
   齿层细胞分裂为对称；无联合基膜；芽胞丰富 …………………… **3. 直叶亚属 sugb. *Orthophyllum***
4. 雌雄同株；叶边外卷或外曲；细胞壁规则；蒴齿双层；内齿层细胞分裂为对称或不对称；无联合基
   膜；芽胞有或无 ………………………………………………………………………………………… 5
5. 叶细胞疣为 C 形；孢蒴在口部最宽；内蒴齿透明，对折，纤细，与外蒴齿同宽 …………………
   ……………………………………………………………………… **2. 小叶亚属 subg. *Exigufolium***
5. 叶细胞疣单一或分叉，不呈 C 形；孢蒴的口部不是最宽；内蒴齿不对折，不与外蒴齿同宽 …………
   ……………………………………………………………………… **1. 裸孔亚属 subg. *Gymnoporus***
6. 内蒴齿发育良好，内外两侧均具纹饰，在顶部联合形成穿孔；内齿层细胞对称分裂；无联合基膜 …
   ……………………………………………………………………… **5. 长尖亚属 subg. *Callistoma***
6. 内蒴齿在顶部不联合，具纹饰或无；内齿层细胞不对称分裂，或略对称；基膜联合 …………………
   ……………………………………………………………………… **4. 疣叶亚属 subg. *Pulchella***

Key to the subgenera

1. Peristomes erect to spreading when dry ……………………………………………………… 2
1. Peristomes reflexed to recurved when dry …………………………………………………… 3
2. Stomates superficial; cell divisions of the IPL symmetric; connecting membrane absent ………
   ……………………………………………………………………………… **6. subg. *Phaneroporum***
2. Stomates immersed; cell divisions of the IPL mostly symmetric; connecting membrane absent ……
   ……………………………………………………………………………… **7. subg. *Orthotrichum***
3. Stomates superficial …………………………………………………………………………… 4
3. Stomates immersed ……………………………………………………………………………… 6
4. Dioicous; leaf margins erect, incurved or involute; leaf apices obtuse or rounded acute; cells with
   incrassate, irregular walls; peristome double or absent; cell divisions of the IPL symmetric; gemmae
   usually abundant ……………………………………………………………… **3. subg. *Orthophyllum***
4. Autoicous, rarely dioicous; leaves acute or acuminate; leaf margins reflexed or revolute, rarely erect or
   incurved; cells with more regular walls; peristome double; cell divisions of the IPL symmetric or
   asymmetric; gemmae absent or present ………………………………………………………………… 5
5. Leaf papillae appearing C-shaped; capsules widest at mouth; endostome segments hyaline, keeled, delicate,
   almost as wide as exostomes; cell divisions of the IPL symmetric …………… **2. subg. *Exigufolium***
5. Leaf papillae simple or branched, never appearing C-shaped; capsules not widest at mouth; endostome
   segments not keeled, if delicate then not as wide as exostomes ………………… **1. subg. *Gymnoporus***
6. Endostome segments very well developed, strongly ornamented on both sides, united at the apices to form a
   perforated dome; cell divisions of the IPL symmetric; connecting membrane absent …… **5. subg. *Callistoma***
6. Endostome segments never united at the apices, ornamented or smooth, sometimes absent; cell divisions of
   the IPL symmetric or secondarily symmetric; connecting membrane present ……………… **4. subg. *Pulchella***

亚属 1 裸孔亚属 subg. *Gymnoporus* (Lindb. ex Braithw.) Limpr.

雌雄异株，稀雌雄同株。气孔显型。前蒴齿存在或缺失。IPL 的细胞分化为对称或不对称。外蒴齿 16 或 8，干燥时外卷或外弯。内蒴齿 16 或 8。基膜缺失。大部分附生，偶尔岩面生。

本亚属有 38 种，中国分布有毛帽木灵藓、蚀齿木灵藓、中国木灵藓、球蒴木灵藓、条纹木灵藓。

分种检索表

1. 孢蒴完全伸出雌苞叶之外 ··· 2
1. 孢蒴隐生于雌苞叶内或仅部分露出雌苞叶外 ··· 6
2. 孢蒴较长高出雌苞叶之外 ··· 3
2. 孢蒴略高出雌苞叶之外 ··· 4
3. 叶片干燥时强烈卷缩和扭曲；内齿层齿片呈披针形 ···················· **6. 台湾木灵藓 *O. taiwanense***
3. 叶片干燥时直立或弯曲曲；内齿层齿片呈三角形 ······················· **1. 中国木灵藓 *O. hookeri***
4. 气孔仅生于孢蒴颈部；内外蒴齿齿片均为 16 个 ························· **4. 美丽木灵藓 *O. pulchrum***
4. 气孔生于孢蒴壶部；内外蒴齿齿片均为 8 个 ··· 5
5. 外齿层齿片上具网格和穿孔 ··· **9. 暗色木灵藓 *O. sordidum***
5. 外齿层齿片全缘 ··· **10. 黄木灵藓 *O. speciosum***
6. 孢蒴干燥时平滑；内齿层齿片宽 ·· 7
6. 孢蒴干燥时至少上部形成纵沟；内齿层齿片呈狭披针形 ····································· 8
7. 内齿层由 16 个披针形齿片组成 ··· **7. 条纹木灵藓 *O. striatum***
7. 内齿层由 8 个三角形齿片组成 ·· **3. 蚀齿木灵藓 *O. erosum***
8. 孢蒴呈椭圆状圆柱形，干燥时具明显的纵沟；外齿层齿片具粗糙的或网状的疣；孢子直径为 15~18 μm；孢蒴不宿存 ·· **8. 拟木灵藓 *O. affine***
8. 孢蒴呈卵形或卵状圆柱形，干燥时仅稍具纵沟；外齿层齿片具密集而均一的疣；孢子直径为 20~40 μm；孢蒴宿存 ·· 9
9. 孢蒴外壁形成 8 条厚壁细胞带；内齿层披针形，16 个；孢子直径为 30~40 μm；蒴帽上密被疣，卷曲的毛覆盖于其上 ··· **2. 毛帽木灵藓 *O. dasymitrium***
9. 孢蒴外壁形成 2~3 条厚壁细胞带；孢子直径为 20~30 μm；内齿层狭长形或狭长披针形，8 个；蒴帽上仅具稀疏的毛 ································· **5. 球蒴木灵藓 *O. leiolecythis***

Key to the species

1. Capsules long or short exserted ·· 2
1. Capsules immersed or emergent ··· 6
2. Capsules very long exserted ··· 3
2. Capsules shortly exserted ·· 4
3. Leaves strongly contorted and twisted when dry; endostome segments lanceolate ············· **6. *O. taiwanense***
3. Leaves erect or flexuose when dry; endostome segments triangular ······················ **1. *O. hookeri***
4. Stomata restricted to capsule neck; peristome of 16 teeth and segments ··············· **4. *O. pulchrum***
4. Stomates on capsule urn; peristome of 8 teeth and segments ································· 5
5. Exostome teeth cancellate and perforate ································· **9. *O. sordidum***
5. Exostome teeth entire ·· **10. *O. speciosum***
6. Capsules smooth when dry; endostome segments broad ··· 7

· 34 ·

6. Capsules furrowed at least in the upper half when dry; endostome segments narrow lanceolate ·················· 8

7. Endostome of 16 lanceolate segments ·· **7. *O. striatum***

7. Endostome of 8 triangular segments ·· **3. *O. erosum***

8. Capsules oblong-cylindric, strongly furrowed when dry; exostome teeth coarsely papillose to reticulate papillose; spores 15~18 μm; capsules not persistent ·················· **8. *O. affine***

8. Capsules ovoid to ovoid-cylindric, only slightly furrowed when dry; exostome teeth densely and uniformly papillose; spores 20~40 μm; capsules persistent ···································· 9

9. Capsules with up to 8 rings of thick-walled cells below mouth; segments 16, lanceolate; spores 30~40 μm; calyptrae covered with dense papilla and hairs ······················ **2. *O. dasymitrium***

9. Capsules with 2~3 rings of thick-walled cells below mouth; segments 8, linear-lanceolate to linear; spores 20~30 μm; calyptrae with few scattered hairs ·················· **5. *O. leiolecythis***

1. 中国木灵藓　图 16

Orthotrichum hookeri Wils. ex Mitt., Journ. Proc. Linn. Soc. Bot. Suppl. 1: 48. 1859; Luo in Wu, Bryoflora. Hengduan Mts. 459. 2000; Gangulee, Mosses E. India 5: 1164. 1976.

O. sikkimense Herz., Ann. Bryol. 12: 90. 11. 1939.

　　植物体疏松丛生，高 1.5~4.0 cm，下部棕色至近黑色，上部橄榄绿色至黄绿色；茎单一或分枝，整个茎上密生叶片；假根仅存在于茎的基部；干燥时叶片直立或卷曲，扭曲，基部卵形，长渐尖或锐尖，长 2.2~3.6 mm，宽 0.5~0.8 mm，上部经常部分的龙骨状突起且略有波纹；中肋达叶尖下部；叶边内卷。上部叶细胞圆长方形或圆方形，长 5.0~15 μm，宽 5.0~13 μm，厚壁，有疣，每个细胞具 1~2 个单疣或分叉的疣；基部叶细胞长方形或菱形，厚壁，具壁孔，长 20~60 μm，宽 6.0~15 μm，在近基部处细胞变短和宽；叶基部边缘细胞近长方形；角部细胞有时分化成大的，红色的细胞，充满整个叶基部；叶尖细胞逐渐变成狭长。未见芽胞。同株异苞。雌苞叶不分化。孢蒴长卵形至圆柱形，干燥时平滑或略具纵褶，高出苞叶。蒴柄长 1.5 cm。孢蒴外壁细胞在蒴口下部均一或稍有分化；在中下部气孔突出，有时被一圈小形放射状细胞包围。蒴齿双层；前齿层有时存在；外蒴齿层 8 对蒴齿，成熟后有时分裂成 16 对，橙色，干燥时卷曲，外侧密疣，内侧具开裂的疣(openly papolliose)，垂直线上具疣状纹饰；内蒴齿 16 片，与外齿层同高，橙色或黄色，外侧近于平滑，内侧具高的，分叉的疣和蠕虫状曲线。孢子球形，棕色，具疣，直径 35~50 μm。蒴帽钟状，多少具毛，但不到顶，极少完全裸露。

　　生境：树干或灌丛，极少在岩面。

　　产地：西藏：察隅县，日东，奇马拉山途中，海拔 3400~3800m，汪楣芝 12545-b、12594c (PE)；海拔 3400~3500m，汪楣芝 12482-b (PE)；松塔山北坡，汪楣芝 8227 (PE)；察瓦龙，汪楣芝 12890-a (PE)；瓦堡至左贡县甲拉途中，汪楣芝 12949-d (PE)；左贡县，梅里雪山，汪楣芝 14564 (PE)；甲拉至来都干旱河谷，汪楣芝 12999-c (PE)；亚东县，阿桑后山，臧穆 155、164 (HKAS)；东嘎拉，臧穆 348 (HKAS)。云南：杨承元 76 (PE)；贡山县，独龙江(俅江)，树上，海拔 2800 m，王启无 7212 (PE)；德钦县，白马雪山，王立松 811819 (PE)；大理县至鹤庆县，Handel-Mazzetti 6510 (H)；漾濞县，Handel-Mazzetti 3336 (H)；中甸县，Handel-Mazzetti 6875 (H)；石兴拉山，杨建昆 81-1261 (HKAS，YUKU)；

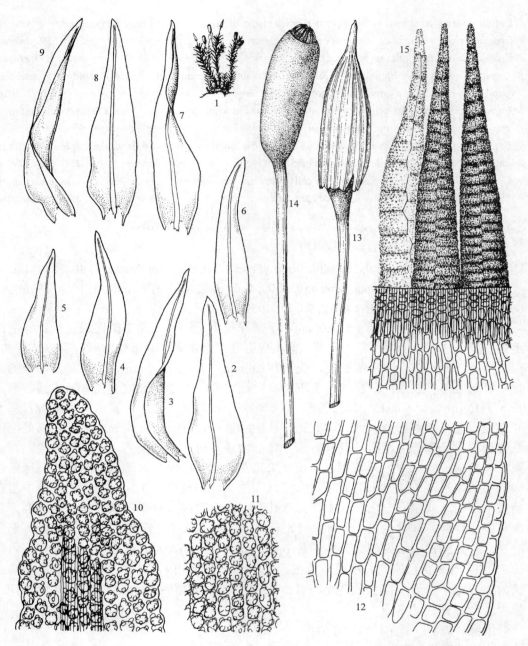

图 16 中国木灵藓 *Orthotrichum hookeri* Wils. ex Mitt. 1. 植物体(×4/3)，2~9. 叶片(×26)，10. 叶尖部细胞(×550)，11. 叶中部细胞(×550)，12. 叶基部细胞(×550)，13. 具蒴帽的孢子体(×21)，14. 孢子体(×21)，15. 蒴齿一部分(×284) (绘图标本：云南，贡山，汪楣芝 9386-b, PE) (郭木森 绘)

Fig. 16 *Orthotrichum hookeri* Wils. ex Mitt. 1. habit (×4/3), 2~9. leaves (×26), 10. apical leaf cells (×550), 11. median leaf cells (×550), 12. basal leaf cells (×550), 13. capsule with calyptra (×21), 14. capsule (×21), 15. portion of peristome teeth (×284) (Yunnan: Mt. Gongshan, M.-Z. Wang 9386-b, PE) (Drawn by M.-S. Guo)

苍山，王启无 03316、03491a (PE)；屏边县，Handel-Mazzetti 4754 (H)；丽江县，Handel-Mazzetti 3548、4195、6773 (从 Brotherus, 1929)；玉龙雪山，王启无 3973 (PE)；

小电甸至吉沙林，黎兴江 81-951 (HKAS)。四川：康定县，木格错，贾渝 02432 (PE)；盐源县，百灵山，汪楣芝 22950 (PE)；色达县，霍西乡，贾渝 08918 (PE，FH)；松潘县，吴鹏程 24653 (PE)；红原县，二龙场，贾渝 09940 (PE，FH)；壤塘县，上杜柯村，贾渝 09585、09597、09609、09612、09631 (PE，FH)；马尔康县，Bruce Allen 6968、7009 (MO)；木毛初村，贾渝 09811、09817 (PE，FH)；九寨沟县，九寨沟，吴鹏程 30043、30063 (PE)；阿坝县，贾渝 09735、09746 (PE，FH)；甘孜县，贾渝 08701、08708 (PE，FH)；小金县，美沃乡，贾渝 09446、09450、09453、09481 (PE，FH)。重庆：巫山县，王庆华 966 (PE)。甘肃：文县，邱家坝，贾渝 09326、09327、09339 (PE)；舟曲县，沙滩林场，汪楣芝 52731 (PE)。青海：囊谦县，Tan 95-1618、Tan 95-1619、Tan 95-1620、Tan 95-1621a、Tan 95-1622、Tan 95-1623、Tan 95-1624、Tan 95-1625、Tan 95-1631 (FH)。新疆：天山一号冰川，赵建成 953164 (HBNU)；巴里坤县，坤西黑沟，赵建成 1632 (HBNU)。

分布：中国、尼泊尔、不丹和印度。

1a. 中国木灵藓细疣变种

Orthotrichum hookeri Mitt. var. **granulatum** Lewinsky, Journ. Hattori Bot. Lab. 72: 20. 1992.

O. macrosporum C. Müll., Nuovo Giorn. Bot. Ital. n. sér. 5: 185. 1898.

O. microsporum C. Müll., Nuovo Giorn. Bot. Ital. n. sér. 13: 271. 1906, *nom. nud.*

与原变种的区别在于孢子的疣小。

生境：树干或灌丛，极少在岩面。

产地：四川：木里县，高谦、曹同 21182 (IFP)；会理县，Handel-Mazzetti 985 (H)。云南：中甸县，杨建昆 81-1261 (HKAS)。西藏：类乌齐县，臧穆 4210 (HKAS, PE)。陕西：太白山，Giraldi, Bryotheca E. Levier 2171 (FI)。

分布：中国、尼泊尔和不丹。

本种广泛分布于亚洲东南部的高海拔地区，而且是一个形态变异大的种类。根据 Lewinsky-Haapasaari (1996)对该变种大量标本的研究，发现其蒴柄的长度由短的伸出至长的伸出；其内齿层齿片常是 16，但有时也仅有 8 个线形的齿片；蒴齿的颜色为白色、黄色、橙色和红色；外蒴齿由 2 个细胞宽到 1 个细胞宽；叶片从卵状披针形，长渐尖且尖部具波纹到披针形，短渐尖的直尖。

2. 毛帽木灵藓　图 17，图 18

Orthotrichum dasymitrium Lewinsky, Bryobrothera 1: 169. 1992；Luo in Wu, Bryoflora. Hengduan Mts. 459. 2000; Lewinsky, Journ. Hattori Bot. Lab. 72: 27. 1992.

植物体高 1.9~2.4 cm，下部棕色，上部黄棕色至黄色；茎二歧分枝，叶完全覆盖茎；假根仅生于茎的基部；叶贴生，直立或干燥时稍卷曲，披针形至卵状披针形，锐尖或短渐尖，多少下延，长 3.0~3.2 mm，宽 0.8~1.1 mm，常在叶上半部龙骨状，稍具波纹；中肋在叶尖下部消失；叶边全缘，在叶中部至下部 2/3 处反卷。上部叶细胞圆方形至短短矩

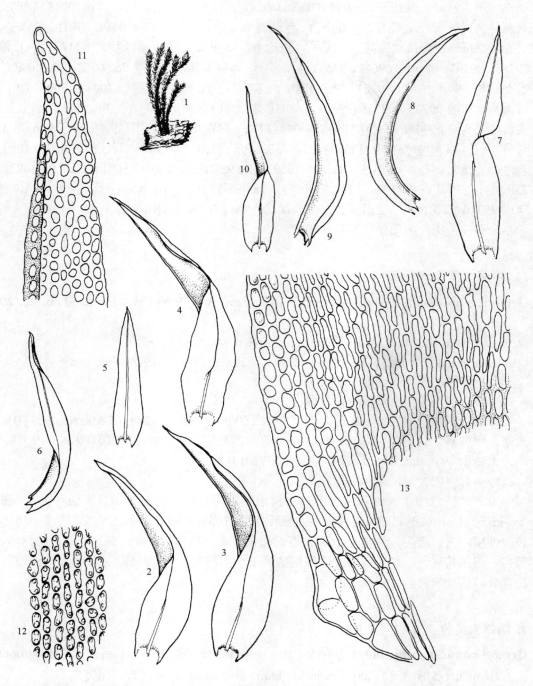

图 17　毛帽木灵藓 *Orthotrichum daysmitrium* Lew. 1. 植物体(×1)，2~10. 叶片(×17)，11. 叶尖部细胞(×298)，12. 叶中部细胞(×298)，13. 叶基部细胞(×298)

Fig. 17　*Orthotrichum daysmitrium* Lew. 1. habit (×1), 2~10. leaves (×17), 11. apical leaf cells (×298), 12. median leaf cells (×298), 13. basal leaf cells (×298)

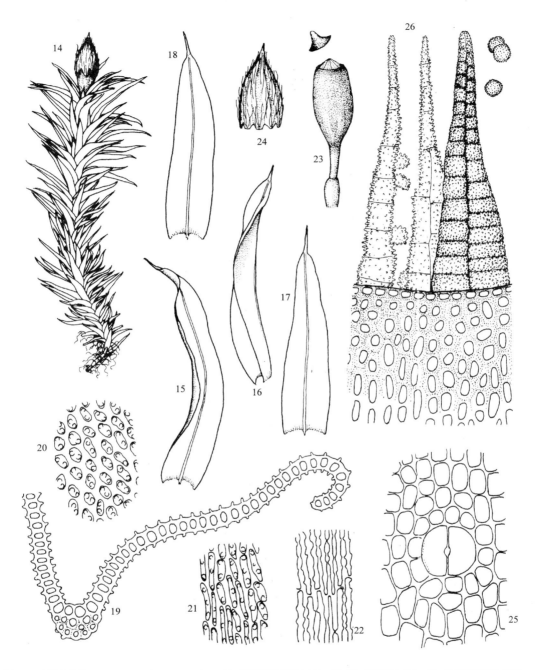

图 18　毛帽木灵藓 *Orthotrichum daysmitrium* Lew. 14. 带孢蒴的枝条(×11)，15~18. 雌苞叶(×17)，19. 叶片横切面(×258)，
20. 雌苞叶上部细胞(×298)，21. 雌苞叶中部细胞(×298)，22. 雌苞叶角部细胞(×298)，23. 孢蒴及蒴柄(×11)，24. 蒴帽(×11)，
25. 气孔(×367)，26. 蒴齿及孢子(×367) (绘图标本：四川，马尔康县，贾渝 03619-a, PE) (郭木森 绘)

Fig. 18　*Orthotrichum daysmitrium* Lew. 14. branch with capsule (×11), 15~18. perichaetial leaves (×17), 19. cross section of leaf
(×258), 20. upper cells of perichaetial leaf (×298), 21. median cells of perichaetial leaf (×298), 22. alar cells of perichaetial leaf
(×298), 23. capsule and seta (×11), 24. calyptra (×11), 25. stomas (×367), 26. peristome teeth and spores (×367) (Sichuan: Maerkang
Co., Y. Jia 03619-a, PE) (Drawn by M.-S. Guo)

形，长 7.0~18 μm，宽 8.0~14 μm，每个细胞具 1 或 2 个单的或分叉的疣叶基部细胞长菱形；靠近中肋处细胞长方形，近叶边处近长方形，厚壁，稍具壁孔，平滑，长 40~50 μm，宽 6.0~12 μm；角细胞明显的下延。芽胞未见。雌雄同株异苞。雌苞叶与营养叶同型。孢蒴卵圆形，半隐半现，干燥时仅在蒴口下部具纵褶；以前的孢蒴宿存；孢蒴口部下的细胞分化为一圈小型薄壁细胞，其下部具 8 圈小型厚壁细胞，细胞壁金色，与周围其他孢蒴外壁明显区别；气孔位于孢蒴中部，显型。蒴齿双层，未见前蒴齿；外蒴齿 8 对，干燥时弯曲，成熟时少数分裂成 16 对，黄色，发育良好，披针形至三角形；内蒴齿 16，与外蒴齿同高，外表面光滑，内表面具疣。孢子球形，具明显的疣，黄棕色，直径 22~35 μm。蒴帽圆锥状椭圆形，多具疣，其上具黄色的毛并分布至顶部。

生境：树上。

产地：西藏：察隅县，察瓦龙，那拉，山坡树上，海拔 3600 m，王启无 6034 (PE)。四川：马尔康县，贾渝 03619-a (PE)，吴鹏程 24311 (PE)；九龙县，贾渝 08414 (PE，FH)；石渠县，贾渝 08646 (PE，FH)；小金县，沙龙乡，贾渝 09437 (PE，FH)；美沃乡，贾渝 09531、09541 (PE，FH)。陕西：秦岭，魏志平 5865 (PE)。甘肃：康乐县，汪楣芝 60552 (PE)；文县，邱家坝，贾渝 09263 (PE)。

分布：中国特有。

3. 蚀齿木灵藓 (新拟名)

Orthotrichum erosum Lewinsky, Journ. Hattori Bot. Lab. 72: 32. 1992.

植物体疏松丛生，高约 3 cm，下部暗褐色，上部橄榄绿色或黄褐色；茎二歧分枝，有时下部无叶；假根仅生于基部。叶直立干燥时稍卷曲，狭的卵状披针形，长尖，长 2.7~3.2 mm，宽 0.6~0.8 mm，多少龙骨状；中肋达叶尖下部；叶边全缘，平展或下部狭窄的外卷。上部细胞圆方形至长形，长 9.0~22 μm，宽 6.0~9.0 μm，厚壁，平滑或非常低的疣；基部叶细胞长方形至菱形，厚壁，平滑，长 34~62 μm，宽 4.5~6.0 μm；角部细胞稍分化，黄褐色或金黄色，较其他细胞宽而短，不下延；叶边细胞短；中肋细胞不分化。未见芽胞。雌雄同株异苞。雌苞叶不分化。孢蒴卵圆形，平滑或干燥时稍具纵脊；孢蒴壁细胞稍分化。气孔显型，存在于孢蒴的中部。蒴齿双层，无前蒴齿；外蒴齿 8 对，干燥时外卷，成熟时少数分裂成 16，黄色，外侧密疣，内侧具疣的横纹；内齿层 8，发育良好，披针形至三角形，具不规则的，残缺的边缘，黄色，具非常薄而平滑外层；内层厚，具疣的纹饰，蠕虫状的中线。孢子球形，细疣，黄褐，直径约 22 μm。蒴帽圆锥状椭圆形，由于细胞末端突出在脊上形成缺刻，上面具疣，毛黄色直至顶部。

生境：附生。

产地：陕西：Han-sun-fu, Giraldi 1595 (FI, H)。

分布：中国特有。

4. 美丽木灵藓 (新拟名)

Orthotrichum pulchrum Lewinsky, Journ. Hattori Bot. Lab. 72: 20. 1992.

植物体疏松丛生，高 1.5~4.0 cm，下部棕色，上部黄棕色至橄榄绿色；茎二歧分枝，密生叶片，假根在茎基部发育良好。叶片倾立，干时卷曲，基部卵圆形，渐尖，但无鞭状叶尖，无下延，长 2.5~3.2 mm，宽 0.2~0.3 mm，常在中部龙骨状突起，平展；中肋达近叶尖处；叶边全缘，近平展。上部叶细胞圆方形至短方形，长 10~15 μm，宽 9.0~12 μm，每个细胞具 1~2 个单疣或分叉的疣；近叶尖部细胞变长；叶基部细胞长方形至菱形，叶边缘细胞变短，薄壁且有壁孔，平滑，长 45~80 μm，宽 10~15 μm；角细胞不分化。未见芽胞。雌雄同株异苞。雌苞叶不分化。孢蒴卵状圆柱形，稍突出，干燥时上半部或 2/3 处具沟；以前的孢蒴宿存；除口部下的两排厚壁细胞外，其余的细胞稍有分化；气孔仅存在于孢蒴的下半部，显型。蒴齿双层，存在低的前蒴齿；外蒴齿 16，三角形，黄棕色或红棕色，干燥时多少扭曲，在外面有密集的疣覆盖在中线上，在内面的纹饰由复合形疣组成；内蒴齿层 16，仅有外齿层 2/3 的高度，透明或淡黄色，从基部的单层到上部形成双层，有一个薄而平滑的外层，内层的老细胞壁上集中分布疣。孢子球形，棕色，密被形态一致，中等大小的疣，直径 18~22 μm。蒴帽钟形，平滑，黄棕色，着生稀疏的，短的，扭曲的毛。

　　生境：树干。

　　产地：四川：马尔康，黎兴江 1006 (HKAS)；会理县，Handel-Mazzetti 985 (H)。青海：囊谦县，Tan 95-1613 (FH)。

　　分布：中国特有。

5. 球蒴木灵藓

Orthotrichum leiolecythis C. Müll., Nuovo Giorn. Bot. Ital. n. sér. 3: 107. 1896.

　　植物体疏松丛生，高 1.5~4.0 cm，下部暗褐色至黑色，上部黄褐色至橄榄绿色；茎基部不分枝，上部二歧分枝，有时下部无叶；假根仅生于基部；叶干燥时直立并且紧贴，有少数茎顶部的叶具扭曲的尖部，叶卵状披针形，锐尖或短尖，长 1.8~2.5 mm，宽 0.5~0.7 mm，有时在中部龙骨状；中肋达叶尖下部；叶边全缘，在叶尖部下至基部上外卷。上部细胞圆方形至长形，长 6.0~12.5 μm，宽 6.0~9.0 μm，厚壁，1~2 个单疣，低的疣；叶边细胞短；基部叶细胞长方形至菱形，薄壁，平滑或稍具壁孔，长 40~80 μm，宽 8.0~12 μm；角部细胞有时分化成小而方形，黄褐色，有时下延成一个大型的细胞群。中肋处细胞不分化。未见芽胞。雌雄同株异苞。雌苞叶不分化。孢蒴卵圆形至卵圆状圆柱形，平滑或干燥时稍具纵脊；以前的孢蒴宿存孢蒴壁细胞不分化；气孔存在于孢蒴的中上部，显型。外蒴齿 8 对，干燥时外卷，成熟时少数分裂成 16，橘色或黄色，外侧密疣，常向顶部更粗糙，内侧具由疣组成的横线；内齿层 8，发育良好，线状披针形，具不规则的边缘，透明，具非常薄而平滑外层；内层厚，具疣的纹饰，蠕虫状的中线。孢子球形，细疣，黄褐，直径 22~30 μm。蒴帽圆锥形，平滑，有时具直而具疣的毛覆盖顶部，极少裸露。

　　生境：树上。

　　产地：四川：炉霍县，贾渝 08814 (PE, FH)。湖北：神农架，吴鹏程 346B、374c (PE, MO)。陕西：Fon-y-hou, Giraldi Bryotheca E. Levier 1596 (FI)；Ta-she-tsuen, Giraldi

Bryotheca E. Levier 2196 (FI, H)；Tui-Kio-san, Giraldi Bryotheca E. Levier 2170 (BM, FI, H)。

分布：中国。

6. 台湾木灵藓 (新拟名)

Orthotrichum taiwanense Lewinsky, Journ. Hattori Bot. Lab. 72: 25. 1992.

植物体高约 0.8 cm，橄榄绿色；茎分枝；基部有少数的假根。叶片干燥时扭曲和弯曲，在茎顶部时叶片变长，卵状披针形，长尖，长 2.8~4.0 mm，宽 0.6~0.7 mm，有时中部呈龙骨状；中肋黄棕色，达叶尖下部。叶边全缘，平展或稍卷曲。上部细胞圆形，方形至短长方形，长 6.0~10 μm，宽 5.0~7.0 μm，稍加厚，平滑或有一个低的单疣；叶基部细胞圆的长方形至菱形，稍厚的细胞壁，无壁孔，平滑，长 20~60 μm，宽 6.0~12.5 μm，叶基部细胞是红褐色，有时角部有少数宽而短的细胞，叶基部边缘细胞长形平滑而区别于周围其他细胞。芽胞未见。雌雄同株异苞。雌苞叶无分化。孢蒴圆柱形，明显伸出苞叶，干燥时蒴口下部形成强烈的沟纹。蒴柄粗壮，长约 4.0 mm；孢蒴外壁分化成 8 条黄色的厚壁细胞带，其间间隔淡色的薄壁细胞带；气孔仅存在于孢蒴颈部，显型。蒴齿双层，具低的前蒴齿；外蒴齿 8 对，成熟时通常分裂成 16，黄色，干燥时外卷，外侧近尖部高疣，近基部的疣联合成水平疣状脊，内侧则为网状的疣和线；内齿层 16，披针形，有一个发育良好的基膜，透明，外侧近尖部处细而规则的疣。孢子球形，具均匀而细小的疣，红褐色，直径 30~35 μm。蒴帽圆锥状卵形，上面有稀疏的毛覆盖顶部；仅见不成熟的蒴帽。

生境：树枝上。

产地：西藏：林芝县，贾渝 05821、05826、05831 (PE)。贵州：绥阳县，宽阔水茶场，何小兰 01215 (PE)。台湾：Hsueh Shan Shan Mo, Iwatsuki and Sharp 2988 (NICH)。

分布：中国特有。

7. 条纹木灵藓　图 19

Orthotrihum striatum Hedw., Spec. Musc. Frond. 163.1801.

植物体密集丛生，高 1.2~1.7 cm，下部棕色或暗橄榄绿色，上部黄褐色至黄绿色；茎二歧分枝，其上密生叶片；假根生于茎基部，有些假根向上生长至茎的上部；叶干燥时直立或稍有扭曲并且紧贴，叶卵状披针形，长尖，长 2.2~2.6 mm，宽 0.5~1.0 mm，有时在中部龙骨状；中肋达叶尖下部；叶边全缘，外卷或内卷。叶上部细胞小，有时为不规则形状，等茎状或稍加长，长 4.5~14 μm，宽 4.5~9.0 μm，厚壁，具 1~2 个单疣，偶尔为分枝的低疣；基部叶细胞长形，长方形至菱形，厚壁，平滑或具壁孔，长 18~50 μm，宽 5.0~9.0 μm；基部边缘细胞短但不形成叶耳。未见芽胞。雌雄同株异苞。雌苞叶不分化。孢蒴椭圆形至卵圆形，隐生于苞叶中，干燥时上部具纵脊，口部下部不收缩，向蒴柄方向逐渐变狭；孢蒴外壁细胞不分化，仅在口部下的细胞小而厚壁；气孔存在于孢蒴

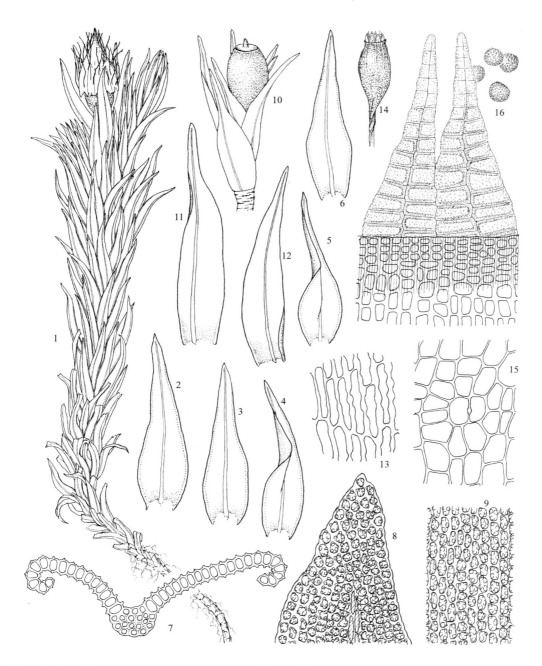

图 19 条纹木灵藓 *Orthotrichum striatum* Hedw. 1. 具孢子体的植物体(×11)，2~6. 叶片(×14)，7. 叶片横切面(×258)，8. 叶尖部细胞(×367)，9. 叶中部细胞(×367)，10. 孢子体和雌苞叶(×11)，11~12. 雌苞叶(×14)，13. 雌苞叶中部细胞(×367)，14. 孢蒴和蒴柄(×11)，15. 气孔(×258)，16. 蒴齿和孢子(×258) (绘图标本：西藏，江达县，H. Miwa 和 Y. Jia 2004080319, PE) (郭木森 绘)

Fig. 19 *Orthotrichum striatum* Hedw. 1. plant with sporophyte (×11), 2~6. leaves (×14), 7.cross section of leaf (×258), 8. apical leaf cells (×367), 9. median leaf cells (×367), 10. sporophyte and perichaetial leaves (×11), 11~12. perichaetial leaves (×14), 13. median cells of perichaetial leaf (×367), 14. capsule and setae (×11), 15. stoma (×258), 16. peristome teeth and spores (×258) (Xizang: Jiangda Co., H. Miwa and Y. Jia 2004080319, PE) (Drawn by M.-S. Guo)

的中部，显型。蒴齿双层，无前蒴齿；外蒴齿 16，披针形，橘色或黄色，干燥时外卷，外侧下部网状疣，上部具疣，内侧下部疣状脊，上部具由高而细的疣组成的网状纹饰；内齿层 16，达外齿层 2/3 的高度，黄色或近透明，披针形，具不规则的边缘，外侧除边缘厚脊外，平滑，内侧的表面被复合疣覆盖。孢子球形，疣明显，直径 30~40 μm。蒴帽钟形至圆锥状椭圆形，多少具皱褶，黄色而具疣的毛达顶部。

生境：树干附生。

产地：西藏：昌都县，贾渝 07819 (PE)；类乌齐县，贾渝 07931 (PE)；江达县，H. Miwa et Jia Yu 2004080319 (FH，PE)。四川：乡城县，贾渝 07231 (PE)；壤塘县，贾渝 09581 (PE，FH)。吉林：长白山，高谦 1157 (IFP)。

分布：中国、巴基斯坦，北美、欧洲和北非。

8. 拟木灵藓　图 20

Orthotrichum affine Brid., Muscol. Recent. 2 (2): 22. 1801.

植物体多少呈疏松的垫状，高可达 1.5 cm，下部褐色，上部橄榄绿色或绿色；茎二歧分枝；仅基部有假根。干燥时叶片贴生并几乎直立，披针形或狭卵状披针形，锐尖或短渐尖，长 2.0~3.0 mm，宽 0.6~0.8 mm，平展；中肋在近叶尖处消失；叶边全缘，整个叶片外卷或内卷。上部叶细胞圆方形或多少变长，长 6.0~14 μm，宽 7.0~12 μm，厚壁，每个细胞具 1~2 个不分叉的单疣；中肋处细胞不分化；基部细胞长方形或长菱形，中等加厚，具壁孔，平滑，长 30~60 μm，宽 6.0~16 μm，沿基部叶边缘和近基部处变为方形。芽胞纺锤形。雌雄同苞混生。雌苞叶不分化。孢蒴椭圆状圆柱形或圆柱形，隐生或突生，干燥时孢蒴具 8 个与其同长的深纵沟，在口部收缩；气孔分布于孢蒴中部，显型。孢蒴外壁分化的带有 4 个细胞宽。蒴齿双层，无前蒴齿；外齿层 8 对，成熟时上部分裂成 16 个并具穿孔，红色，干燥时外卷和外曲，具粗糙的疣，在顶部疣融合成弯曲的线状；内齿层 8 条，白黄色，是外齿层高度的 2/3，具细疣，内侧具中缝，边缘不规则。孢子红棕色，具粗糙的疣，直径 13~16 μm。蒴帽圆锥形或钟形，无纵褶，具稀疏的毛，但不达顶部。

生境：树干。

产地：重庆：城口县，安乐村，贾渝 10326 (PE)。新疆：博格达山，天山，赵建成 2856 (HBNU)。

分布：中国、巴基斯坦北部、印度，亚洲北部、北美西部、非洲北部和东部以及欧洲。

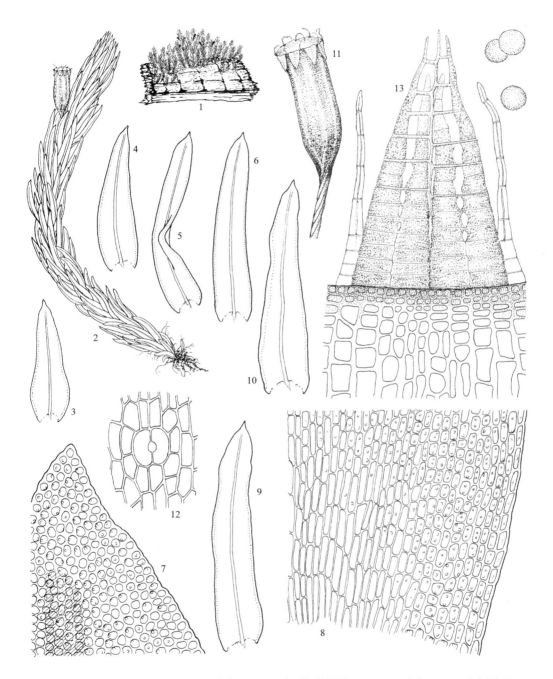

图 20　拟木灵藓 *Orthotrichum affine* Brid. 1. 植物体(×1), 2. 具孢子体的植物体(×11), 3~6. 叶片(×17), 7. 叶尖部细胞(×258), 8. 叶基部细胞(×258), 9~10. 雌苞叶(×17), 11. 孢蒴(×28), 12. 气孔(×258), 13. 蒴齿和孢子(×258) (绘图标本：重庆：城口县，贾渝 10326, PE) (郭木森 绘)

Fig. 20　*Orthotrichum affine* Brid. 1. habit (×1), 2. plant with sporophye (×11), 3~6. leaves (×17), 7. apical leaf cells (×258), 8. basal leaf cells (×258), 9~10. perichaetial leaves (×17), 11. capsule (×28), 12. stoma (×258), 13. peristome teeth and spores (×258). (Chongqing: Chengkou Co., Y. Jia 10326, PE) (Drawn by M.-S. Guo)

9. 暗色木灵藓 (新拟名) (污色木灵藓)　图 21

Orthotrichum sordidum Sull. et Lesq., Musci Appal. 30. N. 168. 1870.

O. cribrosum Müll. Hal., Bot. Central. 16: 125. 1883.

O. subperforatum Müll. Hal., Bot. Central. 15: 124. 1883.

O. caucasicum Venturi, Muscologia Gallica 176. 48. 1887.

Orthotrichum cancellatum Cardot et Thér., University of California Publications in Botany 2 (13): 299. 27 f. 1. 1906.

O. minutum Kindb., Revue Bryologique 34: 29. 1907.

O. erectidens Card., Bull. Herb. Boiss. sér. 2, 8: 336. 1908.

O. clathratum Card., Bull. Soc. Bot. Genéve 2. 1: 122. 1909.

植物体小，密集垫状簇生，高可达 2.0 cm，下部褐色，上部黄绿色至绿色；茎单一或多少分枝，叶片密集生于茎；假根生于茎基部。干燥时叶片直立并紧贴茎上，披针形至卵状披针形，急尖或短渐尖，有时在近尖部呈龙骨状，长 2.1~2.4 mm，宽 0.6~0.8 mm；中肋在近尖部处消失；叶边全缘，整个叶片外卷。叶上部细胞呈不规则圆形，长 6.0~12 μm，宽 8.0~16 μm，厚壁，每个细胞具 2 个分枝的疣；叶基部细胞长形，长方形或菱形，具中等厚的壁，有时稍具壁孔，平滑，长 25~65 μm，宽 7.0~15 μm，沿叶基部边缘细胞变短但不形成明显的叶耳。芽胞未知。雌雄混生同苞。雌苞叶不分化。孢蒴椭圆形至椭圆状圆柱形，蒴柄极短或稍伸出苞叶，干燥时沿整个孢蒴具纵沟，但蒴口下部仅稍微收缩，向蒴柄处逐渐变窄；孢蒴上部的外蒴壁细胞分化成 8 条黄色的带并与另 8 条白绿色的带交错分布。气孔存在于孢蒴的中部和下部，显型。蒴齿双层，前蒴齿常存在；外蒴齿 8 对，从上至下沿中缝形成孔，近尖部呈孔和格状，橙色或淡褐色，外齿层外侧近基部处具中等大小的疣，有时在近尖部处疣融合成短的纺锤状线形，干燥时蒴齿外卷；内齿层 8，与外齿层同高或 2/3 的高度，基部分离，透明，外侧平滑，内侧具腺状至颗粒状疣。孢子具中等大小的疣，直径 20~25 μm。蒴帽钟形，稍具纵褶，其上具零散的透明的毛，不达顶部。

生境：通常树生，偶尔生于岩面。

产地：重庆：巫山县，官阳镇，王庆华 916 (PE)，五里坡林场，王庆华 909、952、955、958、959、963 (PE)。吉林：临江县，高谦 7780 (IFP)；安图县，长白山，T. Koponen36853a (PE, H)。内蒙古：大兴安岭，Wufun 山，陈邦杰、高谦 1002 (PE, IFP)。

分布：中国、日本、朝鲜，北美、格陵兰岛和亚洲东北部。

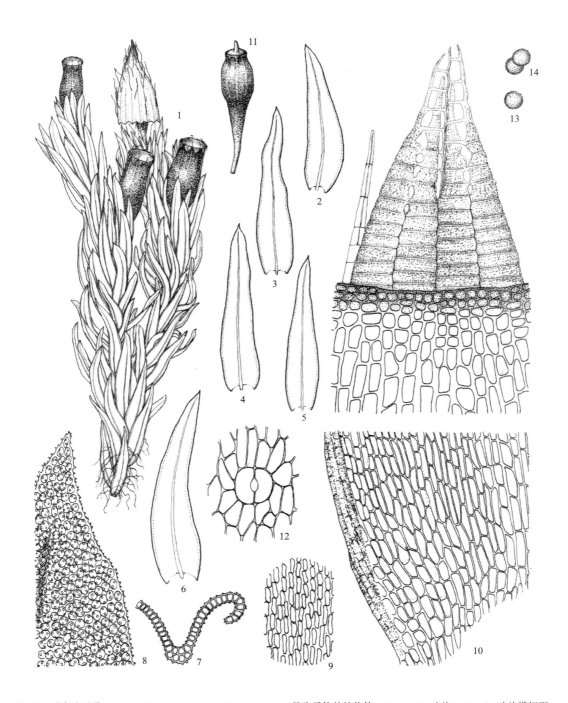

图 21 暗色木灵藓 *Orthotrichum sordidum* Sull. et Lesq. 1. 具孢子体的植物体(×17), 2~6. 叶片(×21), 7. 叶片横切面 (×205), 8. 叶尖部细胞(×345), 9. 叶中部细胞(×345), 10. 叶基部细胞(×345), 11. 孢蒴(×17), 12. 气孔(×345), 13. 蒴齿(×345), 14. 孢子(×345) (绘图标本: 重庆: 巫山县, 王庆华 959, PE) (郭木森 绘)

Fig. 21 *Orthotrichum sordidum* Sull. et Lesq. 1. plant with sporophyte (×17), 2~6. leaves (×21), 7. cross section of leaf (×205), 8. apical leaf cells (×345), 9. median leaf cells (×345), 10. basal leaf cells (×345), 11. capsule (×17), 12. stomatus (×345), 13. peristome (×345). 14. spores (×345). (Chongqing: Wushan Co., Q. H. Wang 959, PE) (Drawn by M. S. Guo)

10. 黄木灵藓

Orthotrichum speciosum Nees, Deutschl. Fl. 2 (3): 5. 1819; Gangulee, 1976. Mosses E. India 5: 1165. 1976.

O. elegans Schwägr. ex Hook. et Grev., Edinburgh Journal of Science 1: 122. 1823.

Orthotrichum affine var. *speciosum* (Nees) Hartm. Handb. Skand. Fl. (ed.2) 328. 1832.

O. bruchii Hueb., Bryologia Europaea 3: 62 (fasc. 2~3 Mon. 20). 1837

O. killiasii Müll. Hal., Jahresbericht der Naturforshenden Gesellschaft Graubündens 3: 166. 1858.

O. sclerodon Schimp., Phytologist, new series 5: 1860.

O. macroblephare Schimp., Musci Europaei Novi 1~2 Mon. 7. 7. 1864.

Dorcadion speciosum (Nees) Lindb. Mus. Scandi. 28: 1879.

O. raui Austin, Bulletin of the Torrey Botanical Club 6: 342. 1879.

O. platyblephare Müll. Hal., Bot. Central. 16: 125. 1883.

O. cylindricum Warnst, Hedwigia 24: 94. 1885.

O. erythrostomum Gronvall, Nya Bidrag till Kannedomen om de Nordiska Arterna af Slagtet - Orthotrichum 12. 1887.

O. psilothecium Müll. Hal. et Kindb., Catalogue of Canadian Plants, Part VI, Musci 91. 1892.

植物体多少垫状簇生，高可达 1.0 cm，下部褐色，上部黄绿色至绿色；茎二歧分枝，密生叶片；假根仅生于茎基部。干燥时叶片直立并紧贴茎上，卵状披针形，短尖至长尖，有时上半部龙骨状，长 2.0~3.5 mm，宽 0.6~0.8 mm；中肋消失于叶尖下部；叶边全缘，几乎整个叶边卷曲。叶上部细胞呈不规则圆形，等径至多少变长，长 6.0~15 μm，宽 6.0~13 μm，厚壁，每个细胞具 1~2 低的、几乎不分枝的疣；叶片基部细胞为长方形或菱形，厚壁且具壁孔，平滑，长 20~40 μm，宽 5.0~10 μm，向叶边方向细胞变短，有时形成明显叶耳。芽胞未知。雌雄混生同苞。雌苞叶不分化。孢蒴圆柱形，蒴柄极短或稍伸出苞叶，干燥时孢蒴平滑或仅在蒴口下部稍具纵沟，向蒴柄方向纵沟逐渐变窄；孢蒴外壁细胞均一，或仅在蒴口下部分化成 8 条橙色厚壁细胞形成的带；气孔存在于孢蒴下部，显型。前蒴齿不存在；外蒴齿 8 对，成熟时不分裂，干燥时外卷，白黄色，外蒴齿外侧具密集的单一和分枝的疣，外蒴齿内侧近基部的疣融合成蠕虫状线形，近尖部多有明显的不规则的疣；内蒴齿 8，几乎与外蒴齿等长，在基部不联合，黄色，两侧具明显的疣，有时沿老细胞壁集中分布疣。孢子具中等大小的疣，直径 17~20 μm。蒴帽钟形，平滑，具零散的毛分布至蒴帽顶部。

生境：树干。

产地：云南：维西县，汪楣芝 5128 (PE)。重庆：城口县，安乐村，贾渝 10327 (PE)。吉林：长白山，高谦 7251 (IFP)。青海：囊谦县，Tan 95-206、Tan 95-1617b (FH)。

分布：北半球温带分布。

亚属 2　小叶亚属 subg. *Exigufolium* Vitt

雌雄异株。气孔显型。前蒴齿存在。IPL 的细胞分化为对称。外蒴齿 8，干燥时外弯。内蒴齿齿片 8，透明，龙骨状对称，与外蒴齿同高。

11. 小木灵藓　图 22

Orthotrichum exiguum Sull., Man. Bot. No. N. U. States 2: 633. 1858.

O. decurrens Thèr., Bull. Acad. Int. Géogr. Bot. 19: 19. 1909.

O. szuchuanicum Chen, Contr. Inst. Biol. Nat. Centr. Unvi. Chunking 1: 7. 1943.

植物体零星的散混生于其他苔藓植物中或疏松垫状，高 3.0~5.0 mm，下部棕色，上部暗绿色；茎单一或稀少分枝，外观呈棍棒状；假根仅存在于茎的最基部。叶片直立，干燥时紧贴，披针状椭圆形至椭圆形，圆形叶尖或小尖，长 0.6~1.1 mm，宽 0.2~0.4 mm，平展，下延；茎基部的叶片明显小于上部的叶片；中肋在叶尖下部消失；叶边全缘，平展或仅上部稍微外卷，多少有点龙骨状。上部叶细胞圆方形，膨大，长 8.0~16 μm，宽 10~16 μm，薄壁，每个细胞有较高且分枝的疣；基部叶细胞几乎为等径，薄壁，平滑，长 13~16 μm，宽 10~13 μm；叶片下延部分的细胞方形至菱形，近叶边处的细胞变短，有时叶边缘的细胞由于形成前角突，使叶缘形成类似锯齿状的结构。芽胞有时存在叶片表面，呈狭窄的棍棒状棕色。雌雄同株混苞。雌苞叶大于茎叶，长 1.1~1.5 mm，宽 0.5~0.6 mm；叶片基部细胞长，长方形至菱形，透明，平滑，有时伸展至叶边。孢蒴椭圆状圆锥形，干燥时形成明显的纵沟，但是在口部不收缩；孢蒴外壁细胞明显分化 8 条棕色条纹，并且被 8 条黄色的条纹分隔开；气孔分布于孢蒴基部，显型。蒴齿双层，常具低的前蒴齿；外蒴齿 8 对，偶尔老时分裂成 16 个齿片，干燥时外卷，外面黄色，在基部具密的疣，在尖部具透明而明显的疣，内面被小的疣覆盖；内齿层 8 个齿片，披针形，钝尖，膝状弯曲，与外齿层同宽，达外齿层 2/3 的高度，透明，被小疣覆盖。孢子球形，黄色，细疣，直径 16~20 μm。朔盖具短而钝的喙。蒴帽短状圆锥形，纵褶，多具皱纹，表面有细胞突起形成的前角突，蒴帽具少数透明而短的毛，分布达顶部。

生境：附生。

产地：云南：福贡县，高黎贡山，怒江边，James R. Shevock 24893 (CAS, PE)。重庆：陈邦杰 5107，Chen ser.130 (PE)；巫山县，五里坡林场，王庆华 964、965 (PE)。湖南：桑植县，八大公山，T. Koponen, S. Huttunen, S. Piippo et P. C. Rao55708 (H，PE)。江西：庐山，陈邦杰等 257 (PE)。江苏：Kuling，钟心煊 4041 (FH)。

分布：中国、日本和北美。

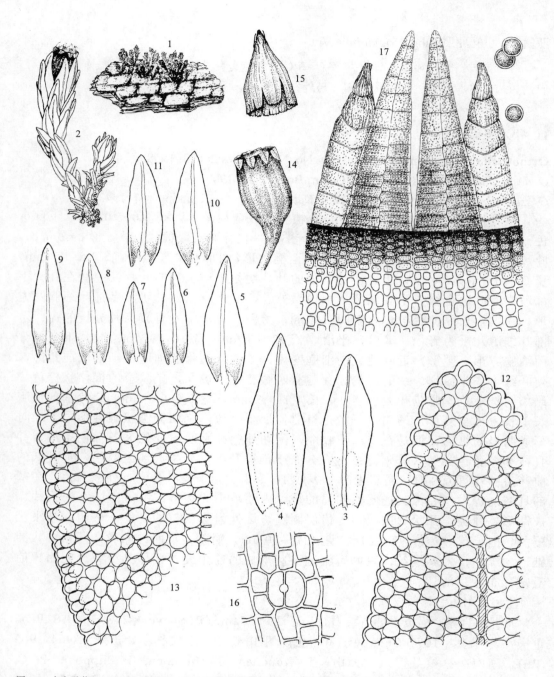

图 22　小木灵藓 *Orthotrichum exiguum* Sull. 1. 植物体(×1)，2. 具孢蒴的植物体(×21)，3～11. 叶片(×42)，12. 叶尖部细胞
(×550)，13. 叶基部细胞(×550)，14. 孢蒴(干燥时) (×42)，15. 蒴帽(×42)，16. 气孔(×550)，17. 蒴齿一部分和孢子(×387) (绘
图标本：云南，福贡县，高黎贡山，J. R. Shevock 24893, CAS, PE) (郭木森 绘)

Fig. 22　*Orthotrichum exiguum* Sull. 1. habit (×1), 2. plant with capsule (×21), 3～11. leaves (×42), 12. apical leaf cells (×550),
13. basal leaf cells (×550), 14. capsule (when dry) (×42), 15. calyptrae (×42), 16. stomata (×550), 17. a section of peristome teeth
and spores (×387) (Yunnan: Fugong Co., Mt. Gaoligongshan, J.R. Shevock 24893, CAS, PE) (Drawn by M.-S. Guo)

亚属 3 直叶亚属 subg. *Orthophyllum* Delogn.

雌雄异株。气孔显型。无前蒴齿。蒴齿双层，有时缺失。IPL 的细胞分化为对称。外蒴齿 8，干燥时外弯。内蒴齿齿片 8。叶片干燥时直立紧贴，钝尖或圆尖；叶边平展或内曲；叶片上部细胞均规则地加厚，具疣。孢子直径 18~25 μm。附生于树上。

12. 钝叶木灵藓　图 23

Orthotrichum obtusifolium Brid., Muscol. Recent. Rec. 2 (2): 23. 1801.

Orthotrichum inflexum Müll. Hal., Synopsis Muscorum Frondosorum omnium hucusque Cognitorum 1: 690. 1849.

Stroemia obtusifolia (Brid.) I. Hagen, Det K. Norske Videnskabers Selskabs Skrifter 1907 (13): 94. 1903.

Nyholmiella obtusifolia (Brid.) Holmen et Warncke, Botanisk Tidsskrift 65: 178. 1969.

植物体密集垫状，小形，高可达 1.0 cm，下部黑褐色，上部绿色至黄绿色；茎仅有极小的分枝；茎的基部有零散的假根。叶片直立，干燥时紧贴茎，卵形或卵状披针形，圆钝形尖部，长 1.0~1.5 mm，宽 0.5~0.8 mm；中肋狭窄，在叶尖下部消失。叶片上部细胞几乎等径，厚壁，直径 14~18 μm，每个细胞的中央具一个疣；叶片基部细胞长方形至方形，薄壁，平滑，长 25~50 μm，宽 10~15 μm。叶片表面具丰富的芽胞，芽胞棍棒状或者圆柱形。雌雄异株。雌苞叶不分化。孢蒴隐藏或稍突出，椭圆形或椭圆状圆柱形，干燥时纵沟几乎贯穿整个孢蒴；外蒴壁细胞分化成 4~6 细胞宽的条纹；气孔在孢蒴的中部，显型。蒴齿双层，无前蒴齿；外齿层 8 对蒴齿，干燥时外卷，基部有均匀而细的疣，在近尖部有由疣融合形成的短条纹；内齿层齿片 8，线形，与外齿层等长，具疣，具明显的中线。孢子具细密疣，直径 15~20 μm。蒴帽圆锥形或钟形，无纵褶，上半部具疣，无毛或仅有少数的毛。

生境：树干。

产地：云南：维西县，臧穆 1887 (HKAS)。四川：色达县，贾渝 J02899 (PE)；乡城县，贾渝 J07206 (PE, FH)。江西：庐山，毕列爵 43 (PE)。黑龙江：小兴安岭，陈邦杰、高谦 654 (IFP)。内蒙古：大兴安岭，陈邦杰、高谦 1006 p.p.(IFP)。青海：囊谦县，Tan 95-1626 (FH)。新疆：阜康县天池，Tan 93-837 (HBNU)；天山米泉林场，赵建成 0096 (HBNU)。

分布：中国、印度、日本、美洲、中北欧洲和中北亚洲。

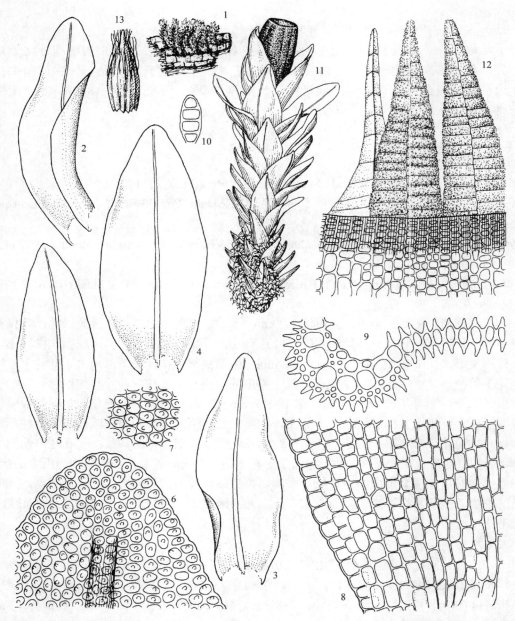

图 23 钝叶木灵藓 *Orthotrichum obtusifolium* Brid. 1. 植物体(×4/3)，2~5. 叶片(×56)，6. 叶尖部细胞(×387)，7. 叶中部细胞 (×387)，8. 叶基部细胞(×387)，9. 叶片横切面(×550)，10. 芽胞(×387)，11. 具孢蒴的植物体(×21)，12. 蒴齿一部分，13. 蒴 帽(×14) (×388) (绘图标本：四川，泸定县，贡嘎山，贾渝 02899, PE) (郭木森 绘)

Fig. 23 *Orthotrichum obtusifolium* Brid. 1. habit (×4/3), 2~5. leaves (×56), 6. apical leaf cells (×387), 7. median leaf cells (×387), 8. basal leaf cells (×387), 9. cross section of leaf (×550), 10. gammae (×387), 11. plant with capsule (×21), 12. a portion of peristome teeth (×388), 13. calyptrae (×14) (Sichuan: Luding Co., Mt. Gonggashan, Y. Jia 02899, PE) (Drawn by M.-S. Guo)

亚属 4 疣叶亚属 subg. *Pulchella* (Schimp.) Vitt.

前蒴齿存在或缺失。IPL 的细胞分化通常不对称。内蒴齿齿片 16，偶尔 8，发育良好，内外两面均有纹饰。孢蒴隐生或伸出。叶片干燥时扭曲，卷缩或弯曲，多少紧贴；叶边平展，外曲或外弯。叶片上部细胞具疣，稀平滑。孢子直径 12~34 μm。附生，偶生岩面。

分种检索表

Key to the species

13. 丛生木灵藓　图 24

Orthotrichum consobrium Card., Bull. Herb. Boiss. sér. 2, 8: 336. 1908.

Orthotrichum courtoisii Broth. et Par., Rev. Bryol. 37: 2. 1910.

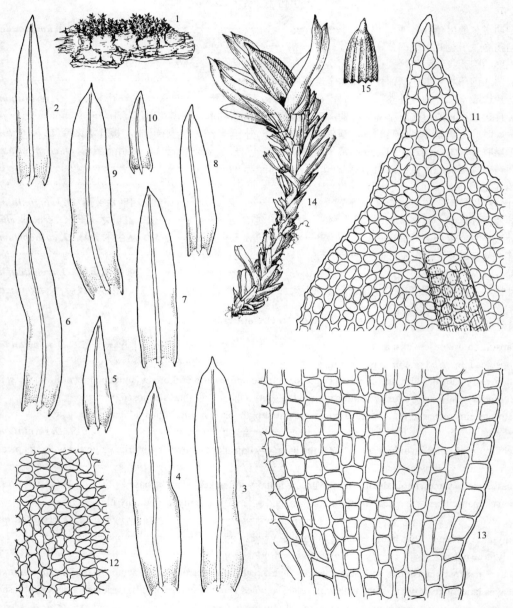

图 24　丛生木灵藓 *Orthotrichum consobrium* Card. 1. 植物体(×4/3), 2~10. 叶片(×42), 11. 叶尖部细胞(×550), 12. 叶中部细胞(×550), 13. 叶基部细胞(×550), 14. 具孢蒴的植物体(×21), 15. 蒴帽(×21) (绘图标本: 上海, 徐家汇, Courtois 118, PE) (郭木森 绘)

Fig. 24　*Orthotrichum consobrium* Card. 1. habit (×4/3), 2~10. leaves (×42), 11. apical leaf cells (×550), 12. median leaf cells (×550), 13. basal leaf cells (×550), 14. plant with capsule (×21), 15. calyptra (×21) (Shanghai: Xujiahui, Courtois 118, PE) (Drawn by M.-S. Guo)

植物体散生，多少呈丛生状，高可达 1.0 cm，下部褐色或黑色，上部橄榄绿色至深绿色；茎单一或二歧分枝；基部具假根。叶片干燥时贴生，直立或稍扭曲，披针形或卵状披针形，锐尖，长 1.5~2.0 mm，宽 0.4~0.5 mm；中肋在近叶尖处消失；叶边全缘，平展或一边具狭窄的卷曲，有时仅在下部卷曲。上部叶细胞圆方形或短长方形，有时不规则，长 10~14 μm，宽 7.0~14 μm，中等加厚，每个细胞具 1~2 个不分叉的单疣；叶基部细胞短，长方形或菱形，中等加厚，无壁孔，平滑，长 20~45 μm，宽 10~14 μm，沿基部边缘和角落处变短，近方形，但不形成明显的耳部；中肋处细胞略分化。未见芽胞。雌雄同苞混生。雌苞叶不分化。孢蒴卵球形或短的圆柱形，突生，干燥时整个孢蒴具深的纵沟，但在口部下收缩不明显；孢蒴外壁细胞在上部分化成 8 条黄色的带，其细胞多少具厚壁，另有 8 条透明的带相间分布；气孔分布于孢蒴下部，隐生，多少被副卫细胞覆盖。蒴齿双层，有时具低的前蒴齿；外齿层 8 对，黄色，干燥时外卷，外侧具细而均匀的疣，内侧具细条纹；内齿层 8 条，不相连，透明或白黄色，与外齿层同高，外侧平滑，内侧粗糙。蒴盖具短而斜的喙。孢子球形，细疣，直径 16~22 μm。蒴帽圆锥形，具 16 条深而近于平滑的纵褶，无毛。

生境：多生树上，偶尔岩面。

产地：云南：昆明市，吴鹏程 22078 (PE)。湖南：岳麓山，H. Handel-Mazzetti 11538 (H)。安徽：Zhao Qian Ao，曾昭梅 To264-a (MO)。上海：Curtois 118 (PE)。江苏：吴县，李登科 18714 (PE)。甘肃：文县，白水江自然保护区，邱家坝保护站，贾渝 08989 (PE)。

分布：中国、日本和朝鲜。

14. 皱叶木灵藓

Orthotrichum crispifolium Broth., Symb. Sin. 4: 69. 1929.

植物体疏松或紧密的垫状簇生，高可达 0.5 cm，下部褐色，上部橄榄绿色至绿色，密生叶片；假根生于茎基部。干燥时叶片强烈卷曲，尤其是在茎上部，披针形，急尖或圆形的尖，长 0.8~2.8 mm，宽 0.5~0.7 mm，中部和上部呈龙骨状卷曲；叶片边缘稍具波形；中肋在叶尖部下消失；叶边全缘，平展或下部稍外卷。上部细胞圆方形至短长方形，长 9.0~18 μm，宽 9.0~16 μm，细胞壁中等加厚，每个细胞有 2 个单一或分叉的疣；叶基部细胞短至长，长方形或菱形，中等厚壁，多少具壁孔，平滑，长 18~46 μm，宽 7.0~29 μm，沿叶基部边缘细胞变短，但是角细胞不分化；中肋处细胞不分化。芽胞未知。雌雄混生同苞。雌苞叶不分化。孢蒴卵形至椭圆形，蒴柄极短，干燥时沿整个孢蒴具明显的纵沟，因此形状成为圆柱形，蒴柄的顶端消失于纵沟中；孢蒴外壁细胞强烈分化，形成 8 条橙褐色的带，并与 8 条黄色或透明的带交错分布；气孔分布于孢蒴中部和下部，隐型，附属细胞覆盖气孔一半或全部。蒴齿双层，前蒴齿存在，发育良好；外蒴齿 8 对，成熟时极少分裂成 16 对，黄色，外卷，外侧具细小均匀的疣，内侧具条纹；内蒴齿 8，基部联合，仅外蒴齿一半高，内侧具腺状细疣至平滑，外侧横纹。孢子球形，黄褐色，细疣，直径 15~19 μm。蒴帽圆锥形至椭圆状圆锥形，近顶部具稀疏的毛。

生境：附生于树干和灌丛。

产地：云南：Tschaorl above Loping，H. Handel-Mazzetti 10201 (H)；丽江县，Long 18883 (E)。

分布：中国和不丹。

15. 红叶木灵藓 图 25，图 26

Orthotrichum erubescens C. Müll., Nouv. Giorn. Bot. Ital. n. sér. 4: 260. 1897.

O. fortunatii Thèr., Bull. Acad. Int. Géogr. Bot. 19: 18. 1909.

O. amabile Toyama, J. Jap. Bot. 14: 622. 1938.

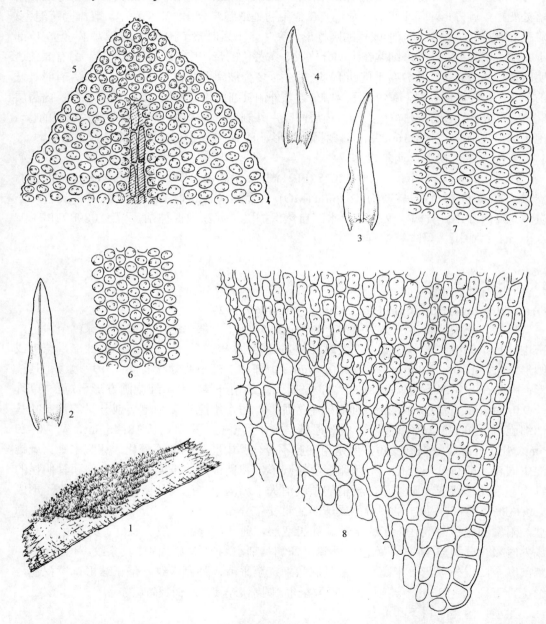

图 25　红叶木灵藓 *Orthotrichum erubescens* C. Müll. 1. 植物体(×2)，2~4. 叶片(×28)，5. 叶尖部细胞(×367)，6. 叶中部细胞(×367)，7. 中部边缘细胞(×367)，8. 叶基部细胞(×367)

Fig. 25　*Orthotrichum erubescens* C. Müll. 1. habit (×2), 2~4. leaves (×28), 5. apical leaf cells (×367), 6. median leaf cells (×367), 7. median marginal leaf cells (×367), 8. basal leaf cells (×367)

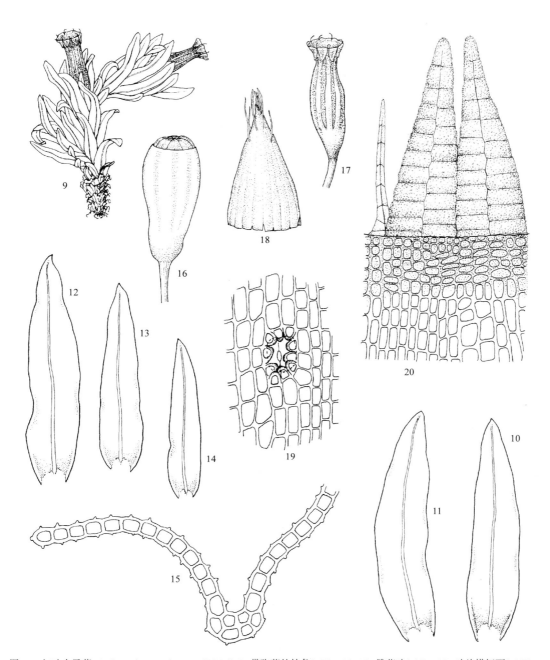

图 26　红叶木灵藓 *Orthotrichum erubescens* C. Müll. 9. 带孢蒴的枝条(×17)，10~14. 雌苞叶(×28)，15. 叶片横切面(×367)，16. 孢蒴(湿润时) (×28)，17. 孢蒴(干燥时) (×28)，18. 蒴帽(×28)，19. 气孔(×258)，20. 蒴齿(×258) (绘图标本：重庆，北培，陈邦杰 s.n., PE) (郭木森 绘)

Fig. 26　*Orthotrichum erubescens* C. Müll. 9. branch with capsule (×17), 10~14. perichaetial leaves (×28), 15. cross section of leaf (×367), 16. capsule (when moist) (×28), 17. capsule (when dry) (×28), 18. calyptra (×28), 19. stoma (×258), 20. peristome teeth (×258) (Chongqing: Beipei, P.-C. Chen s.n., PE) (Drawn by M.-S. Guo)

　　植物体小形，密集丛生，高 3.0~3.5 mm，下部褐色，上部橄榄绿色；茎单一不分枝或二歧分枝；基部具假根。叶片干燥时贴生并且多少扭曲，舌形，锐尖，圆状锐尖或钝尖，长 1.5~2.0 mm，宽 0.4~0.6 mm，平展或略具波纹；中肋强，黄色或褐色，消失于叶尖下部；叶边全缘，平展，一边的下部有时略外卷。上部细胞圆方形，直径 8.0~15 μm，厚壁，有时不规则，每个细胞具 1~2 个不分叉的疣；基部细胞短长方形至方形，中等加厚，平滑或偶尔略具壁孔，长 16~45 μm，宽 8.0~15 μm，在基部角部和沿叶片边缘的细胞变短；中肋处细胞不分化。未见芽胞。雌雄同苞混生。雌苞叶钝尖，基部细胞薄壁，透明，平滑。孢蒴圆形，隐生或显生，干燥时具深的纵沟，贯穿整个孢蒴，在口部下部一定的距离处收缩，在近蒴柄处逐渐或突然变狭，但是绝无在顶部隐生于沟槽中；孢蒴外壁细胞分化成 8 条黄色和 8 条白色相间分布的带，气孔存在于孢蒴的中下部，隐型，近一半被副卫细胞覆盖。蒴齿双层，有时存在一个低的前蒴齿；外蒴齿层 8 对，黄色，干燥时外卷，外侧具细而均匀的疣，内侧具细条纹，且以垂直向占优势；内蒴齿 8 条，透明狭披针形，基部有时联合成一体，达外蒴齿高度的 2/3，外侧具细的垂直线，内侧平滑。蒴盖圆锥形，具短喙。孢子球形，细疣，黄褐色，直径 18~24 μm。蒴帽椭圆形或钟形。

　　生境：附生于落叶树上。

　　产地：重庆：缙云山，陈邦杰(无号) (PE)；巫山县，五里坡林场，王庆华 968 (PE)。湖南：长沙，岳麓山，V. Handel-Mazzetti 11540 (H)；桑植县，八大公山，T. Koponen, S. Huttunen, S. Piippo et P. C. Rao55725 (H，PE)。安徽：青阳县，九华山，焦启源 1492a (FH)。

　　分布：中国和日本。

16. 折叶木灵藓 (新拟名)

Orthotrichum griffithii Mitt. ex Dix., Journ. Bot. 49: 140. 513. f. 2. 1911.

　　植物体疏松或密集的垫状，高 0.5~1.1 cm，下部棕色，上部黄褐色至黄绿色；茎上部多少分枝；茎基部具丰富的假根，有时假根在茎上部成束；叶片干燥时直立，多少有些波状和卷曲，披针形，渐尖或有时长尖，几乎整个叶片呈龙骨状，长 2.0~2.6 mm，宽 0.5~0.8 mm；中肋细弱，在叶尖下部消失，但是由于叶片强烈的龙骨状几乎看不见中肋；叶边全缘，一边或两边的下部外卷，上部平展。叶片上部的细胞呈不规则的圆形，常呈规则的排列，长 10~16 μm，宽 9.0~16 μm，中等厚壁，具疣，每个细胞具 1~2 个单一或分叉的疣；叶片基部细胞长方形至长菱形，细胞壁多少都有加厚，但无壁孔，平滑，长 20~53 μm，宽 5.0~15 μm；角部细胞不分化，但有时在叶片角部处有少数近方形的细胞；沿叶边的细胞不明显的分化。芽胞未知。雌雄同苞混生。雌苞叶多少大于营养叶。湿润时孢蒴呈梨形至椭圆形。蒴柄极短，干燥时呈圆柱形且沿整个孢蒴形成深的纵沟，在蒴柄处急收；孢蒴外壁细胞明显分化成 8 条具 4 个细胞宽的橙色带和具 6 个细胞宽的透明带。气孔隐型，集中分布于孢蒴基部，气孔的一半被附属细胞覆盖。蒴齿双层，前蒴齿发育良好，通常存在；外蒴齿 8 对，有时成熟时分裂成 16 裂，绿白色，干时外卷，外侧具密集的颗粒疣，内侧具呈线形排列的疣；内蒴齿层 8 个齿片，与外蒴齿等长，并在基部联合，透明，外侧呈横脊，内侧有颗粒疣。孢子球形，具颗粒疣，黄褐色，直径 14~20 μm。蒴帽圆锥形，不具明显的皱褶，毛具疣。

　　生境：生于树上和灌丛。

　　产地：云南：昆明市，Koponen 37392c (H)。四川：新龙县，沙滩乡，贾渝 08783 (PE, FH)。

　　分布：中国、印度和不丹。

17. 卷叶木灵藓 图 27

Orthotrichum revolutum C. Müll., Nuov. Giorn. Bot. Ital. n. sér. 4 (3): 261. 1897.

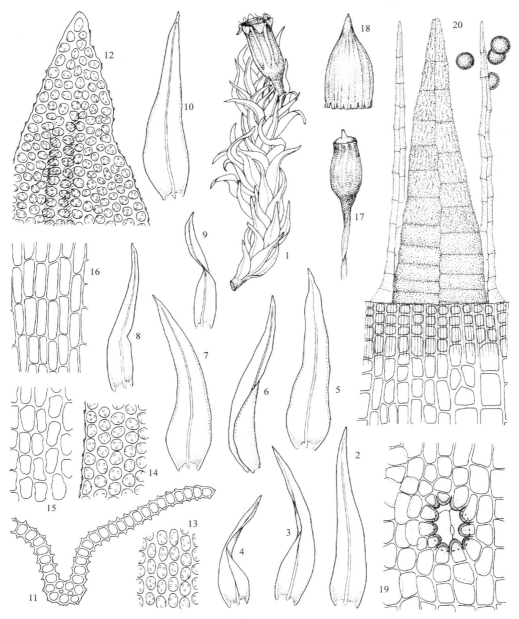

图 27　卷叶木灵藓 *Orthotrichum revolutum* C. Müll. 1. 植物体(×14)，2~10. 叶片(×17)，11. 叶横切面(×258)，12. 叶尖部细胞(×367)，13. 叶中部细胞(×367)，14. 叶中部边缘细胞(×367)，15.基部中间细胞(×367)，16. 基部边缘细胞(×367)，17. 孢蒴(×14)，18. 蒴帽(×14)，19. 气孔(×258)，20. 蒴齿和孢子(×258)。(绘图标本：甘肃：文县，贾渝 09262，PE) (郭木森 绘)
Fig. 27　*Orthotrichum revolutum* C. Müll. 1. plant with sporophyte (×14), 2~10. leaves (×17), 11. cross section of leaf (×258), 12. apical leaf cells (×367), 13. median leaf cells (×367), 14. median marginal leaf cells (×367),15. base median leaf cell (×367), 16. base marginal leaf cell (×367), 17. capsule (×14), 18. calyptra (×14), 19. stomata (×258), 20. peristome and spores (×258). (Guansu: Wenxian Co., Jia Yu 09262, PE) (Drawn by M. S. Guo)

植物体密集的垫状簇生，高 0.5~1.0 cm，下部红棕色，上部红棕色至橄榄绿色；茎仅有极少分枝；茎基部具发育良好的假根；叶片干燥时直立并紧贴于茎上，披针形，锐尖，长 2.0~3.1 mm，宽 0.4~0.8 mm，平展；中肋在叶尖下部消失；叶边全缘，从叶基部上面一段开始至叶尖部下叶边外卷。叶片上部细胞圆方形至长方形，长 9.0~18 μm，宽 9.0~15 μm，中等加厚至厚壁，每个细胞具 1~2 低的疣；沿上部叶片边缘的细胞不分化；基部近中肋处细胞长方形，细胞壁加厚，具壁孔，长 18~49 μm，宽 9.0~14 μm，沿叶边和基部处细胞变成方形；中肋处细胞不分化。未见芽胞。雌雄同苞混生。雌苞叶不分化。孢蒴圆柱形，干燥时口部下不收缩，但多少具纵沟，隐生或稍伸出苞叶，孢蒴突然收缩到蒴柄处，所以蒴柄上部隐藏于槽中；孢蒴外壁细胞多少分化成 8 条黄色的带；气孔着生于孢蒴中部，隐型，副卫细胞覆盖气孔的一半。蒴齿双层，具一个低的前蒴齿；外蒴齿 8 对，成熟时分裂成 16 对，黄色，干燥时外卷，外侧具密而细的疣，在齿的尖部疣较高，内侧具开裂状的疣，在基部具蠕虫状线形条纹；内齿层齿片 16，与外蒴齿一样高，基部不联成一体，外侧平滑或具细而均匀的疣，内侧的疣集中在老的细胞壁上。孢子球形，黄绿色，具细疣，直径 12~20 μm。蒴帽圆锥形，具明显的纵褶，无毛。

生境：附生，并常与其他苔藓植物混生。

产地：陕西：老爷山，Giraldi 1509、1510、1511 (FH，H)；Zu-lu, Giraldi 1597 (FI)。甘肃：文县，邱家坝，贾渝 09262 (PE)。

分布：中国。

18. 细齿木灵藓 (新拟名)

Orthotrichum crenulatum Mitt., Journ. Proc. Linn. Soc. Bot. Suppl. 1: 48. 1859.
O. virens Vent. in Broth., Act. Soc. Sc. Fenn. 24 (2): 18. 1898.

植物体疏生或丛生，高 3.0~5.0 mm，下部褐色至黑色，上部暗绿色；茎单一，或二歧分枝；仅基部具假根；干燥时叶片直立并贴生于茎上，舌形至椭圆状披针形，钝尖，圆锐尖或锐尖，长 1.8~2.1 mm，宽 0.7~0.8 mm，上部多少内凹，有时部分呈双层；中肋在近叶片尖部处消失；叶边在尖部处由于细胞突出而具细圆齿，特别是那些具钝尖的叶片。上部叶细胞圆方形，长 11~19 μm，宽 14~19 μm，薄壁或厚壁，每个细胞具 1~2 个不分叉的低疣；基部细胞短长方形至方形，薄壁，平滑，长 28~68 μm，宽 12~22 μm，沿叶边缘细胞逐渐变短；角部细胞不分化；中肋处细胞不分化。芽胞有时存在。枝生同株生。雌苞叶不明显分化。孢蒴卵球形，隐生或突出，整个孢蒴具深沟，干燥时在口部下部收缩，并逐渐变狭连接蒴柄；孢蒴外壁细胞分化成 8 条黄色或红色的带并相间分布着黄白色或白色的带；气孔隐生，副卫细胞覆盖不超过气孔的 1/2，分布于孢蒴中部。蒴齿双层，未见前蒴齿；外齿层 8 对，黄色或红色干燥时外卷，外侧近基部处具均匀而细的疣，在近尖部处更开裂和粗糙，内侧有稀疏的疣；内齿层 8 条，黄色，基部宽，上部狭披针形，有时形成一个低的基膜，为外齿层高度的 2/3，平滑或粗糙。孢子球形，细疣，直径 14~17 μm。蒴帽椭圆状圆锥形，深的纵褶，由于细胞末端突起而显得粗糙，无毛。

生境：落叶树干。

产地：西藏：Keris Shayuk Valley, Thomson s.n.(BM, NY)。新疆：乌鲁木齐市，买买

提明 10-49、10-202. (XJU, PE)。

分布：中国、阿富汗、印度、土库曼斯坦和哈萨克斯坦。

19. 矮丛木灵藓 (新拟名)

Orthotrichum pumilum Sw., Monthl. Rev. 34: 538. 1801.

O. fallax Bruch ex Brid., Bryologia Universa 1: 787. 1827.

O. schimperi Hammar, Monographia-Orthotrichorum-et-Ulotarum-Sueciae 9. 1852.

O. brachytrichum Schimp. ex Lesq. et James, Proc. Amer. Acad. Arts Sci. 14: 140. 1879.

植物体密集丛生，极小，高 2.0~3.0 mm，下部褐色，上部橄榄绿色；茎大多数单一；基部具假根。叶片干燥时直立且贴生，卵状披针形，锐尖或圆锐尖，长 1.4~2.2 mm，宽 0.5~0.8 mm；中肋在叶尖下部处消失；叶边全缘，整个叶边卷曲。叶上部细胞圆方形至短长方形，长 12~17 μm，宽 9.0~19 μm，细胞壁中等加厚，每个细胞上具 1~2 个低的、单一的疣，偶尔分叉；基部叶细胞长方形，细胞壁中等厚或薄壁，无壁孔，平滑，长 34~79 μm，宽 12~20 μm，沿叶边缘处的细胞变短。芽胞棒形，有时存在于叶片上。雌雄同苞混生。雌苞叶不分化。孢蒴卵球状圆柱形，隐生或突生，干燥时整个孢蒴具 8 条深的沟，在口部收缩；孢蒴外壁细胞分化成黄和白各 8 条相间分布的带；气孔隐型，一半或几乎全部被副卫细胞覆盖。蒴齿双层，无前蒴齿；外齿层 8 对，成熟时不分裂，黄色至红棕色，干燥时外卷，外侧被密集细的单疣覆盖，内侧平滑；内齿层 8 条，是外齿层 1/2 或 2/3 的高度，透明，平滑或略粗糙；具低的基膜。孢子褐色，具中等大小的疣，直径 14~18 μm。蒴帽钟形，具纵褶，光滑或具稀疏的毛。

生境：树生。

产地：河北：五台山，王启无 661 (PE)。青海：囊谦县，Tan 95-205 (FH)。

分布：中国，北美地区，欧洲和非洲北部。

20. 粗柄木灵藓 (新拟名)

Orthotrichum subpumilum Bartr. ex Lewinsky, Journ. Hattori Bot. Lab. 72: 59. 1992.

植物体小，密集丛生，高约 1.0 cm，下部橄榄绿色至棕色，上部橄榄绿色，淡橄榄绿色或黄绿色；茎上仅有小枝条；茎基部具丰富的假根；叶片直立贴生，干燥时有时扭曲，狭披针形，锐尖或短渐尖，长 1.5~2.8 mm，宽 0.3~0.6 mm，平展或龙骨状；中肋消失于尖部下；叶边全缘，平展或略具波纹。叶片上部细胞圆方形至短长方形，长 6.0~18 μm，宽 6.0~15 μm，中等加厚，具疣，每个细胞具 1~2 个低疣；基部细胞短长方形或菱形，薄壁，平滑，长 18~37 μm，宽 7.0~15 μm；叶边缘的细胞不明显分化。雌雄同苞混生。雌苞叶类似于茎叶。孢蒴椭圆状圆柱形，隐生或短的伸出，干燥时上部具深的沟纹并在口部下收缩。蒴柄粗。孢蒴外壁明显分化成 8 条黄色的带并有 8 条灰白色的间隔带；气孔位于孢蒴下部，隐型，由副卫细胞略微覆盖。蒴齿双层，未见前蒴齿；外齿层 8 对，成熟时不分裂成 16 条，但外卷，有时在近尖部呈花格状，外齿层外侧的基部具细疣，尖部形成条纹，内侧的基部具细条纹，近尖部平滑或具疣；内齿层 8 条，透明，外侧平滑，内侧细疣。孢子球形，具细疣，黄棕色，直径 17~22 μm。蒴帽圆锥状椭圆形，具纵褶，毛覆盖蒴帽，毛上具疣。

生境：树皮上着生。

产地：江苏：Chang-ko，钟心煊 4038a (FH)。安徽：青阳县，九华山，焦启源 1492 (FH)。
青海：囊谦县，Tan 95-1610 (FH)。

分布：中国、北美、欧洲和非洲北部。

21. 颈领木灵藓 (新拟名)

Orthotrichum hooglandii Bartr., Rev. Bryol. Lichénol. 30: 194. 1962.

植物体密集的垫状簇生，高可达 1.0 cm，下部棕色或橄榄绿色，上部黄绿色；茎二歧分枝；在整个茎上密生叶片；茎基部具发育良好的假根。干燥时叶片直立并扭曲，卵状披针形，锐尖，有时在边缘外卷并在尖部形成管状，长 1.8~2.2 mm，宽 0.5~0.6 mm，平展，在基部略呈龙骨状；中肋在叶尖下部消失；叶边全缘，从叶基部至叶尖部叶边外曲。叶片上部细胞圆方形，长 9.0 μm，宽 6.0~9.0 μm，中等加厚，每个细胞具 1~2 分叉或不分叉的单疣；基部细胞长方形至圆长方形，壁中等加厚，无壁孔，长 15~28 μm，宽 4.0~8.0 μm，基部角细胞有时分化成少数大而黄褐色的细胞，薄壁并形成下延部分；沿叶片边缘的细胞不明显变短。未见芽胞。雌雄同苞混生。雌苞叶不分化。孢蒴卵球状或短的圆柱形，长伸出苞叶；孢蒴外壁细胞稍分化；特别是在成熟孢蒴颈部的周围常具一个透明的领状结构。气孔生于孢蒴下部，隐型，完全被副卫细胞覆盖。蒴齿双层，未见前蒴齿；外蒴齿 8 对，成熟时不分裂成 16，白黄色，干燥时外卷，外侧近基部具疣，在齿的尖部具疣和纺锤形线，内侧透明和平滑；内齿层齿片 8，是外蒴齿高度的 1/2，透明，平滑，柔弱。孢子球形，黄褐色，具细疣，直径 14~17 μm。蒴帽圆锥形，具纵褶，具疣的毛仅覆盖顶部。

生境：树干附生。

产地：新疆：奇台县，宽沟，赵建成 1141 (HBNU)。

分布：中国和巴布亚新几内亚。

亚属 5 长尖亚属 subg. *Callistoma* (Iwats. et Sharp) Lewinsky

雌雄异株。气孔隐型。前蒴齿不存在。IPL 的细胞分化为对称。外蒴齿 8，干燥时外弯或外曲。内蒴齿齿片 8，宽，在顶部联合形成一具孔的半圆顶，内外两面均有明显的纹饰。孢蒴伸出。叶片干燥时紧贴或弯曲，长渐尖；叶边外曲或外卷；叶片上部细胞均规则地加厚，具疣。孢子直径 12~18 μm。附生。分布于亚洲东南部和欧洲中部。

22. 美孔木灵藓 图 28，图 29

Orthotrichum callistomum Fischer ex B.S.G., Bryol. Eur. 3:77. 224. 1850; Luo in Wu,
    Bryoflora Hengduan Mts. 459. 2000.

Racomitrium delavayi Broth. et Paris, Rev. Bryol. 35: 126. 1908.

Orthotrichum callistomoides Broth., Sitzungsber. Ak. Wiss. Wien, Math. Nat. Kl. Abt. 1 133:
    571. 1924.

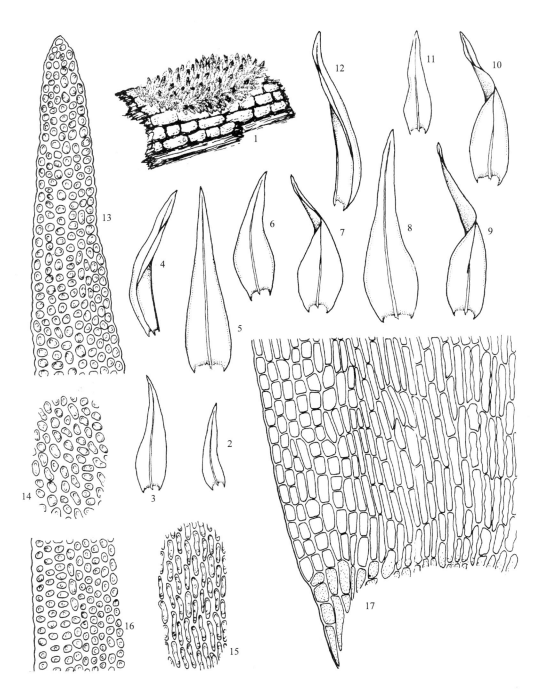

图 28 美孔木灵藓 *Orthotrichum callistomum* B.S.G. 1. 植物体(×1)，2~12. 叶片(×17)，13. 叶尖部细胞(×298)，14. 中部近中肋细胞(×298)，15. 中下部近中肋细胞(×298)，16. 中部边缘细胞(×298)，17. 叶基部细胞(×298)

Fig. 28　*Orthotrichum callistomum* B.S.G. 1. habit (×1), 2~12. leaves (×17), 13. apical leaf cells (×298), 14. median near costa leaf cells (×298), 15. median and lower near costa leaf cells (×298), 16. median marginal leaf cells (×298), 17. basal leaf cells (×298)

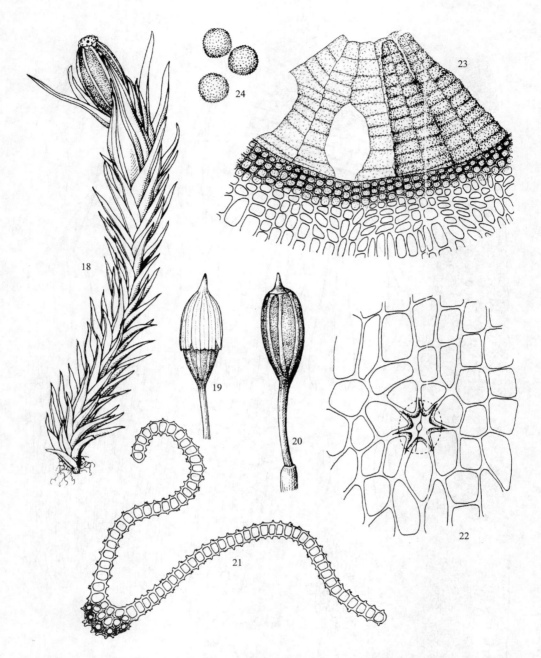

图 29　美孔木灵藓 Orthotrichum callistomum B.S.G. 18. 带孢蒴的枝条(×14), 19. 带蒴帽的孢蒴(×14), 20. 孢蒴及蒴柄(×14), 21. 叶片横切面(×258), 22. 气孔(×443), 23. 蒴齿(×258), 24. 孢子(×258) (绘图标本：四川，松潘县，黄龙寺，吴鹏程 22351, PE) (郭木森 绘)

Fig. 29　*Orthotrichum callistomum* B.S.G. 18. branch with capsule (×14), 19. capsule with calyptra (×14), 20. capsule and setae (×14), 21. cross section of leaf (×258), 22. stoma (×443), 23. peristome teeth (×258), 24. spores (×258). (Sicuan: Songpan Co., P.-C. Wu 22351, PE) (Drawn by M.-S. Guo)

　　植物体丛生或垫状，高 1.7~2.3 cm，下部棕色，上部黄棕色至淡橄榄绿色；茎二歧分枝，着生叶片直至基部；假根仅存在于茎的基部。干燥时叶片有时紧贴和近于直立，有时近茎顶部的叶部分的卷曲，基部卵形向上渐成披针形，长尖，在茎基部的叶片长 1.6~2.0 mm，宽 0.4~0.6 mm，在茎上部的叶片长 3.2~4.0 mm，宽 0.7~0.9 mm；中肋相当狭窄，在叶尖下部消失；叶边全缘，近于平展，从叶基上短距离处向上至叶尖下短距离处外卷或内卷。基部叶细胞狭长形，厚壁，稍具壁孔，平滑，长 15~40 μm，宽 4.0~7.0 μm，沿叶片基部的边缘，以及在叶角落处，细胞变短，变宽，几成正方形或短的长方形，长 6.0~15 μm，宽 6.0~12 μm，厚壁，每个细胞上具 1~3 个低的，单一或分叉的疣；中肋处细胞不分化。未见芽胞。雌雄同株异苞。雌苞叶与茎上部的叶片无区别。孢蒴卵圆形或有时干燥时圆柱形，半隐半露，干燥时深的纵褶纵贯整个孢蒴，蒴口下部不明显收缩。蒴柄长约 1 cm。孢蒴外壁分化 8 条纵贯整个孢蒴的棕色的带，其细胞纵向壁比横向壁厚，8 条灰黄色的带将其分隔开；气孔生于孢蒴下部，隐型，仅有一半被突出的附属细胞覆盖。蒴齿双层，有时存在一低的前蒴齿；外蒴齿 8 对，红棕色，干燥时外卷或外曲，外侧具密而均匀的疣直至基部，在内侧近尖部具疣的横隔；内蒴齿 8 个，宽，与外蒴齿同高，在近尖部溶合成一个不完全的半球形，外侧多少被疣和疣状脊完全覆盖，在内侧具短蠕虫形中缝和疣。孢子球形，细疣，直径 12~18 μm。蒴盖低圆锥形，具短而近于直立的喙。蒴帽圆锥形或圆锥状卵圆形，由于细胞后角突起而形成明显的不规则的皱褶。

生境：附生于海拔 2500~4000 m 处的树干上。

产地：云南：德钦县，白马雪山，阔叶杂木林，海拔 3400~3500 m，汪楣芝 813434 (PE)。四川：盐源县，元宝山，灌丛树上，海拔 3000 m，汪楣芝 21712 (PE)；松潘县，黄龙寺，吴鹏程 22351 (PE)；道孚县，贾渝 09424 (PE, FH)。青海：囊谦县，Tan 95-1616b (FH)。

分布：中国、尼泊尔和阿尔卑斯山。

亚属 6 圆孔亚属 subg. *Phaneroporum* Delogn.

雌雄异株。气孔显型。前蒴齿存在。IPL 的细胞分化为对称。外蒴齿 16 或偶尔 8，干燥时直立或平展。内蒴齿齿片缺失或 8，但常退化。孢蒴伸出。叶片干燥时紧贴，锐尖或渐尖；叶边外曲或外卷；叶片上部细胞具疣。孢子直径 9.0~28 μm。常着生于岩面上。分布广泛。

<h2 style="text-align:center">分种检索表</h2>

1. 孢蒴隐生于雌苞叶中或部分露出苞叶外，椭圆形，干燥时常具纵沟；内齿层常缺失；蒴帽上着生毛并达其顶部 ·· **24. 石生木灵藓 *O. rupestre***
1. 孢蒴较长伸出雌苞叶之外，圆柱形，干燥时平滑；内齿层发育良好；蒴帽上的毛不达其顶部············
·································**23. 北美木灵藓日本变种 *O. laevigatum* var. *japonicum***

<h3 style="text-align:center">Key to the species</h3>

1. Capsules immersed to emergent, oblong, often furrowed when dry; endostome often missing; calyptrae with hairs reaching over the top ·· **24. *O. rupestre***
1. Capsules long exserted, cylindric, smooth when dry; endostome well developed; calyptra hairs not reaching to the top ·· **23. *O. laevigatum* var. *japonicum***

23. 北美木灵藓日本变种 (新拟名)

Orthotrichum laevigatum Zett. var. **japonicum** (Iwats.) Lewinsky, Journ. Hattori Bot. Lab. 72: 42. 1992.

O. macounii Aust. ssp. *japonicum* Iwats., Journ. Hattori Bot. Lab. 21: 240. 1959.

植物体疏松丛生，高约 4.0 cm，下部暗褐色至黑色，上部黄褐色至橄榄绿色；茎基部不分枝，上部二歧分枝，有时下部无叶；假根仅生于基部。叶干燥时直立并且紧贴，茎顶部的少数叶片具扭曲的尖部，叶卵状披针形，长尖，长 3.2~3.6 mm，宽 0.7~0.8 mm，有时在叶片中部呈龙骨状，单层细胞，中肋达叶尖下部，叶边全缘并且卷曲。上部叶细胞为圆方形，长 9.0~17 m，宽 7.0~17 μm，厚壁，具 1~2 个高的单一或分叉的疣；叶片基部细胞为长方形至菱形，平滑，具明显的壁孔，长 30~80 μm，宽 6.0~12 μm，叶片边缘细胞逐渐变短，叶片角部有时分化形成小而红褐色的耳部。未见芽胞。雌雄同株异苞。雌苞叶不分化。孢蒴圆柱形至卵圆状圆柱形，高出苞叶，平滑；孢蒴外壁细胞不分化或在孢蒴口部下稍分化成 8 条短带；气孔存在于孢蒴的下部，显型。蒴齿双层，前蒴齿有时存在；外蒴齿 8 对齿片，干燥时直立或外倾，黄色，外表面几乎平滑，内表面被密疣覆盖并在成熟的细胞壁上形成明显的纹饰；内齿层 8 个狭披针形的齿片，与外齿层一样高，淡黄色，具粗疣，在成熟的细胞壁上具明显的纹饰。孢子球形，细疣，金黄色或金黄绿色，直径 18~25 μm。蒴盖扁平状圆锥形，具很长而直的喙。蒴帽钟形，具有许多卷曲的毛，毛覆盖到顶部。

生境：岩石。

产地：西藏：Pu Li，臧穆 628 (HKAS)；Lung Zi，臧穆 27864 (HKAS, NICH)；察隅县，日东，汪楣芝 12498-c (PE)。云南：维西县，碧罗雪山，汪楣芝 4655 (PE)。四川：木里县，王立松 83-1113 (HKAS, YUKU)；石渠县，洛须镇，贾渝 08677 (PE)；稻城，贾渝 03995 (PE, FH)。

分布：中国、印度、尼泊尔和日本。

24. 石生木灵藓

Orthotrichum rupestre Schleich. ex Schwaegr., Spec. Musc. Frond., Suppl. 1 (2): 27. 53. 1816.

植物体疏松丛生，高 2.2~2.5 cm，下部暗褐色至黑色，上部暗绿色；茎二歧分枝，有时下部无叶；假根仅生于基部。叶干燥时直立并且紧贴，大小一致，叶卵形至披针形，长锐尖至渐尖，长 3.5~4.7 mm，宽 0.8~1.2 mm，有时在中部形成龙骨状，叶片部分或全部为两层细胞厚，中肋达叶尖下部，叶边全缘，整个叶边外卷。上部细胞圆方形至菱形，长 9.0~15 μm，宽 6.0~12 μm，厚壁，1~2 个低而极少分枝的疣；叶基部细胞长方形或近线形，厚壁，具壁孔，平滑，长 35~85 μm，宽 5.0~8.0 μm，叶边缘的细胞逐渐变短，叶片角部有时分化成小而红褐色的耳部。未见芽胞。雌雄同株异苞。雌苞叶不分化。孢蒴卵圆形至椭圆形，具宽的口部，隐生或伸出，干燥时上部具纵脊；孢蒴壁细胞部分分化 8 条暗黄色的带，并由 8 个灰色的带所间隔；气孔存在于孢蒴的中下部，显型。蒴齿单层或双层，前蒴齿有时存在；外蒴齿 8 对齿片，干燥时直立或外倾，成熟时少数分裂成 16 个齿片，红棕色，外表面具开放式的大疣和中线，在成熟的细胞壁则更明显，内表面多少具疣和蠕虫状中线；内齿层 8 个齿片，为短的披针形，透明，平滑。孢子球形，粗疣，直径 18~25 μm。蒴帽圆锥状椭圆形，表面具明显或不明显的疣，黄色或透明的毛覆盖至顶部。

生境：花岗岩和石上。

产地：新疆：莫日县，博格达山，刘慎谔 3362 (PE)。

分布：中国和印度。

Levier 于 1906 年在 *Muscinee Raccolte Nello Schen-Si (CINA)* 中记录陕西 Han-Sun-Fu 有该种的分布。但是 Lewinsky 于 1992 年该号标本发表为新种：*Orthotrichum erosum* Lewinsky。

亚属 7 木灵藓亚属 subg. *Orthotrichum*

雌雄异株。气孔隐型。前蒴齿存在。IPL 的细胞分化为对称。外蒴齿 16，干燥时直立或平展。内蒴齿齿片 8、16 或缺失，常退化。孢蒴隐生、伸出。叶片干燥时紧贴或平展，钝尖或圆尖；叶边外曲或外卷，偶尔平展；叶片上部细胞具疣或平滑。孢子直径 9~19 μm。着生于岩面。主要分布于北半球。

分种检索表

1. 叶片干燥时扭曲，长渐尖 ·· **28. 卷边木灵藓 O. brassii**
1. 叶片干燥时直立，渐尖 ·· 2
2. 孢蒴较长伸出苞叶之外 ·· **25. 木灵藓 O. anomalum**
2. 孢蒴隐生于苞叶内或仅部分露出苞叶 ·· 3
3. 叶片为 2 层细胞厚；干燥时外蒴齿平展 ················· **27. 半裸蒴木灵藓 O. hallii**
3. 叶片为单层细胞；干燥时外蒴齿直立 ················· **26. 东亚木灵藓 O. ibukiense**

Key to the specise

1. Leaves flexuose when dry, very long acuminate ···································· **28. O. brassii**
1. Leaves erect when dry, acuminate ·· 2
2. Capsules exserted on a long seta ·· **25. O. anomalum**
2. Capsules immersed to emergent, seta short ·· 3
3. Leaves bistratose; exostome teeth spreading when dry ····················· **27. O. hallii**
3. Leaves monostratose; exostome teeth erect when dry ····················· **26. O. ibukiense**

25. 木灵藓

Orthotrichum anomalum Hedw., Spec. Musc. Frond. 162. 1801; Hu and Wang in Li, Bryoflora Xizang: 233. 1985.

植物体多少呈密集的垫状，高 0.6~2.3 cm，下部褐色或黑色，上部暗绿色；茎二歧分枝；基部有假根。干燥时叶片贴生并几乎直立，披针形或狭卵状披针形，锐尖，长 1.8~2.7 mm，宽 0.5~0.8 mm；中肋在近叶尖处消失；叶边全缘，在叶片中部外卷或外曲。叶片上部细胞圆方形或短长形，长 6.0~12 μm，宽 6.0~11 μm，厚壁，每个细胞具 1~2 个不分叉的单疣；基部细胞长方形或长菱形，中等加厚，无壁孔，平滑，长 20~66 μm，宽 3.0~12 μm，沿基部叶边和角部处逐渐变短，近方形，近基部处细胞常变大并呈棕色，中肋处细胞略分化。未见芽胞。雌雄同苞混生。雌苞叶不分化。孢蒴椭圆状圆柱形或圆柱形，突生，干燥时孢蒴上部具 8 或 16 深的纵沟；气孔分布于孢蒴中部，隐型，多少被副卫细胞覆盖。蒴齿单层，具前蒴齿；外齿层 8 对齿片，成熟时分裂成 16 个齿片，黄色或红色，干燥时直立，上部具垂直的条纹，下部具水平的条纹，其上有时具稀疏散生的疣或具密集的疣；内齿层未见。孢子球形，具粗糙或分叉的疣，直径 12~19 μm。蒴盖具短喙。蒴帽椭圆状圆锥形或圆锥形，具纵褶，具有疣的毛。

生境：多生于岩面，偶有树生。

产地：西藏：察隅县，臧穆 76372 (HKAS)，臧穆 5678 (HKAS，YUKU)；Rondu, Thomson 251 (BM)；阿桑下高山，臧穆 211 (HKAS)。云南：中甸县，Wu Fang 山，Long 18515 (E)；维西县，James R. Shevock 32305 (PE)。四川：乡城县，贾渝 04714 (PE)。福建：武夷山，苔藓植物进修班 267 (PE)。河北：中台谢家户，王启无 984 (PE)；五台山，王启无 1103 (PE)。内蒙古：锡林市郭勒盟，仝治国 1057、1070 (PE)；乌拉山，白学良 258 (HIMC, NY)。青海：囊谦县，Tan 95-1611、Tan 95-1614、Tan 95-1615、Tan 95-1630 (FH)。新疆：天山米泉林场，曹兵 066 (HBNU)；独库县，毛溜沟，赵建成 953248 (HBNU)。

分布：中国、阿富汗、巴基斯坦、印度和日本。

26. 东亚木灵藓 (新拟名)　图30，图31

Orthotrichum ibukiense Toy., Journ. Jap. Bot. 14: 620. 2. 1938.

植物体疏松的垫状，高 1.3~1.5 cm，下部褐色或灰褐色，上部褐绿色至暗橄榄绿色；茎二歧分枝；基部有丰富的假根；干燥时叶片贴生并直立，披针形或狭卵状披针形，锐尖，圆锐尖，长 2.5~3.0 mm，宽 0.7~0.9 mm；中肋强，在近叶尖处消失；叶边全缘，从叶片基部至尖部内曲或内卷。上部叶细胞不规则圆形，方形或短长形，长 7.0~16 μm，宽 6.0~13 μm，厚壁，每个细胞具 1~2 个分叉或不分叉的单疣；基部细胞长方形或长菱形，中等加厚，无壁孔，偶尔具壁孔，平滑，长 35~85 μm，宽 9.0~16 μm，沿叶片基部边缘和角部处逐渐变短，近方形。未见芽胞。雌雄同苞混生。雌苞叶不分化。孢蒴椭圆状圆柱形或圆柱形，干燥时孢蒴具 8 个与其同长的深纵沟，有时在近口部有 8 个短的纵沟；孢蒴外壁细胞明显地分化成暗黄色和红色相间分布的带；气孔分布于孢蒴下半部，隐型，几乎完全被副卫细胞覆盖。蒴齿单层，具前蒴齿；外齿层 8 对齿片，成熟时分裂成 16 个齿片，黄色，干燥时基部变暗，直立，外表面具细条纹，内表面平滑；内齿层未见。孢子表面粗糙或具分叉的疣，直径约 19 μm。蒴帽未见。

生境：土面。

产地：西藏：察隅县，察瓦龙，汪楣芝 012920-b (PE)。四川：石渠县，贾渝 08679 (PE)。河北：五台山，王启无 894 (PE)。内蒙古：伊尔施，高谦等 3004 (IFP，PE)。甘肃：文县，邱家坝，贾渝 09268 (PE)。新疆：天山，关克俭 1483 (PE)。

分布：中国和日本。

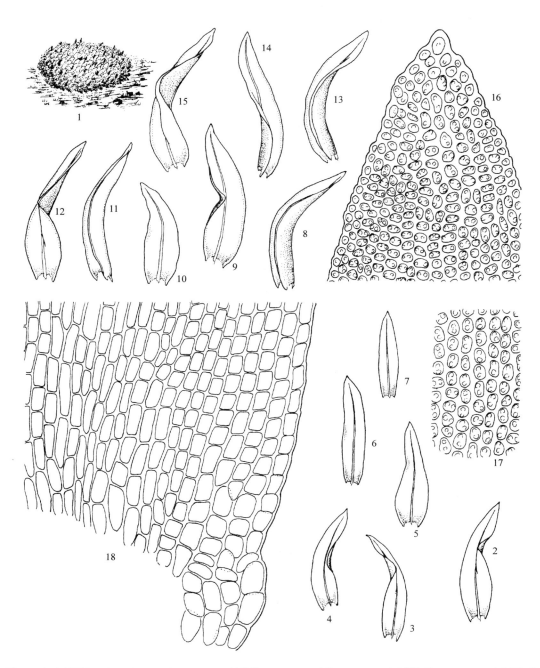

图 30　东亚木灵藓 *Orthotrichum ibukiense* Toy 1. 植物体(×1)，2~15. 叶片(×14)，16. 叶尖部细胞(×367)，17. 叶中部细胞(×367)，18. 叶基部细胞(×367)

Fig. 30　*Orthotrichum ibukiense* Toy 1. habit (×1), 2~15. leaves (×14), 16. apical leaf cells (×367), 17. median leaf cells (×367), 18. basal leaf cells (×367)

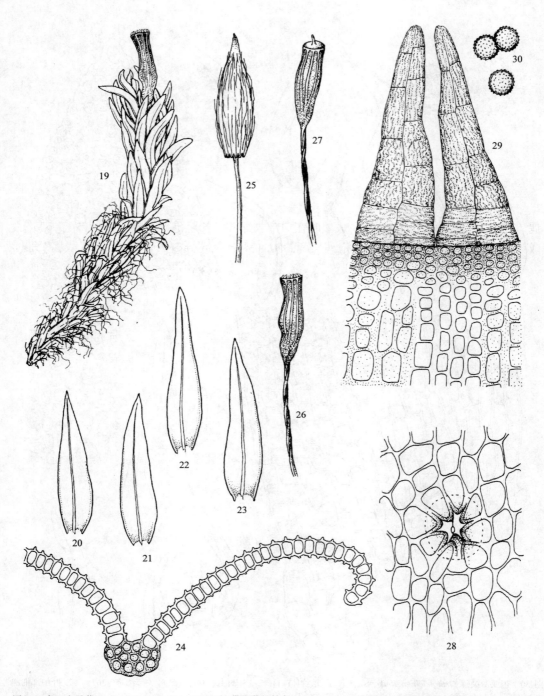

图 31　东亚木灵藓 *Orthotrichum ibukiense* Toy 19. 带孢蒴的枝条(×11)，20~23. 雌苞叶(×14)，24. 叶片横切面(×258)，25. 蒴柄和蒴帽(×11)，26. 孢蒴(干燥时) (×11)，27. 孢蒴和蒴盖(×11)，28. 气孔(×298)，29. 蒴齿(×298)，30. 孢子(×367) (绘图标本：西藏，察隅县，汪楣芝 012920-b, PE) (郭木森 绘)

Fig. 31　*Orthotrichum ibukiense* Toy 19. branch with capsule (×11), 20~23. perichaetial leaves (×14), 24. cross section of leaf (×258), 25. seta and calyptra (×11), 26. capsule (when dry) (×11), 27. capsule and operculum (×11), 28. stoma (×298), 29. peristome teeth (×298), 30. spores (×367) (Xizang: Chayu Co., M.-Z. Wang 012920-b, PE) (Drawn by M.-S. Guo)

27. 半裸蒴木灵藓 (新拟名)

Orthotrichum hallii Sull. et Lesq. in Sull., Icon. Musc. Suppl. 63. 45. 1874.

植物体高约 2.5 cm，色泽暗，上部橄榄绿色或棕色，下部棕色或黑色，垫状生长。主茎上分枝稀少。叶片干燥时疏松着生，湿润时倾立至平展，长 1.7~3.5 mm，长披针形至披针形，狭的钝尖，稀钝的急尖，叶片上半部分双层，有时单层，全缘，下部外卷和弯曲至叶尖部平展；中肋细，消失于叶尖下部。上部细胞宽 7.0~13 μm，不透明，不规则的圆六边形，每个细胞上具 1~3 个圆锥状突起，壁不规则；基部细胞长方形至短长方形，向边缘方向细胞变为方形且透明。雌雄同苞混生。蒴柄长 0.5~1.0 mm；湿润时孢蒴隐生，干燥时露出一半，长 1.0~1.8 mm，椭圆形至椭圆状卵形，孢蒴具 8 条带，达一半处或贯穿整个孢蒴，偶尔还有 8 条极短的间隔纹带，成熟时在口部收缩并延伸至孢蒴基部；孢蒴外壁细胞分化成约 4 个细胞宽黄白色的带，达孢蒴长度的 1/2~3/4；气孔分布于中部，隐型，由分化的副卫细胞覆盖约 1/2~3/4；外蒴齿 8 条，有时不规则分裂成 16 条，白色，成熟时内曲，稀外卷，横纹粗糙或具疣；内齿层 8 条，短，具明显的纵纹，早落；前蒴齿存在，有时存留。孢子直径 10~17 μm，具粗疣。蒴帽椭圆形，平滑，极少具纵褶，具有疣的毛。

生境：腐木、岩面薄土或岩面。

产地：新疆：清河县，清河森林保护区，B. C. Tan 93-1070、93-1078、93-1083 (FH, XJU)。

分布：中国和美国。

28. 卷边木灵藓 (新拟名)　　图 32

Orthotrichum brassii Bartr., Lloydia 5: 268. 25. 1942.

植物体呈柔软、疏松的垫状，可达 6.0 cm 高，下部红棕色至褐色，上部黄褐色至黄色；茎大多数单一不分枝；假根生于植物体的基部，距茎着生叶处有一小段距离。叶片干燥时扭曲，有时叶尖部呈波纹状，卵状披针形，具长渐尖，叶片长 4.5~5.0 mm，宽 0.9~1.5 mm，在下部呈龙骨状突起；中肋在叶尖下消失；叶边缘由于叶细胞的疣突出成圆齿，平展或在下部内曲。叶片上部细胞圆状方形或长形，长 6.0~18.5 μm，宽 6.0~12.5 μm，厚壁，每一细胞通常具 1 低疣；基部细胞菱形或长方形，厚壁，具壁孔，平滑，长 35~85 μm，宽 3.0~4.5 μm；角部细胞分化不明显，但是有时叶片形成下延，下延部分的细胞透明、薄壁；叶片中部与基部之间有一过渡区域，这些过渡区域的细胞多少具波状壁；叶边缘的细胞并不明显变短。雌雄同苞混生。雌苞叶不分化。孢蒴圆柱形，蒴柄明显伸出，孢蒴干燥时上部平滑或仅稍具沟槽；孢蒴外壁细胞具厚壁，不分化形成条带；气孔位于孢蒴中部，显型。蒴齿双层；前蒴齿未被观察到；外蒴齿 8 对，成熟时不分裂，橙色至黄色，干燥时外卷，外表面具密集的疣，内表面更多形成疣状纹；内蒴齿 8，发育良好，披针形或三角形，透明或淡黄色，外表面薄，平滑，内表面具纹饰。内外蒴齿均易吸水性。孢子球形，中等大小，黄棕色，直径 28~40 μm。蒴帽椭圆状圆锥形，具皱褶，其上密被黄色且稍具疣的毛。

生境：路边。

产地：西藏：察隅县，汪楣芝 12518-b (PE)。

分布：中国和巴布亚新几内亚。

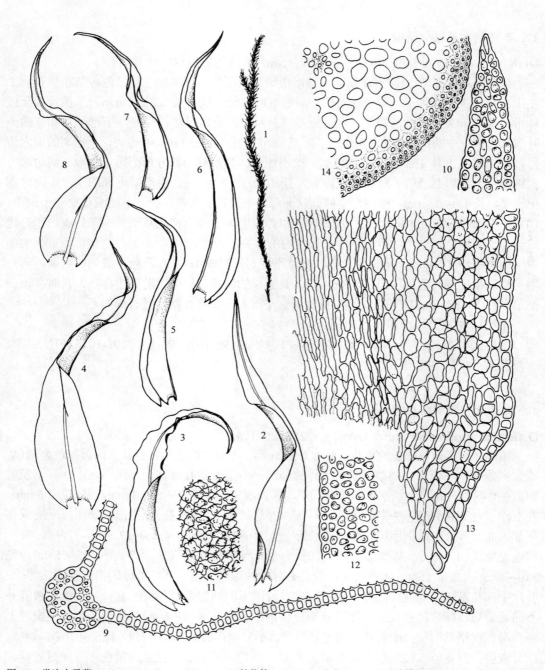

图 32 卷边木灵藓 *Orthotrichum brassii* Bartram 1. 植物体(×1)，2~8. 叶片(×14)，9. 叶片横切面(×258)，10. 叶尖部细胞(×367)，11. 中部近中肋细胞(×367)，12. 中部边缘细胞(×367)，13. 叶基部细胞(×367)，14. 茎横切面一部分(×258) (绘图标本：西藏，察隅县，日东奇马拉山，汪楣芝 12518-b, PE) (郭木森 绘)

Fig. 32 *Orthotrichum brassii* Bartram 1. habit (×1), 2~8. leaves (×14), 9. cross section of leaf (×258), 10. apical leaf cells (×367), 11. median near costa leaf cells (×367), 12. median marginal leaf cells (×367), 13. basal leaf cells (×367), 14. a portion of cross section of stem (×258) (Xizang: Chayu Co., Ridongqimalashan Mt., M.-Z. Wang 12518-b, PE) (Drawn by M.-S. Guo)

属 4　卷叶藓属 *Ulota* Mohr

Ann. Bot. 2: 540. 1806

模式种：卷叶藓 *Ulota crispa* (Hedw.)Brid.

植物体小形垫状簇生，常生于树上、稀石生藓类。茎匍匐，生殖枝直立；茎、枝上均密被假根。叶干时卷缩并旋扭，湿时倾立或背仰，基部较阔向上呈狭披针形；叶边内卷，全缘；中肋强，在叶尖下部消失。叶上部细胞六边形，基部细胞狭长形，黄色，近边缘处有多列方形、薄壁、无色细胞构成分化边缘。雌雄同株，稀异株。雌苞叶不分化，或略分化。蒴柄长，高出苞叶外。孢蒴直立，对称，有 8 条纵褶，干时突起如脊，蒴盖脱落后具 8 纵沟。气孔生于台部。环带宿存。蒴齿通常两层。内齿层具 8 条齿毛，稀 16 或缺失。蒴盖平凸或呈扁圆锥形，具长而直的喙。蒴帽圆锥状钟形，有 10~16 粗钝纵褶，基部绽裂，具多数金黄色毛，稀平滑。叶尖常有叶状无性芽胞。

全世界约有 40 种，中国有 7 种。云南卷叶藓和大蒴卷叶藓均为中国云南特产。台湾卷叶藓叶具卵圆形基部及狭长叶尖，见于中国台湾。

分种检索表

1. 蒴齿缺失 ·· **7. 无齿卷叶藓 *U. gymnostoma***
1. 蒴齿存在 ··· 2
2. 孢蒴圆形 ··· **6. 短柄卷叶藓 *U. perbreviseta***
2. 孢蒴椭圆形或圆柱形 ·· 3
3. 植物体粗壮，高 2 cm 以上 ·· 4
3. 植物小，高不及 1 cm ·· 5
4. 蒴柄长约 6 mm；内蒴齿缺失 ··· **4. 大卷叶藓 *U. robusta***
4. 蒴柄长约 3 mm；内蒴齿齿片 8，平滑 ····················· **1. 大蒴卷叶藓 *U. macrocarpa***
5. 叶片卵状披针形，基部不呈圆形 ································· **5. 东亚卷叶藓 *U. japonica***
5. 叶片线状披针形，基部呈圆形 ·· 6
6. 茎直立，单一或分叉；内蒴齿齿片由两列细胞组成 ··············· **2. 卷叶藓 *U. crispa***
6. 茎匍匐，分枝；内蒴齿齿片由单列细胞组成 ·················· **3. 匍匐卷叶藓 *U. reptans***

Key to the species

1. Peristome absent ··· **7. *U. gymnostoma***
1. Peristome present ··· 2
2. Capsules spherical ··· **6. *U. perbreviseta***
2. Capsules oblong or cylindrical ·· 3
3. Plants thick, ca. 2 cm long ·· 4
3. Plants small, less than 1 cm long ··· 5
4. Seteae ca. 6 mm long; endonstome segments and cilia absent ·············· **4. *U. robusta***
4. Setae ca. 3 mm long; endonstome segments 8, smooth ······················ **1. *U. macrocarpa***
5. Leaves ovate-lanceolate, not rounded at base ······························· **5. *U. japonica***
5. Leaves lineari-lanceolate, rounded at base ··· 6
6. Stems erect, single or forked; endonstome segments consisted of 2 rows of cells ··············· **2. *U. crispa***
6. Stems creeping, branched; endonstome segments consisted of a single row of cells ··············· **3. *U. reptans***

1. 大蒴卷叶藓　图 33

Ulota macrocarpa Broth., Symb. Sin. 4: 7. 1929.

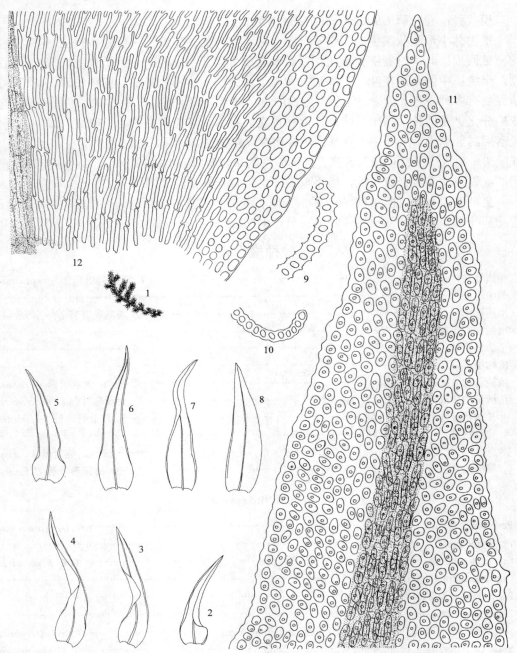

图 33　大蒴卷叶藓 *Ulota macrocarpa* Broth. 1. 植物体(×1)，2~8. 叶片(×30)，9. 叶片中部横切面(×450)，10. 叶片基部横切面(×450)，11. 叶尖部细胞(×450)，12. 叶基部细胞(×450) (绘图标本：四川，木里县，汪楣芝 523748, PE) (唐安科　绘)

Fig. 33　*Ulota macrocarpa* Broth. 1. plant (×1), 2~8. leaves (×30), 9. cross section of median leaf (×450), 10. cross section of leaf base (×450), 11. apical leaf cells (×450), 12. basal leaf cells (×450) (Sichuan: Muli Co., M.-Z. Wang 523748, PE) (Drawn by A.-K. Tang)

植物体粗壮，呈密集的垫状，绿色，下部变为黑色。茎直立或逐渐上升状生长，高约 2.0 cm，密生叶片，二歧分枝，枝条扫帚状。叶片干燥时卷缩，湿时伸展，基部卵形，向上呈线状披针形，锐尖，长约 4.0 mm，叶边直立，全缘；细胞壁强烈加厚，细胞腔小，圆形，直径 6.5~7.8 μm；基部细胞腔呈狭线形，长 26~32.5 μm，宽 4.0~6.5 μm，外侧的细胞腔常为短长方形或近于方形，不加厚，透明。雌雄异株。雌苞叶披针形，中下部较宽，中部以上明显变狭，长约 2.4 mm，上部宽约 0.1 mm，下部宽约 0.3 mm。蒴柄长约 3.0 mm。孢蒴椭圆形，长约 2.5 mm，干燥时不收缩，无纵褶，具 8 条纵脊，不具细胞纵向加厚形成的加厚带，每个纵脊上又有 4 个条纹。外蒴齿成对合生，具细疣，内齿层齿片 8，平滑。孢子棕色，具疣，直径 20~50 μm。蒴帽有疏的毛。

生境：树上着生。

产地：四川：会理县，海拔 3000~3675 m，Handel-Mazzetti 820 (H)；木里县，树上，海拔 3650 m，汪楣芝 23456 (PE)；峨眉山，陈邦杰 5619 (PE)。湖南：Yan-schan，海拔 1200 m，Handel-Mazzetti 2515 (12162) (Type H)。

分布：中国特有。

2. 卷叶藓　图 34

Ulota crispa (Hedw.) Brid., Muscol. Recent. Suppl. 4: 112. 1819.

Orthotrichum crispum Hedw., Spec. Musc. Frond. 162. 1801.

Ulota bruchii Hornsch., Bryologia Universa 1: 794. 1827.

U. crispula Bruch, Bryologia Universa 1: 793. 1827.

O. connectens Kindb., Ottawa Naturalist 3: 150. 1890.

U. camptopoda Kindb., Catalogue of Canadian Plants, Part VI, Musci 85. 1892.

U. ulophylla Broth., Nat. Pflanzenfam. I (3): 473. 1902.

U. longifolia Dixon et Sakurai, Bot. Mag. 49: 140. 1935.

植物体呈小形、圆状而密集的簇生，上部黄绿色，下部颜色较深，高 0.5~2.0 cm，稀疏分枝。叶片干燥时强烈卷曲，湿润时伸展，披针形或狭披针形，先端急尖或渐尖，基部宽而内凹，长 2.0~3.0 mm，边缘平直或反卷；中肋强劲，终止于叶尖下部。上部细胞圆形至卵圆形，直径 8.0~10 μm，细胞壁厚约 3.0 μm，具单疣或马蹄形疣；叶基部近中肋处细胞为狭矩形至长方形，但在边缘处有 4~10 列短矩形细胞，透明，横向壁加厚。雌苞叶几乎不分化。孢蒴椭圆状圆柱形，伸出苞叶之外，具 8 条脊，有一细长的颈部，蒴柄和孢蒴一起长约 4.0 mm，孢蒴包括颈部和蒴盖长约 2 mm。孢蒴外壁细胞分化，沿纵脊呈长方形。气孔大多数生于孢蒴壶部的下部。环带棕色。蒴齿双层，外蒴齿 16，三角状披针形，联合成 8 对，齿片上具细疣，常在近顶部处具穿孔，干燥时向外扭曲，长约 0.2 mm；内齿层齿片 8，平滑而透明，较外齿层短。孢子具细疣，直径 22~25 μm。蒴盖具短喙。

生境：树干和树枝上生长。

产地：云南：维西县，碧罗雪山，汪楣芝 4834-b (PE)。四川：汶川县，观光山，贾

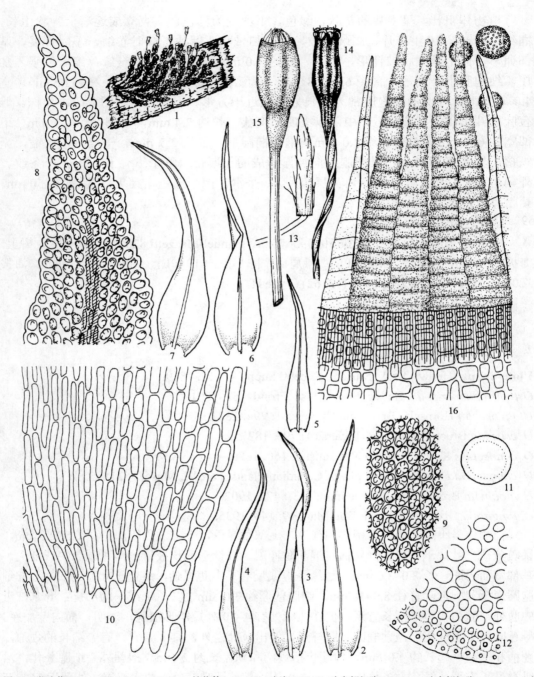

图 34 卷叶藓 *Ulota crispa* (Hedw.) Brid. 1. 植物体(×1), 2~7. 叶片(×17), 8. 叶尖部细胞(×367), 9. 叶中部细胞(×367), 10. 叶基部细胞(×367), 11. 茎横切面(×52), 12. 茎横切面的一部分(×258), 13. 蒴帽(×14), 14. 孢蒴(干燥时) (×14), 15. 孢蒴(湿润时)(×14), 16. 蒴齿和孢子(×258) (绘图标本：云南，杨承元 151a, PE) (郭木森 绘)

Fig. 34 *Ulota crispa* (Hedw.) Brid. 1. plants (×1), 2~7. leaves (×17), 8. apical leaf cells (×367), 9. median leaf cells (×367), 10. basal leaf cells (×367), 11. cross section of stem (×52), 12. a portion of cross section of stem (×258), 13. calyptra (×14), 14. capsule (when dry) (×14), 15. capsule (when moist) (×14), 16. peristome teeth and spores (×258) (Yunnan: C.-Y. Yang 151a, PE) (Drawn by M.-S. Guo)

渝 07056 (PE)；峨眉山，罗健馨 379 (PE)；康定县，折多山，贾渝 02458 (PE)；乡城县，贾渝 04318、04402、04408 (PE，FH)；道孚县，贾渝 09409 (PE，FH)；阿坝县，阿依拉山，贾渝 09719 (PE，FH)。重庆：南川县，金佛山，汪楣芝 860047 (PE)；城口县，贾渝 10129 (PE)；石柱县，黄水镇，于宁宁 01824、01837 (PE)；巫山县，官阳镇，贾渝 10042 (PE)，五里坡林场，王庆华 910、953、960 (PE)。湖北：神农架林区，吴鹏程 394 (PE)；宜昌市，大老岭国家森林公园，王庆华 600 (PE)。湖南：炎陵县，T. Kopnen, S. Huttunen, S. Piippo et P. C. Rao 57173 (H，PE)；桑植县，八大公山自然保护区，V, Virtanen 61312 (H，PE)，J. Enroth 64898 (H，PE)。台湾：南投县，玉山，合欢山，海拔 2915 m，金竹枝上，陈家瑞 97467 (PE)。福建：武夷山，苔藓植物进修班 933 (PE)。江西：庐山植物园，进修班 142 (PE)。浙江：临海县，吴鹏程 692a (PE)。安徽：黄山，陈邦杰等 7047 (PE)。新疆：喀纳斯，买买提明·苏来曼 k151 (XJU，HIRO，PE)。

分布：亚洲东部、欧洲、北美和南美。

3. 匍匐卷叶藓 (新拟名)　图 35

Ulota reptans Mitt., Trans. Linn. Soc. London, Bot. 3: 161. 1891.

植物体小，纤细，下部呈黑色，上部呈黑绿色。主茎匍匐生长，其上具零星分枝；枝条近于直立状。叶片干燥时紧贴茎和枝上并且向内卷曲，叶片基部卵形、内凹并呈桔黄色，向上呈披针形，急尖或多少呈钝尖，长 2.3~2.5 mm，宽 0.6~0.8 mm；叶片边缘平展；中肋细。叶中部细胞近于方形、椭圆形或卵形，长 6.0~9.0 μm，膨大，通常具疣；向基部细胞逐渐变长；叶下部内侧细胞呈线形或狭长的长方形，长 20~40 μm，宽 5.0~6.0 μm，棕色或无色；叶片基部角隅处有 3~6 排透明、长方形的细胞，纵向壁薄，横向壁明显加厚。内雌苞叶长约 2.2 mm。配丝缺乏。蒴柄长 1.5~2.0 mm。孢蒴椭圆状圆柱形或椭圆形，长 1.7~2.0 mm，直径 0.7~0.8 mm；外蒴齿长约 350 μm，灰白色，其上具细疣，干燥时蒴齿向外卷；内蒴齿齿片仅有一个细胞宽。孢子具疣，直径 22~28 μm。蒴盖圆锥形，喙长约 0.6 mm。蒴帽钟形，长约 1.5 mm。雄苞叶长约 0.6 mm；无配丝。

生境：林中树干。

产地：四川：小金县，美沃乡，贾渝 09540、09545 (PE，FH)。重庆：石柱县，黄水镇，于宁宁 01832 (PE)；巫山县，官阳镇，贾渝 10096 (PE)。浙江：凤阳山，凤阳庙，张雪 94083 (HSUN)。

分布：中国、日本和北美西部。

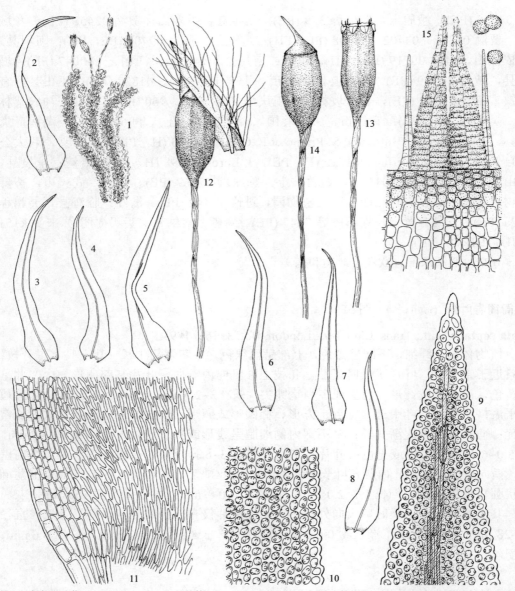

图 35　匍匐卷叶藓 *Ulota reptans* Mitt. 1. 植物体(×4)，2~8. 叶片(×17)，9. 叶尖部细胞(×258)，10. 叶中部边缘细胞(×258)，11. 叶基部细胞(×258)，12. 具蒴帽的孢蒴(×17)，13. 孢蒴(干燥时)(×17)，14. 孢蒴(湿润时)(×17)，15. 蒴齿和孢子(×189)(绘图标本：四川，小金县，贾渝 09540, PE) (郭木森 绘)

Fig. 35　*Ulota reptans* Mitt. 1. plants (×4), 2~8. leaves (×17), 9. apical leaf cells (×258), 10. median marginal leaf cells (×258), 11. basal leaf cells (×258), 12. capsule with calyptra (×17), 13. capsule (when dry) (×17), 14. capsule (when moist) (×17), 15. peristome teeth and spores (×189) (Sichuan: Xiaojin Co., Y. Jia 09540, PE) (Drawn by M.-S. Guo)

4. 大卷叶藓 (新拟名)　图 36, 图 39, 13~17

Ulota robusta Mitt., J. Proc. Linn. Soc., Bot., Suppl. 1: 49. 1859.

Orthotrichum robustum Wils., Kew Journ. Bot., 9: 327. 1857, *nom nud.*

Ulota bellissima Besch., Ann. Soc. Nat. Bot., sér. 7, 15:57 1892.

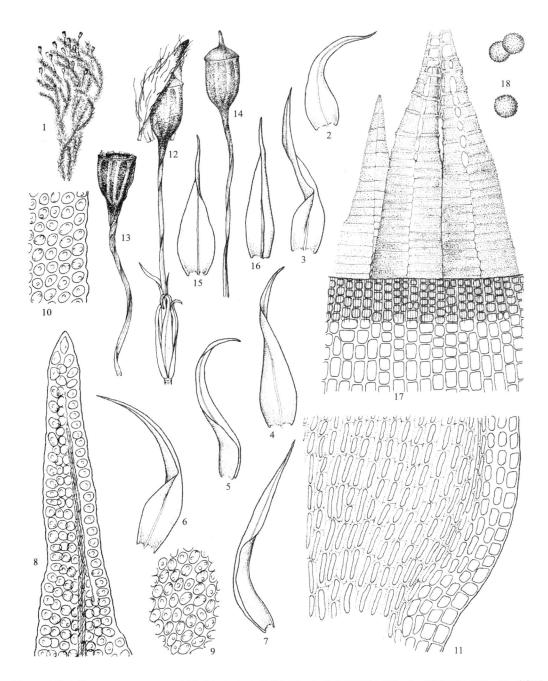

图 36　大卷叶藓 *Ulota robusta* Mitt. 1. 植物体(×2)，2~7. 叶片(×26)，8. 叶尖部细胞(×550)，9. 中部细胞(×550)，10. 中部边缘细胞(×550)，11. 叶基部细胞(×550)，12. 带蒴帽和雌苞叶的孢子体(×21)，13. 孢蒴(干燥时)(×21)，14. 孢蒴(湿润时)(×21)，15~16. 雌苞叶(×26)，17. 蒴齿(×284)，18. 孢子(×284)。(绘图标本：云南，Delavay1647，holotype，FI；四川，盐源县，王立松 83-837，HKAS) (郭木森 绘)

Fig. 36　*Ulota robusta* Mitt. 1. habit (×2), 2~7. leaves (×26), 8. apical leaf cells (×550), 9. median leaf cells (×550), 10. median marginal leaf cells (×550), 11. basal leaf cells (×550), 12. sporophyte with calyptra and perichaetial leaves (×21), 13. capsule (when dry) (×21), 14. capsule (when moist (×21), 15~16. perichaetial leaves (×26), 17. peristome (×284),. 18. spores (×284), (Yunnan: Delavay1647, holotype, FI; Sichuan: Yanyuan Co., Wang Li-Song 83-837, HKAS). (Drawn by M. S. Guo)

植物体簇生状着生，二歧分枝或单一不分枝，高 2.0~5.0 cm，下部为黑色，上部呈金黄色。茎成束状，纤细，分枝多，生殖枝远离营养枝。叶片辐射状着生，直立状平展，硬挺，干燥时不卷曲，狭长形或长披针形，长度为 2.2~5.0 mm，在基部宽约 0.9 mm，外卷，龙骨状突起，全缘，仅尖部具细齿，急尖，叶边中部或整个边缘外卷，基部狭凹；中肋淡红色，贯顶；叶细胞厚壁，圆方形，宽约 9.6 μm，顶部有疣；中部叶细胞有时长形，长约 11 μm；基部细胞壁非常厚，长约 77 μm，宽约 11 μm，极少具疣；叶基部边缘常发化 2~4 列仅横向壁加厚的透明细胞，长方形或正方形。背面具疣。雌雄同株。内雌苞叶与茎叶形态类似，略小，基鞘具稀疏的毛。雄苞生于雌苞内面，雄苞叶小，卵形，渐尖，全缘，中肋在叶尖部下消失。精子器具长柄，具少数长的隔丝。叶基部边缘常分化 3~4 列仅横向壁加厚的透明细胞，长方形或正方形。蒴柄长约 3.5 mm，高出苞叶外。孢蒴倒卵形、卵状圆柱形或短矩形，干时形成 8 纵脊，贯穿整个孢蒴，不收缩，具一狭窄的台部；颈部不明显；外壁处在纵脊上的细胞纵壁加厚；气孔显型，分布在壶颈交界处。蒴齿双层。外蒴齿 16 条，多融合成 8 对，披针形，外侧密疣，内侧基部细条纹，上部密疣，干时常背弯；内蒴齿 8 条，透明或浅黄色，披针形，很宽，外侧光滑，内侧略微密疣。蒴盖具短喙。蒴帽钟形，密毛。孢子球形，密疣，绝大多数已经发生内萌发，直径为 32~45 μm。

生境：树上。

产地：西藏：察隅县，日东公社，汪楣芝 11909-a，12590-g (PE)。云南：Dalavag 1647 (Holotype, FI)；贡山县，汪楣芝 8101 (PE)。四川：峨眉山，胡琳贞 44 (PE)，戴伦焰 T117、206 (PE)，陈邦杰 162、5584、5596 (PE)；盐源县，汪楣芝 22330 (PE)；冕宁县，冶勒自然保护区，牛场坪，贾渝 08188 (PE，FH)。

分布：中国、印度和不丹。

5. 东亚卷叶藓

Ulota japonica (Sull. et Lesq.) Mitt., Trans. Linn. Soc. London, Bot. 3: 162. 1891.

Orthotrichum japonicum Sull. et Lesq., Proc. American Acad. Arts Sci. 4: 277. 1859.

Ulota barclayi Mitt., Journ. Proc. Linn. Soc., Bot. 8: 26. 1864.

U. nipponensis Besch., Ann. Sci. Nat. Bot., sér. 7, 17: 339. 1893.

植物体深绿色至褐绿色，几乎没有光泽。茎直立，长约 1.0 cm，分叉。叶片干燥时不卷曲，狭披针形，长 2.0~3.5 mm，宽 0.3~0.7 mm，锐尖或宽的锐尖，叶片基部呈不明显的鞘部，几乎不内凹但稍具纵褶；叶下部边缘稍内卷。叶中部细胞不透明，近于方形，圆方形或宽的椭圆形，长 8.0~12 μm，背腹两面平滑，不具疣，细胞壁厚壁；叶基部内侧细胞近于线形，长菱形或者长方形，长 30~45 μm，宽 5.0~8.0 μm，无色或黄色，细胞壁局部加厚。内雌苞叶长约 2.0 mm，线状披针形；配丝少。蒴柄长约 2.0 mm。

生境：树枝。

产地：重庆：石柱县，黄水镇，于宁宁 01816 (PE)。

分布：中国、日本。

6. 短柄卷叶藓

Ulota perbreviseta Dix. et Sak., Bot. Mag. 49: 139. 1935.

植物体小形丛生状，上部黄色或褐绿色，下部黑色。茎逐渐上升状，或分叉，其上的枝条直立。茎叶干燥时卷曲，狭披针形至线状披针形，长的锐尖，长 2.3~3.4 mm，宽 0.4~0.6 mm，叶片上部具沟，下部具纵褶；叶边缘平展或上部稍外曲。叶中部细胞透明，圆的六边形或近于椭圆形，长 10~14 μm，宽 3.0~8.0 μm，细胞平滑，或者在少数细胞上有 1~2 个疣；叶边缘细胞类似于中部细胞；下部内侧细胞近于线形或长的长方形，长 16~32 μm，宽 3.0~8.0 μm，向边缘细胞逐渐变宽，基部边缘 3~4 列分化细胞，纵向壁为薄壁，长 18~26 μm，宽 7.0~11 μm。内雌苞叶长 2.8~3.2 mm，基鞘圆形；无隔丝。蒴柄短，长 0.8~1.1 mm。孢蒴稍微伸出苞叶，干燥时为短的圆柱形，湿润时为椭圆形，长 1.2~1.5 mm，直径 0.8~1.0 mm。蒴齿双层，外蒴齿 8，披针形，高约 300 μm；内蒴齿 8，短，高度不及外蒴齿的一半，线形，仅由 1 列细胞组成。蒴盖长约 0.3 mm。孢子球形，直径 18~22 μm。蒴帽钟形，其上具密集的毛。

生境：竹枝上。

产地：四川：若尔盖县，降扎乡，贾渝 09972 (PE, FH)。

分布：中国和日本。

7. 无齿卷叶藓 (新拟)　图 37

Ulota gymnostoma Guo Shui-liang, Enroth et Virtanen

Annales Botanici Fennici 41: 459. 2004.

Type: CHINA. Hunan: Changsha Area, Liu Yang Co., Daweishan National Forest Park, along road from Lu-Yuan hotel towards Tian-Xing Hu, 25°25' N, 114°07'30" E, ca. 1400 m., on trunk of Prunus persica, *Virtanan 62091*, 20 Sep. 2000 (holotype, H!); Yunshan National Forest Park, "Prov. Hunan austro-occ.: In monte Yün-schan prope urbem Wukang, in corb. viv.: *Rhus vernicifl.*" ca. 1200m, *Handel-Mazzetti 12.162* ("Diar. Nr. 2515"), 19 June 1918, as *Ulota macrocarpa* (paratype, H!).

植株体尖部浅绿色，以下暗绿到黑色，高度为 1.0~1.5cm。叶片干时中度到高度卷缩，湿时倾立到开展，长度为 1.2~4.6 mm，披针形，基部略圆阔，上部渐尖形；中肋强，到顶或在叶尖处消失；叶中上部细胞不规则圆形、卵形或短矩形，光滑，壁厚；叶下部中间细胞长方形、菱形和线形，光滑，壁厚，边缘常具 3~6 列仅横向壁加厚的透明细胞，长方形或正方形。

雌雄同株异苞。雌苞叶略分化。蒴柄长 2.5~3.2mm，高出苞叶外。孢蒴长椭圆形，干时仅蒴口强烈收缩形成 8 纵脊；颈部多不明显；蒴外壁纵脊处细胞纵向壁强烈加厚；气孔显型，分布在壶颈交界处；蒴齿无。蒴盖短喙状。蒴帽钟形，密毛。孢子球形，密疣，多数已萌发，直径为 27~40 μm。

生境：树上。

产地：湖南：桑植县，八大公山，T. Koponen 等 48788 (H，PE)。福建：苔藓进修班 933 (PE)。安徽：陈邦杰等 7047 (PE)。

分布：中国特有。

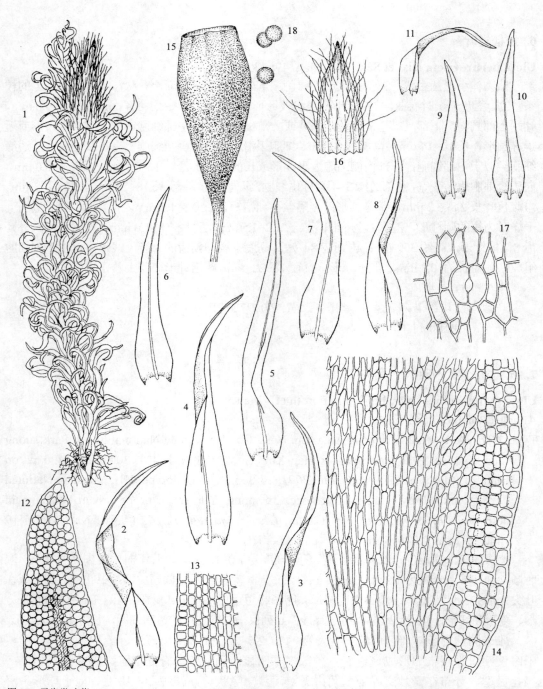

图 37　无齿卷叶藓 *Ulota gymnostoma* Guo Shui-liang, Enroth et Virtanen 1. 植物体(×17)，2~11. 叶片(×26)，12. 叶尖部细胞 (×387)，13. 叶中部边缘细胞(×387)，14. 叶基部细胞(×387)，15. 孢蒴(×17)，16. 蒴帽(×17)，17. 气孔(×387)，18. 孢子(×557) (湖南：桑梓县，Koponen 等 48788, PE) (郭木森 绘)

Fig. 37　*Ulota gymnostoma* Guo Shui-liang, Enroth et Virtanen 1. plant (×17, 2~11. leaves (×26), 12. apical leaf cells (×387), 13. median marginal leaf cells (×387), 14. basal leaf cells (×387, 15. capsule (×17), 16. calyptra (×17), 17. stoma (×387), 18. spores (×557) (Hunan, Sangzi Co., Koponen *et al.* 48788, PE) (Drawn by M.-S. Guo)

亚科 3　蓑藓亚科 Macromitrioideae

主茎匍匐横生。叶基部细胞狭长形。孢蒴卵形、卵长形或圆柱形，稀有纵褶。蒴帽钟形或帽形，稀兜形。

本亚科包含 6 属：我国有木衣藓属 *Drummondia*、蓑藓属 *Macromitrium*、火藓属 *Schlotheimia*、直叶藓属 *Macrocoma* 和小蓑藓属 *Groutiella*。

分属检索表

1. 叶上部细胞平滑；基部细胞方形或长方形，平滑，薄壁；边缘不分化，直立，或内卷；孢蒴卵形，平滑；16 个退化的蒴齿；孢子多细胞，直径 50~100 μm；蒴帽兜形 ········· **5. 木衣藓属 Drummondia**
1. 叶上部细胞平滑或具疣；基部细胞圆形或圆方形，平滑，细胞腔突起或细胞腔管状突起；有时下部边缘分化，平展或外卷；孢蒴卵形或圆柱形；蒴齿多种式样；孢子单细胞，直径 40 μm；蒴帽钟形 ··· 2
2. 叶片干燥时直立而且紧贴；基部细胞圆方形；蒴帽覆盖孢蒴，多少具毛 ····· **8. 直叶藓属 Macrocoma**
2. 叶片干燥时疏松排列，卷缩或螺旋状扭曲；基部细胞长形或者边缘分化；蒴帽覆盖孢蒴不及 1/2，裸露，极少具密集的毛 ··· 3
3. 叶片基部分化边缘 1 至数列线形，波状的厚壁细胞 ····························· **9. 小蓑藓属 Groutiella**
3. 叶片基部无分化边缘，基部细胞均一的长形厚壁细胞，有些细胞常具棒状疣 ······················· 4
4. 植物体火红色；叶细胞平滑；蒴齿 16，发育良好；蒴帽 4~6 瓣裂，无纵褶 ··· **7. 火藓属 Schlotheimia**
4. 植物体绿色或暗绿色；叶细胞平滑或具疣；蒴齿通常退化，单层或双层；蒴帽具纵褶 ·· **6. 蓑藓属 Macromitrium**

Key to the genera

1. Upper leaf cells smooth; basal cells quadrate to rectangular, smooth, thin-walled; leaf margins not bordered, erect or incurved; capsules ovoid, smooth; peristome of 16 rudimentary teeth; spores multicellular, 50~100 μm in diam.; calyptrae cucullate ······················· **5. Drummondia**
1. Upper leaf cells smooth or papillose; basal cells rounded to rounded-quadrate, smooth or tuberculate; leaf margins sometimes bordered below, plane or reflexed; capsules ovoid to cylindric; peristome teeth various; spores unicellular, ca. 40 μm in diam.; calyptrae mitrate ···························· 2
2. Leaves straight and appressed when dry; basal leaf cells rounded-quadrate; calyptrae covering the urn, smooth or ±hairy ·· **8. Macrocoma**
2. Leaves loosely appressed, contorted or spirally twisted when dry; basal leaf cells elongate or margins border; calyptrae covering less than 1/2 the urn, naked or rarely densely hairy ······························· 3
3. Leaves bordered at base by 1 to several rows of linear, sinuose, thick-walled cells ············ **9. Groutiella**
3. Leaves not bordered at base, basal leaf cells uniformly elongate and thick-walled, often some cells tuberculate ·· 4
4. Plants dark-brown; leaf cells smooth; exostome teeth 16, linear, well developed; calyptrae 4-6 lobed, not plicate ··· **7. Schlotheimia**
4. Plants green or dark-green; leaf cells smooth or papillose; peristome usually rudimentary, single or double; calyptrae plicate ·· **6. Macromitrium**

属 5 木衣藓属 *Drummondia* Hook. in Drumm.

Musc. Bor. Amer. N. 62. 1828.

模式种：木衣藓 *D. prorepens* (Hedw.) Britt.

纤长，平展，丛集成片，通常树生、稀石生藓类。茎匍匐，密生，分枝直立而等长，枝条单一或继续分枝，随处生棕色假根。叶干时硬直，紧贴茎上或螺旋状扭转，湿时倾立或散列，卵长形，披针形或狭长披针形，长渐尖或略钝；叶边平直；中肋稍粗，在叶尖部消失。叶细胞圆多边形，平滑，基部近中肋处细胞稍大。雌雄同株或异株。雌苞叶与营养叶同形或略长，舌状卷筒形，钝端。蒴柄长。孢蒴卵形，薄壁，脱盖后易皱缩。环带不分化。蒴齿单层，齿片短截，不分裂，有密横隔，平滑无疣。孢子甚大，圆形或卵长形，多细胞，绿色，平滑，或有粗疣。蒴盖圆锥形，有斜喙。蒴帽兜形，平滑。

根据 Vitt (1972)，全世界有 6 种和 1 个变种，我国有 5~6 种，均极近似。中华木衣藓 *D. sinensis* C. Müll.、棕色木衣藓 *D. rubiginosa* C. Müll.、贵州木衣藓 *D. cavaleriei* C. Müll.、西南木衣藓 *D. thomsonii* Mitt.，另野口彰报道 *D. prorepens* (Hedw.) Britt. 在我国安徽有分布。棕色木衣藓由 C. Müller 于 1896 年发表的新种，该标本采自陕西光头山。但是，Vitt (1972)认为该种应该隶属于火藓属 *Schlotheimia*，并作一新的组合：*Schlotheimia rubiginosa* (C. Müll.) Vitt.。然而，作者从意大利的佛罗伦萨标本馆借阅了该种的模式标本。经仔细的形态观察，植物体红棕色，细胞腔凸出，孢蒴近于球形，由于标本年代久远，已无蒴齿，也未见蒴帽，所以，尽管 Vitt 将归入火藓属，但是，作者未能证实这一观点，由于模式标本已无完好的孢子体，所以，将该种存疑。贵州木衣藓已被作为中华木衣藓的异名。本次研究仅确认 1 种：中华木衣藓 *Drummondia sinensis* C. Müll.。

1. 中华木衣藓 图 38

Drummondia sinensis C. Müll., Nuov. Giorn. Bot. Ital. n. s. 3: 105. 1896

D. clavellata Hook. f., Musci Americani; or, Specimens of the Mosses Collected in British North America 62. 1828.

Drummondia duthiei Mitt. ex C. Müll., Nuov. Giorn. Bot. Ital. n. s. 3: 106. 1896.

D. cavaleriei Thèr., Bull. Acad. Int. Géogr. Bot. 18: 252. 1908.

D. ussuriensis Broth., Novi. Syst. Pl. Non Vascula. 274. 1965.

植物体色泽暗，暗绿色至橄榄绿色，垫状。主茎匍匐着生，长可达 14 cm，其上有许多直立而末端分叉的枝条，高 0.5~1.5 cm。茎叶与枝叶不明显分化，抱茎着生，不规则弯曲状伸展，常多少扭曲，长 1.5~2.0 mm，卵状披针形，渐尖；上部边缘有时为双层；枝叶直立，贴生，干燥时稍扭曲，湿润时伸展或平直伸展，长 1.5~2.5 mm，椭圆形至舌状披针形，钝的渐尖，有时突出成一个小芒尖，或锐尖，具沟，龙骨状；叶边直立，全缘，在近尖部处常呈双层；中肋在叶尖下部消失。细胞圆形，椭圆状圆形至方圆形，平滑，厚壁，宽 6~13 μm；基部细胞长方形，清晰，少，在边缘处细胞为方形。雌雄异株。

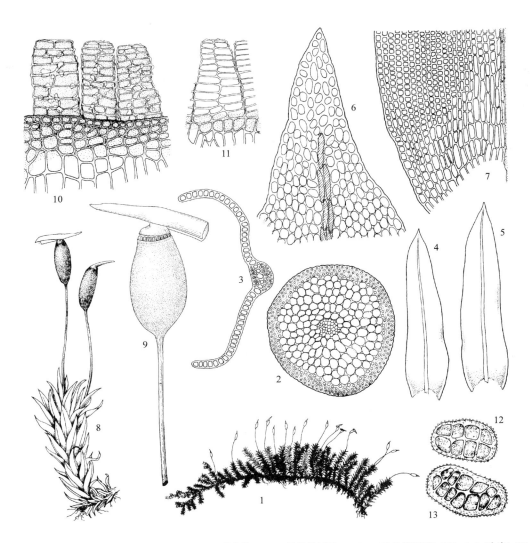

图 38　中华木衣藓 *Drummondia sinensis* C. Müll. 1. 植物体(×1), 2. 枝的横切面(×132), 3. 叶的横切面(×132), 4~5. 叶片(×26), 6. 叶尖部细胞(×338), 7. 叶基部细胞(×338), 8. 具孢蒴的枝条(×5), 9. 孢蒴、蒴盖和蒴帽(×16), 10. 蒴齿外表面一部分(×132), 11. 蒴齿内表面(×132), 12~13. 孢子(×338) (绘图标本：PE) (郭木森 绘)

Fig. 38　*Drummondia sinensis* C. Müll. 1. habit (×1), 2. cross section of branch (×132), 3. cross section of leaf (×132), 4~5. leaves (×26), 6. apical leaf cells (×338), 7. basal leaf cells (×338), 8. branch with capsule (×5), 9. capsule, operculum and calyptra (×16), 10. outside surface of peristome teeth (×132), 11. inside surface of peristome teeth (×132), 12~13. spores (×338) (Drawn by M.-S. Guo)

雌苞叶椭圆形或卵状椭圆形，锐尖，长 1.4~2.8 mm，长方形的基部细胞向上扩展到叶片一半的长度。蒴柄长 4.0~8.7 mm。孢蒴长 1.4~2.1 mm，狭椭圆形至椭圆形，成熟时平滑，老时皱缩，棕色；孢蒴外壁细胞排列疏松，厚壁，不规则的六边形，长 30~60 μm，在口部有 2~4 排有色的近于长方形的细胞。气孔多数，位于孢蒴的颈部。蒴齿单层，16 个齿片，5~7 个细胞高，常形成一低的基膜，平滑，外层通常存在。蒴帽平滑，钟形，大。孢子球形，直径 50~70 μm，或长方形，长 45~84 μm，宽 30~50 μm。

生境：树干，偶尔岩面。

产地：云南：福贡县，王立松 842 (HKAS)。四川：峨眉山，单人华 908 (PE)。重庆：巫溪县，白果林场，双阳乡，王庆华 183 (PE)；云阳县，丛林乡，贾渝 09991 (PE)，泥溪乡，王庆华 847 (PE)；巫山县，五里坡林场，王庆华 957 (PE)。湖南：长沙，岳麓山，何观洲、刘丽钧 y1、y13、y23 (PE)，衡山，何观洲 29 (PE)。福建：武夷山，苔藓植物进修班 264 (PE)。江西：庐山，陈邦杰等 146 (PE)。安徽：Choei Tong，Courtois 2 (PE)，霍山县，大别山，蔡空辉 71579 (HSUN)，黄山，陈邦杰等 6535 (PE)；九华山，尤复翰 1 (PE)。江苏：宜兴县，陈邦杰 2142 (PE)。河北：五台山，王启无 842、1085 (PE)。河南：西峡县，老君山，罗健馨 285 (PE)，罗健馨 230a (PE)。吉林：吉林市，龙潭山，高谦 1859 (PE)；安图县，长白山，T. Koponen 36751、36853、36855、36903、37128 (H，PE)，张韵水 4414 (PE)。陕西：秦岭南坡，陈邦杰等 558 (PE)；Lun-San-Huo, Giraldi1895 (FI)，佛坪自然保护区，王幼芳、李粉霞 316、2077 (HSUN，PE)，李粉霞 266 (HSUN)。

分布：中国、日本、印度和俄罗斯。

属6　蓑藓属 *Macromitrium* Brid.

Muscol. Recent. 4: 132. 1819.

模式种：蓑藓 *M. aciculare* Brid.

植物体通常大形，平展，通常暗绿色或棕褐色，多为大片生长的树生或石生藓类。茎匍匐蔓生，随处有棕红色假根，具多数直立或蔓生、长或短的分枝；枝单一或簇生。叶直立或背仰，干时紧贴茎上或卷曲皱缩，或一侧卷扭，基部微凹或有纵褶，披针形、卵披针形或长舌形，钝端或渐尖，或有长尖；中肋粗，在叶尖处消失或稍突出，稀突出成毛状尖。叶上部细胞圆方形或圆六边形，平滑或具疣；基部细胞长方形，常厚壁，胞腔较狭，平滑或细胞侧壁有疣，中肋附近细胞常为薄壁，疏松而无色透明，构成不同细胞群，有时基部细胞圆形，稀叶细胞均呈狭长形。雌雄同株、异株，或假同株。雌苞叶与营养叶同形或分化。蒴柄长，稀甚短，有时粗糙。孢蒴近于球形或长卵圆形；有气孔。蒴齿两层或单层，稀缺失；如为单齿层，齿片披针形，乳白色或棕红色，有粗或细疣；如为双齿层，则常为较低有疣而愈合的基膜，外层有时具退化的齿片。蒴盖圆锥形，有细长直立喙。蒴帽钟形，有纵褶，罩覆全蒴，平滑而有毛，下部绽裂成瓣。孢子常不等大，具疣。

全世界约 361 种，分布温暖地区，通常生树干上、稀石上。本属在我国主要分布于温带地区。由于受生态环境变化的影响，变异较大，所以以前记载的种类特多。但是目前种的区别尚未能完全清楚，而且，极为缺乏资料，今后一方面须核对模式标本，并予深入调查才能对本属各种有正确的认识。本次研究确认中国 8 种。

分种检索表

1. 外蒴齿存在，线状披针形 ·· 2
1. 外蒴齿缺失 ·· 7
2. 枝条长，其上着生数个小枝；蒴柄短；孢蒴稍伸出雌苞叶外 ·········· **6. 短柄蓑藓 *M. prolongatum***
2. 枝条长或短，多数缺乏小枝；蒴柄较长；孢蒴明显伸出雌苞叶外 ························· 3
3. 叶片尖部钝或圆钝；细胞壁薄；叶基部细胞短 ························ **3. 钝叶蓑藓 *M. japonicum***
3. 叶片渐尖或锐尖；细胞壁薄或厚 ·· 4

4. 细胞壁薄；蒴帽长，完全覆盖孢蒴 ······················ **4. 长帽蓑藓 M. tosae**

4. 细胞壁厚；蒴帽短，稍覆盖孢蒴 ·· 5

5. 蒴柄长于 10 mm ······································ **5. 长柄蓑藓 M. microstomum**

5. 蒴柄不及 10 mm ··· 6

6. 叶片大多渐尖；叶细胞黄色，稍具乳突；叶基部细胞狭长形 ··········· **1.福氏蓑藓 M. ferriei**

6. 叶片锐尖；叶细胞明显乳突；叶基部细胞长方形或近于狭长形 ········· **8. 黄肋蓑藓 M. comatum**

7. 枝叶卵状椭圆形或卵状舌形；蒴帽被较多的毛 ··········· **7. 阔叶蓑藓 M. holomitrioides**

7. 枝叶长形或椭圆状披针形；蒴帽无毛 ··········· **2. 缺齿蓑藓 M. gymnostomum**

Key to the species

1. Exostome teeth present, linear-lanceolate ··· 2

1. Exostome teeth none ··· 7

2. Branches long with several branchlets; setae short; capsules slightly exserted beyond the perichaetial leaves
··· **6. M. prolongatum**

2. Branches short or long, mostly lacking branchlets; setae rather long; capsules highly exserted beyond the perichaetial leaves ·· 3

3. Leaf apex obtuse to round obtuse; cells thin-walled; basal leaf cells short ········· **3. M. japonicum**

3. Leaf apex acute to acuminate; cells thin-walled or thick-walled ······················ 4

4. Cells thin-walled; calyptrae long, extending far beyond the capsules ············· **4. M. tosae**

4. Cells thick-walled; calyptrae rather short, extending slightly beyond the capsules ············· 5

5. Setae more than 10 mm long ······································· **5. M. microstomum**

5. Setae less than 10 mm long ··· 6

6. Leaves mostly acuminate; leaf cells yellowish, slightly bulged; basal laminal cells narrowly linear ··········
··· **1. M. ferriei**

6. Leaves acute; leaf cells strongly bulged; basal laminal cells rectangular to sublinear ········· **8. M. comatum**

7. Branch leaves ovate-oblong to ovate-lingulate; calyptrae with many hairs; phyllodioicous ··········
··· **7. M. holomitrioides**

7. Branch leaves linear to oblong-lanceolate; calyptrae naked; autoicous ·············· **2. M. gymnostomum**

1. 福氏蓑藓

Macromitrium ferriei Card. et Thér., Bull. Acad. Int. Géogr. Bot. 18: 250. 1908.

M. comatulum Broth. ex Okam. in Matsumura, Icon. Pl. Koish. 3: 41. 1915.

M. quercicola Broth., Akademie der Wissenschaften in Wien, Sitzungsberichte, Mathematisch-naturwissenschaftliche Klasse, Abteilung 1 131: 212. 1923.

M. inflexifolium Dix., Journ. Siam Soc. Nat. Hist. Suppl. 9: 19. 1932.

植物体呈密集的片状生长，下部黑褐色，上部黄绿色。主茎匍匐，分枝密集，叶片在其上密集生长；枝条直立，短而单一，尖部圆钝，长可达 1.5 cm，在其上部有几个短的小枝，叶片密集着生。茎叶反仰或伸展，黄色，椭圆状披针形，长 1.0~1.5mm，宽 0.2~0.4 mm，渐尖，外曲或直立，明显呈龙骨状，基部褐黄色；叶边外曲；中肋达叶尖。中部细胞透明，具 1 至数个大疣，六边形或长方形，长 8.0~12 μm，宽 5.0~6.5 μm，厚壁；基部细胞近线形，长 15~20 μm，宽 4.0~5.0 μm；枝叶干燥时卷缩，湿润时完全伸展，黄色，椭圆状披针形，椭圆状线形或卵状披针形，长 2.5 mm，宽 0.5 mm，圆钝至渐尖，龙骨状，在基部多少皱褶，叶尖直立或略内弯，基部褐黄色；叶边近于全缘或疣状小圆齿，外弯，特别是在下部；中肋黄褐色，达叶尖部。叶片中部细胞呈泡状，六边形，直径 6.5~10 μm，细胞壁薄但具角隅加厚，其上有 3~5 个小疣，不透明。雌雄同株异苞。孢子体生于枝条上近顶端处。内雌苞叶椭圆状披针形，狭的渐尖，龙骨状突起，基部具皱褶，长可达 2.5 mm；中部细胞透明，长方形，单疣且具厚壁。配丝多数，长 0.4~0.6 mm。蒴柄直立，平滑，长 7~10 mm，偶尔 3 mm，棕色。孢蒴直立，卵状椭圆形或椭圆形，长 1.2~1.6 mm，直径 0.5~0.9 mm，干燥时略收缩。蒴盖为具喙的圆锥形，0.7~0.8 mm。蒴齿单层，齿片线形至披针形，尖部圆钝，具细而密的疣，高达 0.2 mm。孢子圆形，具细疣，直径 15~32 μm。蒴帽兜形，常在基部分裂，长 2.0~3.0 mm，其上具多数褐黄色的毛。

生境：树干、树枝、岩面。

产地：西藏：察隅县，察瓦龙，汪楣芝 12843-d、12856-f (PE)，松塔山北坡，汪楣芝 8223、8224 (PE)；墨脱县，汪楣芝 800248-(1)、800262-(4)、800343-(1)、800412-(7)、800423-(6) (PE)，东山，汪楣芝 800721-(5)、800766 (PE)，运输连附近，汪楣芝 800526-(1) (PE)，无名山，汪楣芝 800560-(12) (PE)，班固山，汪楣芝 800485-(10) (PE)，格当站后山，汪楣芝 800969-(2) (PE)；类乌齐县，臧穆 76-378 (HKAS)。云南：保山县，罗健馨等 811742c、811832b (PE)；贡山县，独龙江，汪楣芝 9727a、9810a、11473-a、11511-c (PE)，丙中洛，汪楣芝 7518、7524、8966 (PE)，臧穆 1296 (HKAS)；高黎贡山，汪楣芝 9244、9268a (PE)，达拉，王启无 6445 (PE)；泸水县，片马，罗健馨等 81215A-e (PE)，罗健馨、汪楣芝 812514 (PE)；维西县，碧罗雪山，汪楣芝 5433-c、5434、5444b、5479 (PE)；腾冲县，王立松 64 (PE)；勐海县，巴达乡，吴鹏程 26684、26701 (PE)；勐养县，吴鹏程 26373 (PE)；勐腊县，西双版纳植物园，吴鹏程 26429 (PE)，吴鹏程 26604 (PE)，勐仑石灰山，黎兴江 2450、2479、2492 (HKAS)，尚勇小亚河口，黎兴江 2943、2919、3102 (HKAS)；思茅县，汪楣芝 4482 (PE)；丽江县，臧穆 1366 (HKAS)；丘北县，清水江，黎兴江 66 (HKAS)；芒市，无采集人 834 (HSUN)。四川：峨眉山，陈邦杰 5315 (PE)，罗健馨 234 (PE)，钟心煊 563、567 (PE)；天全县，二郎山，罗健馨、辛宝栋 965 (PE)；南坪县，九寨沟，Bruce Allen 7236 (MO)；都江堰市，龙池地区，汪楣芝 50537 (PE)；攀枝花市，王立松 83-20 (HKAS)；米易县，麻陇，王立松 83-472 (HKAS)；木里县，宁朗，王立松 83-1648 (HKAS)。重庆：南川县，金佛山，汪楣芝 860390、861039 (PE)，胡晓云 0261 (PE)；万州区，龙驹镇，王庆华 777 (PE)；巫山县，官阳镇，贾渝 10064 (PE)。湖南：江永县，T. Koponen 60019 (H，PE)；桑梓县，八大公山，饶鹏程 58906 (H，PE)；炎陵县，T. Koponen 等 56687 (H，PE)；浏阳县，大围山国家森林公园，V. Virtanen 61918 (H，PE)；石门县，T. Koponen, S. Huttunen, S. Piippo et P. C. Rao 54003 (H，PE)。广西：融水县，洞马乡，龙光日 91092a (PE)；那坡县，裴林英 2425 (PE)；靖西县，壬庄乡，韦玉梅 1972 (PE)；龙州县，韦玉梅 1237 (PE)。广东：深圳市，南澳，刘阳、汪楣芝 4156 (PE)，梧桐山，深圳考察队 2541 (PE)，泰山涧，张力 5793 (SZG)，杨梅坑，张力 4415 (SZG)。海南：尖峰岭，陈邦杰等 517、520、840 (PE)；鹦哥岭自然保护区，张力 4190 (SZG)；乐东县，李植华 85068 (PE)。台湾：台东县，巴鱼湖，庄清章 5229 (UBC，PE)；花莲县，Ta-yu-ling，庄清章 5813 (UBC，PE)。福建：武夷山，苔藓植物进修班 231 (PE)；将乐县，陇栖山，汪楣芝 48056、48219、48816 (PE)；三明市，陇西山国家

级自然保护区，王庆华 1018 (PE)。江西：庐山，黄龙寺，臧穆 738 (HKAS)，庐山植物园，陈邦杰等 120 (PE)，苔藓进修班 129、179 (PE)；上犹县，五指峰乡，光菇山，于宁宁 01340、01353、01379 (PE)；石城县，汪楣芝 080167、080176 (PE)，汪楣芝、彭炎松 080230、080437、080439 (PE)。浙江：东清县，吴鹏程等 3315 (PE)；西天目山，吴鹏程 7699、7798 (PE)；德清县，莫干山，吴鹏程 1258、1264、1265 (PE)；遂昌县，九龙山，洪如林 1492 (HSNU)。安徽：黄山，陈邦杰 6107、6526 (PE)，天都峰，胡人亮、高彩华 014 (HSUN)。江苏：南京市，栖霞山，陈邦杰 5967 (PE)，黄永宜 5 (PE)。

分布：中国、朝鲜和日本。

根据目前我们所研究的标本，该种是本属在中国分布最广的。

2. 缺齿蓑藓 图 39: 1~12

Macromitium gymnostomum Sull. et Lesq., Proc. Amer. Acad. Arts. Sco. 4: 78. 1859.

M. rupestre Mitt., Journ. Linn. Soc. Bot. 8: 150. 1864.

Dasymitrium molliculum Broth., Bull. Herb. Boiss. sér. 2, 2: 992. 1902, nom. illeg.

植物体密集丛生，黑褐色或红褐色，幼枝呈黄色。茎长，叶片疏松着生，密被棕色假根；枝条直立，单一，长可达 5.0 mm，其上有几个短的小枝条，顶部圆钝。茎叶基部呈椭圆形，向上逐渐呈线状披针形，弓形，龙骨状，长可达 1.2 mm；中肋黄棕色，达叶尖部。叶片中部细胞透明，长方形，厚壁，平滑；上部细胞略不透明，圆形，具不明显的疣；枝叶干燥时卷曲，湿润时线形，线状披针形或卵状披针形，长 1.3~2.0 mm，宽 0.2~0.3 mm，龙骨状，锐尖或渐尖，下半部黄色或透明，上半部多少不透明；叶片中部略外卷；中肋黄褐色或黄色。叶片中部和上部细胞不透明，圆形或圆状六边形，直径 3.0~4.5 μm，泡状，细胞壁厚，其上有 3~4 个疣；基部细胞线形，长 10~20 μm，不均匀加厚，平滑。雌雄异株。内雌苞叶卵状披针形，渐尖；中肋达叶尖部；细胞透明且平滑。配丝多数，略伸出苞叶。蒴柄平滑，长 5.0~8.0 mm，偶尔长 3.0 mm，棕色。孢蒴直立，椭圆状圆柱形，长 1.5~2.0mm，直径 0.7~0.8 mm，偶尔 0.8~1.0 mm，棕色，深皱褶，干燥时在口部处收缩。蒴盖为具钻尖的圆锥形，高可达 0.7 mm。未见蒴齿。孢子圆形，具细疣，直径 20~28 μm。蒴帽兜形，长 1.7~2.0 mm，偶尔长仅 1.5 mm，基部很宽，多少分裂和具皱褶，无毛，上部黄色或棕色。

生境：树干或岩面。

产地：云南：丽江县，石鼓镇，海拔 1850 m，王立松 81-677 (PE)；贡山县，独龙江，海拔 1900 m, 汪楣芝 11473b (PE)。四川：峨眉山，陈邦杰 5308 (PE)，罗健馨、辛宝栋 3174 (PE)。贵州：江口县，梵净山，吴鹏程 23644 (PE)。湖南：长沙市，岳麓山，T. Koponen, S. Huttunen et P.C.Rao50729 (H, PE)；浏阳市，大围山国家森林公园，V. Virtanen61994 (H, PE)。广西：融水县，洞马，龙光日 91091 (PE)，张家湾，何小兰 H00502 (PE)。福建：武夷山，苔藓植物进修班 196、295、377、897 (PE)；将乐县，陇西山，汪楣芝 48056 (PE)。江西：上犹县，五指峰乡，于宁宁 01233 (PE)；石城县，赣江源，汪楣芝、彭炎松 080440 (PE)。浙江：遂昌县，九龙山，洪如林 1495 (HSUN)。安徽：黄山，西海门，陈邦杰等 7026 (PE)。江苏：南京市，黄永宜 3 (PE)。

分布：中国、朝鲜和日本。

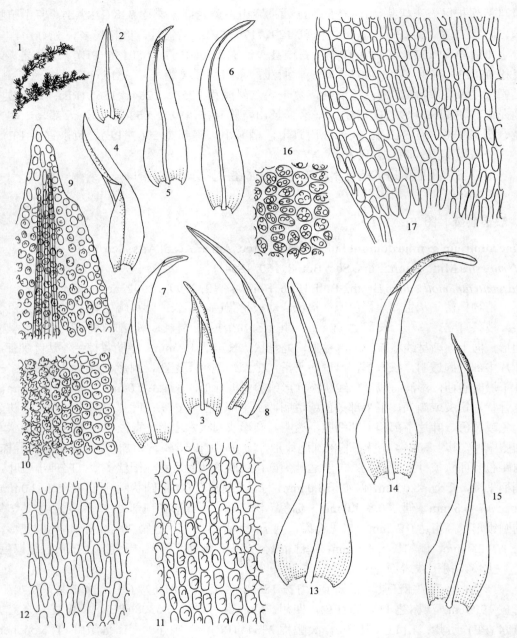

图 39　1~12. 缺齿蓑藓 *Macromitrium gymnostomum* Sull. et Lesq. Mitt. 1. 植物体(×1)，2~4. 茎叶(×28)，5~8. 枝叶(×28)，9. 叶尖部细胞(×336)，10. 叶中部细胞(×336)，11. 叶中下部细胞(×336)；13~17. 大卷叶藓 *Ulota robusta* Mitt. 13~15. 叶片(×46)，16. 叶中部细胞(×336)，17. 叶基部细胞(×336) (绘图标本：1~12. 福建，将乐县，陇西山，汪楣芝 48056，PE；13~17. 西藏，察隅县，汪楣芝 12590g，PE) (郭木森 绘)

Fig. 39　(1~12) *Macromitrium gymnostomum* Sull. et Lesq. 1. habit (×1), 2~4. stem leaves (×28), 5~8. branch leaves (×28), 9. apical leaf cells (×336), 10. middle leaf cells (×336), 11. lower leaf cells (×336); 13~17. *Ulota robusta* Mitt. 13~15. leaves (×46). 16. middle leaf cells (×336), 17. basal leaf cells (×336) (1~12. Fujian: Jiangle Co., Longxishan Mt., M.-Z. Wang 48056, PE; 13~17. Xizang: Cayu Co., M.-Z. Wang 12590g, PE) (Drawn by M. S. Guo)

3. 钝叶蓑藓 图 40

Macromitrium japonicum Dozy et Molk., Ann. Sci. Nat. 3: 311. 1844.

M. insularum Sull. et Lesq. Proc. Amer. Acad. Arts. Sci. 4: 278. 1859

M. spathulare Mitt., Journ. Proc. Linn. Soc. Bot., Suppl. 1: 50. 1859.

Dasymitrium incurvum Lindb., Öfv. K. Vet. Akad. Förh. 9: 421. 1864.

D. makinoi Broth., Hedwigia 38: 215. 1899.

Macromitrium incurvum (Lindb.) Mitt., Trans. Linn. Soc. London 3: 162. 1891.

M. makinoi (Broth.) Par., Ind. Bryol. Suppl. 239. 1900.

M. bathyodontum Card., Beith. Bot. Centralbl. 17: 13. 1904.

M. nakanishikii Broth. ex Okam. In Matsumura, Icon. Pl. Koish. 4: 45. 1919.

植物体紧密，暗绿色垫状，下部黑褐色，顶部黄绿色。茎长而匍匐；分枝直立，末端圆钝，短，单一，经常长可达 10 mm，其上有短小枝，密生叶片。茎叶外曲，从一个三角状卵形的基部，逐渐向上收缩成椭圆状披针形的尖部，线形，锐尖或钝尖，尖部略内卷，基部处最宽，黄褐色，呈明显的龙骨状，长 1.0~2.0 mm，宽 0.3~0.4 mm；中肋粗，达叶尖下部。中部细胞圆六边形，极厚的壁，具 2~4 个疣，偶尔平滑；下部细胞长方形，厚壁，平滑。枝叶干燥时内曲或内曲状卷缩，湿润时伸展，但尖部仍内曲，基部无色，舌形或亚线形，锐尖、钝尖或宽的圆尖，明显的龙骨状，基部多少有纵褶，尖部内曲至直立，长 1.5~2.3mm，宽 0.3~0.4 mm；叶边外卷；中肋粗，黄棕色，达叶尖下部。中部细胞相当模糊，方形或六边形，7.0~12 μm，薄壁，具几个小疣；基部细胞无色，长方形，长 15~20 μm，宽 4.0~5.0 μm，厚壁，平滑。雌雄异株。孢子体生于枝上，枝端或近于枝端，内雌苞叶卵状披针形或卵状椭圆形，渐尖，龙骨状；中肋达叶尖下部，长可达 1.5 mm；中部细胞长方形，平滑，厚壁。蒴柄直立，平滑，黄棕色，长 2.0~4.0 mm，有时长达 6.0 mm。孢蒴直立，卵形、卵状椭圆形或球形，干燥时收缩，长 0.8~1.5 mm，直径 0.6~1.0 mm，黄棕色。蒴盖圆锥形，高 0.5~0.7 mm，喙多少倾斜。蒴齿单层，蒴齿近于线形，尖部钝形，外部不规则，高约 0.3 mm，具密疣。蒴帽兜形，长 1.5~2.0 mm，常在基部多少分裂，纵褶，棕绿色，其上具许多长而黄白色的毛。孢子近球形或卵形，具密疣，直径 20~30 μm。

生境：树干或岩面。

产地：云南：丽江县，臧穆 1360 (HKAS)；西双版纳，黎兴江 2826、3512 (HKAS)；江城县，贾渝 01596 (PE)。重庆：南川县，金佛山，汪楣芝 860418 (PE)。湖南：浏阳县，大围山国家森林公园，V, Virtanen61931 (H，PE)。广西：龙州县，韦玉梅 1269 (PE)。广东：深圳市，杨梅坑，张力 5796 (SZG)。山东：鲁山，赵遵田 91864 (PE)；泰山，赵遵田 34032、34076 (PE)，青岛市，崂山，栗作云 2010 (PE)。陕西：秦岭，佛坪自然保护区，光头山，王幼芳、李粉霞 1667 (HSUN, PE)。

分布：中国和日本。

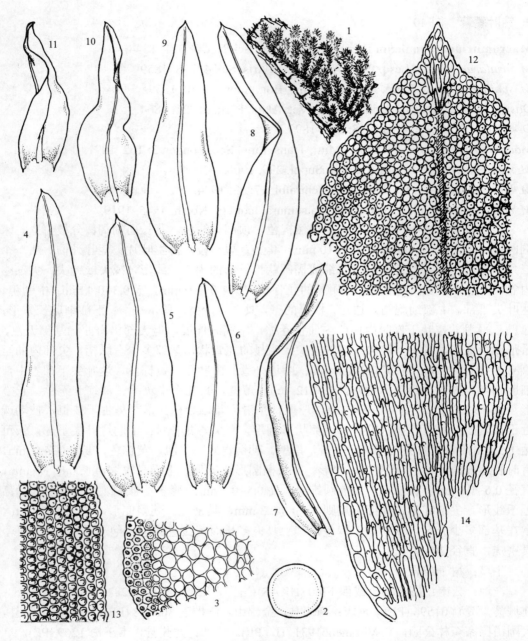

图 40　钝叶蓑藓 *Macromitrium japonicum* Dozy et Molk. 1. 植物体(×1)，2. 茎横切面(×52)，3. 茎横切面的一部分(×258)，4~7. 枝叶(×28)，8~11. 茎叶(×28)，12. 叶尖部细胞(×258)，13. 叶中部边缘细胞(×258)，14. 叶基部细胞(×258) (绘图标本：云南，江城县，贾渝 01596, PE) (郭木森 绘)

Fig. 40　*Macromitrium japonicum* Dozy et Molk. 1. habit (×1), 2. cross section of stem (×52), 3. a portion of cross section of stem (×258), 4~7. branch leaves (×28), 8~11. stem leaves (×28), 12. apical leaf cells (×258), 13. median marginal leaf cells (×258), 14. basal leaf cells (×258). (Yunnan: Jiangcheng Co., Y. Jia 01596, PE) (Drawn by M.-S. Guo)

4. 长帽蓑藓 (新拟名) 图 41

Macromitrium tosae Besch., Journ. Bot. 12: 299. 1898.

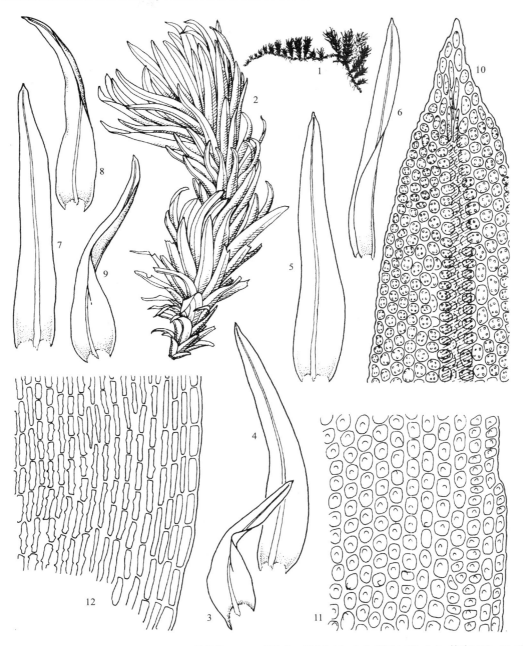

图 41 长帽蓑藓 *Macromitrium tosae* Besch. 1. 植物体(×1), 2. 植物体一部分(×11), 3~4. 茎叶(×28), 5~9. 枝叶(×28), 10. 叶尖部细胞(×367), 11. 叶基部细胞(×367), 12. 叶中边缘细胞(×367) (绘图标本: 福建, 将乐县, 贾渝 605, PE) (郭木森 绘)

Fig. 41 *Macromitrium tosae* Besch. 1. habit (×1), 2. a portion of plant (×11), 3~4. stem leaves (×28), 5~9. branch leaves (×28), 10. apical leaf cells (×367), 11. basal leaf cells (×367), 12. median marginal leaf cells (×367) (Fujian: Jiangle Co., Y. Jia 605, PE) (Drawn by M.-S. Guo)

植物体密集垫状，下部黑褐色，上部黄绿色。茎长；枝条直立，单一，长可达 5.0 mm。茎叶黄色，干燥时伸展，卵状椭圆形，狭的小尖，龙骨状，长达 1.5 mm；叶边下部外卷；中肋，达叶尖下部，黄色。中部细胞稍模糊，圆形，直径 6.5~8.5 μm，略膨大，厚壁；基部细胞狭长方形，长 12~15 μm，宽 3.0~4.0 μm，厚壁，黄色。枝叶干燥时内卷曲，舌形或椭圆形，长 2.0~2.5 mm，宽 0.3~0.4 mm，偶尔存在小的叶片，长约 1.3 mm，宽约 0.25 mm，或更大的叶片，长约 2.5 mm，宽约 0.5 mm，龙骨状，下部纵褶，叶尖内曲，具小芒尖的锐尖或圆尖；叶边外卷；中肋粗，黄棕色，叶尖下部消失。中部细胞稍模糊，圆方形或圆六边形，直径 6.5~8.0 μm，薄壁，膨大，具密疣，细胞模糊；下部细胞长方形，常具单疣；基部细胞线形或长方形，厚壁，平滑，常具一大疣。孢子体生于枝端。内雌苞叶椭圆形，具一钻尖，长达 2.5 mm；中肋弱，叶尖下消失；细胞狭椭圆形，厚壁，平滑。蒴柄长约 6 mm，偶尔短(长约 3.0 mm)，平滑。孢蒴直立，椭圆形，棕色，干燥时具槽，长 1.5 mm，宽 0.6 mm。蒴盖具喙的圆锥形，长达 0.7 mm。孢子圆形，细疣，直径 30~40 μm。蒴帽兜形，黄棕色，长约 3.5 mm，具长的黄棕色毛。

生境：树干或岩面生长。

产地：云南：丽江县，黎兴江 81-716 (HKAS)，王启无 3873 (PE)；西双版纳，黎兴江 3413、3552 (HKAS)；贡山县，独龙江，汪楣芝 9885 (PE)；勐海县，曼费鱼塘，黎兴江 3282、3318 (HKAS)；勐腊县，勐仑水电站，黎兴江 2725、2773 (HKAS)，尚勇小亚河，黎兴江 2917 (PE)；绿春县，胥学荣、臧穆 397 (HKAS)；泸水县，姚家坪，罗健馨 812774 (PE)，片马，听命湖，汪楣芝 812658c (PE)。福建：福州，鼓山，钟心煊(H. H. Chung)B. 205 (PE)；将乐县，陇西山，贾渝 605 (PE)，汪楣芝 48557 (PE)。西藏：墨脱县，汪楣芝 800444、800650-(9) (PE)，雅鲁藏布江，大峡谷，王崇杰 10121 (PE)；门工县，臧穆 6869 (HKAS)；林芝县，苏永革 2581 (HKAS)。广西：靖西县，邦亮村，韦玉梅 1970 (PE)；环江县，九万山，贾渝 00499 (PE)。浙江：凤阳山，大田坪，朱瑞良 92287 (HSUN)。

分布：中国和日本。

5. 长柄蓑藓 (新拟名) 图 42

Macromitrium microstomum (Hook. & Grev.) Schwägr., Spec. Musc, Frond., Suppl. 2, 2 (2): 130. 1827.

Leiotheca microstoma (Hook. & Grev.)Brid., Bryol. Univ. 1: 729. 1826.

Orthotrichum microstomum Hook. & Grev., Edinburgh J. Sci. 1: 114. 1824.

Macromitrium reinwardtii Schwägr., Spec. Musc. Frond., Suppl. 2, 2 (1): 69. 1826.

植物体形成密集垫状，下部暗绿色，顶部黄绿色。茎长可达 10 cm，顶端钝；枝条直立，单一或具少数分枝，长可达 5.0 mm。茎叶反仰，卵状三角形或椭圆状披针形，长 0.7~1.5 mm，宽 0.3~0.4 mm，叶尖部直立，渐尖或线状披针形，龙骨状；叶边外卷；基部红棕色；中肋粗，近叶尖部下消失，黄棕色。中部细胞不透明，方六边形，直径 5.0~6.5 μm，角隅加厚，具 3~5 个小的疣；下部细胞透明，黄色，线形，长 10~20 μm，宽 3.0~4.0 μm，厚壁，无疣；枝叶干燥时多少螺旋状排列，沿枝条扭曲，湿润时伸展，舌形或狭的卵状披针形，长 1.0~1.5mm，宽 0.3~0.5 mm，锐尖，钝

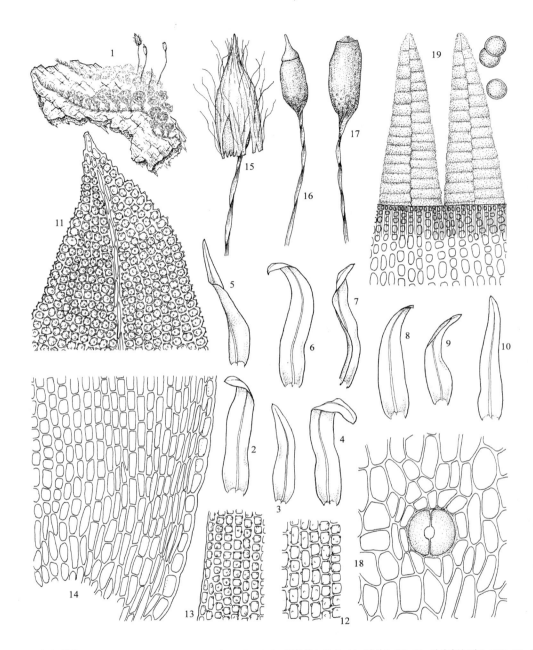

图 42 长柄蓑藓 *Macromitrium microstomum* (Hook. & Grev.). 1. 植物体(×3), 2~10. 叶片(×17), 11. 叶尖部细胞(×367), 12. 近中肋处叶细胞(×367), 13. 叶中部边缘细胞(×367), 14. 叶基部细胞(×367), 15. 蒴帽(×11), 16~17. 孢蒴(×11), 18. 气孔(×367), 19. 蒴齿和孢子(×258) (绘图标本: 云南, 顺宁, 天里铺, 王启无 7748, PE) (郭木森 绘)

Fig. 42 *Macromitrium microstomum* (Hook. & Grev.). 1. habit (×3), 2~10. leaves (×17), 11. apical leaf cells (×367), 12. leaf cells near costa (×367), 13. median marginal leaf cells (×367), 14. basal leaf cells (×367), 15. calyptra (×11), 16~17. capsule (×11), 18. stoma (×367), 19. peristome teeth and spores (×258) (Yunnan: Shunning, Tianlipu, C.-W. Wang 7748, PE) (Drawn by M.-S. Guo)

尖或具一小短尖, 龙骨状突起, 下部具纵褶; 叶边平展至外卷; 基部红棕色; 中肋粗, 短突出。叶片中部细胞透明, 圆状六边形, 厚壁, 膨大, 平滑; 下部细胞线形, 长 20~30 μm,

厚壁，细胞腔极狭，平滑。孢子体顶生。雌雄异株。内雌苞叶狭，线状披针形，长，具细渐尖；中肋细，在近叶尖部下消失，下部具纵褶，长约 1.5 mm。蒴柄直立，细，长 10~15 mm，平滑，棕色。孢蒴直立，椭圆形，具深槽，干燥时在口部尤其明显。蒴盖具钻状的圆锥形。蒴齿细，长达 150 μm，具基膜，圆钝，外形多少不规则，其上具大疣。

生境：树干和树枝。

产地：云南：丘北县，黎兴江 110 (HKAS)；江城县，汪楣芝 51152a、51188 (PE)，吴鹏程 26872 (PE)；顺宁县，天里铺，王启无 7748 (PE)。海南：尖峰岭，天池林区，陈邦杰等 869b (PE)。四川：天全县，罗健馨、辛宝栋 1149 (PE)。广西：融水县，龙光日 91025 (PE)。

分布：中国、爪哇、菲律宾和日本。

6. 短柄蓑藓 (新拟名)

Macromitrium prolongatum Mitt., Trans. Linn. Soc. London, ser. 2, 3: 162. 1989.

M. brachycladulum Broth. et Paris, Nat. Pfl. I (3): 1202. 1909.

M. prolongatum var. *brevipes* Card., Bull. Soc. Bot. Genéve 1: 122. 1909.

植物体密集着生，黄绿色，下部黑绿色。茎长，上部多少纤细，或具横茎，逐渐上升；枝条长可达 5.0 mm，单一或长形成支茎。干燥时茎叶贴生，湿润时外卷，黄色，线状披针形向尖部逐渐变狭；在细茎上的叶片基部卵状椭圆形，呈龙骨状，尖部细渐尖，长 2.0~2.5 mm；中肋粗壮，棕色，达叶尖部。叶片中部细胞透明，椭圆形或长方形或近于方形，有或无疣，细胞壁强烈加厚；下部细胞线形，极厚的壁；枝叶干燥时卷曲，湿润时宽的外卷，黄色，线状披针形，龙骨状突起，锐尖或渐尖，尖部内卷，长 1.5~2.5 mm，宽 0.3~0.4 mm；中肋粗，达叶尖。中部细胞不透明，薄壁，稍膨大，六边形或近于方形，长 4.5~6.5 μm，具密疣；下部细胞变大，线形，长 12~20 μm，平滑，细胞壁厚，明显区别于中部细胞，细胞腔非常狭。雌雄异株。孢子体侧生于枝上。内雌苞叶狭椭圆形，逐渐成钻形尖部，长可达 2.5 mm；中肋弱，消失于叶尖部；细胞透明，狭椭圆形，厚壁且平滑。蒴柄直立，长 1.5~2 mm，偶尔可达 2.5 mm。孢蒴直立，棕色，椭圆形，长 1.2~1.5mm，宽 0.8~1 mm，干燥时略纵褶。蒴盖具喙的圆锥形，高 0.4~0.6 mm。蒴齿单层，披针形，尖部圆钝，透明，具细密疣，高约 250 μm。蒴帽钟形，长 1.8~2.5 mm，偶尔长 1.5 mm，其上具许多长的黄毛。孢子圆形，具细疣，直径 20~35 μm。

生境：树枝。

产地：重庆：南川县，金佛山，汪楣芝 860801 (PE)；奉节县，兴隆镇，赵丽嘉 Z193 (PE)。

分布：中国、日本和朝鲜。

7. 阔叶蓑藓

Macromitrium holomitrioides Nog., Journ. Sci.Hiroshima Univ. ser. B. div. 2, 3: 135. 1938.

植物体为黄棕色的簇生状，下部黑褐色；枝条单一，不分枝，长约 15 mm。茎叶长约 2.0 mm，宽约 0.6 mm，卵状披针形或椭圆状披针形，叶上部狭尖并稍内曲，基部为黄色，中肋达叶尖，黄褐色；叶干燥时贴生于茎上并内曲，湿润时展开，卵状披针形，长 2.5~3.8 mm，宽 0.6~0.8 mm，龙骨状，尖部锐尖，内曲，基部稍具纵褶，黄色；中肋达叶尖，黄棕色；中部和上部细胞透明，圆状六边形，具乳状突起，具角隅加厚，长 10~15 μm；下部细胞长方形，常具一个大的疣；基部细胞狭长形或狭长方形，长 30~60 μm，细胞厚，多少具壁孔。雌雄异株。孢子体侧生于枝条上。内雌苞叶与枝叶形态类似，但稍小，长约 2 mm；雄苞叶宽卵形，内凹，中肋弱，中部边缘具细锯齿。隔丝多，长，由 2~3 排细胞组成。蒴柄长约 3 mm，平滑。孢蒴椭圆形，黑褐色，长 1.5~2.0 mm，宽 0.8~1.0 mm，具纵褶，干燥时在口部有纵沟。蒴盖具长喙。无蒴齿。蒴帽钟形，长约 3.5 mm，棕色，沿脊有裂缝，具纵褶，其上具稀疏的棕色毛，覆盖至蒴帽顶部，毛由 2~3 排细胞组成。

生境：树干。

产地：西藏：墨脱县，苏永革 2186 (HKAS)。贵州：绥阳县，宽阔水茶场，何小兰 01237 (PE)。

分布：中国和日本。

8. 黄肋蓑藓 (新拟名)　图 43

Macromitrium comatum Mitt., Trans. Linn. Soc. Bot. London, ser. 2, 3: 163.

M. nipponicum Nog., Journ. Hattori Bot. Lab. 20: 281. 1958.

植物体呈密集的黄绿色簇生状，下部黑褐色。主茎常裸露，上部纤细，具稀少分枝。枝条直立，其上密生叶片，末端钝，长约 1.0 cm，有时具少量小枝。茎叶湿润时展开，黄色，卵状披针形，长 1.2~1.5 mm，宽 0.3~0.5 mm，叶尖锐尖，内曲，呈龙骨状；中肋达叶尖部，黄色或黄棕色。枝叶干燥时卷缩，湿润时展开或多少外曲，卵状椭圆形，近于狭长形，长 2.0~3.0 mm，宽 0.5~0.6 mm，尖部狭锐尖，圆钝或渐尖，多少内曲，呈龙骨状，下部具纵褶；叶边平直或一侧外曲；中肋达叶尖，黄棕色。中部细胞透明，六边形，长 10~13 μm，细胞壁薄，明显膨大，平滑，具几个小疣，一个大的类似角状的疣或分叉的疣；叶上部和中部细胞在形态和疣的形态上类似；下部细胞长方形或长形，长 12~20 μm，宽 4.0~6.0 μm，细胞壁厚，黄棕色，平滑。雌雄异株。孢子体侧生于枝条上。内雌苞叶卵状椭圆形，渐尖，长约 2.5 mm，龙骨状突起，中肋在距叶尖较远处消失，叶细胞椭圆形，具疣或平滑，厚壁；隔丝数量多。蒴柄长 2.0~3.0 mm，偶尔长可达 5.0 mm，平滑。孢蒴椭圆状圆柱形，棕色，长约 1.8 mm，直径约 0.7 mm，偶尔长约 1.2 mm，直径 0.5 mm，干燥时稍具纵褶。蒴盖具喙，长 0.4~0.5 mm。外蒴齿线状披针形，先端圆钝，其上密生疣，透明，高约 250 μm。孢子表面具细疣，直径 25~43 μm。蒴帽钟形，具纵褶，长 2.0~2.5 mm，其上有许多黄色的毛。雄苞腋生，长约 0.3 mm，雄苞叶为卵形。

生境：多生于树干。

产地：云南：勐海县，南糯山，汪楣芝 4356 (PE)。四川：峨眉山，钟心煊 565 (PE)，单人骅 908 (PE)。海南：那大市，陈邦杰 525028 (PE)。陕西：户县，魏志平 4428 (PE)。

分布：中国、日本和朝鲜。

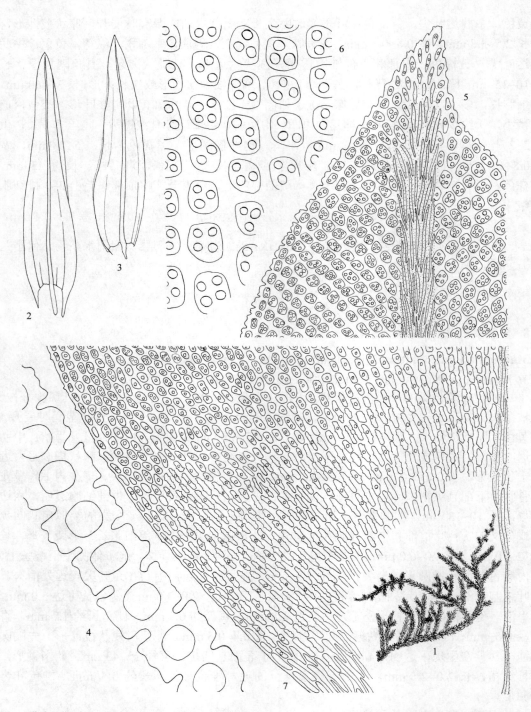

图 43　黄肋蓑藓 *Macromitrium comatum* Mitt. 1. 植物体(×1)，2~3. 叶片(×30)，4. 叶横切面(×450)，5. 叶尖部细胞(×550)，6. 叶中部细胞(×550)，7. 叶基部细胞(×550) (绘图标本：云南，贡山县，汪楣芝 10051a, PE) (唐安科 绘)

Fig. 43　*Macromitrium comatum* Mitt. 1. plants (×1), 2~3. leaves (×30), 4. cross section of leaf (×450), 5. apical leaf cells (×450), 6. median marginal leaf cells (×450), 7. basal leaf cells (×450) (Yunnan: Gongshan Co., M.-Z. Wang 10051a, PE) (Drawn by A.-K. Tang)

9. 狭叶蓑藓

Macromitrium angustifolium Dozy et Molk., Ann. Sci. Nat. Bot. ser. 3, 2: 311. 1844.

Macromitrium fruhstorferi Card., Rev. Bryol. 28: 113. 1901.

植物体下部棕色或红棕色，年幼部分黄绿色，茎匍匐着生，其上有假根，长可达 2.5 cm，宽 1.0~1.5 mm，茎上的分枝相当稀疏，短的枝条长约 5 mm，长的枝条长约 20 mm，并具几个小枝，或者形成一羽状分枝。茎叶湿润时直立状伸展，黄色，弓形状外弯，卵状椭圆形，或者近于线形，龙骨状突起，叶片的长 1.0~2.5 mm，宽 0.3~0.4 mm，基部黄褐色；叶边缘宽的外卷；中肋粗壮，黄褐色，达叶片顶部。叶片中部细胞透明，近于方形，厚壁，稍微隆起，平滑；基部细胞长方形或近于线形，厚壁，长 10~20 μm。枝叶紧贴枝上，干燥时常呈圆形，湿润时反曲，黄色，卵状椭圆形，龙骨状突起，长 1.0~2.0 mm，宽 0.3~0.4 mm，上部线状披针形，细的渐尖；叶边外卷；中肋粗壮，黄色，达顶部。中部细胞透明，圆形或菱形，直径 4.0~6.5 μm，厚壁，平滑，或具少数小的疣；基部细胞线形或近于线形，长 17~30 μm，厚壁，平滑。雌雄异株。雌苞叶长 1.8~2.6 mm，椭圆状披针形，锐尖或短渐尖，中肋贯顶或突出。蒴柄长 5.0~8.0 mm，平滑，左向扭曲。孢蒴椭圆形，长 1.2~1.7 mm。孢蒴外壁细胞部规则的长方形或椭圆形。气孔生于孢蒴基部。蒴齿单层，外蒴齿 16，内蒴齿缺失。孢子球形，直径 17~40 μm。蒴帽钟形，具纵褶，其上有少数直立而平滑的毛。

生境：树干。

产地：西藏：墨脱县，老墨脱区，郎楷永 566 (PE)。福建：将乐县，陇西山，汪楣芝 48203 (PE)。

分布：中国、印度尼西亚、菲律宾和日本。

属 7　火藓属 *Schlotheimia* Brid.

Muscol. Recent. Suppl. 2: 16. 1812.

模式种：火藓 *S. torquata* (Hedw.) Brid.

植物体纤细或大形，干燥时呈火红色或铁锈色，平铺成片的暖地石生或树生藓类。茎匍匐长展，随处产生假根，有多数直立或倾立的分枝；枝单一或再分枝。叶直立或背仰，干时紧贴，常呈螺旋绕茎扭转绳长，上部常具横波纹，多数长舌形，具小短尖，有时呈披针形，长尖；叶边多全缘；中肋稍突生，有时成芒状。叶片上部细胞圆形或菱形，常加厚，近于平滑；叶基部细胞长形、薄壁。雌雄异株。雌苞叶与营养叶不分化，但较长大，具小尖或有芒。蒴柄直立，稀弯曲，有时极短。孢蒴直立，对称，卵形或圆柱形，平滑或有沟槽。环带不分化。蒴齿两层，外齿层齿片肥厚，狭长披针形，钝端，红色，有密横脊和疣，沿中缝纵裂，干时向外反曲；内齿层齿条较短而狭，淡色，有纵长纹，有时退化。蒴盖半圆球形，具细长喙。蒴帽钟形，无纵褶，稀具毛，多数罩覆孢蒴，有时尖部粗糙，基部通常有分瓣。

全世界 121 种，分布热带亚热带，石生或树生。中国有 3 种。

分种检索表

1. 叶尖圆钝并具短的突出部，中肋突出，叶尖部一般长 80 μm 或稍短··········**1. 南亚火藓 *S. grevilleana***
1. 叶尖锐尖并具长突出部；叶尖部长 160~200 μm ··2

2. 中肋突出叶尖 ·· **2. 小火藓** *S. pungens*

2. 中肋在叶尖部消失，偶尔伸出 ······································ **3. 皱叶火藓** *S. rugulosa*

Key to the species

1. Leaf apices mostly obtuse and short-cuspidate, costae percurrent to short-excurrent in the most leaves; leaf apices usually ca. 80 μm long or shorter ·· **1.** *S. grevilleana*

1. Leaf apices mostly acute and long-cuspidate; leaf apices 160 μm to 200 μm long ···················· 2

2. Costae long-excurrent ·· **2.** *S. pungens*

2. Costae mostly ending below leaf apex, occasionally percurrent ·································· **3.** *S. rugulosa*

1. 南亚火藓　图 44：1~8

Schlotheimia grevilleana Mitt., Journ. Proc. Linn. Soc. Bot. Suppl. 1: 53. 1859; Gangulee, Mosses E. India 5: 1191. 1976.

S. mac-leai Rehmann, Enumeratio Bryinearum Exoticarum, Supplementum Primum 94. 1889.

S. fauriei Card., Bot. Centralbl. 19 (2): 106. Fig. 9. 1905.

S. griffithiana Paris, Index Bryologicus, editio secunda 3: 344. 1905. invalid, orthographic variant

S. calycina Broth. et Par., Rev. Bryol. 34: 30. 1907.

S. latifolia Card. et Thér.. in Thér., Bull. Acad. Int. Géogr. Bot. 18: 250. 1908.

S. japonica Besch. et Card. In Card., Bull. Herb. Boiss. sér. 2, 8: 336. 1908.

S. purpurascens Par., Rev. Bryol. 35: 44. 1908.

植物体较粗壮，黄棕色，具光泽。主茎匍匐，其上生直立的枝条，长约 6.0 mm 或更长，基部具假根。叶片密集着生，直立，干燥时多少螺旋状扭曲，卵状披针形，长约 1.9 mm，中部宽约 0.7 mm；叶边平展，全缘；中肋达叶尖部，稍突出。上部细胞菱形或斜卵形，长 5.0~8.0 μm，细胞壁稍加厚，平滑，基部细胞变长，具壁孔。雌苞叶长 2.5~3.0 mm，短尖。蒴柄直立，长 4.0~6.0 mm，平滑。孢蒴圆柱形，平滑或略具细沟，长 2.5~3.0 mm。蒴帽具光泽，覆盖达孢蒴基部，顶部粗糙，在基部分裂。

生境：倒木。

产地：云南：彝良县，黎兴江 4406 (HKAS)；思茅县，汪楣芝 4487 (PE)。重庆：北碚区，缙云山，陈邦杰 5098 (PE)；云阳县，丛林乡，贾渝 09999 (PE)。湖南：宜章县，T. Koponen, S. Huttunen et P.C.Rao50729 (H，PE)；江永县，T. Koponen59386 (H，PE)。广东：深圳市，南澳，汪楣芝 60710 (PE)，杨梅坑，张力 4422 (SZG)。海南：尖峰岭，南崖林区，陈邦杰等 789a、589 (PE)，天池林区，陈邦杰等 540 (PE)，吴鹏程 7 (PE)独岭林区，陈邦杰等 430a、430b (PE)，第四林区，陈邦杰等 31 (PE)；昌江县，霸王岭，吴鹏程 20600、20643、24154 (PE)；乐东县，林邦娟 85047 (IBSC，PE)。福建：将乐县，陇西山，汪楣芝 47300 (PE)；武夷山，苔藓植物进修班 254、375 (PE)；宁德县，支提山，朱俊 619 (华东师大)。安徽：黄山，陈邦杰等 6836 (PE)。江西：上犹县，五指峰乡，光菇山，于宁宁 01369 (PE)；石城县，洋地林场，汪楣芝、彭炎松 080169 (PE)。浙江：西天目山，吴鹏程 7843 (PE)；遂昌县，刘仲苓等 2258 (HSUN)。

分布：中国、印度、斯里兰卡、菲律宾和非洲中南部。

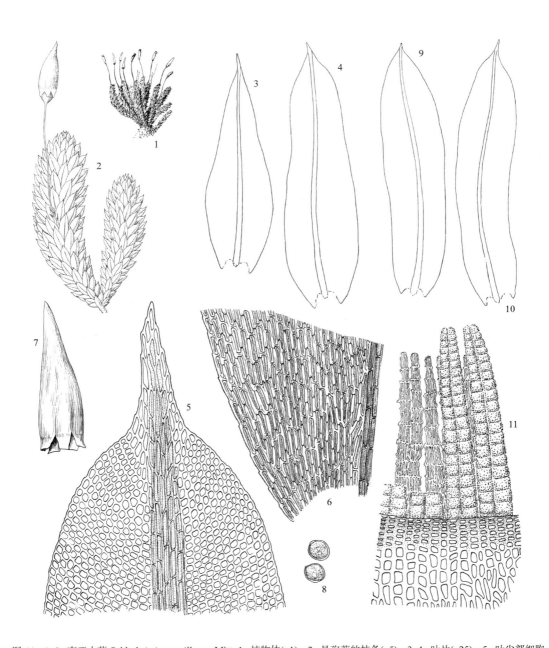

图 44　1~8. 南亚火藓 *Schlotheimia grevilleana* Mitt. 1. 植物体(×1)，2. 具孢蒴的枝条(×5)，3~4. 叶片(×25)，5. 叶尖部细胞 (×227)，6. 叶基部细胞(×227)，7. 蒴帽(×16)，8. 孢子(×338)；9~11. 小火藓 *S. pungens* Bartr. 9~10. 叶片(×25)，11. 蒴齿(×120) (绘图标本：1~8. 重庆，云阳县，贾渝 09999, PE；9~11. 海南，乐东县，吊罗山，吴鹏程 24588, PE) (郭木森 绘)

Fig. 44　1~8. *Schlotheimia grevilleana* Mitt. 1. plant (×1), 2. branch with capsule (×5), 3~4. leaves (×25), 5. apical leaf cells (×227), 6. basal leaf cells (×227), 7. calyptra (×16), 8. spores (×338); 9~11. *S. pungens* Bartr., 9~10. leaves (×25), 11. peristome teeth (×120) (1~8. Chongqing: Yunyang Co., Jia Yu 09999, PE; 9~11. Hainan: Ledong Co., P.-C. Wu 24588, PE) (Drawn by M.-S. Guo)

　　该种的主要特点是叶尖钝，中肋稍伸出叶尖。但是也有标本的中肋伸出较长，然而总的说来较 *S. rugulosa* 和 *S. pungens* 的伸出短，而且叶尖部是圆钝的。Koponen 和 Enroth (1992)将东亚火藓 *S. japonica* 作为该种的异名。

2. 小火藓　图 44：9~11

Schlotheimia pungens Bartr., Ann. Bryol. Vol. 8: 14. 1935.

Schlotheimia charrieri Thér. et Vard., Rev. Bryol. Lich. 10: 139. 1937.

植物体粗壮，密集簇生，红色，具光泽。主茎平铺，纤细，裸露，具密的分枝，枝条直立，长约 2.0 cm，基部具红色的假根。枝上密生叶片，干燥时螺旋状卷曲，湿润时伸展，具横的波纹，椭圆状舌形，龙骨状，叶尖形成一个小钻尖，长 3.0~3.5 mm；叶边平展，尖部有小圆齿；中肋褐色，突出贯顶。叶细胞菱形，厚壁，黄色，基部细胞狭线形。雌苞叶与茎叶相似。蒴柄直立，长 3.0~4.0 mm。孢蒴圆柱形，褐色，干燥时收缩，长约 1.5 mm。外蒴齿柔软，具疣，内蒴齿黄色，具中线。蒴盖具长喙。孢子直径 12~15 μm。蒴帽上半部粗糙。

生境：着生于树干。

产地：西藏：墨脱，汪楣芝 800547 (PE)。四川：峨眉山，罗健馨 466 (PE)，陈邦杰 5370、5392 (PE)，李乾 2447 (PE)，钟心煊 529 (PE)。重庆：云阳县，丛林乡，贾渝 09997 (PE)。贵州：Hui Hsiang-Ping，海拔 1500 m，焦启源 843 (FH)；绥阳县，宽阔水茶场，何小兰 01223 (PE)，宽阔水林区，林齐维 贵博-183 (PE)。广东：深圳市，南澳，刘阳、汪楣芝 3874、4022 (PE)，汪楣芝 60797 (PE)。海南：尖峰岭，天池林区，陈邦杰等 508 (PE)，独岑，陈邦杰等 430a (PE)；乐东县，吊罗山，吴鹏程 24588 (PE)，苔藓采集队 3073 (PE)；鹦哥岭自然保护区，张力 4136 (SZG)；昌江县，黑岭，汪楣芝 45391 (PE)。台湾：宜兰县(Ilan Co.)，庄清章 6057 (UBC，PE)。福建：将乐县，陇栖山，汪楣芝 47959、48491、48547、48556 (PE)，贾渝 721 (PE)；武夷山，苔藓植物进修班 921、998 (PE)。广西：龙胜县，吴鹏程、林尤兴 1134-2 (PE)；十万大山，曾怀德 24758 (PE)；融水县，何小兰 H00446b (PE)；融水县，九万山，何小兰 H300-a (PE)；猫儿山，大峡谷，左勤、王幼芳 1836 (HSUN)。江西：庐山，陈邦杰 89、248、249 (PE)。浙江：西天目山，吴鹏程 7758 (PE)；龙泉县，昂山，吴鹏程 347 (PE)；开化县，古田山自然保护区，田春元 0163 (HSUN)；泰顺县，乌岩岭自然保护区，无采集人 43 (HSNU)。

分布：中国。

本种叶尖呈短毛尖的特点类似于 *S. quadrifida*，但是后者的蒴柄长 2~3 cm，本种的蒴柄仅 3~4 mm。

3. 皱叶火藓

Schlotheimia rugulosa Nog., Trans. Nat. Hist. Soc. Formosa 26: 150. 1936.

植物体纤细，下部褐色，上部黄绿色。茎长，匍匐，长约 8.0 cm，单一或分枝，扭曲，红色假根，其上疏松着生叶片，分枝多，枝条直立，长约 5 mm，干燥时枝尾弯曲，其上具假根，上部叶密生，单一，稀分枝。茎叶锐尖，扭曲，稍微呈龙骨状内凹，基部下延，卵状椭圆形，渐尖，长约 1.3 mm，宽约 0.5 mm，全缘，中肋钻尖状突出。枝叶干燥时螺旋状扭曲，叶片直立或倾立，长约 3.2 mm，宽约 1.3 mm，长舌形或椭圆状舌形，锐尖或渐尖，龙骨状内凹，上部具波状皱褶，下部稍具皱褶。孢蒴暗褐色，长 1.5~1.9 mm，宽约 0.7 mm，干燥时稍具纵褶或沟槽。

生境：岩壁上生长。

产地：四川：峨眉山，钟心煊 529 (PE)；壤塘县，茸木达村，贾渝 09601 (PE，FH)。重庆：清凉山，陈邦杰 4449-A(PE)。广西：融水县，何小兰 H00245 (PE)；龙胜县，吴鹏程、林尤兴 1095 (PE)。福建：将乐县，汪楣芝 48537 (PE)。

分布：中国和日本。

属 8　直叶藓属 *Macrocoma* (Hornsch. ex C. Müll.) Grout
Bryologist 47: 4. 1944.

模式种：直叶藓 *M. orthotrichoides* (Raddi) Wijk et Marg. [*Lasia orthotrichoides* Raddi, *M. filiforme* (Hook. et Grev.) Grout]

植物体纤细，平铺蔓生。茎匍匐，疏生羽状分枝，枝较细。叶干时直立，紧贴茎上，叶片卵状披针形，渐尖，边全缘，平展，基部卵形；中肋不及叶尖消失。叶上部细胞圆方形，厚壁，平滑或有低疣，基部细胞狭卵形。雌雄同株。蒴柄长约 5.0 mm。孢蒴直立，球形或短圆柱形，蒴口较小。蒴齿两层。蒴盖圆锥形。蒴帽钟形，具毛。

本属是由 Grout 于 1944 年从蓑藓属中分出来作为一个独立的属，全世界约 11 种(Vitt, 1980)，现知中国有 1 种。

1. 细枝直叶藓　图 45

Macrocoma sullivantii (C. Müll.) Grout, Bryologist 47:5. 1944.

Macromitrium perrottetii C. Müll., Sym. Musc. 1: 721. 1849.

M. sullivantii C. Müll., Bot. Zeitung. 20: 361. 1862.

M. paraphysatum Mitt., Journ. Linn. Soc. Bot. 12: 198. 1869.

M. braunioides Card., Rev. Byol. 36: 108. 1909.

Macrocoma tenue (Hook. et Grev.) Vitt subsp. *sullivantii* (C. Müll.) Vitt, Bryol. 83: 413. 1980; Luo in Wu, Bryoflora Hengduan Mts. 464. 2000.

植物体纤细，褐色或橄榄绿色，有时呈密集垫状，幼枝部分呈绿色。主茎匍匐，分枝不规则，通常有很多直立的分枝，有时分枝呈水平方向，长约 1.0 cm，但常是短枝。干燥时叶片直立并紧贴茎，湿润时伸展，呈龙骨状，尤其在下部，长 0.7~1.3 mm，披针形或卵状披针形，明显的锐尖，偶尔呈宽的渐尖，在老叶片上稀有狭的钝尖；叶边平展，上部全缘，下部外卷，由于边缘细胞突出而显粗糙；中肋明显，在尖部下消失，有时在其背部生假根。叶上部细胞宽 6.0~13 μm，厚壁，近中肋处细胞大，近边缘处小，圆方形，平滑；在叶尖下的细胞扁平，中部处细胞突出；基部细胞强烈突起呈疣状，边缘细胞圆形或椭圆形，长约 22 μm。雌雄混生同苞。雌苞叶长于营养叶，细锐尖；隔丝多，始终存在于蒴柄处。蒴柄长 4.0~8.0 mm。孢蒴长 1.3~2.4 mm，伸出苞叶，成熟时椭圆状圆柱形或纺锤形，老时变为卵状纺锤形，常在上部稍有脊，在 1/3 处起皱。孢蒴外壁细胞不分化或稍分化，圆形或圆状椭圆形，长可达 27 μm，厚壁。气孔显型，分布于颈部和下部。蒴齿平滑或具疣，具一个细胞高的黄白色或白色的基膜。孢子 25~50 μm，具细疣。蒴帽具毛，具纵褶，暗黄色，钟形但常分裂。

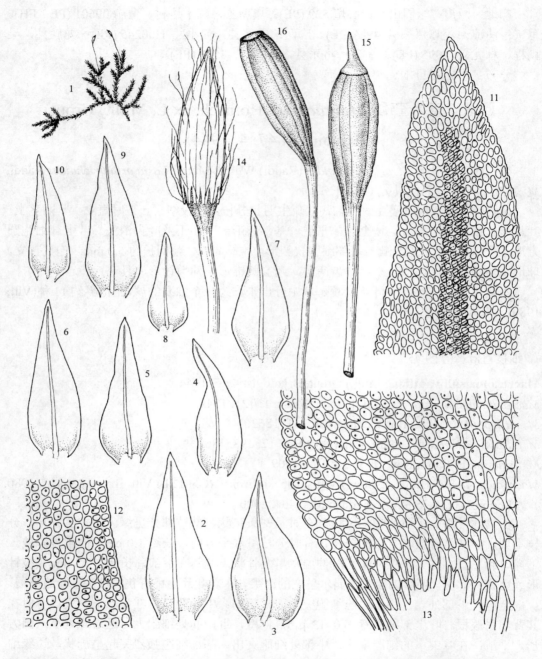

图 45　细枝直叶藓 *Macrocomai sullivantii* (Müll. Hal.) Grout 1. 植物体(×3/2), 2~10. 叶片(×52), 11. 叶尖部细胞(×550), 12. 叶中部边缘细胞(×550), 13. 叶基部细胞(×550), 14. 具蒴帽的孢蒴(×21), 15~16. 孢蒴(×21) (绘图标本：云南，贡山县，高黎贡山，汪楣芝 9330-b, PE) (郭木森 绘)

Fig. 45　*Macrocomai sullivantii* (Müll. Hal.) Grout 1. habit (×3/2), 2~10. leaves (×52), 11. apical leaf cells (×550), 12. median marginal leaf cells (×550), 13. basal leaf cells (×550), 14. capsule with calyptra (×21), 15~16. capsules (×21) (Yunnan: Gongshan Co., Mts. Gaoligong, M.-Z. Wang 9330-b, PE) (Drawn by M.-S. Guo)

生境：树干。

产地：西藏：墨脱县，汪楣芝 800560-(9)、800498-(12)、800648-(5) (PE)，苏永革 3117 (HKAS)；察隅县，察瓦龙，王立松 1135 (HKAS)。云南：杨承元 141 (PE)；昆明市，李乾 13 (PE)，西山，徐文宣 60、106 (PE)；保山县，汪楣芝 811742p (PE)，罗健馨、汪楣芝 811858c (PE)；泸水县，片马，罗健馨等 812099h、罗健馨、汪楣芝 81.2027、81215Aa-(H.)、812420 (PE)，片马听命湖，汪楣芝 812528、812638-d、812639 (PE)，片马垭口，罗健馨、汪楣芝 812381、812411-b、812960 (PE)；维西县，汪楣芝 5111-b、5117-d、5139-a、5328a、5459a (PE)，王启无 4669 (PE)，碧罗雪山东坡，汪楣芝 4644、4751-a、5456-c、5855 (PE)；贡山县，汪楣芝 7526、7540-b、7542、7695、9234、9271c、10817、11166A2、11216-b (PE)，王启无 6758 (PE)，独龙江，臧穆 3798 (HKAS)，高黎贡山，汪楣芝 9244a、9271-c、9308-b (PE)；福贡县，汪楣芝 7404B(PE)，鹿马登公社，王立松 82-647 (HKAS)；平彝，陈邦杰 5013 (PE)；大理，王启无 3502、03618 (PE)；德钦县，梅里雪山，汪楣芝 14367 (PE)；禄劝县，云南大学生物系 641、643 (YUKU)。四川：沐川县，陈邦杰 5842 (PE)；稻城县，贡嘎岭，汪楣芝 814238、814264 (b) (PE)；同前，无根山，黎兴江 907s (HKAS)；马边县，陈邦杰 5809 (PE)，王启无 20050 (PE)；乐山市，铜锣镇，陈邦杰 5745 (PE)；峨眉山，陈邦杰 157、5566、5681 (PE)，罗健馨、辛宝栋 973、3172 (PE)，钟心煊 A486、564 (PE)，单人骅 884 (PE)；南坪县，九寨沟，吴鹏程 22675、22920 (PE)，何思 30022 (PE)；丹巴县，贾渝 09348 (PE)；金川县，独松乡，贾渝 09565、09567 (PE)；攀枝花市，王立松 83-24 (HKAS)；康定县，跑马山，李乾 32 (PE)。重庆：北碚区，缙云山，陈邦杰 6006 (PE)；南川县，金佛山，贺贤育 4791 (PE)，陈邦杰 1941 (PE)；巫溪县，白果林场，王庆华 137 (PE)；石柱县，黄水镇，于宁宁 01846 (PE)；城口县，安乐村，贾渝 10333 (PE)。湖北：神农架，吴鹏程 163、374A(PE)。湖南：炎陵县，T. Koponen, S. Huttunen, S. Piippo et P. C. Rao55208, 56510 (H，PE)。台湾：宜兰县(Ilan Co.)，庄清章 1710 (UBC, PE)。福建：三明市，陇西山国家自然保护区，王庆华 1017、1110 (PE)。江西：庐山，陈邦杰 111 (PE)。甘肃：迭部县，美龙沟，赵遵田、于宁宁 20060606 (PE)；文县，邱家坝，贾渝 09236 (PE)，刘家坪，贾渝 09192 (PE)。

分布：中国、印度、斯里兰卡、朝鲜、日本、墨西哥和南美洲。

属 9　小蓑藓属(裸帽藓属)*Groutiella* Steere

Bryologist 53: 145. 1950.

模式种：小蓑藓 *Groutiella tomentosa* (Hornsch.) Wijk et Marg.

小蓑藓属植物体纤细到中等大小，深绿色、黄绿色、红棕色或黄褐色；垫状丛生。主茎匍匐，分枝倾立或直立，呈二回不规则分枝。叶干时螺旋状扭曲或卷曲，湿时倾立，中肋向背面突起，呈龙骨状；狭披针形、披针形、长或卵状披针形或舌形，钝端、急尖、渐尖或具短尖，有时尖部易断裂；叶边上部全缘，基部全缘或具锯齿，基部具几列狭长细胞构成的分化边缘(极少数是短矩形的细胞)，并向上延伸至叶 1/4 或 2/3 处；中肋粗壮，近叶尖处消失、长达叶尖或突出。叶细胞通常厚壁，叶上部细胞圆六边形，平滑或有乳头状突起；基部细胞椭圆状矩形或短矩形，平滑或偶具小疣；近中肋处的细胞薄壁，略膨大。雌雄异株。蒴柄平滑，长 1.5～15mm。蒴盖具喙。蒴帽圆锥状钟形，有细长裂瓣或有纵褶，无毛或稀疏被毛。孢蒴长圆柱形或倒卵球形，长 1～4 mm，孢蒴外壁平滑或具皱褶，具显型气孔。蒴齿层发育不完全，由一层矮的、多疣的基膜构成。孢子同型或异型。

该属全世界现有 15 个种，主要分布于中美洲地区，在南北美洲、亚洲、非洲和大洋洲的热带地区亦有分布。习生树皮上，少数种类生于岩石或腐木上，偶生于土面。该属分布的海拔高度范围较大，为 5~2900 m。中国有 1 种。

1. 小蓑藓(裸帽藓)　图 46

Groutiella tomentosa (Hornsch.) Wijk et Marg., Taxon 9: 51. 1960. Wu, Bot. Res. 7: 134. 1994. Moss Fl. Central Am. 2. Encalyptaceae- Orthotrichaceae. 553. 2002. Crum et Anderson,. Mosses East. North Am. 2. 738. 1981. Gangulee, Moss. East. India Adjacent Reg. 1192. 1976. Buck, Moss Fl. Mexico 639. 1994.

Macromitrium tomentosum Hornsch., Flora Brasiliensis 1 (2): 21. 1840.

Schlotheimia goniorrhyncha Dozy et Molk., Miquel, Plantae Junghuhnianae 3: 338. 1854.

Macromitrium goniorrhynchum (Dozy et Molk.) Mitt., J. Proc. Linn. Soc., Bot., Suppl. 1: 53. 1859.

Macromitrium fragile Mitt., J. Linn. Soc., Bot. 12: 218. 1869.

Micromitrium schlumbergeri Schimp. ex Besch., Mém. Soc. Sci. Nat. Cherbourg 16: 191. 1872.

Micromitrium fragile (Mitt.) Jaeg., Ber. Thätigk. St. Gallischen Naturwiss. Ges. 1872~1873: 157. 1874.

Micromitrium goniorrhynchum (Dozy et Molk.) Jaeg., Ber. Thätigk. St. Gallischen Naturwiss. Ges. 1872~1873: 157. 1874.

Macromitrium laxotorquata C. Müll. ex Besch., Ann. Sci. Nat.; Bot., sér. 6, 9: 362. 1880.

Macromitrium sarcotrichum C. Müll. ex Broth., Bot. Jahrb. Sys., Pflanzengeschichte und Pflanzengeographie 24: 242. 1897.

Macromitrium diffractum Card., Rev. Bryol. 28: 113. 1901.

Macromitrium limbatulum Broth. et Paris, Rev. Bry. 29: 67. 1902.

Macromitrium pleurosigmoideum Paris et Broth., Rev. Bry. 29: 68. 1902.

Macromitrium schlumbergeri (Schimp. ex Besch.) Broth., Nat. Pflanzenfam. 1 (3): 479. 1902.

Macromitrium pobeguinii Paris et Broth., Rev. Bry. 31: 44. 1904.

Macromitrium subretusum Broth. ex Fleisch., Musci Fl. Buitenzorg 2: 456, 459. 1904.

Micromitrium sarcotrichum (C. Müll. ex Broth.) Paris, Index Bryol. ed. 2, 3: 241. 1905.

Micromitrium tomentosum (Hornsch.) Paris, Index Bryol. 3: 242. 1905.

Micromitrium limbatula (Broth. et Paris) Paris, Mém. Soc. Bot. France 14: 26. 1908.

Micromitrium pobeguinii (Paris et Broth.) Paris, Mém. Soc. Bot. France 14: 26. 1908.

Micromitrium pleurosigmoideum (Paris et Broth.) Broth., Nat. Pflanzenfam. (ed.2) 11: 45. 1925.

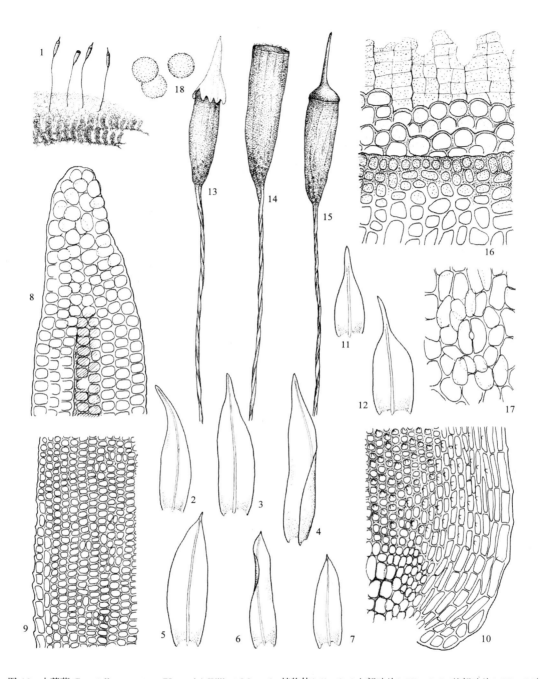

图 46 小蓑藓 *Groutiella tomentosa* (Hornsch.) Wijk et Marg. 1. 植物体(×1)，2~4.上部叶片(×28)，5~7. 基部叶片(×28)，8.叶尖部细胞(×367)，9.叶中部边缘(×367)，10.叶基部细胞(×367)，11~12.雌苞叶(×28)，13.带蒴帽的孢蒴(×28)，14~15.孢蒴(×28)，16.蒴齿(×258)，17.气孔(×258)，18.孢子(×258) (绘图标本：云南，思茅县，徐文宣 6954，YUKU, PE) (郭木森 绘)

Fig. 46 *Groutiella tomentosa* (Hornsch.) Wijk et Marg. 1. plants (×1), 2~4. upper leaves (×28), 5~7. base leaves (×28), 8. apical leaf cells (×367), 9. median leaf cells (×367), 10. basal leaf cells (×367), 11~12. perichaetial leaves (×28), 13. capsule with calytra (×28), 14~15. capsules (×28), 16. peristome (×258), 17. stomata (×258), 18. spores (×258) (Yunnan: Simao Co., W.-X. Xu 6954, YUKU, PE) (Drawn by M.-S. Guo)

Craspedophyllum fragile (Mitt.) Grout, North America Flora 15A: 39. 1946.

Groutiella fragilis (Mitt.) Crum et Steere, Bryologist 53: 146. 1950.

Groutiella goniorrhynchum (Dozy et Molk.) Bartr., Rev. Bryol. Lichénol. 23: 250. 1954.

Groutiella laxotorquata (C. Müll. ex Besch.) Wijk et Marg., Taxon 9: 51. 1960.

Groutiella limbatula (Broth. et Paris) Wijk et Marg., Taxon 9: 51. 1960.

Groutiella pleurosigmoidea (Paris et Broth.) Wijk et Marg., Taxon 9: 51. 1960.

Groutiella pobeguinii (Paris et Broth.) Wijk et Marg., Taxon 9: 51. 1960. T

Groutiella sarcotricha (C. Müll. ex Broth.) Wijk et Marg., Taxon 9: 51. 1960.

Groutiella schlumbergeri (Schimp. ex Besch.) Wijk et Marg., Taxon 9: 51. 1960.

植物体小或中等大小，上部黄绿色或黄红色，下部棕色。茎通常匍匐，小枝长 10 (~20)mm，密被假根。叶干时厚实，基部直立，紧紧围绕茎呈螺旋状扭曲，湿时倾立具波纹，长 1.5~2.0 mm。叶两型，基部叶片长披针形，急尖，无断裂，上部叶片从宽椭圆形基部突狭变成一长可达 1 mm 的棒状易断尖部。叶边上部全缘，下部平展，中部背曲。1~4 列狭长的细胞构成分化边缘，从基部延伸至叶 1/3~1/2 处。基部叶片中肋近及顶或及顶，上部叶片中肋及顶或进入长尖部。叶上部细胞 4~8 μm，圆六边形，无或具小乳突，基部细胞平滑或具疣，近中肋处的细胞膨大，细胞壁薄，在茎叶接合处的细胞长约 14 μm，椭圆状矩形。叶基部边缘由于细胞膨大，透明，常具假根。雌雄异体。蒴柄长 4.0~10.0 (~10)mm，平滑。孢蒴深红色，长 2.0~3.5 mm，长圆柱形，平滑或略具沟，颈部具褶。蒴盖直立具喙，长 1.5~2.0 mm。环带不分化。蒴齿不发育，退化成高出蒴口约 180 μm 的一圈具疣的基膜，具两层高 80 μm 的不易脱落的前齿层。蒴帽仅覆罩至蒴口下缘，下部深裂，上部具褶，无毛，长 2.0~3.0 mm。孢子同型，直径 18~28 μm，厚壁，密被细疣。生境：海拔 5~1880 m 的树干、树枝、腐木或岩石。

产地：云南，思茅县，海拔 1050~1250 m，徐文宣 6954、11337 (YUKU, PE)。

分布：世界热带亚热带地区有分布。

本种的显著特征是茎上部和基部的叶片差异大。上部叶片明显具长棒状易断的尖部，而基部叶片具急尖，不易折断。

亚目 2　卷柏藓亚目 Racopilinales

科 32　卷柏藓科 Racopilaceae[*]

植物体纤细或粗大，绿色、黄绿色或暗绿色。枝条多数较硬挺，不规则羽状或不规则分枝，常成片匍匐生于岩面、地面或树干上。老茎常背腹扁圆形，周边为厚壁细胞，部分种类具中轴，腹面常密生棕红色假根。叶片多异形：2 列侧叶较大，生于茎两边；茎中央具 1 列略小的背叶，通常左右交错倾斜排列。侧叶卵形至长椭圆形，一般不对称，叶边全缘或中上部具齿，有时具分化的边缘；中肋单一，略粗壮，突出叶尖呈粗芒状或

---

* 作者(Auctor)：汪楣芝(Wang Mei-Zhi)

近顶；干时叶片平展、扭曲或卷曲，湿时多数伸展。叶细胞卵圆形、六边形、近方形、长方形或不规则形，平滑或具疣，常横向排列；基部细胞一般略长、大。背叶稍对称，长三角形、卵形或心状披针形，稀疏排列；叶边平滑或具齿；中肋突出呈长芒尖。雌雄异株。雄苞芽状。雌苞生于短枝上，常具无色线形配丝，有时配丝常存。雌苞叶常呈鞘状。蒴柄一般较长，多为棕红色，坚挺，一般平滑，偶有疣或粗糙。孢蒴圆柱形或卵形，一般不对称，直立、略弯、横生或垂倾，干时常具纵褶；台部短；气孔显型，环带外卷，常自行脱落。蒴齿双层：外齿层齿片狭披针形，具细密疣，有横隔；内齿层透明，基膜常较高，齿条披针形，有时具细疣，有横隔，中缝处二裂或联合，齿毛一般 2~3 条，有时退化。蒴盖近于半球形，多具长喙。蒴帽长兜状或钟形，光滑或略具纤毛，基部有时具裂瓣。孢子一般球形，表面具细疣。染色体数目多为 $n=20$ 或 21。

　　全世界共 2 属，卷柏藓属 Racopilum 和拟卷柏藓属 Powellia，分布于温热地区。拟卷柏藓属多分布于南半球热带地区。原《西藏苔藓植物志》中记录的我国西藏墨脱有拟卷柏藓 Powellia involutifolia Mitt.，经核实为蕨类中卷柏属 Selaginella 植物的误定。中国仅有卷柏藓属。

属1　卷柏藓属 *Racopilum* P. Beauv.

Prodr. 36. 1805.

　　模式种：卷柏藓 R. tomentosum (Hedw.) Brid. (R. mnioides P. Beauv.)

　　植物体纤细或中等大小，绿色、暗绿色、黄绿色至褐色，腹面常密生棕红色假根，匍匐交织群生。茎不规则羽状或不规则分枝；多数种类具异型叶：2 列较大的侧叶着生于茎两边，茎中央 1 列略小的背叶，通常左右交错倾斜排列。侧叶多为长卵形，不对称，渐尖或具急尖；叶上部边缘常具齿或齿突；中肋单一，较强劲，常突出叶尖呈芒状，有的种长可达叶片的 1 倍左右；干时叶伸展、扭曲或卷曲，湿时多伸展；叶细胞近方形、六角形或不规则形，平滑或具单疣，多数基部细胞略长。背叶多较小，一般为卵状、心状或三角状披针形，近于对称，疏松排列；中肋突出叶尖呈芒状；有时叶边具齿。多为雌雄异株。雄株较小，雄苞芽状。雌苞于短枝上着生，雌苞叶基部卵形，上部具急狭尖或渐尖，中肋突出呈长芒状。孢蒴长圆柱形或长卵形，常具明显纵褶，台部略收缩，直立、略弯曲、横生或垂倾。环带常自行脱落。蒴齿双层：内外齿层一般等长；外齿层齿片长披针形，外侧下部具横脊及横纹，上部具细疣，有横隔；内齿层基膜较高，一般折叠状，齿条披针形，上部呈叉状或联合，沿中缝常有连续穿孔，齿毛 2~3 条，常具节状横隔，有时具细密疣。蒴帽兜形或钟形。孢子一般球形，表面具细疣。染色体数目常为 $n=20$ 或 21。主要分布于热带、亚热带地区。

　　根据其叶片生长形式酷似孔雀藓科 Hypopterygiaceae 植物，一些学者将其放入孔雀藓科附近。就其蒴齿的结构，我们仍认为应归属于变齿藓目 Isobryales 的木灵藓亚目 Orthotrichinales 之中。2006 年 B. O. van Zanten 报道本属全世界约 20 种。他确定了亚洲、太平洋岛屿和澳大利亚地区本属有 11 种和 2 个变种。将 *Racopilum aristatum* Mitt. 并入 *R. cuspidigerum* (Schwaegr.) Aongstr.。Y. Horikawa 1934 年发表台湾的 *Racopilum formosicum* Horik. ，实为丛藓科 Pottiaceae 的 *Reimersia inconspicua*。另外，原记录中国贵州有 *R. tomentosum* (Hedw.) Brid. (钟本固等，1989，1990)，因该种为美洲分布，我们又未见到标本，估计是错误鉴定，故未列入本志。目前中国有 4 种。

分种检索表

1. 植物体较大，茎带叶宽超过 4 mm；叶边常有多细胞粗齿 ·················· **4. 粗齿卷柏藓 *R. spectabile***
1. 植物体略小，茎带叶宽不足 4 mm；叶边一般仅具单细胞细齿或齿突 ··· 2
2. 叶片细胞具明显乳头状疣；基部细胞多为方形或短矩形，胞壁薄 ········· **2. 疣卷柏藓 *R. convolutaceum***
2. 叶片细胞平滑；基部细胞趋狭长，胞壁稍厚 ··· 3
3. 孢蒴直立；齿条具穿孔，齿毛缺失或发育不良；植物体棕黄色；干时侧叶相对拳卷 ·······················
   ·· **3. 直蒴卷柏藓 *R. orthocarpum***
3. 孢蒴横生；齿条不具穿孔，齿毛与齿条近于等长；植物体绿色或暗绿色；干时侧叶伸展或略扭曲，
   不拳卷 ·· **1. 薄壁卷柏藓 *R. cuspidigerum***

Key to the species

1. Plants rather large; stem with leaves more than 4 mm wide; leaf marginal teeth multicellular ················
   ··· **4. *R. spectabile***
1. Plants smaller; stem with leaves less than 4 mm wide; leaf marginal teeth unicellular ··························· 2
2. Leaf cells long papillose; basal leaf cells quadrate or rectangular, walls thin ··············· **2. *R. convolutaceum***
2. Leaf cells smooth; basal leaf cells tending longer, walls thin thick ·· 3
3. Capsules erect; endostome segments porose, cilia absent or undeveloped; plants brownish yellow; usually
   pinnately branched, leaf cells rather regular ·· **3. *R. orthocarpum***
3. Capsules horizontal; endostome segments not porose, cilia as long as the endostome; plants green or dark
   green, lateral leaves spreading or spreading, not revolute ····································· **1. *R. cuspidigerum***

1. 薄壁卷柏藓 (毛尖卷柏藓) 图 47：1~13

Racopilum cuspidigerum (Schwaegr.) Aongstr. , Oefv. K. Vet. Ak. Foerh. 29 (4): 10. 1872.

Hypnum cuspidigerum Schwaegr. in Gaud. , in Freye.: Voyage Aut. Monde Oranie Phys. Bot.: 229. 1828.

Racopilum aristatum Mitt., Journ. Linn. Soc. Bot. 8: 155. 1864.

R. ferriei Thér., Monde Pl. ser. 2, 9: 22. 1907.

植物体长 2~5 (~10) mm，绿色至褐绿色，匍匐交织群生，腹面常密生红棕色假根。茎多为不规则分枝或不规则羽状分枝，老茎宽 0.25~1 mm，皮部为厚壁细胞，中间为薄壁细胞；湿时老茎带叶身宽 2~4 mm。具异型叶：2 列较大的侧叶和茎中央 1 列略小的背叶，通常斜向交错排列。侧叶多为长卵形，1.2~2.5 mm×0.5~1.0 mm，渐尖，不对称；中肋单一，强劲，常突出叶尖呈芒状，有时芒尖长超过叶身的 1/2 或 1 倍；叶中上部边缘常具细齿或齿突；干时伸展或略扭曲，湿时平展。叶细胞平滑，近方形、六角形或不规则形，大小、长短不一，5.6~25 μm×5.6~15μm，基部细胞渐长，近于长方形，30~50 μm×12~22 μm。背叶较小，一般为长的卵状、心状或三角状披针形，近于对称，大小长短不一，稀疏排列；中肋突出叶尖呈芒状；叶中部以上边缘具细齿或齿突。雌雄异株。雄株较小。雌苞叶基部卵形，上部具急尖或

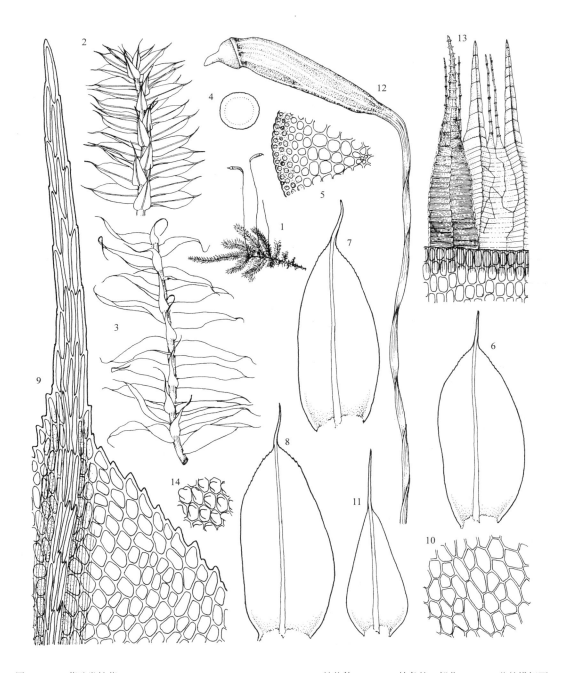

图 47 1~13. 薄壁卷柏藓 Racopilum cuspidigerum (Schwaegr.) Aongstr. 1. 植物体(×3), 2~3. 枝条的一部分(×14), 4. 茎的横切面(×37), 5. 茎横切面的一部分(×190), 6~8. 腹叶(×37), 9. 叶尖部细胞(×365), 10. 叶中上部细胞(×365), 11. 背叶(×37), 12. 孢蒴(×12), 13. 蒴齿(×110) ; 14. 疣卷柏藓 Racopilum convolutaceum (C. Müll.) Reichdt. 叶中上部细胞(×365) (绘图标本: 1~13. 台湾, 台北, 庄清璋 5352, BCU, PE; 14. 西藏, 墨脱, 汪楣芝 800187-3, PE) (郭木森 绘)

Fig. 47   1~13. *Racopilum cuspidigerum* (Schwaegr.) Aongstr. 1. habit (×3), 2~3. portions of branches (×14), 4. cross section of stem (×37), 5. portion of the cross section of stem (×190), 6~8. ventral leaves (×37), 9. apical leaf cells (×365), 10. middle leaf cells (×365) , 11. antical leaf (×37), 12. capsule (×12), 13. peristome teeth (×110); 14. *Racopilum convolutaceum* (C. Müll.) Reichdt., middle leaf cells (×365) (1~13. Taiwan: Taipei, C.-C. Chuang 5352, BCU, PE; 14. Xizang: Motuo, M.-Z. Wang 800187-3, PE) (Drawn by M.-S. Guo)

渐尖，中肋突出呈长芒状。蒴柄橙黄色或棕红色，长 1.5~2.5 (~5) cm，平滑。孢蒴长圆柱形，长 2~4 mm，常具明显的纵褶，台部略收缩，多数稍弯曲，一般横生或垂倾。环带常自行脱落。蒴齿双层：内外齿狭披针形；外齿层齿片外侧中下部具横脊及横纹，上部具细疣，有横隔；内齿层基膜较高，折叠呈龙骨状，齿条常具穿孔，上部呈叉状或联合，齿毛 2~3 条，常具节状横隔，与齿条近于等长。蒴帽兜形，中下部有时具纤毛。孢子一般球形，直径(8~) 10~20 μm，表面具细疣。染色体数目 n=21。

生境：常着生在湿热地区林下的岩面或树上。

产地：西藏：墨脱县，背崩至马尼翁，山坡岩面，海拔 950 m，西藏队 172-a (PE)。云南：西双版纳，勐腊县，勐仑，石灰山，海拔 680 m，张力 505 (HKAS, PE)。重庆：九龙坡，石壁，海拔 350 m，李先源 1 (PE)；同前，北碚，路边石壁，海拔 370 m，李先源 2 (PE)。贵州：黄果树，岩溶山原，路边，石灰岩壁，海拔 884 m，王智慧等 1583 (GACP)；荔波，岩面，海拔 770 m，张朝晖 127 (PE)。广西：靖西，树基，胡舜士 59 (PE)。广东：鼎湖山，山坡，林地，海拔 25~295 m，Redfearn 等，34358 (MO, PE)；深圳，大梧桐山，盐田，林下岩面，海拔 550~600 m，汪楣芝 54803 (PE)。海南：昌江县，霸王岭，山地雨林，路边岩面，海拔 900 m，吴鹏程 21015 (PE)。台湾：台北，Kan-kou，海拔 300 m，庄清璋 5352 (UBC, PE)；花莲，Tien-hsian，海拔 500~700 m，庄清璋 5755 (UBC, PE)。

分布：中国、东喜马拉雅、印度、日本、巴布亚新几内亚、澳大利亚；东南亚、太平洋岛屿、北美和中南美。

2. 疣卷柏藓 (新拟名)　　图 47：14

Racopilum convolutaceum (C. Müll.) Reichdt. , in Fenzl, Reise Oest. Freg. Novara, Bot. 1 (3): 194. 1870.

Hypopterygium convolutaceum C. Müll. , Syn. 2: 13. 1850.

Racopilum cuspidigerum (Schwaegr.) Aongstr. var. *convolutaceum* (C. Müll.) Zanten et Dijikstra in Zanten et Hofman, Fragm. Flor. Geobot. 441. 1995.

植物体纤细至中等大小，绿色，匍匐，多与其他苔藓交织群生，腹面常密生假根。茎不规则分枝，宽 0.1~3 mm；具异型叶：2 列较大的侧叶，茎中央 1 列略小的背叶，通常左右交错倾斜排列。侧叶一般为长卵形，不对称，较大叶的叶身长 1.2~1.8 mm，干时略扭曲，湿时伸展；叶边全缘或具细齿；中肋单一，突出叶尖呈芒状；叶片细胞多具明显乳头状疣；基部细胞多为方形或短矩形，胞壁薄。背叶较小，长卵状或三角状披针形，近于对称，大小长短不一，排列稀疏；中肋突出叶尖呈芒状。

生境：生于高山的滴水土面。

产地：西藏：墨脱县，阿尼桥，海拔 1200~1400 m，汪楣芝 800187-3 (PE)。

分布：中国、澳大利亚、新西兰、智利和太平洋岛屿。

3. 直蒴卷柏藓 图48

Racopilum orthocarpum Wils. ex Mitt. , Journ. Linn. Soc. Bot. Suppl. 1: 136. 1859.

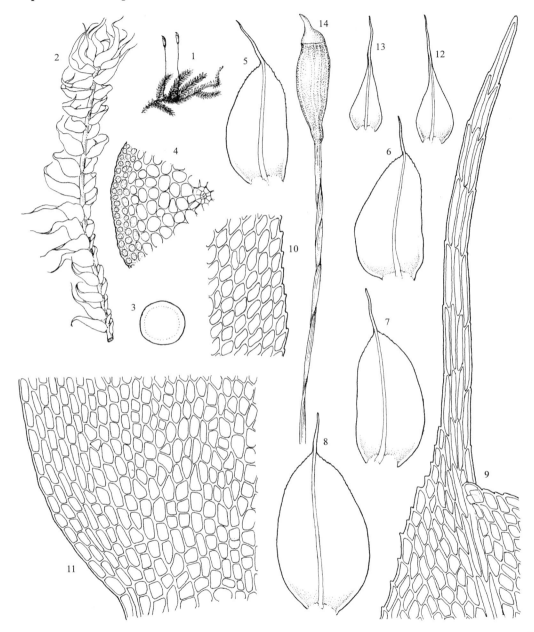

图48 直蒴卷柏藓 *Racopilum orthocarpum* Wils. ex Mitt. 1. 植物体(×3), 2. 枝条的一部分(×14), 3. 茎的横切面(×37), 4. 茎横切面的一部分(×190), 5~8. 侧叶(×37), 9. 叶尖部细胞(×365), 10. 叶中部边缘细胞(×365), 11. 叶基部细胞(×365), 12~13. 背叶(×37), 14. 孢蒴(×12) (绘图标本：云南, 西双版纳, 徐文宣 6203, PE) (郭木森 绘)

Fig. 48 *Racopilum orthocarpum* Wils. ex Mitt. 1. habit (×3), 2. branch (×14), 3. cross section of stem (×37), 4. portion of the cross section of stem (×190), 5~8. ventral leaves (×37), 9. apical leaf cells (×365), 10. middle marginal leaf cells (×365), 11. basal leaf cells (×365), 12~13. antical leaves (×37), 14. capsule (×12) (Yunnan: Xishuangbanna, W.-X. Xu 6203, PE) (Drawn by M.-S. Guo)

植物体中等大小，一般橙黄色，匍匐交织成片，腹面常密生棕红色假根。茎不规则羽状分枝，茎宽小于 0.3~0.4 mm，厚壁细胞多层，中间薄壁细胞约占 1/2；湿时带叶身宽约 3.5 mm；具异型叶：2 列较大的侧叶，茎中央 1 列略小的背叶，通常左右交错倾斜排列。侧叶多为长卵形，不对称，1.3~1.5 mm×0.5~0.8 mm，渐尖或具急尖，干时一般背卷，湿时伸展；叶上部边缘常具细齿或齿突；中肋单一，较强劲，常突出叶尖呈粗芒状，有时甚长；叶细胞平滑，近方形、六角形或不规则形，稍大细胞一般 15~17 μm×8~9 μm，有时基部细胞略长，稍疏松。背叶多较小，一般为长的卵状、心状或三角状披针形，近于对称，疏松排列；中肋突出叶尖呈粗长芒状；叶边具齿突。通常雌雄异株。雄株较细小。雌苞叶基部卵形，上部具急狭尖或渐尖，中肋突出呈粗长芒状。蒴柄长 1.2~1.5 cm，棕红色。孢蒴长圆柱形或长卵形，长 2~3 mm，直立，具明显的纵褶，台部略收缩。环带常自行脱落。蒴齿双层：内外齿层等长；内外齿层齿条、齿片均为长披针形，齿片外侧下部具横脊及横纹，上部具细疣，内侧具横隔；内齿层基膜较高，一般折叠形，齿条沿中缝有连续穿孔，齿毛缺失或不正常发育的 2~3 条短毛。蒴帽兜形，有时下部有少数纤毛。孢子一般球形，表面具细疣。

生境：生于东亚热带、亚热带地区林下岩面或树上。

产地：云南：西双版纳，思茅、景洪、勐海等地，徐文宣 2、6051、6352、11001、11238、11422 (PE)，Redfearn 等 34066 (PE)。广西：龙胜县，三门乡，海拔 1530 m，吴鹏程等 1158 (PE)。

分布：中国、东喜马拉雅、斯里兰卡、缅甸和越南。

4. 粗齿卷柏藓　图 49

Racopilum spectabile Reinw. et Hornsch. , Nov. Act. Ac. Caes. Leop. Car. 14 (2): 721. 1829.

植物体中等大小，长 2~10 cm，绿色、黄绿色或褐色，匍匐横生，交织成片，枝条背腹扁平，不规则分枝，常生于岩面或树上。茎宽约 0.35 mm (湿时 0.5 mm)，湿时带叶宽一般超过 4 mm，皮部厚壁细胞 2~4 层，内部 4~6 层薄壁细胞，腹面常密生棕色假根。具异形叶：2 列较大的侧叶，长卵状披针形，不对称，2.2~3.5 mm×1~1.5 mm；叶中上部边缘有时具多细胞粗齿；中肋粗壮，突出叶尖呈粗芒状，长约 0.4 mm；干时叶常向内卷曲或略扭曲，湿时伸展。叶中上部细胞，六边形、近方形或长方形，有时不规则，22~30 μm×10~22 μm；基部细胞多稍长、大，近于长方形。1 列背叶大至小形，长卵状或三角状披针形，一般近于对称，具狭长尖，长 2.4~4.8 mm，芒尖 0.8~1 mm；叶左右交错，稀疏倾斜排列。雌雄异株。雄苞小，芽胞状。雌苞于短枝上，常具无色线形配丝。雌苞叶一般三角状披针形。蒴柄长 3~4.5 (~5) cm，棕红色，坚挺，粗糙。孢蒴长圆柱形，长 3~6 mm，外壁具纵条纹，不对称，直立或略弯曲，台部短，气孔显型。环带常自行脱落。蒴齿双层：外齿层齿片具横隔或具细密疣；内齿层基膜高；齿毛 3 条。蒴盖圆锥形，具喙。蒴帽兜形。孢子一般球形，直径为 12~15 μm，表面具细疣。

生境：一般于热带地区海拔 1000~2000 m 的林下。

产地：西藏：墨脱县，格林，河边树基，海拔 1400 m，汪楣芝 800648-4 (PE)。云南：

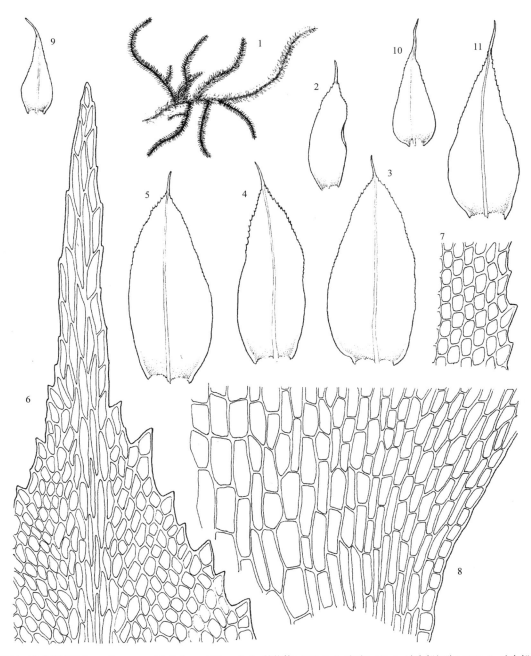

图 49　粗齿卷柏藓 *Racopilum spectabile* Reinw. et Hornsch. 1. 植物体(×0.7), 2~5. 腹叶(×14), 6. 叶尖部细胞(×260), 7. 叶中部边缘细胞(×260), 8. 叶基部细胞(×260), 9~11. 背叶(×14) (绘图标本：云南，大围山，徐文宣 106, PE) (郭木森　绘)

Fig. 49　*Racopilum spectabile* Reinw. et Hornsch. 1. habit (×0.7), 2~5. ventral leaves (×14), 6. apical leaf cells (×260), 7. middle marginal leaf cells (×260), 8. basal leaf cells (×260), 9~11. antical leaves (×14) (Yunnan: Dawei Mt., W.-X. Xu 106, PE) (Drawn by M.-S. Guo)

屏边县，大围山，海拔 1400 m，朱维明 206 (PYU, PE)；同前，雨林中，海拔 1600 m，徐文宣 106 (PE)。广西：金秀，大瑶山林区，圣堂山，海拔 1979 m，韦发南 81-12 (PE)；天峨县，纳直乡，海拔 300~450 m，张灿明 46-E(PE)。台湾：南投县，Chi-tou 和 Chi-ti，林下，海拔

1200~2000 m，赖明洲 1211 (H, PE)，庄清璋等 600-13 (100539)、649 (100555) (UBC, PE)。

分布：中国、菲律宾、印度尼西亚、巴布亚新几内亚和太平洋部分岛屿。

亚目 3 白齿藓亚目 Leucodontinales

科 33 虎尾藓科 Hedwigiaceae[*]

植物体一般硬挺，灰绿色、绿色、棕黄色、棕红色或黑色，无光泽，直立或倾立，不规则分枝，常密集丛生于石面或树上。茎无中轴；茎下部叶多腐朽或呈鳞片状，有如芽条形；叶腋处常有配丝状毛；部分属种具鞭状枝；假根较少。叶干时常抱茎，覆瓦状排列；湿时倾立或背仰。叶片质坚挺，通常基部宽卵形，多内凹，一般具长或短披针形尖，有时呈白色或无色，尖常具细齿或疣；叶边多全缘，有时略背卷；无中肋。叶上部细胞略小，卵圆形、长椭圆形、近方形、菱形、狭长形或不规则，常为厚壁，多具细疣、粗疣或叉状疣；下部细胞渐大，或逐渐平滑，有时具多疣，基部细胞或基部中央多为长方形或不规则长条形；角细胞有时近方形，常带橙黄色。多数为雌雄同株。雌苞于分枝上侧生。雌苞叶一般较长，有时具纤毛及黄色隔丝。蒴柄短或长。孢蒴碗状、卵形或圆筒形，有时具台部，多对称，常具纵褶，一般隐没或突出于雌苞叶。环带不分化。蒴齿缺失或仅具外齿层。蒴盖微凸或呈圆锥形，一般平滑，具短喙。蒴帽钟形或僧帽状，有时具稀疏纤毛。孢子常较大，球形或不规则，直径 18~40 μm，常为四分体，表面具疣或具长条纹饰。染色体数目多数为 $n=11$。

本科全世界有 4 属，目前中国见到 2 属：赤枝藓属 Braunia B. S. G. 和虎尾藓属 Hedwigia P. Beauv. 。原蔓枝藓亚科 Cleistostomoideae 的蔓枝藓属 Bryowijkia Nog. 从植物体至孢子体均与本科植物有甚大的差异，自发现此类群后人们就将其暂时放在本科。目前分子材料证明它与虎尾藓科植物关系较远，所以现将蔓枝藓属独立为一个科：蔓枝藓科 Bryowijkiaceae。陈伯川(P.-T. Tchen)1936 年的文章中提到中国河北(原名：察哈尔)有棕尾藓 Hedwigidium integrifolium (P. Beauv.) Dix. (Schistidium imberle N. et H.)，但目前未在中国找到棕尾藓属 Hedwigidium 标本。另外，我们认为 Braunia obtusicuspis Broth. (Typus: Handel-Mazzetti, 788)并入 Hedwigidium integrifolium (S. He et E. D. Luna, 2004)是不合适的，本种应为 Braunia alopecura (Brid.) Limpr. 的同物异名。因此现将棕尾藓属 Hedwigidium 的特征在本科分属检索表中简要介绍。

分属检索表

1. 叶具短或长的宽透明尖；叶每个细胞具 1~2 个粗糙或叉状疣；雌苞叶边缘具纤毛 ·············· ··· **2. 虎尾藓属 _Hedwigia_**
1. 叶一般不具透明尖；叶每个细胞具多数细疣；雌苞叶边缘不具纤毛 ·································3
  2. 雌苞叶长小于 4 mm；蒴柄长，高出雌苞叶 ························· **1. 赤枝藓属 _Braunia_**
  2. 雌苞叶长超过 4 mm；蒴柄短，多低于雌苞叶 ······················· 棕尾藓属 _Hedwigidium_

---

* 作者(Auctor)：汪楣芝(Wang Mei-Zhi)

Key to the genera

1. Leaves with a long or short hyaline apex; each leaf cell with 1~2 gross or forked papillae; margins of perichaetial bracts often ciliated ·· **2. *Hedwigia***
1. Leaves usually without a hyaline apex; each leaf cell with several fine papillae; margins of perichaetial bracts not ciliated ·· 3
2. Perichaetial bracts less than 4 mm long; setae long; capsules uplifted from the perichaetial bracts············ ··· **1. *Braunia***
2. Perichaetial bracts more than 4 mm long; setae shorter; capsules submerged in the perichaetial leaves········ ·· ***Hedwigidium***

属 1   赤枝藓属 *Braunia* B. S. G.

Bryol. Eur. 3: 159. 1846.

模式种: 赤枝藓 *Braunia alopecura* (Brid.) Limpr. [*Braunia sciuroides* (Bals. et De Not.)B. S. G.]

植物体稍硬挺，绿色、黄绿色至棕褐色，或带红色，主茎匍匐，支茎直立或倾立，先端常呈棒槌形，不规则或规则羽状分枝，有时具鞭状枝，常交织成片。干时叶密集紧贴，湿时伸展或背仰。叶片一般长卵形或椭圆形，具短尖或长尖，有时呈纤细的透明毛尖；叶边全缘，多数种类背卷；中肋缺失；叶细胞较小，不整齐方形或不规则形，有时表面为凹凸不平，背腹面均具多数疣，近基部细胞渐长，基部中央常具狭长形细胞，厚壁，常具壁孔，角细胞一般不分化，或稍带棕红色。雌雄同株异苞，稀为同苞。雌苞叶较大，长椭圆形或长卵形，具长或短尖，多具纵皱褶，有时具隔丝。蒴柄短或长，直立，将孢蒴推出雌苞叶。孢蒴长卵形至圆柱形，直立或略弯，表面平滑或具纵皱褶。蒴齿一般缺失。蒴盖圆锥形至略凸，具长或短喙，有时具细疣。蒴帽兜形，平滑。孢子小至大形，表面具粗或细疣。

本属全世界 23 种，分布于南北半球温热地区。我国有 2 种。

《中国苔藓植物属志》下册(陈邦杰等，1978)中，图 206 和《云南植物志》十九卷(中国科学院昆明植物研究所，2005)中 66 页"云南赤枝藓 *B. delavayi*"的描述与图 27: 12~19 所绘的种应更正为"赤枝藓 *Braunia alopecura* (Brid.) Limpr. "。

分种检索表

1. 叶片宽卵形，具短急尖；叶尖部细胞稍宽，一般小于 3∶1·················· **1. 赤枝藓 *B. alopecura***
1. 叶片长卵状披针形，具长尖；叶尖部细胞狭长，常为 4~5∶1·················· **2. 云南赤枝藓 *B. delavayi***

Key to the species

1. Leaves broadly ovate, suddenly to an acute apex; apical leaf cells wider, usually the ratio less than 3∶1 between length and width ·· **1. *B. alopecura***
1. Leaves ovate-lanceolate, tapering to a long apex; apical leaf cells narrow, mostly the ratio 4~5∶1 between length and width ·· **2. *B. delavayi***

1. 赤枝藓 (钝叶赤枝藓)   图 50: 11~23

Braunia alopecura (Brid.) Limpr. , Laubm. Deutschl. 1: 824. 1889.

Leucodon alopecurus Brid. , Musc. Recent. Suppl. 4: 135. 1819 [1818].

Anoectangium sciurioides Bals. et De Not. , Mem. Reale Accad. Sci. Torino 40: 345. 1838.

Hedwigia sciurioides (Bals. et De Not.) Bals. et De Not. , Syllab. Musc. 95. 1838.

Braunia sciuroides (Bals. et De Not.) Bruch et Schimp. in B. S. G. , Bryol. Eur. 3: 161. 1846.

Harrisonia sciurioides (Bals. et De Not.) Rabenh. , Deuschl. Krypt.-Fl. 2 (3): 153. 1848.

Neckera alopecura (Brid.) Müll. Hal. , Syn. Musc. Frond. 2: 104. 1851.

Hedwigia alopecura (Brid.) Kindb. , Canad. Rec Sc. 6: 18. 1894.

Braunia obtusicuspis Broth. , Sitzungsber. Ak. Wiss. Wien, Math. Nat. Kl. 131: 214. 1923, "*obtusicuspes*". nov. syn.

植物体一般茎长约 2 cm，棕黄色至红褐色，硬挺，常交织成片。茎不规则分枝，短枝常呈棒槌形；具鞭状枝，假鳞毛有时叶状。叶片宽椭圆或卵形，具短急尖，1.5~2 mm×0.7~1.1 mm，略内凹，具不明显皱褶；叶边全缘，基部有时稍背卷；干时覆瓦状排列，湿时伸展。叶中上部细胞近方形或不规则，长 4~12 μm，宽 4~7.5 μm，长宽比例为 1~2:1，细胞具多数粗疣，有时不明显，胞壁不规则加厚；基部细胞狭长，长 6~17.5 μm，宽 7.5 μm，中间细胞可达长 50~80 μm，宽 5~7 μm，疣成 1 排，常具壁孔；基部边缘细胞较小，无疣。雌苞叶长卵形，具披针形尖，长 1.8~2.2 mm，隔丝较长。孢蒴卵圆形，2~2.3 mm×1 mm，表面常具纵褶；蒴柄长 8~10 mm；蒴盖圆锥形，具短喙；蒴帽兜形，罩覆孢蒴上部。孢子直径 25~30 μm，表面具细疣。

生境：岩面或树上着生。

产地：西藏：亚东，春丕河西山，岩面，臧穆 54 (HKAS)。云南：大理，点苍山，王启无 3410、3537 (PE)；海拔 2200~2550 m，Redfearn *et al.* 1076、1094、1371 (MO)；杨承元 5 (PE)；下关，将军洞，徐文宣 28 (PE)。四川：会理县，海拔 1850 m，Handel-Mazzetti 788 (200) (*B. obtusicuspis* Broth. holotypus, V. F. Brotherus, 1929) (H)；木里，河边，海拔 2200~2500 m，李佩琼、夏群 24104-a (PE)。

分布：中国、印度、伊朗、科威特和欧洲。

2. 云南赤枝藓　图 50：1~10

Braunia delavayi Besch. , Ann. Sc. Nat. Bot. ser. 7, 15: 71. 1892.

植物体长 1~3 cm，稍硬挺，黄绿色、棕黄色至红褐色，支茎倾立，先端常呈棒槌形，多不规则分枝，常交织成片；叶密集着生，尖部伸展；有时具鞭状枝，假鳞毛稀叶状。叶片长卵形，具披针形尖，有时呈毛状，2~2.6 mm×0.7~1 mm；略具褶；叶边全缘，有时下部稍背卷。叶尖细胞长 22~31 μm；叶中上部细胞近方形或不规则，长 12~20 μm，宽 4~10 μm，长宽比例为 2~3:1，细胞背腹面均具多数乳头状突起；基部中央细胞狭长形，最长时为长 50~75 μm，宽 5~6 μm，疣成 1 排，胞壁厚，常具壁孔。雌雄同株。雌苞叶较大，长椭圆形或长卵形，具披针形尖，长 3.2~4.7 mm，多具纵皱褶；隔丝略长。孢蒴卵圆形，1.5~2 mm×1 mm，直立，表面稍具褶，口部略宽，具明显台部；蒴柄长 7~15 mm；蒴盖圆锥形，具喙。蒴帽较大，兜形。孢子直径可达 25~30 μm，表面具粗或细疣。

生境：生于岩面或树上。

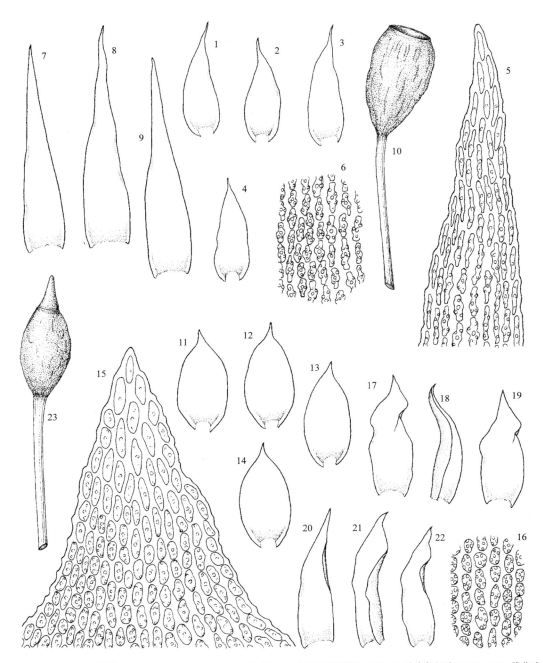

图 50　1~10. 云南赤枝藓 *Braunia delavayi* Besch. 1~4. 叶片(×14), 5. 叶尖部细胞(×365), 6. 叶中部细胞(×365), 7~9. 雌苞叶 (×14), 10 孢蒴(×12); 11~23. 赤枝藓 *Braunia alopecura* (Brid.) Limpr. 11~14. 叶片(×14), 15. 叶尖部细胞(×365), 16. 叶中部细 胞(×365), 17~22. 雌苞叶(×14), 23. 孢蒴(×12) (绘图标本: 1~10. 云南, 大理, Redfearn 等 967, MO, PE; 11~23. 云南, 大理, Redfearn 等 1371, MO, PE) (郭木森 绘)

Fig. 50　1~10. *Braunia delavayi* Besch. 1~4. leaves (×14), 5. apical leaf cells (×365), 6. middle leaf cells (×365), 7~9. perichaetial bracts (×14), 10 capsule (×12); 11~23. *Braunia alopecura* (Brid.) Limpr. 11~14. leaves (×14), 15. apical leaf cells (×365), 16. middle leaf cells (×365), 17~22. perichaetial bracts (×14), 23. capsule (×12) (1~10. Yunnan: Daili Co., Redfearn *et al.* 967, MO, PE; 11~23. Yunnan: Dali Co., Redfearn *et al.* 1371, MO, PE) (Drawn by M.-S. Guo)

产地：云南：宾川县，鸡足山，石上或树枝，海拔 2930~3200 m，崔明昆 846-C、1095-B (YPU, PE)；维西，新化至高山海子，海拔 2900~3150 m，汪楣芝 6252 (PE)；漾濞，海拔 2600~2800 m，Redfearn *et al.* 718、958、967 (MO)。

分布：为中国西南与喜马拉雅地区特有。

属 2　虎尾藓属 *Hedwigia* P. Beauv.

Mag. Enc. 5: 304. 1804.

模式种：虎尾藓 *H. ciliata* (Hedw.) Ehrh. ex P. Beauv. (*Anictangium ciliatum* Hedw.)

植物体粗壮、硬挺，灰绿色、深绿色、棕黄色至黑褐色。支茎直立或倾立，不规则分枝，有时具鞭状枝。叶覆瓦状排列，叶尖常伸展，湿时倾立。叶片卵状披针形，略内凹，具长或短披针形尖，尖常透明；叶边全缘，有时略背卷；中肋缺失。叶上部细胞卵方形至卵圆形，具疣；基部细胞方形或不规则，具多疣；基部中间细胞长形。多雌雄同株。雄苞小。雌苞较大，雌苞叶长椭圆状披针形。蒴柄短。孢蒴常隐没于苞叶之中。蒴齿缺失。蒴盖稍凸，具喙；蒴帽兜形，易脱落。孢子多球形，表面具疣或条形纹饰。

本属全世界 3 种，分布广泛。中国仅见到 1 种。

1. 虎尾藓　图 51

Hedwigia ciliata (Hedw.) Ehrh. ex P. Beauv. , Prodr. Aethéog. 60. 1805.

Anictangium ciliatum Hedw. , Sp. Musc. 40. 1801.

Hedwigia albicans Lindb. , Oefv. K. Vet. Ak. Foerh. 21: 421. 1864.

H. ciliata (Hedw.) Ehrh. ex P. Beauv. var. *iridis* B. S. G. , Bryol. Eur. 3: 153. 1846.

植物体粗壮、硬挺，灰绿色、深绿色、棕黄色至黑褐色。枝茎直立或倾立，不规则分枝，一般长 3~5 cm，不具鞭状枝。干时叶覆瓦状紧贴，叶尖有时伸展或背仰，湿时倾立。叶片卵状披针形，略内凹，长 1.3~2.3 mm，上部具长或短披针形宽尖，尖多透明，常具刺状齿；叶边全缘，有时略背卷；中肋缺失。叶上部细胞卵方形至卵圆形，长 8~18 μm，宽 8 μm，具 1~2 个粗疣或叉状疣；基部细胞方形或不规则长形，具多疣，向下渐平滑；有时角细胞分化。雌雄同株异苞。雄苞较小，芽胞状。雌苞侧生。雌苞叶较大，长椭圆状披针形，上部边缘常具多数透明长纤毛。蒴柄短。孢蒴碗形，隐没于苞叶之中。蒴齿缺失。蒴盖稍凸，多为红色，具短喙；蒴帽小，兜形，仅罩覆蒴盖，易脱落。孢子黄色，多球形，直径 20~30 μm，表面具迴曲脊状条形纹饰，有时呈网状。染色体数目一般 $n=11$。

生境：多生于海拔 1000 m 以上的裸岩面。

产地：西藏：亚东，树上或岩面，海拔 2300~2900 m，付国勋 919-a (PE)；杨永昌 2 (PE)；陈书坤 4977、4995 (HKAS，PE)；西藏队 7732、7756、7770、7781 (PE)；隆子，准道节百，臧穆 1133、1173 (HKAS，PE)；朗县，甲格日上，臧穆 1763、1794、1797 (HKAS，PE)；米林，林下或岩面，海拔 3200~3700 m，郎楷永 320-b、423、587 (PE)；

西藏队 7534、7570、7607、7703 (PE);墨脱,多雄拉,海拔 3000~3600 m,汪楣芝 800003-1、800020-1、800041-2 (PE);波密,松韦镇,海拔 2700 m,贾渝 6077、6091 (PE);察隅,武素功 1118-E (PE);察瓦龙,海拔 2100 m,汪楣芝 12864-a (PE);八宿,然乌湖,海拔 4100 m,倪志诚 83 (PE);左贡,甲郎至来都,海拔 2600 m,汪楣芝 14998 (PE)。
云南:元阳,树干上,胥学荣、臧穆 849 (HKAS);彝良县,牛街,蔡家营,山坡,林边岩面,海拔 450~920 m,黎兴江 4572 (HKAS, PE);丽江县,玉龙雪山,王启无 3704、3856 (PE);徐文宣 22、945 (PE);德钦县,梅里雪山,岩面,海拔 3000~3300 m,汪楣芝 14346、14359 (PE);奔子栏,海拔 3000 m,王立松 81-1747 (HKAS);贡山县,独龙江畔,海拔 1900 m,汪楣芝 11471 (PE);高黎贡山,海拔 1680 m,Janes 23441 (PE);福贡,高黎贡山,海拔 1275 m,Janes 24914 (PE);维西,碧罗雪山,海拔 1600~3100 m,汪楣芝 4650、4742 (PE);宜良,岩面,海拔 450~920 m,黎兴江 4572 (HKAS)。
四川:南川县,金佛山,海拔 1000~1100 m,汪楣芝 860413、860426 (PE);胡晓耘 242、243 (PE);雷波,黄茅埂,海拔 2300~3300 m,管中天 8622 (PE);峨眉山,T. N. Liou 10257 (PE);净水,小河边,岩面,海拔 600 m,罗健馨 12 (PE);都江堰(灌县),海拔 960~1250 m,汪楣芝 57186、57836 (PE);胡晓耘 870411 (PE);汶川,岩面,海拔 1100~1380 m,罗健馨等 3927、3940 (PE);Redfearn 34833-a (MO, PE);江津,岩面,陈邦杰 248 (PE);宝兴,海拔 1150 m,李乾 843 (PE);康定,折多山,海拔 2950 m,贾渝 2347、2348 (PE);稻城县,贡嘎岭,东坡,河边,阔叶林下,岩面,海拔 2900~3500 m,汪楣芝 814182-a (PE);乡城县,海拔 3600~3830 m,何思 31787-a (PE);贾渝 4109、4256 (PE);马尔康,梦笔山,海拔 3100 m,贾渝 2975、2981 (PE);阿坝,金川县,海拔 3500 m,贾渝 9570 (PE)。重庆:木洞镇,陈邦杰 1459 (PE);缙云山,陈邦杰 216、5057-a (PE);城口县,海拔 1420~1600 m,贾渝 10173、10341 (PE);巫溪县,海拔 600~1460 m,王庆华 168、174 (PE)。贵州:蒋英 4374 (PE);三都,朱为庆 8801 (PE)。
湖北:神农架,海拔 500~1000 m,吴鹏程 72、259 (PE);池洞,如雷山,龙光日 91039 (PE)。湖南:衡山,海拔 400~1000 m,何观洲 39、67;杨一光 1、7、14 (PE);毕列爵 2014、2027 (PE);大庸,张家界,海拔 700 m,吴鹏程 20038、20042 (PE)。广西:融水县,九万大山,海拔 820~950 m,汪楣芝 46192、46198 (PE);1980 年采集队 595、1369 (PE);宜昌,大老岭,海拔 1050~2000 m,李粉霞 1582、1845 (PE);王庆华 353 (PE)。
台湾:台中,海拔 1800 m,Shevock 等 17980 (MO);宜兰,Chi-li-ting 至 Nan-shan,海拔 1200~2460 m,庄清章 1863 (UBC, PE);南投县,Lu-shan,约 24°N, 121°E,海拔 800~1000 m,庄清章 759 (UBC, PE, MO)。福建:无采集人 2717 (PE);武夷山,苔藓进修班 116、193、285 (PE);将乐县,陇西山,岩面或树上,汪楣芝 47663、48175 (PE);何小兰 822 (PE);贾渝 652 (PE);王庆华 1043 (PE)。江西:庐山,陈邦杰 19、98、106 (PE);王森林 x-8 (PE);苔藓进修班 33、101、116 (PE);齐云山,海拔 660~1250 m,何思 41032、41058 (MO, PE);李粉霞 1116、1145;于宁宁 1351 (PE);崇义,阳岭,岩面,海拔 850~1250 m,何思 40936、40960 (MO, PE);于宁宁 1010 (PE)。浙江:杭州,陈邦杰 6032 (PE);西天目山,王志敏 10-a、41 (PE);德清县,莫干山,吴鹏程 1199、1255 (PE);普陀山,吴鹏程 7901、24924 (PE);张四美 9 (PE)。安徽:黄山,陈邦杰等 6495、6569、6745 (PE);九华山,树皮,孙祥钟 253 (PE)。江苏:南京,岩面,陈

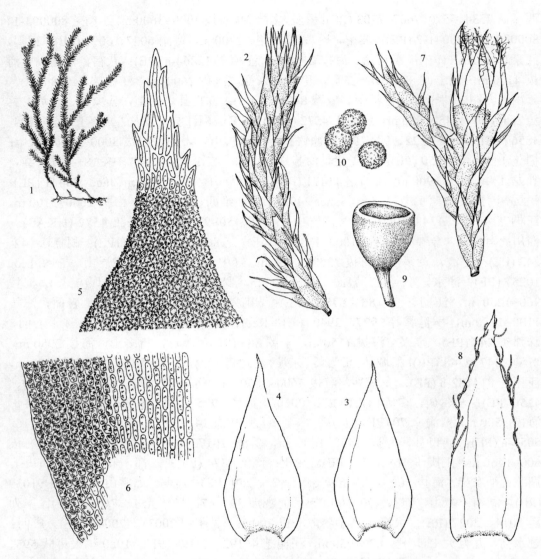

图51 虎尾藓 *Hedwigia ciliata* (Hedw.) Ehrh. ex P. Beauv. 1. 植物体(×2), 2. 枝条的一部分(×14), 3, 4. 叶片(×24), 5. 叶尖部细胞(×225), 6. 叶基部细胞(×225), 7. 孢蒴和枝条(×12), 8. 雌苞叶(×24), 9. 孢蒴(×16), 10. 孢子(×335) (绘图标本：云南，德钦，汪楣芝 811747, PE) (郭木森 绘)

Fig. 51 *Hedwigia ciliata* (Hedw.) Ehrh. ex P. Beauv. 1. habit (×2), 2. portion of a branch (×14), 3, 4. leaves (×24), 5. apical leaf cells (×225), 6. basal leaf cells (×225), 7. capsule and branches (×12), 8. perichaetial bract (×24), 9. capsule (×16), 10. spores (×335) (Yunnan: Deqin Co., M.-Z. Wang 811747, PE) (Drawn by M.-S. Guo)

邦杰 5980 (PE)；徐文宣 12 (PE)；关克俭 B-27 (PE)；无锡，万宗玲 16 (PE)；吴鹏程等 1955 (PE)；苏州，陈邦杰 111、10010 (PE)；李兆兰 34 (PE)；昆山，马鞍山，费达 21 (PE)；宜兴，岩面，吴鹏程等 2072-B、2462 (PE)。上海：徐树铭等 214、512 (PE)。山东：崂山，海拔 500~1000 m，全治国 29、153、257 (PE)。河南：鸡公山，海拔 750 m，罗健馨 18 (PE)；桐柏，何宗智 65、120 (PE)；嵩县，海拔 850~1140 m，罗健馨 380、432 (PE)。山西：关帝山，关克俭 174 (PE)；王寨店，黄河队(山西队)1639 (PE)。河北：小五台山，

T. P. Wang 497 (PE)；兴隆，纪俊侠 1188 (PE)；大海沱山，裸岩面，海拔 1500 m，汪楣芝 24483 (PE)。北京：百花山，王启无 1907、1920 (PE)。辽宁：抚松，漫江村，野田光等 706-a (PE)。吉林：长白山，岩面，陈邦杰等 1192-b；朱俊义 58 (PE)；辛宝栋 53 (PE)；法拉，高谦 1468 (PE)。黑龙江：小兴安岭，陈邦杰 252、288、440-a (PE)；帽儿山，高谦等 5037-a (PE)。内蒙古：大兴安岭，高谦 3275、3290、3295 (PE)。陕西：太白山，海拔 1100~3300 m，汪发缵 4、234 (PE)；魏志平 4953、6301 (PE)；刘慎谔等 250 (PE)；秦岭，陈邦杰等 211 (PE)；任毅 46001 (PE)；洋县，茅坪，海拔 1000~1100 m，汪楣芝 56373、56443 (PE)；华阳，海拔 1160 m，汪楣芝 54975、55050 (PE)；佛坪，海拔 900~2000 m，汪楣芝 55550、55729 (PE)。甘肃：文县，岩面或树上，汪楣芝 63942、63961 (PE)；贾渝 9007、9116 (PE)；李粉霞 101、466 (PE)；尹志强 7 (PE)；迭部县，林下，汪楣芝 54323、54609 (PE)。新疆：布尔津，海拔 1150~1190 m，陈舜礼 356、361 (PE)；江庆棠 350、362 (PE)；阿尔泰山，陈家瑞 86122 (PE)；海拔 1900 m，赵建成 80224 (PE)；喀纳斯，赵建成 942、1094 (XJU)。

分布：全世界广泛分布。

科34　蔓枝藓科 Bryowijkiaceae*

植物体大形，较硬挺，交织成片，有时垂倾。茎常羽状分枝。茎叶与枝叶异形，长卵形；中肋单一，达叶上部。叶中部细胞长，具 1 列疣；下部边缘细胞短，平滑；角部细胞较大。雌雄异株。雌苞于短枝顶生。孢蒴球形，平滑，隐没于苞叶内。蒴齿单层。蒴柄极短。蒴盖稍凸，具喙。蒴帽易脱落。孢子由单细胞和多细胞构成，表面具密疣。

目前，分子材料证明该类群与虎尾藓科 Hedwigiaceae 中的各属均不相聚，其形态差异也甚大，故将蔓枝藓 Bryowijkia Nog. 另立一科。根据《国际植物命名法规(维也纳法规)》[International Code of Botanical Nomenclature (Vienna Code), 2005](张丽兵译，2006)中的规则 42：属种描述(descriptio generico-specifica)的原则，单型科——蔓枝藓科 Bryowijkiaceae 即可视为合法发表的名称。

本科仅有蔓枝藓 1 属。

属1　蔓枝藓属 *Bryowijkia* Nog.

Journ. Hattori Bot. Lab. 37: 240. 1973.

(*Cleistostoma* Brid. nom. illegit., Bryol. Univ. 1: 153. 1826.)

模式种：蔓枝藓 *B. ambigua* (Hook.) Nog. (*Pterogonium ambiguum* Hook.)
属的特征同科。

A. Noguchi 1973 年在 The Journ. Hattori Bot. Lab. 37: 240-241 中发表了

---

* 作者(Auctor)：汪楣芝(Wang Mei-Zhi)

"*Bryowijkia* Nog."和"*Bryowijkia ambigua* (Hook.) Nog.",代替了 S. E. Bridel-Brideri 1826 年不合法发表的名称"*Cleistostoma* Brid."和"*Cleistostoma ambiguum* (Hook.) Brid."。

本属现知 2 种。中国有 1 种。另 1 种分布在非洲马达加斯加北部。

1. 蔓枝藓　图 52

Bryowijkia ambigua (Hook.) Nog., Journ. Hattori Bot. Lab. 37: 241. 1973.

Pterogonium ambiguum Hook., Trans. Linn. Soc. London 9: 310. 1808.

Cleistostoma ambiguum (Hook.) Brid., Bryol. Univ. 1: 153. 1826. nom. illegit.

植物体大形，长可达 15~20 cm，较硬挺，交织蔓生，常垂倾。茎常密集二、三回羽状分枝；干时枝茎先端略向腹面卷曲；湿时倾立。茎叶排列较疏，下部叶多腐朽或呈鳞片状；枝叶密集排列。茎叶卵状披针形，具长或短尖，部分叶尖向一侧强烈弯曲。枝叶倾立，长卵形，具急尖，1.2~1.6 mm×0.3~0.6 mm，内凹，常具纵褶，下部边缘有时稍背卷，稍下延；中肋达叶中部以上。叶中上部细胞近于长虫形，17~35 μm×2.5~7.5 μm，具 1 纵列粗疣，胞壁较厚；基部棕红色，中间细胞长形或狭长，25~60 μm×2~5 μm，具 1 纵列粗疣，偶有壁孔；下部边缘细胞近短方形，2~17 μm×10~12 μm，平滑；角部细胞稍大。雌雄异株。雌苞顶生。雌苞叶长卵状披针形；中肋细长，近叶尖部消失；细胞具疏疣。孢蒴球形，棕色，平滑，完全隐没于苞叶内。蒴齿单层，外齿层齿片较短，内齿层缺失。蒴柄极短。蒴盖稍凸，具短喙。蒴帽易脱落。孢子由多细胞构成，直径 80~130 μm，表面具粗和细的密疣。

生境：常生于海拔 1850~3000 m 的岩面、树干或树枝上。

产地：西藏：墨脱，阿尼桥，路边岩面，海拔 1200~1400 m，汪楣芝 800192-12 (PE)；林芝，索泰姆拉，东坡，常绿阔叶林下，腐木上，海拔 2320 m，苏永革 2756 (HKAS, PE)；察隅，察瓦龙，灌丛下岩面，海拔 2150~2400 m，汪楣芝 12839-b，12849-c (PE)；左贡，甲郎至来都，扎玉曲，林下岩面，海拔 3000 m，汪楣芝 14582 (PE)。云南：保山，大寨山，树枝上，海拔 150~2300 m，罗健馨、汪楣芝 811882-b (PE)；泸水县，至姚家坪途中，阔叶林下，树上，海拔 2300~2450 m，罗健馨、汪楣芝 812750-a、812751 (PE)；片马，垭口，东坡，海拔约 3000 m，罗健馨、汪楣芝 814299 (PE)；福贡，高黎贡山，林下树上，海拔 1900~2400 m，汪楣芝 7400、9305-c (PE)；漾濞，点苍山，岩面，海拔 2600~2800 m，Redfearn 等 280 (MO, PE)；丽江，黑水河，石灰岩面，海拔 1890~2750 m，徐文宣 683 (PE)；冯国楣 9526 (PE)；石鼓，黎兴江 81-558、81-737 (HKAS, PE)；杨建昆 81-164 (HKAS, PE)；中甸，海拔 2400~2750 m，H. Handel-Mazzetti 704 (4425) (H)；黎兴江 81-811 (HKAS, PE)；贡山县，高黎贡山，东坡，双拉瓦，林下路边岩面，海拔 1850~2100 m，汪楣芝 9176 (PE)；昆明，西山，龙门山顶，石灰岩面，连钝 20-2 (PE)；徐文宣 5691 (PE)，5693 (HKAS)；西双版纳，勐海，树干，海拔 1250~1310 m，Redfearn 等 34173-a (MO, PE)；佛海，黑龙潭，水扁岩面或森林树枝，海拔 2100~2260 m，王启无 9325、9335、9341 (PE)；文山，西畴，太阳山，吴全恩 3881 (HKAS, PE)；华坪至杨河

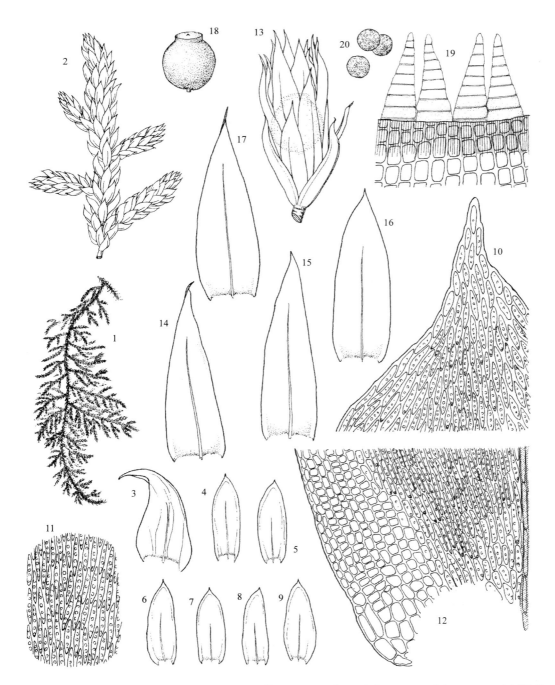

图 52 蔓枝藓 *Bryowijkia ambigua* (Hook.) Nog. 1. 植物体(×1), 2. 植物体的一部分(×7), 3~9. 叶片(×24), 10. 叶尖部细胞 (×365), 11. 叶中上部细胞(×365), 12. 叶基部细胞(×365), 13. 雌苞(×14), 14~17. 雌苞叶(×17), 18. 孢蒴(×14), 19. 蒴齿(×260), 20. 孢子(×220) (绘图标本：云南，泸水，汪楣芝 814299, PE) (郭木森 绘)

Fig. 52 *Bryowijkia ambigua* (Hook.) Nog. 1. habit (×1), 2. portion of the plant (×7), 3~9. leaves (×24), 10. apical leaf cells (×365), 11. middle leaf cells (×365), 12. basal leaf cells (×365), 13. female perichaetium (×14), 14~17. perichaetial bracts (×17), 18. capsule (×14), 19. peristome teeth (×260), 20. spores (×220) (Yunnan: Lushui Co., M.-Z. Wang 814299, PE) (Drawn by M.-S. Guo)

畔，混交林下，砂岩面，农林部森林调查队 61 (PE)。四川：盐源，海拔 2750 m，H. Handel-Mazzetti 473-a (2425)、2885 (H)；木里，永宁，海拔 2600~2800 m，H. Handel-Mazzetti 1360 (7528) (H)；稻城，贡嘎山，河边岩面，海拔 2900~3500 m，汪楣芝 814182-a (PE)；马尔康，西所沟，李芬兰 16 (PE)。

分布：中国、喜马拉雅(不丹与印度的阿萨姆和锡金)、缅甸、泰国和越南等地。

科 35　隐蒴藓科 Cryphaeaceae[*]

纤细或粗壮，稀疏或丛集的树生或石生藓类。主茎匍匐横生；支茎直立或蔓生，不规则丛出或羽状分枝，有时具少数假鳞毛。叶基部卵圆形，略下延，先端渐尖，具短尖或长尖，内凹，无纵褶；叶边平展或近尖部有齿；中肋单一，不及叶尖即消失；叶细胞卵形或椭圆形，整齐斜列，边缘和叶基呈方形细胞群，厚壁，平滑。雌雄异苞同株；雄苞芽胞形，侧生；雌苞生短枝顶端。雌苞叶直立，内雌苞叶较大，具高鞘部，中肋长或不发育，细胞线形。蒴柄短。孢蒴直立，对称，具少数显型气孔。环带有分化。蒴齿多为两层，外齿层齿片 16，披针形，淡黄色，有疣，无横斜条纹，内面横隔不明显；内齿层基膜低，齿条线形或狭长披针形，稀折叠形，穿孔稀见。蒴盖圆锥形，具短尖，稀平凸有喙。蒴帽小，圆锥状钟形或侧面开裂，稀兜形，略粗糙，稀平滑。孢子中等大或大形。

本种分 2 亚科，约 14 属，分布温带地区，多树生，稀石生，具有较强的耐寒性能。我国现知有 6 属。

分属检索表

1. 主茎极短，分枝长短不等，直立或悬垂蔓生，不呈树形；无假鳞毛；叶细胞六边形或短菱形；孢蒴常隐没于雌苞叶内；蒴帽大，圆锥状帽形 ·· 2
1. 主茎长，横生；支茎呈树形，不规则分枝或羽状分枝；少数种有假鳞毛；叶细胞长菱形；孢蒴常突出于雌苞叶外；蒴帽小，兜形 ·································· **6. 残齿藓属 Forsstroemia**
2. 叶上部边缘具粗齿 ·· **4. 毛枝藓属 Pilotrichopsis**
2. 叶边缘不具粗齿 ··· 3
3. 植物体羽状分枝；中肋长达叶片中部，叶细胞平滑；内雌苞叶细胞平滑；孢蒴近球形；孢子形大(直径约 75 μm)，平滑 ····················· **3. 球蒴藓属 Sphaerotheciella**
3. 植物体不规则分枝或细长稀疏分枝，或成簇分枝；中肋长达叶片中部以上或长达叶尖，叶细胞具疣；内雌苞叶细胞具疣；孢蒴长卵形，或圆柱形；孢子形小(直径约 50 μm)，具细疣 ·········· 4
4. 支茎短，具少数分枝；蒴齿两层；蒴帽平滑 ····················· **1. 隐蒴藓属 Cryphaea**
4. 支茎长，分枝密集或不规则成簇分枝；蒴齿单层；蒴帽具疣或粗糙 ···································· 5
5. 中肋粗壮，顶端具刺突或前角突；叶上部和叶边缘细胞具单疣；孢蒴集生(1~3)于支茎上部；齿片较长 ·· **5. 线齿藓属 Cyptodontopsis**
5. 中肋较细，顶端常呈叉状；叶细胞具细疣；孢蒴单生于不规则成簇分枝顶端；齿片较短 ·· **2. 顶隐蒴藓属 Schoenobryum**

---

* 作者(Auctor)：张满祥(Zhang Man-Xiang)

Key to the genera

1. Primary stems very short, not equal length, erect or pendulous, not dendroid; pseudoparaphyllia absent; leaf cells hexagonal or short rhomboidal; capsules submerged in perichaetial bracts; calyptrae large, conical ······ ·· 2
1. Primary stems long, creeping, secondary stems dendroid, not irregularly branched or pinnately branched; some species with pseudoparaphyllia; leaf cells long rhomboidal; capsules usually exserted; calyptrae small, cucullate ·· **6. Forsstroemia**
2. Leaf margins dentate above ···**4. Pilotrichopsis**
2. Leaf margins not dentate ··· 3
3. Plants pinnately branched; leaf costa reaching the middle of leaves, leaf cells smooth; cells of inner perichaetial bracts smooth; capsules nearly spherical; spores ca. 75 μm in diam., smooth ······················· ·· **3. Sphaerotheciella**
3. Plants not irregularly pinnately branched; leaf costa ending above the middle of leaf or leaf apex; leaf cells papillose; cells of inner perichaetial bracts papillose; capsules oblong-oval or cylindrical; spores less than 50 μm in diam., finely papillose ··· 4
4. Secondary stems short, with a few branches; peristome teeth double layers; calyptrae mostly smooth ············ ··· **1. Cryphaea**
4. Secondary stems long, densely branched or irregularly tufted by branches; peristome teeth single layer; calyptrae papillose or rugged ·· 5
5. Leaf costae rigid, spinose or with front papilla at its antical corner; upper leaf cells or marginal leaf cells with single papilla; capsules 1~3 on upper secondary stems; exothecium teeth long ····················· ··· **5. Cyptodontopsis**
5. Leaf costae rather slender, often forked above; leaf cells finely papillose; capsules single on irregularly tufted branches; exothecium teeth short ·· **2. Schoenobryum**

亚科 1　隐蒴藓亚科 Cryphaeoideae

属 1　隐蒴藓属 *Cryphaea* Mohr et Web.

Tab. Syn. Musc. 1814.

模式种：隐蒴藓 *C. heteromalla* (Hedw.) Mohr

植物体形纤细或形大，黄绿色或带褐色的树生或石生藓类。主茎短，易折断；支茎垂倾或倾立，具规则分枝或细长稀疏分枝。叶干燥时覆瓦状排列，潮湿时倾立，卵形或长卵形，具短尖或长尖，稀狭披针形；叶边常背卷，全缘或尖部有齿；中肋长达叶片中部以上，稀突出。叶细胞厚壁，卵形或椭圆形，平滑或有细疣，叶基近中肋处细胞长形或狭长形，近叶角处圆方形或菱形。雌雄异苞同株。内雌苞叶较大，由阔长卵形基部突成狭长形尖。蒴柄短。孢蒴隐生在雌苞叶中，长卵形或圆柱形，棕红色。蒴齿淡黄色，两层；外齿层齿片狭长披针形，外面有密横脊，有时凸出，内面横隔不突出；内齿层齿条线形，与齿片等长，有时侧面边缘有节条，无齿毛。蒴盖圆锥形，有短尖。蒴帽圆锥形，仅罩覆蒴盖，上部多粗糙，稀平滑。孢子小，常不呈圆形。

　　本属约 40 种，分布温热地区，多树生，稀石生。中国现知 4 种。

分种检索表

1. 植物体较小，长约 1.5 cm；茎叶长 0.8~0.9 mm；中肋为叶长的 1/2~2/3 ···································
··· **4. 松潘隐蒴藓 C. songpanensis**
1. 植物体较大，长约 4~5 cm；茎叶长 1.5 mm；中肋长达叶尖部 ···································· 2
2. 茎叶卵圆形，尖端急尖；内雌苞叶叶边为绿色，中肋不长达尖 ··································
·· **2. 卵叶隐蒴藓 C. obovatocarpa**
2. 茎叶不为卵圆形，多少呈披针形；内雌苞叶叶边无色透明，中肋长达叶尖 ················· 3
3. 茎叶披针形；叶细胞多整齐；孢蒴圆锥形；蒴齿易折断，内齿层清楚 ····················
·· **1. 披针叶隐蒴藓 C. lanceolata**
3. 茎叶卵状披针形；叶细胞不整齐；孢蒴近球形；内齿层基膜状或发育不全，外齿层发育 ···
·· **3. 中华隐蒴藓 C. sinensis**

Key to the species

1. Plants small, ca. 1.5 cm long; stem leaves 0.8~0.9 mm long; leaf costa up to 1/2~2/3 length of leaf ······
··· **4. C. songpanensis**
1. Plants rather large, ca. 4~5 cm long; stem leaves ca. 1.5 mm long; costa ending near leaf apex ·············· 2
2. Stem leaves ovate-rounded, acute above; margins of inner perichaetial bracts green, costa not percurrent ······
··· **2. C. obovatocarpa**
2. Stem leaves not ovate-rounded, usually lanceolate; margins of inner perichaetial bracts hyaline, costa
percurrent ·· 3
3. Stem leaves lanceolate; leaf cells usually normal; capsules oblong; peristome teeth fugacious, endonstome
teeth developed ··· **1. C. lanceolata**
3. Stem leaves ovate-lanceolate; leaf cells irregular; capsules nearly spherical; membrane of endonstome teeth
not well developed, exostomium teeth developed ··· **3. C. sinensis**

1. 披针叶隐蒴藓 (新拟名)

Cryphaea lanceolata Rao et Enroth, Bryobrothera 5: 179. 1999.

　　植物体绿色或暗褐色。茎直立，长可达 5 cm，红褐色。分枝长 1.5~2 cm，小枝有时可长达 1 cm。假鳞毛丝状，由单列细胞构成，长约 100 μm。茎叶披针形，长 1.8~2.0 mm，宽 0.36~0.4 mm，内凹，基部下延，尖端渐尖；叶边下部 2/3 处背卷；中肋粗壮，为叶长 7/10~9/10，具疣。叶尖部细胞不规则，较叶下部细胞长，长 12~24 μm，宽 7~8 μm，每个细胞一侧或两侧常具一个细疣，叶下部细胞卵圆形、长方形或近于菱形，长 10~16 μm，宽 7~8 μm，叶边细胞较短，角细胞有分化，方形或卵圆形，叶基部细胞椭圆形至狭长形，长 25~50 μm，宽 8~9 μm，具疣。枝叶与茎叶相似且较小，约 1.3 mm×0.55 mm；中肋较短。雌雄苞生于茎和枝上。雄苞叶卵圆形，约 0.35 mm×0.7 mm。无中肋，叶细胞厚壁。外雌苞叶阔披针形，长 1.1 mm，宽 1.8 mm，尖端渐尖，边缘背卷；中肋为叶长 3/5；叶中部细胞线形，叶边缘细胞较短，每个细胞具前角突。内雌苞叶长椭圆形，长 2.5~2.7 mm，宽 0.7~0.8 mm，具长尖，两侧边缘无色透明；中肋粗壮，为叶长 1/3~1/2；叶细胞线形或长方形，多数有 2~3 个疣，叶基细胞带褐色。蒴柄长约 0.15 mm。孢蒴椭圆形，约 1.2 mm×0.8 mm，无气孔；蒴壁细胞薄壁，不规则。蒴齿两层，易折断；外齿层齿片长 250~270 μm，披针形，下部平滑，上部具疣；内齿层齿条较短，披针形或线形，具密疣。环带一列；细胞薄壁。蒴盖圆锥形，平滑。蒴轴常存，长而顶端膨大，常与蒴盖相连。孢子直径约 35 μm，具疣。

生境：生于桦木、椴树林下树干或树枝上。

产地：四川：兰坪县，海拔 2480~2510 m，T. Koponen 46842，(H) (从 Rao and Enroth, 1999)。

分布：本种为我国所特有。

本种与 *Cryphaea sinensis* 相似，两者均具披针形叶和相似的叶细胞，在缺少孢子体的情况下，区分两者非常困难。本种内雌苞叶叶基细胞具粗疣的特征为该种所特有，但此特征又与 *Cryphaea songpanensis* 相类似。

2. 卵叶隐蒴藓　图 53

Cryphaea obovatocarpa Okam. , Bot. Mag. Tokyo 25: 135. 1911; Chiang, Bot. Bull. Acad.
Sinica 37: 89. 1996; Rao et Enroth., Bryobrothera 5: 181, 1999; Wu *et al.*, Bryofl.
Hengduan Mts. 471. 2000.

植物体形较大，长约 4 cm，黄绿色。茎直立，在上部具 4~8 条分枝，有假鳞毛。茎叶干燥时覆瓦状排列，潮湿时开展，广卵圆形，2.2~2.4 mm×1.0~1.3 mm，先端渐尖，基部稍下延，内凹；叶边上部具细圆齿，下部全缘；中肋单一，为叶长的 2/3。枝叶与茎叶相似且较小。叶细胞整齐，厚壁，常具前角突，近叶边细胞椭圆形或六角形，8~10 μm，内部细胞 10~12 μm，近叶基部细胞较狭长，为 45~10 μm，叶基通常有一列带褐色的细胞，角细胞略有分化。雄苞单生于分枝腋部；雄苞叶卵圆形，具短尖，无中肋，上部细胞具前角突。雌苞着生于茎和枝的一侧；内雌苞叶椭圆形，长约 3.2 mm，先端渐尖，内凹，叶边背卷，上部具小圆齿；中肋长达叶尖；细胞线形，具前角突，基部细胞带褐色，具 0~3 个疣。孢蒴倒卵形；蒴壁细胞长方形或不规则长方形，具密疣。环带一列，细胞薄壁。蒴轴常存。蒴齿两层；外齿层齿片线形，长约 250 μm，具疣；内齿层长于外齿层齿片，线形，具疣。蒴盖锥形，圆钝，平滑。孢子直径 45~50 μm，具疣。

生境：生于林下树干或树枝上。

产地：云南：保山县至瓦窑旧公路，大寨村，海拔 1750~2300 m，罗健馨、汪楣芝 811857a (PE)。

分布：中国和日本。

该种叶细胞具 1~2 个疣为其主要特征。

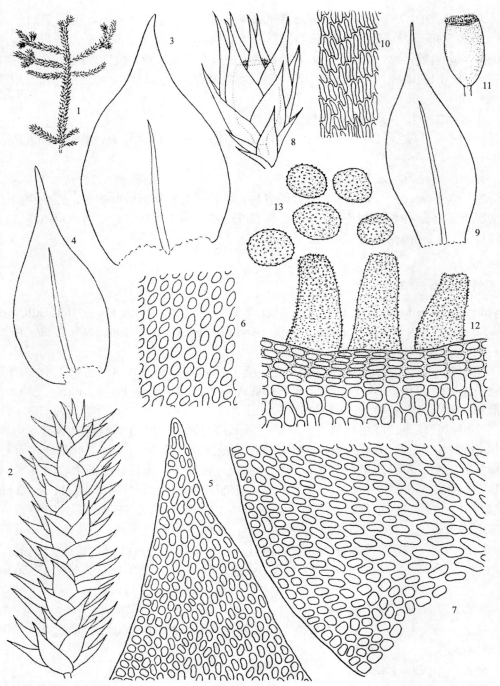

图 53　卵叶隐蒴藓 *Cryphaea obovatocarpa* Okam. 1. 植物体(×2)，2. 枝的一部分(×10)，3. 茎叶(×50)，4. 枝叶(×50)，5. 叶尖部细胞(×450)，6. 叶中部细胞(×450)，7. 叶基部细胞(×450)，8. 具雌苞叶的孢蒴(×20)，9. 雌苞叶(×50)，10. 雌苞叶中部细胞(×450)，11. 孢蒴(×20)，12. 蒴齿(×450)，13. 孢子(×450) (何强 绘)

Fig. 53　*Cryphaea obovatocarpa* Okam. 1. habit (×2), 2. portion of a branch (×10), 3. stem leaf (×50), 4. branch leaf (×50), 5. apical leaf cells (×450), 6. middle leaf cells (×450), 7. basal leaf cells (×450), 8. capsule and perichaetial bracts (×20), 9. perichaetial bract (×50), 10. middle cells of perichaetial bract (×450), 11. capsule (×20), 12. peristome teeth (×450), 13. spores (×450) (Drawn by Q. He)

3. 中华隐蒴藓 图 54

Cryphaea sinensis Bartr. , Ann. Bryol. 8: 15, 9. 1935; Chen, Gen. Musc. Sin. 2: 27. 1978. Redfearn,
　　Tan et He, Journ. Hattori Bot. Lab. 79: 201. 1996; Rao et Enroth., Bryobrothera 5: 181. 1999.

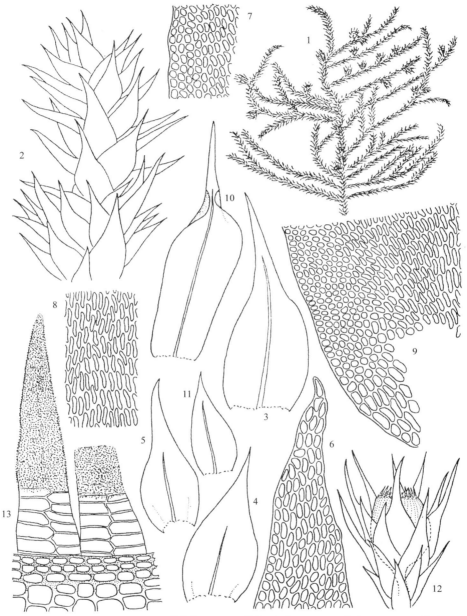

图 54　中华隐蒴藓 *Cryphaea sinensis* Bartr. 1. 植物体(×2)，2. 枝的一部分(×25)，3. 茎叶(×50)，4, 5. 枝叶(×50)，6. 叶
尖部细胞(×450)，7. 叶中上部边缘细胞(×450)，8. 叶中部细胞(×450)，9. 叶基部细胞(×450)，10, 11. 雌苞叶(×50)，12.
带雌苞叶的孢蒴(×20)，13. 蒴齿(×450) (何强　绘)

Fig. 54　*Cryphaea sinensis* Bartr. 1. habit (×2), 2. portion of a branch (×25), 3. stem leaf (×50), 4, 5. branch leaves (×50), 6.
apical leaf cells (×450), 7. upper leaf cells (×450), 8. middle leaf cells (×450), 9. basal leaf cells (×450), 10, 11. perichaetial
bracts (×50), 12. capsule and perichaetial bracts (×20), 13. peristome teeth (×450) (Drawn by Q. He)

植物体纤细，黄绿色或暗褐色，无光泽。茎长 2~5 cm，易折断，直立；分枝稀疏，羽状，长约 1 cm。假鳞毛长 50~70 μm。茎横切面皮层细胞厚壁，4~5 层，内部细胞薄壁，较大。茎叶干燥时覆瓦状排列，潮湿时直立开展，卵圆状披针形，1.4~2.0 mm×0.6~0.8 mm，内凹，基部下延，尖端渐尖；边缘略背卷，尖端具小圆齿；中肋长达叶尖即消失；叶尖细胞椭圆形，具前角突，叶边细胞方形或短方形，2~3 列；角细胞分化，多方形；叶基细胞带褐色，具 2~3 列较大或长方形细胞。枝叶与茎叶相似且较小，0.9~1.0 mm×0.38~0.42 mm；中肋于叶上部即消失。雌雄异苞同株。内雌苞叶较大，长椭圆形，长 1.8~2.6 mm，宽 0.4~0.6 mm，急成狭长尖，中肋突出叶尖呈芒状，尖端具钝齿；叶边缘细胞无色透明，长方形，中部细胞长形，具 2 个细疣。蒴柄长 0.25 mm。孢蒴隐没于雌苞叶中，长卵形，长 1.2~1.4 mm，宽 0.8~1.0 mm，褐色。蒴齿两层；外齿层齿片长 280~320 μm，腹面近于平滑，背面具疣；内齿层膜状。蒴帽小，帽状，平滑，长 0.5~0.8 mm。

生境：生于林下树干或岩面上。

产地：四川：二郎山，臧穆 5428 (HKAS，XBGH)；凉山，谷堆林场，海拔 2700~3000 m，张光初、曹同 21657 (IFP，XBGH)。贵州：绥阳县，宽阔水，海拔 1600 m，高谦、冯金宇 0033030 (IFP，XBGH)。甘肃：文县，铁炉寨，钟家沟，海拔 2600 m，魏志平 6798 (XBGH)。

分布：本种为我国所特有。

本种模式标本产于贵州宁钢山，海拔 1000 m，岩面上，由 Bartram (1935)所发表，未见到该标本。

4. 松潘隐蒴藓

Cryphaea songpanensis Enroth et T. Kop. , Ann. Bot. Fennici 34: 205. 1997; Rao et Enroth., Bryobrothera 5: 183. 1999.

C. leptopteris Enroth et T. Kop. , Harvard Pap. Bot. 10: 1. 1997.

植物体小形，暗褐色。茎长可达 1.5 cm，直立，不规则密集分枝；枝长约 0.5 cm。假鳞毛由 1~2 列细胞构成，长达 100 (~150)μm，常生于分枝基部。茎叶卵状披针形或卵圆形，渐尖，0.8~0.9 mm×0.35~0.4 mm，尖端突渐尖，基部下延；叶边缘 2/3 背卷，上部具小圆齿；中肋单一，长达叶片的 1/2~1/3，有时为叉状。叶尖细胞较长，长 5~7 μm，宽 7~10 μm，基部细胞长 12~20 μm，常具一个细疣，角细胞无分化。枝叶与茎叶相似，干燥时贴生，潮湿时直立开展，卵状披针形，具长尖，或具弯曲尖端；叶细胞具细疣；中肋短，多为叉状。雄苞多数，着生于茎上，芽胞形。雌苞侧生于茎上或短分枝上。外雌苞叶长椭圆形，为 1.6 mm×0.45 mm，具钝尖，有时具弯曲的尖端，叶边细胞长方形，无色，内部细胞长椭圆形，具前角突，基部细胞带褐色，厚壁，有时具 1~3 个疣；中肋长达外雌苞叶的 1/2。内雌苞叶无色，长椭圆形，长约 2.2 mm，宽 0.5 mm，上部边缘具钝齿，下部全缘，叶细胞多为六角形，边缘无色，中部带绿色，具前角突，基部细胞厚壁，带褐色，多具 1~7 个疣。蒴柄长 0.2 mm。孢蒴圆柱形，长 1.0~1.4 mm，宽 0.5~0.8 mm，具少数显形气孔，蒴壁细胞薄壁，蒴轴常存，长达孢蒴的 1/3~1/2。蒴齿两层；外齿层齿片上部被密疣，下部被稀疏疣，长约 270 μm，淡黄色；内齿层残存或披针形，长约 200 μm，淡黄色，下部平滑，上部密被刺状疣。环带分化，细胞较大，薄壁。孢子直径 30~40 μm，具疣。

生境：生于针阔混交林下，树干上。

产地：四川：松潘县，东经 103°52′，北纬 32°45′，海拔 2900~2930 m，T. Koponen 45197 (holotypus, Enroth 和 Koponen 1997)[上述特征描述根据 Rao 和 Enroth (1999)，未见标本]。

分布：中国(四川，松潘)特有。

属 2 顶隐蒴藓属 *Schoenobryum* Dozy et Molk.

Musci Fr. Ined. Archip. Indici 6: 183. 1848.

模式种：顶隐蒴藓 *S. julaceum* Dozy et Molk. [*Acrocryphaea concavifolia* (Griff.) Bosch et Lac.]

植物体纤细，绿色或黄绿色，老枝常带褐色，无光泽。支茎上倾，不规则成簇分枝，不育枝单一或疏生。叶干燥时覆瓦状排列，潮湿时直立开展，卵圆形，先端急尖或具狭尖；叶边全缘或尖端具细齿；中肋消失于叶片中部。叶细胞卵圆形，厚壁，具细疣，近中肋处细胞较长，角细胞圆形，横向排列。雌雄异苞同株。内雌苞叶具高鞘部，基部透明，尖端突成锥状尖；中肋细弱，长达叶尖；鞘部细胞薄壁，狭长方形。孢蒴隐生于雌苞叶中，长卵圆形，具蒴台，淡褐色。蒴齿单层，齿片长披针形，白色，具密疣，近于不透明，具横脊，无内齿层。蒴盖圆锥形。蒴帽钟形，粗糙，边缘具裂片。孢子直径 20~25 μm。

本属约 12 种，中国仅 1 种。

1. 凹叶顶隐蒴藓 图 55

Schoenobryum concavifolium (Griff.) Gang. , Moss. East. India Adjacent Reg. 2: 1208. 1976;
  Wu, He and Su, Bryologist 92 (2): 184. 1989; T. Koponen and X.-J. Li, Bot.
  Bryobrothera 1: 190. 1992; Wu, Tropical Bryology 5: 31. 1992.

Orthotrichum concavifolium Griff. , Cal. Journ. Nat. Hist. 2: 400. 1842; 2: 76. 1841.

Schoenobryum julaceum Dozy et Molk. , Musc. Fr. Ined. Archip. Ind. 184. 1954.

Cryphaea concavifolia Mitt. , Musc. Ind. Or. 125. 1859.

Acrocryphaea concavifolium (Griff.) Bosch et Lac. , Bryol. Jav. 2: 106. 1864.

植物体疏松，黄绿色。主茎匍匐，无叶或具小叶和稀疏假根。支茎长 2~5 cm，直立，中部具长或短不规则分枝，干燥时呈圆柱形，分枝上叶密生。茎横切面椭圆形，无中轴，中部细胞狭长，薄壁，外面有 3~4 层厚壁细胞，红黄色。叶多列，干燥时紧贴，潮湿时倾立，内凹，无纵褶，卵圆形，基部抱茎，具短尖或长尖；叶边全缘，有时尖端具细齿；中肋长达叶片上部消失，顶端常呈叉状；叶细胞厚壁，平滑，不规则卵圆形或椭圆形，9~12 μm，基部细胞较长，角细胞横向排列。内雌苞叶匙形，阔卵圆形或截形；中肋突

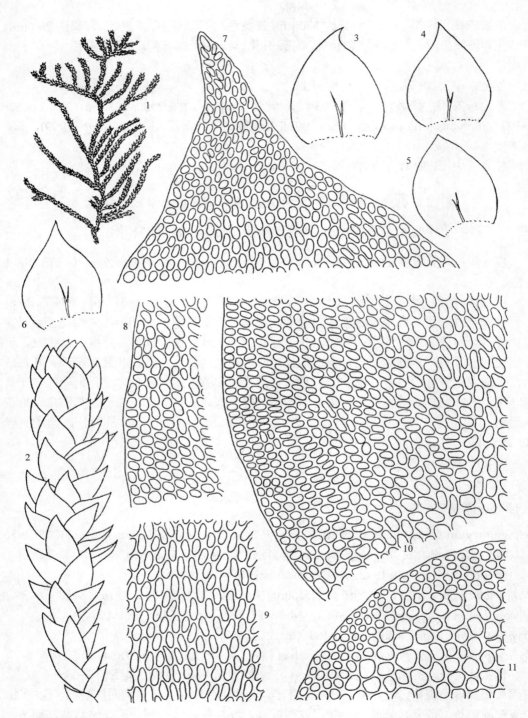

图 55　凹叶顶隐蒴藓 *Schoenobryum concavifolium* (Griff.) Gang. 1. 植物体(×3)，2. 枝的一部分(×25)，3~6. 叶(×50)，7. 叶尖部细胞(×450)，8. 叶中上部边缘细胞(×450)，9. 叶中部细胞(×450)，10. 叶基部细胞(×450)，11. 茎的横切面(×450) (何强 绘)

Fig. 55　*Schoenobryum concavifolium* (Griff.) Gang. 1. habit (×3), 2. portion of a branch (×25), 3~6. leaves (×50), 7. apical leaf cells (×450), 8. upper marginal leaf cells (×450), 9. middle leaf cells (×450), 10. basal leaf cells (×450), 11. protion of the cross section of stem (×450) (Drawn by Q. He)

出呈芒状；雌苞叶下部细胞狭长，薄壁，上部细胞椭圆形，厚壁，具疣。孢子体着生于长枝或短枝顶端。蒴柄甚短。孢蒴卵圆形，隐没于雌苞叶中，基部具显形气孔。环带一列细胞。蒴齿单层，齿片 16，披针形，尖端渐狭，腹面具粗疣，无横脊，背面具明显中脊；内齿层缺失。蒴盖圆锥形，具短尖。蒴帽小，钟状，覆罩于蒴盖上，具疣。孢子带绿色，具细疣，直径 21~27 μm，4~6 月成熟。

生境：生于林下树干或岩面上。

产地：西藏：亚东，丕春河，西山，臧穆 76 (HKAS)。云南：勐腊县，勐仑，海拔 580 m，张力 341 (HKAS)。四川：木里，三区东郎公社，海拔 2750 m，王立松 83-1422 (HKAS)。

分布：尼泊尔、印度、斯里兰卡、印度尼西亚、菲律宾和巴布亚新几内亚。

该种的主要特征是叶片常内凹，卵圆形具短尖。

属3　球蒴藓属 *Sphaerotheciella* Fleisch.

Hedwigia 55: 282, 1914.

模式种：球蒴藓 *S. sphaerocarpa* (Hook.) Fleisch.

植物体细长，黄绿色，交织成片生长。支茎垂倾或倾立，具羽状分枝。叶卵圆形，具急尖；叶边全缘，基部背卷；中肋长达叶片中部。叶细胞卵圆形或长椭圆形，厚壁，平滑，叶基近中肋处细胞狭长，角细胞方形。雌雄异苞同株。内雌苞叶较狭长，上部渐成钝圆和长锥状尖端；中肋在叶鞘部细弱。孢蒴隐没于雌苞叶中，近于球形。蒴齿通常两层(稀单层)，直立，淡黄色，稀黄色，具疣。外齿层齿片狭披针形或披针形，密生栉片，无横隔；内齿层齿条线形，常与齿片等长，无齿毛。蒴帽兜形，一侧开裂。孢子多数，平滑，形大，直径约 75 μm。

本属为单种属，多生于山林地带树干上。中国有分布。

1. 球蒴藓　图 56

Sphaerotheciella sphaerocarpa (Hook.) Fleisch. , Hedwigia 55: 282. 1914; Brotherus in Handel-Mazzetti, Symb. Sin. 4: 74. 1929; Chen, Gen. Musc. Sin. 2: 29. 1978; Li *et al.*, Bryofl. Xizang 243. 1985; Wu *et al.*, Bryofl. Hengduan Mts. 472. 2000.

Neckera sphaerocarpa Hook. , Trans. Linn. Soc. 9: 312. 1808.

种的特征同属所列。

生境：生于山地林区林下树干或树枝上。

产地：西藏：阿桑后山，臧穆 142、149 (HKAS)。云南：昆明西山，徐文宣 648 (YUKU, XBGH)；丽江，玉龙山，海拔 3600~3650 m，徐文宣 0938、1939 (YUKU, XBGH)。

分布：中国、尼泊尔和不丹。

该种的主要特征是叶片常内凹，卵圆形具短尖。

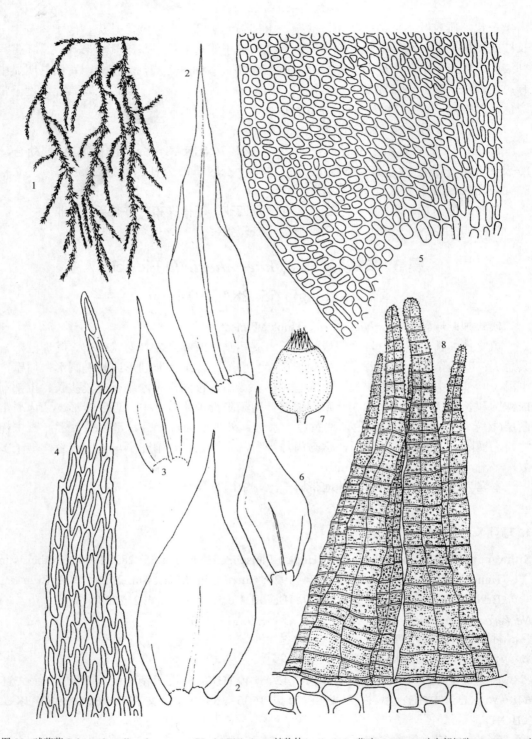

图 56　球蒴藓 *Sphaerotheciella sphaerocarpa* (Hook.) Fleisch. 1. 植物体(×1), 2~3. 茎叶(×50), 4. 叶尖部细胞(×450), 5. 叶基部细胞(×450), 6. 雌苞叶(×50), 7. 孢蒴(×25), 8. 蒴齿(×450)(何强 绘)

Fig. 56　*Sphaerotheciella sphaerocarpa* (Hook.) Fleisch. 1. habit (×1), 2~3. stem leaves (×50), 4. apical leaf cells (×450), 5. basal leaf cells (×450), 6. perichaetial bract (×50), 7. capsule (×25), 8. peristome teeth (×450) (Drawn by Q. He)

属 4　毛枝藓属 *Pilotrichopsis* Besch.

Journ. de Bot. 13: 38, 1899.

模式种：毛枝藓 *P. dentata* (Mitt.) Besch.

植物体硬挺，纤长，形大，黄褐色，交织生长的树生藓类。支茎具不规则的稀疏分枝；枝左右两侧排列，纤长或弯曲，枝端锐尖。叶干燥时紧贴，潮湿时倾立，基部卵圆形，略下延，上部阔披针形；叶边下部略背卷，上部有粗齿；中肋消失于叶尖部，平滑。叶细胞厚壁，长椭圆形，基部细胞近中肋处狭长，近叶角渐呈扁椭圆形，或扁方形，排列整齐，平滑。雌雄异苞同株。雌苞着生于短枝顶端；基部雌苞叶小，渐上呈披针形，中肋于叶尖消失。孢蒴完全隐没于苞叶中，长卵形，淡褐色，平滑。蒴齿两层，淡黄色，直立；外齿层齿片披针形，外面有低纵横脊，上部具粗疣，内面无突出的横隔；内齿层齿条线形，无齿毛。蒴盖圆锥形，有短尖。蒴帽近于兜形。

本属仅 3 种，分布于亚洲东部。中国有 2 种。

分种检索表

1. 植物体较细弱，具悬垂不规则稀疏分枝；叶基阔卵圆形，先端渐尖 ··················· **1. 毛枝藓 *P. dentata***
1. 植物体粗壮，具直立开展的羽状分枝；叶基阔卵圆形，具短尖 ··················· **2. 粗毛枝藓 *P. robusta***

Key to the species

1. Plants slender, sparsely branched, pendulous; leaf base broadly ovate-rounded, acuminate above ···················
·· **1. *P. dentata***
1. Plants rigid, pinnately branched; leaf base broadly ovate-rounded, acute above ··················· **2. *P. robusta***

1. 毛枝藓　图 57

Pilotrichopsis dentata (Mitt.) Besch. , Journ. de Bot. 13: 38. 1899; Brotherus in
　　Handel-Mazzetti, Symb. Sin. 4: 74. 1929; Chen *et al.*, Gen. Musc. Sin. 2: 29. 1978;
　　Lin, Yushannia 5 (4): 15. 1988; Noguchi, Illustrated Moss Fl. Jap. 3: 626. 1989; Wu,
　　Bryobrothera 1: 105. 1992; Redfearn, Tan and He, Journ. Hattori Bot. Lab. 79: 273.
　　1966.

Dendropogon dentatus Mitt. , Trans. Linn. Soc. Bot. ser, 2, 3: 170. 1891.

Pilotrichopsis dentata var. *filiformis* (Besch.) Par. , Ind Bryol. Suppl. 272. 1900.

P. erecta Sak., Bot. Mag. Tokyo 46: 375. 1932.

P. dentata var. *hamulata* Nog. , Journ. Hattori Bot. Lab. 2: 31. 1947.

植物体暗绿色或褐绿色，无光泽。主茎匍匐，支茎长约 12 cm，垂倾，羽状分枝，分枝长可达 2 cm，单一；茎横切面椭圆形，无中轴，皮层细胞厚壁。叶干燥时紧贴，潮湿时倾立，叶基部卵圆形，略下延，上部阔披针形，长约 2.5 mm，宽 0.9 mm，渐尖；叶边上部具粗齿，下部背卷；中肋单一，长达叶尖。叶细胞厚壁，中部细胞长菱形或椭圆形，长 14~17 μm，

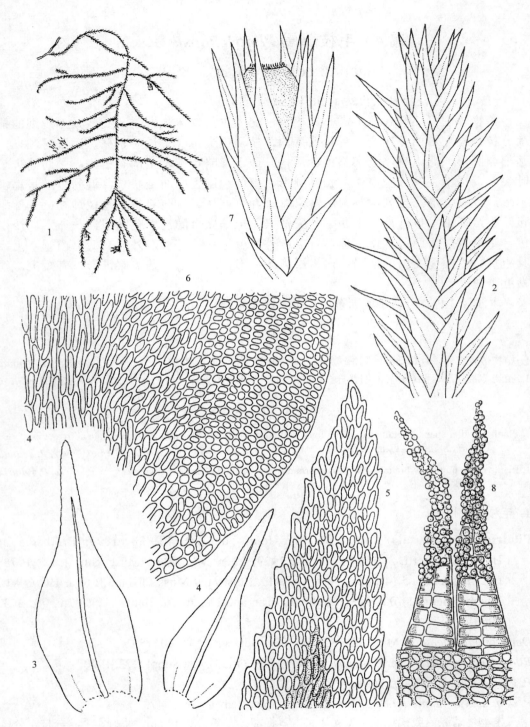

图 57　毛枝藓 *Pilotrichopsis dentata* (Mitt.) Besch. 1. 植物体(×1)，2. 枝的一部分(×25)，3. 茎叶(×50)，4. 枝叶(×50)，5. 叶尖部细胞(×450)，6. 叶基部细胞(×450)，7. 带雌苞叶的孢蒴(×20)，8. 蒴齿(×450) (何强 绘)

Fig. 57　*Pilotrichopsis dentata* (Mitt.) Besch. 1. habit (×1), 2. portion of a branch (×25), 3. stem leaf (×50), 4. branch leaf (×50), 5. apical leaf cells (×450), 6. basal leaf cells (×450), 7. capsule and perichaetial bracts (×20), 8. peristome teeth (×450) (Drawn by Q. He)

宽 5~6.5 μm，平滑，基部近中肋处细胞狭长，近叶角渐成排列整齐扁方形细胞群。雌雄异苞同株。雌苞生于分枝上，内雌苞叶狭长，长 4 mm，宽 0.6 mm，渐尖，上部边缘具粗齿；中肋细弱，长达尖端；叶细胞具粗疣；配丝多数。孢蒴隐没于雌苞叶中，卵长形，长 1.5~2 mm，宽约 10 mm，褐色。外齿层齿片狭披针形，长约 0.3 mm，淡黄色，上部具粗疣。蒴盖圆锥形。环带分化。蒴帽圆锥形，被短毛。孢子大，椭圆形，直径 40~80 μm，被细疣。雄苞生于枝上，内雄苞叶长椭圆状卵圆形，长约 0.75 mm，渐尖，无中肋，全缘。

生境：生于常绿阔叶林下树干、树枝、腐木上或岩面薄土上。

产地：西藏：墨脱，背崩至马尼翁，海拔 950 m，西藏队 149 (PE)。贵州：梵净山，回乡坪至金顶，海拔 1800 m，谷晓明 50314 (GNUB)；同地，海拔 2000 m，贵州师院生物系 50314 (GNUB)；同地，高谦、冯金宇 31208、31275、31725、32249 (IFP)。湖南：衡山，曹同 21988、22028 (IFP)。广西：龙胜县，三门乡，金鉴明、胡舜士 633 (PE)；兴安，苗儿山，高谦、张光初 232 (IFP)。福建：武夷山，三巷一九子岗，陈邦杰等 114、169、258、613、695、742、756、875、950 (PE，XBGH)；同地，海拔 1000 m，陈邦杰等 86、742 (PE，XBGH)。江西：庐山，臧穆 1 (HKAS，XBGH)；同地，毕烈爵 37 (IFP，XBGH)。浙江：雁荡山，金岳杏 3554、3707 (PE，HSVU)；西天目山，徐祥生 1025 (XBGH)；同地，臧穆 1025 (HKAS，XBGH)。安徽：黄山，清凉台，臧穆 20 (HKAS)。

分布：中国、日本、菲律宾和亚洲地区均有分布。

本种孢子体稀见。

2. 粗毛枝藓　图 58

Pilotrichopsis robusta Chen, Rep. Spec. Nov. Regn. Veg. 58: 29. 1955; Wu, Bryobrothera 1: 105. 1992; Redfearn, Tan and He, Journ. Hattori Bot. Lab. 79: 273. 1966.

植物体硬挺，较粗壮，棕褐色，丛集生长。主茎匍匐，叶脱落，具假根。分枝长约 7cm，枝下部不分枝，渐上具多数小羽状分枝；枝直立展出，长 1.5~2 cm，粗壮。叶干燥时覆瓦状排列，潮湿时倾立，基部阔卵形，上部渐尖，内凹，基部稍下延；叶边平展，尖端具细圆齿；中肋长达叶尖消失。叶片上部细胞狭菱形，长约 30 μm，向下渐变短，基部近中肋两侧细胞线形，长约 24 μm，角细胞多数方形。

生境：生于林下树干上。

产地：广东：英德县，滑水山，海拔 780 m，徐祥浩 24 (PE)。

分布：本种为中国所特有。

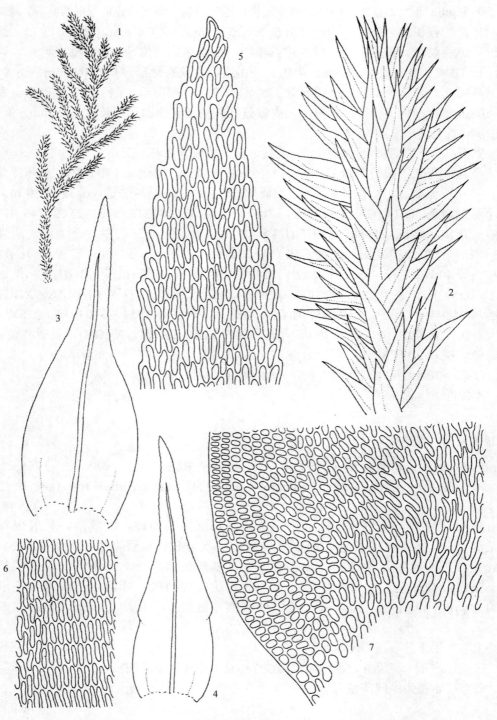

图 58　粗毛枝藓 *Pilotrichopsis robusta* Chen 1. 植物体(×2)，2. 枝的一部分(×25)，3. 茎叶(×50)，4. 枝叶(×50)，5. 叶尖部细胞(×450)，6. 叶中部细胞(×450)，7. 叶基部细胞(×450) (何强 绘)

Fig. 58　*Pilotrichopsis robusta* Chen 1. habit (×2), 2. portion of a branch (×25), 3. stem leaf (×50), 4. branch leaf (×50), 5. apical leaf cells (×450), 6. middle leaf cells (×450), 7. basal leaf cells (×450) (Drawn by Q. He)

亚科 2　螺枝藓亚科 Alsioideae

属 5　线齿藓属(新拟名)*Cyptodontopsis* Dix.
Ann. Bryol. 9: 64. 1937.

模式种：线齿藓 *C. laosiensis* Dix.

本属为单种属，亚洲南部和大洋洲有分布。中国有报道。

属的特征同种所列。

该属是从隐蒴藓属 *Cryphaea* 中分离出来，其主要依据是：中肋粗壮，且在顶端弯曲和具刺突或前角突；叶片上部和叶边缘细胞具单疣；蒴齿单层，齿片长可达 520 µm。而植物体大形，悬垂，叶形等特征亦与隐蒴藓属 *Cryphaea* 植物相似。

1. 线齿藓(新拟名) (贵州隐蒴藓)

Cyptodontopsis leveillei (Thèr.) Rao et Enroth, Bryobrothera 5: 185. 1999.

Cryphaea leveillei Thèr. , Le Monde des Plantes Ser. 2., 9 (45): 22. 1907; Chen *et al.*, Gen. Musc. Sin. 2: 29. 1978.

C. henryi Thèr. in Henry, Rev. Bryol. n. ser. 1: 44. 1928.

C. obtusifolia Nog. , Journ. Sci. Hiroshima Univ. ser. B. Div. 2: 3. 1936.

Cyptodontopsis obtusifolia (Nog.) Nog. , Journ. Jap. Bot. 17: 211. 1941.

Cryphaea borneensis Bartr. , Philippine Journ. Sci. 61: 244. 1936.

Cyptodontopsis laosiensis Dix. , Ann. Bryol. 9: 64. 1937.

C. obtusifolia var. *laosiensis* (Dix.) Nog., Journ. Jap. Bot. 17: 211. 1941.

植物体较大，黄绿色或暗绿色，匍匐生长，假根带褐色，平滑。茎匍匐，长可达 23 cm，不规则分枝，分枝扁平，红色或暗褐色。茎横切面 0.25~0.35 mm。茎叶卵状椭圆形，1.4~2.5 mm×0.65~1.2 mm，直立开展，下延，内凹，尖端渐尖且圆钝；边缘略背卷，上部有钝齿；中肋单一，长达叶尖，粗壮，上部弯曲且具齿突；叶细胞不透明，叶尖细胞不规则，叶尖和叶边缘细胞圆形、方形或六边形，直径为 5~9 µm，叶背面每个细胞中央具一个细疣，腹面平滑，叶中部和基部细胞菱形或线形，长 6~8 mm，宽 20~40 µm，平滑或具前角突。分枝长 0.5~4.5 cm 或更长，横切面 0.10~0.16 mm，叶卵圆形，0.85~1.1 mm×0.45~0.55 mm，干燥时覆瓦状排列，潮湿时直立开展。雌雄同株。雄苞常单生，芽胞形；雌苞多数，在茎和枝上 1~3 个集生。雌苞叶带白色，内雌苞叶长椭圆形，长 2.1~2.4 mm，宽 0.3~0.5 mm；具芒状尖端，细胞背面具前角突，腹面平滑，上部边缘具钝齿，下部平滑；中肋单一，粗壮，于叶尖消失。蒴柄短，长约 80 µm。孢蒴约 1.35 mm×0.7 mm，未见气孔。蒴壁细胞薄壁，平滑，不规则；环带为小形厚壁细胞构成，与邻近细胞相区分；蒴轴宿存，长为孢蒴的 5/7。蒴齿单层，外齿层齿片狭披针形，长 470~520 µm，基部宽 40 µm，腹面被密疣，背面近于平滑。蒴盖平滑，圆锥形。蒴帽帽状，被疣。孢子直径 20~25 μm，具疣。

生境：多生于溪谷岸边树干或树枝上。

产地：贵州：屏番。(*Cryphaea leveillei*, holotypus Thèriot, 1907)，[Rao and Enroth, 1999]。作者未见到该标本。

分布：中国、越南、老挝、印度尼西亚(婆罗洲)及巴布亚新几内亚(大洋洲)。

本种孢子体稀见。

属 6　残齿藓属 *Forsstroemia* Lindb.

Oef. K. Vet. Ak. Foerh. 19: 605, 1863.

模式种：残齿藓 *F. trichomitria* (Hedw.) Lindb.

植物体绿色、黄绿色或黄褐色。主茎平展，纤细或粗壮；支茎多数，稀疏或羽状分枝。茎无中轴。鳞毛缺失，具假鳞毛；假鳞毛披针形或丝状。腋生毛长约 7 个细胞，基部通常为 4 个较短带色细胞，上部 3 个细胞透明，长椭圆形。茎叶干燥时疏松贴生，覆瓦状排列，潮湿时直立开展，长卵形，具短尖或卵圆形具狭长尖，内凹；叶边略背卷，平展或尖端有微齿；中肋细长或稍短粗，单一或两条，达叶中部或超过叶中部而消失。叶细胞壁等厚，平滑，中部细胞椭圆形或狭长菱形，角细胞不规则六角形或近于方形，多数，叶基中肋两侧细胞长方形。枝叶小形，与茎叶相似。雌雄异苞同株，稀雌雄异株。雄苞无配丝。内雌苞叶大形，有高鞘部，具狭长尖，无中肋。蒴柄短，平滑，红色。孢蒴隐没或显露于雌苞叶外，圆柱形，直立，淡棕色或红褐色，平滑，仅有少数显型气孔。环带缺失。蒴齿两层；外齿层齿片狭长披针形，黄色，稀红色，透明，下部有密分隔，上部具细密疣，有时中缝具穿孔；内齿层退失或不发育。蒴盖基部圆锥形，上部具短喙。蒴帽兜形，被直立毛，稀平滑。孢子带绿色，球形，直径 20~30 μm，具细疣。

根据 L. R. Stark (1987)的研究，本属共 10 种，其中 *Forsstroemia tripinnata* 现已调入 Pterobryaceae 中，因此共 9 种，世界各地均有分布。我国有 6 种，多附生于树干上，稀生于岩面上。

近年来多数学者主张把残齿藓属归并到薄齿藓科(Leptodontaceae)中。本志仍将它保留于隐蒴藓科中。

分种检索表

1. 叶细胞为等轴形或短长椭圆形；中肋单一 ·· 2
1. 叶细胞菱形或狭菱形；中肋细弱，单一或两条(*F. neckeroides* 除外) ···················· 4
2. 雌雄同株；孢子体常见；叶卵圆形，渐尖 ····················· **3. 匍枝残齿藓 *F. producta***
2. 雌雄异株；孢子体稀见；叶卵圆形，具狭长尖 ·· 3
3. 叶长度在 1 mm 以上，叶尖常扭转；叶尖部细胞长于中部细胞 ········· **2. 印度残齿藓 *F. indica***
3. 叶长度小于 1 mm，叶尖不扭转；叶尖部细胞与中部细胞同形 ········· **1. 拟隐蒴残齿藓 *F. cryphaeoides***
4. 雌雄同株；孢子体常见 ·· **6. 残齿藓 *F. trichomitria***
4. 雌雄异株；孢子体稀见 ·· 5
5. 植物体密羽状分枝；中肋单一，长达叶片中部，稀有双中肋 ········· **4. 大残齿藓 *F. neckeroides***
5. 植物体不规则羽状分枝；中肋单一或两条，长不达叶片中部 ········· **5. 野口残齿藓 *F. noguchii***

Key to the species

1. Leaf cells parenchymatous or shortly oblong; costa single ·································· 2
1. Leaf cells rhomboidal or lineariform; costa slender, single or double (except *F. neckeroides*)·················· 4
2. Monoecious; sporophytes common; leaves ovate-rounded, acuminate above·················· **3. *F. producta***
2. Dioecious; sporophytes rare; leaves ovate-rounded, narrowly acuminate above·················· 3
3. Leaves more than 1 mm long, leaf apex often twisted; apical leaf cells longer than the median leaf cells ·······
·· **2. *F. indica***
3. Leaves less than 1 mm long, leaf apex not twisted; apical leaf cells same as the median leaf cells ·················
··· **1. *F. cryphaeoides***
4. Monoecious, sporophytes common ·································· **6. *F. trichomitria***
4. Dioecious, sporophytes rare ··· 5
5. Plants densely pinnately branched; costa single, up to the middle of leaf, rare 2 ·················· **4. *F. neckeroides***
5. Plants irregularly pinnately branched; costa single or 2, not up to the middle of leaf ·············· **5. *F. noguchii***

1. 拟隐蒴残齿藓 (新拟名) (心叶残齿藓、乌苏里残齿藓、东北残齿藓)　图 59

Forsstroemia cryphaeoides Card. , Bull. Soc. Bot. Geneve Ser. 2, 1: 132. 1909; Stark, Journ. Hattori Bot. Lab. 63: 149. 1987; Redfearn, Tan and He, Journ. Hattori Bot. Lab. 79: 226. 1996.

F. kusnezovii Broth. , Rev. Bryol. Lichenol. 2: 7. 1929; Chen *et al.*, Gen. Musc. Sin. 2: 31. 1978; Zhang, Fl. Tsinlingensis 3 (1): 155. 1978.

F. mandschurica Broth. , Rev. Bryol. Lichenol. 2: 8. 1929; Gao, Fl. Musc. Chinae Bor.-Orient 204. 1977.

F. cordata Dix. , Rev. Bryol. Lichenol. 7: 110. 1934.

Leptodon cryphaeoides (Card.) Nog. , Journ. Hattori Bot. Lab. 19: 125. 1958.

植物体细弱，深绿色。支茎丝状，长 1~2.5 mm，分枝数少，长可达 10 mm，单一或无分枝。茎叶长椭圆状披针形，长 0.7~0.9 mm，宽 0.4~0.5 mm，先端渐尖，叶基下延，内凹，无纵褶；叶边全缘；中肋单一，长达叶片的 2/3。叶中部细胞椭圆形或卵圆状六角形，长 9~13 μm，宽 6~7 μm，厚壁，叶边缘细胞近方形，上部细胞不规则长方形或方形，角细胞方形或长方形，横列。枝叶较小。雌雄异株。内雌苞叶直立，长约 3 mm，基部宽，向上渐成细长尖。配丝多数。蒴柄长 2~3 mm。孢蒴隐生于雌苞叶中或高出，椭圆状柱形或长卵形，长 1.2~1.5 mm，宽 0.5~0.7 mm，棕红色，平滑，无气孔。蒴齿两层；外齿层齿片狭长披针形，黄色，透明，平滑或具细疣；内齿层不发育。蒴盖长 0.6 mm。蒴帽形，长约 1 mm，平滑。孢子小形，直径 14~35 μm，具疣。

生境：生于林地树干或岩面薄土上。

产地：浙江：西天目山，山顶，臧穆 558 (HKAS, XBGH)。安徽：黄山，回龙桥，李登科 2476 (SHM, XBGH)。辽宁：凤城县，凤凰山，高谦 5989、6891 (IFP, XBGH)。陕西：长安县，南五台山，海拔 1440 m，张满祥、李莲梅 313 (XBGH)；鸡窝子，海拔 1890 m，李莲梅 1649、1777 (XBGH)；宁陕县，火地塘，陈邦杰等 s.n.(XBGH)；城固县，高坝，海拔 630 m，张满祥、王鸣 2742c、2800c、2842 (XBGH)。

分布：中国、日本、朝鲜和俄罗斯东南部。

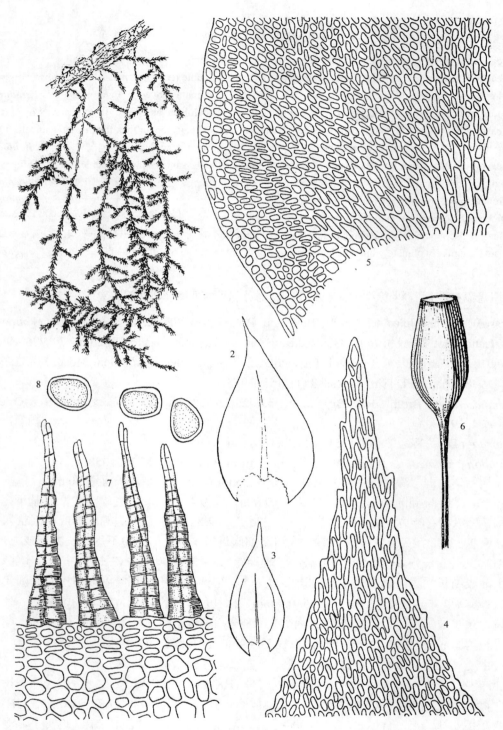

图 59　拟隐蒴残齿藓 *Forsstroemia cryphaeoides* Card. 1. 植物体(×2), 2. 茎叶(×50), 3. 枝叶(×50), 4. 叶尖部细胞(×450), 5. 叶基部细胞(×450), 6. 孢蒴(×22), 7. 蒴齿(×450), 8. 孢子(×450) (何强 绘)

Fig. 59　*Forsstroemia cryphaeoides* Card. 1. habit (×2), 2. stem leaf (×50), 3. branch leaf (×50), 4. apical leaf cells (×450), 5. basal leaf cells (×450), 6. capsule (×22), 7. peristome teeth (×450), 8. spores (×450) (Drawn by Q. He)

2. 印度残齿藓 (卷边残齿藓、卷边残齿藓纤枝变种)

Forsstroemia indica (Mont.) Par. , Ind. Bryol. 499. 1896; Stark, Journ. Hattori Bot. Lab. 63: 158. 1987; Lin, Yushania 5 (4): 15. 1988.

Pterogonium indicum Mont. , Ann. Sci. Nat. Ser. 2. 7: 250. 1842.

Forsstroemia recurvimarginata Nog. , Journ. Hattori Bot. Lab. 2: 36, 2. 1947.

Leptodon recurvimarginatus (Not.)Nog. , Journ. Hattori Bot. Lab. 19: 125. 1958.

Forsstroemia recurvimarginata Nog. fo. *filiformis* Nog. , Journ. Hattori Bot. Lab. 2: 37. 1947.

Leptodon recurvimarginatus (Nog.) fo. *filiformis* (Nog.) Nog. , Journ. Hattori Bot. Lab. 19: 125. 1958.

植物体纤细，支茎和分枝渐尖或呈丝状，干燥时分枝扁平或上倾。叶卵圆形，渐尖，长 0.82~1.55 mm，宽 0.38~0.88 mm，尖端渐狭或呈毛状，扭转；中肋明显，长达叶片中上部，上部有分叉；叶中部细胞约 2 : 1，长 12~23 μm，宽 6~9 μm，叶尖细胞较狭长，长 20~55 μm，近叶尖细胞长 12~20 μm，宽 6~12 μm，叶基中肋两侧细胞长 20~53 μm。雌雄异株。雄苞群集；配丝少数，短于精子器。雌苞干燥时雌苞叶展出，有中肋或无中肋，长约 1.4 mm，渐狭长，尖端具齿；配丝少数，长为颈卵器的 1/2；内雌苞叶卵圆形或倒卵圆形，尖端渐尖且扭转或呈丝状尖，具齿突，长 2.4~3.28 mm；中肋短或长达叶尖；渐尖；中部细胞长 30~65 μm。蒴柄长 1.6~3.3 mm。孢蒴高出于雌苞叶外，长 1.12~2.08 mm，宽 0.54~0.98 mm，中部蒴壁细胞为上部蒴壁细胞长宽比例的 2 : 1，长 22~70 μm，宽 16~24 μm。蒴齿外齿层齿片狭细，平滑，上部具穿孔；内齿层未见。蒴盖具斜喙，长 0.6~0.7 mm，宽 0.4~0.5 mm。蒴帽具稀疏毛，老时平滑无毛，长 1.7~2.1 mm，宽 0.4~0.5 mm。孢子直径 13~33 μm，具疣。

生境：生于树干上。

产地：台湾：南投县(A. Noguchi, 1947, 1958; 林善雄, 1988; L. R. Stark, 1987)。

分布：中国和印度南部。

3. 匍枝残齿藓 (中华残齿藓、中华残齿藓小叶纤枝变种、陕西残齿藓)　图 60

Forsstroemia producta (Hornsch.) Par. , Ind. Bryol. 498. 1896; Stark, Journ. Hattori Bot. Lab. 63: 163. 1987; T. Koponen and Li, Bryobrothera 1: 190. 1992.

Pterogonium oroductum Hornsch. , Linn. 15: 138. 1841.

Forsstroemia sinensis (Besch.) Par. , Ind. Bryol. 498. 1896; Brotherus in Handel-Mazzitti, Symb. Sin. 4: 74. 1929; Chen *et al.*, Gen. Musc. Sin. 2: 31. 1978.

F. subproducta (C. Müll.)Broth. , Nat. Pfl. 1 (3): 759. 1905.

F. schensiana Broth. in Levier, Nuov. Giorn. Bot. Ital. n. ser. 13: 261. 1906; Chen *et al.*, Gen. Musc. Sin. 2: 32. 1978.

F. sinensis (Besch.) Paris var. *minor* Broth. in Handel-Mazzetti, Symb. Sin. 4: 74. 1929; Li *et al.*, Bryofl. Xizang 245. 1985.

F. cryphaeopsis Dix. , Hong Kong Naturalist Suppl. 2: 18, 10. 1933.

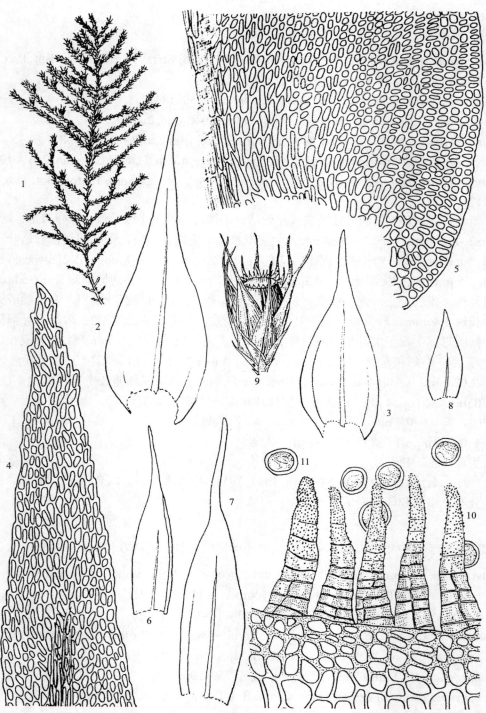

图 60　匍枝残齿藓 *Forsstroemia producta* (Hornsch.) Par. 1. 植物体(×2)，2, 3. 叶(×50)，4. 叶尖部细胞(×450)，5. 叶基部细胞(×450)，6~8. 雌苞叶(×50)，9. 具雌苞叶的孢蒴(×10)，10. 蒴齿(×450)，11. 孢子(×450) (何强　绘)

Fig. 60　*Forsstroemia producta* (Hornsch.) Par. 1. habit (×2), 2, 3. leaves (×50), 4. apical leaf cells (×450), 5. basal leaf cells (×450), 6~8. perichaetial bracts (×50), 9. capsule and perichaetial bracts (×10), 10. peristome teeth (×450), 11. spores (×450) (Drawn by Q. He)

植物体黄绿色。茎匍匐，长 1.5~2 cm，具少数褐色假根。分枝密集，呈羽状，长约 0.5 cm，支茎直立或有时弯曲，无鞭状枝。干燥时枝条通常平铺。茎叶和枝叶紧密覆瓦状排列或有时稀疏覆瓦状排列。叶卵圆形或圆形，渐尖，通常长 1.4 mm，宽 0.8 mm，尖端渐狭或披针形且扭转或急尖；叶缘平展，全缘或仅尖端稀见有不明显齿突；中肋粗壮，于叶中上部消失，通常在上部有叉状分枝的痕迹；叶尖细胞稍短或狭长，叶中部细胞短菱形，长 12~28 μm，宽 8~13 μm，厚壁，叶基中肋两侧细胞稍狭长。雌雄异苞同株，稀雌雄混生同苞。外齿层平滑或具疣，有时穿孔；内齿层残存或缺失。蒴盖平凸，具喙。蒴帽具疏或密纤毛。孢子直径 15~35 μm。

生境：生于青麸杨、茶树、松、杉、桦、栎、八角枫、槭树树干基部或树干上，稀见于岩面。

产地：西藏：亚东阿桑，臧穆 251 (HKAS)；三安曲林，臧穆 1396、1421、1424a、1426a、1491、1492、1511、1517a、1560b (HKAS)；门工，海拔 2700 m，臧穆 69736 (HKAS)。云南：嵩明，臧穆 193 (HKAS)；中甸，王立松 8766 (HKAS)；维西，海拔 1700~2550 m，王立松 176、82-346 (HKAS)。四川：木里，海拔 2600 m，高谦等 19961、19969 (IFP)；绰斯甲俄日河，海拔 2950 m，采集人不详，3120 (XBGH, PE)；峨眉山，大坪寺，陈邦杰 5400a (PE)；盐边，海拔 2600 m，陈可可 190 (HKAS)。浙江：西天目山，山顶，臧穆 542 (HKAS)。陕西：长安县，鸡窝子，海拔 1860 m，李莲梅 1639a (XBGH)；太白县，小嵩地，海拔 1500 m，魏志平 5914 (XBGH)；太白山，大殿，海拔 2300 m，魏志平 5183 (XBGH)；西太白山，黄柏源，海拔 1900 m，魏志平 6549 (XBGH)；宁陕县，火地沟，海拔 1450~2000 m，张满祥、王裕国 3197、3224a、4108a (XBGH)；同地，海拔 1800~2300 m，陈邦杰等 38、72、75、169、308、372、515、596、656 (XBGH)；城固县，高坝，海拔 630~650 m，张满祥、王鸣 2742d、2800c、2842 (XBGH)；同地，五堵门，海拔 640~680 m，张满祥、张继祖 1125、2403、2414c、2497c、2520e、2523c、2530b (XBGH)；周至县，青岗砭，海拔 1860 m，张满祥 512F (XBGH)。甘肃：徽县，江洛至麻沿河，海拔 1320 m，张满祥 136 (XBGH)；文县，铁炉寨，海拔 2600 m，魏志平 6798 (XBGH)。

分布：中国、阿根廷、玻利维亚、巴西、巴拉圭、埃塞俄比亚、卢旺达、肯尼亚、坦桑尼亚、乌干达、马拉维、南非，北美洲和澳大利亚东部。

4. 大残齿藓　图 61

Forsstroemia neckeroides Broth. , Rev. Bryol. Lichenol. 2: 7. 1929; Gao, Fl. Musc. Chinae Bor.-Orient. 204. 1977; Chen *et al.*, Gen. Musc. Sin. 2: 31. 1978; Stark, Journ. Hattori Bot. Lab. 63: 180. 1987.

F. dendroidea Toyama, Acta Phytotax. Geobot. 4: 217. 1935.

Leptodon dendroides (Toyama) Nog. , Journ. Hattori Bot. Lab. 19: 125. 1958.

Forsstroemia robusta Horik. et Nog. , Journ. Sc. Hiroshima Univ. B 2 (Bot.) 3: 14. 1936.

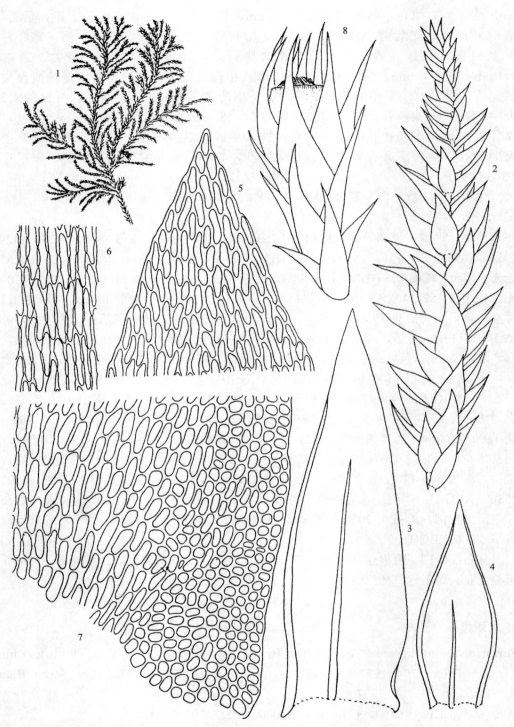

图 61　大残齿藓 *Forsstroemia neckeroides* Broth. 1. 植物体(×2)，2. 枝的一部分(×25)，3. 茎叶(×50)，4. 枝叶(×50)，5. 叶尖部细胞(×450)，6. 叶中部细胞(×450)，7. 叶基部细胞(×450)，8. 具雌苞叶的孢蒴(×25) (何强 绘)

Fig. 61　*Forsstroemia neckeroides* Broth. 1. habit (×2), 2. portion of a branch (×25), 3. stem leaf (×50), 4. branch leaf (×50), 5. apical leaf cells (×450), 6. middle leaf cells (×450), 7. basal leaf cells (×450), 8. capsule and perichaetial bracts (×25) (Drawn by Q. He)

植物体大形，粗壮，黄绿色，具光泽，疏松丛生。支茎倾立，长可达 10 cm，顶端常内曲，尖钝，密集羽状分枝；枝长约 2 cm，向上弯曲，无小枝或稀有小枝。叶片干燥时覆瓦状排列，潮湿时倾立，阔长椭圆形，长 1.3~2.8 mm，宽 0.5~1.6 mm，渐上成短尖；叶边背卷，平滑或尖端具不明显细齿；中肋多为单一，基部较粗，渐上变细，长达叶片中部即消失，稀 2 条短中肋。叶细胞厚壁，长六边形，近中肋两侧为狭长形，常具壁孔，上部细胞短菱形，角部细胞六边形，较小，多列，排列整齐。雌雄异株。内雌苞叶长卵形，具细长尖；中肋长达叶片中部，或较短，或 2 条或无中肋。蒴柄长 0.28~0.8 mm。孢蒴隐没于雌苞叶中。蒴齿两层，外齿层齿片短，具稀疏疣；内齿层残存或缺失。孢子具细疣，直径 15~40 μm。

生境：生阔叶林下树干或石灰岩岩面。

产地：云南：维西县，海拔 2600 m，张大成 131 (HKAS)；墨口县通关公社，海拔 1450 m，李乾 1486 (XBGH)。辽宁：凤凰山，郎奎昌 s.n.(IFP)。黑龙江：海林县，高谦 4785 (IFP)。

分布：中国、朝鲜和日本。

5. 野口残齿藓 (纤枝残齿藓、纤枝白齿藓、长枝白齿藓)　图 62

Forsstroemia noguchii Stark, Misc. Bryol. Lichenol. 9: 182. 1983; Stark, Journ. Hattori Bot. Lab. 63: 188. 1987.

F. lasioides (C. Müll.) Nog. , Musc. Bryol. Lichenol. 5: 28. 1969.

Leucodon lasioides C. Müll. , Nuov. Giorn. Bot. Ital. n. Ser. 3: 113. 1896.

植物体中等大小，淡绿色，多少具光泽。支茎直立或上倾，长 5~10 cm，不规则羽状分枝，分枝渐尖，常呈鞭状延伸。茎无中轴分化。假鳞毛着生于支茎上，狭长小叶状。茎叶和枝叶卵圆状披针形，长 1.3~2.3 mm，宽 0.4~0.9 mm，尖端渐尖，内凹，无纵褶；叶边中部背卷，上部具微齿或平滑；中肋细弱，单一，或 2 条，或叉状，于叶片中下部消失。叶中部细胞线形，长 35~37 μm，宽 5~10 μm，近叶尖细胞厚壁，叶基中肋两侧细胞无壁孔或有时为淡褐色。雌雄异株。雌苞稀生于延长的茎上。雌苞叶基部卵圆形，长约 1.4 mm。向上渐尖，无中肋，在分枝上着生有雄苞。

生境：生于栎林、桦木林或冷山林下树干或岩面上。

产地：陕西：太白山，蒿坪寺，海拔 1350 m，魏志平 4920 (XBGH)；羊皮沟，魏志平 5879、5881 (XBGH)；大殿，海拔 2220~2300 m，魏志平 5037、5162、5185 (XBGH)；西太白山，瓦房子，老马沟，海拔 1600~1800 m，魏志平 5999、6002、6015、6041、6042 (XBGH)；太白县，秦岭南坡，苏家沟，海拔 1400 m，魏志平 5962 (XBGH)；黄柏源，大涧沟，海拔 4200 m，魏志平 6730 (XBGH)；凤县，庙王山，海拔 2200~2400 m，张满祥 854、859、883 (XBGH)；长安县，翠华山，海拔 1300 m，张满祥 533 (XBGH)；光头山，海拔 2400 m，张满祥、张继祖 2884、2772、2768、3024 (XBGH)；周至县，楼观台，海拔 600~780 m，李莲梅 1182、1188、1197、1208、1243、1268 (XBGH)；华山，海拔 1980 m，张满祥 409 (XBGH)；同地，高谦等 16906 (IFP)；宁陕县，平河梁，海拔 200 m，张满祥、王裕国 3970a (XBGH)；广货街，海拔 1350 m，张满祥、王裕国 3789c (XBGH)；秦岭南坡，海拔 1800~2300 m，陈邦杰等 48、86、135、141、325、381、388、430、447、479、493、572、679 (XBGH)。

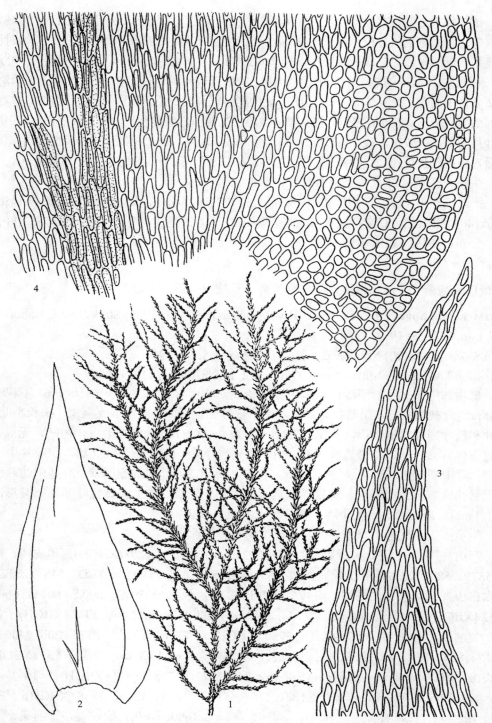

图 62　野口残齿藓 *Forsstroemia noguchii* Stark. 1. 植物体(×2), 2. 茎叶(×50), 3. 叶尖部细胞(×450), 4. 叶基部细胞(×450)
(何强　绘)

Fig. 62　*Forsstroemia noguchii* Stark. 1. habit (×2), 2. stem leaf (×50), 3. apical leaf cells (×450), 4. basal leaf cells (×450)
(Drawn by Q. He)

分布：中国、日本和俄罗斯远东地区。

6. 残齿藓　图 63

Forsstroemia trichomitria (Hedw.) Lindb. , Oefv. K. Vet. Ak. Foerh. 19: 605. 1863;
Bartram, Ann. Bryol. 8: 16. 1935; Gao, Fl. Musc. Chinae Bor-Orient 203. 1977;
Chen *et al.*, Gen. Musc. Sin. 2: 31. 1978; Stark, Journ. Hattori Bot. Lab. 63: 190.
1987; Lin, Yushania 5 (4): 15. 1988; Redfearn, Tan and He, Journ. Hattori Bot. Lab.
79: 226. 1996.

Pterigynandrum trichomitria Hedw. , Sp. Musc. 82. 1801.

Dozya breviseta Dix. , Rev. Bryol. Lichenol. 13: 12. 1942.

Forsstroemia trichomitria (Hedw.) Lindb. fo. *cymbifolia* Nog. , Journ. Hattori Bot. Lab. 2: 33.
1947.

F. cryphaeopsis Dix. , Hong Kong Naturalist Suppl. 2: 18, 10. 1933.

　　植物体粗壮，淡绿色，多具光泽，密集丛生。支茎直立或上倾，长约 7 cm；分
枝不规则或羽状分枝，长短不等。茎叶和枝叶披针形、卵状披针形、广卵状披针形、
卵圆形或正三角形，尖端急尖或渐尖，有时具细尖。茎叶长 1~3 mm，宽 0.5~1.2 mm；
中肋单一，细弱，或短 2 条，单中肋可长达叶片中部，双中肋可长达叶片中部以下。
叶中部细胞长 25~80 μm，宽 5.5~11 μm，叶尖下部细胞较短，长 17~60 μm，近叶尖
细胞长 20~83 μm，叶基近中肋细胞长 25~103 μm。雌雄异苞同株，稀雌雄杂株。雌
苞比雄苞为多，雄苞大多为雌雄混生同苞。雄苞叶和雌苞叶卵圆形、狭卵圆形或披
针形，长约 1.6 mm，一般约 1 mm，尖端急尖或渐尖；内雌苞叶长 2.1~5.2 mm，一
般长 3~4 mm；中部细胞长 35~98 μm。孢子体常见。蒴柄长 0.36~3 mm。孢蒴隐生
于雌苞叶中或高出，长椭圆形，或短柱形，长 1.2~1.5 mm，宽 0.7~0.9 mm，台部有
气孔，褐色。无环带。蒴齿 2 层；外齿层齿片披针形，淡黄色，有时尖端开裂，平
滑；内齿层退失，基膜低。蒴盖短圆锥形。蒴帽兜形，被稀疏柔毛。孢子直径 21~33 μm，
被细疣。

　　生境：生于栎林、针阔叶混交林树干或岩面上。

　　产地：西藏：日东，臧穆 5635 (HKAS)。广东：乐昌县，白石板桥，海拔 850 m，
张力 419 (IBSC)。河南：卢氏县，狮子坪，海拔 1540 m，张满祥等 1691 (XBGH)。黑龙
江：小兴安岭，高谦 29201 (IFP)。陕西：长安县，南五台山，海拔 1430~1550 m，张满
祥、李莲梅 437、723、765、827 (XBGH)；同地，光头山，海拔 2400 m，张满祥、张继
祖 2839a (XBGH)；户县，光头山，海拔 2610~1990 m，王鸣 314a、351、415 (XBGH)；
华山，海拔 1200~2000 m，高谦等 16906 (IFP)。甘肃：康县，长坝，海拔 1350 m，张满
祥等 176 (XBGH)。

　　分布：中国、朝鲜、日本、俄罗斯远东地区、尼泊尔、北美东北部和南美
等地。

　　本种植物是本属最大类型的种类，植物体黄绿色，叶干时紧贴于茎上，枝似白齿藓
植物，以及孢蒴常高出于雌苞叶之外，为区别其他种类的要点。

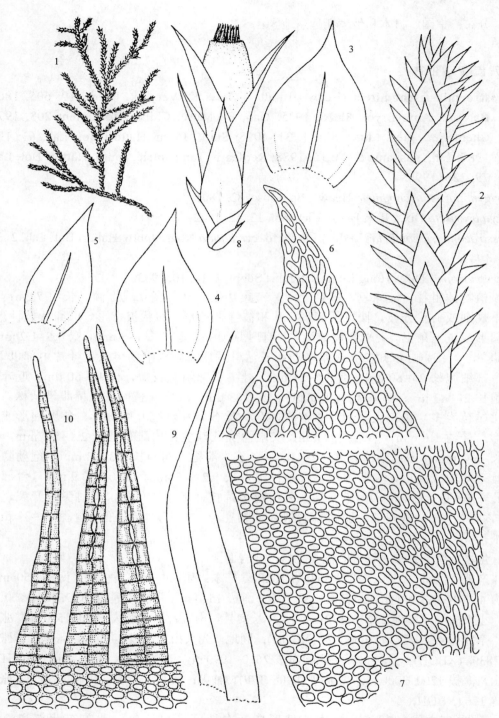

图 63　残齿藓 *Forsstroemia trichomitria* (Hedw.) Lindb. 1. 植物体(×2), 2. 枝的一部分(×25), 3~4. 茎叶(× 50), 5. 枝叶(× 50), 6. 叶尖部细胞(×450), 7. 叶基部细胞(×450), 8. 具雌苞叶的孢蒴(×25), 9. 雌苞叶(×50), 10. 蒴齿(×450) (何强 绘)

Fig. 63　*Forsstroemia trichomitria* (Hedw.) Lindb. 1. habit (× 2), 2. portion of a branch (× 25), 3~4. stem leaves (× 50), 5. branch leaf (× 50), 6. apical leaf cells (× 450), 7. basal leaf cells (× 450), 8. capsule and perichaetial bracts (× 25), 9. perichaetial bracts (× 50), 10. peristome teeth (× 450) (Drawn by Q. He)

科 36　白齿藓科 Leucodontaceae[*]

多树生或石生藓类，常构成大片群落。植物体粗壮或纤细，绿色或黄绿色，具光泽。主茎匍匐，常具褐色假根；支茎多数，直立或倾立，或弓形弯曲，稀悬垂，单一或有分枝；无鳞毛或有假鳞毛。茎横切面圆形，中轴分化或不分化。叶多列，倾立或一向偏斜，心状卵形或长卵形，具短尖或细长尖；叶边平展或仅尖端有齿；叶无纵褶或有纵褶；中肋单一，缺失，稀为双中肋。叶细胞多厚壁，平滑，上部菱形，沿中部向下为长菱形，渐向边缘和叶角部呈斜方形和扁方形，从而构成明显的角部细胞群。雌雄异株。生殖苞均着生支茎上；雄苞芽形，腋生；雌苞着生于短生殖枝的顶端，生殖枝基部常有假根，均具少数线形配丝。内雌苞叶长大，有高鞘部。蒴柄多数较短，少数种类较长。孢蒴多对称，直立，卵形、长卵形或圆柱形，通常无气孔和气室。环带常分化。蒴齿两层：外齿层齿片白色或黄色，披针形或狭长披针形，外面有密横脊，多数具疣；内齿层基膜低，齿条常不发育或完全退失，无齿毛。蒴盖圆锥形，有斜喙。蒴帽兜形，平滑或有少数纤毛。孢子中等大小或大形。

本科共分 3 亚科，全世界约 9 属，我国有 5 属；多数为树生，少数生于干燥岩石上，分布温带地区。

分属检索表

1. 叶无中肋 ·· 2
1. 叶有单中肋 ·· 3
2. 叶具纵褶；叶片细胞平滑无疣 ··· **1. 白齿藓属 Leucodon**
2. 叶不具纵褶；叶片上部细胞具疣或有前角突 ······················· **2. 拟白齿藓属 Felipponea**
3. 植物体稀疏分枝；叶边有向下弯曲的齿；蒴齿两层 ················· **5. 逆毛藓属 Antitrichia**
3. 植物体密集分枝；叶边平滑；蒴齿单层，内齿层常不发育 ······································· 4
4. 叶无明显叶耳；蒴齿齿片有条纹 ··· **3. 单齿藓属 Dozya**
4. 叶有明显深色叶耳；蒴齿齿片有疣 ··································· **4. 疣齿藓属 Scabridens**

Key to the genera

1. Leaves ecostate ·· 2
1. Leaves single costate ··· 3
2. Leaves longitudinally plicate; leaf cells smooth ·· **1. Leucodon**
2. Leaves not longitudinally plicate; upper leaf cells papillose or with a front papilla ·············· **2. Felipponea**
3. Plants sparsely branched; leaf margins with curved teeth; peristome teeth two layered ··········· **5. Antitrichia**
3. Plants densely branched; leaf margins entire; peristome teeth single layered, endostome teeth not developed
   ··· 4
4. Leaves not obviously auriculate at base; exostome teeth striate ····························· **3. Dozya**
4. Leaves obviously auriculate at base; exostome teeth papillose ·············· **4. Scabridens**

---

* 作者(Auctor)：张满祥(Zhang Man-Xiang)

亚科 1　白齿藓亚科 Leucodontoideae

属 1　白齿藓属 *Leucodon* Schwaegr.

Spec. Musc. Suppl. 1 (2): 1, 1816.

模式种：白齿藓 *L. sciuroides* (Hedw.) Schwaegr.

多生于树干上，常构成大片群落。植物体绿色、黄绿色或褐绿色。主茎匍匐，紧贴于基质上；支茎密集，上倾，疏或不规则稀疏羽状分枝。茎具中轴或无中轴分化。有时具悬垂枝，悬垂枝常无中轴分化；分枝直立，稀弯曲；有时具鞭状枝。无鳞毛。假鳞毛通常丝状或披针形，稀缺如。腋毛高 3~7 个细胞，平滑，基部 1~2 (~3)个方形细胞，淡褐色，上部(1~)2~4 个细胞长椭圆形，无色，透明，有时带褐色。茎叶长卵形或狭披针形，上部渐成短尖或有细长尖，内凹，有纵褶；叶边平滑或尖端略有细齿；无中肋。叶中部细胞菱形或线形，厚壁或胞腔呈波曲形，近叶缘或近叶耳处细胞较短，有多列不规则方形或椭圆形的细胞构成明显的角部细胞群，角部细胞一般为叶长的 1/15~3/5。枝叶与茎叶相似。鞭状枝叶呈三角形。雌雄异株。内雌苞叶形大，具高鞘部，上部具短尖。蒴柄较长。孢蒴通常多对称，卵形或长卵形，棕色。环带分化。蒴齿两层，白色；外齿层齿片披针形，上部被细或粗疣；内齿层退化或有时消失。蒴盖圆锥形。蒴帽长兜形，黄色，尖部褐色，平滑。孢子中等大小或大形，卵形或球形，平滑或有密疣。

本属全世界约 40 种，各大洲均有分布，尤以南北温带地区种类较多。多附生于树干上，稀见于岩面上，常构成大片单一群落。

许多学者曾对我国白齿藓属植物作过报道，包括 C. Müller (1896-1898)、Brotherus (1924，1925，1929)、Dixon (1928，1941)、Noguchi (1947，1968)、陈邦杰等(1978)、张满祥(1975，1980，1982、1984)和 Akiyama (1987，1988)。上述研究工作为了解中国白齿藓属植物的分类和地理分布提供了详实的科学根据。现经著者研究，中国有该属植物 16 种和 1 变种。

分种检索表

1. 上升枝和悬垂枝常弯曲；孢蒴黄色；蒴台部具气孔；孢子小形，直径为 16~30 μm，薄壁，夏末秋初成熟；内齿层齿条低出，无前齿层 ·· **1. 垂悬白齿藓 L. pendulus**
1. 上升枝和悬垂枝不弯曲(*L. tibeticus* 除外)；孢蒴褐色或黑褐色；孢子厚壁，中等大小或大形，直径大于 24 μm 以上，冬季成熟；内齿层基膜膜状或残存 ·· 2
2. 茎不具中轴 ·· 3
2. 茎具中轴 ·· 12
3. 上升支茎呈羽状分枝 ······································· **2. 羽枝白齿藓 L. jaegerinaceus**
3. 上升支茎呈不规则分枝 ·· 4
4. 悬垂枝发育良好，一般比上升枝长(长约 15 cm)；前齿层单层，内齿层两裂或具穿孔············
   ·· **3. 鞭枝白齿藓 L. flagelliformis**
4. 悬垂枝不发育或很少发育，一般比上升枝短；前齿层易碎，无基膜 ······························ 5
5. 孢蒴较大，蒴台部有气孔；茎叶披针形，叶边近于全缘·········· **4. 龙珠白齿藓 L. sphaerocarpus**

5. 孢蒴卵圆形或长卵圆形，无气孔 ·· 6
6. 茎叶狭披针形 ·· 7
6. 茎叶卵形或长卵形 ··· 8
7. 叶片上部细胞具壁孔，角部细胞为叶长的 1/15；具悬垂枝 ··········· **5. 玉山白齿藓 *L. morrisonensis***
7. 叶片上部细胞无壁孔，角部细胞为叶长的(1/10)1/7~1/4 (~1/3)；无悬垂枝 ···
   ··· **6. 陕西白齿藓 *L. exaltatus***
8. 角部细胞为叶长的 2/5；茎叶长 2.2~2.6 (~2.8) mm ·············· **7. 朝鲜白齿藓 *L. coreensis***
8. 角部细胞为叶长的 1/3；茎叶长可达 4 mm ····························· 9
9. 茎叶基部卵圆形，尖端具狭尖 ·· 10
9. 茎叶狭披针形，尖端渐尖或具短尖 ·· 11
10. 内雌苞叶长 7~7.5 mm；孢蒴卵圆形，约 1.5 mm×1.0 mm，高出于雌苞叶之外；蒴柄长 4~6 mm；
    孢子直径 55~64 μm；茎叶长 2.5~3.2 mm，角部细胞为叶长的 1/3 ············ **8. 中华白齿藓 *L. sinensis***
10. 内雌苞叶长 4 mm；孢蒴圆柱形，2.2~2.8 mm×0.7~1.0 mm，远高出于雌苞叶之外；蒴柄长
    (8~)10~15 mm；孢子直径 27~50 μm；茎叶长(2.6~)2.8~3.2 mm；角部细胞为叶长(1/4)1/3~1/2 ········
    ··· **9. 长柄白齿藓 *L. temperatus***
11. 角部细胞为叶长的 1/10~1/7；腋毛基部细胞为 2 个；生于亚高山或高山石灰岩上或潮湿土壤上 ······
    ··· **10. 高山白齿藓 *L. alpinus***
11. 角部细胞为叶长的 1/7~1/5 (~1/4)；腋毛基部细胞为一个；生于寒温带岩面上或树干上 ···············
    ··· **11. 宝岛白齿藓 *L. formosanus***
12. 茎叶狭披针形，长 4~5.2 mm；角部细胞为叶长 1/8~1/7 ············· **12. 长叶白齿藓 *L. subulatus***
12. 茎叶卵圆形，长不超过 4 mm，角部细胞为叶长的 1/3 ·············· 13
13. 茎叶短于 2.6 mm；前齿层单层；在老枝的叶腋通常具有无性芽 ······· **13. 白齿藓 *L. sciuroides***
13. 茎叶长于 2.6 mm；前齿层 2~3 层；不具无性芽 ····················· 14
14. 茎叶具细长尖；孢蒴卵圆形或圆柱形；孢子直径 23~54 μm，同型孢子 ···
    ··· **14. 偏叶白齿藓 *L. secundus***
14. 茎叶具短尖或渐尖；孢蒴卵圆形 ·· 15
15. 茎叶长 2.8~3.4 mm，叶片上部细胞为弱厚壁，角部细胞为叶长的 1/3~2/5；着生于寒温带森林中 ···
    ··· **15. 札幌白齿藓 *L. sapporensis***
15. 茎叶长 2~3 mm，叶片上部细胞为厚壁，角部细胞为叶长的 2/3；着生于温带森林中 ···············
    ··· **16. 西藏白齿藓 *L. tibeticus***

Key to the species

1. Ascending branshes and pendulous branches often curved; capsules yellow, apophysis stomated; spores
   small, ca. 16~30 μm in diam., walls thin, mature in late summer or early autumn; endostome low,
   preperistome lacking ·· ***1. L. pendulus***
1. Ascending branshes and pendulous branches not curved (except *L. tibeticus*); capsules brown or blackish
   brown; spores median-sized or large, more than 24 μm in diam., walls thick, mature in winter; endostome
   membrane-like or rudimental ··· 2
2. Stems without a central strand ·· 3
2. Stems with a central strand ·· 12
3. Ascending stem pinnately branched ·· ***2. L. jaegerinaceus***
3. Ascending stem irregularly branched ·· 4
4. Pendulous branches well developed, usually longer than the ascending branches (ca. 15 cm long) ···········
   ··· ***3. L. flagelliformis***
4. Pendulous branches not developed or rarely developed, usually shorter than the ascending branches ········· 5

5. Capsules large, apophysis with stomata ································· **4. _L. sphaerocarpus_**

5. Capsules oval-rounded or oblong-rounded, apophysis not stomata ································· 6

6. Stem leaves narrowly lanceolate ································· 7

6. Stem leaves ovate or oblong-ovate ································· 8

7. Walls of upper leaf cells pitted, alar cells ca. 1/15 length of leaf; with pendulous branches ·································
································· **5. _L. morrisonensis_**

7. Walls of upper leaf cells not pitted, alar cells ca.(1/10)1/7~1/4 (~1/3)length of leaves; without pendulous branches ································· **6. _L. exaltatus_**

8. Alar cells ca. 2/5 length of leaves; stem leaves 2.2~2.6 (~2.8) mm long ································· **7. _L. corensis_**

8. Alar cells ca. 1/3 length of leaves; stem leaves up to 4 mm long ································· 9

9. Stem leaves ovate-rounded at base, with an narrow apex ································· 10

9. Stem leaves narrow lanceolate, with an acuminate apex or a short apex ································· 11

10. Inner perichaetial bracts 7~7.5 mm long; capsules ovate-rounded, ca. 1.5 mm×1.0 mm; setae 4~6 mm long; spores 55~64 μm in diam; stem leaves 2.5~3.2 mm long, alar cells ca. 1/3 length of leaves ·································
································· **8. _L. sinensis_**

10. Inner perichaetial bracts 4 mm long; capsules cylindrical, 2.2~2.8 mm×0.7~1.0 mm; setae (8~)10~15 mm long; spores 27~50 μm in diam.; stem leaves (2.6~)2.8~3.2 mm long; alar cells (1/4)1/3~1/2 length of leaves ································· **9. _L. temperatus_**

11. Alar cells ca. 1/10~1/7 length of leaf; basal cells of axillary hair 2; in subalpine mountain regions or alpine calcium rocks or wet soil ································· **10. _L. alpinus_**

11. Alar cells ca. 1/7~1/5 (~1/4) length of leaf; basal cells of axillary hair single; on temperate rock surfaces or tree barks ································· **11. _L. formosanus_**

12. Stem leaves narrow lanceolate, 4~5.2 mm long; alar cells 1/8~1/7 length of leaf ································· **12. _L. subulatus_**

12. Stem leaves ovate-rounded, not longer than 4 mm; alar cells ca. 1/3 length of leaves ································· 13

13. Stem leaves shorter than 2.6 mm; preperistome teeth single layer; asexual buds often growing in axillary of old branches ································· **13. _L. sciuroides_**

13. Stem leaves longer than 2.6 mm; preperistome teeth 2~3 layers; asexual buds absent ································· 14

14. Stem leaves with a slender apex; capsules oval-rounded or cylindrical ································· **14. _L. secundus_**

14. Stem leaves with a short apex or acuminate apex; capsules oval-rounded ································· 15

15. Stem leaves 2.8~3.4 mm long; walls of upper leaf cells weakly thicked; alar cells 1/3~2/5 length of leaves; in cold temperate forests ································· **15. _L. sapporensis_**

15. Stem leaves 2~3 mm long; walls of upper leaf cells thicked; alar cells 2/3 length of leaves; in temperate forest ································· **16. _L. tibeticus_**

1. 垂悬白齿藓 (多根白齿藓，短柄白齿藓)　图 64，图 65

Leucodon pendulus Lindb. , Acta Soc. Sc. Fenn. 10: 273. 1872; Gao, Fl. Musc. Chinae Bor.-Orient 206. 1977; Chen _et al._, Gen. Musc. Sin. 2: 34. 1978; Zhang, Fl. Tsinlingensis 3 (1): 156. 1978; Zhang, Acta Bot. Bor-Occ. Sinica 2: 20. 1982; Akiyama, Journ. Hattori Bot. Lab. 65: 31. 1988.

L. perdependens Okamura, Journ. Coll. Sci. Imp. Univ. Tokyo 38: 25. 1916.

L. luteolus Dix. , Journ. Bot. 79: 140. 1941.

Leucodontella perdependens (Okamura) Nog. , Journ. Hattori. Bot. Lab. 2: 40. 1947.

Leucodon radicalis Zhang, Acta Bot. Yunnanica 5: 386. 1983.

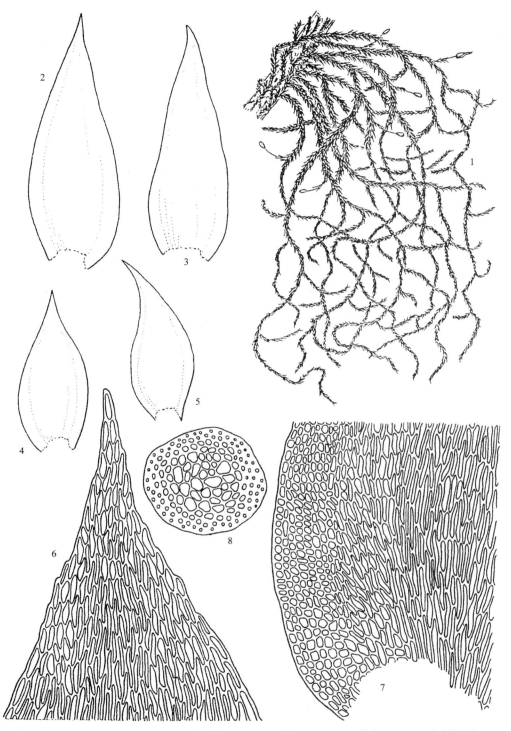

图 64　垂悬白齿藓 *Leucodon pendulus* Lindb. 1. 植物体(×2)，2~3. 茎叶(×50)，4~5. 枝叶(×50)，6. 叶尖部细胞(×450)，7. 叶基部细胞(×450)，8. 茎的横切面(×300) (何强 绘)

Fig. 64　*Leucodon pendulus* Lindb. 1. habit (×2), 2~3. stem leaves (×50), 4~5. branch leaves (×50), 6. apical leaf cells (×450), 7. basal leaf cells (×450), 8. cross section of stem (×300) (Drawn by Q. He)

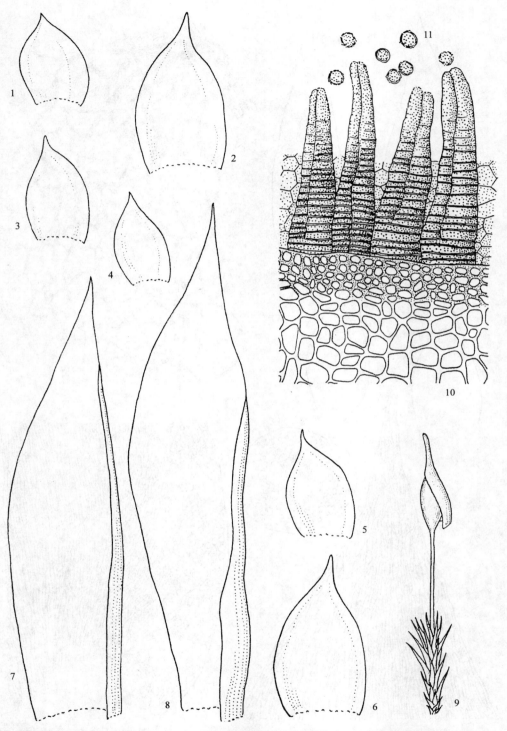

图 65　垂悬白齿藓 *Leucodon pendulus* Lindb. 1~6. 外雌苞叶(×50)，7~8. 内雌苞叶(×50)，9. 具蒴帽的孢蒴(×14)，10. 蒴齿(×450)，11. 孢子(×450) (何强 绘)

Fig. 65　*Leucodon pendulus* Lindb. 1~6. outer perichaetial bracts (×50), 7~8. inner perichaetial bracts (×50), 9. capsule and calyptra (×14), 10. peristome teeth (×450), 11. spores (×450) (Drawn by Q. He)

植物体淡绿色或棕褐色，略具光泽。上升枝短，长 2~3 cm，宽 0.8~1 mm；无中轴分化。鞭状枝稀少。下垂枝长 5~20 cm，宽 0.2 mm，分枝密集，悬垂且呈弧形弯曲，枝尖钝或延长成细长尖。腋毛高 4~5 个细胞，平滑，基部 2 个细胞方形，棕色，上部 2~3 个细胞长椭圆形，无色透明。茎叶贴生，卵圆形，长 2~2.5 mm，尖端渐尖或急尖，具纵褶，略内凹。叶中部细胞长 54~70 µm，角部细胞方形，平滑，常为叶长的 1/4~1/3。雌雄异株。内雌苞叶多数，大形，长可达 4.5 mm，基部鞘状，具短尖。蒴柄黄色，长 3~4 mm，平滑。孢蒴黄色或淡黄棕色，卵圆形，1.5 mm×0.7 mm，台部短，有气孔。蒴齿两层，白色，无前齿层；外齿层齿片 16，披针形，有时具穿孔，下部平滑，上部具密疣；内齿层具高的基膜和低中脊，被密疣。蒴帽兜形，平滑。孢子直径 16~30 µm，薄壁，平滑。

生境：生于针叶林或针阔叶混交林下树干或树枝上。

产地：辽宁：抚松县，内道里至四平街，野田光藏、张玉良 577 (IFP, XBGH)；临江县，三岔子，刘慎谔 942 (IFP, XBGH)；长白山，茅沙河，郎奎昌 22 (IFP, XBGH)。吉林：小白山，海拔 1200 m，孔宪武 2275 (XBGH)；安图县，海拔 1600 m，高谦 33890 (IFP, XBGH)；长白山，海拔 800~1900 m，高谦 1095、1131、1166、7572、22124、22224a、22240、22300、22323、22562 (IFP, XBGH)。黑龙江：勃利县，张玉良 2162 (IFP, XBGH)；小兴安岭带岭凉水沟，张玉良 2、0103 (IFP, XBGH)；小兴安岭，五营，海拔 400~600 m，朱彦丞 6311 (IFP, XBGH)；同前，陈邦杰、高谦 389 (IFP, XBGH)；翠峦，刘慎谔 1435 (IFP, XBGH)；带岭，刘慎谔 6102 (IFP, XBGH)；同前，王战 4458 (IFP, XBGH)；大海林老秃顶子山，高谦、张光初 9198 (IFP, XBGH)；伊春，黑龙江博物馆 1、14 (PE)。陕西：西太白山，海拔 2500 m，魏志平 6132 (XBGH)。

分布：中国、朝鲜、俄罗斯(远东地区)和日本(北海道)。

本种茎无中轴，下垂枝细长，悬垂，弯曲，蒴柄和孢蒴均为黄色，蒴台部有气孔，以及孢子小形，薄壁等为其主要特征。

2. 羽枝白齿藓 (新拟名) (多根白齿藓，短柄白齿藓)　　图 66

Leucodon jaegerinaceus (C. Müll) Akiyama, Journ. Hattori. Bot. Lab. 65: 33. 1988.

L. giraldii C. Müll. var. *jaegrinaceus* C. Müll. , Nuov. Giorn. Bot. Ital. n. ser. 5: 190. 1898.

L. denticulatus Broth. in C. Müll. var. *pinnatus* C. Müll. , Nuov. Giorn. Bot. Ital. n. ser. 5: 190. 1898.

L. angustiretis Dix. , Journ. Bot. 79: 138. 1941. syn. nov.

植物体淡褐色或黄绿色，无光泽。上升枝羽状分枝，分枝长 5~10 mm，稀长 20 mm，无中轴分化。下垂枝细长；鞭状枝稀少，有时较长。假鳞毛披针形。腋生毛 4~5 个细胞，平滑，基部 2 个细胞方形，淡褐色，上部 2~3 个细胞长椭圆形，无色透明。茎叶稍具纵褶，略内凹，披针形，长 2.5~3.2 mm，宽 0.9~1.1 mm，先端渐尖；叶边平展，下部全缘，尖端具细齿。叶片中部细胞平滑，长 20~45 µm，宽 5 µm，叶基中部细胞具壁孔，角细胞方形，为叶长的 1/4~1/3。

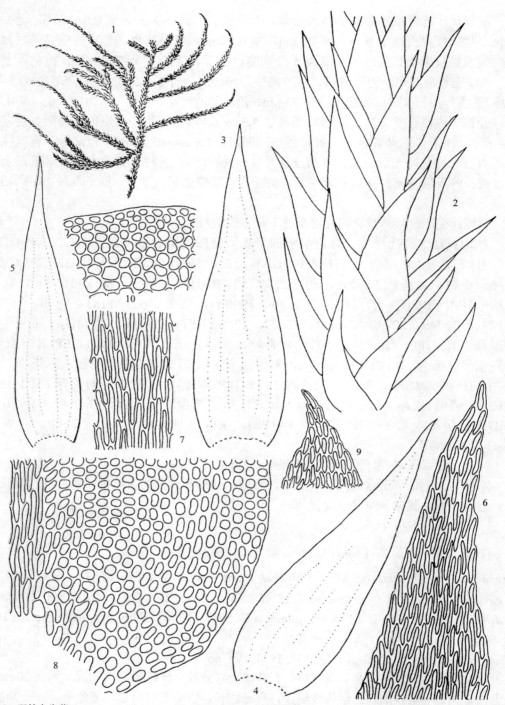

图 66　羽枝白齿藓 *Leucodon jaegerinaceus* (C. Müll.) Akiyama 1. 植物体(×1.5), 2. 枝的一部分(×25), 3~4. 茎叶(×50), 5. 枝叶(×50), 6. 叶尖部细胞(×450), 7. 叶中部细胞(×450), 8. 叶基部细胞(×450), 9. 假鳞毛(×450), 10. 茎横切面的一部分(×450) (何强 绘)

Fig. 66　*Leucodon jaegerinaceus* (C. Müll.) Akiyama 1. habit (×1.5), 2. portion of a branch (×25), 3~4. stem leaves (×50), 5. branch leaf (×50), 6. apical leaf cells (×450), 7. middle leaf cells (×450), 8. basal leaf cells (×450), 9. pseudoparaphyllia (×450), 10. portion of the cross section of stem (×450) (Drawn by Q. He)

生境：生于阔叶林或桦、冷杉、落叶松树干上或岩面。

产地：陕西：长安县，鸡窝子，海拔 1000 m，张满祥、张继祖 3090 (XBGH)；同前，光头山，海拔 2400~2715 m，张满祥、张继祖 2553、2560、2821、2825、2846、2970、2972a、2975、2981、2989、2991、3033、3071、3073、3075 (XBGH)；户县，光头山，海拔 2000~2315 m，王鸣 273、329b、434、475 (XBGH)；同前，海拔 2250 m，魏志平 4613、4618 (XBGH)；太白山，海拔 2400~3100 m，魏志平 5337、5568 (XBGH)；西太白山，海拔 3200 m，魏志平 6372、6413 (XBGH)。

分布：中国特有。

在白齿藓属 Leucodon 植物中羽状分枝形式是该种最显著特征，但陕西省确立的一新种即狭叶白齿藓 L. angustiretis，其叶形和叶角部细胞以及羽状分枝等特征均与 Akiyama (1988)新组合的羽枝白齿藓相一致。因此，作者认为 L. angustiretis 应等于 L. jaegrinaceus。

3. 鞭枝白齿藓 图 67

Leucodon flagelliformis C. Müll. , Nuov. Giorn. Bot. Ita. n. ser. 3: 112. 1896; Zhang, Acta. Bot. Bor.-Occ. Sinica 2: 20. 1982; Akiyama, Journ. Hattori Bot. Lab. 65: 35. 1988.

L. mollis Dix. , Journ. Bot. 79: 140. 1941.

植物体淡褐色或黄褐色，上升枝长 4~5 cm；无中轴分化。分枝稀疏，鞭状枝少数，下垂枝纤长，可达 15 cm，宽 0.3~0.4 mm，密集分枝。假鳞毛稀少，披针形。腋毛高 4 个细胞，平滑，基部 2 个细胞方形，淡褐色，上部 2 个细胞长椭圆形，无色透明。茎叶干燥时紧贴或偏向一侧，潮湿时开展，有纵褶，略内凹，披针形，长 2.8~3.3 mm，尖端渐尖；叶边平展，全缘或尖端具细齿。叶中部细胞长 40~50 μm，宽 5 μm，平滑，薄壁，叶基中部细胞带色并有壁孔，角部细胞为叶长的 1/5~1/7，方形，约 10 μm×10 μm。下垂枝叶长约 2 mm，角部细胞为叶长的 1/10，叶片细胞与茎叶相似。雌雄异株。内雌苞叶长约 4 mm。蒴柄长 7~10 mm，平滑，红褐色。孢蒴高出于雌苞叶外，卵球形，1.6~0.7 mm，红褐色，无气孔。蒴齿两层，白色；前齿层单层；外齿层齿片 16，披针形，具穿孔或 2 裂，下部平滑，上部具稀疏疣；内齿层膜状，平滑。

生境：多生于针阔混交林下树干或树枝，稀生于岩面。

产地：河南：嵩县，海拔 1500 m，罗健馨 463 (PE)。陕西：长安县，鸡窝子，海拔 1000 m，张满祥、张继祖 2078a (XBGH)；同前，光头山，海拔 2400~2840 m，张满祥、张继祖 2220、2340a、2392a、2336、2338、2391、2557a、2583、2612、2621、2628、2671、2676a、2750、2816、2833、2847、2866、2907a、2950、2968a、3056 (XBGH)；户县，涝峪，光头山，海拔 2250 m，魏志平 4556 (XBGH)；西太白山，石垭子，海拔 2600 m，魏志平 6172 (XBGH)；同前，王作宾 6614 (XBGH)；宁陕县，火地塘，海拔 1870~2230 m，陈邦杰等 343、562、569、644 (XBGH)。甘肃：西固，海拔 3000 m，王作宾 14428 (XBGH)。

分布：中国特有。

本种主要特征为茎无中轴分化，下垂枝一般比上升枝为长，角部细胞为叶长的 1/5~1/7，以及前齿层为单层。

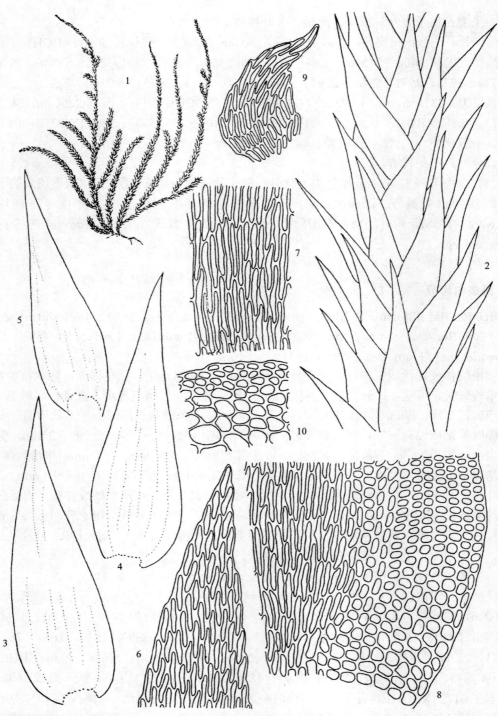

图 67　鞭枝白齿藓 *Leucodon flagelliformis* C. Müll. 1. 植物体(×1), 2. 枝的一部分(×25), 3~4. 茎叶(×50), 5. 枝叶(×50), 6. 叶尖部细胞(×450), 7. 叶中部细胞(×450), 8. 叶基部细胞(×450), 9. 假鳞毛(×450), 10. 茎横切面的一部分(×450)(何强 绘)

Fig. 67　*Leucodon flagelliformis* C. Müll. 1. habit (×1), 2. portion of a branch (×25), 3~4. stem leaves (×50), 5. branch leaf (×50), 6. apical leaf cells (×450), 7. middle leaf cells (×450), 8. basal leaf cells (×450), 9. pseudoparaphyllia (×450), 10. portion of the cross section of stem (×450) (Drawn by Q. He)

4. 龙珠白齿藓

Leucodon sphaerocarpus Akiyama, Bot. Mag. Tokyo 100: 328. 1987 and Journ. Hattori Bot. Lab. 65: 37. 1988; Lin, Yushania 5 (4): 16. 1988.

植物体形大，黄褐色。茎匍匐，密集分枝，上升枝长约 4 cm，通常具小分枝；无中轴；鞭状枝稀少。假鳞毛稀少，线形或披针形。腋毛高 4~5 个细胞，基部 2 个细胞方形，淡褐色，上部 2~3 个细胞长椭圆形，无色透明。茎叶干燥时紧贴，潮湿时倾立，披针形，长 3.1~3.8 mm，宽 1 mm，基部卵圆形，渐尖；叶边近于全缘或上部具不明显细齿。叶上部细胞厚壁，平滑，长 27~43 μm，宽 5 μm，上部边缘细胞平滑，长 22~27 μm，宽 5 μm，中部细胞厚壁，平滑，长 30~54 μm，宽 5 μm，叶基中部细胞具壁孔，平滑，长 54~68 μm，宽 6 μm，角部细胞为叶长的 1/4 (有时 1/5)，方形，长 8 μm，宽 8~14 μm，红褐色。雌雄异株。雌苞叶淡黄色，长 4 mm，宽约 2.3 mm，内卷。蒴柄长约 5~7 mm，平滑。孢蒴近于球形，2~1.5 mm，口部小，无沟纹；蒴壁细胞六角形，厚壁，具疣；蒴台部具气孔。蒴齿两层，白色；前齿层单层，易折断，具密疣；外齿层齿片狭披针形，无穿孔，长 220~280 μm，基部具横条纹，平滑，具横脊，上部具疣；内齿层膜状，内面平滑或被单疣，外面具疣。

生境：不详。

产地：台湾：台北县和花莲县，未见模式标本，据 Akiyama (1987)和 S.-H. Lin (林善雄 1988)报道，台湾有分布。以上特征描述是根据 Akiyama (1987)对本种形态的报道。

分布：中国台湾特有种。

本种主要特征是蒴柄较长，孢蒴近于球形，蒴台部具气孔，蒴盖圆钝且短，前齿层为单层，以及内、外齿层外面具疣，茎叶披针形，无渐狭叶尖，且茎无中轴分化。

5. 玉山白齿藓　图 68：1~6

Leucodon morrisonensis Nog. , Trans. Nat. Hist. Soc Formosa 26: 34. 1936; Akiyama, Bot. Mag. Tokyo 100: 326. 1987; Akiyama, Journ. Hattori Bot. Lab. 65: 37. 1988; Lin, Yushania 5 (4): 16. 1988.

L. subulatus Broth. , Journ. Jap. Bot. 74: 460. 1968.

植物体形大，黄褐色。茎匍匐，上升枝长 2~10 cm，常具分枝；无中轴。假鳞毛稀少，披针形或三角形。腋毛高 4~5 个细胞，平滑，基部 2 个细胞方形，淡褐色，上部 2~3 个细胞，椭圆形，无色透明。茎叶具纵褶，狭披针形，长 3.0~4.8 mm，宽 0.6~0.8 mm，具长尖；叶边平滑。叶上部细胞平滑，线形，长 60~70 μm，宽 3 μm，厚壁，叶中部细胞平滑，具壁孔，长 60~90 μm，宽 3 μm，基部细胞长 70~100 μm，宽 3~5 μm，具壁孔，角部细胞为叶长的 1/5，方形或长方形，长 13~27 μm，宽 8 μm，红褐色。雌雄异株。内雌苞叶长约 4 mm，宽 1 mm。蒴柄长 6.5 mm，平滑。孢蒴长卵圆形，为 1.5~0.8 mm，蒴壁细胞六角形，厚壁，粗糙，无气孔。

生境：生于林下树干上。

产地：台湾：Taityu Co., Mt. Niitaka，海拔约 3500 m，Noguchi 6349 (NICH)。

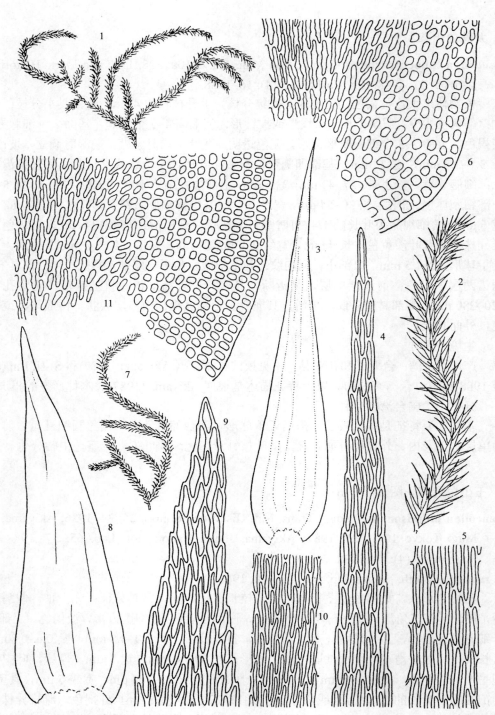

图 68　1~6. 玉山白齿藓 *Leucodon morrisonensis* Nog. 1. 植物体(×1)，2. 枝的一部分(×5)，3. 叶(×50)，4. 叶尖部细胞(×450)，5. 叶中部细胞(×450)，6. 叶基部细胞(×450)；7~11. 宝岛白齿藓 *Leucodon formosanus* Akiyama 7. 植物体(×1)，8. 叶(×50)，9. 叶尖部细胞(×450)，10. 叶中部细胞(×450)，11. 叶基部细胞(×450) (何强 绘)

Fig. 68　1~6. *Leucodon morrisonensis* Nog. 1. habit (×1), 2. portion of a branch (×5), 3. leaf (×50), 4. apical leaf cells (×450), 5.middle leaf cells (×450), 6. basal leaf cells (×450); 7~11. *Leucodon formosanus* Akiyama 7. habit (×1), 8. leaf (×50), 9. apical leaf cells (×450), 10. middle leaf cells (×450), 11. basal leaf cells (×450) (Drawn by Q. He)

分布：中国特有。

本种主要特征是茎无中轴分化，具下垂枝；茎叶狭披针形，叶中部细胞线形且具壁孔，角部细胞为叶长的 1/5。

6. 陕西白齿藓　图 69

Leucodon exaltatus C. Müll. , Nuov. Giorn. Bot. Ital. n. ser 3: 112. 1896; Chen *et al.*, Gen. Musc. Sin. 2: 34. 1978; Zhang, Fl. Tsinlingensis 3 (1): 158. 1978; Li *et al.*, Bryofl Xizang. 247. 1985; Akiyama, Journ. Hattori Bot. Lab. 65: 37. 1988; Wu *et al.*, Bryofl. Hengduan Mts. 474. 2000.

L. giraldii C. Müll. , Nouv. Giorn. Bot. Ital. n. ser. 3: 112. 1896; Brotherus in Handel-Mazzetti Symb. Sin. 4: 74. 1929.

植物体硬挺，大形，淡绿色。上升枝长 10~15 cm，宽 1.5~2.0 cm，中轴缺失。下垂枝稀少或缺失；鞭状枝少数。假鳞毛线形或披针形。腋毛高 4~5 个细胞，基部 2~3 个细胞方形，淡褐色，上部 2 个细胞长圆形，无色透明。茎叶直立或镰刀状一侧弯曲，卵状披针形，长 3.7~4.5 mm，宽 0.7~0.8 mm，先端渐尖，具纵褶；叶边平展，全缘或叶尖具细疣。叶尖部细胞狭长菱形，长 40~58 μm，宽 4~5 μm，平滑，厚壁，中下部细胞线形，长 40~60 μm，宽 4~5 μm，具壁孔；角部细胞方形，长 10 μm，宽 10~20 μm，为叶长的 1/4~1/7。雌雄异株。内雌苞叶舌状，大形，具短尖，长约 0.7 mm。蒴柄长 0.8~1.0 mm，黄褐色，平滑。孢蒴长圆形，2 mm×0.8 mm，红褐色，无气孔。环带有分化。蒴齿两层，外齿层齿片长披针形，白色，有横脊，上部被粗密疣；内齿层短，膜状。孢子圆球形，直径 40~50 μm，具鸡冠状疣。

生境：生于阔叶林、桦木林、针阔叶混交林下树干上，稀见于岩面。

产地：西藏：米林县，海拔 3100 m，西藏队 7456、7595、7675 (HKAS)；同前，海拔 3100~3200 m，陈书坤 147、156、159、4879a (HKAS)；鲁郎至东久，陈书坤 374 (HKAS)；三安曲林，臧穆 1517c、1520、1566a (HKAS)；东久，海拔 3600 m，臧穆 5207a (HKAS)；郎县，臧穆 1890 (HKAS)；波密县，海拔 3000 m，李文华 62 (HKAS)；同前，张敖罗 52g (HKAS)。云南：贡山县，松塔山，海拔 2200~3600 m，汪楣芝 8842a (PE)。四川：雷波县，海拔 3000~3300，管中天 8748 (PE)；马尔康，海拔 4300 m，黎兴江 1276 (HKAS)；稻城县，贡嘎雪山，4200 m，杨建昆 2762 (HKAS)；德荣县，金沙江边，海拔 4450 m，黎兴江 2812 (HKAS)；南坪县，海拔 2700 m，九寨沟，海拔 3040 m，何思 30111 (PE)；盐源县，海拔 1700 m，王立松 855 (HKAS)。湖北：神农架，海拔 2700 m，管开云 2549 (HKAS)。陕西：户县，光头山，海拔 1600~3000 m，魏志平 4449、4656、4672、4690、(XBGH)；同前，海拔 1660~2210 m，王鸣 137、299、425、436、441b、592 (XBGH)；长安县，鸡窝子，海拔 1850~1900 m，李莲梅 1660、1661a、1756、1769、1810、1822、1826a (XBGH)；同前，海拔 1000 m，张满祥、张继祖 2131 (XBGH)；同前，光头山，海拔 2400 m，张满祥、张继祖 2356a、2504a、2646、2764a、2776a、2784a、2825、2828、2836、2835、2838、2883、2888、2895b、2944、2949、2952、2953、2976、2983、3019、3035、3038、3039、3048、3058、3060、3061 (XBGH)；周至县，海拔 1300 m，张继祖

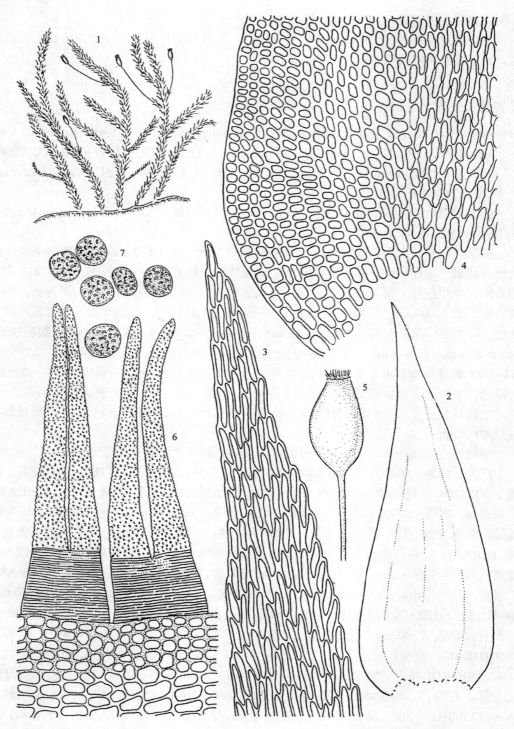

图 69 陕西白齿藓 *Leucodon exaltatus* C. Müll. 1. 植物体(×1), 2. 叶(×50), 3. 叶尖部细胞(×450), 4. 叶基部细胞(×450), 5. 孢蒴(×10), 6. 蒴齿(×450), 7. 孢子(×450) (何强 绘)

Fig. 69 *Leucodon exaltatus* C. Müll. 1. habit (×1), 2. leaf (×50), 3. apical leaf cells (×450), 4. basal leaf cells (×450), 5. capsule (×10), 6. peristome teeth (×450), 7. spores (×450) (Drawn by Q. He)

(XBGH)；凤县，庙王山，海拔 2000~2400 m，张满祥 857、1021 (XBGH)；西太白山，黄柏源，海拔 2000~2500 m，魏志平 6127、6488 (XBGH)；宁陕县，火地沟，海拔 1450~2000 m，张满祥、王裕国 3186、3196、3197、3224、3497、3505、3820a、3856、3861、3863、3867、3913a、3928、4108、4109、4216、4223 (XBGH)。甘肃：天水，小陇山，海拔 1600 m，张满祥 2257 (XBGH)；徽县，杨坝，海拔 1300~1320 m，张满祥等 1093、1121 (XBGH)；成县，张满祥等 410 (XBGH)。

分布：中国特有。

本种主要特征是茎无中轴分化，叶卵状或狭披针形，具长枝，叶尖具密细疣；雌苞叶长大；孢子大形，具鸡冠状疣。为中国白齿藓属植物中最粗大的种。

7. 朝鲜白齿藓　图 70

Leucodon coreensis Card. , Beih. Bot. Centralbl. 17: 23. 1904; Noguchi, Journ. Jap. Bot. 43: 455~461. 1968; Chen *et al.*, Gen. Musc. Sin. 2: 34. 1978; Zhang, Acta Bot. Bor-Occ. Sinica 2: 22. 1982; Akiyama, Journ. Hattori Bot. Lab. 65: 40. 1988; Lin, Yushania 5 (4): 16. 1988.

L. denticulatus Broth. , Journ. Bot. 79: 139. 1941; Brotherus in Handel-Mazzetti, Symb. Sin. 4: 74. 1929.

植物体淡褐色或淡绿色。上升枝纤细，长 2~4 cm，宽约 0.7 mm；无中轴；分枝稀少，具少数鞭状枝。假鳞毛多数，线形或披针形。腋毛高 4~5 个细胞，平滑，淡褐色，下部 2~4 个细胞方形，上部 1~2 个细胞长圆形。茎叶干燥时紧贴，潮湿时倾立，卵圆状渐尖，长 2.2~2.6 mm，稍内凹，有纵褶；叶边平展，全缘或叶尖具细齿。叶细胞菱形，厚壁，常有壁孔，叶中部细胞长 27 μm，宽 35~8 μm，厚壁，角部细胞方形，长 8~11 μm，宽 8~16 μm，常为叶长的 3/5，稀达 1/2。雌雄异株。雌苞叶长 4~6 mm，内卷，淡绿色。蒴柄长 3~5 mm，平滑。孢蒴高出于雌苞叶，无气孔。蒴盖具短喙。

生境：生于阔叶林下树干或岩面薄土上。

产地：四川：西康，采集人不祥 3 (XBGH)；巴塘县，海拔 3550 m，何思 31519 (PE)；重庆北碚，陈邦杰 5082 (PE)；渡口，海拔 2400 m，陈可可 14 (PE)。山东：泰山，海拔 1150~1360 m，高谦 33988、34052、34055、34064、34083 (IFP)。河南：鸡公山，余慧君 8 (XBGH)；西峡县，罗健馨 216 (PE)；卢氏县，西安岭，960~1100 m，张满祥等 1470、1527、1723 (XBGH)。河北：蔚县，小五台山，高谦 30577 (IFP)。辽宁：长白山，海拔 1100 m，郎奎昌 23 (IFP)。吉林：临江县，海拔 800 m，刘慎谔 918 (IFP)；同前，海拔 1800~1050 m，高谦 7781、7775 (IFP)；安图县，高谦 1237、1291 (IFP)；老爷岭，高谦 1592 (IFP)。黑龙江：小兴安岭，高谦 7 (IFP)；同前，陈邦杰、高谦 461 (IFP)；镜泊湖，高谦、张光初 9034 (IFP)。陕西：长安县，海拔 1000~2500 m，张满祥、张继祖 1982a、2043、2044a、2071、2479a、2575 (XBGH)；同前，南五台山，海拔 1160~1570 m，张满祥、李莲梅 82、97、306、307、409、471、475、548、728、729、916 (XBGH)；户县，涝峪，海拔 1200~1600 m，魏志平 4426、4449 (XBGH)；同前，海拔 900~18250 m，王鸣 69、146、228、620 (XBGH)；周至县，青岗砭，海拔 1860 m，张满祥 497 (XBGH)；

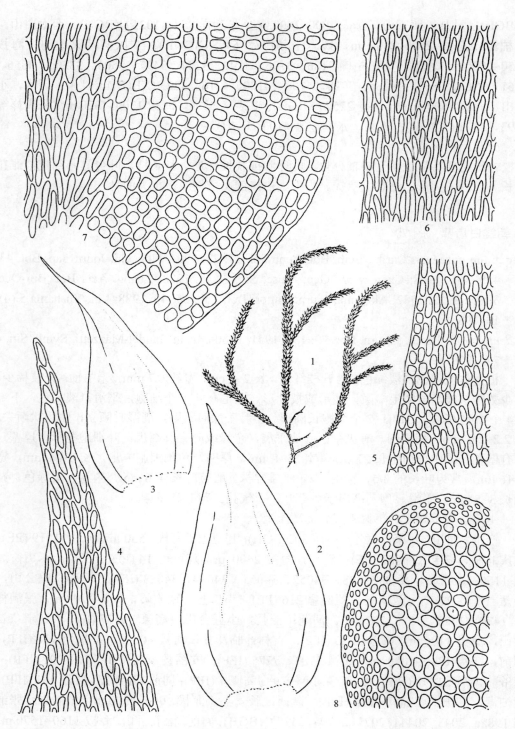

图 70　朝鲜白齿藓 *Leucodon coreensis* Card. 1. 植物体(×2), 2~3. 叶(×50), 4. 叶尖部细胞(×450), 5. 叶中上部边缘细胞(×450), 6. 叶中部细胞(×450), 7. 叶基部细胞(×450), 8. 茎横切面的一部分(×450) (何强　绘)

Fig. 70　*Leucodon coreensis* Card. 1. habit (×2), 2~3. leaves (×50), 4. apical leaf cells (×450), 5. upper marginal leaf cells (×450), 6. middle leaf cells (×450), 7. basal leaf cells (×450), 8. portion of the cross section of stem (×450) (Drawn by Q. He)

太白山，嵩坪寺，海拔 1100 m，魏志平 4871 (XBGH)；同前，八仙台到大爷海之间，海拔 3600 m，刘慎谔、钟补求 4334 (PE)；西太白山，石垭子，海拔 2500 m，魏志平 6132 (XBGH)；山阳县，五里乡，海拔 970 m，王鸣 617a (XBGH)；宁陕县，火地塘，海拔 1870 m，陈邦杰等 331 (XBGH)。甘肃：天水，小陇山，海拔 1500~2000 m，张满祥 2167、2320、2338 (XBGH)。

分布：中国、朝鲜和日本。

本种主要特征是茎无中轴分化，角部细胞为叶长的 3/5，雌苞叶较长，孢蒴高出于雌苞叶，此外，前齿层单层等。

8. 中华白齿藓 图 71

Leucodon sinensis Thèr. , Bull. Ac. Int. Géogr. Bot. 18: 252. 1908; Chen *et al.*, Gen. Musc. Sin. 2: 35. 1978; Zhang, Acta Bot. Bor-Occ. Sinica 2: 22. 1982; Li *et al.*, Bryofl. Xizang 246. 1985; Akiyama, Acta phytotax. Geobot. 37: Nos. 4~6, 128. 1986; Akiyama, Journ. Hattori Bot. Lab. 65: 43. 1988; Wu *et al.*, Bryofl. Hengduan Mts. 476. 2000.

L. denticulatus Broth. (Broth. mss) Dix., Journ. Bot. 79: 139. 1941; Brotherus in Handel-Mazzetti, Symb. Sin. 4: 74. 1929.

植物体黄绿色或褐绿色，长约 4 cm，鞭状枝稀少；无中轴。假鳞毛狭披针形。茎叶干燥时紧贴，潮湿时直立开展，卵状披针形，长 2.5~3.2 mm，具长尖；叶边平展，仅尖端具细齿。叶细胞狭长形，上部细胞 32~40 μm，平滑，薄壁，叶中部细胞长 22 μm，宽 2.7~5 μm，角细胞方形，长 8 μm，宽 8 μm，平滑，带红色，叶角部细胞为叶长的 1/3。雌雄异株。内雌苞叶长 7.1~7.5 mm，狭披针形，一般长可达孢蒴基部或与孢蒴平行，外雌苞叶较小。蒴柄长 4~6 mm，平滑。孢蒴褐色，卵圆形，1.5~1.0 mm，平滑，无气孔，蒴壁细胞六角形，粗糙。蒴齿两层，白色，外齿层齿片短披针形，长约 120 μm，宽约 20 μm，被密疣；内齿层膜状，残存，具密疣。蒴盖具短喙。孢子直径 55~64 μm，具细疣。

生境：多生于林下树干上，稀生于岩面。

产地：云南：贡山县，独龙江，海拔 2000 m，汪楣芝 11205b (PE)；同前，海拔 1750~2000 m，臧穆 197、3796a、3921 (HKAS, XBGH)；维西县，海拔 1700 m，张大成 8a (HKAS)；同前，海拔 2550 m，王立松 339 (HKAS)。四川：南川县，金佛山，海拔 1800 m，熊清华、李国凤 90270 (PE)；石棉县，李乾 743 (PE)。贵州：绥阳县，海拔 1450 m，高谦、冯金宇 33568、33584、33817 (IFP)。湖北：神农架，张效武 s.n.(IFP)。湖南：浏阳县，大围山，高谦、张光初 282、309 (IFP)。福建：武夷山，复旦大学进修班 697 (FUS)。江西：庐山，海拔 950 m，白恩忠 37001 (IFP)；同前，学生实习队 55 (XBGH)。浙江：普陀岛，海拔 20 m，李登科 7013 (SHM)；杭州，高彩华 7672 (SHM)；龙塘山，胡仁亮，无号(HSHN)；西天目山，王幼芳 470 (HSHN)。安徽：石台县，海拔 850 m，郭新弧 677 (HSNU)。陕西：宁陕县，火地塘，海拔 1450~1900 m，张满祥、王裕国 3133、3144、3195a、3226、3227、3228、3246、3251a、3546、3674、3845、3855、3865、3866、3869 (XBGH)。甘肃：徽县，海拔 1280~1320 m，张满祥 32、1062、1063、1194 (XBGH)；成县，鸡峰山，海拔 1580 m，张满祥 381 (XBGH)；武都县，海拔 960 m，张满祥 981 (XBGH)；同前，海拔 2060 m，

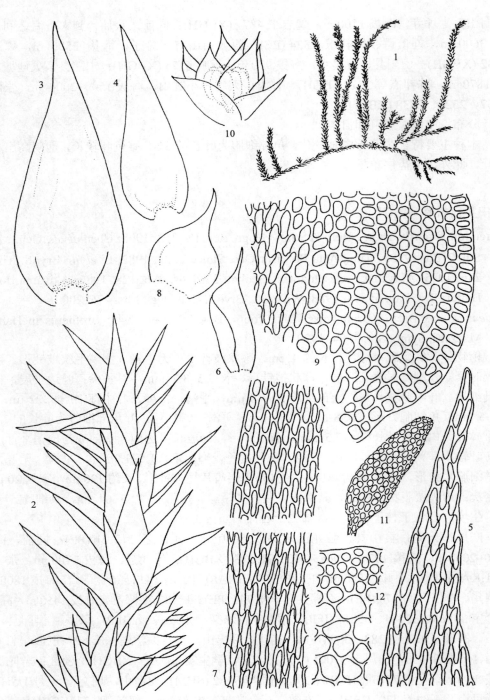

图 71　中华白齿藓 *Leucodon sinensis* Thèr. 1. 植物体(×2)，2. 枝的一部分(×25)，3. 茎叶(×50)，4. 枝叶(×50)，5. 叶尖部细胞(×450)，6. 叶中部细胞(×450)，7. 叶基部细胞(×450)，8~9. 雄苞叶(×50)，10. 雄苞(×25)，11. 精子器(×137)，12. 茎横切面的一部分(×450) (何强 绘)

Fig. 71　*Leucodon sinensis* Thèr. 1. habit (×2), 2. portion of a branch (×25), 3. stem leaf (×50), 4. branch leaf (×50), 5. apical leaf cells (×450), 6. middle leaf cells (×450), 7. basal leaf cells (×450), 8~9. perigonial bracts (×50), 10. perigonial (×25), 11. antheridium (×137), 12. portion of the cross section of stem (×450) (Drawn by Q. He)

张志英 5024 (XBGH)；康县，两河公社，海拔 1400 m，张志英 1792 (XBGH)。

分布：中国、不丹和日本。

本种主要特征是茎无中轴分化，叶卵圆形渐狭，具细长尖，角部细胞为叶长的 1/3，外齿层齿片两面均具密疣，前齿层单层以及孢子为同型。

本种内雌苞叶狭长，长可达孢蒴基部或孢蒴的 1/2，孢蒴隐没于雌苞叶中。蒴柄较本属其他种为短，至少在中国所产的白齿藓属植物中，中华白齿藓是唯一雌苞叶长可达孢蒴基部的种。在无孢蒴的情况下，主要依据其叶形和叶细胞构造区别于朝鲜白齿藓。本种若生长在中国西南地区和浙江等地，常见孢子体，而生长在中国北部的陕西和甘肃的南部，则往往无孢子体。

9. 长柄白齿藓 (新拟名)

Leucodon temperatus Akiyama, Bot. Mag. Tokyo. 100: 330. 1987; Akiyama, Journ. Hattori Bot. Lab. 65: 44. 1988; Lin, Yushania 5 (4): 16. 1988.

植物体绿色，有时黑绿色，上升枝长 3~4 cm，稀具分枝；无中轴。假鳞毛少数，狭披针形。腋毛高 4~5 (~6) 个细胞，平滑，基部细胞 (1~)2~4 个方形，淡褐色，上部 2~3 个细胞，长椭圆形，无色透明。茎叶内凹，具纵褶，干燥时紧贴或微偏向一侧，潮湿时直立开展，阔卵圆形，长 (2.6~)2.8~3.2 mm，宽 1.2~1.4 mm，渐尖；叶边全缘，仅尖端有钝齿。叶上部细胞平滑，厚壁，长 35~54 μm，宽 4 μm，上部边缘细胞平滑，长 14~24 μm，宽 5 μm，中部细胞平滑，厚壁，长 30 μm，宽 5 μm，叶基中部细胞有壁孔，长 60~80 μm，宽 5 μm，叶角部细胞为叶长的 (1/4)1/3~1/2，方形，长 8~11 μm，宽 4~19 μm。雌雄异株。雌苞叶淡黄色或绿色，长 4~5 mm，宽约 1 mm，内卷。雄苞叶淡褐色，阔卵圆形，具短尖，长约 1 mm，内凹。蒴柄黑褐色，长 (8~)10~15 mm，平滑。孢蒴黑褐色，圆柱形，2.2~2.8 mm×0.7~1.0 mm，口部狭窄，蒴壁细胞六角形，粗糙，无气孔。环带 3 列。蒴齿两层，白色，前齿层单层，伸展到外齿层顶部，具稀疏细疣；外齿层齿片短披针形，长 100~150 μm，具穿孔，外面覆盖前齿层，内面具单疣；内齿层膜状，平滑或具细疣，贴生于外齿层齿片基部。孢子直径约 25 μm，被细密疣。

生境：通常生于温带林区树干或岩面上。

产地：台湾：未见标本。

该种是 Akiyama 在台湾花莲县和 Iwatsuki 在台中县所采标本，由 Akiyama (1987) 发表的一个新种，S.-H. Lin (1988) 报道台湾有该种分布。本种形态描述是根据 Akiyama (1987) 对此种的报道。

分布：中国特有。

本种主要特征是叶尖具狭长尖，角部细胞为叶长的 1/3~1/2，孢蒴圆柱形，带黑色，茎无中轴分化以及前齿层单层等。

本种内雌苞叶狭长形，长可达孢蒴基部或孢蒴的 1/2，孢蒴隐没于雌苞叶中。蒴柄较本属其他种为短，至少在中国所产的白齿藓属植物中，中华白齿藓是唯一的雌苞叶长可达孢蒴基部的一个种。在无孢蒴的情况下，主要依据其叶形和叶细胞构造区别于朝鲜白齿藓。本种若生长在中国西南地区和浙江等地，常易见到孢子体；而生长在中国北部的陕西和甘肃的南部，则往往见不到孢子体。

10. 高山白齿藓　图 72

Leucodon alpinus Akiyama, Journ. Hattori Bot. Lab. 65: 42. 1988; Zhang and Q. He, Chenia 6: 35. 1999.

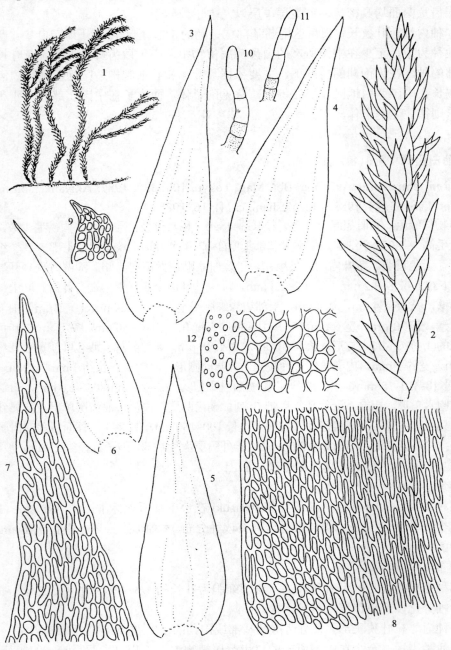

图 72　高山白齿藓 *Leucodon alpinus* Akiyama. 1. 植物体(×2), 2. 枝的一部分(×12), 3~6. 叶(×50), 7. 叶尖部细胞(×450), 8. 叶基部细胞(×450), 9. 假鳞毛(×450), 10~11. 腋毛(×450), 12. 茎横切面的一部分(×450) (何强 绘)

Fig. 72　*Leucodon alpinus* Akiyama. 1. habit (×2), 2. portion of a branch (×12), 3~6. leaves (×50), 7. apical leaf cells (×450), 8. basal leaf cells (×450), 9. pseudoparaphyllia (×450), 10~11. axillary hairs (×450), 12. portion of the cross section of stem (×450) (Drawn by Q. He)

植物体黄绿色；匍匐茎较短，贴生于岩面上或薄土上，稀具分枝；上升枝长 2~5 cm，具稀疏分枝；中轴缺失。鞭状枝稀少。假鳞毛稀少，线形或披针形。腋毛高 4~5 个细胞，平滑，基部 2 个细胞方形，淡褐色，上部 2~3 个细胞长椭圆形，无色，透明。茎叶狭披针形，长 2.6~3.1 mm，宽 0.7~0.8 mm，具长尖，具纵褶；叶边平展，仅尖端具细齿。叶上部细胞狭长卵形，长 38~57 μm，宽 5~7 μm，平滑，厚壁，上部边缘细胞菱形，长 29~36 μm，宽 5~6 μm，平滑，厚壁，中部细胞长方形，无壁孔或少有壁孔，长 33~36 μm，宽 4~5 μm，厚壁，叶角部细胞为叶长度的 1/10~1/7，长方形或方形，长 8 μm，宽 8~13 μm，淡褐色。

生境：生于山顶岩面薄土上。

产地：黑龙江：大海林，海拔 850 m，高谦、张光初 9207、9210 (IFP, XBGH)。

分布：中国和日本。

本种主要特征是茎无中轴，植物体具光泽，叶狭披针形，角部细胞为叶长的 1/10~1/7。

11. 宝岛白齿藓 (新拟名)　图 68：7~11

Leucodon formosamus Akiyama, Bot. Mag. Tokyo. 100: 322. 1987; Akiyama, Journ. Hattori
Bot. Lab. 65: 46. 1988; Lin, Yushania 5 (4): 16. 1988.

L. luteus auct. non Besch. in Noguchi, Trans. Nat. Hist. Soc. Fornosa 26: 148. 1936.

植物体形大，黄色或黄褐色或红褐色，具光泽；匍匐枝短，上升枝长 3~8 cm，具稀疏分枝，有时尖端延长；无中轴分化。鞭状枝稀少。假鳞毛数少，披针形或三角形。腋毛高 3~4 个细胞，基部细胞方形，淡褐色，一般为一个，上部细胞 2~3 个，长椭圆形，无色，透明。茎叶狭披针形，长 2.5~3.5 (~4)mm，宽 0.6~0.9 mm，渐尖；叶边平展，尖端具细齿。叶细胞为线形，长 50~60 μm，宽 5 μm，具壁孔，叶上部细胞通常具疣，厚壁，上部边缘细胞平滑，长 32~43 μm，宽 5 μm，叶中部细胞平滑，具明显壁孔，长 50 μm，宽 3~4 μm，叶基中部细胞平滑，具壁孔，长 60~85 μm，宽 5 μm，叶角部细胞为叶长的 1/7~1/5 (~1/4)，方形，长 8~13 μm，宽 13 μm。雌雄异株。雌苞叶淡黄绿色，内凹，长约 5.2 mm，宽约 1.0 mm。蒴柄长 9~14 mm，平滑。孢蒴长卵圆形，黑褐色，1.8~2.2 mm×0.7~1.0 mm，无气孔。

生境：生于树干上，稀见于岩面。

产地：台湾：台东县；Tahsueh 山，海拔 2500 m，Z. Iwatsuki 等 2954 (NICH)；玉山，海拔 2600 m，Z. Iwatsuki 等 375a (NICH)。

分布：中国特有种。

本种腋毛基部细胞通常为淡褐色，单个，茎叶狭披针形，先端渐尖，植物体具光泽，以及茎无中轴分化等为其主要特征。

12. 长叶白齿藓　图 73

Leucodon subulatus Broth. in Handel-Mazzetti, Symb. Sin. 4: 75. 1929; Zhang, Acta Bot.
Bor.-Occ. Sinica 2: 22. 1982; Akiyama, Journ. Hattori Bot. Lab. 65: 46. 1988.

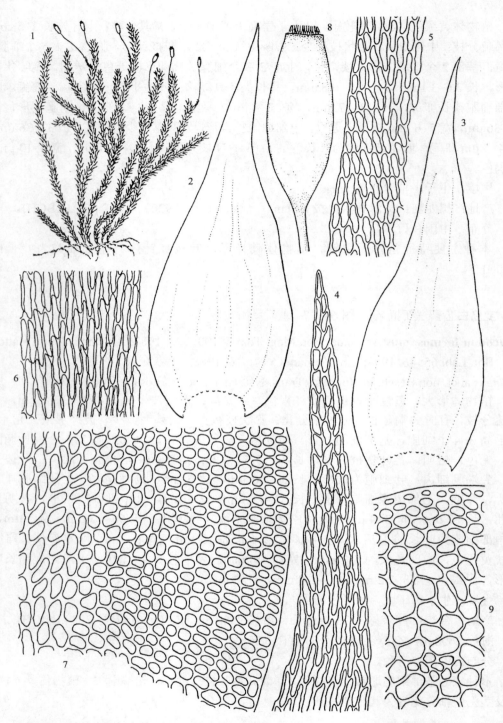

图 73　长叶白齿藓 *Leucodon subulatus* Broth. 1. 植物体(×2)，2~3. 叶(×50)，4. 叶尖部细胞(×450)，5. 叶中上部边缘细胞(×450)，6. 叶中部边缘细胞(×450)，7. 叶基部细胞(×450)，8. 孢蒴(×20)，9. 茎横切面的一部分(×450)(何强 绘)

Fig. 73　*Leucodon subulatus* Broth. 1. habit (×2), 2~3. leaves (×50), 4. apical leaf cells (×450), 5. upper marginal leaf cells (×450), 6. middle leaf cells (×450), 7. basal leaf cells (×450), 8. capsule (×20), 9. portion of the cross section of stem (×450) (Drawn by Q. He)

植物体上部黄色，下部淡黑褐色。上升枝长 3~4 cm，宽 3 mm，具中轴；分枝少，鞭状枝和下垂枝均无。茎叶狭长披针形，长为 3~4 mm，渐尖，具纵褶；叶边全缘。叶细胞线形，上部细胞 40~4 μm，薄壁，叶中部细胞长约 70 μm，宽 5 μm，壁孔明显，角部细胞为叶长的 1/7~1/8，方形，长 12 μm，宽 12~20 μm。雌苞叶长约 7 mm。蒴柄长约 1.2 cm，黄褐色，平滑。孢蒴黄褐色，长卵圆形。蒴齿两层，白色；外齿层齿片披针形，被细疣，常开裂；内齿层退失。环带 2 列。孢子同型，具细密疣，直径 56~64 μm。

生境：生于黄栎林、高山栎林和冷杉林树干或岩面上。

产地：西藏：左贡县，海拔 3000 m，汪楣芝 14616a、14619 (PE)；同前，海拔 3600 m，张大成 7473 (HKAS)；王美河，海拔 4000 m，臧穆 4835 (HKAS)。云南：丽江，玉龙山，海拔 2600~4310 m，徐文宣 179、350、620、662、788、993、1003 (YUKU)；同前，海拔 4500~5000 m，王振福，赵士栋 1263 (IFP)；兰平县，海拔 3300 m，李良千 8143d (PE)；武定县，海拔 2250 m，云大生物系第四组 578 (YUKU)；维西县，海拔 2300 m，汪楣芝 5369a (PE)；同前，海拔 2500 m，郗建勋 330 (HKAS)；同前，海拔 3050 m，张大成 255 (HKAS)；昆明，西山，徐文宣 82 (YUKU)；中甸县，海拔 2900 m，臧穆 10148 (HKAS)；同前，海拔 3800 m，黎兴江 1307 (HKAS)；同前，海拔 3400 m，谢慧芳 1991 (PE)；贡山县，独龙江，海拔 1600~2400 m，汪楣芝 10800a、10852a、11488c、11542c、11664a (PE)。四川：峨眉山，金顶，陈邦杰 5606 (PE)；同前，七里坡，载伦燕 124 (PE)；二郎山，海拔 2800 m，高谦 17766 (IFP)；马尔康，海拔 3700 m，李彩棋 44 (XBGH)；小金，周俭 29 (XBGH)；磨古山，海拔 4200 m，黎兴江 1605 (HKAS)；稻城县，贡嘎山，海拔 3500 m，汪楣芝 814231b (PE)；同前，海拔 4000 m，甘孜植被队 4432 (XBGH)；大米寺到白云寺，胡琳贞 76 (XBGH)；绰斯甲县，海拔 3200 m，第八森林队 5327 (XBGH)；木里县，海拔 3850~3950 m，汪楣芝 23763b (PE)；同前，海拔 3000 m，王立松 1063 (XBGH)。

分布：中国特有。

本种主要特征是茎无中轴分化，茎叶狭披针形，长可达 5.2 mm，叶细胞线形，厚壁，壁孔明显，角部细胞为叶长度的 1/7~1/8。

13. 白齿藓　图 74

Leucodon sciuroides (Hedw.) Schwaegr. , Spec. Musc. Suppl. 1: 1. 1816; Gao, Fl. Musc. Chinae Bor.-Orient. 206. 1977; Zhang, Fl. Tsinlingensis 3 (1): 156. 1978; Zhang, Acta Bot. Bor.-Occ. Sinica 2: 22. 1982; Akiyama, Journ. Hattori Bot. Lab. 65: 47. 1988; Bai, Fl. Bryofl. Intramongolicarum 346. 1997.

Fissidens sciuroides Hedw. , Spec. Musc. 161. 1801.

植物体黄绿色，上升枝细弱，短穗状有时叶偏向一侧，长 1~4 cm；具中轴。分枝多数。假鳞毛线形或披针形。腋毛高 4~5 个细胞，平滑，基部 2 个细胞方形，淡褐色，上部 2~3 个细胞长椭圆形，无色，透明。在老茎叶腋通常生有下垂枝。茎叶紧贴，卵圆形，渐尖，稍具纵褶，内凹，长 2~2.6 mm；叶边平展，下部全缘，尖部具微齿。叶细胞狭菱

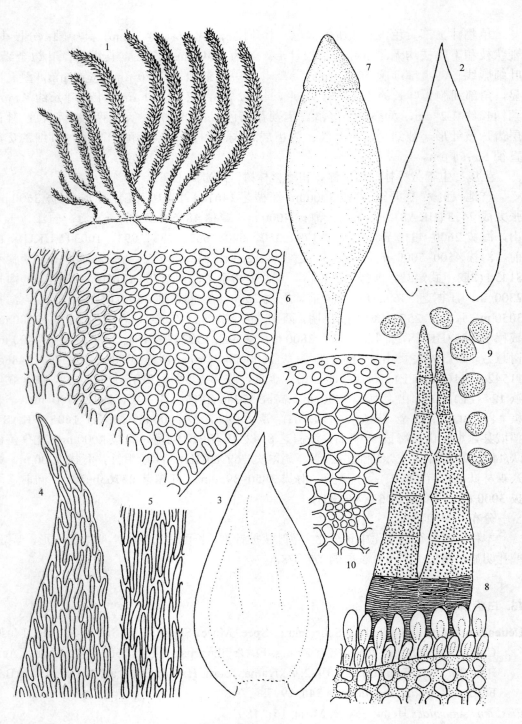

图 74 白齿藓 *Leucodon sciuroides* (Hedw.) Schwaegr. 1. 植物体(×2), 2~3. 叶(×50), 4. 叶尖部细胞(×450), 5. 叶中上部细胞 (×450), 6. 叶基部细胞(×450), 7. 孢蒴(×25), 8. 蒴齿(×450), 9. 孢子(×450), 10. 茎横切面的一部分(×450)(何强 绘)

Fig. 74 *Leucodon sciuroides* (Hedw.) Schwaegr. 1. habit (×2), 2, 3. leaves (×50), 4. apical leaf cells (×450), 5. upper marginal leaf cells (×450), 6. basal leaf cells (×450), 7. capsule (×25), 8. peristome teeth (×450), 9. spores (×450), 10. portion of the cross section of stem (×450) (Drawn by Q. He)

形，上部细胞平滑，有时具疣，长 13~25 μm，宽 4~5 μm，上部边缘细胞平滑，长 10~15 μm，宽 4~6 μm，叶中部细胞长 24~35 μm，宽 5 μm，厚壁，叶基中部细胞具壁孔，角部细胞方形，为叶长的 1/2。雌雄异株。雌苞叶黄绿色，内卷。内雌苞叶长 4~5 mm。蒴柄长 5~10 mm，平滑。孢蒴红褐色，卵圆形，无气孔。蒴齿两层，白色，具前齿层；有密疣；外齿层齿片 16，披针形；内齿层基膜低，被稀疏疣。蒴盖具短喙。孢子同型，直径 25~40 μm，具细疣。

生境：生于林下岩面或树干上。

产地：云南：丽江，海拔 2500~2600 m，黎兴江，s.n.(HKAS)；腾冲县，李渤生 48 (PE)；昆明西山，曾淑英 402 (HKAS)。四川：米易县，海拔 2200 m，陈可可 240 (HKAS)；康定县，海拔 2300 m，李乾 1036 (HKAS)。山东：泰山，海拔 1300 m，高谦 34068 (IFP)。河南：卢氏县，海拔 980~1510 m，张满祥 1376、1547、1660 (XBGH)。河北：蔚县，小五台山，高谦 30687 (IFP)。黑龙江：详细地址不明，高谦 13262 (IFP)；镜泊湖，高谦、张光初 9072 (IFP)；小兴安岭，陈邦杰、高谦 277、478 (PE，IFP)；同前，林型组 80 (IFP)。内蒙古：贺兰山，仝治国 1317 (PE)。山西：宁武县，高谦 30819、30947、30985、31003 (IFP)。陕西：户县，光头山，海拔 1580~1925 m，王鸣 127、135、156、166 (XBGH，HKAS)；长安县，鸡窝子，海拔 1870~1800 m，李莲梅 1656、1802 (XBGH)；同前，光头山，海拔 2400~2500 m，张满祥、张继祖 2430a、2969、2980 (XBGH)；凤县，辛家山，海拔 1800 m，付坤俊 13106 (XBGH)；华山，海拔 1200~2000 m，高谦 16805、16856、16668 (IFP)；同前，陈邦杰等 828 (PE，XBGH)；留坝县，张良庙，海拔 1250 m，李莲梅 992a、1046a (XBGH)；太白山，大殿，海拔 2300 m，魏志平 5134 (XBGH)；同前，平安寺，海拔 2180~2700 m，张满祥 17、205 (XBGH)；宝鸡市，鸡峰山，海拔 1700 m，张满祥 1161 (XBGH)。甘肃：迭部县，海拔 1900 m，吴金陵 2629 (XBGH)；榆中县，兴隆山，海拔 2250 m，张满祥 4363 (XBGH)；同前，张启无 148 (IFP)；天水，小陇山，海拔 1600 m，张满祥 2196 (XBGH)。青海：循化县，张家武 8381 (IFP)。

分布：中国、日本、尼泊尔、俄罗斯(远东地区和西伯利亚东部)和欧洲。广布于北半球。

本种茎具中轴，干燥时叶紧贴于茎上，呈圆条形或短穗状，茎叶较短(长 2~2.6 mm)，角部细胞为叶长的 1/2，前齿层单层，以及孢子中等大。

14. 偏叶白齿藓

Leucodon secundus (Harv.) Mitt. , Musci Ind. Ori. 124. 1859.

本种主要特征是茎有中轴分化，茎叶卵圆形，尖端渐尖，具细尖，有时叶尖扭转，前齿层 2~3 层；孢子为同型，中等大。本种有 2 变种。

变种检索表

1. 茎叶基部宽卵形；角部细胞为叶长的 1/3~2/5；孢蒴卵球形 ·············
··· **14a. 偏叶白齿藓原变种 *L. secundus* var. *secundus***

1. 茎叶基部狭卵形；角部细胞为叶长的(1/5)1/4~1/3；孢蒴圆柱形 ···············
··· **14b. 偏叶白齿藓硬叶变种 *L. secundus* var. *strictus***

Key to the varieties

1. Stem leaves wide ovate at base; alar cells 1/3~2/5 length of leaf; capsules ovate-spherical ······························
··· **14a.** *L. secundus* var. *secundus*
1. Stem leaves narrow ovate at base; alar cells (1/5)1/4~1/3 length of leaf; capsules cylindrical ·················
··· **14b.** *L. secundus* var. *strictus*

14a. 偏叶白齿藓原变种　图 75

Leucodon secundus (Harv.) Mitt. var. **secundus**, Musci Ind. Ori. 124. 1859; Akiyama, Journ. Hattori Bot. Lab. 65: 60. 1988.

Selerodontium secundum Harv. , Hook. Icon. Pl. Rar. 1: 21. 1836.

Leucodon secundus (Harv.) Mitt. , Journ. Linn. Soc. Bot. suppl. 1: 124. 1859; Brotherus in Handel-Mazzetti, Symb. Sin. 4: 74. 1920; Zhang, Acta Bot. Bor-Occ. Sinica 2: 21. 1982; Li *et al.*, Bryofl. Xizang 246. 1985.

植物体褐绿色。上升枝长 3~6 cm，宽 0.8~1 mm；有中轴；分枝稀少，长可达 5 cm。假鳞毛少数，披针形。腋毛高 4~6 个细胞，平滑，基部 2~4 个细胞方形，淡褐色，上部 2~3 个细胞长椭圆形，无色，透明。茎叶干燥时偏向一侧或直立，具纵褶，略内凹，叶基部广卵形或狭卵形，长 2.8~3.5 mm，渐尖；叶边全缘或尖端具微齿。叶细胞线形或菱形，厚壁，叶中部细胞长 19~35 μm，宽 5~8 μm，平滑，叶基部细胞卵形，有壁孔，角部细胞为叶长的(1/5)1/4~2/5，方形，长 6~8 μm，宽 11 μm。雌雄异株。内雌苞叶大形，长 4~6 mm，内卷。蒴柄红褐色，长 7~13 mm，平滑。蒴柄长 5~10 mm，平滑。孢蒴红褐色，卵球形或圆柱形，2.2~3.7 mm×1.0 mm，平滑，无气孔。蒴齿两层，白色；前齿层 2~3 层，具密疣；外齿层齿片 16，披针形，具细疣，常具穿孔；内齿层膜状，具疣。蒴盖具短喙。孢子同型，直径 23~54 μm，具细疣。

生境：生于针阔叶混交林下树干、腐木及岩面薄土上。

产地：西藏：更张一弓，海拔 3320 m，潭微祥 4 (3)、4 (5) a (HKAS)；芒康，臧穆 5220 (HKAS)；隆子县，臧穆 1151、1204、1160a (HKAS)；察隅，海拔 3180 m，武素功 1098 (HKAS)；准巴节百，臧穆 1170 (HKAS)。云南：彝良县，黎兴江 4549 (HKAS)；宣威县，王焕校 3、5 (XBGH)；贡山县，独龙江，海拔 2200~2400 m，张大成 4513、4698 (HKAS)；同前，海拔 2000 m，汪楣芝 11333 (PE)；中甸县，杨永康 100 (HKAS)；维西县，海拔 2250 m，郗建勋 30869 (HKAS)；武定县，海拔 2240 m，杨泉 34 (YUKU)；同前，徐文宣 17 (YUKU)；昆明西山，云大生物系 148 (YUKU)；同前，曾淑英 402 (HKAS)；同前，王志英 8 (YUKU)；安宁县，徐文宣 74005 (YUKU)；江川县，海拔 1850~2000 m，云大生物系 307 (YUKU)；通海县，海拔 1850 m，云大生物系 3510 (YUKU)；德钦县，海拔 3400 m，黎兴江 1520b (HKAS)；同前，梅里石，海拔 3500 m，臧穆 8629 (YUKU)。四川：木里县，海拔 3650 m，汪楣芝 23464 (PE)；同前，海拔 2600~4000 m，高谦等 19905、19936、19964、19968、20013、20032、20037、20056、20470、20598、20687、21205 (IFP)；德荣县，金沙江，海拔 2900~3900 m，黎兴江 1516、1517b、2883、2892、2936、2949 (HKAS)；康定县，海拔 3000 m，甘孜植被调查队 4424 (CDBI)；乡城县，海拔 3900 m，四川植被队 4407 (PE)。贵州：牛头山，海拔 1100 m，周蓄源 560 (PE)。湖南：浏阳县，大围山，

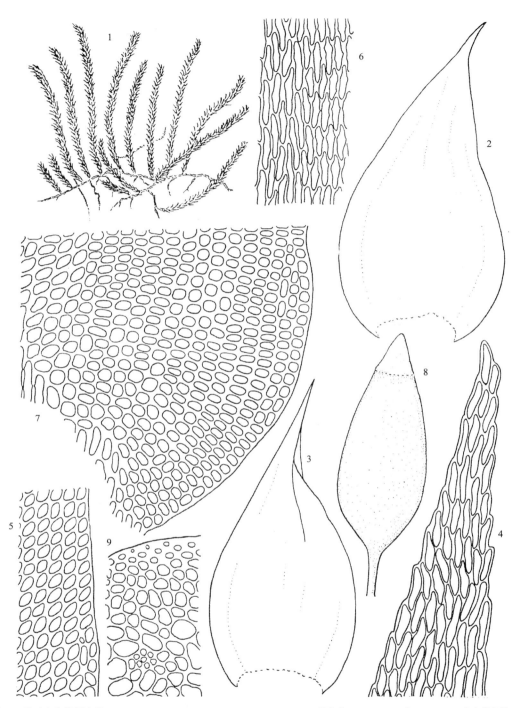

图 75　偏叶白齿藓原变种 *Leucodon secundus* (Harv.) Mitt. var. *secundus* 1. 植物体(×2)，2~3. 叶(×50)，4. 叶尖部细胞(× 450)，5. 叶中上部边缘细胞(×450)，6. 叶中部细胞(×450)，7. 叶基部细胞(×450)，8. 孢蒴(×25)，9. 茎的横切面(×450) (何强　绘)

Fig. 75　*Leucodon secundus* (Harv.) Mitt. var. *secundus* 1. habit (×2), 2~3. leaves (×50), 4. apical leaf cells (×450), 5. upper marginal leaf cells (×450), 6. middle leaf cells (×450), 7. basal leaf cells (×450), 8. capsule (×25), 9. cross section of stem (× 450) (Drawn by Q. He)

高谦、张光初 314、435 (IFP)。浙江：天目山，刘慎谔 6770 (XBGH)；龙塘山，胡人亮 19、36 (HSNU)。江西：南昌，垄明暄 550099 (PE)；庐山，万宗玲 5626 (PE)；同前，陈邦杰 23 (PE)。安徽：黄山，海拔 1500 m，林邦娟、李植华 237 (IBSC)；同前，陈邦杰 6095 (PE)。陕西：城固县，海拔 780~1000 m，张满祥、张继祖 774、802 (XBGH)。

分布：中国、尼泊尔和印度东部。

14b. 偏叶白齿藓硬叶变种 (新拟名)　图 76

Leucodon secundus var. **strictus** (Harv.) Akiyama, Journ. Hattori Bot. Lab. 65: 60. 1988.

Sclerodontium strictum Harv. , Hook. Icon. Pl. Rar. 1: 21. 1836.

Leucodon strictus (Harv.) Jaeg. , Ber. S. Gall. Naturw. Ges. 1875~1876: 216. 1877.

L. subulatulus Broth. in Handel-Mazzetti, Symb. Sin. 4: 75. 1929.

本变种叶片为卵状披针形，茎叶上部狭长，基部亦较原变种狭；叶角部细胞占叶长度的 1/4~1/3。腋毛一般长 5 个细胞，由 2 个具色，方形基部细胞和 3 长线形细胞组成。孢蒴多圆柱形，稀呈卵形。

生境：生于冷杉、云杉、落叶松、杜鹃林、黄栌林下树干，稀生于岩面薄土上。

产地：西藏：波密，海拔 2900 m，生态室西藏组 7434 (PE)；准巴节百，臧穆 1151 (HKAS)；门工，海拔 2700 m，臧穆 6964 (HKAS)；棋拉，海拔 3900 m，臧穆 6640 (HKAS)；隆子县，臧穆 1105、1130、1131 (HKAS)；三安曲林，臧穆 1384、1419、1433、1457、1464、1468、1531、1592 (HKAS)；察隅，海拔 2300~3450 m，汪楣芝 8210、8212a 、12501 (PE)；阿桑，臧穆 121 (HKAS)；错那，海拔 2600 m，杨永昌 52 (PE)；郎县，臧穆 1810 (HKAS)；吉隆县，海拔 3150 m，郎楷永 305c (PE)；同前，陈书坤 211a、216、218a、225a (HKAS)；同前，李文华 191、286 (HKAS)；亚东，海拔 3100 m，臧穆 81、102、145、198、285、303 (HKAS)；同前，海拔 2700 m，西藏队 7735 (PE)；米林县，海拔 3100 m，西藏队 7574、7552、7569、7673 (PE)；同前，臧穆 1771 (HKAS)；同前，海拔 3200 m，陈书坤 145a (HKAS)；同前，海拔 3400 m，郎楷永 588a (PE)；皮康，海拔 3650 m，陈书坤 436 (HKAS)。云南：贡山县，独龙江，海拔 2000~2400 m，汪楣芝 9273、11535f、11671a、11692a (PE)；维西县，海拔 2300 m，汪楣芝 d (PE)；同前，海拔 3000 m，张大成 198 (HKAS)；同前，海拔 3500 m，王立松 120 (HKAS)；丽江，王启无 3840、3854 (PE)；同前，海拔 2950 m，武素功 127 (HKAS)；同前，海拔 1850 m，黎兴江 507 (HKAS)；同前，海拔 1000 m，D. K. Smith 5248 (HKAS)；宾川县，鸡足山，海拔 2530 m，崔明昆 64 (HKAS)；禄劝县，海拔 2450 m，云大生物系 6410、6472 (YUKU)；昆明节竹寺，徐文宣 97 (PE)；同前，李家福 728 (HKAS，XBGH)；同前，海拔 2000 m，云大生物系 546 (YUKU)。四川：盐源县，海拔 2600~3500 m，汪楣芝 22257、22478b、22506、22510a (PE)；同前，海拔 3200 m，陈可可 525、528 (HKAS)；木里县，海拔 3500~3700 m，高谦等 21081、21095 (IFP)；同前，海拔 3300 m，王立松 1248 (HKAS)；南坪县，九寨沟，海拔 3000 m，杨俊良 2 (HKAS)；马尔康县，海拔 3340 m，黎兴江 1008 (HKAS)；西康，采集人不明，18 (XBGH)；渡口，海拔 2250 m，陈可可 30 (HKAS)；稻城县，贡嘎山，海拔 3400~3600 m，汪楣芝 814219b、814241e、814267a (PE)。

分布：中国、尼泊尔、印度、朝鲜和日本。

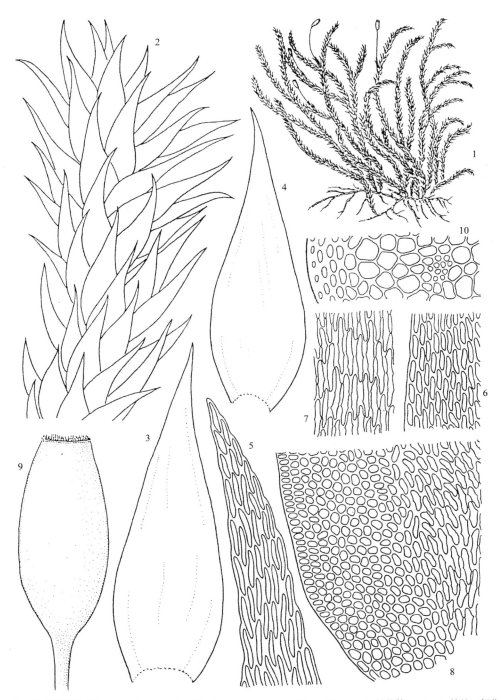

图 76　偏叶白齿藓硬叶变种 *Leucodon secundus* (Harv.) Mitt. var. *strictus* (Hrv.) Akiyama 1. 植物体(×2), 2. 枝的一部分(× 25), 3~4. 叶(×50), 5. 叶尖部细胞(×450), 6. 叶中上部边缘细胞(×450), 7. 叶中部细胞(×450), 8. 叶基部细胞(×450), 9. 孢蒴(×25), 10. 茎横切面的一部分(×450) (何强 绘)

Fig. 76　*Leucodon secundus* (Harv.) Mitt. var. *strictus* (Hrv.) Akiyama 1. habit (×2), 2. portion of a branch (×25), 3~4. leaves (× 50), 5. apical leaf cells (×450), 6. upper marginal leaf cells (×450), 7. middle leaf cells (×450), 8. basal leaf cells (×450), 9. capsule (×25), 10. portion of cross section of stem (×450) (Drawn by Q. He)

15. 札幌白齿藓 图 77

Leucodon sapporensis Besch. , Ann. Sc. Nat. Bot. Ser. 7, 17: 360. 1893; Akiyama, Journ.
Hattori Bot. Lab. 65: 63. 1988; Zhang et He, Chenia 6: 38. 1999.

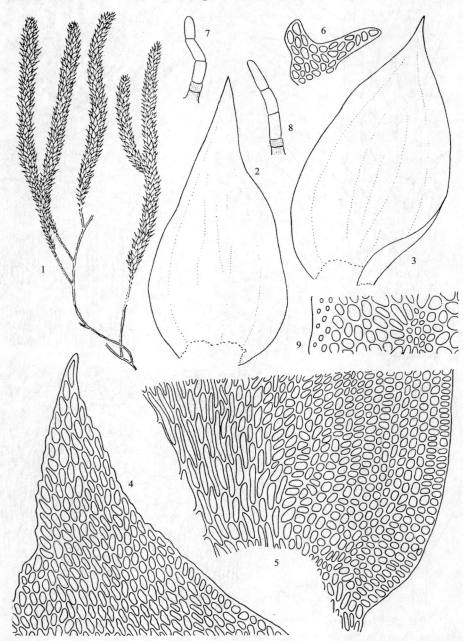

图 77 札幌白齿藓 *Leucodon sapporensis* Besch. 1. 植物体(×3)，2~3. 叶(×50)，4. 叶尖部细胞(×450)，5. 叶基部细胞(×450)，6. 假鳞毛(×450)，7~8. 腋毛(×450)，9. 茎横切面的一部分(×450) (何强 绘)

Fig. 77 *Leucodon sapporensis* Besch. 1. habit (×3), 2~3. leaves (×50), 4. apical leaf cells (×450), 5. basal leaf cells (×450), 6. pseudoparaphyllia (×450), 7~8. axillary hairs (×450), 9. portion of the cross section of stem (×450) (Drawn by Q. He)

Astrodontium flexisetum Besch. , Journ. de Bot. 13: 38. 1899.

Leucodon flexisetum (Besch.) Par. , Ind. Suppl. 231. 1900.

Macrosporiella sapporensis (Besch.) Nog. , Journ. Hattori Bot. Lab. 2: 47. 1947.

植物体黑绿色，茎匍匐，具短密分枝，上升枝长 2~6 cm，通常在上部分枝；具中轴。鞭状枝生于上部。假鳞毛稀疏，线形或披针形。腋毛高 4~5 个细胞，平滑，基部 2 个细胞方形，淡褐色，上部 2~3 个细胞长椭圆形，无色，透明。茎叶卵状披针形，长 2.8~3.4 mm，宽 0.8~1.1 mm，渐尖，具纵褶，内凹；叶边平展，仅尖端具小圆齿。叶片上部细胞短菱形，长 23~43 μm，宽 4~6 μm，稀具壁孔，弱厚壁，上部边缘细胞方形，长 12~23 μm，宽 6~8 μm，平滑，厚壁；叶中部细胞锤形，长 28~48 μm，宽 3~7 μm，平滑，薄壁；角部细胞为叶长的 1/3~2/5，方形，褐色。雌雄异株。雌苞叶淡绿色，内雌苞叶长 4~6 mm，内卷。蒴柄褐色，长 7~13 mm，平滑。孢蒴黑褐色，长椭圆形或卵圆形，1.1~1.7 mm×0.7~0.8 mm，无气孔。蒴齿两层，白色；前齿层 2~3 层，外面具疣；外齿层齿片 16，披针形，具穿孔，内面具疣；内齿层膜状，平滑，下部紧贴于外齿层上，上部分离。蒴盖具短喙。孢子直径 30~80 μm。假异型孢子密被细疣，厚壁。

生境：生于树干上或岩面上。

产地：陕西：宝鸡市，鸡峰山，海拔 1400 m，张满祥 1216 (XBGH)；周至县，楼观台，海拔 680 m，李莲梅 1387 (XBGH)；华山，海拔 1200 m，高谦 16679 (IFP, XBGH)。

分布：中国、朝鲜和日本。

本种主要特征是茎具中轴，角部细胞为叶长的 1/3~2/5，前齿层 2~3 层，以及孢子假异型，多生于寒温带森林下。

16. 西藏白齿藓　图 78

Leucodon tibeticus Zhang, Acta. Bot. Yunn. 2 (4): 483. 1980; Li *et al.*, Bryofl. Xizang 248. 1985.

植物体黄绿色或褐绿色，匍匐枝长 3~4 cm，被少数褐色假根。分枝密集，拱形向上弯曲，长 4~5 cm，单生或具成簇短分枝；短枝长 1 cm，呈圆条形，先端渐尖；具中轴；有时具鞭状枝。叶干燥时紧贴茎上，潮湿时直立开展，卵状披针形，渐尖，尖宽而较短，或渐尖而微钝，长 2~3 mm，具纵褶；叶边平展，仅尖端具钝齿。叶细胞狭菱形，厚壁，叶基中部细胞线形；角部细胞为叶长度的 2/3，方形。

生境：不明。

产地：西藏：隆子县，海拔 3600 m，臧穆 1089 (HKAS, XBGH)。

分布：中国特有种。

Akiyama (1988)认为本种不宜建立为 1 新种，其理由未提出。作者在整理中国白齿藓属植物时，特别注意到其植物体具单一或成簇短分枝，茎有中轴，叶细胞均为厚壁，角部细胞为叶长度的 2/3 等特征，是本种的主要特征。在叶形上，与 *L. coreensis* 和 *L. secundus* var. *strictus* 非常相似，但 *L. coreensis* 的角部细胞一般为叶长度的 3/5，很少为 1/2，且茎无中轴；而 *L. secundus* var. *strictus* 角部细胞一般为叶长度的 1/4~1/3，茎有中轴。在作者查看的中国该属植物标本中，此新种的建立是独特的，可惜未采集到生有孢子体的植物，这是非常遗憾的事。本种可能是 *L. secundus* 寒化和旱化的结果。

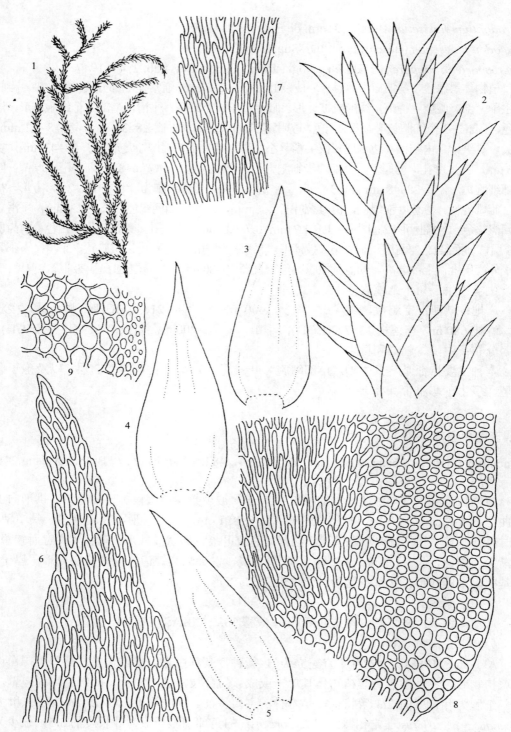

图 78　西藏白齿藓 *Leucodon tibeticus* Zhang 1. 植物体(×2)，2. 枝的一部分(×25)，3~5. 叶片(×50)，6. 叶尖部细胞(×450)，7. 叶中部细胞(×450)，8. 叶基部细胞(×450)，9. 茎横切面的一部分(×450) (何强　绘)

Fig. 78　*Leucodon tibeticus* Zhang 1. habit (×2), 2. portion of a branch (×25), 3~5. leaves (×50), 6. apical leaf cells (×450), 7. middle leaf cells (×450), 8. basal leaf cells (×450), 9. portion of cross section of stem (×450) (Drawn by Q. He)

属 2　拟白齿藓属(新拟名)*Felipponea* Broth.

in Felippone, Contr. Fl. Uruguay 2: 15. 1912.

模式种：拟白齿藓 *F. montevidensis* Broth.

植物体硬挺，粗壮，黄绿色或淡褐色，具绢丝光泽。主茎横卧或匍匐，具稀疏鳞片状小叶，密被黄褐色假根；具鞭状枝和向上直立或倾立的短分枝；分枝单一，稀叉状分枝，呈穗状或圆柱状；有中轴或无中轴分化。无鳞毛。叶覆瓦状排列，阔卵形，具短尖，无纵褶，内凹；叶边平展，全缘或仅尖端具细齿；无中肋。叶上部细胞长菱形，背面平滑或具前角突，厚壁，中部细胞短菱形或纺锤形，厚壁，叶边缘和叶基角部细胞相似，为方形。雌雄异株。孢蒴红褐色，对称，圆柱形，直立或不对称，台部具气孔。蒴齿两层；外齿层齿片披针形，16，具密疣；内齿层膜状，被疣或退化。蒴盖具长喙。孢子中等大小，具细疣。

本属是一个小属，全世界已知 3 种。其中，*F. montevidensis* (C. Müll.) Broth. 和 *F. hollermayeri* Thèr. 分布于南美洲(巴西和乌拉圭)，近期发现南非也有分布。Akiyama (1988)将中国和日本所产的卵叶白齿藓 *Leucodon esquirolii* Thèr. 新组合调入拟白齿藓属中成为卵叶拟白齿藓 *Felipponea esquirolii* (Thèr.) Akiyama。其调入该属的理由是：在干燥环境下，分枝呈穗状或圆柱形，叶无中肋和纵褶，叶边缘细胞和角部细胞区别不明显，以及孢蒴圆柱形，直立，对称等。作者认为从白齿藓属中将卵叶白齿藓调入拟白齿藓属的依据可以成立。在亚洲仅此 1 种。张满祥(1974)报道，陕西眉县斜峪关，海拔 710 m 处，干河谷向阳山坡草丛中，它与柄石苇混生。魏志平所采 4851 号藓类标本，当时订名为圆枝藓秦岭变种 *Pterogonium gracile* (Hedw.) Sw. var. *tsinlingense* Chen ex M. S. Chang var. nov. 而被发表；经对原标本核查，应为拟白齿藓属植物 *Felipponea esquirolii* (Thèr.) Akiyama 的误订，因此，*Pterogonium* Sw. 属应从中国藓类植物名录中删除。

1. 卵叶拟白齿藓 (阔叶白齿藓、卵叶白齿藓、卵叶白齿藓宽叶变种)　图 79

Felipponea esquirolii (Thèr.) Akiyama, Journ. Jap. Bot. 63 (8): 265. 1988.

Leucodon esquirolii Thèr. , Monde Pl. Ser. 2, 9: 22. 1907; Brotherus in Handel-Mazzetti, Symb. Sin. 4: 75. 1929.

L. latifolium Broth. , Sitzungber, Ak. Wiss. Wien. Math. Kl. Abt. 1, 133: 572. 1924; Brotherus in Handel-Mazzetti, Symb. Sin. 4: 75. 1929.

L. esquirolii Thèr. var. *latifolium* (Broth.) Zhang, Acta Bot. Bor-Occ. Sinica 2: 23. 1982.

L. equarricuspis Broth. et Par. , Rev. Bryofl. 37: 3. 1910.

Pterogonium gracile (Hedw.) Sw. var. *tsinlingense* Chen ex Zhang, Acta phytotax Sinica 12 (3): 347. 1974, syn. nov.

植物体黄绿色或淡褐色，上升枝穗状或圆柱状，长 1~3 cm，宽 0.8~1.0 mm；具中轴；有鞭状枝。腋毛高 4~5 个细胞，平滑，下部 2 个细胞，方形，淡褐色，上部 2~3 个细胞长椭圆形。假鳞毛稀少，披针形。茎叶干燥时紧贴，潮湿时倾立，阔卵圆形，具短尖，平展，

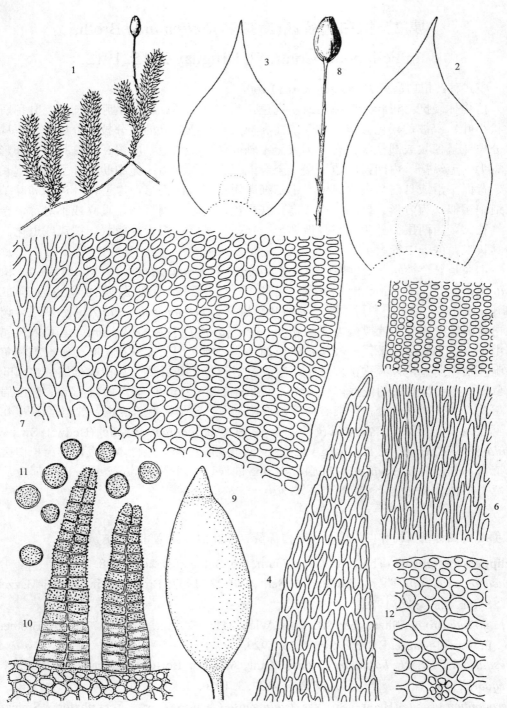

图 79 卵叶拟白齿藓 *Felipponea esquirolii* (Thèr.) Akiyama 1. 植物体(×3), 2~3. 叶(×50); 4. 叶尖部细胞(×450), 5. 叶中上部边缘细胞(×450), 6. 叶中部细胞(×450), 7. 叶基部细胞(×450), 8. 具雌苞叶的孢蒴(×60), 9. 孢蒴(×20), 10. 蒴齿(×450), 11. 孢子(×450), 12. 茎横切面的一部分(×450) (何强 绘)

Fig. 79 *Felipponea esquirolii* (Thèr.) Akiyama 1. habit (×3), 2~3. leaves (×50), 4. apical leaf cells (×450), 5. upper marginal leaf cells (×450), 6. middle leaf cells (×450), 7. basal leaf cells (×450), 8. capsule and perichaetial bracts (×60), 9. capsule (×20), 10. peristome teeth (×450), 11. spores (×450), 12. portion of the cross section of stem (×450) (Drawn by Q. He)

无纵褶，内凹；叶边平展，全缘或尖部具细齿；无中肋。叶上部细胞长菱形，背面常具疣或前角突，厚壁或平滑；中部细胞短菱形或纺锤形，厚壁；叶基中部细胞狭长卵形，具不明显壁孔或无壁孔；角部细胞方形。雌雄异株。雌苞叶生于短枝上。蒴柄长10~11 mm，褐色，平滑。孢蒴红褐色，干燥时具纵褶，对称或不对称，蒴台部具气孔。蒴齿两层；外齿层齿片 16，披针形，具密疣；内齿层退失。蒴盖圆锥形。孢子直径约35 μm，具细疣。

生境：多生于林下干燥岩面或树干上。

产地：西藏：墨脱，海拔 1350 m，苏永革 2476 (HKAS)；察隅，海拔 1700 m，采集人不详，1139 (HKAS)。云南：安宁县，Redfearn 32332、32345 (HKAS)；同前，海拔 1950~1980 m，徐文宣 64864 (YUKU)。贵州：贵阳师院 19 (PE)。湖南：岳麓山，海拔 40 m，何观州，刘丽均 40 (PE)。广西：桂林，高谦、张光初3363 (IFP)。福建：三明市，李登科 373 (SHA)；武夷山，臧穆 288 (HKAS)；同前，陈邦杰 27、112、288 (PE，HKAS)；同前，鼓山，臧穆 831 (HKAS)。浙江：西天目山，王幼芳 280、283 (HSNU)。陕西：眉县，斜峪关，海拔 710 m，魏志平 4851 (XBGH)。

分布：中国和日本。

亚科 2　逆毛藓亚科 Antitrichioideae

属 3　单齿藓属 *Dozya* Lac. in Miq.

Ann. Mus. Bot. Lugd. Bot. 2: 296. 1866-67.

模式种：单齿藓 *D. japonica* Lac. in Miq.

主茎细长，匍匐生长。支茎直立，密集，有稀疏长分枝或较密短分枝。叶干燥时紧密覆瓦状排列，潮湿时倾立，基部略狭窄，呈卵圆形，上部狭长披针形，具狭长尖，内凹，具多数纵褶；叶边内曲，平滑；中肋细长，于叶尖消失，背部平滑。叶尖部细胞狭长椭圆形，沿中肋两侧向下细胞渐长；叶角部细胞多列，椭圆形，渐成方形或扁方形，厚壁，平滑，无疣。雌雄异株。内雌苞叶大，有高鞘部，呈卷筒形，上部有狭长叶尖，无中肋。蒴柄硬直，平滑。孢蒴直立，长卵形，干时皱缩，有纵褶。蒴齿单层；内齿层不发育；外齿层齿片狭披针形，先端圆钝，黄色，平滑。蒴盖圆锥形，有短喙。蒴帽圆锥形，尖部平滑。孢子球形，有细密疣。

本属现知仅 1 种，亚洲特产。

1. 单齿藓　图 80

Dozya japonica Lac. in Miq. , Ann. Musc. Bot. Luqd. Bot. 2: 296. 1866~1867; Noguchi, Journ. Hattori Bot. Lab. 2: 49. 1947; Gao, Fl. Musc. Chineae Bor.-Orient. 207. 1977; Chen *et al.*, Gen. Musc. Sin. 2: 35. 1978; Zhang, Acta Bot. Bor-Occ. Sinica 2: 23.

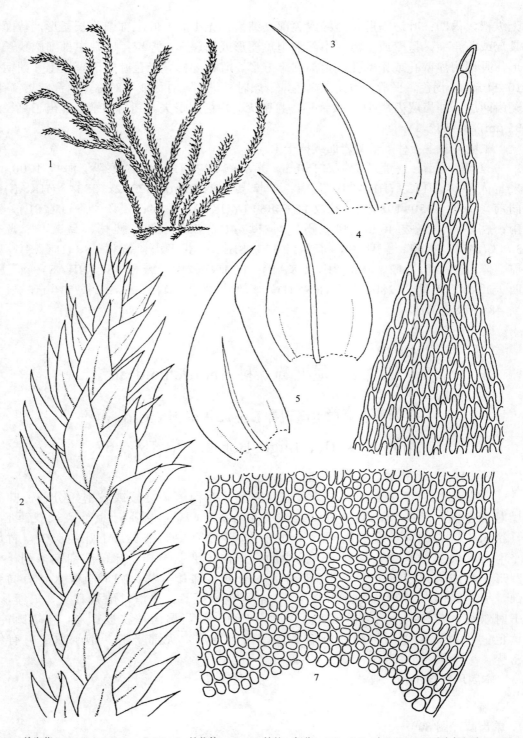

图 80　单齿藓 *Dozya japonica* Lac. in Miq. 1. 植物体(×4)，2. 枝的一部分(×25)，3~5. 叶(×50)，6. 叶尖部细胞(×450)，7. 叶基部细胞(×450) (何强 绘)

Fig. 80　*Dozya japonica* Lac. in Miq. 1. habit (×4), 2. portion of a branch (×25), 3~5. leaves (×50), 6. apical leaf cells (×450), 7. basal leaf cells (×450) (Drawn by Q. He)

1982.

种的特点同属。

生境：生于林下树干上或岩面上。

产地：云南：昆明，西山，徐文宣 82 (YUKU)；宾川县，鸡足山，海拔 2950 m，崔明昆 777a (YUKU)。四川：峨眉山，陈邦杰 5400 (PE)。贵州：梵净山，海拔 800 m，贵阳师院生物系 78 (XBGH)。黑龙江：小兴安岭，高谦 504 (IFP)。

分布：中国、朝鲜和日本。

属 4　疣齿藓属 *Scabridens* Bartr.

Ann. Bryol. 8: 16. 1936.

模式种：疣齿藓 *S. sinensis* Bartr.

植物体稀疏群生，黄绿色或褐绿色，下部呈棕褐色。主茎横生，细长扭曲，易折断；支茎密集，直立，稍呈弓形弯曲，单一或有稀疏分枝。叶密集，干燥时倾立，不卷曲，长椭圆形，上部阔披针形，渐呈长尖，基部略窄，叶角略呈耳状下延，内凹，无纵褶；叶边下部平滑，狭长背卷，上部边缘平展，有粗齿；中肋粗壮，褐色，长达叶中上部消失。叶上部细胞菱形或线形，胞壁略加厚，基部细胞较狭长，红棕色；角细胞分化，方形，厚壁，多列(10~20)，呈红棕色。雌雄异苞同株。雌苞叶较小，直立，卵形，有短尖，上部边缘有齿突，无中肋。蒴柄细长，红色，平滑。孢蒴倒卵形，直立，棕色，无条纹。蒴齿单层；内齿层不发育；外齿层齿片披针形，基部平滑，透明，上面被粗密疣。蒴盖圆锥形，有短喙。蒴帽圆锥形，一侧开裂。孢子棕色，具疣。

本属为我国所特有，仅 1 种。

1. 疣齿藓　图 81

Scabridens sinensis Bartr. , Ann. Bryol. 8: 16. 1936~1867; Chen *et al*., Gen. Musc. Sin. 2: 35. 1978; Zhang, Acta Bot. Bor-Occ. Sinica 2: 23. 1982.

生境：生于林下树干上。

产地：云南：宾川县，鸡足山，海拔 3000 m，崔明昆 123a (YUKU)。四川：南川县，金佛山，朱浩然 428 (PE)。贵州：绥阳县，海拔 1500~1600 m，高谦、冯金宇 32843、33060、33860、33871 (IFP)。

分布：中国特有。

种的特性同属。

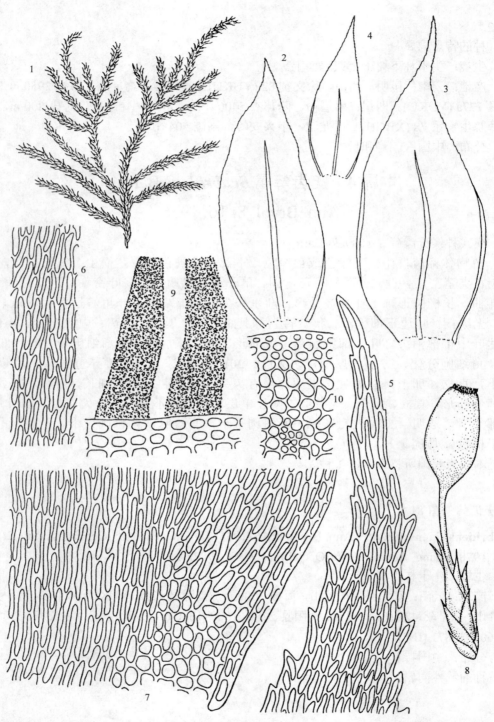

图81　疣齿藓 *Scabridens sinensis* Bartr. 1. 植物体(×2), 2~3. 茎叶(×50), 4. 枝叶(×50), 5. 叶尖部细胞(×450), 6. 叶中部细胞(×450), 7. 叶基部细胞(×450), 8. 具雌苞叶的孢蒴(×20), 9. 蒴齿(×450), 10. 茎横切面的一部分(×450) (何强 绘)
Fig. 81　*Scabridens sinensis* Bartr. 1. habit (×2), 2~3. stem leaves (×50), 4. branch leaf (×50), 5. apical leaf cells (×450), 6. middle leaf cells (×450), 7. basal leaf cells (×450), 8. capsule and perichaetial bracts (×20), 9. peristome teeth (×450), 10. portion of cross section of stem (×450) (Drawn by Q. He)

属 5 逆毛藓属 *Antitrichia* Brid.

Mant. Musc. 136, 1819.

模式种：逆毛藓 *A. curtipendula* (Hedw.) Brid.

植物体纤长，黄绿色。主茎匍匐；支茎匍匐或悬垂，常具不规则羽状分枝，分枝短，或纤长呈鞭状。叶基部稍下延，心脏形，具细长尖或呈卵状披针形，有长尖；叶边尖部全缘或有齿，齿常向下弯曲；中肋单一，长达叶尖，有时在中肋两侧基部有不明显的 1~2 条短肋。叶细胞厚壁，有壁孔，在叶尖部和近中肋处呈整齐直列的狭长菱形细胞，在叶边缘和基部的细胞较小，呈斜列椭圆形、卵圆形或六边形，基部细胞壁甚厚，呈红棕色。雌雄异株或同株。内雌苞叶具高鞘部，渐尖，或有狭长细尖，无中肋。蒴柄高出，紫红色，直立或弯曲，干时扭曲。孢蒴直立，或略呈弓形弯曲或平展，对称，长卵形。环带单列。蒴齿两层；外齿层齿片狭长披针形，平展，无穿孔，淡色或黄色，外面有密疣，常具横纹，内面横脊不高出；内齿层无基膜，齿条狭披针形，与齿片等长或略短，有穿孔或不完整，基部略折叠，无齿毛。蒴盖圆锥形。蒴帽兜形。孢子球形，棕色，有密疣。

本属约 5 种，分布北温带山地，树生或石生。我国现知有 1 种。

1. 逆毛藓 (台湾逆毛藓)

Antitrichia curtipendula (Hedw.) Brid. , Mant. Musc. 136. 1819; Crum and Anderson, Moss. East. N. America 2: 768. 1981; Lin, Yushania 5 (4): 26. 1988.

Neckera curtipendula Hedw. , Sp. Musc. 209. 1801.

Antitrichia formosana Nog. , Journ. Sci. Hiroshima. Univ. B (2), Bot. 3: 39, 5. 1937; Chen *et al.*, Gen. Musc. Sin. 2: 37. 1978.

植物体纤长，黄绿色。主茎悬垂，长可达 20 cm；不规则分枝。叶倾立，基部稍下延，卵状披针形，具长尖，内凹；叶边部分背卷，全缘，尖部有齿，齿常向下弯曲；中肋单一，长达叶尖即消失，有时在中肋两侧基部有不明显的 1~2 条短肋。叶细胞厚壁，有壁孔，在叶尖部和近中肋处呈整齐直列的狭长菱形细胞，在叶边缘及基部细胞较小，呈斜列椭圆形、卵圆形或六边形，基部细胞壁甚厚，呈红棕色。雌苞叶具高鞘部，渐尖或有长尖，无中肋。蒴柄长 7~12 mm，橘黄色。孢蒴长卵形，褐色。孢子直径 20~33 μm，被细疣。

生境：生于海拔 3000~3500 m 处山地、树干或树枝上。

产地：台湾：台中县，新高山，未见标本。本种描述参考 Crum 和 Anderson (1981) 的形态描述。

分布：中国，欧洲、北美洲、南美洲、北非和南非。

科 37　稜蒴藓科 Ptychomniaceae[*]

体形稍粗，黄绿色，稍具光泽。主茎匍匐，被假根；支茎丛出，上倾或倾立，稀疏分枝；鳞毛有时存在，细长毛状。叶阔卵形或长卵形，锐尖或呈细长尖，稀钝端，常有纵褶；叶边上部多具齿；中肋 2，短弱或缺失。叶细胞椭圆形或长方形，壁多厚而具壁孔，平滑或有前角突，角部细胞卵圆形，基部细胞呈橙黄色。雌雄异株，稀雌雄异苞同株或假雌雄同株。雌苞着生短枝上；雌苞叶具高鞘部和披针形尖。蒴柄细长，平滑。孢蒴直立或稍弯曲而倾立，卵形或长椭圆形，具 8 条稜脊。蒴齿两层。外齿层齿片外面具明显横纹，内面有横隔，或齿片基部连合而外面平滑，内面横隔低或不明显；内齿层齿条阔披针形，与齿片等长或退化，齿毛有时发育。蒴盖圆锥形，具斜长喙。蒴帽兜形。

本科多分布热带地区。全世界有 7 属；中国仅有直稜藓属。

属 1　直稜藓属 *Glyphothecium* Hampe

Linnaea 30: 637. 1860.

模式种：直稜藓 *G. sciuroides* (Hook.) Hampe

植物体形大或纤长，稀疏树干生长。主茎匍匐；支茎单一，倾立，稀少分枝；密生狭长披针形或线形鳞毛。叶干时及湿润时均倾立，阔卵形，两侧具纵褶，具披针形尖，先端多扭曲，基部略下延；叶边尖部具粗齿，下部背卷；中肋 2，短弱或不明显。叶上部细胞椭圆形，中部及基部细胞椭圆形至长方形，厚壁，具壁孔，基部细胞呈橙红色，趋长方形，胞壁强烈加厚。雌雄异株。内雌苞叶基部抱茎，具披针形尖。蒴柄直立，红棕色。孢蒴卵圆形至椭圆形，具稜脊。蒴齿两层；外齿层齿片披针形，黄色，透明，平滑，外面近基部有横纹，内面有不明显横隔；内齿层齿条短而狭，常不完整，基膜高。蒴盖圆锥形，具斜长喙。孢子棕色，平滑。

本属全世界有 4 种，主要分布南半球；中国仅 1 种。

1. 直稜藓　图 82

Glyphothecium sciuroides (Hook.) Hampe, Linnaea 30: 637. 1860.

体形粗大，淡黄绿色，光泽不明显。支茎丛出，茎倾立，稀分枝；鳞毛狭披针形或线形。叶密生，倾立，干燥时不贴生，阔卵形，具少数纵褶，先端狭窄成短披针形，多扭曲，基部两侧略下延；叶边基部背卷，尖部具齿；中肋 2，不明显。叶细胞椭圆形，壁极厚，具明显壁孔，基部细胞趋长方形，橙红色，胞壁强烈加厚，角部细胞圆方形。雌雄异株。内雌苞叶卵状披针形。蒴柄长达 1 cm，红棕色。孢蒴椭圆形，具稜脊。蒴齿两层。孢子棕色，平滑。

生境：湿热山地树干生长。

产地：云南：大围山，树干，王幼芳、杨丽琼 75a (HSNU)。台湾：Noguchi (从 Noguchi，1950)。

---

* 作者(Auctor)：吴鹏程(Wu Pan-Cheng)

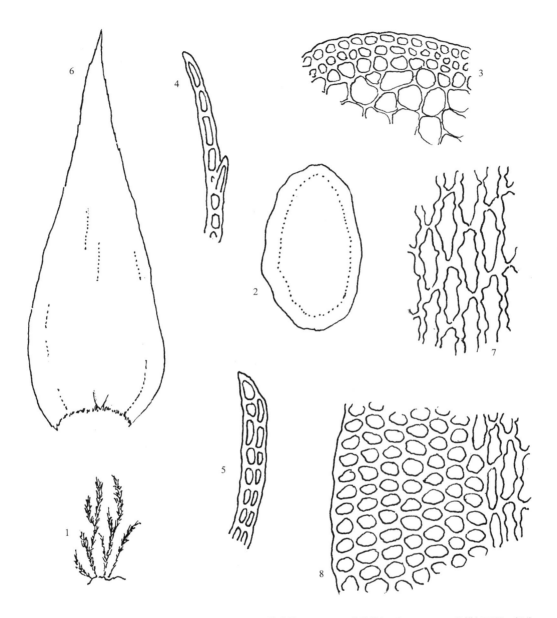

图 82　直稜藓 *Glyphothecium sciuroides* (Hook.) Hampe 1. 植物体(×0.8)，2. 茎的横切面(×150)，3. 茎横切面的一部分(×450)，4~5. 假鳞毛(×165)，6. 茎叶(×30)，7. 叶中部细胞(×600)，8. 叶基部细胞(×600) (绘图标本：云南，大围山，王幼芳、杨丽琼 75a, HSNU，PE) (吴鹏程　绘)

Fig. 82　*Glyphothecium sciuroides* (Hook.) Hampe 1. habit (×0.8), 2. cross section of stem (×150), 3. portion of cross section of stem (×450), 4~5. pseudoparaphyllia (×165), 6. stem leaf (×30), 7. middle leaf cells (×600), 8. basal leaf cells (×600) (Yunnan: Dawei Mt., Y.-F. Wang and L.-Q. Yang 75a, HSNU，PE) (Drawn by P.-C. Wu)

分布：中国、亚洲东南部、新西兰和澳大利亚。

科 38　毛藓科 Prionodontaceae[*]

植物体粗壮，大形，稀疏群生，有时具光泽的热带树生藓类。主茎粗长，匍匐延伸，根茎状，密生棕色假根。支茎直立，单一而纤长，或有多数不规则密分枝，上部无假根；无鳞毛；茎横切面中轴分化，细小，具皮层厚壁细胞层及大形薄壁细胞的髓部。叶密集，干时紧贴或卷缩，易断折，湿时倾立，或近于背仰，叶基长卵形，上部披针形，短尖，或狭长形渐尖，内凹，或有波纹；叶边平展，平滑，或有粗大不规则齿；中肋单一，长达叶尖或不及叶尖即消失。叶上部细胞圆方形或椭圆形，有时呈长方形，平滑或有疣，渐向下部细胞渐长，呈长椭圆形或狭长卵形，平滑，角细胞分化，由多列椭圆形或方形细胞群所组成。雌雄异苞同株或雌雄异株，雄株与雌株同形。雄苞腋生，粗大芽形。雌苞生于短枝顶端。雌苞叶分化。孢蒴直立，对称，平滑，无棱脊，台部有显型气孔。环带分化。蒴齿两层，或仅外齿层发育；外齿层齿片外面有回折中缝，横脊不突出，具粗密疣；内齿层基膜低，齿毛不发育。蒴盖圆锥形，有短斜喙。蒴帽兜形。孢子中等大小。

本科现知有 3 属。中国仅有台湾藓属。此外，毛藓属为南美及南非的大形粗壮的藓类。Neolindbergia 属仅有少数种见于亚洲热带及夏威夷群岛。

属 1　台湾藓属 *Taiwanobryum* Nog.

Trans. Nat. Hist. Soc. Formosa 26: 141. 1936.

模式种：台湾藓 *T. speciosum* Nog.

植物体粗大，稀疏群生，黄绿色，略有光泽。主茎细长，匍匐横生，单一或有少数分枝，有稀疏叶片，具红棕色假根。支茎稀疏，直立或悬垂，茎横切面中轴不分化，有稀少分枝，分枝基部常再行分枝，顶端圆钝，稀鞭状延伸。叶干时紧贴，湿时倾立，基部略下延，长卵圆形，稍内凹，略有纵褶，上部狭长披针形，有长尖，有纵皱纹；叶边下部平滑，略背卷，中部略呈波形，上部平展，有粗齿；中肋细长，在叶尖前消失。叶细胞长六边形或狭长方形，但不甚规则，渐向基部细胞渐长而阔，边缘及角细胞狭小，壁厚，平滑，透明，侧壁常呈波曲形。雌雄异株。内雌苞叶鞘部长卵形，上部狭长披针形，有细长尖。孢蒴柄细长，黄色，具乳头疣。孢蒴直立，长卵形，平滑，黄色。蒴齿单层，仅外齿层发育，齿片狭长披针形，有粗或细密疣。孢子球形，黄棕色，有细密疣。

本属现知有 2 种，见于中国及菲律宾，多树生。中国有 1 种：台湾藓。

1. 台湾藓　图 83

Taiwanobryum speciosum Nog. , Trans. Nat. Hist. Soc. Formosa 26: 143. 1936.
种的特征同属。

---

* 作者(Auctor)：贾渝(Jia Yu)

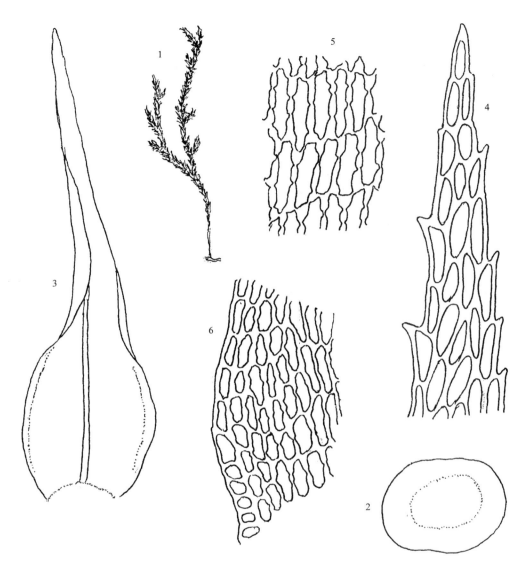

图 83　台湾藓 *Taiwanobryum speciosum* Nog. 1. 植物体(×1), 2. 茎的横切面(×150), 3. 茎叶(×25), 4. 叶尖部细胞(×430), 5. 叶中部细胞(×430), 6. 叶基部细胞(×430) (台湾：台中县，丽山，庄清漳 5927, BCU, PE) (吴鹏程　绘)

Fig. 83　*Taiwanobryum speciosum* Nog. 1. habit (×1), 2. cross section of stem (×150), 3. stem leaf (×25), 4. apical leaf cells (×430), 5. middle leaf cells (×430), 6. basal leaf cells (×430) (Taiwan: Taizhong Co., Lishan, C.-C. Chuang 5927, BCU, PE) (Drawn by P.-C. Wu)

生境：生于树干。

产地：云南：维西县，碧罗雪山，汪楣芝 5167-a、5172-a (PE)。湖南：浏阳县，1974 年中国科学院采集队 305 (PE)，林邦娟等 305 (IBSC，PE)。广西：天峨县，张灿明 T.012 (PE)。台湾：台中县，林善雄 147 (TUNG)；同前，丽山，庄清漳 5927 (BCU, PE)；南投县，赖明洲 2783 (TUNG)。福建：将乐县，龙栖山，汪楣芝 48068a、48388 (PE)。

分布：中国和菲律宾。

科39　扭叶藓科 Trachypodaceae[*]

树干、阴湿岩面及土坡呈小片状或大群落生长。植物体甚纤细至粗壮，黄绿色、绿色、鹅黄色、褐绿色，有时基部呈黑色，多无光泽，或略具光泽。主茎匍匐，有棕红色假根，常残留鳞片状基叶；支茎倾立或垂倾，长 1 cm 至 10 cm 以上，密集或稀疏、规则或不规则羽状分枝或两回羽状分枝，稀不规则呈层或树形分枝，部分种类具鞭状枝。叶干时多疏生，稀背仰，披针形或卵状披针形，渐尖或尖部细长而扭曲，多具纵褶或具横波纹，基部呈卵形或阔卵形，少数具叶耳；叶边多具细齿或粗齿；中肋单一，纤细，一般在叶片上部消失。叶细胞六角形、长卵形或近于呈线形，每个细胞具单疣、多疣成列着生，或沿胞壁具密细疣，稀平滑，叶边细胞不分化或略异形；胞壁薄，或基部细胞壁厚而具明显壁孔。枝叶小于茎叶，尖部多细长，稀与茎叶异形。雌雄异株。蒴柄平滑，稀具疣。孢蒴球形或圆柱形。蒴齿两层；外齿层齿片 16，淡黄色，呈披针形；内齿层与外齿层等长，或略短，基膜高出或略低，平滑或具疣，齿毛发育或缺失。蒴盖圆锥形，具斜喙。蒴帽兜形，平滑，或呈帽形，被纤毛。孢子球形，多具疣，直径可达 45 μm。

本科有 6 属，均分布热带、亚热带地区；假扭叶藓属 *Pseudotrachypus* P. Varde et Thèr. 仅见于中美洲。中国已知 5 属。

分属检索表

1. 叶细胞胞壁具成列密细疣；孢蒴内齿层多退化 ·· **1. 扭叶藓属 *Trachypus***
1. 叶细胞具单疣或疏列状疣；孢蒴内齿层发育 ··· 2
2. 植物体甚粗壮；茎单出，具疏不规则分枝；叶基鞘状，有叶耳，上部强烈背仰；孢蒴卵形，直立··
   ··· **4. 拟木毛藓属 *Pseudospiridentopsis***
2. 植物体纤细或粗壮；茎具稀疏或密不规则羽状分枝，稀为规则两回羽状分枝；孢蒴多长圆柱形······3
3. 茎叶与枝叶明显异形；茎具短羽状分枝，或两回羽状分枝············ **3. 异节藓属 *Diaphanodon***
3. 茎叶与枝叶近于同形，或略异形；茎具不规则分枝 ··· 4
4. 叶基无叶耳；叶无纵褶或弱纵褶 ·· **5. 绿锯藓属 *Duthiella***
4. 叶基有明显叶耳；叶具长纵褶 ·· 5
5. 叶细胞长度与宽度之比可达 10∶1，胞壁多加厚············ **2. 拟扭叶藓属 *Trachypodopsis***
5. 叶细胞长度与宽度之比为 6∶1，胞壁薄 ······················ **5. 绿锯藓属 *Duthiella***

Key to the genera

1. Leaf cells seriately papillose along walls; endostome mostly rudimentary ················· **1. *Trachypus***
1. Leaf cells unipapillose over lumen; endostome developed ··· 2
2. Plants rather robust; stems single, irregularly remotely branched; leaves sheathing, auriculate, strongly reflexed above; capsules oval, erect ································· **4. *Pseudospiridentopsis***
2. Plants slender or robust; stems remotely or densely irregularly pinnately branched; rarely bi-pinnately branched; capsules mostly cylindrical ··· 3
3. Stem leaves and branch leaves obviously polymorphic; stems brevi-pinnately branched, or bipinnately

---

* 作者(Auctor)：吴鹏程(Wu Pan-Cheng)

branched ·· **3. _Diaphanodon_**

3. Stem leaves and branch leaves similar, or slightly polymorphic; stems irregularly branched ·················· 4

4. Leaf bases not auriculate; leaves not plicate or slightly plicate ························ **5. _Duthiella_**

4. Leaf bases obviously auriculate; leaves longitudinally plicate ································ 5

5. The rate of length and width of leaf cells up to 10:1, cell walls incrassate ···················· **2. _Trachypodopsis_**

5. The rate of length and width of leaf cells 6:1, cell walls thin ·························· **5. _Duthiella_**

属1　扭叶藓属 _Trachypus_ Reinw. et Hornsch.

Nov. Act. Leop. Car. 14, 2 Suppl. 708. 1829.

模式种：扭叶藓 _T. bicolor_ Reinw. et Hornsch.

树干、树枝附生或岩面呈小片状生长。植物体多纤细或中等大小，多呈黄绿色或褐绿色，稀呈黑色或鹅黄色，无光泽。主茎匍匐；支茎倾立或垂倾，多具密而不规则羽状分枝或不规则分枝，有时具纤细鞭状枝。叶疏松贴生或倾立，卵状披针形或披针形，尖部常扭曲，具弱纵褶；叶边多具细齿；中肋单一，细弱，多消失于叶片中部或上部。叶细胞菱形或线形，胞壁密被细疣，仅叶基中央细胞平滑。雌雄异株。孢蒴着生具长刺疣的细长蒴柄，球形或卵形，直立，长可达 3 mm。蒴齿两层；外齿层齿片 16，灰绿色或略呈黄色，狭披针形，具细疣；内齿层齿条短于外齿层的齿片，齿条基膜低，多退化，无中缝，齿毛未发育。蒴盖圆锥形，具细长喙。蒴帽多被黄色纤毛。孢子呈球形，浅黄色，被细疣。

本属约有 5 种；多热带和亚热带南部树干或岩面生长。中国有 3 种、1 变种。

分种检索表

1. 植物体略细至粗壮；茎叶与枝叶不明显分化，卵状披针形 ··················· **1. 扭叶藓 _T. bicolor_**

1. 植物体纤细至甚纤细；茎叶与枝叶明显分化，多狭披针形 ······························ 2

2. 植物体具多数、长鞭状枝；茎叶具狭长尖 ························· **3. 长叶扭叶藓 _T. longifolius_**

2. 植物体具少数、短鞭状枝；茎叶长短不一 ····················· **2. 小扭叶藓 _T. humilis_**

Key to the species

1. Plants slender or rather robust; stem leaves and branch leaves not obviously differentiated, ovate-lanceolate
·· **1. _T. bicolor_**

1. Plants slender or rather slender; stem leaves and branch leaves obviously differentiated, mostly narrowly lanceolate ·· 2

2. Plants with numerous flagellae; stem leaves with a long apex ························· **3. _T. longifolius_**

2. Plants with a few short flagellae; stem leaves with a rather short apex ····················· **2. _T. humilis_**

1. 扭叶藓　图 84

Trachypus bicolor Reinw. et Hornsch. , Nov. Act. Leop. Can. 14, 2, Suppl. 708. 1829; Brotherus, Symb. Sin. 4: 76. 1929; Wu in Li, Bryofl. Xizang 249. 1985.

Papillaria sinensis C. Müll. , Nuov. Giorn. Bot. Ital. 5, 2: 191. 1898.

Trachypus bicolor Reinw. et Hornsch. var. _hispidus_ (C. Müll.) Card. , Beih. Bot. Centrabl. 19

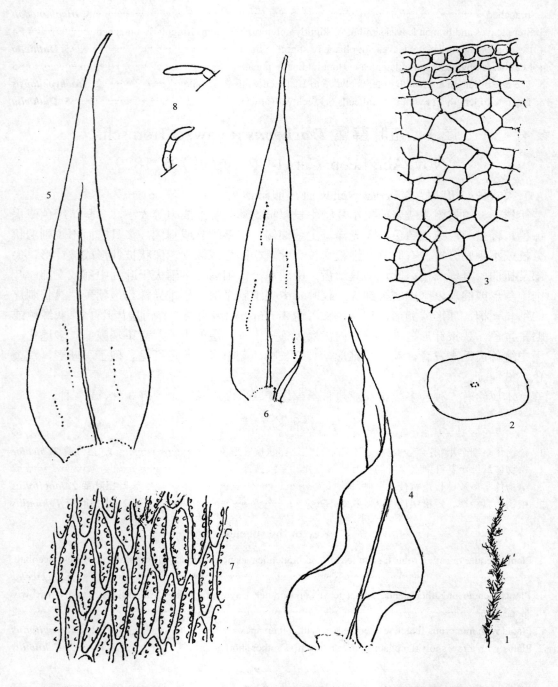

图 84　扭叶藓 *Trachypus bicolor* Reinw. et Hornsch. 1. 植物体(×1), 2. 茎的横切面(×80), 3. 茎横切面的一部分(×320), 4~5. 茎叶(×65), 6. 枝叶(×65), 7. 叶中部细胞(×320), 8. 腋毛(×115) (绘图标本：四川，金佛山，刘阳 2609, PE) (吴鹏程　绘)

Fig. 84　*Trachypus bicolor* Reinw. et Hornsch. 1. habit (×1), 2. cross section of stem (×80), 3. portion of the cross section of stem (×320), 4~5. stem leaves (×65), 6. branch leaf (×65), 7. middle leaf cells (×320), 8. axillary hairs (×115) (Sichuan: Jinfo Mt., Y. Liu 2609, PE) (Drawn by P.-C. Wu)

(2): 116. 1905.

Trachypus sinensis (C. Müll.) Par. , Ind. Bryol.. ed. 2, 5: 64. 1906.

Trachypus bicolor Reinw. et Hornsch. var. *sinensis* (C. Müll.) Broth. , Symb. Sin. 4: 76. 1929.

Trachypus rhacomitrioides Broth. , Symb. Sin. 4: 76. 1929.

Trachypus bicolor Reinw. et Hornsch. var. *brevifolius* Broth. , Symb. Sin. 4: 76. 1929

 体形略细或粗壮，绿色、褐绿色或呈黑色，有时尖部呈鹅黄色，无光泽，密集或疏松生长。主茎匍匐，具成丛褐色假根及鳞片状基叶；支茎匍匐或垂倾，密羽状分枝或不规则疏羽状分枝。叶干时疏松贴生，湿润时倾立或近于平展，长可达 1.5~5 mm，有时尖部偏曲，或扭曲，卵形或阔卵形，渐上成短或长披针形尖，有时具透明白尖，平展或具弱纵褶；叶边全缘，或具细齿；中肋单一，长达叶片上部。叶细胞六角形或呈线形，长为宽的 2~8 倍，角部细胞方形；胞壁多加厚，具多数成列的细疣，基部细胞多平滑。枝叶短于茎叶。雌雄异株。孢子体特征同属的描述。

 生境：多在海拔 800~4000 m 间的树干或阴湿岩面成片生长。

 产地：西藏：墨脱县，地东，常绿阔叶林下，海拔 1100 m，倪志诚 53、64 (PE)；察隅县，石上，海拔 2300 m，武素功 1103a (HKAS，PE)；亚东县，倪志诚 82a、91、94 (PE)。云南：普洱，中梁山，树干，海拔 2100 m，王启无 10441 (PE)；禄劝，乌蒙山，石上，海拔 3730 m，朱维明 64024、64028 (HKAS，PE)。四川：峨眉山，雷洞坪至洗象池，石生，海拔 2070~2800 m，何强 897、949、971 (PE)；裴林英 234 (PE)；都江堰，玉堂镇，溪边岩面，海拔 1500 m，刘阳 123、527 (PE)；同前，龙池，树干，海拔 2130 m，汪楣芝 57710、吴鹏程 25387 (PE)；汶川，青川，林下岩面，海拔 3300 m，刘阳 645b (PE)；泸定，贡嘎山，倒木上，海拔 1940~2100 m，贾渝 1885 (PE)。贵州：道真，大沙河保护区，溪边岩面，海拔 1330~1360 m，汪楣芝 58901、58904、58956、58959 (PE)；黄玉茜 66 (PE)，何强 152、170、301、333、345、347、350、455、476、485、494 (PE)。湖南：衡山，藏经殿，海拔 1030 m，杨一光 24b (PE)。江西：庐山，白鹿洞，毕列爵 74 (PE)；同上，落魄坡，岩石上，陈邦杰等 129a (PE)。安徽：黄山，宾馆附近，陈邦杰等 6494 (PE)。甘肃：文县，碧口，碧峰沟，石生，海拔 900~1430 m，李粉霞 561 (PE)。

 分布：世界各地热带山区。

 本种外形、色泽和大小多变，与小扭叶藓 *T. humilis* Lindb. 甚近似，但体形稍粗，叶基部宽阔，中肋长达叶片中部以上，而与后者相区分。

2. 小扭叶藓

Trachypus humilis Lindb. , Act. Soc. Sc. Fenn. 10: 230. 1872.

Papillaria humilis (Lind.) Broth. , Hedwigia 38: 227. 1899.

Trachypus novae-caledoniae C. Müll. ex Thèr. , Bull. Acad. Int. Géogr. Bot. 20: 101. 1910;
  Brotherus, Nat. Pfl. 2, 11: 119. 1925.

Trachypus humilis Lindb. var. *major* Broth. , Symb. Sin. 4: 76. 1929.

2a. 小扭叶藓原变种

Trachypus humilis Lindb. var. **humilis**

植物体纤细，黄绿色或褐绿色，稀呈黑色，无光泽，呈密集成片或垫状生长。支茎长可达 3 cm，匍匐或垂倾，多密羽状分枝；常具易脆折的鞭状枝。茎叶与枝叶异形。茎叶干时贴生或疏松贴生，湿润时平展，长达 2 mm，卵状披针形，有时尖端具透明白尖，平展或具弱纵褶；叶边有时略内卷，具细齿；中肋单一，细弱，消失于叶片中部。枝尖常呈钩状。枝叶长 1~1.4 mm；中肋短弱，或不明显。鞭枝叶小而狭窄，全缘或具微齿，无中肋。叶细胞六角形至线形，长度约为宽度的 2~10 倍，胞壁厚，具细密疣，叶边细胞不分化，角部细胞少数，方形或长方形。孢子体特征同属的描述。蒴帽兜形，具长而直立的纤毛。

生境：着生山地、树干或岩面。

产地：广西：罗城，九万大山，石壁，海拔 350 m，龙光日、张灿明 L89052 (PE)。同前，那坡，百省乡美花村，美卜屯附近石山，海拔 1100~1450 m，裴林英 2417 (PE)。福建：武夷山，天心前，陈邦杰等 299 (PE)。

分布：中国、朝鲜、日本、澳大利亚和亚洲热带地区。

在扭叶藓科中，本种体形纤细，有时密集生长呈垫状，叶细胞沿壁着生多数细密疣而识别于科内其他成员。与蔓藓科松萝藓属 *Papillaria* 植物有时相混淆，但松萝藓属植物下垂生长，叶细胞的疣位于细胞中央。

2b. 小扭叶藓细叶变种　图 85

Trachypus humilis Lindb. var. **tenerrimus** (Herz.) Zant. , Blumea 9 (2): 509. 1959.

Trachypus tenerrimus Broth. ex Herz. , Hedwigia 50: 135. 1910; Brotherus, Nat. Pfl. 2, 11: 119. 1925.

体形极纤细，多具易脆折的鞭状枝；枝尖不呈钩形。茎叶长 0.7~1 mm，卵状披针形，具细长尖。枝叶尖短，约为叶长度的 2/3。

生境：阴湿石生，海拔约 500 m。

产地：江西：上犹县，五指峰乡，盘古山，石壁海拔 528 m，于宁宁 1236 (PE)。安徽：徽州至汤口途中，陈邦杰等 6488 (PE)；黄山公园附近，石上或腐木，陈邦杰等 6561、6599 (PE)。

分布：中国、朝鲜、日本、印度、斯里兰卡和夏威夷。

枝尖不弯曲呈钩状，及叶长度不及 1 mm 为本变种区分于原变种的识别点。

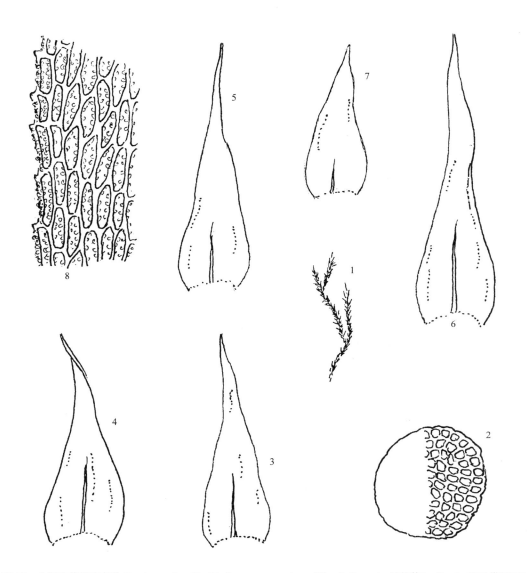

图 85 小扭叶藓细叶变种 *Trachypus humilis* Lindb. var. *tenerrimus* (Herz.) Zant. 1. 植物体(×1), 2. 茎的横切面(× 125), 3~6. 茎叶(×65), 7. 枝叶(×65), 8. 叶中部边缘细胞(×320)(绘图标本: 安徽, 黄山, 陈邦杰等 6488, PE)(吴鹏程 绘)
Fig. 85 *Trachypus humilis* Lindb. var. *tenerrimus* (Herz.) Zant. 1. habit (×1), 2. cross section of stem (×125), 3~6. stem leaves (×65), 7. branch leaf (×65), 8. middle marginal leaf cells (×320) (Anhui: Huangshan Mt., P.-C. Chen *et al.* 6488, PE) (Drawn by P.-C. Wu)

3. 长叶扭叶藓 图 86

Trachypus longifolius Nog. , Journ. Hattori Bot. Lab. 2: 55. 1947; Zanten, Blumea 9 (2): 510. 1959.

体形较纤细, 褐绿色, 无光泽。茎长达 5 cm, 羽状分枝, 具多数、纤长而疏松被叶的鞭状枝。中、上部茎叶及枝叶基部呈卵形, 无叶耳, 渐上成一极细长而透明的毛状尖,

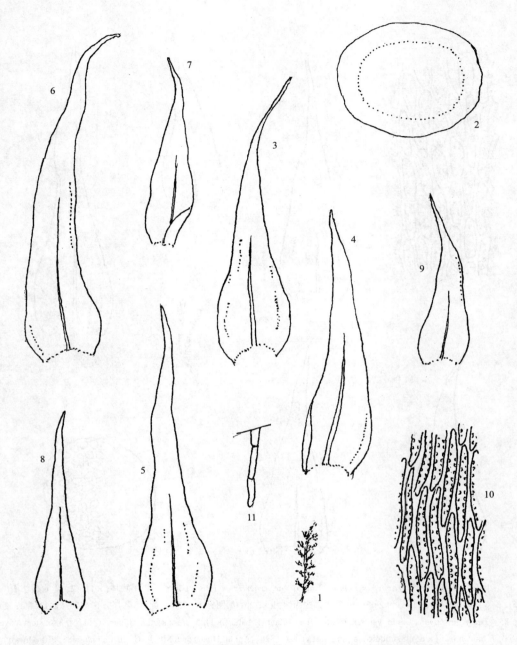

图 86　长叶扭叶藓 *Trachypus longifolius* Nog. 1. 植物体(×1)，2. 茎的横切面(×185)，3~6. 茎叶(×65)，7~9. 枝叶(×65)，10. 叶中部细胞(×320)，11. 腋毛(×115)(绘图标本：湖北，神农架，1980 年中美考察队 1726, NY, PE) (吴鹏程 绘)

Fig. 86　*Trachypus longifolius* Nog. 1. habit (×1), 2. cross section of stem (×185), 3~6. stem leaves (×65), 7~9. branch leaves (×65), 10. middle leaf cells (×320), 11. axillary hair (×115) (Hubei: Shennongjia, 1980 Sino-American Exp. Group 1726, NY, PE) (Drawn by P.-C. Wu)

长达 1.8 mm，具弱纵褶；叶边有时略内卷，具细齿；中肋达叶片中部或不及中部即消失。近基部茎叶自阔卵形、无叶耳的基部，渐上成一长尖；叶边有细齿；无中肋。叶细胞狭长或呈线形，长度约为宽度的 3~10 倍，叶边细胞不分化，角细胞少数，方形或长方形；

胞壁厚，具多数疣状突起而呈波形；基部近中肋细胞透明，胞壁平滑。孢子体未见。

生境：石面生长。

产地：贵州：道真县，大沙河保护区，路边岩面，海拔 1200 m，黄玉茜 344 (PE)。湖北：神农架，宋洛河南侧，半阴石上，海拔 980~1138 m，Luteyn 1726 (NY，MO，PE)。广西：靖西县，安德镇附近，海拔 860~940 m，裴林英 2713 (PE)。台湾：台南，玉山，Ozaki 8487 (Isotype，NOG)。

分布：仅见于中国南部山区。

叶片具极狭长毛尖为本种主要识别点，与较近似的小扭叶藓 *T. humilis* Lindb. 不同之处还在于本种鞭状枝数多而长，叶细胞亦较长。

属 2　拟扭叶藓属 *Trachypodopsis* Fleisch.

Hedwigia 45:64. 1905.

模式种：拟扭叶藓 *T. serrulata* (P. Beauv.) Fleisch.

树干或阴湿石壁生长的藓类，形体较粗壮，色泽多绿色、黄绿色，老时呈褐绿色，无光泽或略具光泽，成疏松片状生长。主茎匍匐，较硬挺，密被棕色假根。支茎倾立或垂倾，长达 10 cm 以上，不规则羽状分枝或不规则稀疏分枝。叶多倾立，长可达 5 mm 以上，基部卵形或阔卵形，具叶耳或大形叶耳，渐上呈阔披针形或有时呈带形，多扭曲，具长纵褶；叶边上部具粗齿，下部边缘具细齿；中肋单一，细长，消失于叶片近尖部。叶细胞长菱形或长六角形，基部细胞近于呈线形，胞壁强烈加厚，壁孔明显，具单疣或平滑，叶边细胞有时分化。枝叶较小而狭长。雌雄异株。内雌苞叶具狭长叶尖，叶细胞平滑。蒴柄侧生，细长，达 1.5 cm，密被乳头状疣。孢蒴近于呈球形。蒴齿两层；外齿层淡黄色或红棕色，齿片 16，呈披针形，浅黄色，具密疣，上部透明，基膜低；内齿层齿条 16，短于外齿层，灰白色，线形，具细疣，中缝有穿孔，齿毛不发育。蒴盖圆锥形，具短喙。蒴帽小，兜形，平滑或具疏毛。孢子近于圆形，浅黄色，具粗疣，直径可达 25 μm。

本属全世界有 5 种，湿热山地分布。中国现知有 4 种及 1 变种。

分种检索表

1. 植物体中等至粗壮；叶基两侧叶耳较小或不明显，不向内卷曲 ·· 2
1. 植物体较粗壮；叶基两侧叶耳大而明显，或向内卷曲 ·· 3
2. 茎叶狭卵状披针形；叶上部细胞长菱形；叶边明显分化·············· **1. 拟扭叶藓卷叶变种 *T. serrulata***
2. 茎叶阔卵状披针形；叶上部细胞狭长菱形；叶边不分化·············· **4. 疏耳拟扭叶藓 *T. laxoalaris***
3. 叶具狭长披针形尖；叶细胞多具单疣；叶耳部较小·················· **3. 台湾拟扭叶藓 *T. formosana***
3. 叶尖披针形；叶细胞多平滑；叶耳部大而向内卷曲·················· **2. 大耳拟扭叶藓 *T. auriculata***

Key to the species

1. Plants medium-sized or robust; leaf auricles small or indistinct, not incurved ····················· 2
1. Plants rather robust; leaf auricles large and incurved ··· 3
2. Stem leaves narrow ovate-lanceolate; leaf upper cells oblong-rhomboid; leaf margin distinct ···················
··· **1. *T. serrulata***
2. Stem leaves broad ovate-lanceolate; leaf upper cells narrow oblong-rhomboid; leaf margin indistinct ···········

.... **4. *T. laxoalaris***

3. Leaf apices long lanceolate; leaf cells mostly unipapillose; leaf auricles smaller ···················· **3. *T. formosana***

3. Leaf apices lanceolate; leaf cells mostly smooth; leaf auricles large···································· **2. *T. auriculata***

1. 拟扭叶藓

Trachypodopsis serrulata (P. Beauv.) Fleisch. , Hedwigia 45: 67. 1906; Brotherus, Nat. Pfl.
1, 3: 831. 1906.

Neckera serrulata (P. Beauv.) Brid. , Spec. Musci 2: 29. 1812.

Meteorium serrulatum (P. Beauv.) Mitt. , Journ. Linn. Soc. Bot. 7: 156. 1863.

Papillaria serrulata (P. Beauv.) Jaeg. , Ber. S. Gall. Naturw. Ges. 1875/76: 294. 1877.

Trachypus serrulatus (P. Beauv.) Besch. , Ann. Sc. Nat. Bot. 6, 10: 269. 1880.

1a. 拟扭叶藓卷叶变种　图 87

Trachypodopsis serrulata (P. Beauv.) Fleisch. var. **crispatula** (Hook.) Zant. , Blumea 9 (2):
521. 1959; Brotherus, Symb. Sin. 4: 77. 1929; Reimers, Hedwigia 71: 56. 1931; Wu in Li,
Bryofl. Xizang 251. 1985.

Trachypodopsis densifolia Broth. , Symb. Sin. 4: 77. 1929.

Trachypodopsis crispatula (Hook.) Fleisch. var. *longifolia* Nog. , Journ. Sci. Hiroshima Univ.
B, 2, 3: 214. 1929.

Trachypodopsis himantophylla (Ren. et Card.) Fleisch. in Reimers, Hedwigia 71: 56. 1931.

Trachypodopsis crispatula (Hook.) Fleisch. ssp. *longifolium* Reim. , Hedwigia 71: 156. 1931.

Trachypodopsis subulata Chen, Feddes Repert. 58: 29. 1955.

植物体中等或较粗壮，橄榄色，干燥时呈褐绿色，但不呈黑色，具暗光泽或略具光泽，疏松成片生长。支茎匍匐，长可达 10 cm，不规则羽状分枝或叉形分枝。叶片干燥时贴茎或疏松贴茎，湿润时倾立或平展，有时呈一向偏曲，卵状披针形或阔卵状披针形，长可达 4 mm，多具明显纵褶，基部有小叶耳；叶边具细齿或粗齿；中肋单一，长达叶片上部。叶细胞六角形或线形，长度为宽度的 1~10 倍，背腹面均具单疣；叶边细胞稍长而形成明显或不明显的分化边缘；叶基细胞长而平滑；角部细胞略分化，方形或长方形；胞壁多厚而具壁孔。雌雄异株。孢蒴近于呈球形。蒴齿两层。外齿层齿片披针形，具密疣，上部透明；内齿层灰白色，齿条线形，具细疣，齿毛不发育。

生境：海拔 2000 m 左右常绿阔叶林内树干或阴湿岩面生长。

产地：云南：景东，无量山，芦山箐顶，阴湿老树干，海拔 2750 m，徐文宣 13 (YUKU, PE)，夏德云 5 (PE)；昆明，西山，华亭寺后山，白栋、猪栎林，树干，海拔 2200 m，徐文宣 625，626 (YUKU, PE)；金平，附生 *Lindera latifolia* 树干，海拔 2200 m，林业部林型组 y13 (PE)；西双版纳，勐海，巴达乡，大黑山山顶，伐木上，海拔 1920 m，吴鹏程 26714b (PE)。西藏：波密，易贡 7 km 处，高山松等针叶林，海拔 2140 m，谭征祥 103 (PE)；墨脱，地东，灌丛下，海拔 1300 m，西藏考察队 57 (typus, *Trachypodopsis lancifolium* Wu, PE)。四川：南川县，金佛山，回龙庙，陈邦杰 1529 (typus, *Trachypodopsis subulata* Chen, PE)、1928 (PE)。

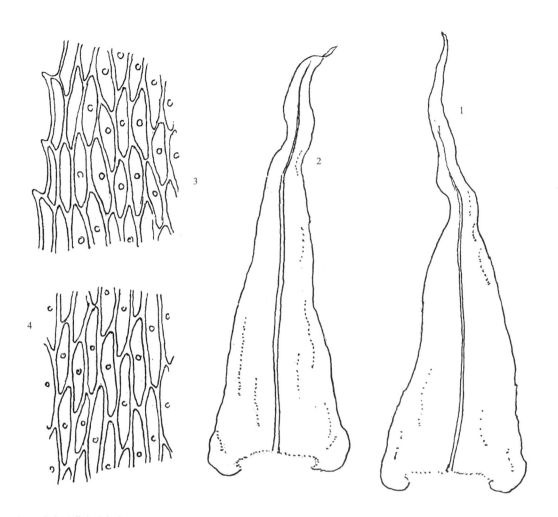

图 87 拟扭叶藓卷叶变种 *Trachypodopsis serrulata* (P. Beauv.) Fleisch. var. *crispatula* (Hook.) Zant. 1~2. 茎叶(×38)，3. 叶中部边缘细胞(×320)，4. 叶基部细胞(×320) (绘图标本：云南，金平，林业部林型组 s. n., PE) (吴鹏程 绘)

Fig. 87 *Trachypodopsis serrulata* (P. Beauv.) Fleisch. var. *crispatula* (Hook.) Zant. 1~2. stem leaves (×38), 3. middle marginal leaf cells (×320), 4. basal leaf cells (×320) (Yunnan: Jinping Co, Ministry of Forestry, s. n., PE) (Drawn by P.-C. Wu)

分布：中国、尼泊尔、缅甸、老挝、印度、菲律宾、印度尼西亚和中美洲。

为拟扭叶藓属内体形较大而广布的种类，其叶尖常波曲而叶基两侧有小叶耳而区分于属内和扭叶藓科的其他植物。

1b. 拟扭叶藓短胞变种(新拟名)　图 88

Trachypodopsis serrulata (P. Beauv.) Fleisch. var. **guilbertii** (Thèr. et P. Varde) Zant., Blumea 9 (2): 527. 1959.

Duthiella guilbertii Thèr. et P. Varde, Rev. Bryol. Lichenol. 15: 146. 1946.

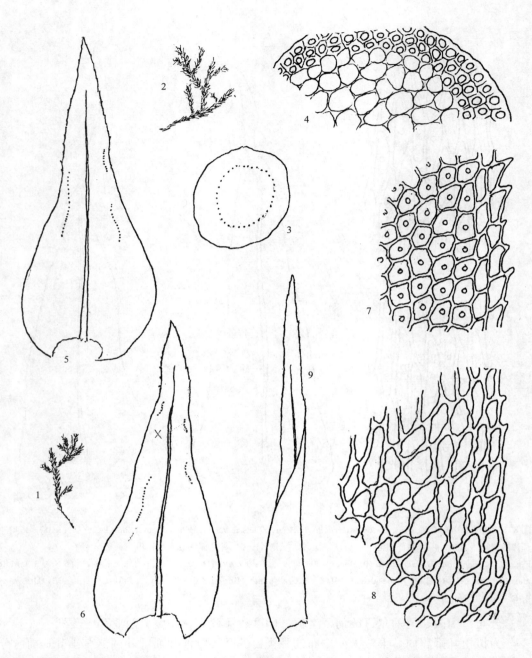

图 88　拟扭叶藓短胞变种 *Trachypodopsis serrulata* (P. Beauv.) Fleisch. var. *guilbertii* (Thèr. et P. Varde) Zant. 1~2. 植物体(×0.5)，3. 茎的横切面(×95)，4. 茎横切面的一部分(×320)，5~6. 叶(×38)，7. 叶上部边缘细胞(×320)，8. 叶基角部细胞(×320)，9. 雌苞叶(×38)(绘图标本：海南，昌江，东四林场，汪楣芝 45410a, PE)(吴鹏程　绘)

Fig. 88　*Trachypodopsis serrulata* (P. Beauv.) Fleisch. var. *guilbertii* (Thèr. et P. Varde) Zant. 1~2. habit (×0.5), 3. cross section of stem (×95), 4. portion of the cross section of stem (×320), 5~6. leaves (×38), 7. upper marginal leaf cells (×320), 8. alar leaf cells (×320), 9. perichaetial bract (×38) (Hainan: Changjiang Co., Dongsi Forest District, M.-Z. Wang 45410a, PE) (Drawn by P.-C. Wu)

体形中等大小，稀纤细，小片状疏松交织生长。支茎短，匍匐，不规则疏分枝。叶干燥时倾立或平展，长可达 2.5 mm，由卵状，其不明显叶耳的基部，向上呈披针形而多少扭曲的尖部；叶边具细齿；中肋单一，消失于叶上部。叶上部细胞六角形至菱形，长宽近于等径，或长为宽的 1~3 倍，每个细胞背腹面具单圆疣，沿叶边 1~2 列细胞狭长透明，分化明显，叶中部细胞至叶基细胞渐呈斜菱形或近长方形。

生境：山沟石上生长。

产地：云南：西双版纳，勐养，曼乃庄后山，箐沟中，徐文宣 6736、6814 (PE)。贵州：道真，大磉镇，向石村，仙女洞附近，溪边石上，海拔 600~650 m，何强636 (PE)。

分布：中国和柬埔寨。

本变种和卷叶变种主要区分点为叶边明显分化，叶上部细胞近于等经，多呈六角形至菱形。

2. 大耳拟扭叶藓　图 89

Trachypodopsis auriculata (Mitt.) Fleisch., Hedwigia 45: 67. 1906; Brotherus, Symb. Sin. 4: 77. 1929; Zanten, Blumea 9 (2): 529. 1959.

Trachypus auriculatus Mitt., Journ. Linn. Soc. Bot. Suppl. 1: 129. 1859.

体形甚粗壮，褐绿色，干燥时呈褐色，具暗光泽，呈疏松丛集或下垂生长。支茎匍匐，稀不规则羽状分枝，或叉状分枝。叶密生，干燥时舒展，阔卵状披针形，长可达 5 mm，具多数深纵褶，叶基两侧具形大而卷曲的叶耳；叶边具细齿或粗齿；中肋单一，长达叶片尖部。叶细胞长卵形至线形，长度为宽度的 4~10 倍，多平滑，胞壁厚而具明显壁孔；叶边细胞不分化；叶耳部细胞短而不规则。孢子体未见。

生境：多着生树干、土表或岩面；见于海拔 1300~2400 m。

产地：西藏：墨脱，汗密附近，树干，海拔 2100 m，郎楷永 442h (PE)。云南：腾冲，古永，树干，海拔 2400 m，王立松 83157 (HKAS，PE)；贡山，高黎贡山东坡，路边岩面，海拔 1900~2000 m，汪楣芝 9310b (PE)。广西：九万大山，张家湾，树枝，海拔 1370 m，龙光日、张灿明 028b (PE)。海南：琼中，五指山，土表，海拔 1600 m，李登科 4318 (SHM)。台湾：屏东，半阴湿林内石壁，海拔 2190 m，庄清璋 1490 (UBC、PE)。

分布：中国、印度和斯里兰卡。

叶片基部具大而向内卷曲的叶耳和明显深纵褶，为拟扭叶藓属内较突出的种类。

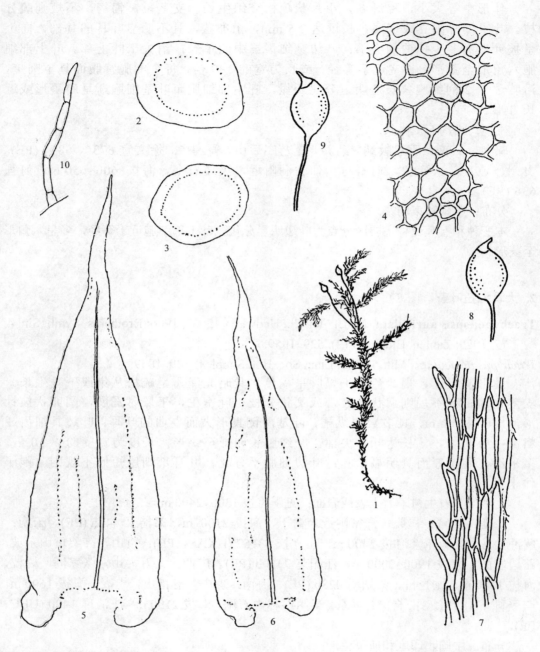

图 89 大耳拟扭叶藓 *Trachypodopsis auriculata* (Mitt.) Fleisch. 1. 雌株(×1), 2~3. 茎的横切面(×95), 4. 茎横切面的一部分 (×420), 5. 茎叶(×38), 6. 枝叶(×38), 7. 叶中部边缘细胞(×320), 8~9. 孢蒴(×10), 10. 腋毛(×320) (绘图标本：云南, 腾冲，王立松 83-157, HKAS) (吴鹏程 绘)

Fig. 89 *Trachypodopsis auriculata* (Mitt.) Fleisch. 1. female plant (× 1), 2~3. cross sections of stem (× 95), 4. portion of the cross section of stem (× 420), 5. stem leaf (× 38), 6. branch leaf (× 38), 7. middle marginal leaf cells (× 320), 8~9. capsules (× 10), 10. axillary hair (× 320) (Yunnan: Tengchong Co., L.-S. Wang 83-157, HKAS) (Drawn by P.-C. Wu)

3. 台湾拟扭叶藓　图 90

Trachypodopsis formosana Nog., Journ. Hattori Bot. Lab. 2: 59. 1947.

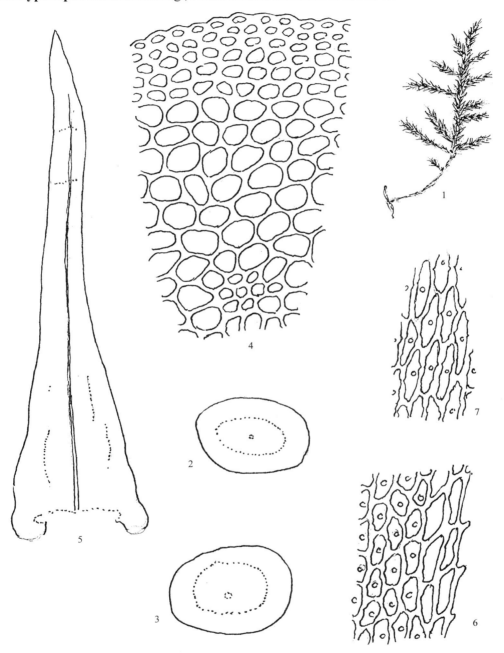

图 90　台湾拟扭叶藓 *Trachypodopsis formosana* Nog. 1. 植物体(×1), 2~3. 茎的横切面(×95), 4. 茎横切面的一部分(×540), 5. 茎叶(×38), 6. 叶中部边缘细胞(×320), 7. 叶基部细胞(×320) (绘图标本：贵州，道真，何强 16, PE) (吴鹏程　绘)

Fig. 90　*Trachypodopsis formosana* Nog. 1. habit (×1), 2~3. cross sections of stem (×95), 4. portion of the cross section of stem (×540), 5. stem leaf (×38), 6. middle marginal leaf cells (×320), 7. basal leaf cells (×320) (Guizhou: Daozhen Co., Q. He 16, PE) (Drawn by P.-C. Wu)

粗壮的植物，黄绿色或带棕色，具暗光泽，疏松成片生长。支茎长可达 15 cm，不规则羽状分枝，硬挺。叶密生，干燥时倾立或平展，湿润时平展，长达 7 mm，基部卵形，叶尖狭长，或为长披针形，具强烈纵褶，干时近尖部扭曲，叶耳稍大而明显，易破裂；叶边具细齿；中肋达叶片近尖部消失；叶细胞狭长菱形或线形，长度为宽度的 3~8 倍，部分细胞具单疣(稀具 2 个疣)；叶边细胞不分化，叶基细胞长而平滑；角部细胞大，方形或长方形，平滑；胞壁略加厚，具壁孔。支茎基部叶片具短尖而呈三角形。孢蒴未见。

生境：多树干及岩面生长。

产地：西藏：墨脱，汗密附近，树干，海拔 2100 m，郎楷永 443c (PE)。云南：贡山，丙中洛，松塔山南坡，林下路边，海拔 3400 m，汪楣芝 7929 (PE)。四川：南川县，金佛山，陈邦杰 1500 (PE)，饶钦山 96 (PE)，汪楣芝 860093、860201、860697 (PE)。贵州：道真，大沙河保护区，路边石上，海拔 1350 m，何强 36 (PE)，黄玉茜 64 (PE)；同前，洛龙镇，磨盘村，路边石上，海拔 1600~1650 m，何强 471 (PE)。湖北：神农架林区，太子山，海拔 1400~2000 m，石上，Luteyn 1510 (NY，MO，PE)。台湾：台中，Suzuki 575 (Holotype, NOG)；台东县，海拔 1600~2200 m，庄清璋 5147 (UBC，PE)；花莲县，太鲁阁，阴坡石壁，海拔 2100~2200 m，庄清璋 5647 (UBC，PE)。

分布：中国特有。

本种与拟卷叶藓变种 *T. serrulata* (P. Beauv.) Fleisch. var. *crispatula* (Hook.) Zant. 和大耳拟扭叶藓 *T. auriculata* (Mitt.) Fleisch.均有相似之处，但与前种主要区别点在于本种茎叶尖狭长而叶基部具耳，且叶细胞多具疣，而大耳拟卷叶藓的叶耳明显卷曲，叶上部渐尖，叶细胞平滑，而与本种可区分。

4. 疏耳拟扭叶藓(新拟名)　图 91

Trachypodopsis laxoalaris Broth. , Wiss. Erg. Deut. Zentr. Afr. Exp. 2, 1: 160. 1910; Brotherus, Nat. Pfl. 2, 11: 122. 1925; Zanten, Blumea 9 (2): 531. 1959.

植株体较粗大，黄绿色，具弱光泽，疏松成小片生长。支茎长约 10 cm，匍匐伸展或垂倾；横切面呈椭圆形，具不明显中轴，具 3~4 层小形厚壁细胞及 10~12 层中央大形、薄壁透明细胞；不规则羽状分枝。叶干燥时倾立或平展，阔卵状披针形，长可达 4.5 mm，基部具小圆耳，上部趋窄呈狭长披针形尖，多扭曲，具不规则长纵褶；叶边上部具粗齿；中肋单一，粗壮，消失于叶尖下部。叶细胞狭长菱形，具单疣，长度与宽度的比约为 5:1，胞壁薄，叶边细胞不分化，叶基角部细胞多数，明显膨大，疏松，透明，仅边缘细胞狭长，与其他细胞无明显界限。枝叶约为茎叶长度的 2/3。

生境：海拔约 1500 m 林下生长。

产地：四川：泸定县，贡嘎山，一号营地向下 3 km，过河至大本营，石上，海拔 1940~2100 m，贾渝 1931、1951 (PE)。湖北：神农架林区，桂竹园至燕子垭，水沟边草丛下，海拔 1750 m，吴鹏程 415 (PE)。宜昌：大老岭国家森林公园，五指山至原始森林，腐木，海拔 1360~1560 m，王庆华 585 (PE)。安徽：黄山，清凉台下，陈邦杰等 7361a (PE)。甘肃：文县，范坝乡，竹园村，林中岩面薄土，海拔 1000 m，贾渝 9157 (PE)。

分布：中国和非洲中东部。

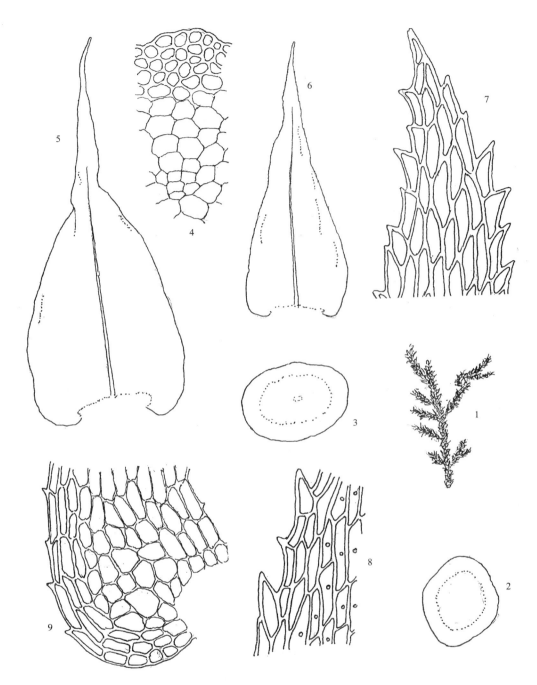

图 91 疏耳拟扭叶藓 Trachypodopsis laxoalaris Broth. 1. 植物体(×1),2~3. 茎的横切面(×95),4. 茎横切面的一部分(×420), 5. 茎叶(×38), 6. 枝叶(×38), 7. 叶尖部细胞(×320), 8. 叶中部边缘细胞(×320), 9. 叶基部细胞(×320) (绘图标本：安徽, 黄山，陈邦杰 7361a, PE) (吴鹏程 绘)

Fig. 91 *Trachypodopsis laxoalaris* Broth. 1. habit (×1), 2~3. cross sections of stem (×95), 4. portion of the cross section of stem (×420), 5. stem leaf (×38), 6. branch leaf (×38), 7. apical leaf cells (×320), 8. middle marginal leaf cells (×320), 9. basal leaf cells (×320) (Anhui: Huangshan Mt., P.-C. Chen 7361a, PE) (Drawn by P.-C. Wu)

本种最突出的特性在于叶基两侧叶耳细胞数多而膨起，且茎叶长大具明显粗齿。安徽黄山和湖北神农架的记录为亚洲地区首次报道本种。

属3　异节藓属 *Diaphanodon* Ren. et Card.

Rev. Bryol. 22: 33. 1895.

模式种：异节藓 *D. blandus* (Harv.) Ren. et Card.

多树生、稀石生或土生藓类。体形一般较大，黄绿色或褐绿色，稀色泽稍淡或略呈黑色，常交织成片生长。主茎多匍匐，着生成束假根和鳞片状叶。支茎短，或可达 15 cm，倾立，密一、二回羽状分枝常呈层片状；鳞毛缺失。茎叶与枝叶异形。茎叶阔卵状基部向上成狭长披针形；叶边具钝齿，有时略背卷；中肋粗壮，近于贯顶。叶细胞长菱形或六角形，具单个疣，角部细胞近于呈方形。枝叶干燥时贴生，较小，卵形，具锐尖，内凹。雌雄异株。雌苞着生枝尖或侧生茎上。内雌苞叶披针形。蒴柄高出，长约 2 mm，呈红色，上部具乳头。孢蒴近于呈球形，成熟时红棕色。蒴齿两层；外齿层淡黄色，齿片披针形，平滑，尖部透明，具细疣；内齿层透明，齿条短于外齿层齿片，基膜低，齿毛缺失。蒴盖圆锥形，具短喙。蒴帽兜形，平滑。孢子球形，具细疣。

本属全世界仅 1 种。中国西南地区有分布。

1. 异节藓　图 92

Diaphanodon blandus (Harv.) Ren. et Card., Bull. Soc. Roy. Bot. Belg. 38 (1): 23. 1900.

Neckera blanda Harv., London Journ. Bot. 2: 14. 1840.

Diaphanodon thuidioides Ren. et Card., Rev. Bryol. 22: 33. 1895; Wu in Li, Bryofl. Xizang: 253. 1985: Wu, Bryofl. Hengduan Mts: 487. 2000.

植物体形稍大，常成片交织生长，一、二回羽状分枝。茎叶阔卵状披针形，枝叶与茎叶明显异形，呈卵形；鳞毛缺失。

生境：多见于树干和林内岩面。

产地：云南：福贡，鹿马登，海拔 2300 m，王立松 82-614 (HKAS，PE)。四川：汶川，威州镇，棋盘沟村，至光岩山途中，林下岩面，海拔 2480 m，汪楣芝 58561、58754 (PE)。泸定，海螺沟一号营地至二号营地公路两侧，树干，海拔 3000~3200 m，贾渝 52129 (PE)。

分布：中国、尼泊尔、缅甸、印度、斯里兰卡和印度尼西亚。

本种与羽藓属 *Thuidium* 植物常相混淆，与后者主要区分点为茎叶无细长毛尖，且茎或枝上均无鳞毛。

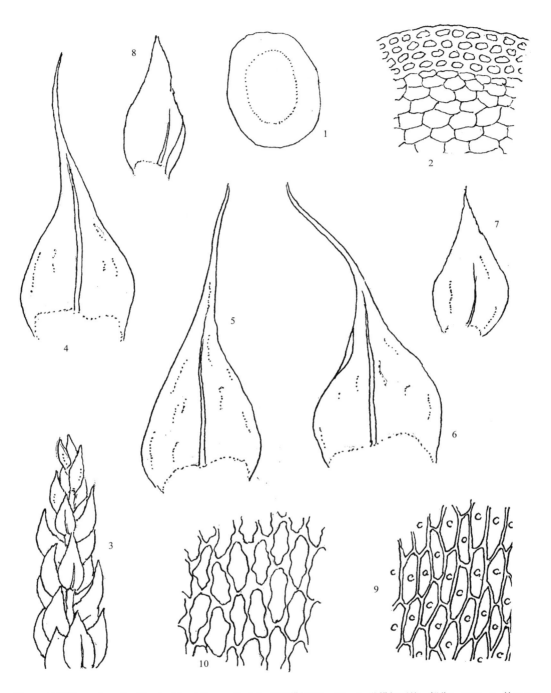

图 92 异节藓 *Diaphanodon blandus* (Harv.) Ren. et Card. 1. 茎的横切面(×95), 2. 茎横切面的一部分(×320), 3. 枝(×10), 4~6. 茎叶(×38), 7, 8. 枝叶(×38), 9. 叶中部细胞(×320), 10. 叶基部细胞(×320) (绘图标本: 云南, 福贡, 王立松 82-614, HKAS) (吴鹏程 绘)

Fig. 92 *Diaphanodon blandus* (Harv.) Ren. et Card. 1. cross section of stem (×95), 2. portion of the cross section of stem (×320), 3. branch (×10), 4~6. stem leaves (×38), 7, 8. branch leaves (×38), 9. middle leaf cells (×320), 10. basal leaf cells (×320) (Yunnan: Fugong Co., L.-S. Wang 82-614, HKAS) (Drawn by P.-C. Wu)

属 4 拟木毛藓属 *Pseudospiridentopsis* (Broth.) Fleisch.

Musci Fl. Buitenzorg 3: 730. 1908.

模式种：拟木毛藓 *P. horrida* (Card.) Fleisch.

粗壮或甚粗壮藓类，黄绿色或褐绿色，有时呈黑褐色，具强绢泽光，常呈疏松大片生长。茎具不明显分化中轴或中轴缺失，匍匐伸展，尖部多倾立，长可达 10 cm 以上，具不规则稀疏羽状分枝，分枝一般长 1~2 cm，钝端。叶密生，长可达 8 mm 以上，基部阔卵形，有明显叶耳，紧密抱茎，上部背仰，突成披针形叶尖；叶边波曲，具不规则疏粗齿；中肋单一，细长，消失于叶尖下。叶细胞卵形至长菱形，胞壁强烈加厚，具明显壁孔，每个叶细胞多具单疣，基部细胞呈线形，平滑。雌雄异株。内雌苞叶小于茎叶。蒴柄细长，平滑。孢蒴直立，卵圆形。蒴齿两层。外齿层齿片为狭长披针形，基部常相连，外面具之字形横脊，上部具密疣；内齿层与外齿层齿片等高，黄绿色，基膜高，齿条上部具穿孔，齿毛 2~3，线形。蒴盖具斜喙。

本属全世界仅 1 种。中国有分布。

1. 拟木毛藓　图 93

Pseudospiridentopsis horrida (Card.) Fleisch., Musci Fl. Buitenzorg 3: 730. 1908; Brotherus,
    Symb. Sin. 4: 77. 1929; Wu in Li, Bryofl. Xizang 255. 1985.
Meteorium horridum Mitt. ex Card., Beit. Bot. Centralbl. 19, 2: 118. 1905.
Trachypodopsis horrida (Card.) Broth., Nat. Pfl. 1 (3): 832. 1906.

种的形态特征参阅属的描述。

生境：山地林边阴湿土上生长。

产地：西藏：墨脱，树干及土上，海拔 700~1800 m，郎楷永 463a、473、497、502b、507a、508a (PE)。墨脱县，得儿工，密林内树干，海拔 1800 m，郎楷永 497、502b、507a、508a (PE)；同上，马尼翁附近，树干、土坡及石上，海拔 700~850 m，郎楷永 407、463a、473 (PE)，武素功 5193 (HKAS)，陈伟烈 42b (PE)。云南：碧江，高黎贡山，石上，臧穆 (HKAS, PE)。贡山，高黎贡山，树基及石上，海拔 1400~2300 m，汪楣芝 9643b、9721d、9722d、9896 (PE)；贡山至其期途中，海拔 1850~2100 m，汪楣芝 9033、9168、9179a、9195a (PE)；龙元后山，树干，海拔 1520~1720 m，汪楣芝 10837b、11089 (PE)。贡山县，高黎贡山西坡和东坡，树干及岩面，海拔 1900~2300 m，汪楣芝 9643b、9033a、9168、9179a、9195a (PE)；同上，独龙江公社，树基及树干，海拔 1400~2200 m，汪楣芝 9721d、9722d、9896 (PE)。贵州：道真，大沙河保护区，岩面及树干，海拔 1350~1500 m，黄玉茜 115、294 (PE)，何强 246 (PE)。福建：将乐县，陇西山里山，大冬坑林下，路边岩面，海拔 950 m，汪楣芝 48287 (PE)。浙江；龙泉，凤阳山，海拔 1200 m，吴鹏程 535 (PE)。

分布：中国、不丹、尼泊尔、印度、日本南部岛屿和菲律宾。

以其体形粗大，常呈黑褐色，而叶片强烈反曲且具明显叶耳等特征，为扭叶藓科中以肉眼可识别的种类。

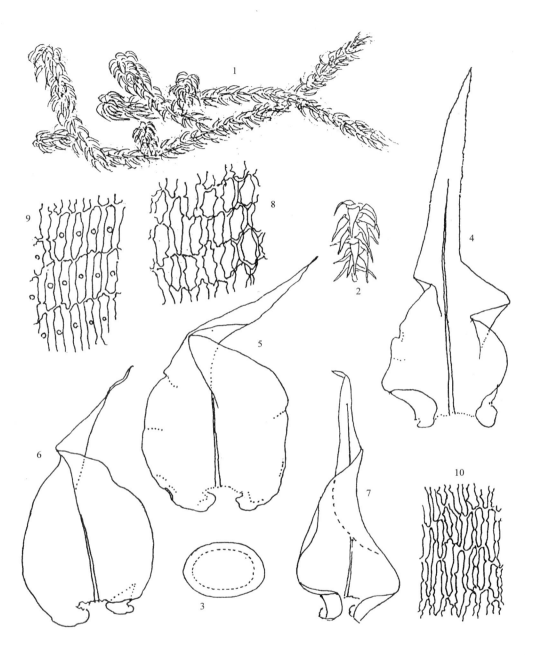

图 93　拟木毛藓 *Pseudospiridentopsis horrida* (Card.) Fleisch. 1. 植物体(×1.5), 2. 枝(×3), 3. 茎的横切面(×25), 4~5. 茎叶(×36), 6~7. 枝叶(×36), 8. 叶尖部细胞(×455), 9. 叶中部细胞(×455), 10. 叶基部细胞(×455) (绘图标本：浙江，昂山，吴鹏程 255, PE) (吴鹏程 绘)

Fig. 93　*Pseudospiridentopsis horrida* (Card.) Fleisch. 1. habit (×1.5), 2. branch (×3), 3. cross section of stem (×25), 4~5. stem leaves (×36), 6~7. branch leaves (×36), 8. apical leaf cells (×455), 9. middle leaf cells (×455), 10. basal leaf cells (×455) (Zhejiang: Mt. Angshan, P.-C. Wu 255, PE) (Drawn by P.-C. Wu)

属 5 绿锯藓属 *Duthiella* C. Müll. ex Broth.

Nat. Pfl. 1, 3: 1009. 1908.

模式种：绿锯藓 *D. wallichii* (Mitt.) C. Müll. in Broth.

疏松贴生，多柔软，绿色、黄绿色或暗绿色，一般无光泽，呈扁平片状生长。主茎匍匐，密被棕色假根；不规则羽状分枝，稀呈树形分枝，多扁平被叶；具不明显分化中轴或中轴缺失。茎叶与枝叶近似，仅大小略有差异，基部呈卵形或阔卵形，渐上呈短披针形尖，干燥时尖部卷曲，湿润时倾立，基部略下延，有时具小圆耳；叶边下部具细齿，上部多具粗齿；中肋单一，细弱，消失于叶近尖部。叶细胞菱形、六角形或狭长菱形，叶基角部细胞圆六角形，胞壁薄，具单疣或 3 至多个细圆疣。枝叶一般较短。雌雄异株。雌苞侧生于支茎或枝上。内雌苞叶由鞘状基部向上呈狭长叶尖。孢蒴不规则长卵形，略呈弓形，具短台部。蒴齿两层；外齿层黄色，齿片 16 枚，披针形，中脊之字形，具密横脊；内齿层淡黄色，齿条 16，狭披针形，折叠形，具密疣及穿孔，齿毛 3，具结节，基膜高出。蒴盖圆锥形，喙多斜出。蒴帽小，兜形，平滑。孢子球形，浅黄色，具细疣，直径可达 12 μm。

本属全世界有 6 种，多亚洲南部和东部林地、树干及具土岩面生长。中国曾报道过近 10 个种，因部分种类已被作为异名，现知中国有 5 种。

分种检索表

1. 每个叶细胞具多个单列细疣 ·· **1. 软枝绿锯藓 D. flaccida**
1. 每个叶细胞仅具单个细疣 ··· 2
2. 叶上部细胞六角形或多边形，长度与宽度近于等同 ············· **5. 绿锯藓 D. wallichii**
2. 叶上部细胞长六角形或长卵形，长度可达宽度的 6 倍 ·· 3
3. 茎叶尖部扭曲；叶边细胞无明显分化 ························· **3. 美绿锯藓 D. speciosissima**
3. 茎叶尖部不明显扭曲；叶边细胞较大 ··· 4
4. 叶干时不贴生；叶细胞壁多波曲；叶角部细胞数少 ·············· **4. 斜枝绿锯藓 D. declinata**
4. 叶干时多贴生；叶细胞壁不波曲；叶角部细胞多数 ·············· **2. 台湾绿锯藓 D. formosana**

Key to the species

1. Each leaf cell with single rank of papillae ··· **1. D. flaccida**
1. Each leaf cell only with a single papilla ··· 2
2. Upper leaf cells rhomboidal or polygonal, the length similar to the width ··············· **5. D. wallichii**
2. Upper leaf cells oblong-rhomboidal or oblong-ovate, the length up to 6 times of the width ·················· 3
3. Apiex of stem leaves twisted; marginal leaf cells not obviously different ··············· **3. D. speciosissima**
3. Apiex of stem leaves not obviously twisted; marginal leaf cells large ····················· 4
4. Leaves not appressed when dry; cell walls sinuous; alar leaf cells few ·················· **4. D. declinata**
4. Leaves mostly appressed when dry; cell walls not sinuous; alar leaf cells numerous ············· **2. D. formosana**

1. 软枝绿锯藓　图 94

Duthiella flaccida (Card.) Broth., Nat. Pfl. 1 (3): 1010. 1908; Reimers, Hedwigia 76: 289. 1937.

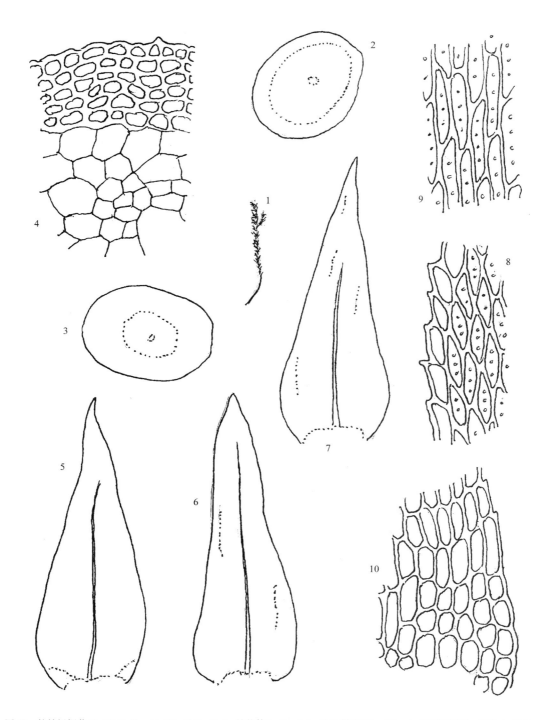

图 94 软枝绿锯藓 *Duthiella flaccida* (Card.) Broth. 1. 植物体(×1)，2~3. 茎的横切面(×95)，4. 茎横切面的一部分(×320)，5~7. 叶(×38)，8. 叶中部边缘细胞(×320)，9. 叶基部细胞(×320)，10. 叶角部细胞(×320) (绘图标本：四川，峨眉山，何强 1181, PE) (吴鹏程 绘)

Fig. 94 *Duthiella flaccida* (Card.) Broth. 1. habit (×1), 2~3. cross sections of stem (×95), 4. portion of the cross section of stem (×320), 5~7. leaves (×38), 8. middle marginal leaf cells (×320), 9. basal leaf cells (×320), 10. alar leaf cells (×320) (Sichuan:Emei Mt., Q. He 1181, PE) (Drawn by P.-C. Wu)

Duthiella japonica Broth. in Card., Bull. Soc. Bot. Genève Ser. 2, 3: 283. 1911.

Duthiella perpapillata Broth., Symb. Sin. 4: 78. 1929; Reimers, Hedwigia 76: 289. 1937.

植物体柔弱，黄绿色至暗绿色，无光泽，平卧交织成片。茎匍匐，长可达 10 cm，不规则羽状分枝。叶多扁平排列，干燥时平横伸展，长 1~5 mm，由卵形基部向上渐尖；叶边具细齿；中肋消失于叶尖下。叶细胞长六角形，厚壁，具 2~6 个成列的细疣。雌雄异株。蒴柄深褐色，长约 3 cm。孢蒴长圆柱形，倾立。蒴齿两层；外齿层齿片披针形，上部具细疣；内齿层基膜高出，具细疣，齿毛 3。

生境：具土岩面生长。

产地：云南：维西，碧罗雪山，滴水石壁，海拔 2350 m，汪楣芝 5409 (PE)。四川：峨眉山，石上及土上，海拔 600~1750 m，何强 1091、1162、1182、1212、1315、1375、1401 (PE)；都江堰，石上，海拔 1120~1500 m，刘阳 388 (PE)；青城山，阴湿岩壁，海拔 1200 m，刘阳 466 (PE)；灌县，二郎庙，石上，海拔 750 m，陈邦杰 1206 (PE)。重庆：南川，金佛山，后河，岩面，海拔 600 m，刘阳 1677 (PE)。贵州：道真，大礅镇，溪边石上、土上或岩壁，海拔 600~650 m，何强 556、602、605、613、630 (PE)；同前，洛龙镇，沟内石上，海拔 1600 m，何强 451、476 (PE)；同前，大沙河滩，岩壁，海拔 1450~1500 m，黄玉茜 295 (PE)；江口，梵净山，阴岩壁，吴鹏程 23654、24147 (PE)。广西：罗城，九万山，树干，海拔 450 m，龙光日、张灿明 L8903 (PE)。台湾：南投，海拔 1100 m，T. Koponen 17324 (H, PE, 原订名 *Floribundaria taiwanica* Luo et T. Koponen)。浙江：于潜，西天目山，海拔 1400~1800 m，王志敏 12-9 (PE)。甘肃：范坝，湿石上，海拔 800 m，李粉霞 223 (PE)。

分布：中国、日本、印度、菲律宾和巴布亚新几内亚。

本种主要识别点为叶细胞具 2~6 个成列细疣，在扭叶藓科内为较独特的类型。

2. 台湾绿锯藓　图 95

Duthiella formosana Nog., Trans. Nat. His. Soc. Formosa 24: 469. 1934; Noguchi, Journ. Hattori Bot. Lab. 2: 62. 1947; Wu in Li, Bryol. Xizang 255. 1985.

植物体近于扁平，绿色、黄绿色或棕绿色。支茎匍匐，不规则羽状分枝。叶片干燥时贴生或倾立，湿润时平展，卵状披针形，具弱纵褶，基部宽阔，两侧有小叶耳，尖部有时扭曲。叶细胞多长六角形，背腹面各具单疣，叶边细胞狭长而平滑，形成分化边，角部细胞方形，数多，疏松排列。

生境：树基和林地生长。

产地：西藏：墨脱，汗密附近，树上，海拔 2100 m，郎楷永 443c (PE)；定结，陈塘区，常绿林下，腐木，海拔 2300 m，倪志诚 131、135、141b (PE)。云南：贡山，达拉，山坡树干上，海拔 2700 m，王启无 6504 (PE)。四川：盐边，大坪子区，白坡山至麻陇树上，海拔 1500~3000 m，汪楣芝 20835 (PE)。台湾：高雄，大武山，小平胜三 1758 (typus, TNS)。

分布：中国和日本。

本种叶片基部两侧具小叶耳，每个叶细胞仅具单个疣，为与软枝绿锯藓的主要区分点。

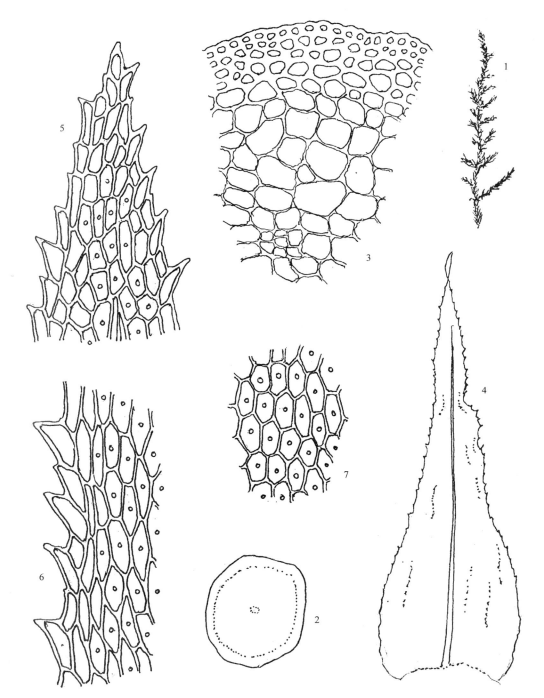

图 95 台湾绿锯藓 *Duthiella formosana* Nog. 1. 植物体(×1), 2. 茎的横切面(×95), 3. 茎横切面的一部分(×420), 4. 茎叶(×38), 5. 叶尖部细胞(×320), 6. 叶中部边缘细胞(×320), 7. 叶中部近中肋细胞(×320)(绘图标本: 西藏, 定结, 倪志诚 131, PE)(吴鹏程 绘)

Fig. 95 *Duthiella formosana* Nog. 1. habit (× 1), 2. cross section of stem (× 95), 3. portion of the cross section of stem (× 420), 4. leaf (× 38), 5. apical leaf cells (× 320), 6. middle marginal leaf cells (× 320), 7. middle juxtacostal leaf cells (× 320) (Xizang: Dingjie Co., Z.-C. Ni 131, PE) (Drawn by P.-C. Wu)

3. 美绿锯藓　图 96

Duthiella speciosissima Broth. ex Card., Bull. Soc. Bot. Genève Ser. 2, 5: 317. 1913; Reimers, Hedwigia 76: 289. 1937; Chen, Feddes Repert 58: 29. 1955.

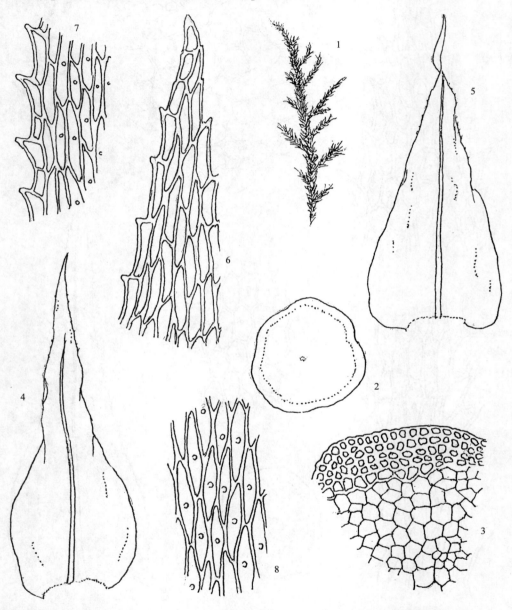

图 96　美绿锯藓 *Duthiella speciosissima* Broth. ex Card. 1. 植物体(×1)，2. 茎的横切面(×95)，3. 茎横切面的一部分(×320)，4~5. 茎叶(×38)，6. 叶尖部细胞(×320)，7. 叶中部边缘细胞(×320)，8. 叶基部细胞(×320) (绘图标本：甘肃，文县，贾渝 9127, PE) (吴鹏程　绘)

Fig. 96　*Duthiella speciosissima* Broth. ex Card. 1. habit (×1), 2. cross section of stem (×95), 3. portion of the cross section of stem (×320), 4~5. stem leaves (×38), 6. apical leaf cells (×320), 7. middle marginal leaf cells (×320), 8. basal leaf cells (×320) (Gansu: Wen Co., Y. Jia 9127, PE) (Drawn by P.-C. Wu)

Matsumuraea japonica Okam., Bot. Mag. Tokyo 28: 106. 1914.

体形较粗，暗绿色或黄绿色，略具光泽，成片交织生长。主茎与支茎均匍匐生长，长可达 10 cm 以上，不规则分枝；枝密被叶片。叶干时和湿润时均扁平展出，阔卵形，基部具小叶耳，向上渐成披针形尖，多扭曲；叶边具中等齿和粗齿；中肋单一，细弱，消失于叶尖下。叶细胞六角形至长卵形，长度可达宽度的 6 倍，每个细胞的背腹面具单个细疣，基部细胞趋长而平滑；边缘细胞多狭长而平滑；角部细胞少而呈方形，平滑；胞壁薄。蒴柄长约 5 cm。孢蒴特征和属的特征相同。

生境：习生林地或土坡；海拔分布可达 1000 m 以上。

产地：重庆：巫溪，白果林场，鬼门关至转坪途中，石生，海拔 1500~1620 m，李粉霞 1364 (PE)。贵州：道真县，大磜镇，岩面，海拔 600 m，何强 636 (PE)。湖北：神农架林区，宋洛河边，半阴石面，海拔 980~1138 m，Luteyn 1727 (Ny，PE)。江西：赣州，崇义，阳岭保护区，阴石壁，海拔 550~650 m，于宁宁 1151 (PE)。安徽：清凉峰，郑维发 1551 (PE)。河南：栾川，大南沟，涂大正 3023 (PE)。甘肃：文县，范坝乡，林地，海拔 1150 m，贾渝 9127 (PE)。

分布：中国和日本。

本种和绿锯藓属中其他种类不同之处在于本种较粗大。其叶尖细长而扭曲也较独特，而与拟扭叶藓属的种类相类似，但本种土生习性与拟扭叶藓属植物树干或具土岩面生长相区分。

4. 斜枝绿锯藓

Duthiella declinata (Mitt.) Zant., Blumea 9: 559. 1959.

Trachypus declinatus Mitt., Journ. Linn. Soc. Bot. Suppl 1: 129. 1859.

Duthiella complanata Broth., Philipp. Journ. Soc. 5: 157. 1910; Brotherus, Nat. Pfl. 2, 11: 123. 1925; Reimers, Hedwigia 76: 289. 1937.

Duthiella mussooriensis Reim., Hedwigia 76: 289. 1937.

Duthiella wallichii (Mitt.) Broth. f. *robusta* Broth., Symb. Sin. 4: 77. 1929; Reimers, Hedwigia 76: 289. 1937.

植物体形中等大小，黄绿色，多略具光泽，呈小片状生长。主茎和支茎多匍匐生长；支茎长达 5 cm，不规则羽状或略呈树形分枝，扁平被叶。叶干燥时直立，湿润时平展，长达 3 mm，卵形，基部不呈耳形，渐上呈披针形，近尖部略具波纹；叶边具粗齿；中肋单一，消失于叶尖下。叶细胞长六角形，背腹面多具单疣，稀具 2 个疣，胞壁薄而略波曲；基部细胞趋长，边缘细胞较长而大，形成明显的边；角部细胞疏松，方形，平滑；雌雄异株。蒴柄长 2~3 cm。孢蒴特征与属的描述相同。

生境：习生山地树茎或具土岩面。

产地：四川：盐源县，近 Kwapi castle, Handel-Mazzetti 2728 (H. 原订名 *D. wallichii* var. *robusta*)。贵州：道真县，大磜镇向石村，仙女洞附近，溪涧石上，海拔 600~650 m，何强 636 (PE)。

分布：中国、喜马拉雅地区、印度、菲律宾。

与本种近似的为台湾绿锯藓 *D. formosana* Nog.，但本种干燥时叶片不贴生，叶片角部细胞数少而与后者相异。

5. 绿锯藓　图 97

Duthiella wallichii (Mitt.) Broth., Nat. Pfl. 1 (3): 1010. 1908; Herzog, Hedwigia 65: 163.
　1925.

Leskea wallichii Mitt., Journ. Linn. Soc. Bot. Suppl 1: 132. 1859.

Pseudoleskea wallichii (Mitt.) Jaeg., Ber. S. Gall. Naturw. Ges. 1877~1878: 475. 1880.

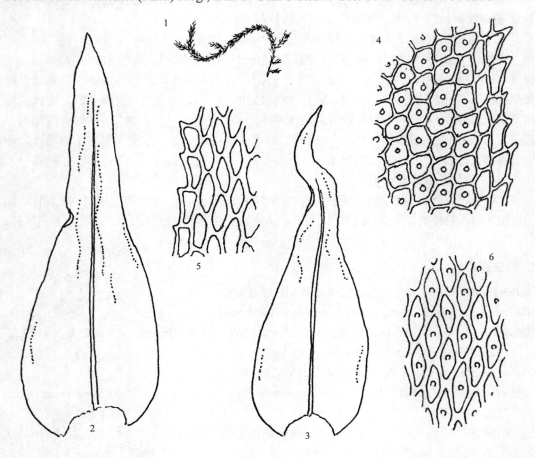

图 97　绿锯藓 *Duthiella wallichii* (Mitt.) Broth. 1. 植物体(×1)，2~3. 叶(×38)，4. 叶上部边缘细胞(×320)，5. 叶中部边缘细胞(×320)，6. 叶中下部细胞(×320) (绘图标本：海南：吊罗山，林邦娟，张力 1084, IBSC) (吴鹏程 绘)

Fig. 97　*Duthiella wallichii* (Mitt.) Broth. 1. habit (×1), 2~3. leaves (×38), 4. upper marginal leaf cells (×320), 5. middle marginal leaf cells (×320), 6. lower leaf cells (×320) (Hainan: Diaoluo Mt., P.-J. Lin and L. Zhang 1084, IBSC) (Drawn by P.-C. Wu)

　　形体中等大小，暗绿色或黄绿色，交织成小片状生长。支茎匍匐伸展，不规则分枝或略呈羽状分枝，多扁平被叶。叶干时或湿润时不贴生，长达 3 mm，长卵形，扁平或略具弱纵褶，向上渐尖，尖部常扭曲，叶基部不呈耳状；叶边具细齿或中等齿；中肋单一，不及叶尖前消失。叶细胞方形至菱形，长度与宽度等径，或略长，直径 10~20 μm，近基部细胞趋长，背腹而均具单疣，基部细胞平滑；叶边细胞略长或近似，多平滑无疣；角部细胞数少，方形至长方形，平滑；胞壁均柔薄，不呈波形。雌雄异株。蒴柄长 3~4 cm。孢蒴特征与属的描述相同。内齿层基膜具细疣。

生境：多树干或石上生长；分布海拔 700~3000 m。

产地：云南：西双版纳，勐海，南糯山，流沙河岸，徐文宣 6311a（YUKU，PE）；同前，勐养，曼乃庄后山，箐沟中，徐文宣 6514（PE）；勐养，670 km 附近路边，徐文宣 1064（PE）。海南：昌江，东四林场，沟内土面，海拔 980~1100 m，汪楣芝 45410a（PE）；吊罗山，三角山，林下石壁，海拔 780 m，林邦娟、张力 1084（ISBC，PE）。江西：赣州，崇义县，阳岭国家森林公园，陨石壁生，海拔 550~650 m，于宁宁 1151（PE）。

分布：中国、尼泊尔、印度和印度尼西亚。

叶较短而叶细胞长度与宽度等径为绿锯齿属中独特的类型，与软枝绿锯藓 *D. flaccida* (Card.) Broth. 叶形近似，但后者叶细胞具多个细疣与本种每个叶细胞仅具单疣可相互区分。

科 40　金毛藓科 Myuriaceae[*]

树生暖地藓类，多粗壮，分枝密而交织丛集，稀悬垂群生，常具金黄色或铁锈色光泽。茎横切面圆形，无分化中轴，有透明基本组织和长形周边细胞。主茎横生，匍匐；支茎常直立或倾立，单出或有分枝；分枝末端钝尖；无鳞毛。叶密集覆瓦状排列，基部圆形或卵圆形，不下延，上部突狭或逐渐成长尖，边缘上部常有齿，下部全缘；无中肋。叶细胞长形，厚壁，平滑，常有壁孔，角细胞分化，圆形，棕黄色。雌雄异株。雌苞生于侧生短枝上，有线形隔丝。雌苞叶分化。蒴柄细长，平滑。孢蒴长卵形，直立，对称，平滑。气孔稀少，显型。环带不分化。蒴齿两层，外齿层齿片阔披针形，有细长尖，黄色透明，平滑，中缝有不连续、大小不等的穿孔，内侧面有稀疏横隔；内齿层仅有基膜。蒴盖圆锥形，有斜长喙。蒴帽兜形，平滑。孢子呈不规则球形，有细密疣。

不同的学者对本科的属的划分提出不同的见解(Fleischer, 1905, 1919；Brotherus, 1929；Noguchi, 1948；Sakurai, 1954；Maschke, 1976)。Fleischer 最早将蕨藓科划分为 3 个亚科：金毛藓亚科 Oedicladieae，蕨藓亚科 Pterobryeae，绳藓亚科 Garovaglieae，其中金毛藓亚科包括 2 个属：金毛藓属 *Myurium* 和 *Oedicladium*，1919 年他又将 *Oedicladium* 作为金毛藓属的异名。1909 年，Brotherus 提出建立一个新科：金毛藓科，而且仅包括 1 属：金毛藓属。1922 年，Fleischer 承认了 Brotherus 关于金毛藓科的概念，并新增加 1 属：*Piloecium*。Seki (1968)建议将以前属于 *Palisadula* 和 *Clastobryum* 的 3 个种转移至金毛藓属。这一观点得到 Maschke (1976)的支持，根据 Maschke (1976)，以前隶属于 4 个属的种类均属 1 个属：金毛藓属。但是，这一分类学处理并未得到一致的同意，Inoue 等(1978)就表示不赞同。*Oedicladium* 最早由 Mitten (1868)建立的一个新属，当时包括 2 个种：

* 作者(Auctor)：贾渝(Jia Yu)

O. rufescens (Reinw. et Hornsch.)Mitt 和 *O. involutaceum* Mitt.其中，前者也发现于热带亚洲和大洋洲。Fleischer (1906)则认为两属是同一属植物，因此，金毛藓属应有优先权。从那时起，亚洲的种类均归属于金毛藓属。但是，基于蒴齿等形态特征，Iwatsuki (1979)建议将金毛藓属 *Myurium* 与 *Oedicladium* 分别作为 2 个独立的属，而亚洲的种类均属于 *Oedicladium*。但是，作者并未发现两者间有较大的区别，而且，Iwastuki 也并未对这一处理表示充分的肯定，因此，作者仍将它们作为一个属处理。此外，*Piloecium* 属仅 2 种，分布印度尼西亚、菲律宾等地。野口彰(1947)将原来的 *Myurium sinica* 另立拟金毛藓属 *Eumyurium* 改隶属于蕨藓科。本科中国有 2 属。

分属检索表

1. 茎长 7.0~40 mm；雌苞叶边缘具弱的齿；蒴齿没有类似于栅孔状的附体⋯⋯ **1. 红毛藓属 *Oedicladium***
1. 茎长 2.0~6.0 mm；雌苞叶边缘具明显的齿；蒴齿具有栅孔状的附体⋯⋯⋯⋯⋯ **2. 栅孔藓属 *Palisadula***

Key to the genera

1. Stems mostly 7.0~40 mm long; margins of perichaetial leaves weakly serrate; peristome teeth without palisade-like appendages ⋯⋯⋯⋯⋯⋯⋯⋯⋯⋯⋯⋯⋯⋯⋯⋯⋯⋯⋯⋯⋯⋯⋯⋯⋯ **1. *Oedicladium***
1. Stems mostly 2.0~6.0 mm long; margins of perichaetial leaves distinctly serrate; peristome teeth with palisade-like appendages ⋯⋯⋯⋯⋯⋯⋯⋯⋯⋯⋯⋯⋯⋯⋯⋯⋯⋯⋯⋯⋯⋯⋯ **2. *Palisadula***

属 1　红毛藓属(新拟名)*Oedicladium* Mitt.

Journ. Linn. Soc. Bot. 10: 194. 1868.

模式种：红毛藓 *O. rufescens* (Reinw. et Hornsch.) Mitt.

植物体上部黄绿色，下部褐色，具红色光泽，假根具疣。横茎匍匐生长于整个基质上；茎横切面没有中轴；横茎上叶片排列疏松，与植物体其他部位的叶比较，叶片非常小；假鳞毛叶状，形状不规则，边缘具刺状细齿。茎直立或上升状，稀疏分枝或不分枝，有时呈弯曲状，叶片密集着生。茎叶卵形或披针形，尖部呈狭窄的锐尖，多少内凹，无纵褶；短的双中肋。叶细胞长形，细胞壁厚且具壁孔，平滑，偶尔有角质状加厚；角部具 2 至数个大的，透明的薄壁细胞，但是它们经常被残留在茎上，而我们经常所能看到的角部是由一群短而厚壁的细胞组成。雌雄异株。雄株和雌株大小近于相同；雄苞和雌苞生于茎叶的叶腋处，稀生于横茎上。蒴柄长，平滑。孢蒴圆柱形，对称。无环带。外齿层沿纵向的中线上具孔，背面平滑，腹面具不明显的横脊，内蒴齿退化，仅有低的基膜或完全缺失。气孔生于孢蒴的基部。蒴帽兜状。孢子具细疣。

本属分布亚洲暖地，多树生藓类，全世界 9 种(Crosby *et al.*, 1999)。

分种检索表

1. 叶尖扭曲⋯⋯⋯⋯⋯⋯⋯⋯⋯⋯⋯⋯⋯⋯⋯⋯⋯⋯⋯⋯⋯⋯⋯⋯ **2. 扭叶红毛藓 *O. tortifolium***
1. 叶尖不扭曲⋯⋯⋯⋯⋯⋯⋯⋯⋯⋯⋯⋯⋯⋯⋯⋯⋯⋯⋯⋯⋯⋯⋯⋯⋯⋯⋯⋯⋯⋯⋯⋯⋯⋯ 2
2. 角部细胞分化明显，尖部具齿 ⋯⋯⋯⋯⋯⋯⋯⋯⋯⋯⋯⋯⋯⋯⋯ **3. 红毛藓 *O. rufescens***
2. 角部细胞分化不明显，尖部具弱齿或全缘 ⋯⋯⋯⋯⋯⋯⋯⋯⋯⋯⋯⋯⋯⋯⋯⋯⋯⋯⋯⋯⋯ 3
3. 叶片边缘在中部强烈内卷；尖部长，与叶片部分区别不明显⋯⋯⋯⋯⋯⋯ **1. 脆叶红毛藓 *O. fragile***

3. 叶片边缘在中部稍内卷；尖部短，与叶片部分明显区别 ························ **4. 小红毛藓 O. serricuspe**

Key to the species

1. Leaf apices twisted ··· **2. O. tortifolium**
1. Leaf apices straight ··· 2
2. Alar cells well developed; leaf margins serrate near the apex ···················· **3. O. rufescens**
2. Alar cells hardly differentiated; leaf margins entire or nearly so at the apex ··············· 3
3. Leaf margins strongly involute at middle making the leaves tube-like appearance; the apical portion long and indistinctly separated from the laminal portion ············· **1. O. fragile**
3. Leaf margins slightly involute at middle; the apical portion short, distinctly separated from the laminal portion ·· **4. O. serricuspe**

1. 脆叶红毛藓(新拟名) (脆叶金毛藓)　图 98

Oedicladium fragile Card., Beih. Bot. Centralbl., Abt. 2 19 (2): 113. 14. 1905.

Myurium foxworthyi (Broth.) Broth., Nat. Pfl. 1 (3): 1224. 1908.

Myurium fragile (Card.) Broth., Nat. Pfl. 1 (3): 1224. 1909.

植物体大，灰绿色至黄绿色，下部常为褐色；主茎细，匍匐状生长，横切面的皮层细胞为厚壁，横茎上着生的叶片小而长，呈三角状，具长渐尖，长 1.0~1.8 mm，中肋缺失；假根具疣；假鳞毛叶状，但在形态上不规则，边缘具刺状齿；支茎直立或斜向生长，稀疏分枝，密集着生叶片，长 8.0~25 mm，连叶宽 3.0~4.0 mm；叶片披针形，逐渐成一狭长尖，长 4.0~7.0 mm，叶边具弱齿或全缘，在中部或下部明显内卷，尖部有时断裂；叶细胞狭的六边形，长 40~70 μm，宽 5.0~8.0 μm，细胞厚且具壁孔；角部具少数透明的细胞，但容易破碎而遗留于茎上；角细胞上有一群红棕色、短的细胞；叶腋常具棕色、丝状、具疣的芽胞。雌雄异株。雄苞和雌苞生于茎上而很少生于横茎。雌苞叶狭披针形，长 2.0~3.0 mm。蒴柄长 10~12 mm。孢蒴直立，对称。气孔生于孢蒴基部。外蒴齿透明，平滑，中缝具孔；内蒴齿退化或缺失。孢子具细疣，直径 15~31 μm。

生境：生于树干、腐木或岩面。

产地：广东：深圳市，南澳，汪楣芝 60779、60830、60836 (PE)，刘阳、汪楣芝 4103、4105、4117 (PE)，梧桐山，大梧桐，张力 4257 (SZG)，杨梅坑，张力 4421 (SZG)。海南：尖峰岭，黄全 II-32、1596 (PE)，吴鹏程 24367 (PE)；顶峰北坡林区，陈邦杰等 671 (PE)；天池林区，陈邦杰等 83 (PE)，尖峰岭，陈邦杰等 42b、613d (PE)，吴鹏程 20782 (PE)，独岭林区，陈邦杰等 387 (PE)，吴鹏程 20846-a (PE)；山顶矮林区，陈邦杰等 703 (PE)，虎头岭，吴鹏程 24100 (PE)，林邦娟、李植华、杨燕仪 92、142、153a (IBSC)；昌江县，霸王岭，杨善 20707 (PE)，吴鹏程 24114 (PE)，虎头岭，汪楣芝 45175-a、45180、45245、45240a (PE)；乐东县，尖峰岭，张力 5178、5186 (SZG)，吴鹏程 24286 (PE)；陵水县，吊罗山，汪楣芝 45810b (PE)，吴鹏程 24488、24515 (PE)。香港：大帽山，林邦娟等 285、484 (IBSC)，大东山，汪楣芝 65672 (PE)。

分布：中国，越南和菲律宾。

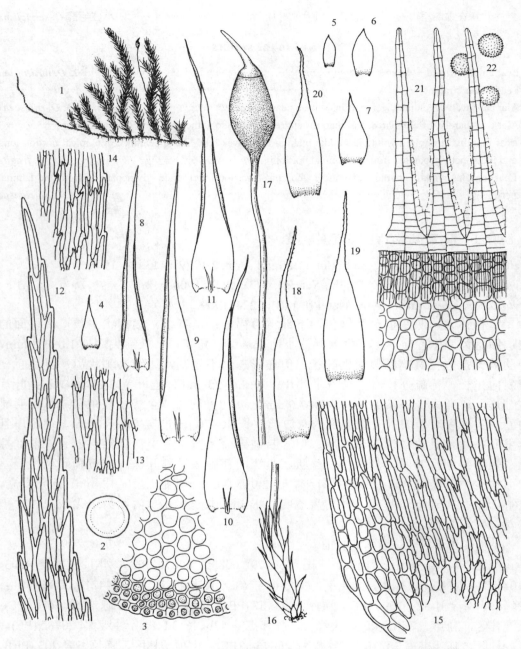

图 98　脆叶红毛藓 *Oedicladium fragile* Card. 1. 植物体(×1)，2. 茎横切面(×37)，3. 茎横切面的一部分(×367)，4~11. 叶片(×17)，12. 叶尖部细胞(×367)，13. 叶中部细胞(×367)，14. 叶中部边缘细胞(×367)，15. 叶基部细胞(×367)，16. 带有苞叶的蒴柄(×14)，17. 孢蒴(×14)，18~20. 雌苞叶(×28)，21. 蒴齿和孢子(×258)，22. 孢子(×367) (绘图标本：海南，尖峰岭，陈邦杰等 387, PE) (郭木森 绘)

Fig. 98　*Oedicladium fragile* Card. 1. plant (×1), 2. cross section of stem (×37), 3. a portion of cross section of stem (×367), 4~11. leaves (×17), 12. apical leaf cells (×367), 13. median leaf cells (×367), 14. median marginal leaf cells (×367), 15. basal leaf cells (×367), 16. setae with perichaetial leaves (×14), 17. capsule (×14), 18~20. pericahetial leaves (×28), 21. peristome teeth and spores (×258), 22. spores (×367) (Hainan: Mt. Jianfengling, P.-C. Chen *et al.*, 387, PE) (Drawn by M. S. Guo)

2. 扭叶红毛藓(新拟名)　图 99

Oedicladium tortifolium (Chen) Iwats., Journ. Hattori Bot. Lab. 46: 267. 1979.

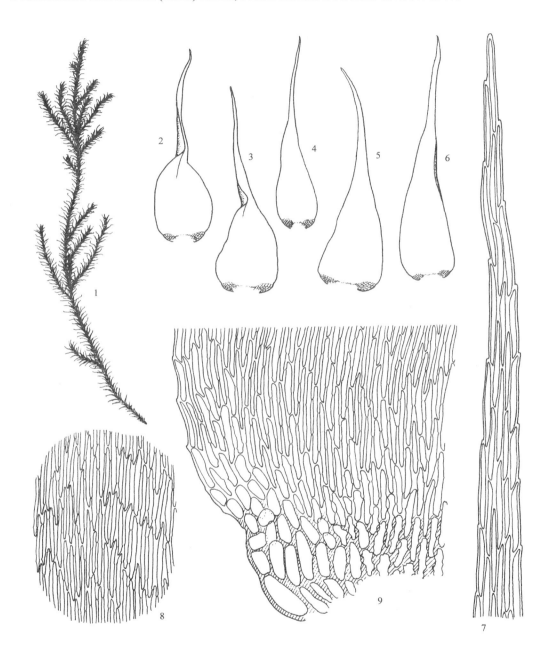

图 99　扭叶红毛藓 *Oedicladium tortifolium* (Chen) Iwats. 1. 植物体(×3)，2~6. 叶片(×28)，7. 叶尖部细胞(×367)，8. 叶中部细胞(×367)，9. 叶基部细胞(×367) (绘图标本：四川，峨眉山，九老洞，陈邦杰 5663，PE) (郭木森 绘)

Fig. 99　*Oedicladium tortifolium* (Chen) Iwats. 1. habit (×3), 2~6. leaves (×28), 7. apical leaf cells (×367), 8. median leaf cells (×367), 9. basal leaf cells (×367) (Sichuan: Mt. Emeishan, P.-C. Chen 5663, PE) (Drawn by M. S. Guo)

Myurium tortifolium Chen, Rep. Sp. Nov. Regn. Veg. 58: 26. 1955.

　　植物体粗壮，簇生，枝条密集，硬挺，金黄色或褐绿色。茎直立，高约 12 cm，基部具假根，叶片密集着生，不规则分枝。叶片展开或倾立，下延，内凹，基部为狭的卵状披针形，向上逐渐呈细长而急尖形，叶多曲扭或卷曲，长约 3.0 mm，叶边稍内卷，全缘；中肋不明显或缺失。细胞狭长形，具壁孔，长 30~70 μm，宽约 5.0 μm，薄壁。

　　生境：于树上着生。

　　产地：四川：峨眉山，九老洞，陈邦杰 5663 (type) (PE)；天全县，二郎山，何思 32105 (PE)。

　　分布：中国特有。

3. 红毛藓(新拟名)　图 100

Oedicladium rufescens (Reinw. et Hornsch.) Mitt., Journ. Linn. Soc., Bot. 10: 195. 1868.

Myurium rufescens (Reinw. et Hornsch.) Fleisch., Laubmfl. Java 3.672. 1906.

Leucodon rufescens Reinw. et Hornsch., Nov. Act. Acad. Car. Leop. 14 (2): 712. 1829.

　　植物体大形，灰绿色或褐绿色，密集着生，形成疏松的垫状；主茎上着生小叶片；茎横切面的皮层由厚壁细胞组成；假根具疣；假鳞毛叶状，并具明显的刺状细齿；茎密集，斜向或直立，长 10~40 mm，分枝有或无，叶片密集着生于其上，连叶宽 2.5~3.5 mm；茎叶卵形，深的内凹，急狭成一长尖，叶片长 2.0~3.2 mm，宽 0.5~1.0 mm；叶边近于全缘或上部具弱的细齿。叶细胞长六边形，长 40~65 μm，宽 5.0~6.0 μm；细胞壁明显加厚且具壁孔，平滑，但常有网状加厚；角部分化，由一群大形、透明和薄壁细胞组成，其上的细胞变宽和短并为褐色细胞，壁极厚而区别于其他细胞；枝上部叶片上常存在具疣的丝状芽胞。雌雄异株。雄苞和雌苞生于茎上，很少生于横茎上。雌苞叶披针形，边缘具弱的细齿；叶细胞厚壁；蒴柄长 12~17 mm。孢蒴直立而对称，近于球形。气孔生于孢蒴基部。蒴盖具长喙；外蒴齿 16，透明，平滑，沿中缝有几个孔；内蒴齿退化或缺失。孢子具细疣，直径 28~40 μm。蒴帽长约 2.0 mm，兜形。

　　生境：岩石、石壁、树干。

　　产地：广西：融水县，汪楣芝 46906 (PE)。广东：乳源县，林邦娟 1019 (IBSC)；丰顺县，铜鼓嶂，张力 4928、4939、4956 (SZG)；乳阳县，八宝山，石坑岭，张力 45 (IBSC)，曾国驱 91 (IBSC)。海南：大吊罗山，1977 年采集队 2971 (IBSC)。

　　分布：中国、菲律宾、斯里兰卡、马来西亚、新喀里多里亚和澳大利亚。

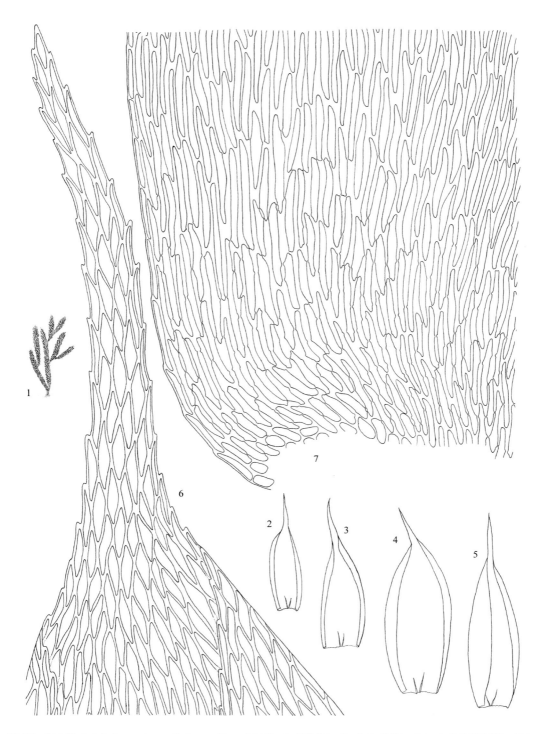

图 100　红毛藓 *Oedicladium rufescens* (Reinw. et Hornsch.) Mitt. 1. 植物体(×1)，2~5. 叶片(×28)，6. 叶尖部细胞(×284)，7. 叶基部细胞(×284)。(绘图标本：广东：乳源县，林邦娟 1019，IBSC)。(唐安科 绘)

Fig. 100　*Oedicladium rufescens* (Reinw. et Hornsch.) Mitt. 1. habit (×1), 2~5. leaves (×28), 6. apical leaf cells (×284), 7. basal leaf cells (×284) (Guangdong: Ruyuan Co., B. J. Lin 1019, IBSC) (Drawn by A. K. Tang)

4. 小红毛藓(新拟名)   图 101

Oedicladium serricuspe (Broth.) Nog. et Iwats., Misc. Bryol. Lichénol. 9: 199. 1983.

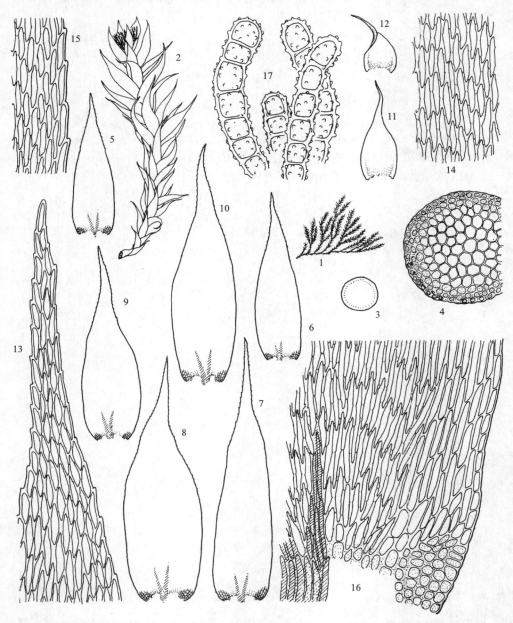

图 101   小红毛藓 *Oedicladium serricuspe* (Broth.) Nog. et Iwats. 1. 植物体(×2)，2. 植物体一部分(×28)，3. 茎横切面(×73)，4. 茎横切面的一部分(×258)，5~12.叶片(×52)，13. 叶尖部细胞(×367)，14. 叶中部细胞(×367)，15. 叶中部边缘细胞(×367)，16. 叶基部细胞(×367)，17. 芽胞(×367) (绘图标本：广西，融水县，贾渝 00214, PE) (郭木森 绘)

Fig. 101   *Oedicladium serricuspe* (Broth.) Nog. et Iwats. 1. habit (×2), 2. a portion of plant (×28), 3. cross section of stem (×73), 4. a portion of cross section of stem (×258), 5~12. leaves (×52), 13. apical leaf cells (×367), 14. median leaf cells (×367), 15. median marginal leaf cells (×367), 16. basal leaf cells (×367), 17. gemmae (×367) (Guangxi: Rongshui Co., Y. Jia 00214, PE) (Drawn by M. S. Guo)

Homomallium doii Sak., Bot. Mag. Tokyo 46: 383. 1932.

Clastobryum assimile acut. non Broth.: Inoue et Himeno, Misc. Bryol. Lichénol. 7 (9): 184. 1977.

Myurium doii (Sak.) Iwats. in Inoue, Himeno et Iwatsuki, Journ. Hattori Bot. Lab. 44: 203. 1978.

Oedicladium doii (Sak.) Iwats., Journ. Hattori Bot. Lab. 46: 273. 1979.

　　植物体小；上部黄绿色至褐色，下部褐色；横茎匍匐，细，横切面上皮层细胞小且为厚壁；横茎上叶片小，卵圆形，尖部狭，长 0.8~1.1 mm；中肋缺失；假鳞毛呈叶状，其上具稀疏的刺齿；假根上具疣；茎直立至倾立，枝条稀少或无，长 7~25 mm，连叶宽 1~1.5 mm，叶片密集着生；茎叶狭卵形，锐尖，下部内凹，长 1.5~2.6 mm，宽 0.3~0.6 mm；中肋短；叶边具弱齿或几乎全缘，中部稍内曲；叶细胞为狭六边形，长 30~50 μm，宽 5.0~8.0 μm，细胞壁厚，具壁孔；角细胞少而大，薄壁，透明；角细胞上部的细胞短而呈褐色。丝状芽胞常生于枝条上部叶片中。雌雄异株；雄苞和雌苞常生于茎上，很少生于横茎上；雌苞叶披针形，长可达 2.5 mm，边缘具弱锯齿；雄苞叶卵形，边缘多少具明显的锯齿。蒴柄长 8.0~10 mm。孢蒴圆柱形，对称或稍不对称。蒴盖具长喙。气孔位于孢蒴基部。外齿层狭窄、透明，沿中逢具圆孔；内齿层退化或缺失。孢子具细疣，直径 13~20 μm。蒴帽兜形，大，长约 3.0 mm。

　　生境：树干，岩面薄土。

　　产地：广西：融水县，九万山，贾渝 00214，汪楣芝 45979、46865，何小兰 H00516 (PE)。广东：连平县，林邦娟 1447 (IBSC)；深圳市，南澳，汪楣芝 60804、60814 (PE)，刘阳、汪楣芝 4064、4084 (PE)，梧桐山，张力 4253 (SZG)；乳阳县，八宝山，曾国驱 40 (IBSC)。香港：嘉道理农场，林邦娟等 565 (IBSC)。

　　分布：中国和日本。

属 2　栅孔藓属(新拟名)*Palisadula* Toy.

Acta Phytotax. Geobot. 6: 169. 1937.

　　模式种：栅孔藓 *P. chrysophylla* (Card.) Toy.

　　植物体黄绿色至褐色，形成紧密的垫状而附着于基质上；横茎匍匐生长，茎短而直立，经常在横茎末端水平状伸展，极少分枝；假根具疣，横切面上无中轴；假鳞毛叶状，边缘具刺状小齿；横茎上的叶片小于主茎上的叶片；茎叶细胞狭六边形，平滑，壁多少加厚，常具壁孔；角细胞数少，透明，薄壁；其上的细胞变短，多少厚壁，褐色，芽胞丝状，具疣，常生于枝条上部的叶片。雌雄异株。雄苞和雌苞通常生于横茎上，极少生于主茎。蒴柄长 8.0~12 mm，平滑。孢蒴直立，对称。气孔位于孢蒴的基部。外齿层透明，每一齿片有一孔，并且在背面有类似于栅栏状的结构，外观上与其他藓类植物明显不同；内齿层退化或缺失，蒴帽兜形。

　　本属有 2 种，分布于东亚地区。

分种检索表

Key to the species

1. 栅孔藓(新拟名)　图 102

Palisadula chrysophylla (Card.) Toy., Acta Phytotax. Geobot. 6: 171. 1937.

Pylaisia chryosphylla Card., Beih. Bot. Centralbl. 19: 131. 1905.

Pylaisia chryosphylla var. _brevifolia_ Card., Bull. Soc. Bot. Gen., ser. 2, 3: 288. 1911.

Clastobryum assimile Broth., Rev. Bryol. 2: 13. 1929.

Clastobryella shiicola Sak., Bot. Mag. Tokyo 46: 381. 1932.

Microctenidium heterophyllum Thér., Ann. Crypt. Exot. 5: 188. 1932.

Homomallium koidei Dix., Bot. Mag. Tokyo 50: 150. 1936.

Palisadula japonica fo. _elongata_ Toy., Acta Phytotax. Geobot. 6: 170. 1937.

Clastobryum plicatum Dix. et Sak., Bot. Mag. Tokyo 53: 65. 1939.

植物体小，通常形成紧密的垫状而贴生于基质上，上部绿色至黄绿色，下部褐色；横茎上的叶片小，卵形，尖部短，长 0.4~0.7 mm；横茎横切面上皮层细胞小、厚壁；假根具疣；假鳞毛叶状，但稀少，边缘具刺状小齿。主茎直立，但横茎末端处水平状伸展，短，长 2.0~5.0 mm，连叶宽 1.0~1.5 mm，边缘具弱锯齿；中肋短。叶细胞狭六边形，细胞长 25~50 μm，宽 5.0~8.0 μm，细胞壁多少加厚，常具壁孔；角细胞透明、大、薄壁，但刮叶片时容易破碎；其上的细胞常厚壁、短、褐色；芽胞丝状，具疣，常生于主茎上部的叶片上。雌雄异株。雄苞和雌苞通常生于横茎上，极少生于支茎上；雌苞叶披针形，边缘具明显的锯齿，长可达 1.5 mm。蒴柄长 8.0~11 mm。孢蒴短圆柱形，直立，对称。蒴盖具长喙。外齿层透明、沿垂直面有大的圆孔，背面具栅栏状附属结构，通常两排，外观上与其他藓类植物的蒴齿明显不同；内齿层退化至缺失。孢子直径 26~36 μm，具细疣。蒴帽兜形，长约 2.0 mm。

生境：岩面，树干，腐木。

产地：广西：融水县，九万山，汪楣芝 46378，46838，46906 (PE)，龙光日、张灿明 GSY018f (PE)，何小兰 H00480 (PE)，贾渝 00210、00224 (PE)；龙胜县，花坪林区，王献溥 2, 17 (PE)，吴鹏程、林尤兴等 1010B(PE)；环江县，久仁，龙光日和张灿明 H89117，贾渝 00436 (PE)。广东：始兴县，林邦娟等 5033 (IBSC)。海南：昌江县，W. D. Reese 17605 (MO，PE)。香港：大帽山，林邦娟等 497、1446 (IBSC)。福建：将乐县，陇西山，汪楣芝 48675, 48680 (PE)；武夷山，苔藓植物进修班 302 (PE)。江西：庐山，臧穆 161 (PE)。

分布：中国和日本。

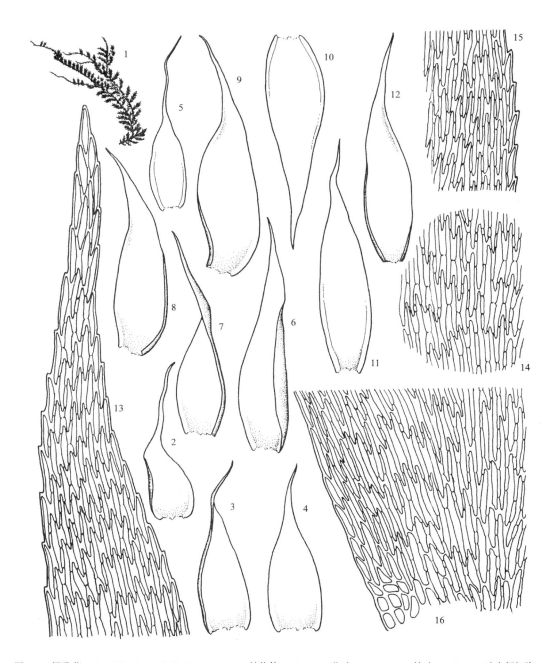

图 102　栅孔藓 *Palisadula chrysophylla* (Card.) Toy. 1. 植物体(×1)，2~4. 茎叶(×52)，5~12. 枝叶(×52)，13. 叶尖部细胞(×367)，14. 叶中部细胞(×367)，15. 叶中部边缘细胞(×367)，16. 叶基部细胞(×367) (绘图标本：福建，将乐县，陇西山，汪楣芝 48680, PE) (郭木森 绘)

Fig. 102　*Palisadula chrysophylla* (Card.) Toy. 1. plant (×1), 2~4. stem leaves (×52), 5~12. branch leaves (×52), 13. apical leaf cells (×367), 14. median leaf cells (×367), 15. median marginal leaf cells (×367), 16. basal leaf cells (×367) (Fujian: Jiangle Co., Mt. Longxishan, M.-Z. Wang 48680, PE) (Drawn by M. S. Guo)

2. 小叶栅孔藓(新拟名)

Palisadula katoi (Broth.) Iwats., Journ. Hattori.Not.Lab. 46: 279. 1979.

Clastobryum katoi Broth., Öevfers. Finska Vet.-Soc. Förh. 62: 26. 1921.

Myurium katoi (Broth.) Seki, Journ. Sci. Hiroshima Univ. ser. B, div. 2.12: 72. 1968.

　　植物体形成一个宽而低的垫状，通常紧贴于基质上，黄绿色至褐色；横走茎匍匐生长，其上的叶片小，卵形具一狭的尖，叶片长 0.4~0.7 mm；横走茎横切面的皮层细胞小且厚壁；假根具疣；假鳞毛叶状，但形状呈不规则状，边缘具刺状细齿；茎直立而短，长 3~6 mm，连叶宽 1~2 mm，其上的叶片像芽状；茎下部的叶片小，茎上部的叶片大，卵形或椭圆状卵形，明显内凹，向上骤然变成狭而扭曲的尖部，叶片长 1.0~2.5 mm，宽 0.4~0.7 mm；中部细胞呈狭六边形，宽 40~65 μm，细胞厚且具壁孔；角部具几个大而透明的细胞，但是容易受损而不易被观察到；角部上部的细胞短；芽胞丝状，具疣，经常生于上部的叶片上。雌雄异株。雄苞和雌苞生于横走茎上，稀生于茎上。雌苞叶长约 2mm，上部具锐齿；蒴柄长 9~12mm；孢蒴短圆柱形，直立，对称；蒴盖上具喙；外齿层透明、沿垂直面有大的圆孔，背面具栅栏状附属结构，通常两排；内齿呈残缺或缺失；气孔位于孢蒴基部；孢子圆形，直径 20~35 μm，具细疣。

　　生境：岩石、石壁、树干。

　　产地：广西：融水县，九万山，贾渝 00281 (PE)，汪楣芝 46499 (PE)。广东：南岭，石坑崆，严岳鸿 4438 (SZG)。海南：昌江县，汪楣芝 45396b (PE)；乐东县，尖峰岭，吴鹏程 24365 (PE)。

　　分布：中国和日本。

　　这个种最先被放在疣胞藓属 *Clastobryum* 中(Brotherus, 1929)，随后，Seki (1969)和 Maschke (1976)将其放置于金毛藓属 *Myurium*。Iwatsuki (1979)在研究了该种的孢胞体后，认为应该隶属于栅孔藓属，因为它的蒴齿结构与绿色栅孔藓十分相似，此外，该种雌苞叶具明显的锯齿。

　　Tixier (1977)曾经将该种作为 *Aptychella delicata* (Broth.) Broth.的异名，但是，*A. delicata* 的叶片呈狭长形，没有类似于绿色圆孔藓的蒴齿，此外，其芽胞为平滑。

科 41　　蕨藓科 Pterobryaceae[*]

　　生长于热带、亚热带的藓类。植物体多大形，粗壮或坚挺，稀疏或密集群生，或垂倾生长，具光泽。主茎细长而匍匐，或呈根茎状，有稀疏假根或鳞叶；茎横切面无中轴分化，常分化有厚壁且具壁孔的基本组织和长形周边细胞；支茎无假根，单一，不规则分枝、羽状或树形分枝，分枝直立。叶干时紧贴或常扭曲，不甚卷缩，基部阔卵形，不下延，稀心形下延，上部短尖，圆钝或有长尖，或呈狭长披针形，渐尖或有细长毛状尖。叶细胞狭长，多平滑，稀有前角突，近基部处细胞较疏松，角细胞有时

---

[*] 作者(Auctor)：贾渝(Jia Yu)

分化或呈棕色。

多雌雄异株。雌雄生殖苞均着生于二次分枝的枝条上；雌苞生于短而生有稀疏假根的生殖枝的顶端。雌苞叶分化。蒴柄红色，多平滑。孢蒴隐生或伸出苞叶之外，卵圆形，直立，对称，蒴壁平滑；气孔稀少，显型或缺失。环带多不分化。蒴齿两层，着生于蒴口内，外齿层齿片披针形，外表面横脊不常发育，或呈不规则加厚，具横纹或有疣，内表面有横隔；内齿层多退化，基膜低，或具线形，稀呈折叠状的齿条；齿毛多缺失。蒴盖圆锥形，有短尖喙。蒴帽小，兜形或冠形。孢子多大形，具疣。

本科全世界共 4 亚科：我国有粗柄藓亚科、绳藓亚科和蕨藓亚科。此外，岛蕨藓亚科仅 1 属：岛蕨藓属，有少数种，分布新喀里多尼亚和菲律宾等地区。

亚科检索表

1. 主茎细长，仅有稀疏假根，裸露或仅有疏列、常碎裂的基叶。支茎无鳞毛。外齿层齿片外面常不规则加厚，平滑。内齿层变异甚大，贴附于外齿层，齿条常缺失 ·············· **3. 蕨藓亚科 Pterobryoideae**
1. 主茎根茎状，密被假根。外齿层齿片外面发育正常，稀平滑。内齿层不贴附于外齿层，有基膜及齿条 ·· 2
2. 支茎基部密生背仰的基叶，上部两侧有扁平分枝；鳞毛有或无；叶片中肋单一，或分叉 ·············· ·· **1. 粗柄藓亚科 Trachylomoideae**
2. 支茎多单出，分枝稀疏而不规则，有时叶片平列；无鳞毛；叶片具双中肋，短弱或缺失 ·············· ·· **2. 绳藓亚科 Garovaglioideae**

Key to Subfamilies

1. Primary stems slender and long with few rhizoids and sparsely leaved; secondary stem without paraphyllia; outside of exostome often irregularly thickened, smooth, endostome very variable, adhering to the exostome, segments often absent ·· **3. Pterobryoideae**
1. Primary stems rhizomatous with rich rhizoids; outside of exostome teeth normal development, rarely smooth, endostome not adhering to the exostome, basal membranes and cilia present ················· 2
2. Secondary stems with densely squared leaves, completely branched in upper of secondary stems; paraphyllia absent or present; costae single or forked ································ **1. Trachylomoideae**
2. Secondary stems often simple, branches loosely and irregularly branched; paraphyllia absent; costa double, short and weak ·· **2. Garovaglioideae**

亚科 1　粗柄藓亚科 Trachylomoideae

植物体细长或稍粗壮，绿色或棕绿色，略具光泽，支茎多纤长，分枝短，近于羽状分枝。有时有鳞毛。茎叶稍大，有时不对称，无纵褶，中肋单一或分叉。蒴柄稍长。蒴齿两层，内齿层齿条常缺失。

本亚科全世界 3 属，我国有粗柄藓属、山地藓属和长蕨藓属。

属的检索表

1. 植物体有细长鳞毛；孢蒴长圆柱形 ·· **1. 粗柄藓属 *Trachyloma***

1. 植物体无鳞毛；孢蒴卵形或球形 ··· 2
2. 叶细胞具单疣 ··· **2. 山地藓属** *Osterwaldiella*
2. 叶细胞平滑 ··· **3. 长蕨藓属** *Penzigiella*

Key to the genera

1. Paraphylia present; capsules cylindric ··································· **1.** *Trachyloma*
1. Paraphylia absent; capsules ovate to globose ································· 2
2. Leaf cells unipapillate ··································· **2.** *Osterwaldiella*
2. Leaf cells smooth ··· **3.** *Penzigiella*

属 1　粗柄藓属 *Trachyloma* Brid.

Bryol. Univ. 2: 277. 1827

模式种：粗柄藓 *T. planifolium* (Hedw.) Brid.

植物体粗壮，坚挺，稀疏或分层成片丛集生长，鲜绿色，具强光泽。主茎根状，匍匐生长，随处有鳞状小叶，密被棕色假根；支茎稀疏或密集平横着生，深褐色，基部被稀疏鳞叶，上部有倾立的两侧单出、或羽状的扁平分枝；假鳞毛狭披针形。叶八列着生，背腹面叶片多紧贴，有时左右侧倾斜，两侧叶片多倾立，不对称，卵状长形或长形，先端有短尖或钝尖；叶边平展，上部具锐齿；中肋甚短，单一或分叉，常缺失。叶细胞细长形，平滑，近基部处细胞短而排列疏松，具不明显壁孔，有时具色泽，角细胞不分化。枝叶小于茎叶。雌雄异株。内雌苞叶小于茎叶，直立，基部长鞘状，有纵褶，渐上呈披针形，近尖部具齿，无中肋。蒴柄细长，平滑。孢蒴直立，长柱形，有时稍不规则而略呈弯曲，蒴壁平滑，淡棕色。环带不分化。蒴齿两层，生于近蒴口处；外齿层 16，湿润或干燥时均直立，齿片狭长披针形，无色，外面横脊密集，有密疣，内面横隔不明显；内齿层齿条 16，透明，有密疣；基膜稍高出，齿条与齿片等长，甚狭窄；齿毛短，具节瘤。蒴盖细长，斜圆锥形。蒴帽兜形，平滑。孢子圆形，绿色，有细疣，直径 12~18 μm。蒴帽勺形，有稀疏的毛或无毛。常有叶腋着生的线形、棕色、多细胞的芽胞。

本属全世界 7 种，分布亚洲热带及大洋洲暖地，均为树干附生。中国记录有南亚粗柄藓，植物体硬挺，茎叶阔卵披针形，背腹近于扁平，分布中国台湾，并见于亚洲热带地区。中国有 1 种。

1. 南亚粗柄藓　图 103

Trachyloma indicum Mitt., Jorun. Proc. Linn. Soc. Bot. Suppl. 1: 91. 1859.

Neckera planifolia Reinw. et Hornsch. (non Hedw.), Nov. Act. Acad. Caes. Leop. Carol, 14: 714 (1826) *nom. inval. sp. prior*

Trachyloma novae-guineae C. Müll., Hedwigia 41: 130. 1902.

T. papillosum Broth., Philip. Journ. Sci., 31: 288. 1926.

T. tahitense Besch., Bull. Soc. Bot. France 45: 118. 1898.

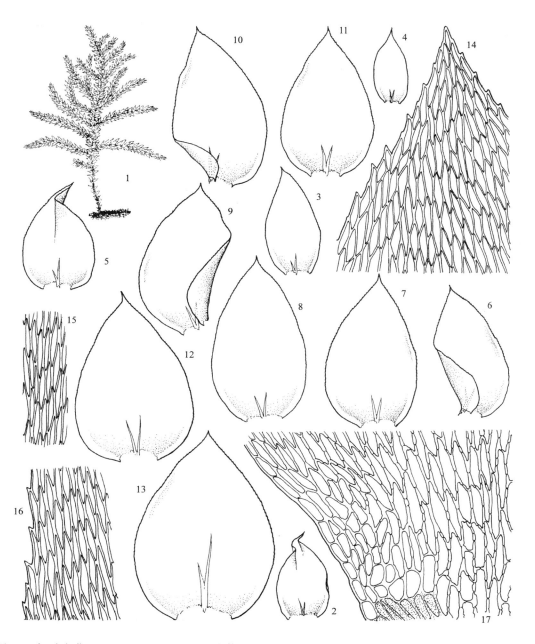

图 103　南亚粗柄藓 *Trachyloma indicum* Mitt. 1. 植物体(×1), 2~13. 叶片(×14), 14. 叶尖部细胞(×189), 15. 叶中部细胞(× 189), 16. 叶中部边缘细胞(×189), 17. 叶基部细胞(×189) (绘图标本：海南，昌江县，汪楣芝 45313, PE) (郭木森 绘)

Fig. 103　*Trachyloma indicum* Mitt. 1. habit (×1), 2~13. leaves (×14), 14. apical leaf cells (×189), 15. median leaf cells (×189), 16. median marginal leaf cells (×189), 17. basal leaf cells (×189) (Hainan: Changjiang Co., M.-Z. Wang 45313, PE) (Drawn by M.-S. Guo)

　　植物体粗壮，具疏松着生的叶，具光泽，黄绿色。主茎粗，具假根，较长。支茎坚挺，长约 10 cm，或者更长，上部羽状分枝。枝上的叶片反曲着生，向上部叶片逐渐变大，支茎上的叶片小于主茎的叶片，常平展，卵形，长渐尖，在主茎上叶片长约 3.9 mm，宽约 1.6 mm，在支茎上叶片长约 2.4 mm，宽约 1.0 mm，多少平展。茎的基部有一些小的、卵状披针形的鳞毛。叶边平展，上部有细齿。中肋缺失，有时非常弱。叶细胞厚壁，平滑，呈线状菱形，长约 54 μm，宽约 8.0 μm。基部处细胞变短、变宽，呈方形。孢子体生于短的侧枝上。雌苞叶狭长。蒴柄直立，长约 1.4 cm。孢蒴直立，圆柱形，长约 5.0 mm，直径约 1.2 mm。蒴齿高约 1.0 mm。外蒴齿齿片狭长，披针形，具疣。内齿层齿条较外齿层更狭窄，基膜低，具疣。蒴帽小，开裂，具由单个细胞形成的毛。孢子小。

生境：树干附生。

产地：海南：昌江县，汪楣芝 45294、45313、45338、45383 (PE)。台湾：宜兰县，太平山，庄清璋 2002 (BCU，PE)，林善雄 ser. 2: 100 (TUN)；台东县，巴鱼湖，庄清璋 5113, 5121 (BCU，PE)，林善雄 100 (TUN)；Yuenyang Lake，赖明洲 11377 (TUN，PE)；台北县，林善雄 149 (TUN)。

分布：广泛分布于热带地区。

属 2　山地藓属 *Osterwaldiella* Fleisch.ex Broth.

Nat. Pfl. 2, 11: 130. 1925.

模式种：山地藓 *O. monostricta* Fleisch. ex Broth.

植物体细长，通常呈悬垂生长，棕绿色，略具光泽。主茎匍匐；支茎细长延伸，下垂，多少呈羽状分枝。茎叶干燥时稍卷缩，卵形，倾立，内凹，两侧略不对称，无纵褶；叶急尖，狭长而扭曲；叶边平展，具锐齿；中肋柔弱，在叶片中部消失。叶细胞狭长形，每个细胞具一细疣，角部细胞膨大，由多数方形厚壁细胞组成。枝叶较小，有短尖。雌雄异株。内雌苞叶直立，基部鞘状，渐上突成狭长尖。蒴柄长约 3.0 mm，红棕色，略粗糙。孢蒴直立，长卵形。

本属全世界仅 1 种：山地藓。

1. 山地藓

Osterwaldiella monostricta Fleisch. ex Broth., Nat. Pfl. 2, 11:130. 1925.

Meteorium monostictum Broth., Bruehl, Rec. Bot. Surv. India 13 (1):126. 1931.

M. monostictum Broth. in Bruehl, Rec. Bot. Surv. Ind., 13 (1): 126. 1931. *nom. nud*

支茎悬垂状，长可达 10 cm，呈羽状分枝。叶片密集着生，直立状伸展，长约 1.7 mm，宽约 0.8 mm，卵形，上部边缘具细齿，尖部具长的叶尖，中肋单一，达叶片的中部。叶细胞呈长菱形，长约 60μm，宽约 7.0 μm，壁中等厚，边缘细胞向尖部形成细的齿；叶片中部细胞具单疣；角部细胞长方形，长约 50 μm，宽约 14.5 μm。孢子体生于枝条的短侧枝上。雌苞叶直立，狭窄。蒴柄长约 4.1 mm，多少直立。孢蒴直立，卵状圆柱形，长约 2.0 mm，直径约 0.8 mm。蒴齿、蒴盖和蒴帽未见。

陈邦杰等在 1978 年出版的《中国藓类植物属志》下册中报道四川、西藏有此种记录，但未见标本。

分布：中国和印度。

属 3　长蕨藓属 *Penzigiella* Fleisch.

Hedwigia 45: 87. 1905

模式种：长蕨藓 *P. cordata* (Harv.) Fleisch.

植物体中等大小，亮绿色至红棕色。主茎匍匐延伸，有棕色假根。支茎长，短或悬垂，无鳞毛，但具假鳞毛。茎叶与枝叶类似，疏松的覆瓦状排列，干燥时略扭曲；潮湿时平展；卵形，尾尖至渐尖，基部略呈肾形；叶边具细齿；细胞厚壁，中部细胞狭椭圆形且平滑；单中肋。鞭状枝条偶尔存在，生于茎和枝的腋处；叶片类似于苞叶。雌雄异株。雌雄苞叶明显，着生于茎和枝腋处。蒴柄较长，直立，上部粗糙，偶尔上半部平滑。孢蒴球形或卵形。蒴齿两层，内外蒴齿各 16 条，无齿毛，未见环带。蒴盖圆锥形。蒴帽未见。

根据 Manuel (1975)对该属的修订，全世界仅有 1 种。中国有该种的分布。

1. 长蕨藓　图 104

Penzigiella cordata (Hook.) Fleisch., Hedwigia 45: 87. 1906.

Neckera cordata Hook., Icon. Pl. Rar. 1: 22. 1986.

Hypnum cordatum Harv., Hook. in Icon. Pl. Rar., 1: 20. 1836.

Meteorium cordatum (Hook.) Mitt. Journ. Proc. Linn. Soc., Bot., suppl.: 88. 1859.

Penzigiella hookeri Gangulee, Mosses of Eastern India and Adjacent Regions 5: 1252. f. 605. 1976.

茎长可达 30 cm，中轴存在；中轴皮层细胞透明而薄壁，表皮层由几层红色或褐色的厚壁细胞组成。具短的羽状分枝，长达 3.0 cm。茎叶宽卵形至卵状披针形，基部肾形，长 0.6~1.7 mm，宽 1.0~1.9 mm；叶尖尾尖状至渐尖，且具细齿；中肋约达叶片的 3/4 处，中肋基部宽 15~34 µm；叶边平展；下部全缘或具齿。基部边缘细胞方形至长方形，长 15~30 µm，宽 3.7~10 µm；基部内侧细胞长方形，长 20~50 µm，宽 5~7.5 µm；叶片中部细胞狭椭圆形，长 15~50 µm，宽 5.0~6.5 µm。枝叶与茎叶类似，但较小，长 0.8~1.5 mm，宽 0.5~1.0 mm；中肋约达叶片的 3/4 处，基部宽 25~52 µm。基部边缘细胞长 12.5~50.0 µm，宽 3.7~6.3µm；内侧细胞长 22.5~52.5 µm，宽 5.0~7.5 µm。雄苞叶卵形至卵状披针形，长 0.5~0.8 mm，宽 0.2~0.4 mm，内凹；渐尖；叶边平展，全缘；中肋无或有。雌苞叶披针形，长 1.5~1.6 mm，宽 0.3~0.4 mm；叶尖长渐尖；叶边平展，全缘；具中肋。蒴柄长 3.0~6.0 mm；孢蒴长 1.0~1.2 mm，宽 1.0~1.2 mm；孢蒴外壁细胞厚壁，方形至长方形；气孔位于孢蒴颈部；外齿层长 312~368 µm，具细疣，沿中缝具穿孔；内齿层长 280~360 µm，具细疣，具穿孔。孢子表面粗糙，直径 15~20 µm。蒴盖 0.5 mm×0.7 mm。

生境：岩面上生长。

产地：云南：宾川县，鸡足山，崔明昆 215A (YUKU，PE)；丽江县，金沙河，黎兴江 81-712 (HKAS，PE)；勐海县，巴达乡，吴鹏程 26648 (PE)。

分布：中国、尼泊尔、缅甸、泰国、不丹和印度。

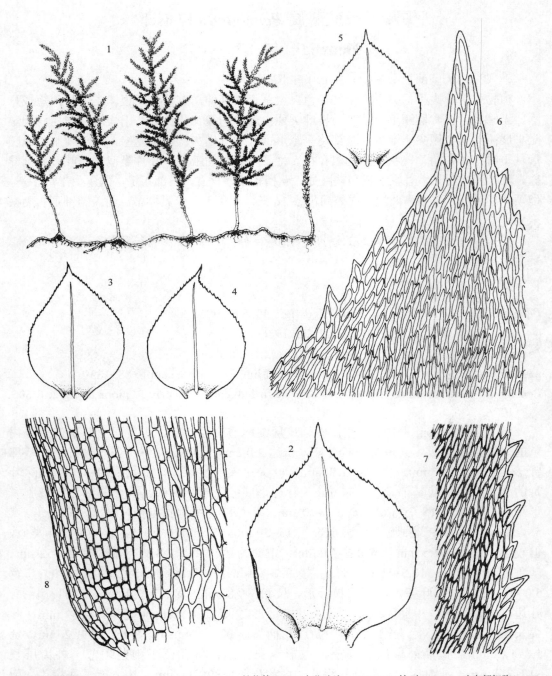

图 104　长蕨藓 *Penzigiella cordata* (Hook.) Fleisch. 1. 植物体(×1), 2 支茎叶片. (×42), 3~5. 枝.叶(×42), 6. 叶尖部细胞(×387), 7. 叶中部边缘细胞(×387), 8. 叶基部细胞(×387) (绘图标本：云南，勐海县，吴鹏程 26648, PE) (郭木森 绘)

Fig. 104　*Penzigiella cordata* (Hook.) Fleisch. 1. habit (×1), 2. secondary stem leaf (×42), 3~5. branch leaves (×42), 6. apical leaf cells (×387), 7. median marginal leaf cells (×387), 8. basal leaf cells (×387) (Yunnan: Menghai Co., P.-C. Wu 26648, PE) (Drawn by M.-S. Guo).

亚科 2　绳藓亚科 Garovaglioideae

植物体粗挺，多具光泽。支茎常具稀疏而不规则的分枝，有时略呈扁平，无鳞毛。叶片两侧对称，有长纵褶；中肋 2，短弱或缺失。蒴柄甚短。蒴齿两层，发育正常。

本亚科全世界共 3 属。中国有 1 属：绳藓属。

属 4　绳藓属 *Garovaglia* Endl.

Gen. Pl. 57. 1836.

模式种：绳藓 *G. plicata* (Brid.) Bosch. et Lac.

植物体粗壮或粗大，多硬挺。主茎细长，叶脱落，匍匐横生，在分枝处常有丛生假根。支茎密生，倾立，基部有时裸露，但多数密被叶片，略呈扁平形，单一或有稀疏而不规则的分枝，枝端圆钝。茎叶卵圆形，有短尖或突狭成细长尖，干燥时紧贴，或近于背仰，湿润时倾立，内凹，有纵长褶；叶边平直，多具粗齿；中肋 2，或缺失。叶细胞长形或细长形，近基部细胞排列疏松，壁孔极明显，角细胞常分化。雌雄同株异苞。雄株矮小，呈芽形，着生于雌枝腋处。雌苞芽胞形。内雌苞叶甚宽阔，基部高鞘状，有狭长叶尖。孢蒴完全隐生于苞叶内，卵形或长卵形，棕色，平滑。蒴齿纤细，两层，向内平曲；外齿层淡黄色或棕红色，齿片披针形，中脊有深槽开裂，有疣，内面横隔细弱；内齿层基膜不高出；齿条与外齿层齿片近于等长，狭长形，有节瘤及细疣。蒴盖近于扁平，有短直喙。蒴帽钟形，多瓣开裂，平滑。孢子不规则形。

本属全世界 19 种，中国 4 种。

分种检索表

1. 叶片干燥时紧贴；孢蒴全部隐生于苞叶内；蒴帽冠形 ·· 2
1. 叶片干燥时疏松着生；孢蒴高出苞叶；蒴帽兜形 ······················· **4. 南亚绳藓 G. elegans**
2. 叶片宽卵形，具骤尖；孢蒴隐生于苞叶中 ································· **1. 绳藓 G. plicata**
2. 叶片卵形、狭卵形或披针形，渐尖；孢蒴隐生或伸出 ··· 2
3. 叶片背面具刺细胞 ··· **3. 背刺绳藓 G. powellii**
3. 叶片背面不具刺细胞 ··· **2. 狭叶绳藓 G. angustifolia**

Key to the species

1. Leaves appressed when dry; capsules immersed; calyptra crown-shaped ···································· 2
1. Leaves loose when dry; capsules exserted; calyptra cucullate ······························· **4. G. elegans**
2. Leaves widely ovate with a abrupt apex; capsules immersed ····························· **1. G. plicata**
2. Leaves ovate, narrowly ovate or lanceolate, acuminate; capsules immersed or exserted ················ 2
3. Spinose cells at the back of leaf ··· **3. G. powellii**
3. Spinose cells not at the back of leaf ··· **2. G. angustifolia**

1. 绳藓　图 105

Garovaglia plicata (Brid.) Bosch et Lac., Bryol. Jav., 2: 79. 1863.

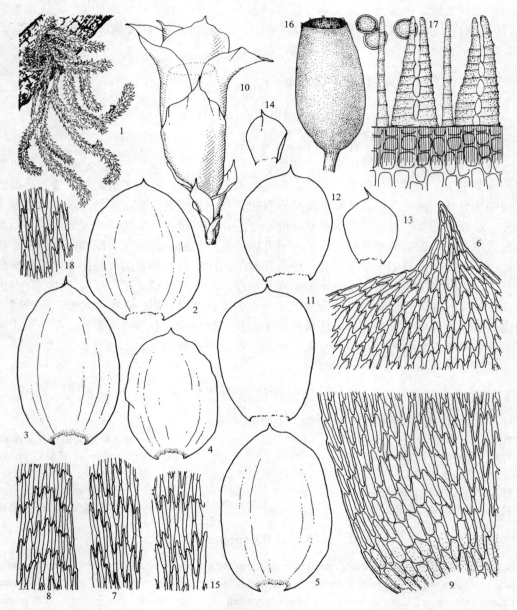

图 105　绳藓 *Garovaglia plicata* (Brid.) Bosch. et Lac. 1. 植物体(×1)，2~5. 叶片(×11)，6. 叶尖部细胞(×189)，7. 叶中部细胞(×189)，8. 叶中部边缘细胞(×189)，9. 叶基部细胞(×189)，10. 带有雌苞叶的孢蒴(×14)，11~14. 雌苞叶(×11)，15,18. 雌苞叶细胞(×189)，16. 孢蒴(×14)，17. 蒴齿和孢子(×189) (绘图标本：海南，昌江县，霸王岭，吴鹏程 24152, PE) (郭木森 绘)

Fig. 105　*Garovaglia plicata* (Brid.) Bosch. et Lac. 1. plant (×1), 2~5. leaves (×11), 6. apical leaf cells (×189), 7. median leaf cells (×189), 8. median marginal leaf cells (×189), 9. basal leaf cells (×189), 10. capsule with perichaetial leaves (×14), 11~14. perichaetial leaves (×11), 15,18. perichaetial leaf cells (×189), 16. capsule (×14), 17. peristome teeth and spores (×189) (Hainan: Changjiang Co., P.-C. Wu 24152, PE). (Drawn by M.-S. Guo).

Esenbeckia plicata Brid., Bryol. Univ., 2: 754. 1827

Cryphaea plicata Nees in Brid., ibid.: 754. 1827. *nom. nud.*

Neckera plicata (Brid.) Schwaegr., Sp. Musc. Suppl. 3 (2): 268. 1829.

Endotrichum densum Dozy et Molk., Ann. Sc. Nat. Bot. ser. 3, 2: 303. 1844

Pilotrichum plicatum (Brid.) C. Müll., Syn., 2: 158. 1850.

Meteorium plicatum (Brid.) Mitt., Journ. Proc. Linn. Soc., Bot., Suppl.: 84. 1859.

Endotrichum plicatum (Brid.) Jaeg., Ber. S. Gall. Naturw. Ges., 1875~1876: 231. 1877.

主茎密生假根。支茎粗、直立或弯曲，末端黄绿色，下部褐色，长可达 8.0 cm，通常单一，偶有短的分枝，连叶宽 6.0~8.0 mm。叶密集着生，长约 4.5 mm，宽约 2.3 mm，倾立着生，卵状披针形，有一个骤尖，有纵褶；叶边尖部多少具细齿。叶细胞具壁孔，在叶片尖部的细胞长约 54 μm，宽约 11.6 μm，中下部的细胞逐渐变长，长约 84 μm，宽约 11.6 μm，叶细胞的横切面呈黄褐色。孢子体生于非常短的侧枝上。蒴柄极短，隐没于苞叶中。孢蒴椭圆状圆柱形，长约 2.0 mm，宽约 1.2 mm。蒴盖圆锥状尖形。蒴齿双层，内齿层齿条线形。蒴帽小形，钟状。

生境：树干。

产地：云南：勐海县，徐文宣 6231 (YUKU，PE)。海南：昌江县，霸王岭，吴鹏程 24152 (PE)。

分布：中国、印度、斯里兰卡和印度尼西亚。

2. 狭叶绳藓

Garovaglia angustifolia Mitt., Journ. Linn. Soc. Bot. 10: 170. 1868.

Endotrichella gyldenstolpei Bartram, Sven. Bot. Tidskrift 47: 400. 1953.

Endotrichella perrugosa Dixon, Journ. Bot. British For. 80: 25. 1942.

Endotrichella perundulata Bartram, Lloydia 5: 275. 36. 1942.

Garovaglia longifolia Herz., Hedwigia 49: 124. 1909.

植物体黄绿色或暗绿色，茎上密生叶片，有时形成尾尖，长约 12 cm，宽 3.0~15 mm。叶片略贴生至伸展，偶尔弯曲，稀从基部反仰，硬挺，强烈的纵褶，狭卵形至披针形，从基部向上 1/8~1/3 为最宽处，锐尖或逐渐形成一短或长的尖，基部下延明显；叶边下部外卷，上部平展，叶片下部全缘，上部具粗齿或细齿；中肋 2，短或仅有痕迹；叶片背面无齿。叶细胞多少弯曲，长 80~200 μm，宽 8.0~20 μm，细胞壁明显加厚，厚 2.0~8.0 μm；角部细胞群透明或红色，分化明显，成为下延部分，细胞壁中等至强烈加厚，厚 5.0~15 μm。芽胞通常生于茎尖部，红色，棕色或透明，长 0.6~2.0 mm，宽 20~40 μm；细胞长 20~60 μm，宽 20~40 μm，壁平滑或稍具疣，厚 1~3 μm。

生境：腐树枝。

产地：西藏：墨脱县，苏永革 3413 (HKAS)。

分布：大洋洲地区。

3. 背刺绳藓

Garovaglia powellii Mitt., Journ. Linn. Soc. Bot. 10: 169. 1868.

Endotrichum powellii (Mitt.) Jaeg., Gen. Sp. Musc. 2: 136. 1877.

Pilotrichum powellii (Mitt.) Müll. Hal., Journ. Mus. Godeffroy 3 (6): 75. 1874.

Garovaglia brevifolia Bartram, Contrib. Unit. St. Nat. Herb. 37: 57. 1965.

G. densifolia Thw. et Mitt., Journ. Linn. Soc. Bot. 13: 312. 1873.

G. obtusifolia Thw. et Mitt., Journ. Linn. Soc. Bot. 13: 313. 1873.

植物体绿色或黄绿色。茎长可达 12 cm，宽 3~7 mm。叶片展开或水平展开，偶尔反仰，多少硬挺，纵褶明显，无皱纹，卵形至狭卵形，锐尖或渐尖，上部具细齿；弱的双中肋；叶片背面具多或少的刺，或无背刺；叶细胞为不规则的线形，长 60~150 μm，宽 8~15 μm，细胞壁中等至强地加厚，厚 3~10 μm；角部细胞透明，下延部分长 150~250 μm，宽 80~100 μm，细胞黄色，长 20~50 μm，宽 10~20 μm，细胞壁强烈加厚，厚 4~10 μm。内雌苞叶急尖，长或短尖；边缘近于全缘或具细齿；细胞形态与营养叶一样。孢蒴隐生或伸出，长 1.5~2.7 mm，宽 1.0~1.5 mm。外齿层有或无疣，通常分裂成裂片状，裂片长 200~350 μm。孢子具疣，直径 20~60 μm。蒴盖具短喙，长 0.6~0.8 mm。蒴帽钟形，平滑或粗糙，长 0.8~1.1 mm。

生境：树干。

产地：云南：西双版纳，勐海县，徐文宣 5760、6411B (YUKU，PE)；西双版纳，思茅县，徐文宣 11138 (YUKU，PE)。海南：吊罗山，新安林场，1977 年采集队 3086 (IBSC，PE)。

分布：中国、尼泊尔、越南、老挝、泰国、马来西亚、印度尼西亚、夏威夷、澳大利亚、斐济群岛和社会群岛。

4. 南亚绳藓　图 106

Garovaglia elegans (Dozy et Molk.) Hampe ex Bosch. et S. Lac., Bryol. Jav. 2: 281. 1863.

Endotrichum elegans Dozy et Molk., Ann. Sci. Nat.Bot., sér. 32: 303. 1844.

Esenbeckia elegans (Dozy et Molk.) Mitt., Hooker's Journ. Bot. Kew Gard. Miscellany 8: 263. 1856.

Endotrichum elegans var. *brevicuspis* Nog., Journ. Jap. Bot. 13: 784. 1937.

Pilotrichum elegans (Dozy et Molk.) Müll. Hal., Syn. Musc. Frond. Cognit. 2: 159. 1850.

Endotrichum wallisii C. Müll., Journal des Museums Godeffroy 3 (6): 74. 1874.

Garovaglia fauriei Broth. et Par., Bull. Herb. Boiss. sér. 2: 925. 1902.

Endotrichum fauriei (Broth. et Par.) Fleisch. in Broth., Nat. Pfl. 1 (3): 782, 585. 1906.

E. elegans (Dozy et Molk.) Fleisch., Broth., Nat. Pfl. 1 (3): 782, 585. 1906.

E. gracilescens Broth., Philip. Journ. Sci. 8: 76. 1913.

Garovaglia formosica Okam. in Mat., Icon. Pl. Koishikav. 3: 59. 1916.

Endotrichum elegans var. *brevicuspis* Nog., Journ. Jap. Bot. 13: 784. 1937.

支茎长 5~10 cm，或者更长，单一或分叉，鲜绿色，具光泽，下部褐色，叶片疏松着生。叶片外倾生长，干燥时扭曲并向上部卷缩，具深的纵褶，宽卵形，逐渐呈长的渐尖，叶片长可达 7 mm，宽约 2.2 mm；叶边缘下部外卷，上部平直且有粗齿；中肋短而弱；叶细胞菱形，具壁孔，宽 8~10 μm，长为宽的 6~10 倍，疏松，向基部方向细胞逐渐

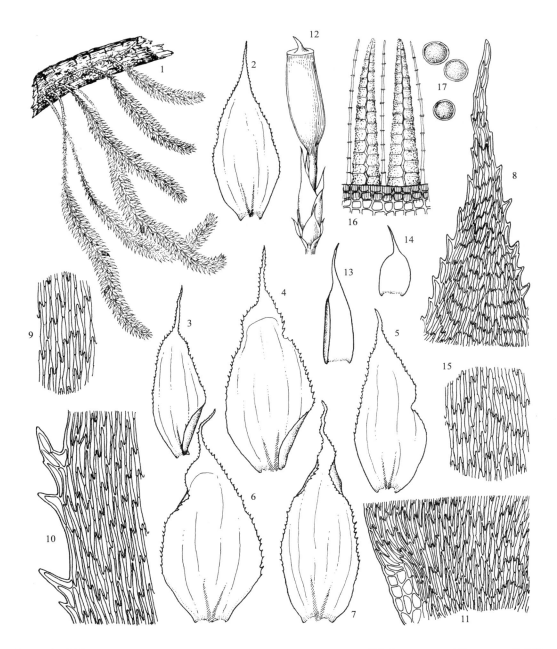

图 106　南亚绳藓 *Garovaglia elegans* (Dozy et Molk.) Hampe ex Bosch. et S. Lac. 1. 植物体(×1)，2~7. 叶片(×11)，8. 叶尖部细胞(×189)，9. 叶中部细胞(×189)，10. 叶中部边缘细胞(×189)，11. 叶基部细胞(×189)，12. 带有苞叶的孢蒴(×14)，13~14. 雌苞叶(×14)，15. 雌苞叶中部细胞(×189)，16. 蒴齿(×258)，17. 孢子(×258)(绘图标本：海南，陵水县，吊罗山，吴鹏程 20967, PE) (郭木森 绘)

Fig. 106　*Garovaglia elegans* (Dozy et Molk.) Hampe ex Bosch. et S. Lac. 1. plant (×1), 2~7. leaves (×11), 8. apical leaf cells (×189), 9. median marginal leaf cells (×189), 10. median marginal leaf cells (×189), 11. basal leaf cells (×189), 12. capsule with perichaetial levaes (×14), 13~14. perichaetial leaves (×14), 15. median perichaetial leaf cells (×189), 16. peristome teeth (×258), 17. spores (×258) (Hainan: Lingshui Co., Mt. Diaoluo, P.-C. Wu 20967, PE) (Drawn by M.-S. Guo)

变短，但不形成分化的角部细胞。蒴柄长 1~2 mm。孢蒴稍高出苞叶，椭圆状圆柱形，褐色，长约 2 mm。蒴齿具疣，中缝线多少具裂缝，内齿层齿条纤细，与外齿层一样高，基膜极低。蒴盖的喙圆锥状且短。

生境：树干、土面、岩面、石上、石壁。

产地：西藏：墨脱县，汪楣芝 800322-(3)、800409-(7) (PE)。云南：贡山县，独龙江，汪楣芝 10063c、10149、10990-b (PE)；河口县，臧穆 4558、4608 (HKAS)；思茅县，大都岗，汪楣芝 4492 (PE)；屏边县，大围山原始森林公园，裴林英 3532 (PE)。广西：上思县，十万大山，曾怀德 22699 (PE)。广东：北江县，瑶山，中山大学 21442 (PE)。海南：乐东县，尖峰岭，W. D. Reese 17726 (IBSC)，郑培中 211 (PE)，陈邦杰等 5 (PE)，吴鹏程 20823 (PE)；陵水县，吊罗山，吴鹏程 20956a、20967 (PE)，采集队 2813、3086 (PE)，W. D. Reese 17911 (IBSC)，1977 年采集队 2840 (PE)，林尤兴 459 (PE)。台湾：台东县，巴鱼湖，庄清璋 5193 (MO)；台北县，赖明州 0126 (MO)。

分布：中国、越南、印度尼西亚(婆罗洲)、菲律宾和大洋洲(加罗林群岛)。

亚科 3　蕨藓亚科 Pterobryoideae

植物体纤长或粗壮，具光泽。支茎短苗或略延伸，稀下垂，不呈扁平形，上部多羽状分枝；无鳞毛。叶片两侧对称，中肋单一，纤长，或为 2 短中肋，稀短弱或缺失。蒴柄短弱或细长。蒴齿多两层，有时具前齿层，内齿层多变异，常无齿条。

本亚科植物多热带、亚热带树干着生，全世界有 15 属，中国现知有耳平藓属、拟蕨藓属、拟金毛藓属、穗叶藓属、小蕨藓属、蕨藓属、滇蕨藓属和小蔓藓属等。

分属检索表

1. 孢蒴有前蒴齿 ·· 2
1. 孢蒴无前蒴齿 ·· 4
2. 叶片具叶耳 ·· 3
2. 叶片不具叶耳 ··· **11. 瓢叶藓属 Symphysodontella**
3. 叶具单中肋，偶尔无中肋 ·· **5. 耳平藓属 Calyptothecium**
3. 叶具短的双中肋或无中肋 ·· **10. 小蔓藓属 Meteoriella**
4. 中肋贯顶或者突出 ·· **8. 小蕨藓属 Pireella**
4. 中肋在叶片 2/3 以下，或者中肋 2，短弱 ··· 5
5. 角细胞分化 ·· 6
5. 角细胞不分化 ··· **6. 蕨藓属 Pterobryon**
6. 叶中肋 2，短弱 ··· **12. 拟金毛藓属 Eumyurium**
6. 叶单中肋 ·· 7
7. 植物体密集树形二回羽状分枝；孢蒴隐没于苞叶内 ············ **9. 滇蕨藓属 Pseudopterobryum**
7. 植物体稀疏不规则分枝或羽状分枝；孢蒴高出苞叶 ············ **7. 拟蕨藓属 Pterobryopsis**

Key to the genera

1. Preperistome present ·· 2
1. Preperistome absent ·· 4

属5 耳平藓属 *Calyptothecium* Mitt.

Journ. Linn. Soc. Bot. 10: 190. 1868.

模式种：耳平藓 *C. urvilleanum* (C. Müll.) Broth.

植物体形大，具绢丝光泽，交织集成大片，常悬垂生长。主茎匍匐伸展，密被红棕色假根，具小形疏列而紧贴的鳞叶，有时有鞭状枝。支茎下垂，多具稀疏不规则分枝，有时呈密集规则分枝或羽状分枝；稀有鳞毛。叶疏松或密集四向倾立，扁平排列，多卵形或舌状卵形，两侧不对称，短阔尖，具横波纹，常有纵长皱褶；叶边全缘，或上部具细齿；单中肋，长达叶片中部或在叶尖前消失，稀缺失。叶细胞薄壁或厚壁，有壁孔，平滑，近尖部细胞狭菱形，基部细胞疏松，红棕色，角部细胞不明显分化。雌雄异株。孢蒴隐生于雌苞叶内，卵形或长卵形。无气孔。无环带。蒴齿两层，外蒴齿线状披针形，平滑无疣，常沿中线开裂形成穿孔。蒴盖圆锥形，有短喙。蒴帽形小，仅罩覆蒴盖，帽形，基部多瓣开裂，或为一侧开裂，平滑或具毛。孢子形大，具细疣。

对本属植物的位置尚有分异，有的专家(Fleischer, 1907; Dixon, 1917; Brotherus, 1925)将本属列为平藓科 Neckeraceae。Noguchi (1965)将本属列入蕨藓科。

全世界 30 种，分布热带、亚热带地区。我国约有 6 种。

该属与拟蕨藓属 *Pterobryopsis* 亲缘关系比较密切，在形态上经常混淆，Noguchi (1987)对该属归纳下列几点：①具叶耳，角部细胞排列成螺旋状；②孢蒴隐生于苞叶；③存在前蒴齿；④蒴帽钟形，具毛。

分种检索表

5. 植物体呈羽状分枝 ·· **2. 羽枝耳平藓 _C. pinnatum_**

5. 植物体呈不规则的稀疏叉状分枝 ·· 6

6. 叶片卵形，渐尖而具短细尖；叶边 2/3 以上具细齿 ·············· **1. 急尖耳平藓 _C. hookeri_**

6. 叶椭圆形，尖端阔钝具突尖；叶边全缘或仅尖端有细齿 ·········· **7. 耳平藓 _C. urvilleanum_**

Key to the species

1. Leaves ecostate ·· **3. _C. acostatum_**

1. Leaves with costa ·· 2

2. Leaves elongated lingulate ·· **4. _C. phyllogonoides_**

2. Leaves ovate, oblong or cordate ·· 3

3. Leaves stiff, not flat, with nemerous gemmae ·· 4

3. Leaves soft, flat, with very few gemmae or without gemmae ·· 5

4. Gemmae showing germination by tubular rhizoides at base ·········· **6. _C. wightii_**

4. Gemmae not showing germination by tubular rhizoides at base ·········· **5. _C. auriculatum_**

5. Plants pinnately branched ·· **2. _C. pinnatum_**

5. Plants irregularly and loosely branched ·· 6

6. Leaves ovate, acuminate with short and slender apices; leaf margins denticulate at more than 2/3 length of leaf ·· **1. _C. hookeri_**

6. Leaves oblong, apices broadly obtuse; leaf margins entire or denticulate at top ·············· **7. _C. urvilleanum_**

1. 急尖耳平藓　图 107：1~3

Calyptothecium hookeri (Mitt.) Broth., Nat. Pfl. 1 (3): 839. 1906.

Meteorium hookeri Mitt., Journ. Proc. Linn. Soc., Bot., Suppl.: 86. 1859.

M. rigens Ren. et Card., Bull. Soc. R. Bot. Belg., 34 (2): 71. 1896.

Pterobryopsis hookeri (Mitt.) Card. et Card., Journ. Bot., 47: 162. 1909.

Meteoriella cuspidata Okam., Journ. Coll. Sci. Imp. Univ. Tok., 38 (4): 34. 1916. fid. Nog.

Calyptothecium sikkimense Broth., Rec. Bot. Surv. India 13 (1): 125. 1931, invalid, no description.

C. cuspidatum (Okam.) Nog., Journ. Sci. Hiroshima Univ. B. 2, Bot. 3: 217. 1939.

　　植物体大形，密集成片着生于树干和树枝上。茎红色，枝条下垂，长 10~30 cm，分枝稀疏而短，小枝长约 1.0 cm。叶片大形，长 6.0~7.0 mm，宽 2.5~3 mm，尖端圆钝或钝尖，叶边具细齿，基部叶耳较小；单中肋，细弱，长达叶片中部，耳部不明显。细胞长菱形，平滑，有时中部的细胞偶尔可能有 1 或 2 个疣，基部细胞具明显的壁孔，叶基中部细胞呈红色，在近尖部的细胞长约 46 μm，宽约 7.5 μm，在中部的细胞长约 42 μm，宽约 6.0 μm；叶片耳部细胞深褐色，较叶片其他部分的细胞短而宽，长约 30 μm，宽约 11 μm。孢子体在枝条的短侧枝上。雌苞叶直立，覆瓦状排列，内雌苞叶大于外雌苞叶，长而具长尖。蒴柄很短，直立，孢蒴隐生于苞叶内。孢蒴直立，卵形，长约 1.5 mm，直径约 1.0 mm。蒴盖具喙。蒴齿双层；前蒴齿很短，外齿层齿片披针形，中部以下连成一体；内齿层齿条线形，中部以下连成一体，齿片较外齿层长。孢子卵形，直径 15~20 μm。

　　生境：树生或石上生长。

　　产地：西藏：定结县，陈塘，郎楷永 1147、1150 (PE)；墨脱县，地东，汪楣芝 800522-(8) (PE)，汪楣芝 800425-(5) (PE)，得兴，汪楣芝 800860 (PE)。云南：贡山县，独龙江，巴坡

图 107　1~3. 急尖耳平藓 *Calyptothecium hookeri* (Mitt.) Broth. 1. 植物体(×1)，2. 叶片(×24)，3. 叶中部细胞(×280)；4~6. 无肋耳平藓 *C. acostatum* Luo 4. 植物体(×1)，5. 叶片(×24)，6. 叶中部细胞(×280)；7~9. 长尖耳平藓 *C. wrightii* (Mitt.) Fleisch. 7. 植物体(×1)，8. 叶片(×24)，9. 叶中部细胞(×280) (绘图标本：1~3. 四川，盐边县，汪楣芝 20465，PE；4~6. 西藏：波密县，武素功 1113，HKAS；7~9. 云南：勐海县，贾渝 01325，PE) (郭木森　绘)

Fig. 107　1~3. *Calyptothecium hookeri* (Mitt.) Broth., 1. plant (×1), 2. leaf (×24), 3. median leaf cells (×280); 4~6. *C. acostatum* Luo, 4. plant (×1), 5. leaf (×24), 6. median leaf cells (×280); 7~9. *C. wrightii* (Mitt.) Fleisch., 7. plant (×1), 8. leaf (×24), 9. median leaf cells (×280) (1~3. Sichuan: Yanbian Co., M.-Z. Wang 20465, PE; 4~6. Xizang: Bomi Co., S.-G. Wu 1113, HKAS; 7~9. Yunnan: Menghai Co., Y. Jia 01325, PE) (Drawn by M.-S. Guo)

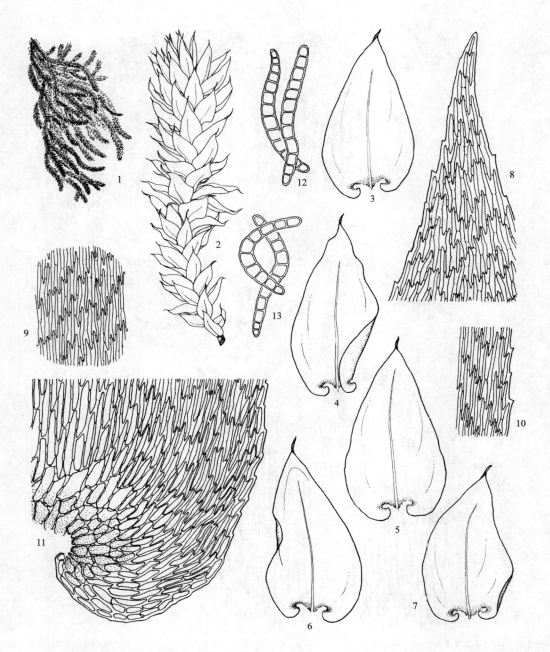

图 108　长尖耳平藓 *Calyptothecium wrightii* (Mitt.) Fleisch. 1. 植物体(×1)，2. 植物体的一部分(×9)，3~7. 叶片(×14)，8. 叶尖部细胞(×387)，9. 叶中部细胞(×387)，10. 叶中部边缘细胞(×387)，11. 叶基部细胞(×387)，12~13. 芽胞(×137)(绘图标本：西藏，墨脱县，何强 2390, PE) (郭木森 绘)

Fig. 108　*Calyptothecium wrightii* (Mitt.) Fleisch. 1. plant (×1), 2. a portion of plant (×9), 3~7. leaves (×14), 8. apical leaf cells (×258), 9. median leaf cells (×258), 10. median marginal leaf cells (×258), 11. basal leaf cells (×258), 12~13. gemmae (×137) (Xizang: Motuo Co., Q. He 2390, PE) (Drawn by M.-S. Guo)

至布卡瓦途中，汪楣芝 10584-e (PE)，汪楣芝 11042、11329 (PE)；新平县，王志英 102 (HKAS)；勐海县，货松，贾渝 01319、01343 (PE)，吴鹏程 26658、26762 (PE)；绿春县，源阳，臧穆

5358 (PE)，黄连山自然保护区，裴林英 2851、2874、2888 (PE)；文山县，老君山，税玉民 4039、4047、4051 (PE)；金平县，林型调查队 1 (PE)，综合队 GB.7、14 (PE)，十里村白马河保护站，裴林英 3207、3210、3213 (PE)；福贡县，汪楣芝 7038 (PE)；盈江县，铜壁，罗健馨 812995 (PE)；维西县，碧罗雪山，汪楣芝 5706 (PE)；宝山县，罗健馨 811898 (PE)；勐养县，徐文宣 6627、6498 (PE)；勐腊县，勐仑镇，翠屏峰，贾渝 1221、1223 (PE)。四川：汶川县，卧龙自然保护区，秦自生 079 (PE)；盐边县，大坪子，汪楣芝 20465 (PE)；峨眉山，清音阁，陈邦杰 20 (PE)。重庆：巫山县，当阳乡，王庆华 928 (PE)。海南：保亭县，张力 5112、5199 (SZG)。台湾：南投县，彭镜毅 83-1 (MO)，王钟魁 6 (MO)；嘉义县，阿里山，H.Inoue 227 (MO)；宜兰县，庄清璋 1660 (MO)。江西：寻邬县，龚明宣 560013 (PE)。福建：武夷山，苔藓植物进修班 705、708、738 (PE)。甘肃：文县，范坝乡，贾渝 09151、09156 (PE)，碧口镇，贾渝 09089、09098、09344 (PE)，李粉霞 492 (PE)。

分布：中国、日本、尼泊尔、缅甸、泰国和印度。

2. 羽枝耳平藓

Calyptothecium pinnatum Nog., Trans. Nat. His. Soc. Formosa 24: 417. 1934.

植物体粗壮，黄绿色，具光泽。支茎悬垂，羽状分枝，长约 11 cm。叶片干燥时反曲，光泽，起皱，心形渐尖，内凹，叶片有部分纵褶，具微弱的细齿，长约 2.1 mm，宽约 1.6 mm，叶耳不明显；中肋单一，在中部以上消失。细胞具壁孔，中等加厚，长线状菱形，长约 50 μm，宽约 7 μm，叶基部的细胞稍宽，长约 50 μm，宽约 8 μm，角部细胞不分化，但细胞深褐色而且宽，长约 50 μm，宽约 11 μm。孢子体生于短侧枝上。雌苞叶较营养叶更长而窄，且具长的尖部。孢蒴隐生于苞叶内，球状卵形，约长 1.5 mm，直径约 1.2 mm，具气孔。前蒴齿存在，约为外齿层的一半高。外齿层齿片披针形，具垂直的中线，内齿层齿条线形，无龙骨状突起，长于外齿层，无基膜。蒴盖具喙，长约 0.8 mm。孢子具细疣，直径 25~50 μm。

生境：树干。

产地：西藏：墨脱县，背崩后山，郎楷永 486a (PE)，老墨脱区，郎楷永 520 (PE)；察隅县，慈巴沟自然保护区，何强 1978、1979、2015、2020、2033、2038 (PE)。云南：贡山县，独龙江，汪楣芝 11048、11636-c (PE)，高黎贡山东坡，汪楣芝 9562-b (PE)。四川：汶川县，卧龙自然保护区，糖房，谢德滋、李令贵 79 (PE)。

分布：中国、尼泊尔、印度和缅甸。

3. 无肋耳平藓　图 107：4~6

Calyptothecium acostatum Lou, Acta Phytotax.Sin.21 (2): 224. 1983.

植物体粗壮，硬挺，绿色或黄绿色，具光泽。茎红色；支茎长 10~13 cm，基部密生红褐色的假根，茎下部有鳞片状小叶，不规则一、二回羽状分枝，小枝长 1.0~3.0 cm。叶片在茎上疏松排列，不呈扁平形，叶片心状卵形，长 3.5~4.0 mm，宽 2.5~2.8 mm，叶片表面略有横波，短渐尖，基部叶耳大，常抱茎卷曲；叶边有细齿；无中肋；细胞长菱形，有前角突，基部细胞有明显的壁孔，叶基中部细胞呈红色。未见孢子体。

生境：树干。

产地：西藏：波密县，武素功 1113 (HKAS)。

分布：中国特有。

本种与中国台湾分布的羽枝耳平藓 *C. pinnatum* Nog. 较相近似，但叶片无中肋，叶细胞有前角突而与后者相区别。

4. 带叶耳平藓 图 109

Calyptothecium phyllogonoides Nog. et Li, Journ. Jap. Bot. 63 (4): 144. 1988.

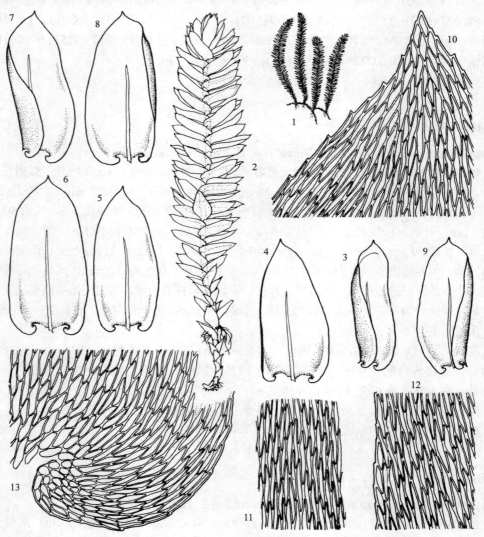

图 109　带叶耳平藓 *Calyptothecium phyllogonoides* Nog. et Li 1. 植物体(×1)，2. 植物体一部分(×11)，3~9. 叶片(×28)，10. 叶尖部细胞(×258)，11. 叶中部细胞(×258)，12. 叶中部边缘细胞(×258)，13. 叶基部细胞(×258) (绘图标本：云南，西双版纳，贾渝 01471, PE) (郭木森 绘)

Fig. 109　*Calyptothecium phyllogonoides* Nog. et Li 1. habit (×1), 2. a portion of plant (×11), 3~9 leaves (×28), 10. apical leaf cells (×258), 11. median leaf cells (×258), 12. median marginal leaf cells (×258), 13. basal leaf cells (×258) (Yunnan: Xishuangbanna, Y. Jia 01471, PE). (Drawn by M.-S. Guo)

植物体小，黄绿色或灰绿色，略具光泽。主茎横卧，匍匐，上有小叶片。支茎直立，红色，通常单一，偶尔有少数分枝，长约 3.0 cm，连叶宽约 5.0 mm，平展，叶尖钝。茎叶二列排列，但是几个背面的叶片贴生，平展，卵状舌形，宽的锐尖，基部具叶耳；侧叶强烈内凹或对折；叶边近于全缘或尖部具小齿；中肋单一，细，达叶片 1/2 以上。叶片中部细胞线形，两端尖，薄壁，长 80~95 μm；叶片上部细胞逐渐变短。

生境：树干。

产地：云南：勐腊县，汪楣芝 51821 (PE)；勐海县，吴鹏程 21714、21873 (PE)；勐养，徐文宣 6196、6764 (PE)；景洪县，吴鹏程 21880 (PE)。

海南：五指山，林尤兴 234 (PE)。

分布：中国特有。

本种的特征是植物体扁平，叶片呈长舌形。

5. 芽胞耳平藓　图 110

Calyptothecium auriculatum (Dix.) Noguchi, Journ. Hattori Bot. Lab. 47: 314. 1980.

Pterobryopsis auriculata Dixon, Journ. Bombay Nat. Hist. Soc., 39: 782. 1937.

植物体粗壮，支茎长 7.0~15 cm，羽状分枝。叶片密生，直立状反仰，内凹，顶部呈兜形，长约 2.7 mm，宽约 1.1 mm。枝条上部的叶片边缘内卷，有时顶部具弱齿；基部形成明显的叶耳；中肋单一，有时顶端分叉，达叶片的 2/3 处。叶细胞长线形，具壁孔，大多数的细胞长 48~52 μm，宽 7.0~10 μm，角部细胞分化不明显，耳部细胞较其他细胞短，透明。枝条上部叶片基部常有大量的芽胞。

生境：树干。

产地：西藏：墨脱县，墨脱东山，汪楣芝 800724-(3) (PE)。云南：勐海县，徐文宣 6016、6172、6173、6377、6411A (PE)，吴鹏程 21828 (PE)，曼佬，王启无 8679 (PE)；昆明市，徐文宣 637 (PE)；绿春县，黄连山，裴林英 3002、3009 (PE)；麻栗坡县，茨竹坝，裴林英 3554 (PE)。海南：昌江县，汪楣芝 45116 (PE)。福建：武夷山，苔藓植物进修班 993 (PE)。

分布：中国和印度。

Pterobryopsis auriculata 的形态特征中叶片硬挺，不扁平，叶片相嵌生长是属于拟蕨藓属 *Pterobryopsis* 的特征，但是它的叶片基部抱茎以及具明显的叶耳则属于耳平藓属 *Calyptothecium*，因此 Noguchi (1980) 认为该种应该属于耳平藓属。作者同意 Noguchi 的观点，将该种移置本属。

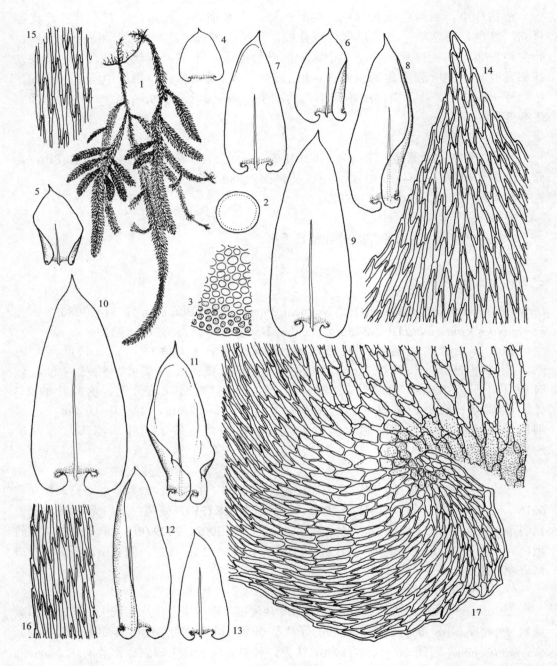

图 110　芽胞耳平藓 *Calyptothecium auriculatum* (Dix.) Nog. 1. 植物体(×1)，2. 茎横切面(×37)，3. 茎横切面的一部分(×189)，4~13. 叶片(×14)，14. 叶尖部细胞(×258)，15. 叶中部细胞(×258)，16. 叶中部边缘细胞(×258)，17. 叶基部细胞(×258) (绘图标本：海南，昌江县，汪楣芝 45116, PE) (郭木森 绘)

Fig. 110　*Calyptothecium auriculatum* (Dix.) Nog. 1. plant (×1), 2. cross section of stem (×37), 3. a portion of cross section of stem (×189), 4~13. leaves (×14), 14. apical leaf cells (×258), 15. median leaf cells (×258), 16. median marginal leaf cells (×258), 17. basal leaf cells (×258) (Hainan: Changjiang Co., M.-Z. Wang 45116, PE) (Drawn by M.-S. Guo)

6. 长尖耳平藓　图 107: 7~9，图 108

Calyptothecium wightii (Mitt.) Fleisch., Hedwigia 45: 62. 1905.

Meteorium wightii Mitt., J. Proc. Linn. Soc., Bot., Suppl. 1: 85. 1859.

Pterobryopsis wightii (Mitt.) Broth., Nat. Pfl. 1 (3): 803. 1906.

P. subacuminata Broth. et Par., Rev. Bryol. 34: 45. 1907.

Calyptothecium formosanum Broth., Öefv. Finsk. Vet. Soc. Foerh. 62A (9): 23. 1921.

C. subacuminatum (Broth. et Par.) Broth., Nat. Pfl. 2, 11: 184. 1925.

　　植物体粗壮，黄绿色，呈疏松的垫状。主茎线状，具横茎。枝条通常悬垂，一或二回分枝，长 5.0~10 cm。叶片直立或伸展，稀完全舒展，卵形，基部心形耳状，内凹，具皱褶，长渐尖，但不呈毛尖状，长约 2.6 mm，宽约 1.6 mm；叶边缘顶部稍具细齿，基部具小圆齿；中肋单一，在叶片的 3/4 处消失。叶细胞呈不规则的菱形，厚壁，具明显的壁孔，叶上部细胞长约 46 μm，宽约 7.0 μm，中部细胞长约 55 μm，宽约 8.0 μm，基部细胞长约 77 μm，宽约 9.0 μm；叶片耳部细胞短而窄，不规则的菱形，角部细胞不分化。孢子体隐生于短的侧枝上。孢蒴卵球形。蒴齿有不规则的前蒴齿；内蒴齿不完全发育或缺失。蒴盖具圆锥状的喙。蒴帽兜形，具毛。

　　生境：树干和岩面。

　　产地：西藏：墨脱县，地东，汪楣芝 800233-(7)、800520-(8) (PE)，背崩乡，何强 2390 (PE)；定结县，郎楷永 1143 (PE)。云南：勐海县，货松水库，贾渝 01325 (PE)，巴达乡，贾渝 01342、01357、01513 (PE)；勐腊县，吴鹏程 21730、26408 (PE)，勐伦镇，A. Touw 108、C112、C115 (HKAS)，黎兴江 2334 (HKAS)，张力 885、893、904 (HKAS)，贾渝 01560 (PE)；瑞丽县，黎兴江 80-852 (HKAS)。

　　分布：中国、斯里兰卡、印度、尼泊尔、缅甸、泰国和越南。

7. 耳平藓

Calyptothecium urvilleanum (C. Müll.) Broth., Nat. Pfl. 1 (3): 839. 1906.

Calyptothecium praelongum Mitt., Journ. Linn. Soc. Bot., 10: 190. 1868.

C. philippinense Broth. in Warb., Monsunia, 1: 48. 1899.

Neckera philippinensis (Broth.) Paris, Index Bryol. Suppl. Prim. 255. 1900.

Calyptothecium tumidum Fleisch. (non Dicks.), Musci Arch. Ind. Exs. Sr. 5: n. 222. 1902.

C. japonicum Thér., Monde Plants, 9: 22. 1907.

C. bernieri Broth., Öefv. Förhandl. Finska Vetenskaps-Soc. 53A (11): 28. 1911.

C. densirameum Broth., Rev. Bryol., 56: 9. 1929.

C. sikkimense Broth. in Bruehl, Rec. Bot. Surv. Ind., 13 (1): 125. 1931, *nom. nud.* fid Brotherus.

C. alare Bartram, The Bryologist 48: 120. 1945.

Neckera urvilleana C. Müll., in Syn., 2: 52. 1950.

　　植物体柔软，稍具光泽，灰绿色，主茎匍匐，分枝，其具小的鳞形叶，支茎长可达

30 cm，密生叶片，羽状分枝或不规则分枝；枝条散生，常有一个小尾尖。支茎叶稍微覆瓦状排列，卵状椭圆形，尾尖，尖部通常轻微外卷，基部紧抱茎形成明显的叶耳，长3.0~3.5 mm，明显凹陷，干燥时多少扭曲，黄绿色。次生枝稀疏生长，粗壮，悬垂，黄绿色，较长，不规则的羽状分枝。叶片伸展，内凹，卵状披针形，基部心形叶，具短尖，长约3.2 mm，基部宽约1.7 mm；叶边全缘，或上部具细齿，下部具小圆齿，在耳部常外弯；中肋单一，达叶片中部。枝叶与茎叶类似但较小；中肋通常单一而且短，有时分叉，偶尔缺失。叶细胞平滑，不规则菱形，具明显的壁孔，尖部细胞宽而短；中部和基部细胞线形或长线形，长45~77 μm，宽5.0~7.0 μm，细胞壁相当厚，而且有壁孔；基部细胞方形或长六边形，长38~55 μm，宽11.5~16 μm；耳部细胞红褐色，较其他部位细胞宽。孢子体生于侧枝上。孢蒴隐生于苞叶中。前蒴齿明显，约为外蒴齿高度的1/2；外蒴齿披针形，具中线，内蒴齿线形，较外蒴齿高，具一低膜。孢子具疣，红褐色，直径20~30 μm。蒴盖具圆锥状喙，尖部通常向一侧偏曲。蒴帽钟形，具毛。

生境：树干。

产地：西藏：墨脱县，西藏队153 (PE)。云南：昆明市，云南大学林学系2 (PE)；西双版纳，勐海县，徐文宣6249 (YUKU，PE)，吴鹏程26739 (PE)；保山县；思茅县，徐文宣11433 (YUKU，PE)；西畴县，黄素华P004b (PE)。四川：汶川县，卧龙自然保护区，秦自生067 (PE)。广西：靖西县，胡舜士Q7 (PE)。广东：连南县，三江镇，曾国驱758 (IBSC)。海南：昌江县；五指山，黄成就5 (PE)；霸王岭，中山大学植物采集队42 (A-2) (PE)。台湾：台东县，巴鱼湖，庄清璋5086b (MO)；南投县，赖明洲5217 (MO)；台北县，庄清璋5475 (MO)。

分布：中国、日本、斯里兰卡、印度、缅甸、印度尼西亚、菲律宾、巴布亚新几内亚、斐济和太平洋岛屿。

属6　蕨藓属 *Pterobryon* Hornsch.

Fl. Bras. 1 (2): 50. 1840. in Mart.

模式种：蕨藓 *P. densum* Hornsch.

植物体粗大，分枝密集而常呈树形，稀疏或密集丛生，绿色，有时呈淡黄色或黄褐色。主茎匍匐延伸，密被棕色假根。支茎平横或悬垂，稀疏生长小形而背仰的基叶，上部形成密集而规则的羽状分枝，分枝多倾立，密被叶片，背腹略呈扁平，单出，或再疏生小枝，枝端钝头，稀为等长形。枝叶倾立，长卵形或卵状披针形，有短尖或长尖，略内凹，具明显纵褶，近叶尖部多具锐齿；中肋单一，不及叶尖或近叶尖部消失。叶细胞不甚加厚，平滑，具微弱壁孔，细长形或狭长六边形，基部细胞较疏松，棕色，角细胞不分化，或近于分化。小枝叶形较小。雌雄异株。内雌苞叶基部为鞘状，渐上呈急尖或狭长尖。孢蒴短柄，隐于苞叶内，多为阔卵形，棕色。蒴齿两层，内齿层有时发育不完全，有时有前齿层，外齿层淡黄色；齿片狭长披针形，平滑，中脊不明显，内面横隔甚低；内齿层贴附于外齿层，柔薄，透明，易破损，无齿条。孢子圆形，有细密疣。蒴盖扁平或呈圆锥形，有短直喙。蒴帽纤小，冠形，平滑。

本属全世界约7种，分布热带及亚热带山区，均为树干生。中国1种。

1. 树形蕨藓

Pterobryon arbuscula Mitt., Trans. Linn. Soc. London Bot. Ser.2, 3:171. 1891.

　　植物体大形，黄褐色至褐绿色，略具光泽。主茎匍匐，叶片疏生，叶片宽卵形，急狭成钻尖，长 0.5~1 mm，无中肋；支茎平卧或悬垂，长约 7 cm，密生叶片，茎横切面缺乏中轴，皮层由 7~8 排小而厚壁组成；枝条等长，长约 2 cm，平展，常单一，密生叶片，枝端圆钝。茎叶贴生，干燥时具纵褶，狭披针形，椭圆状的卵形基部，急尖或渐尖，通常 2.5 mm×0.8 mm；叶边平展，上部有细齿，下部全缘；中肋单一，细，达叶尖的顶部。枝叶与茎叶相似，上部细胞长 20~25 μm，宽 6~7 μm，细胞壁多少加厚且具壁孔；中部细胞长的六边形或近于线形，长约 27 μm，宽约 6.0 μm，薄壁细胞；角部细胞不分化。芽胞腋生，纺锤形，褐色，长 80~120 μm。雌苞叶大，长约 4.0 mm，宽约 0.9 mm，椭圆形，急狭呈钻形叶尖，内凹，常有纵褶，叶边具细齿，中肋细而长；隔丝多。孢蒴隐生，卵形至亚球形，棕色，长 1.0~1.2 mm，直径 0.8~0.9 mm。蒴盖突出，具短尖，长约 0.4 mm。外齿层稀疏，线状披针形，长 0.2~0.25 mm，基部宽 40~60 μm，透明，平滑；内齿层齿片鞭形，长，常呈断片状，基膜低。孢子具细疣，直径 20~30 μm。

　　生境：附生树干。

　　产地：云南：贡山县，丙中洛，汪楣芝 7474 (PE)。台湾：宜兰县，庄清璋 1677 (MO)；赖明洲 7467 (TUN)。

　　分布：中国、日本和朝鲜。

属 7　拟蕨藓属 *Pterobryopsis* Fleisch.

Hedwigia 45: 56. 1956. 1905

　　模式种：拟蕨藓 *P. crassicaulis* (C. Müll.) Fleisch.

　　植物体细长或粗壮，具光泽，交织群生。主茎匍匐，支茎倾立或下垂，不规则分枝或树形分枝，有时具鞭状枝，或呈尾状延伸，或有圆条形短钝或等长的分枝。叶干时覆瓦状排列或疏松贴生，卵形，渐上呈短尖，稀急尖，强烈内凹；叶边全缘或近尖部细齿；中肋单一，长达叶片中部，稀双中肋或完全缺失。叶细胞菱形或狭长形，平滑，近基部细胞排列疏松，红棕色，有壁孔，角部细胞常分化，厚壁。雌雄异株。蒴柄短，或稍长。孢蒴多高出于雌苞叶，长卵形。蒴齿两层。蒴盖圆锥形，有短喙。

　　全世界约 30 种，分布热带、亚热带地区。经本次研究，中国有 5 种。

分种检索表

4. 植物体密羽状分枝；叶卵形或匙状阔卵形，急尖或钝尖；中肋长达叶片中部 ···5
5. 叶卵形，急尖 ···**2. 四川拟蕨藓 *P. setschwanica***
5. 叶匙形或阔卵形，尖端钝 ·····································**3.南亚拟蕨藓 *P. orientalis***

Key to the species

1. Plants with flagella ···2
1. Plants without flagella ···3
2. Leaves denticulate; alar region small; median leaf cells pitted ························**5. *P. crassicaulis***
2. Leaves crenulate or entire; alar region large; median leaf cells not pitted··········**6. *P. foulkesiana***
3. Apices flat ··**4. *P. scabriucula***
3. Apices cucullate ···4
4. Plants loosely irregularly branched or loosely pinnately branched; leaves ovate-cordate, with a narrow and long apex; costae extending to upper parts of leaves ···························**1. *P. acuminata***
4. Plants densely pinnately branched; leaves ovate or broadly ovate, acute or obtuse; costae extending to middle part of leaves ···5
5. Leaves ovate, acute ···**2. *P. setschwanica***
5. Leaves cochleariform or broadly ovate, apices blunt ····································**3. *P. orientalis***

1. 尖叶拟蕨藓　图 111

Pterobryopsis acuminata (Hook.) Fleisch., Hedwigia 45: 59. 1905.

Neckera acuminata Hook., Musci Exot. T. 151. 1819.

Meteorium acuminatum Mitt., Journ. Proc. Linn. Soc. Bot. Suppl. 1: 86. 1859.

Garovaglia conchophylla Ren. et Card., Bull. Soc. Roy. Bot. Belg. 41: 69. 1905.

Pterobryopsis handelii Broth., Sitz. Ak. Wiss. Wien Math. Nat. Kl. Abt. 1, 133: 572. 1924.

P. morrisonicola Nog., Journ. Hattori Bot. Lab. 2: 69. 16 f. 3-5. 1947.

　　主茎匍匐，类似线形。支茎黄绿色，下部褐色，树形羽状分枝。长约 4.0 cm，枝条细，但坚挺。叶片密生，覆瓦状排列，半倾立着生，内凹，卵状心形，尖部呈细尖状和兜状，具纵褶，长约 3.0 mm，宽约 1.8 mm；叶边平展，具弱齿或叶尖无齿；中肋单一，达叶片的 2/3 处。叶细胞厚壁，长线形，基部具壁孔，在尖部长约 53 μm，宽约 6.0 μm，中部长约 61 μm，宽约 5.0 μm；角部细胞深的红褐色，近于方形，长约 30 μm，宽约 23 μm，在叶基边缘处细胞变短。孢子体生于短的侧枝上。雌苞叶直立，狭长。蒴柄直立，约 4.0 mm 长。孢蒴直立，卵状圆柱形，常约 2.0 mm，直径约 1.0 mm。未见蒴齿。

　　生境：树干。

　　产地：西藏：察隅县，察瓦龙，汪楣芝 12863-C (PE)。云南：昆明市，华亭庙，徐文宣 7718 (YUKU，PE)；富民县，云南大学生物系 169 (YUKU)；武定县，徐文宣 10 (HKAS)；景东县，哀牢山，张晋昆 969-1、1685-1a (YUN)；镇康，立立箐，王启无 8094 (PE)；腾冲县，罗健馨 812978e、812978d (PE)；金平县，十里村，裴林英 3220 (PE)。四川：盐边县，汪楣芝 20605、20707-b、20718-b (PE)。海南：乐东县，尖峰岭，林邦娟 4035 (IBSC)，吊罗山，吴鹏程 24588、24567 (PE)。

　　分布：中国、尼泊尔、印度、泰国和缅甸。

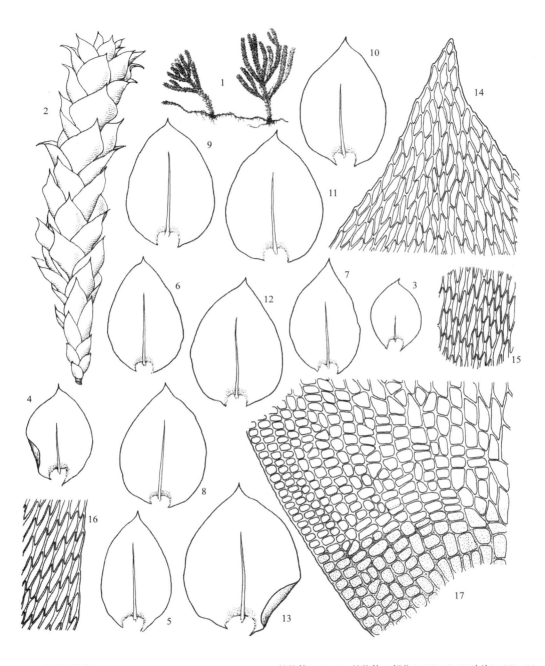

图 111　尖叶拟蕨藓 *Pterobryopsis acuminata* (Hook.) Fleisch. 1. 植物体(×1)，2. 植物体一部分(×14)，3~13.叶片(×28)，14. 叶尖部细胞(×258)，15. 叶中部细胞(×258)，16. 叶中部边缘细胞(×258)，17. 叶基部细胞(×258) (绘图标本：西藏，察隅县，汪楣芝 12863-c, PE) (郭木森 绘)

Fig. 111　*Pterobryopsis acuminata* (Hook.) Fleisch., 1. plant (×1), 2. a portion of plant (×14), 3~13. leaves (×28), 14. apical leaf cells (×258), 15. median leaf cells (×258), 16. median marginal leaf cells (×258), 17. basal leaf cells (×258) (Xizang: Chayu Co., M.-Z. Wang 12863-c, PE) (Drawn by M.-S. Guo)

2. 四川拟蕨藓

Pterobryopsis setschwanica Broth., Sitz. Ak. Wiss. Wien Math. Nat. Kl. Abt.1, 133: 573. 1924.

植物体粗壮，簇生，坚挺，黄绿色，具光泽。支茎长约 12 cm，有时长可达 15 cm，枝柄长约 3.0 cm，密集的羽状分枝，小枝直立伸展，长约 1.0 cm，具小叶片，单一，圆钝。叶片倾立，下延，平直，卵形，急尖，长约 1.9 mm；宽约 1.0 mm，叶边缘平直，全缘或仅尖部有细锯齿；中肋在叶片中部以上消失；细胞线形，叶基部的细胞排列疏松，深黄色，基部角细胞方形，褐色。未见孢子体。

生境：树干。

产地：四川：盐源县，海拔 2750m, Handel-Mazzetti 2723 (H)；Djientschung，海拔 2400 m, Handel-Mazzetti 1828 (H)。

分布：中国特有。

3. 南亚拟蕨藓

Pterobryopsis orientalis (C. Müll.) Fleisch., Hedwigia 59:217. 1917.

Neckera orientalis C. Müll., Bot. Zeit., 14: 437. 1856.

Meteorium foulkesiamum Mitt., Journ. Proc. Linn. Soc., Bot., Suppl. 1: 85. 1859

Pterobryopsis yuennanensis Broth., Sitz. Ak. Wiss. Wien Math. Nat. Kl. Abt. 133: 573. 1924.

P. arcuata Nog., Trans. Nat. Hist. Soc. Formosa 26: 35. 1936.

植物体黄绿色或深绿色，具细的枝条，但分枝硬挺，直立，羽状分枝或树形分枝，高约 6.0 cm。叶片密生，覆瓦状排列，倾立至伸展，内凹，具纵褶，尖部渐尖具勺状，长约 2.9 mm，宽约 1.3 mm；边缘平展，上部具弱齿。中肋单一，不到叶片的 1/2 长。叶细胞长线形，厚壁，尖部下的细胞具壁孔，长约 54 μm，宽约 4.0 μm。茎上嵌入有色细胞，角部细胞深的红棕色长方形细胞。雌雄异株。孢子体生于短的侧枝上。雌苞叶直立，较狭窄。蒴柄直立，长约 4.5 mm。孢蒴直立，卵状圆柱形，长约 2.5 mm，直径约 1.0 mm。外蒴齿发育良好，透明，平滑；内蒴齿线形，与外蒴齿等长。

生境：树干、岩面。

产地：云南：昆明市，吴鹏程 22064 (PE)，徐文宣 40 (PE)，Handel-Mazzetti 262、3095 (H)，徐骆珊 8 (PE)，西山，朱维明 5811 (YUKU，PE)，徐文宣 5916 (YUKU，PE)；武定县，狮子山，杨全 26 (YUKU，PE)，徐文宣 226-1、6-2 (YUKU，PE)；德宏县，徐文宣 82 (YUKU，PE)，凤山，徐文宣 32、70 (HKAS)；勐海县，徐文宣 6295、6356A、6427A (PE)，勐养，徐文宣 6819、6859、6875 (PE)；富民县，云南大学生物系 202、214 (PE)；泸水县，罗健馨 812796 (b) (PE)；马关县，何继健 75016 (YUKU)；元阳县，新街镇，张贤禄 652 (YUKU，PE)；思茅县，普文，徐文宣 11421 (YUKU，PE)。四川：盐边县，大坪子，汪楣芝 20533、20534、20536 (PE)。陕西：佛

坪县，岳坝，汪楣芝 55743 (PE)。甘肃：文县，范坝乡，贾渝 09128 (PE)。

分布：中国、印度尼西亚、越南、泰国、缅甸、印度和尼泊尔。

4. 大拟蕨藓

Pterobryopsis scabriucula (Mitt.) Fleisch., Hedwigia 45: 60. 1905.

Meteorium frondosum Mitt., Journ. Proc. Linn. Soc., Bot., Suppl. 1: 85. 1859.

M. scabriusculum Mitt., Proc. Linn. Soc., Bot., Suppl. 1: 85. 1859.

Endotrichum frondosum (Mitt.) Jaeg., Ber. S. Gall. Naturw. Ges., 1875~1876: 233. 1876.

Garovaglia frondosa (Mitt.) Par., Index Bryol.: 508. 1896.

Pterobryon frondosum (Mitt.) Broth., Rec. Bot. Surv. Ind., 1: 324. 1899.

Pterobryopsis frondosa (Mitt.) Fleisch., Hedwigia 45: 60. 1905.

植物体粗壮，主茎匍匐，横茎状，其上具叶，叶片有光泽，黄绿色。羽状分枝，有时扁平，尾部圆钝，长达 10 cm。叶片密生，直立状平展，覆瓦状排列，内凹，上部有纵褶，卵状心形；茎叶长 2.5~3.0 mm，宽 1.2~1.7 mm；枝叶长约 2.2 mm，宽约 1.5 mm，短尖；叶边平展，尖部有细齿；中肋单一，中肋通常在顶部分叉，有时在基部还有一个短的中肋，达叶片的 2/3~3/4 处。叶细胞壁不加厚，菱形至长线形，在尖部的细胞 ±38.5 μm×10 μm，在中部的细胞 ±65 μm×10 μm；叶片基部细胞长方形至方形，长约 27 μm，宽约 19.5 μm；角细胞大而红棕色。孢子体生于短的侧枝上。雌苞叶直立，狭窄。蒴柄直立，长 3.0~5.0 mm。孢蒴直立，卵状圆柱形，长 2.0~3.0 mm，直径 1.0~1.3 mm。外蒴齿齿片线形披针形，具针尖状，长约 0.5 mm，灰色，平滑；内齿层齿条长形，与外蒴齿等长。孢子球形，具疣，直径 30~42 μm。

生境：树干。

产地：西藏：察隅县，慈巴沟自然保护区，何强 1991、2000 (PE)。云南：武定县，狮子山，徐文宣 5611 (YUKU，PE)，曾觉民、杨全 26 (PE)；昆明市，黑龙潭公园，T. Kopenon37880 (H，PE)，徐文宣 15a (YUKU，PE)，太华庙，朱维明 163 (YUKU，PE)，西山，赵崇新 K820119-2 (PE)，杨家村，赵崇新 K82068-1 (PE)；富民县，云南大学生物系 173、188 (YUKU)；安宁县，龙山，徐继红 81227 (PE)；元阳县，新街镇，张贤禄 552 (YUKU)；嵩明县，Redfearn、何思、苏永革 1877 (SMS，MO)，朱维明等 15 (YUKU)；漾濞县，点苍山，Redfearn 和苏永革 887 (SMS，MO)；维西县，希建勋 82-5 (HKAS)。

分布：中国、印度、斯里兰卡和泰国。

1986 年 Noguchi 在观察 *P. scabriuscula* 和 *P. frondosa* 两种的模式标本之后，认为尽管两种在植物体体积和分枝上有区别，但其他特征非常相似，前者的模式标本可能是一个发育未完全的植物体，故应归并为一种，后者为前者异名。

5. 拟蕨藓　图 112

Pterobryopsis crassicaulis (C. Müll.) Fleisch., Hedwigia 45: 57.1905

Neckera crassicaulis C. Müll., Syn.2: 132. 1850.

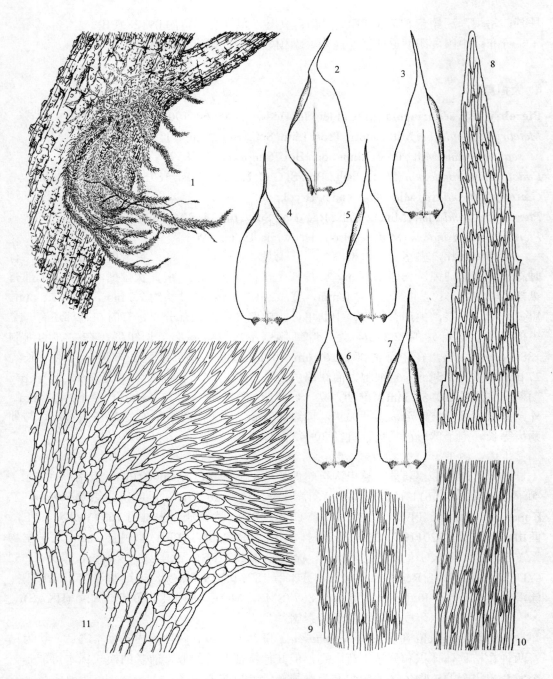

图 112　拟蕨藓 *Pterobryopsis crassicaulis* (C. Müll.) Fleisch. 1. 植物体(×1)，2~7.叶片(×17)，8. 叶尖部细胞(×387)，9. 叶中部细胞(×387)，10. 叶中部边缘细胞(×387)，11. 叶基部细胞(×387) (绘图标本：海南，昌江县，吴鹏程 24127, PE) (郭木森 绘)

Fig. 112　*Pterobryopsis crassicaulis* (C. Müll.) Fleisch. 1. plant (×1), 2~7. leaves (×17), 8. apical leaf cells (×387), 9. median leaf cells (×387), 10. median marginal leaf cells (×387), 11. basal leaf cells (×387) (Hainan: Changjiang Co., P.C.Wu 24127, PE) (Drawn by M.-S. Guo)

支茎直立，拳曲，长达 6.0 cm，单一或分枝稀少，密生叶片，上部叶片黄绿色，下部叶片棕色，具光泽，连叶宽 6.0~8.0 mm，常呈一个细的尾尖部。叶片倾立，椭圆状圆形，深的内凹，兜形，平滑，长约 4.0 mm，形成一个长的钻形尖；叶边宽的卷曲，上部具细齿，下部平展，全缘；中肋单一，达叶片中部；叶细胞线形，加厚，具壁孔，平滑。叶基部形成明显的角部分化细胞。雌苞叶卵状披针形，长约 6.5 mm，逐渐成一个长毛尖；蒴柄短，孢蒴椭圆状圆柱形，长约 2.0 mm，孢蒴外壁细胞薄壁，六角形；蒴齿灰黄色，透明，长约 225 μm，平滑；内齿层无；蒴盖呈圆锥状短喙，长约 0.4 mm。

生境：树干或倒木。

产地：云南：景洪县，汪楣芝 4431c (PE)；麻栗坡县，茨竹坝，裴林英 3574 (PE)。广西：融水县，九万山，清水塘，汪楣芝 46459 (PE)，张家湾，汪楣芝 46784 (PE)。海南：昌江县，虎头岭，汪楣芝 45189、45206 (PE)，黑岭，汪楣芝 45362 (PE)，吴鹏程 24127 (PE)，霸王岭，吴鹏程 24032、24194 (PE)，傅国媛 4 (PE)；乐东县，尖峰岭，吴鹏程 194-(1)、20784-b、20787、20827-b (PE)，陈邦杰等 627b (PE)；鹦哥岭，张力 4159 (SZG)；吊罗山，苔藓采集队 3087 (PE)。

分布：中国、斯里兰卡和印度尼西亚。

6. 鞭枝拟蕨藓(新拟名)

Pterobryopsis foulkesiana (Mitt.) Fleisch., Hedwigia 45: 60. 1905.

Meteorium foulkesianum Mitt., Journ. Proc. Linn. Soc. Bot. Suppl. 1: 85. 1859.

Pterobryum gracile Broth., Rec. Bot. Surv. India 1: 324. 1899.

Pterobryopsis gracilis (Broth.) Broth., Nat. Pfl. 1 (3): 803. 1906.

植物体暗绿色。主茎匍匐，具横走茎。支茎直立，呈穗状，长达 4 cm，连叶宽约 2 mm，顶部常具鞭状枝，干燥时呈圆柱形并具少数小枝。枝条长，偶尔呈鞭状。茎叶覆瓦状排列，椭圆状卵形，叶尖锐尖，长 1.8~2.0 mm，宽 0.9~1.0 mm，内凹；叶边缘具小圆齿或近于全缘；中肋单一，可达叶片长度的 1/2，偶尔短且分叉。叶片中部细胞近于线形，长 50~70 μm，宽 6.0~8.5 μm，细胞壁薄，几乎无壁孔，细胞角部稍加厚，多少具壁孔；叶片下部细胞变短而宽，长的矩形或菱形，细胞壁较厚，无壁孔；角部细胞明显分化；角部和基部细胞数量较多，矩形或近于方形，长 15~20 μm，膨大，黑褐色。

生境：石上。

产地：西藏：察隅县，慈巴沟自然保护区，何强 2021 (PE)。云南：腾冲县，界头大塘，张力 4706 (SZG)；勐海县，巴达乡，吴鹏程 26706 (PE)。四川：米易县，汪楣芝 20741 (PE)。甘肃：文县，范坝，李粉霞 870 (PE)。

分布：中国、印度和越南。

属 8　小蕨藓属 *Pireella* Card.

Rev. Bryol. 40: 17. 1913.

模式种：小蕨藓 *P. mariae* (Card.) Card.

细长，稀疏群生，黄绿色，略具光泽。主茎细长，匍匐横生，随处有成束的假根。支茎下部不分枝，有密集而紧贴、较大的基叶，上部两侧密集短分枝，分枝倾立，近于等长，密被叶片而成圆条形，单出或再分枝呈扁平羽状，先端钝头或细弱。基叶卵形，先端急尖，叶边全缘，无中肋。茎叶近于两列着生，倾立，基部心形，渐上呈卵状披针形，有长尖；叶边平展，全缘，仅尖部有不明显细齿；中肋长达叶尖，或近于突出。枝叶形较小，卵状披针形，短尖部有粗齿或细齿；中肋近于突出。雌雄异株。内雌苞叶直立，卵状披针形或长披针形，有长尖，常卷扭，叶边全缘，中肋细弱，角细胞棕色。蒴柄多细长，直立，或略呈弓形，上部粗糙，红色。孢蒴常高出于苞叶，直立，圆卵形，蒴口细小，厚壁，棕色。蒴齿两层。外齿层淡黄色，稀呈红色；齿片三角状披针形，尖端常两两相连，基部分离或完全分离，内面平滑无横隔；内齿层与外齿层片相附，为一高出的透明薄膜所构成，成熟后破裂。蒴轴粗，肉质。蒴盖细小，有长喙。蒴帽兜形，有纤毛，稀平滑。孢子大形，绿色，平滑，形态多变。芽胞透明，棒状，近于圆柱形。

本属全世界有 10 余种，分布于南美地区，常生于树干上。中国分布 1 种。

1. 台湾小蕨藓

Pireella formosana Broth., Over. Av Finska Vetenskaps. Soc. Förb. 62: 23. 1919~1920.

植物体黄绿色，略具光泽，形成极疏松的垫状。主茎长，具横茎，匍匐生长，弯曲，生红色的假根，叶片疏松着生，叶片椭圆状卵形，急狭呈一中等长的尖，内凹，基部黄褐色，长约 0.8 mm，宽约 0.5 mm；叶边上部具不规则的细齿。支茎稀疏发生，直立，呈树形，高可达 6.0 cm；无叶片着生的茎部高可达 3.0 cm；密集的羽状分枝，叶片密集而多少扁平；茎横切面椭圆形，直径 0.4 mm×0.3 mm，中轴存在但中部细胞的形状有变化，壁呈褐色，不规则地加厚，但少数细胞壁薄壁，中部细胞六边形，无色厚壁，外皮层由 7~8 层细胞组成，强烈加厚，细胞小。枝条斜生而扁平伸展，大多数长度相等，平均长约 1.0 cm，单一或有几个小枝，叶片密生而不呈扁平状，叶尖钝。叶片紧贴，椭圆形，急狭呈一长的钻尖，很细，无中肋；叶边全缘；细胞线形；支茎上的叶片斜向伸展，长椭圆形，披针状的渐尖，内凹，基部黄褐色，长 2.3~2.7 mm，宽 0.7~0.9 mm；叶边几乎全缘，仅在叶尖部具极细的小齿；中肋单一，达叶尖部。叶细胞线形，薄壁，在细胞角上具低疣，中部细胞长 40~50 μm，宽 3.0~4.0 μm，向叶尖部细胞变短和宽，细胞壁也同时变厚和平滑，基部细胞长方形长 20~35μm，宽 6.0~8.0 μm，壁相当厚，黄褐色，略具壁孔，角部细胞不分化，排列疏松，短的长方形，方形或不规则的六边形，长约 25 μm，宽约 12 μm，细胞壁黄褐色，略具壁孔。枝叶与支茎叶相似但小，尖部无细齿，中肋达叶尖部。孢子体生于支茎和枝上。内雌苞叶狭椭圆形，具一短的钻尖；中肋细，达叶尖部；边缘全缘；细胞厚壁，具壁孔。蒴柄红褐色，干燥时稍弯曲和扭曲，平滑，长约 12 mm。孢蒴直立，卵形，平滑，长约 0.7 mm，宽约 1.3 mm；蒴盖平滑，高约 0.7 mm，具长的喙。蒴齿 16，线状披针形，平滑，黄色，高约 0.3 mm，内齿层细，透明，平滑。孢子圆形或长形，黄褐色，具细疣，直径 15~30 μm.。

生境：树皮上。

产地：中国台湾：屏东县，林善雄 ser.3:137 (TUN)；南投县，G. Matsudon 和 A.Yausda 604 (NICH)。

分布：中国。

属 9　滇蕨藓属 *Pseudopterobryum* Broth.

Sym. Sin. 4: 79. 1929.

模式种：滇蕨藓 *P. tenuicuspis* Broth.

植物体稀疏丛集，主茎匍匐延伸，支茎密被叶片，下部单一，上部密集树状两回羽状分枝。茎叶长卵状披针形，上部具狭长尖，基部狭窄，内凹，有纵褶；叶边略反曲，上部具细齿；中肋单一，细弱，长达叶上部。叶细胞线形，平滑，角部细胞多数，小而呈方形或菱形，略膨起。枝叶较小，强烈内凹。雌雄异株。孢蒴隐生于雌苞叶内，卵形。蒴齿两层。蒴盖圆锥形，具斜喙。蒴帽圆锥形，有疣，基部绽裂，边缘有细齿。

本属共 2 种，中国特有，原分布于云南西北部，近年在四川也有发现。

分种检索表

1. 植物体长大，长可达 15cm 以上；茎叶阔披针形，中肋粗，超过叶中部 ……**1. 大滇蕨藓 *P. laticuspis***
1. 植物体较小，长约 12 cm；茎叶狭披针形，中肋长达叶片中部 ………………**2. 滇蕨藓 *P. tenuicuspes***

Key to the species

1. Plants large, up to 15 cm long; stem leaves broadly lanceolate, costae stout, more than 1/2 length of leaf ……
  …………………………………………………………………………………………… **1. *P. laticuspis***
1. Plants small, ca. 12 cm long; stem leaves narrowly lanceolate, costae reaching to middle of leaf ………………
  …………………………………………………………………………………………… **2. *P. tenuicuspes***

1. 大滇蕨藓　图 113

Pseudopterobryum laticuspis Broth., Symb. Sin. 4: 80. 1929.

植物体大形，绿色、黄绿色或黄褐色，较为规则的羽状分枝支茎长 10~15 cm，疏松的二回羽状分枝。枝叶叶片呈宽舌形，最宽处在近基部，具一个宽的渐尖，长 2.7~3.2 mm，宽 1.0~1.2 mm；中肋细，超过叶片中部以上；细胞狭长形，尖部细胞稍短，角部细胞略有分化，细胞壁加厚，具壁孔。小枝上的叶片卵状三角形，渐尖，长 0.7~1.3 mm，宽 0.3~0.5 mm，细胞狭长形，中肋单一，中部以上。

生境：阴湿的石壁上。

产地：云南：大理县，Handel-Mazzetti1163 (H, PE)；维西县，碧罗雪山，汪楣芝 4775、5720-b、5722、5763、5858 (PE)。

分布：中国特有。

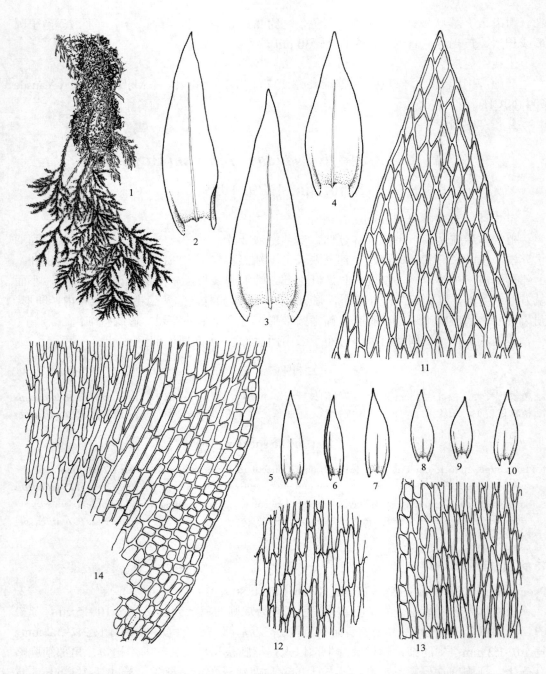

图 113　大滇蕨藓 *Pseudopterobryum laticuspis* Broth. 1. 植物体(×1), 2~4. 茎叶(×28), 5~10. 枝叶(×28), 11. 叶尖部细胞(×550), 12. 叶中部细胞(×550), 13. 叶中部边缘细胞(×550), 14. 叶基部细胞(×550) (绘图标本：云南，维西县，汪楣芝 5858, PE) (郭木森 绘)

Fig. 113　*Pseudopterobryum laticuspis* Broth., 1. plant (×1), 2~4. stem leaves (×28), 5~10. branch leaves (×28), 11. apical leaf cells (×550), 12. median leaf cells (×550), 13. median marginal leaf cells (×550), 14. basal leaf cells (×550) (Yunnan: Weixi Co., M.Z. Wang 5858, PE) (Drawn by M.-S. Guo)

2. 滇蕨藓

Pseudopterobryum tenuicuspes Broth., Symb. Sin. 4:80. 3. f. 5~8. 1929.

　　支茎长 5~8cm，上部密集的二回羽状分枝。叶片具一个狭长的渐尖，长约 2.7mm，宽约 0.66mm；中肋不及叶片中部。

　　生境：习生树干或石壁。

　　产地：西藏：察隅县，日东，汪楣芝 11871-b (PE)，松塔山，汪楣芝 8359-b (PE)。云南：贡山县，丙中洛，汪楣芝 7763 (PE)，怒江边，背海螺，冯国楣 7263 (HKAS)；维西县，维登，张大成 444 (HKAS)；德钦县，汪楣芝 813278-B (PE)，梅里雪山，汪楣芝 14202 (PE)。四川：汶川县，卧龙自然保护区，罗健馨 03348 (PE)；峨眉县，峨眉山，罗健馨、辛宝栋 2394 (PE)，高谦 19498 (IFP，PE)，金顶，Bruce Allen6528 (MO)，洗象池，朱维明、刘懋云 026 (YUKU)；盐边县，大坪子，汪楣芝 20355、20378 (PE)；金川县，贾渝 09554 (PE，FH)。重庆：巫溪县，白果林场，李粉霞 1384 (PE)；南川县，金佛山，谭仕贤、李朝丽 2987 (PE)，吴鹏程 21005 (PE)，汪楣芝 860833 (PE)，刘振宇 3654、3655 (PE)。甘肃：文县，邱家坝，贾渝 09232、09306 (PE)。

　　分布：本种为中国西南地区特有。

属 10　小蔓藓属 *Meteoriella* Okam.

Journ. Coll. Sc. Imp. Univ. Tokyo 36 (7): 18. 1915.

　　模式种：小蔓藓 *M. soluta* (Mitt.) Okam.

　　植物体较粗壮，硬挺，具绢丝光泽，成片悬垂蔓生。主茎匍匐，支茎密生，长而下垂并具疏羽状分枝。叶阔卵形，强烈内凹，上部突狭窄呈急短尖或长尖，基部叶耳明显，抱茎；叶边平展，近于全缘；双中肋，长达叶片中下部。叶细胞狭长形，厚壁，平滑，壁孔明显，角部细胞不分化。雌雄异株。蒴柄弯曲，高出于雌苞叶。孢蒴近于圆球形，蒴口小。蒴齿两层。

　　本属为亚洲东部特有，仅有 1 种。中国长江流域以南广布。

1. 小蔓藓　图 114, 图 115

Meteoriella soluta (Mitt.) Okam., Journ. Coll. Sci. Imp. Univ. Tokyo 36 (7):18. 1915.

Meteorium solutum Mitt., Journ. Linn. Proc. Soc. Bot. Suppl. 1: 88. 1859.

Pterobryopsis japonica Cardot, Bull. Soc. Bot. Genève sér. 23: 275. 1911.

Meteoriella soluta var. *kudoi* S. Okamura, Journ. Coll. Sci., Imperial Univ. Tokyo 36 (7): 18. pl. 9. 1915.

Meteoriella japonica Cardot ex Iisiba, Catalog Mosses Japan 152. 1929.

Meteoriella dendroidea Sakurai, Bot. Mag. 47: 336. 1933.

Jaegerinopsis integrifolia Dixon, Journ. Bombay Nat. History Soc. 39: 781. 1937.

Meteoriella solute fo. *flagellate* Nog., Journ. Hattori Bot. Lab. 2: 72. 1947.

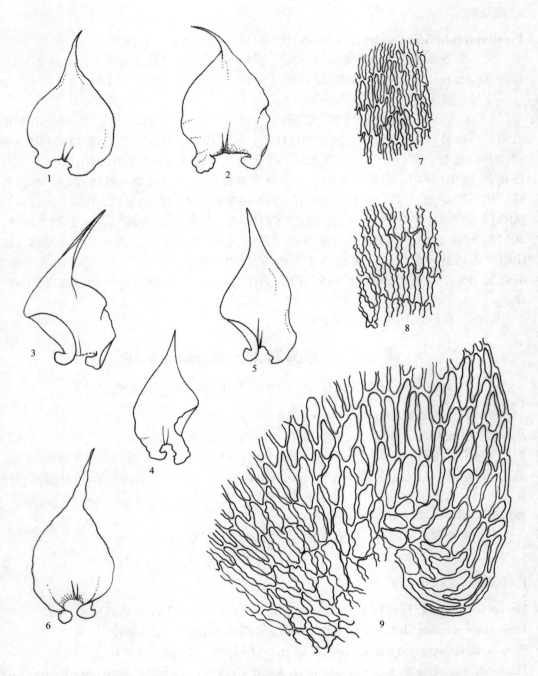

图 114　小蔓藓 *Meteoriella soluta* (Mitt.) Okam. 1~6. 叶片(×22)，7~8. 叶中部细胞(×258)，9. 叶基部细胞(×258) (绘图标本：四川，盐边县，汪楣芝 20137，PE) (郭木森　绘)

Fig. 114　*Meteoriella soluta* (Mitt.) Okam. 1~6. leaves (×22), 7~8. median leaf cells (×258), 9. basal leaf cells (×258) (Sichuan: Yanbian Co., M. -Z. Wang 20137, PE) (Drawn by M. -S. Guo)

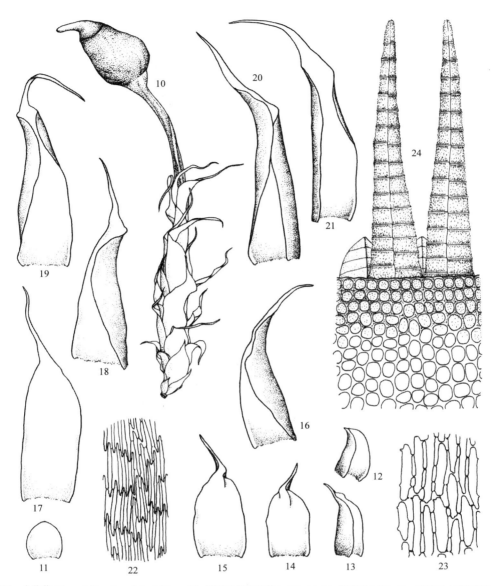

图 115　小蔓藓 *Meteoriella soluta* (Mitt.) Okam. 10. 雌苞叶和孢子体(×14), 11~21. 雌苞叶(×22), 22. 雌苞叶中部细胞(×258), 23. 雌苞叶基部细胞(×258), 24. 蒴齿(×387) (绘图标本：四川，盐边县，汪楣芝 20137, PE) (郭木森　绘)

Fig. 115　*Meteoriella soluta* (Mitt.) Okam. 10. sporophyte with perichaetial leaves (×14), 11~21.perichaetial leaves (×22), 22. median cells of perichaetial leaf (×258), 23. basal cells of perichaetial leaf (×258), 24. peristome teeth (×387) (Sichuan: Yanbian Co., M.-Z. Wang 20137, PE) (Drawn by M.-S. Guo)

　　植物体硬挺，红褐色或黑褐色，顶部褐绿色，多少具光泽。主茎匍匐，顶部通常悬垂，弯曲，密集着生叶片，茎横切面椭圆形，长宽约 0.4 mm×0.3 mm，中轴无分化，皮层由 5~6 排小形厚壁细胞组成；支茎伸展或扭曲，单一不分枝，顶端通常圆钝，极少呈尖状，长 10~30 mm。主茎叶片反曲或稍微覆瓦状排列，在湿润和干燥状态下均宽阔状伸展，尖部突成一个毡尖，基部着生处抱茎，呈耳状，长约 4.5 mm，宽约 5.5 mm，尖部与叶片等长，或少数长于叶片，与茎结合部黄褐色；叶片边缘具细齿，齿常弯曲，下部具波纹和宽的内卷；中肋细，短，或单一，或无中肋。支茎叶片类似于主茎叶片。中部叶细胞线形，长 45~65 μm，宽 4.5~5.5 μm，细胞壁厚，具明显的壁孔；中下部细胞椭圆形，细胞壁厚，具明显的壁孔；角部细胞分化不明显。雌雄异株。雌苞生于支茎上；内雌苞叶披针形，具一长毛尖。蒴柄长 7.0~9.0 mm，直径 0.2~0.3 mm，平滑，棕红色。稍具光泽；孢蒴外壁细胞具角隅加厚；气孔数少。蒴齿双层；外蒴齿线状披针形，钝尖，长约 0.4 mm，黄色，上部具不明显的疣，下部平滑；内齿层基膜为外齿层高度的 1/3，平滑，齿片和齿毛缺失。孢子具细疣，直径 17~26 μm。

生境：树生和岩面。

产地：西藏：墨脱县，班固山，汪楣芝 800500-(4) (PE)，无名山，汪楣芝 800568-(9)、801045-(1) (PE)，扎墨公路，何强 2632、2633 (PE)；察隅县，上察隅镇，何强 1899、1929 (PE)。云南：贡山县，高黎贡山，汪楣芝 9237、9368-a (PE)，独龙江，龙源，汪楣芝 11445A (PE)；河口县，生物系 9 (PE)；泸水县，罗建馨、汪楣芝 812823 (PE)；同前，片马山，罗健馨、汪楣芝 812058、812064- (H1) (PE)，汪楣芝 812243、812373、812659a、812659c (PE)，风雪垭口，812867、812913、812933b、812934b (PE)，姚家坪，罗健馨 812701、812810 (PE)；维西县，碧罗雪山，汪楣芝 5505 (PE)。四川：盐边县，大坪子，汪楣芝 20167、20468 (PE)；冕宁县，冶勒，贾渝 08257 (PE, H)；米易县，白坡山，汪楣芝 21279、21341 (PE)；汶川县，威州镇，刘阳 563、581 (PE)；峨眉县，峨眉山，吴鹏程 24058 (PE)。重庆：南川县，三泉镇，刘阳 2432 (PE)；开县，满月乡，贾渝 10479 (PE)。贵州：江口县，梵净山，汪楣芝 56350 (PE)；道真县，金佛山，黄玉茜 359、360、364 (PE)。广西：猫儿山，左勤、王幼芳 923、1902 (HSUN)。台湾：宜兰县，太平山，庄清璋 1982 (BUC)。福建：武夷山，三港，香炉山，苔藓植物进修班 900、908 (PE)。江西：庐山，小天池，陈邦杰(无号) (PE)；玉山县，三清山，李登科 020528 (SHM)。安徽：黄山，清凉台，陈邦杰等 7241a (PE)。甘肃：文县，邱家坝，贾渝 09211、09249、09316 (PE)。

分布：中国、日本、越南和印度。

本种在中国长江流域以南广布。

属 11 瓢叶藓属 *Symphysodontella* Fleisch.

Musci Fl. Buitenzorg 3: 688. 1908

模式种：瓢叶藓 *S. lonchopoda* (Broth.) Fleisch.

植物体成群丛生，褐绿色，具光泽，树生。主茎匍匐，具稀疏假根和鳞片状小叶，支茎稀疏分枝，羽状或不规则树形分枝，有时具鞭状枝，无鳞毛，横切面呈圆形或卵形，无中轴。茎叶稀疏或密生，长卵形或卵状披针形，渐尖，平展或具纵褶，内凹；双中肋、短或缺失，或为单中肋，较短。叶细胞平滑，卵形或线形，基部细胞较宽，有壁孔，角部细胞小，具色泽。雌雄异株，稀雌雄同株。蒴柄短或较长，平滑或粗糙。孢蒴长卵形，直立。蒴齿两层。环带不分化。蒴盖圆锥形。蒴帽小，帽状。孢子大，球形或卵形，有疣。

根据 Magill (1980)全世界有 9 种。现知中国有 2 种。

分种检索表

1. 叶片尖部边缘具细锯齿或锐齿；尖部扭曲 ·· **1. 扭尖瓢叶藓 *S. tortifolia***
1. 叶片边缘全缘；尖部不扭曲 ··· **2. 小叶瓢叶藓 *S. parvifolia***

Key to the Species

1. Leaf margins serrulate to serrate above; leaf apices twisted ⋯⋯⋯⋯⋯⋯⋯⋯⋯⋯⋯⋯⋯⋯⋯⋯**1. *S. tortifolia***

1. Leaf margins entire; leaf apices not twisted ⋯⋯⋯⋯⋯⋯⋯⋯⋯⋯⋯⋯⋯⋯⋯⋯⋯⋯⋯⋯**2. *S. parvifolia***

1. 扭尖瓢叶藓　图 116

Symphysodontella tortifolia Dix., Journ. Bomb. Nat. Hist. Soc. 39:782. 1937.

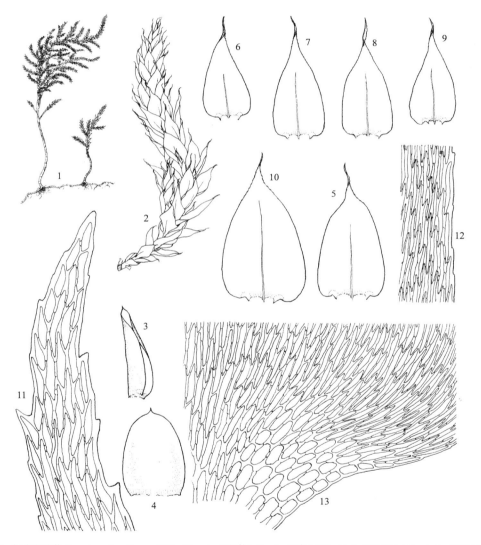

图 116　扭尖瓢叶藓 *Symphysodontella tortifolia* Dix. 1. 植物体(×1)，2. 枝条(×11)，3~4. 茎基叶(×14)，5~6. 茎中上部叶片(×14)，7~10. 枝叶(×14)，11. 尖部细胞(×367)，12. 叶中部边缘细胞(×367)，13. 叶基部细胞(×367) (绘图标本：四川，米易县，汪楣芝 21388, PE) (郭木森 绘)

Fig. 116　*Symphysodontella tortifolia* Dix. 1. plant (×1), 2. branch (×11), 3~4. stipe leaves (×14), 5~6. median and upper leaves of stem (×14), 7~10. branch leaves (×14), 11. apical leaf cells (×367), 12. median marginal leaf cells (×367), 13. basal leaf cells (×367) (Sichuan: Miyi Co., M.-Z. Wang 21388, PE) (Drawn by M.-S. Guo)

植物体坚挺，黄色或橄榄绿色，具光泽。支茎长达 8 cm，树形分枝或二回羽状分枝。茎叶片疏松着生，卵形，长渐尖，长约 3.5 mm，宽约 1.3 mm，有时叶片基部具两个短的中肋。枝叶密集着生，平展至反仰，具纵褶，尖部扭曲，具单一中肋，超过叶片中部，长约 3.2 mm，宽约 1.3 mm，具长尖部；叶边顶部具细齿，下部卷曲。上部叶细胞壁稍加厚，长线形，长约 57 μm，宽约 8.0 μm，下部叶细胞稍薄壁，但具壁孔。角部细胞分化，深褐色，长方形，长约 46 μm，宽约 20 μm。芽胞腋生，纺锤形，褐色，长 80~120 μm。

生境：树干。

产地：云南：泸水县，片马到听命湖途中，汪楣芝 812657e (PE)。四川：米易县，白坡山，汪楣芝 21296、21376、21388 (PE)。

分布：中国和印度。

2. 小叶瓢叶藓(新拟名)

Symphysodontella parvifolia Bartr., Journ. Bombay Nat. Hist. 39: 782. 1937.

植物体小到中等，绿色至黄绿色，具光泽。无叶的柄长 8~15 mm，偶尔具发育不完全的叶片。植物体高 30~36 mm，羽状分枝至二回羽状分枝；枝条长 9~11 mm，有时具鞭状枝。茎叶宽卵形至椭圆形，长 1.9~3.2 mm；尖部呈长渐尖至毛尖，长 0.4~0.6 mm；基部圆形，与茎结合处宽 0.5~0.8 mm；叶边全缘，下部直立，上部内卷；中肋单一，达叶片上部，有时仅达中部，长 1.2~1.8 mm；叶片上部细胞线形，具波形壁，长 57~76 μm，厚壁，少数具壁孔；角部细胞矩形，不规则加厚，具壁孔，红黄色。枝叶宽，披针形至椭圆形，长 1.6~3.0 mm；尖部长渐尖至毛尖，长 0.4~0.7 mm；基部圆形至心形，与枝结合部宽 0.3~0.5 mm；叶边平展，直立或在肩部稍内卷，全缘；叶片上部边缘细胞，具波形壁，长 52~70 μm，厚壁，少数具壁孔；角部细胞短矩形，细胞壁不规则加厚，具壁孔，红黄色。雌苞生于茎和枝上；雌苞叶椭圆形，长 2.5~3.5 mm，尖部呈毛尖状并扭曲；肩部边缘具锯齿。蒴柄长 1.5~2.5 mm，黄褐色；孢蒴短伸出或明显伸出，圆柱形至椭圆形，长约 2 mm，褐色；孢蒴外壁细胞方形至短长方形；在口部处呈圆方形；蒴齿具前蒴齿，在蒴齿上部或下部 1/3 处；外蒴齿 16，披针形，高 0.4 mm，通常在基部形成沟，黄色；蒴盖具长喙，斜向生长；蒴帽未见；孢子圆形或有棱角，直径 22~25 μm，平滑或具弱的疣。

生境：树干。

产地：海南：黎母岭，林邦娟等 85、245 (IBSC)；昌江县，吴鹏程 21107 (PE)。福建：将乐县，陇西山，汪楣芝 48549 (PE)。

分布：中国和巴布亚新几内亚。

属 12　拟金毛藓属 *Eumyurium* Nog.

Journ. Hatt. Bot. Lab. 2: 64. 1947 [1948].

模式种：拟金毛藓 *E. sinicum* (Mitt.) Nog.

植物体稍粗壮，硬挺，黄绿色或茶褐色，略具光泽，疏松丛集或片状生长。主茎匍匐，着生有稀疏假根；支茎倾垂，一回或二回不规则羽状分枝，干燥时枝尖稍内卷。湿润时叶倾立，干燥时疏松贴生，阔卵形，强烈内凹，上部突狭成细长毛尖，常具少数浅纵褶，叶边内卷，近于全缘；中肋 2，短弱；叶细胞长线形，具壁孔，叶角部细胞方形，浅黄棕色，胞壁强烈加厚，具明显壁孔。雌雄异株。雌苞侧生于枝上，雌苞叶披针形。蒴柄细长，棕黄色。孢蒴长卵形。蒴齿两层。外齿层淡黄色，齿片披针形，上部具细疣，近基部有横纹；内齿层透明，柔薄，齿毛不发育。蒴盖圆锥形，具斜长喙。蒴帽兜形。孢子黄色，圆形至椭圆形，具细疣。

本属仅 1 种，中国有分布。

1. 拟金毛藓　图 117

Eumyurium sinicum (Mitt.) Nog., Journ. Hattori Bot. Lab.2:65.1947.

Oedicladium sinicum Mitt., Trans. Linn. Soc. London Bot. ser. 2,3: 11. 1891.

Myurium sinicum (Mitt.) Broth., Nat. Pfl. 2, 11: 124. 1925.

Myurium sinicum var. *flagelliferum* Sak., Bot. Mag. Tokyo 46: 740. 1932.

Myuriopsis sinica (Mitt.) Nog., Journ. Hattori Bot. Lab. 2: 65, f. 15. 1947.

Myuriopsis sinica var. *flagellifera* (Sak.) Nog., Journ. Hattori Bot. Lab. 2: 66. 1947.

植物体主茎匍匐状，长约 10 cm，其上稀疏着生叶片，茎横切面椭圆形，约 0.3 mm×0.2 mm，中轴分化不明显，皮层由 3~4 排小型、厚壁细胞组成；叶片长约 1.2 mm，基部卵形，尖部形成一毛状尖，无中肋。支茎直立或逐步上升状，长约 4.0 cm，扭曲状，弯曲状，枝条尖部圆钝或尖，单一或少数分枝；支茎叶干燥时紧贴于茎上，长 2.2~3.2 mm，宽椭圆形，基部变狭，骤狭成一短尖部，明显内凹，具 2 深的纵沟；边缘直立或宽的内弯，全缘或上部具细齿；中肋细，短，分叉，偶尔为单一。叶片中部细胞狭长形，长 40~70 μm，宽 4.0~5.5 μm，细胞壁厚且具壁孔；叶片尖部细胞长菱形，长 35~50 μm，宽 4.0~5.5 μm，细胞壁加厚，有壁孔；基部中间的细胞长形，长 40~50 μm，宽 5.5~7.0 μm，厚壁且具壁孔；角部细胞短。内雌苞叶椭圆形，具毛尖状尖部，长约 3.5 mm，无中肋，叶缘具细齿；隔丝多。蒴柄长 6.0~8.0 mm，直径约 0.2 mm，明显扭曲，红棕色，平滑。孢蒴直立，椭圆形，大，长 1.5~2.0 mm，宽 0.9~1.0 mm；蒴盖圆锥形，具一长的，稍倾斜的喙，长约 1.5 mm。外蒴齿狭长披针形，长约 0.3 mm，无穿孔，黄色，具密疣；内蒴齿与外蒴齿粘连在一起。孢子具密疣，直径 15~30 μm。蒴帽勺形，长约 4.0 mm，裸露。

生境：树上。

产地：云南：贡山县，独龙江，汪楣芝 10273-a (PE)。重庆：奉节县，兴隆镇，赵丽嘉 Z194-a (PE)。广东：始兴县，林邦娟、杨燕仪 4974 (IBSC)。

分布：中国和日本。

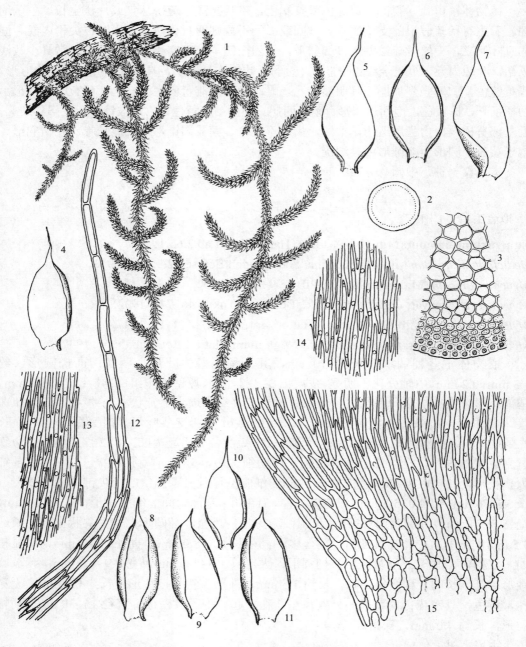

图 117　拟金毛藓 *Eumyurium sinicum* (Mitt.) Nog. 1. 植物体(×1), 2. 茎横切面(×37), 3. 茎横切面的一部分(×258), 4~7. 茎叶(×14), 8~11. 枝叶(×14), 12. 尖部细胞(×258), 13. 叶中部细胞(×258), 14. 叶中部边缘细胞(×258), 15. 叶茎部细胞(×258)(绘图标本：云南，贡山县，独龙江，汪楣芝 10273-a, PE) (郭木森 绘)

Fig. 117　*Eumyurium sinicum* (Mitt.) Nog. 1. plant (×1), 2. cross section of stem (×37), 3. a portion of cross section of stem (×258), 4~7. stem leaves (×14), 8~11. branch leaves (×14), 12. apical leaf cells (×258), 13. median leaf cells (×258), 14. median marginal leaf cells (×258), 15. basal leaf cells (×258). (Yunnan: Gongshan Co., Dulongjiang, M.-Z. Wang 10273-a, PE) (Drawn by M.-S. Guo)

科 42 蔓藓科 Meteoriaceae*

热带和亚热带藓类植物。植物体粗壮或纤细、柔弱，黄绿色、褐绿色或呈黑色，无光泽或具暗光泽，疏松或密集成束下垂生长。主茎匍匐基质，叶多脱落，被疏假根；支茎具长或短不规则分枝或不规则羽状分枝；稀着生少数假鳞毛和腋毛。叶强烈内凹或扁平，使茎和枝呈圆条状或扁平，叶形多变，但基本上为阔椭圆形或卵状披针形，叶基两侧无叶耳或具大叶耳，具深纵褶或波纹，叶尖部突收缩成短或长毛尖；叶边具细或粗齿；中肋多单一，纤细，消失于叶片上部，稀分叉或缺失。叶细胞多卵形、菱形至线形，一般上部细胞胞壁薄，或强烈加厚，下部叶细胞多呈线形或狭长卵形，胞壁趋厚，基部细胞下部常强烈加厚，具明显壁孔，角部细胞多呈不规则方形，外壁平滑具单个粗疣或密疣。雌苞侧生。雌苞叶一般呈卵状披针形，内雌苞叶具长毛尖。蒴柄细长或短弱，有时表面粗糙。孢蒴长卵形或圆柱形，平滑。环带有时分化。蒴齿两层；外齿层齿片 16，披针形，渐尖或呈针形，上部具疣或近于平滑，下部具条纹，中脊之字形；内齿层具低或高基膜，齿条线形或披针形，通常具脊，齿毛缺失或退化。蒴盖圆锥形，具短喙。蒴帽形小，兜形或帽形，多被纤毛，稀上部粗糙。孢子球形至卵形，多被细疣或粗糙。染色体数 $n=6$、10 或 11。

本科植物主要分布在赤道南北 30° 纬度内，着生树干、树枝、腐木或阴湿石上。全世界原有 19 属，现经 Manuel (1977)、Lin (1984) 和 Buck (1994) 等研究建立 10 个新属，而小蔓藓属 Meteoriella Okam. 已被调入蕨藓科，现知蔓藓科有 20 属。中国记录 18 属，见于南部各省区。

分属检索表

---

* 作者(Auctores)：吴鹏程、汪楣芝、裴林英(Wu Pan-Cheng, Wang Mei-Zhi, Pei Lin-Ying)

8. 叶中部细胞卵形至长卵形，胞壁强烈加厚，具明显壁孔⋯⋯⋯⋯⋯⋯⋯ **14. 灰气藓属 Aerobryopsis**

8. 叶中部细胞线形，胞壁薄而等厚⋯⋯⋯⋯⋯⋯⋯⋯⋯⋯⋯⋯⋯⋯⋯⋯⋯⋯⋯⋯⋯⋯⋯ 9

9. 叶上部突收缩成毛尖；叶细胞具单疣；齿毛多退化⋯⋯⋯⋯⋯ **12. 毛扭藓属 Aerobryidium**

9. 叶上部渐尖；叶细胞平滑；齿毛发育⋯⋯⋯⋯⋯⋯⋯⋯⋯⋯⋯ **16. 气藓属 Aerobryum**

10. 植物体多青绿色，硬挺；叶片干燥时多贴茎；每个叶细胞具多个疣⋯⋯⋯⋯⋯ 11

10. 植物体多黄绿色或暗绿色，较柔软，叶片干燥时不贴茎；每个叶细胞具单疣⋯⋯⋯ 12

11. 叶片基部具形大及不规则粗齿的叶耳；叶细胞疣着生胞壁上；内雌苞叶狭长披针形，具纵褶⋯⋯
⋯⋯⋯⋯⋯⋯⋯⋯⋯⋯⋯⋯⋯⋯⋯⋯⋯⋯⋯⋯⋯⋯⋯⋯⋯⋯ **3. 隐松萝藓属 Cryptopapillaria**

11. 叶片基部不具形大及不规则粗齿的叶耳；叶细胞疣着生胞腔；内雌苞叶狭披针形，稀具纵褶⋯⋯
⋯⋯⋯⋯⋯⋯⋯⋯⋯⋯⋯⋯⋯⋯⋯⋯⋯⋯⋯⋯⋯⋯⋯⋯⋯⋯⋯⋯⋯ **2. 松萝藓属 Papillaria**

12. 叶无中肋或具2短肋；叶细胞平滑或具单疣⋯⋯⋯⋯⋯⋯⋯⋯⋯⋯⋯⋯⋯⋯⋯⋯⋯ 13

12. 叶无中肋；叶细胞多具1个以上的疣，稀具单疣⋯⋯⋯⋯⋯⋯⋯⋯⋯⋯⋯⋯⋯⋯⋯ 14

13. 叶扁平排列；叶细胞具单疣⋯⋯⋯⋯⋯⋯⋯⋯⋯⋯⋯⋯⋯⋯⋯ **15. 无肋藓属 Dicladiella**

13. 叶内凹，不呈扁平排列；叶细胞无疣⋯⋯⋯⋯⋯⋯⋯⋯⋯⋯⋯ **17. 新悬藓属 Neobarbella**

14. 叶细胞不透明⋯⋯⋯⋯⋯⋯⋯⋯⋯⋯⋯⋯⋯⋯⋯⋯⋯⋯⋯⋯⋯⋯⋯⋯⋯⋯⋯⋯⋯⋯ 15

14. 叶细胞透明⋯⋯⋯⋯⋯⋯⋯⋯⋯⋯⋯⋯⋯⋯⋯⋯⋯⋯⋯⋯⋯⋯⋯⋯⋯⋯⋯⋯⋯⋯⋯ 16

15. 叶多扁平排列；叶细胞疣着生于胞腔；蒴帽兜形，具纤毛⋯⋯ **7. 丝带藓属 Floribundaria**

15. 叶不呈扁平排列；叶细胞疣着生于胞壁；蒴帽便帽形，无纤毛⋯⋯ **8. 细带藓属 Trachycladiella**

16. 茎和枝扁平被叶⋯⋯⋯⋯⋯⋯⋯⋯⋯⋯⋯⋯⋯⋯⋯⋯⋯ **11. 假悬藓属 Pseudobarbella**

16. 茎和枝不扁平被叶⋯⋯⋯⋯⋯⋯⋯⋯⋯⋯⋯⋯⋯⋯⋯⋯⋯⋯⋯⋯⋯⋯⋯⋯⋯⋯⋯ 17

17. 分枝具细长基部；蒴柄与孢蒴等长⋯⋯⋯⋯⋯⋯⋯⋯⋯⋯ **10. 新丝藓属 Neodicladiella**

17. 分枝不具细长基部；蒴柄长于孢蒴⋯⋯⋯⋯⋯⋯⋯⋯⋯⋯⋯⋯⋯ **9. 悬藓属 Barbella**

Key to the genera

1. Leaves mostly squarrose or undulate⋯⋯⋯⋯⋯⋯⋯⋯⋯⋯⋯⋯⋯⋯⋯⋯⋯⋯⋯⋯⋯⋯⋯⋯ 2

1. Leaves amplexicaul or erect spreading, not squarrose⋯⋯⋯⋯⋯⋯⋯⋯⋯⋯⋯⋯⋯⋯⋯⋯⋯ 3

2. Stems and branches rather thick; leaf cells mostly smooth or papillose⋯⋯⋯⋯⋯ **13. Meteoriopsis**

2. Stems and branches slender; leaf cells with several papillae in a row⋯⋯⋯⋯⋯⋯⋯ **4. Toloxis**

3. Plants often with blackish colour; leaves imbricate, ovate-rotundate or broadly oblong, strongly concave, rotundate-obtuse at apex, suddenly in a long or short acumen, rarely acuminate⋯⋯⋯⋯⋯ **1. Meteorium**

3. Plants usually not with blackish colour, or rarely with black colour; leaves not imbricate, ovate-lanceolate, not strongly concave or complanate, acuminate above and not suddenly constricted ⋯⋯⋯⋯⋯ 4

4. Plants rather thick⋯⋯⋯⋯⋯⋯⋯⋯⋯⋯⋯⋯⋯⋯⋯⋯⋯⋯⋯⋯⋯⋯⋯⋯⋯⋯⋯⋯⋯⋯ 5

4. Plants rather slender⋯⋯⋯⋯⋯⋯⋯⋯⋯⋯⋯⋯⋯⋯⋯⋯⋯⋯⋯⋯⋯⋯⋯⋯⋯⋯⋯⋯ 10

5. Plants mostly yellowish green; stems and branches terete⋯⋯⋯⋯⋯⋯⋯⋯⋯⋯⋯⋯⋯⋯ 6

5. Plants mostly grayish green or light green; stems and branches complanate foliate⋯⋯⋯⋯⋯ 7

6. Laminal cells lineariform, each cell with 1~3 papillae; setae short; capsules usually immersed⋯⋯ **6. Sinskea**

6. Laminal cells ovate, each cell with a single papilla; setae long; capsules not immersed⋯⋯ **5. Chrysocladium**

7. Leaf base strongly auriculate⋯⋯⋯⋯⋯⋯⋯⋯⋯⋯⋯⋯⋯⋯⋯⋯⋯⋯ **18. Neonoguchia**

7. Leaf base not strongly auriculate, rarely with small auricles⋯⋯⋯⋯⋯⋯⋯⋯⋯⋯⋯⋯⋯ 8

8. Median laminal cells ovate or elliptic-ovate, walls strongly thickened, conspicuously porose; cilia developed ⋯⋯⋯⋯⋯⋯⋯⋯⋯⋯⋯⋯⋯⋯⋯⋯⋯⋯⋯⋯⋯⋯⋯⋯⋯⋯⋯⋯⋯⋯⋯⋯ **14. Aerobryopsis**

8. Median laminal cells lineariform, walls rather thin and equally thickened; ciliae usually rudimental ⋯⋯⋯⋯⋯ 9

9. Leaves suddenly constricted above into a hairy apex; laminal cells with a single papilla; ciliae mostly rudimental ⋯⋯⋯⋯⋯⋯⋯⋯⋯⋯⋯⋯⋯⋯⋯⋯⋯⋯⋯⋯⋯⋯⋯⋯⋯⋯⋯⋯ **12. Aerobryidium**

9. Leaves acuminate above; laminal cells smooth; cilia normal ⸺⸺⸺⸺⸺ **16. *Aerobryum***

10. Plants mostly green, rigid; leaves appressed when dry; each laminal cells with multi-papillae ⸺⸺⸺⸺ 11

10. Plants yellowish green or dark green, soft; leaves not appressed when dry; each laminal cell with a single papilla ⸺⸺⸺⸺⸺⸺⸺⸺⸺⸺⸺ 12

11. Leaves with large amplexicaule auricles and erose; laminal cells with multi-papillae on the longitudinal walls; inner perichaetial bracts narrow, plicate ⸺⸺⸺⸺⸺⸺ **3. *Cryptopapillaria***

11. Leaves without large amplexicaule auricles and erose; laminal cells with multi-papillae over the lumen; inner perichaetial bracts lanceolate, rarely plicate ⸺⸺⸺⸺⸺⸺⸺ **2. *Papillaria***

12. Leaves ecostate or with 2 weak costae; laminal cells smooth or with a single papilla ⸺⸺⸺⸺ 13

12. Leaves with costa; laminal cells usually with several papillae, rarely with a single papilla ⸺⸺⸺ 14

13. Leaves complanately arranged; laminal cells with a single papilla ⸺⸺⸺⸺⸺ **15. *Dicladiella***

13. Leaves concave, not complanately arranged; laminal cells smooth ⸺⸺⸺⸺⸺ **17. *Neobarbella***

14. Laminal cells opaque ⸺⸺⸺⸺⸺⸺⸺⸺⸺⸺⸺⸺⸺⸺⸺⸺⸺ 15

14. Laminal cells pellucid ⸺⸺⸺⸺⸺⸺⸺⸺⸺⸺⸺⸺⸺⸺⸺⸺ 16

15. Plants complanately leaved; papillae of the laminal cells over the lumen; calyptrae cucullate, long-hairy ⸺⸺⸺⸺⸺⸺⸺⸺⸺⸺⸺⸺⸺⸺⸺⸺⸺ **7. *Floribundaria***

15. Plants not complanately leaved; papillae of the laminal cells on the longitudinal walls; calyptrae mitriform, not hairy ⸺⸺⸺⸺⸺⸺⸺⸺⸺⸺⸺⸺⸺ **8. *Trachycladiella***

16. Stems and branches complanately leaved ⸺⸺⸺⸺⸺⸺⸺⸺ **11. *Pseudobarbella***

16. Stems and branches not complanately leaved ⸺⸺⸺⸺⸺⸺⸺⸺⸺⸺⸺ 17

17. Branches with filiform ultimate portion; setae as long as the capsules ⸺⸺⸺⸺ **10. *Neodicladiella***

17. Branches lacking filiform ultimate portion; setae longer than the capsules ⸺⸺⸺ **9. *Barbella***

属 1　蔓藓属 *Meteorium* Dozy et Molk.

Musci Archip. Ind. Ined.: 157. 1854.

模式种：蔓藓 *M. polytrichum* Dozy et Molk. [*M. miquelianum* (C. Müll.) Fleisch.]

体形略粗，暗绿色，老时褐绿色，有时带黑色，无光泽，成束生长。主茎匍匐；支茎下垂，扭曲，密或稀疏不规则分枝至不规则羽状分枝；横切面具多层黄褐色厚壁细胞的皮部和大形薄壁细胞组成的髓部，中轴由多个小形细胞组成。茎叶干时覆瓦状排列，阔卵状椭圆形至卵状三角形，上部多宽阔，呈兜状内凹，突窄成短或长毛尖，或渐尖，近基部趋宽，呈波曲叶耳，多具长短不一的纵褶；叶边内曲，全缘；中肋单一，达叶长度的 1/2~2/3，稀下部分叉。叶细胞卵形、菱形、长菱形至线形，由上至下渐趋长，胞壁等厚或加厚而具壁孔，每个细胞背腹面各具一圆粗疣，叶耳部分细胞椭圆形至线形，基部着生处细胞趋长方形，胞壁强烈加厚，具明显壁孔，一般平滑无疣。腋毛长约 5 个细胞，基部 1~2 个细胞短，棕色，其余细胞短而透明。雌雄异株。雌苞着生枝上；雌苞叶约 10 片；内雌苞叶卵状披针形，具毛状尖；配丝多数。蒴柄长约 5 mm，粗糙。孢蒴直立，卵形至卵状椭圆形。外齿层齿片披针形，形态多异，不透明，密被细疣，栉片高；内齿层具密疣，基膜低；齿条线形，与外齿层齿片等长，不规则扭曲，脊部具穿孔。蒴盖圆锥形，具斜喙。蒴帽兜形，被长纤毛。孢子球形，被疣。雄苞着生茎或枝上；雄苞叶卵形，内凹；中肋不明显。

本属全世界约 36 种。中国现有 6 种。

<h1 style="text-align:center">分种检索表</h1>

1. 叶尖部平截或圆钝，多呈兜形，突收缩成短或长毛尖·· 2
1. 叶上部渐尖，内凹，呈披针形尖或毛尖 ··· 4
2. 茎和枝干时紧贴叶片呈圆条形；叶阔椭圆形，上下近于等宽·············· **1. 川滇蔓藓 *M. buchananii***
2. 茎和枝干时叶片相互贴生或略疏松；叶长椭圆形，基部明显宽于上部 ····························· 3
3. 叶基部明显多波曲；叶细胞疣粗短 ·································· **2. 粗枝蔓藓 *M. subpolytrichum***
3. 叶基部叶耳不波曲；叶细胞疣尖而长 ······························· **3. 疣突蔓藓 *M. elatipapilla***
4. 植物体青绿色；茎和枝干时叶片紧贴，较细；叶细胞圆卵形·········· **6. 细枝蔓藓 *M. papillarioides***
4. 植物体暗绿色，常带黑色；茎和枝干时叶片疏松贴生，较粗；叶细胞长卵形至线形 ··············· 5
5. 叶渐尖或锐尖，具短宽尖；叶边细胞较短 ······························· **4. 蔓藓 *M. polytrichum***
5. 叶通常渐尖，具长毛尖；叶边细胞甚短 ························· **5. 东亚蔓藓 *M. atrovariegatum***

<h2 style="text-align:center">Key to the species</h2>

1. Leaf apex truncate of obtusely rounded, mostly cucullate, suddenly constricted into a hairy apex················ 2
1. Leaf apex mostly acuminate, concave, with a lanceolate or hairy apex ································ 4
2. Stems and branches terete, densely covered with imbricate leaves; leaves wide oblong, almost equally wide ·· **1. *M. buchananii***
2. Stems and branches loosely covered with leaves; leaves long oblong, usually wide at the base ··············· 3
3. Leaf base distinctly undulate; leaf cells with a thick papilla ················· **2. *M. subpolytrichum***
3. Leaf base not undulate; leaf cells with a sharp and long papilla ················· **3. *M. elatipapilla***
4. Plants pale green; stem leaves and branch leaves densely imbricate when dry, slender; leaf cells rounded-ovate ··· **6. *M. papillarioides***
4. Plants dark green; stem leaves and branch leaves loosely imbricate when dry, rather thick; leaf cells oblong-ovate to lineariform ··· 5
5. Leaves acuminate or slightly acute into a short wide apex; marginal cells shorter ··············· **4. *M. polytrichum***
5. Leaves usually acuminate to a long hairy apex; marginal cells much shorter ··············· **5. *M.atrovariegatum***

1. 川滇蔓藓(布氏蔓藓)　图 118：1~7

Meteorium buchananii (Brid.) Broth., Nat. Pfl. 1 (3): 818. 1906; Fleisch., Musci Fl. Buitenzorg 3: 777. 1907; Noguchi, Journ. Hattori Bot. Lab. 41: 253. 1976.

Isothecium buchananii Brid., Bryol. Univ. 2: 363. 1827.

Meteorium rigidum Broth., Symb. Sin. 4: 81. 1929, syn. nov.

Meteorium helminthocladulum (Card.) Broth., Nat. Pfl. 1 (3): 818. 1906; Noguchi, Journ. Hattori Bot. Lab. 3: 58. 1948.

Meteorium buchananii (Brid.) Broth. subsp. *helminthocladulum* (Card.) Nog., Journ. Hattori Bot. Lab. 41: 254. 1976.

植物体灰绿色，稀老时呈黑色或褐绿色，无光泽，呈稀疏片状生长。支茎基部匍匐贴生基质，先端垂倾，扭曲，长达 10 cm 以上，稀疏不规则羽状分枝。茎叶覆瓦状排列呈圆条状，卵形、阔卵形至椭圆形，先端圆钝，兜形，具短锐尖，一般无纵褶，基部宽阔，两侧圆钝，有时呈叶耳状；叶边内曲，全缘或上部边缘具细齿或粗齿；中肋细弱，消失于叶片中部。叶上部细胞长卵形，中部细胞狭长菱形，胞壁强烈不规则加厚，叶耳部细胞一般呈卵形，具单个粗疣，叶基部中央细胞具壁孔。枝叶略小而狭。内雌苞叶椭圆状披针形，渐尖。蒴柄长 2~2.5 mm。孢蒴长卵形，黄棕色。蒴齿两层；外齿层齿片披针形，淡黄色。蒴帽兜形。孢子直径 15~20 μm。

生境：海拔多在 20 m 以上山地树干和树枝上生长。

产地：西藏：察隅县，倪志诚 98b (PE)。云南：贡山县，高黎贡山，路边岩面，海拔 1850~2100 m，汪楣芝 9202a (PE)；同上，龙元至雄当途中，海拔 1900 m，汪楣芝 11490d、11497b (PE)；同上，南代，东山坡林下，树上，海拔 2200 m，汪楣芝 11704b (PE)；同上，龙地耿至南代途中，路边，汪楣芝 11632d (PE)。四川：丹巴县，边耳路边，海拔 1900 m，管中天 5499 (PE)。浙江：普陀山，佛顶，石壁，海拔 200 m，李登科 7056 (SHM，PE)；西天目山，大树王树干上，吴鹏程 1058 (PE)；同上，七里亭附近，阳坡坡上及石上，冯志坚 27 (PE)；龙塘山，胡人亮 79 (HSNU)；濒泗县，濒泗岛，海拔 20 m，石壁，李登科 4008 (SHM，PE)。安徽：黄山，宾馆附近，陈邦杰 6556 (PE)；大别山，白马尖，林边树干，海拔 950 m，蔡空辉 1691 (HSNU)。江苏：南京，钟山，李福荣 2 (PE)；吴县，灵岩寺，石面，海拔 100 m，李登科 18829 (SHM)；常熟，虞山，林下石面，海拔 130 m，李登科 17551 (SHM)；常熟，虞山，剑山，石上，陈邦杰 2130 (PE)；南京，栖霞山，路边石上，黎兴江 38 (PE)。陕西：西太白山，南坡黄柏源，石枥树枝上，海拔 2000 m，魏志平 6506 (PE)。

分布：中国、日本、朝鲜、尼泊尔、印度和泰国。

2. 粗枝蔓藓(台湾蔓藓，毛叶蔓藓)   图 118：8~10

Meteorium subpolytrichum (Besch.) Broth., Nat. Pfl. 1 (3): 818. 1906; Noguchi, Journ. Hattori Bot. Lab. 41: 256. 1976.

Papillaria subpolytricha Besch., Ann. Sci. Nat. Bot. Ser. 7, 15: 73. 1892.

P. helminthoclada C. Müll., Nuov. Giorn. Bot. Ital. 3: 113. 1896.

Meteorium helminthocladum (C. Müll.) Fleisch., Musci Fl. Buitenzorg. 3: 778. 1907; Bartram, Philip. Journ. Sci. 68: 220, f. 272. 1939.

M. taiwanense Nog., Journ. Hattori Bot. Lab. 3: 59, f. 21. 1948, syn. nov.

M. ciliaphyllum Lou, Bull. Bot. Res. 9 (3): 25, f. 1:1~7. 1989, syn. nov.

M. horikawae Nog., Journ. Hattori. Bot. Lab. 3: 60, f. 21. 1948.

M. piliferum Nog., Journ. Hattori Bot. Lab. 3: 62, f. 22. 1948.

体形稍粗，硬挺，暗绿色或褐绿色，无光泽。支茎长达 10 cm，稀可达 30 cm；茎横切面呈椭圆形，中轴分化，皮部细胞小而不规则，厚壁，由 4~5 层细胞组成，髓部由 3~4 层大形薄壁细胞组成；密不规则分枝。枝直展或弯曲，连叶宽约 2.5 mm，钝端。茎叶疏松覆瓦状排列，阔卵状椭圆形，内凹，基部宽阔，两侧近于呈耳状，强烈不规则皱缩及不规则弱纵褶，尖部圆钝，突收缩呈细长毛尖，毛尖长度约占叶片长度的 1/3；叶边具细齿；中肋细弱，消失于叶片上部。叶细胞均较狭长，上部细胞线形至狭长菱形，中部细胞长线形，长可达 40 μm，叶基耳部细胞略短而胞腔狭窄，基部着生处细胞长方形或长椭圆形，胞壁强烈加厚，具明显壁孔。

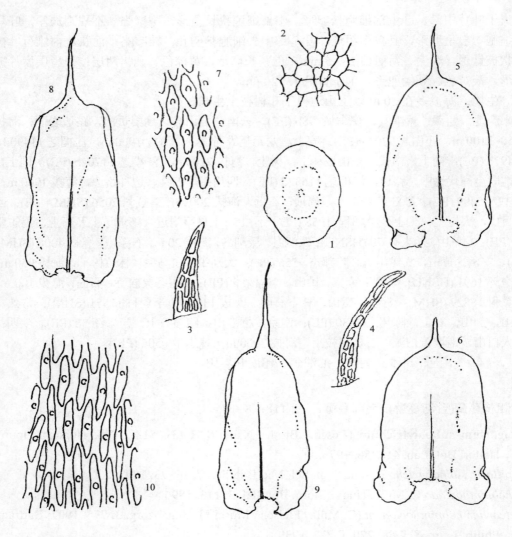

图 118　1~7. 川滇蔓藓 Meteorium buchananii (Brid.) Broth. 1. 茎的横切面(×32), 2. 茎横切面的一部分，示中轴细胞(×470),
3~4. 假鳞毛(×320), 5~6. 叶(×22), 7. 叶中部细胞(×360); 8~10. 粗枝蔓藓 Meteorium subpolytrichum (Besch.) Broth. 8~9. 叶
(×22), 10. 叶中部细胞(×360)（绘图标本：1~7. 云南，昆明，Handel-Mazzetti 347, W; 8~10. 浙江，龙泉，吴鹏程 25, PE)（吴
鹏程 绘)

Fig. 118　1~7. Meteorium buchananii (Brid.) Broth. 1. cross section of stem (×32), 2. portion of cross section of stem, showing the
central strand (×470), 3,4. pseudoparaphyllia (×320), 5~6. leaves (×22), 7. middle leaf cells (×360); 8~10. Meteorium
subpolytrichum (Besch.) Broth. 8~9. leaves (×22), 10. middle leaf cells (×360) (1~7. Yunnan: Kunming, Handel-Mazzetti 347, W;
8~10. Zhejiang: Longquan Co., P.-C. Wu 25, W) (Drawn by P.-C. Wu)

生境：着生树干、灌木枝上及岩面；海拔 120~3700 m 间。

产地：西藏：墨脱县，密林内树干上，海拔 1000 m，郎楷永 523 (PE)。云南：维西
县，叶枝公社，药材地后山，王立松 204 (HKAS, PE)；贡山县，松塔山南坡，路边，海
拔 1900 m，汪楣芝 8869a (holotype of M. ciliaphyllum Lou, PE)。台湾：阿里山，Noguchi 6744
(NICH)、9377 (Meteorium horikawae Nog., holotype, NICH; 从 Noguchi, 1976)；玉山，海

拔 2200~2500 m，Noguchi 5846 (*M. piliferum* Nog., holotype, NICH；从 Noguchi, 1976)。浙江：西天目山，大树至树干，吴鹏程 1065 (PE)，复旦大学 s. n.(PE)。

分布：中国、尼泊尔、不丹、菲律宾和日本。

在蔓藓属中，本变种的叶片先端平截而突成毛尖为较独特的类型。

3. 疣突蔓藓

Meteorium elatipapilla Lou, Bull. Bot. Res. 9 (3): 27, f. 1: 8~12. 1989.

植物体较细，黄绿色或带褐色，无光泽。主茎匍匐伸展；支茎长可达 10 cm，疏羽状分枝，被叶呈圆条形；小枝长 0.3~1 cm，枝端渐细。茎叶宽三角形，具深纵褶，尖短，内凹，长 1~1.8 mm，基部呈耳状，先端渐尖，略收缩呈短披针形尖；叶边具细齿；中肋单一，消失于叶尖下。叶细胞线形，每个细胞具单尖疣，基部细胞长菱形。枝叶具毛尖。

生境：较高海拔树干上生长。

产地：四川：天全县，昂州河，树干上，海拔 1900 m，李乾 1534 (holotype，四川雅安中学，PE；从罗健馨，1989)。

分布：现仅见于中国四川省。

本种茎叶与蔓藓 *M. polytrichum* Dozy et Molk. 相似，而本种叶细胞具高尖疣可明显区分于后者。

4. 蔓藓(尖叶蔓藓) 图 119

Meteorium polytrichum Dozy et Molk., Musci Frond. Ined. Arch. Ind.: 131, pls. 51, 52.1848.

Neckera miqueliana C. Müll., Syn. 2: 138. 1851.

Meteorium miquelianum (C. Müll.) Fleisch. in Broth., Nat. Pfl. 1 (3): 818. 1906; Bartram, Philip. Journ. Sci. 68: 219, f. 271. 1939.

植物体硬挺，青绿色、灰绿色或深绿色，老时带黑色，无光泽。支茎基部匍匐，先端下垂，长达 10 cm 以上，连叶片宽 1.5 mm；茎叶干燥时贴茎生长，长可达 3 mm，由卵形至椭圆状卵形，基部向上渐呈短毛尖，叶基两侧呈耳状，略内凹，具深纵褶；叶边具细齿或全缘，上部内曲，基部略波曲；中肋长达叶长度的 2/3。枝叶与茎叶相类似，内凹。叶细胞不透明，中部细胞线形至近于呈线形，长可达 46 μm，直径为 3~4 μm，每个细胞中央具单疣，叶基细胞较短，无疣。雌苞着生枝上。蒴柄细长，可达 7 mm，粗糙。孢蒴椭圆形，长约 1.5 mm。蒴齿两层；外齿层齿片长 0.5 mm；内齿层齿条与齿片等长。

生境：海拔 800~1200 m 间热带和亚热带林内树干和树枝上生长。

产地：台湾：Mt. Taihei, A. Noguchi 354908 [as *M. miquelianum* subsp. *atrovariegatum* (Card. et Thèr.) Nog., NICH]。福建：武夷山，天心岩附近，路边岩石上，陈邦杰等 103、159 (PE)。浙江：西天目山，大横路北面林中，湿石上，海拔 1250 m，吴鹏程 7897 (PE)。安徽：黄山，清凉台下，岩面，陈邦杰等 7226 (PE)。

分布：中国、越南、斯里兰卡、印度、印度尼西亚、菲律宾、巴布亚新几内亚和澳大利亚。

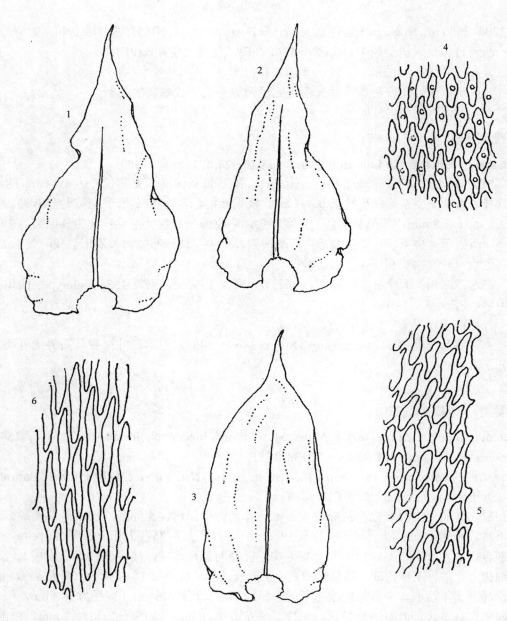

图 119　蔓藓 *Meteorium polytrichum* Dozy et Molk. 1~3. 茎叶(×40), 4. 叶上部细胞(×40), 5. 叶中部边缘细胞(×360), 6. 叶基部细胞(×360) (绘图标本：浙江，凤阳山，吴鹏程 466, PE) (吴鹏程 绘)

Fig. 119　*Meteorium polytrichum* Dozy et Molk. 1~3. stem leaves (×40), 4. upper leaf cells (×40), 5. middle marginal leaf cells (×360), 6. basal middle leaf cells (×360) (Zhejiang: Fengyang Mt., P.-C. Wu 466, PE) (Drawn by P.-C. Wu)

5. 东亚蔓藓　图 120

Meteorium atrovariegatum Card. et Thèr., Bull. Acad. Intern. Géogr. Bot. 19: 20. 1909.

Meteorium miquelianum (C. Müll.) Fleisch. subsp. *atrovariegatum* (Card. et Thèr.) Nog., Journ. Hathori Bot. Lab. 41: 260. 1976.

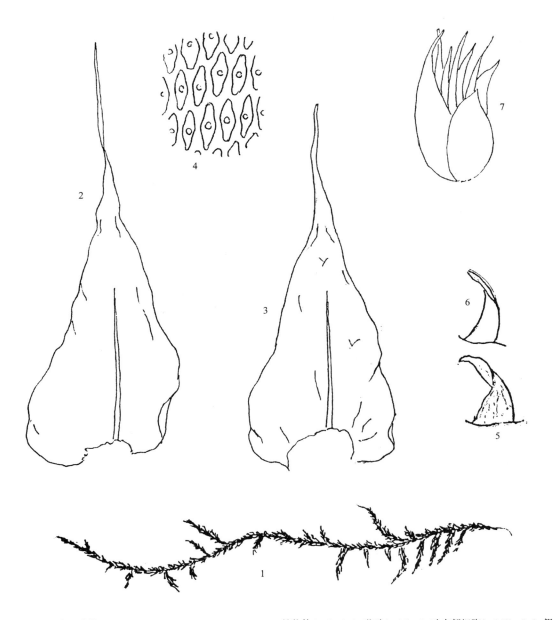

图 120　东亚蔓藓 *Meteorium atrovariegatum* Card. et Thèr. 1. 植物体(×1)，2~3. 茎叶(×40)，4. 叶中部细胞(×360)，5~6. 假鳞毛(×110)，7. 幼嫩雄苞(×45) (绘图标本：贵州，梵净山，吴鹏程 23522a, PE) (吴鹏程 绘)

Fig. 120　*Meteorium atrovariegatum* Card. et Thèr. 1. habit (×1), 2~3. stem leaves (×40), 4. middle leaf cells (×360), 5~6. pseudoparaphyllia (×110), 7. young perigonium (×45) (Guizhou: Fanjing Mt., P.-C. Wu 23522a, PE) (Drawn by P.-C. Wu)

植物体色深，暗绿色，老时色泽趋黑色，较硬挺。支茎长达 10 cm 以上，不规则稀疏羽状分枝，部分枝继续生长成支茎；枝条干燥时叶片覆瓦状贴生，先端锐尖至渐尖。茎叶阔椭圆状卵形，基部具小圆耳，上部渐尖或具长毛尖；叶边全缘或具细齿，多波曲；中肋稍粗，消失于叶片上部。叶上部细胞长卵形或菱形，胞壁强烈加厚，长约 25 μm，宽 5 μm，每一叶细胞中央具单个粗疣，叶中部细胞近于长菱形或椭圆形，叶耳部细胞呈线形，叶基中央细胞狭长方形，胞壁波状加厚，具明显壁孔。枝叶略小而短，叶尖部短钝。

生境：多亚热带海拔 500~2000 m 山地石灰岩石壁上生长。

产地：贵州：江口县，梵净山，黑湾河，大阴岩壁，海拔 500 m，吴鹏程 23522a (PE)。河南：信阳，金岗台，刘穆 2362 (PE)。

分布：中国和日本。

在外形上，本种和蔓藓 M. polytrichum 最主要区分点为茎叶一般具细长毛尖，为较易识别的特征。

6. 细枝蔓藓　图 121

Meteorium papillarioides Nog., Journ. Jap. Bot. 13: 788, f. 2. 1937; Noguchi, Journ. Hattori Bot. Lab. 41:262. 1976.

体形纤细，硬挺，暗绿色或黄绿色，老时呈黑色，无光泽。支茎长度一般超过 10 cm，连叶片宽约 0.5 mm，先端锐尖。茎叶干燥时覆瓦状贴生，卵形至长卵形，略内凹，具不规则纵褶，长度不超过 2 mm，上部渐尖至披针形尖，有时扭曲，基部呈小耳状，着生处狭窄；叶边具细齿，波曲；中肋单一，长达叶片上部。叶上部细胞卵形至菱形，直径约 15 μm，具单个粗疣，基部中肋两侧细胞斜长方形，叶耳部细胞与其他细胞近于同形。枝叶小于茎叶而狭长。

生境：低海拔岩面生长。

产地：西藏：墨脱县，马尼翁对岸，密林下枯蕨类上，海拔 950 m，郎楷永 459c (PE)；同上，背崩后山，密林下，海拔 800 m，郎楷永 486e (PE)。云南：贡山县，高黎贡山东坡，贡山至其期，途中岩面，海拔 700~1850 m，汪楣芝 9042 (PE)。重庆：南川，金佛山，狮子口附近，腐木上，陈邦杰 1516 (PE)；同上，三泉，大河坝一级电站上方，路边岩壁，海拔 1050 m，吴鹏程 21181、21186 (PE)。湖南：大庸县，张家界，金鞭溪，石面，海拔 460 m，李登科 181113 (SHM)；桑植县，天子山，石面，海拔 850 m，李登科 18418 (SHM)；衡山，半山亭山谷，杨一光 3 (PE)。广西：龙胜县，三门乡，大坪至天坪，石壁上，吴鹏程、林尤兴 97 (PE)。福建：武夷山，蒲林大队，树干上，海拔 380 m，高彩华 7481 (SHM)；同上，疗养院石壁上，海拔 200 m，李登科、高彩华 11483 (SHM)；将乐县，陇西山脚，公路边树干，海拔 580 m，汪楣芝 47543 (PE)。江西：庐山，石门涧途中，石上，臧穆 52 (PE，HKAS)；兴国县，均福山，灌丛下，植物所 199 (PE)。浙江：龙泉县，锦溪乡东南面小山，海拔 400 m，吴鹏程 427 (PE)；西天目山，海拔 1400~1800 m，王志敏 34a (PE)。河南：信阳，商城，金岗台，刘穆 2362 (PE)。

分布：中国和日本。

本种与蔓藓 M. polytrichum Dozy et Molk. 在叶形上甚相似，但植物体外形上本种明显纤细，叶片细胞亦较短而上下叶细胞除近中肋两侧细胞外均无明显变化，而蔓藓体形粗大，叶下部细胞多呈线形。

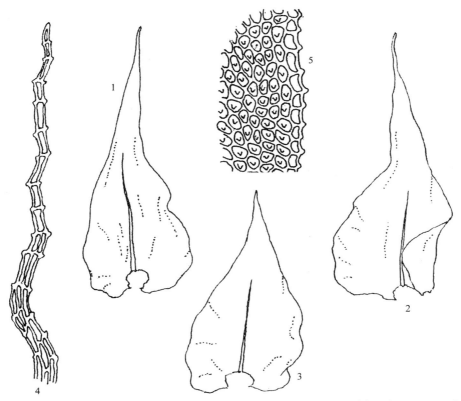

图 121　细枝蔓藓 *Meteorium papillarioides* Nog. 1~2. 枝叶(×40)，3. 小枝叶(×40)，4. 叶尖部细胞(×360)，5. 叶中部边缘细胞(×360) (绘图标本：浙江，西天目山，吴鹏程 8090, PE) (吴鹏程 绘)

Fig. 121　*Meteorium papillarioides* Nog. 1~2. branch leaves (×40), 3. small branch leaf (×40), 4. apical leaf cells (×360), 5. middle marginal leaf cells (×360) (Zhejiang: West Tianmu Mt., P.-C. Wu 8090, PE) (Drawn by P.-C. Wu)

属 2　松萝藓属 *Papillaria* (C. Müll.) C. Müll.

Moosstud.: 165. 1864

(*Neckera* Hedw. sect. *Pseudopilotrichum* C. Müll. subsect. *Papillaria* C. Müll.,

Syn. Musc. Frond. 2: 134. 1851.)

模式种：松萝藓 *P. wagneri* Lorentz

植物体青绿色，无光泽，较硬挺，一般成束生长。主茎横展；支茎下垂，密分枝或疏分枝。叶干时紧贴茎和枝，卵形或卵状披针形，上部渐尖，稀具毛状尖，基部两侧具明显波状叶耳，抱茎；叶边平展或内曲，近基部边缘波状皱褶，少数种类具不规则粗齿；中肋淡黄色，单一，达叶片中部或上部，枝叶与茎叶近似，略小而短。叶细胞多不透明，卵形至六角形，具成列的密疣，胞壁不规则加厚，叶耳部细胞菱形至狭菱形，平滑。雌雄异株。雌苞多着生枝上；内雌苞叶狭披针形。蒴柄短，不高出于雌苞叶，平滑或粗糙。孢蒴椭圆形或卵形，平滑。蒴齿两层；外齿层齿片 16，狭披针形，密被疣；内齿层齿条线形，具穿孔，与外齿层等长，具低基膜。蒴盖圆锥形，具直立或弯曲的喙部。蒴帽僧帽形，具长纤毛。孢子圆球形至卵形。

根据 Crosby 等(1999)的报道，本属全世界现有 46 种，事实上松萝藓属目前所包含的种类只是原该属中的孢蒴略高出于雌苞叶的类型，且叶片干时较紧贴，叶细胞的疣仅着生在细胞胞腔的部分。中国现有 1 种。

1. 曲茎松萝藓　图 122

Papillaria flexicaule (Wils.) Jaeg., Ber. S. Gall. Naturw. Ges. 1875~1876: 271. 1877.

Meteorium flexicaule Wils. in Hook. f., Fl. Nov. Zel. 2: 101. 1854.

Papillaria acuminata Nog., Trans. Nat. Hist. Soc. Formosa 26: 36, f. 2. 1936 et Journ. Hattori Bot. Lab. 3: 57. 1948.

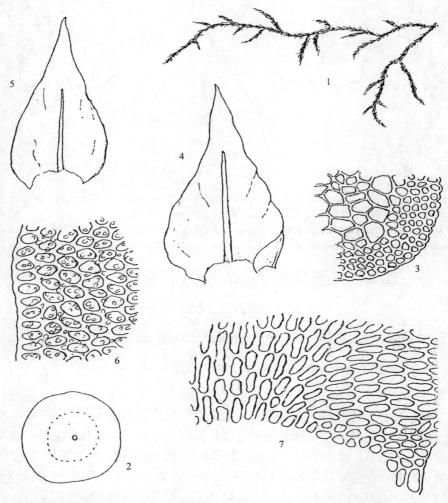

图 122　曲茎松萝藓 *Papillaria flexicaule* (Wils.) Jaeg. 1. 植物体(×0.8), 2. 茎的横切面(×5), 3. 茎横切面的一部分(×320), 4. 茎叶(×32), 5. 枝叶(×32), 6. 叶中部边缘细胞(×320), 7. 叶基部细胞(×320)(绘图标本: 台湾, 南投县, A. Nakanishi 133, NICH)(吴鹏程 绘)
Fig. 122　*Papillaria flexicaule* (Wils.) Jaeg. 1. habit (×0.8), 2. cross section of stem (×54), 3. portion of the cross section of stem (×320), 4. stem leaf (×32), 5. branch leaf (×32), 6. middle marginal leaf cells (×320), 7. basal leaf cells (×320) (Taiwan: Nantou Co., A. Nakanishi 133, NICH) (Drawn by P.-C. Wu)

植物体较细，灰绿色，老时呈褐绿色，无光泽。支茎横切面呈椭圆形，中轴分化，由 4~5 层小形厚壁细胞的皮部，及 3~5 层大形薄壁细胞的髓部组成；多下垂，长可达 20 cm 以上；不规则羽状分枝，枝先端渐尖。茎叶干燥时贴生，长椭圆状卵形，长约 2 mm，基部阔心脏形，无纵褶或略具弱皱纹，角部略下延，向上呈短渐尖；叶边全缘，或上部具细齿；中肋单一，透明，多长达叶片 2/3 处，稀略超过 2/3 长度。叶细胞不透明，长六角形或椭圆形，中部细胞长 10~15 μm，胞壁略加厚，每个细胞胞腔密被细疣，叶基中央细胞呈长椭圆形或长方形，厚壁，透明，平滑，叶角部细胞斜列。枝叶与茎叶近于同形而明显小于茎叶。孢子体未见。

生境：海拔 1500~3000 m 间湿热山地树干和树枝上生长。

产地：台湾：南投县，树枝上，Nakanishi 133 (NICH)。

分布：中国、印度、斯里兰卡、菲律宾、印度尼西亚、巴布亚新几内亚、澳大利亚、塔斯马尼亚、新西兰和智利南部。

属 3　隐松萝藓属 *Cryptopapillaria* Menzel

Willdenowia 22: 181. 1992.

模式种：隐松萝藓 *C. fuscescens* (Hook.) Menzel

植物体稍硬挺，灰绿色，无光泽，常悬垂交织生长。支茎多数，下垂。茎叶多覆瓦状贴生，阔卵形，具宽钝尖，叶基心脏形，两侧多具叶耳，多抱茎，下延；中肋单一，达叶片中部或略超过中部。叶细胞椭圆形至菱形，沿胞壁密生细疣，耳部边缘细胞多狭长。腋毛由 3 个短而棕色的基部细胞和 3 个长方形透明的上部细胞组成。雌雄异株。蒴柄短而粗糙。孢蒴隐生于雌苞叶内，卵形。蒴齿两层；外齿层齿片被疣；内齿层具低基膜。蒴盖圆锥形，具长斜喙。蒴帽钟形，被多数纤毛。染色体数 $n=10$。

本属植物均喜湿热山地，全世界有 5 种。本属是从原松萝藓属中的 *Penicillatae* Broth. 组提升而成，主要是包含孢蒴隐生于雌苞叶内，而叶片细胞的疣着生在纵壁上的种类。中国现有 2 种。

分种检索表

1. 植物体较细而柔弱；枝先端渐细而尖 ··· **1. 隐松萝藓 *C. fuscescens***
1. 植物体稍粗而硬挺；枝尖钝端 ·· **2. 扭尖隐松萝藓 *C. feae***

Key to the species

1. Plants rather slender and soft; the apex of branches acuminate ························· **1. *C. fuscescens***
1. Plants thick and stout; the apex of branches obtuse ······································· **2. *C. feae***

1. 隐松萝藓(松萝藓、黄松萝藓)　图 123

Cryptopapillaria fuscescens (Hook.) Menzel, Willdenowia 22: 183. 1992.

Neckera fuscescens Hook., Mus. Exot. : t. 157. 1819.

Pilotrichum fuscescens Brid., Bryol. Univ. 2: 264. 1827.

Trachypus fuscescens (Hook.) Mitt., Journ. Linn. Soc. Bot. Suppl. 1:128. 1859.

Meteorium fuscescens (Hook.) Bosch et Lac., Bryol. Jav. 2: 93, t. 207. 1864.

Papillaria fuscescens (Hook.) Jaeg., Ber. S. Gall. Naturw. Ges. 1875~1876: 270. 1877; Touw, Nat. Hist. Bull. Siam Soc. 22: 229. 1968.

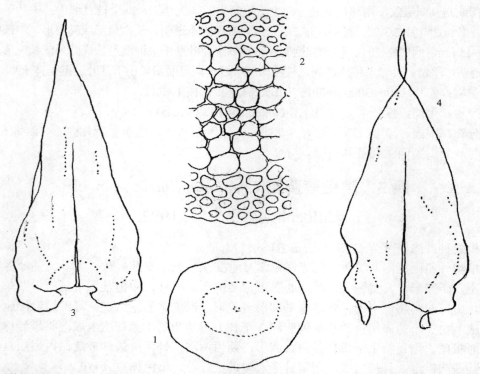

图 123　隐松萝藓 *Cryptopapillaria fuscescens* (Hook.) Menzel 1. 茎的横切面(×164)，2. 茎横切面的一部分(×320)，3~4. 茎叶(×32) (绘图标本：云南，Redfearn *et al.* 33741, MO, PE) (吴鹏程 绘)

Fig. 123　*Cryptopapillaria fuscescens* (Hook.) Menzel 1. cross section of stem (×164), 2. portion of the cross section of stem (×320), 3~4. stem leaves (×32) (Yunnan: Redfearn *et al.* 33741, MO, PE) (Drawn by P.-C. Wu)

体形较柔软，黄绿色或灰绿色，老时呈黑色，稀具弱光泽。支茎细长，长可达 10 cm 以上；具疏分枝，分枝常弯曲，长达 1 cm。茎叶疏松排列，干燥时倾立，卵状椭圆形，长 2.5~3 mm，基部两侧具明显大叶耳，向上渐尖而有时尖部扭曲，略内凹，具少数纵褶；叶边平展，具细齿，叶耳部分具不规则粗齿；中肋单一，长达叶片上部。叶细胞狭长菱形，长约 30 μm，纵壁密被疣而不透明，叶耳部细胞呈不规则长方形或六角形，平滑无疣。枝叶小而具短尖。雌苞着生枝上。内雌苞叶狭长披针形，具细长毛尖及纵褶。孢蒴圆柱形，长约 2 mm，隐生于雌苞叶内。蒴齿两层；外齿层齿片淡黄色，透明，狭长披针形，上部具穿孔，具不明显细疣；内齿层齿条线形，齿毛退化。蒴盖圆锥形，具直喙。蒴帽基部深瓣裂，被多数纤毛。孢子直径 20~30 μm，表面粗糙。

生境：中海拔山区至亚高山湿热林边树枝或岩面生长。

产地：云南：云龙界，干海子，半山，王汉臣 3494 (IBSC，PE)。

分布：中国、喜马拉雅地区、缅甸、泰国、印度、斯里兰卡、印度尼西亚、菲律宾、巴布亚新几内亚。

2. 扭尖隐松萝藓(扭尖松萝藓) 图 124

Cryptopapillaria feae (Fleisch.) Menzel, Willdenowia 22: 182. 1992.

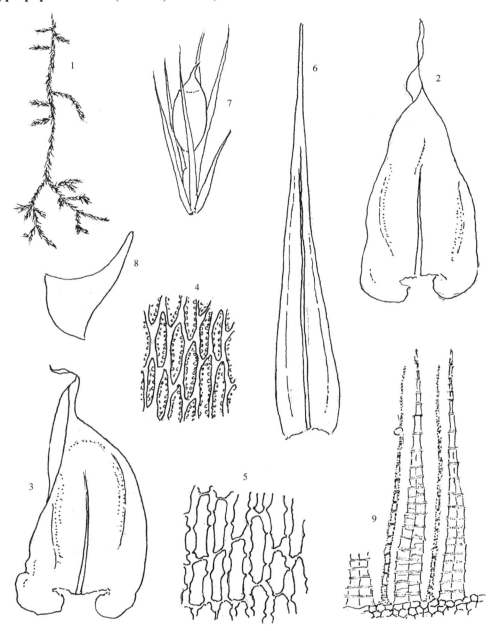

图 124 扭尖隐松萝藓 *Cryptopapillaria feae* (Fleisch.) Menzel 1. 植物体(×1)，2~3. 叶(×32)，4. 叶中部细胞(×470)，5. 叶基部细胞(×470)，6. 内雌苞叶(×32)，7. 雌苞(×10)，8. 蒴盖(×40)，9. 蒴齿(×350) (绘图标本：云南，西双版纳，吴鹏程 26644b, PE) (吴鹏程 绘)

Fig. 124 *Cryptopapillaria feae* (Fleisch.) Menzel 1. habit (×1), 2~3. leaves (×32), 4. middle leaf cells (×470), 5. basal leaf cells (×470), 6. inner perichaetial bract (×32), 7. perichaetium (×10), 8. operculum (×40), 9. peristome teeth (×350) (Yunnan: Xishuangbanna, P.-C. Wu 26644b, PE) (Drawn by P.-C. Wu)

Papillaria feae Fleisch., Musci Fl. Buitenzorg 3: 761. 1907; Noguchi, Journ. Hattori Bot. Lab. 37: 244. 1973.

植物体较粗，暗绿色，老时带黑色，略具光泽。支茎扭曲，着生叶片后呈圆条形，疏分枝，钝端。茎叶干燥时紧密贴生，卵状椭圆形至长卵状椭圆形，长约 2.5 mm，具多数不规则纵褶，基部宽阔，两侧具明显大叶耳，尖部宽阔，突成常扭曲的短尖；叶边多波曲；中肋透明，长达叶片 2/3 处。叶细胞狭长六角形至近于呈线形，长约 25 μm，沿纵壁着生多数细疣，叶基中央细胞透明，平滑。枝叶与茎叶近似，明显小于茎叶。雌苞着生枝上；雌苞叶狭长披针形，具深纵褶。孢蒴卵圆形。蒴盖圆锥形，具直喙。蒴帽长帽形，密被长纤毛。

生境：热带、亚热带树干、树枝或岩石上生长；海拔 1000~2000 m。

产地：云南：勐腊，西双版纳植物园，海拔 650 m，林有润 2 (IBSC)；吴鹏程 26644b (PE)。海南：尖峰岭，山顶，林邦娟、张力 655 (IBSC，PE)。

分布：中国、喜马拉雅地区、缅甸、印度、泰国、越南。

属 4　反叶藓属 *Toloxis* Buck

Bryologist 97 (4): 436. 1994.

(*Loxotis* Buck, Journ. Hattori Bot. Lab. 75: 59. 1994, hom. illeg.)

模式种：反叶藓 *T. imponderosa* (Tayl.) Buck

植物体黄绿色，无光泽，老时呈黑褐色。主茎匍匐于基质；支茎纤长，下垂，具近于呈羽状的短分枝。叶密生，与茎近于呈 45°角；茎叶卵状披针形，基部宽阔，两侧叶耳明显，强波曲，上部渐尖，常卷扭。叶细胞椭圆状菱形或狭菱形，具成列细疣，耳部细胞菱形或长方形。枝叶与茎叶近于同形，较小而狭。腋毛具单个短而褐色的基部细胞和约 12 个短而透明细胞。雌雄异株。蒴柄短而粗糙。蒴齿两层；外齿层齿片多平滑；内齿层齿条线形，具穿孔，齿毛缺失，基膜高出。蒴帽兜形，平滑。

本属全世界 3 种。中国有 1 种。

1. 扭叶反叶藓(扭叶松萝藓)　图 125

Toloxis semitorta (C. Müll.) Buck, Bryologist 97 (4): 436. 1994.

Neckera semitorta C. Müll., Syn. Musci Frond. 2: 671. 1851.

Papillaria semitorta (C. Müll.) Jaeg., Ber. S. Gall. Naturw. Ges. 1875~1876: 271. 1877; Noguchi, Trans. Nat. Hist. Soc. Formosa 25: 64. 1935; Noguchi, Journ. Hattori Bot. Lab. 3: 56. 1948.

Loxotis semitorta (C. Müll.) Buck, Journ. Hattori Bot. Lab. 75:59. 1994.

体形细长，柔弱，黄绿色，老时带黑色，无光泽。主茎匍匐；支茎长达 10 cm 以上，下垂，扭曲，羽状分枝，连叶宽约 1 mm；枝长不及 1 cm，钝端或渐尖。茎叶干时贴生，湿润时倾立，卵状披针形，长约 2 mm，宽 0.6 mm，具多数长深纵褶，上部渐尖，扭曲，叶基部两侧具大圆耳；叶边上部具细齿，近基部波状，具多数不规则粗齿；中肋单一，

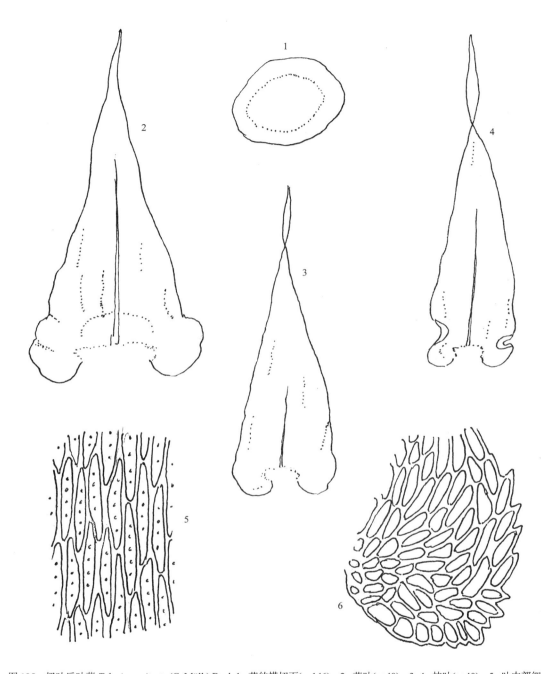

图 125　扭叶反叶藓 *Toloxis semitorta* (C. Müll.) Buck 1. 茎的横切面(×146)，2. 茎叶(×40)，3~4. 枝叶(×40)，5. 叶中部细胞(×320)，6. 叶基部细胞(×320) (绘图标本：广西，龙胜，三门乡，吴鹏程、林尤兴 1201a, PE) (吴鹏程 绘)

Fig. 125　*Toloxis semitorta* (C. Müll.) Buck 1. cross section of stem (×146), 2. stem leaf (×40), 3~4. branch leaves (×40), 5. middle leaf cells (×320), 6. basal leaf cells (×320) (Guangxi: Longsheng, P.-C. Wu and Y.-X. Lin 1201a, PE) (Drawn by P.-C. Wu)

消失于叶中部以上。叶中部细胞线状六角形，长约 30 μm，每个细胞具单列细疣，基部细胞长方形，透明无疣，角部细胞菱形或长方形，无疣，胞壁薄。内雌苞叶椭圆状披针形，具长披针形尖，上部具细齿。孢蒴椭圆形。蒴齿两层；外齿层齿片狭披针形，上部具穿孔，黄色，透明，具不明显疣；内齿层齿条线形，具穿孔，短于齿片，基膜较高。孢子直径 25~30 μm，表面具突起。

生境：热带亚洲密林内树枝或倒木上。

产地：西藏：墨脱县，江边路旁石上，海拔 900 m，汪楣芝 800265-2 (PE)；墨脱县，背崩后山，林下树基，海拔 1100 m，汪楣芝 800283 (PE)；墨脱县，班固山，树基，1600 m，汪楣芝 800481 (PE)。云南：昆明，海拔 2000 m，Handel-Mazzetti 1791 (H, 从 Brotherus, 1929)；泸水县，片马丫口西坡，铁杉树枝，海拔 2900 m，罗健馨、汪楣芝 812407a (PE)；同上，听命湖，杜鹃林下，海拔 2700~3350 m，罗健馨、汪楣芝 812659e (PE)；同上，姚家坪途中，44 km，沟谷树上，海拔 2300~2420 m，罗健馨、汪楣芝 812727，812748b (PE)；同上，至丫口，56~44 km，沟谷东坡常绿林，海拔 2700 m，罗健馨、汪楣芝 812965 (PE)；盈江县，芒线至拉起，途中林下，海拔 1700 m，罗健馨、汪楣芝 813014a (PE)；贡山县，独龙江，青朗当附近，林下岩面，海拔 1600~1850 m，汪楣芝 10508。贵州：道真县，大沙河保护区，林中倒木，海拔 1400~1500 m，黄玉茜 265 (PE)。广西：龙胜县，三门乡，沟边树干，海拔 840 m，吴鹏程、林尤兴 1201a (PE)，金鉴明、胡舜士 670 (PE)。广东：乳源县，乳阳，石坑岭，岩石上，海拔 1270 m，张力 110 (IBSC, PE)。福建：德化县，戴云山，莲花池附近，郑培中 699、733 (IBSC, PE)；武夷山，挂墩，茶树上，陈邦杰等 939 (PE)。

分布：中国、喜马拉雅地区、越南、缅甸、泰国、斯里兰卡、印度尼西亚、菲律宾。

属 5　垂藓属 *Chrysocladium* Fleisch.

Musci Fl. Buitenzorg 3: 829. 1908.

模式种：垂藓 *C. retrorsum* (Mitt.) Fleisch.

植物体通常为黄绿色、橙黄色至黑褐色，暗光泽。主茎横生；支茎长达 10 cm 以上，稀疏不规则羽状分枝，枝、茎多悬垂；短枝通常 0.5~2 cm，干时弯曲，略硬挺，枝端圆钝或渐细。腋毛透明，长 3~4 个细胞。茎叶阔卵形至卵状心形，多长 2~3 mm，宽 1.5 mm，常背仰，具披针形尖，有时呈毛状，基部呈耳状，一般抱茎；叶边均具细齿，有时上部齿稍尖锐；中肋单一，细长，达叶片中部以上。枝叶稍短。叶中部细胞长菱形或线形，长 25~35 μm，宽 4~4.5 μm，中央具单个乳头状细疣，壁厚，基部有时具壁孔。雌雄异株。雌苞叶较大，披针形，平滑。蒴柄长 3~7 mm，表面粗糙，具乳头状密疣。孢蒴长卵形，长 1.8~2.2 mm，直径 1~1.2 mm，直立，稍高出于雌苞叶。蒴齿两层；外齿层齿片狭披针形，具横脊及密疣；内齿层齿条狭长，具略粗的疣，齿毛退失。蒴盖圆锥形，具斜长喙。蒴帽兜形，常具疏或密纤毛。孢子球形，直径 15~20 μm，表面具密疣。染色体数目 $n=11$。

全世界仅 1 种。中国有分布。

1. 垂藓　图 126

Chrysocladium retrorsum (Mitt.) Fleisch., Musci Fl. Buitenzorg 3: 829. 1908.

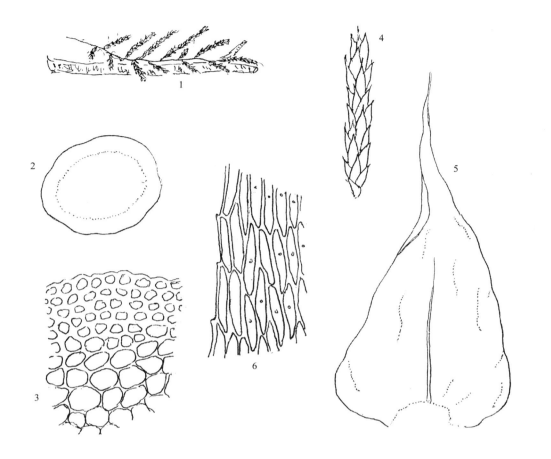

图 126　垂藓 *Chrysocladium retrorsum* (Mitt.) Fleisch. 1. 植物体着生树枝上的生态(×0.8)，2. 茎的横切面(×120)，3. 茎横切面的一部分(×480)，4. 枝(×5)，5. 茎叶(×40)，6. 叶中部边缘细胞(×320) (绘图标本：云南，泸水县，罗健馨、汪楣芝 12067-h，PE) (吴鹏程 绘)

Fig. 126　*Chrysocladium retrorsum* (Mitt.) Fleisch. 1. habit, growing on a branch of tree (×0.8), 2. cross section of stem (×120), 3. portion of the cross section of stem (×480), 4. branch (×5), 5. stem leaf (×40), 6. middle marginal leaf cells (×320) (Yunnan: Luoshui Co., J.-X. Luo and M.-Z. Wang 12067-h, PE) (Drawn by P.-C. Wu)

Meteorium retrorsum Mitt., Journ. Linn. Soc. Bot. Suppl. 1: 90. 1859.

M. pensile Mitt., Trans. Linn. Soc. Bot. 3: 172. 1891.

Papillaria scaberrima C. Müll., Nuov. Giorn. Bot. Ital. 5: 191. 1898.

Meteorium kiusiuense Broth. et Par., Bull. Herb. Boiss. Ser. 2, 2: 926. 1902.

Chrysocladium kiusiuense (Broth. et Par.) Fleisch., Musci Fl. Buitenzorg 3: 830. 1907.

C. pensile (Mitt.) Fleisch., Musci Fl. Buitenzorg 3: 830. 1907.

C. scaberrium (C. Müll.) Fleisch., Musci Fl. Buitenzorg 3: 830. 1907.

C. retrorsum var. *pinnatum* (Fleisch.) Nog., Journ. Hattori Bot. Lab. 3: 65. 1948.

C. retrorsum var. *taiwanense* Nog., Journ. Hattori Bot. Lab. 3: 66. 1948.

C. retrorsum var. *kiusiuense* (Broth. et Par.) Card., Bull. Soc. Bot. Genève Ser. 2, 3: 273. 1911.

C. retrorsum var. *pensile* (Mitt.) Ihs., Cat. Moss. Japon 151. 1929.

种的特征同属。

生境：生于山地的树上或岩面。

产地：西藏：察隅县，海拔 2200 m，倪志成 48、50a (PE)。云南：贡山县，独龙江畔与高黎贡山，海拔 1300~3000 m，汪楣芝 7461、9171、9172a (PE)；泸水县，片马，海拔 2350 m，罗健馨等 812067h、812154d (PE)。四川：马边县，陈邦杰 5804 (PE)。贵州：梵净山，树干，海拔 1850 m，吴鹏程 23702、23922 (PE)。湖南：浏阳，海拔 1300 m，74 年采集队 281 (PE)。广西：田青，74 年采集队 2453 (PE)；兴安，74 年采集队 1619 (PE)；大新县，陈少卿 12212 (PE)。广东：乐昌县，曾国驱 404、429、648，张力 423、505、696 (IBSC, PE)；乳源县，曾国驱 101、145 (PE)，林邦娟 831 (IBSC)，郑培中 1055、1115 (IBSC)，张力 179 (IBSC)，阳山县，海拔 420 m，曾国驱 303、340 (PE)，海拔 480 m，张力 325、326、341 (IBSC)；新丰县，张桂才等 3 (PE)。福建：武夷山，林邦娟 2563 (IBSC)；德化，郑培中 698、735、826 (SHM)；建宁，海拔 1600 m，李振宇 10705 (PE)。

分布：中国、印度、斯里兰卡、越南、菲律宾和日本。

本种现为垂藓属的唯一的代表种。其主要识别点为叶细胞狭菱形至线形，具单疣，角部细胞略分化。原垂藓属中叶细胞具多疣，角细胞分化，及腋毛由狭长细胞组成的种类，已归入独立的多疣藓属 Sinskea Buck。

属 6　多疣藓属(新拟名)*Sinskea* Buck

Journ. Hattori Bot. Lab. 75: 64. 1994.

(*Chrysocladium* sect. *Chrysosquarridium* Fleisch, Musci Fl.

Buitenzorg 3: 830. 1908.)

模式种：多疣藓 *S. phaea* (Mitt.) Buck [*Chrysocladium phaeum* (Mitt.) Fleisch.]

植物体黄绿色、棕黄色或黑褐色，无光泽。主茎横生；支茎短或长为 5~10 cm，悬垂、倾立或匍匐，不规则分枝；枝、茎干时常弯曲，一般硬挺，枝端渐细或钝端。茎叶长卵状至心状披针形，有时略背仰，渐呈狭长细尖，干燥与湿润时均斜展，密或稀疏生长，叶基于茎上平截着生，不呈 U 字形；叶边具细齿或锐齿；中肋单一，细弱，长达叶片中部。叶中部细胞狭长菱形至线形，具 1 列(1~)2~3 个细疣，稀多个疣，壁一般厚；角部细胞短，近方形或不规则形，厚壁，常具壁孔，着生处多具色泽。腋毛由约 5 个透明、狭长细胞组成。雌雄异株。蒴柄短，长 1~1.5 mm，有时略粗糙。孢蒴卵形，直立，隐没于雌苞叶内。环带由 2~3 列小形、厚壁细胞构成，易散落。蒴齿两层，均具横隔，外齿层齿片厚，具细密疣。蒴盖圆锥形，具斜喙。蒴帽兜形，平滑。孢子近于球形，表面具细密疣。染色体数目 *n*=11。

本属与 *Chrysocladium* 区别点为：本属叶细胞线形，通常具多疣，角部细胞分化明显；具由 5 个长细胞组成的叶腋纤毛；蒴柄较短；孢蒴具环带；蒴帽平滑。

本属全世界 2 种。中国均有分布。

属的拉丁名系纪念日本著名的苔类学家服部新佐 Sinske Hattori。

分种检索表

1. 植物体一般纤小；叶通常阔约 1 mm；叶中部细胞宽 4~5 μm，多具 1~2 (~3)个疣，胞壁具局部加厚 ·· **1. 小多疣藓 *S. flammea***
1. 植物体一般长大；叶通常阔 1.2 mm；叶中部细胞宽 5~6 μm，多具 3 个疣或更多个疣，胞壁薄········· ·· **2. 多疣藓 *S. phaea***

Key to the species

1. Plants usually slender; leaves ca. 1 mm wide; the width of median leaf cells 4~5 μm, with 1~2 (~3)papillae ·· **1. *S. flammea***
1. Plants usually long; leaves ca. 1.2 mm wide; the width of median leaf cells 5~6 μm, with 3 papillae or more ·· **2. *S. phaea***

1. 小多疣藓(新拟名) (多疣垂藓)　　图 127

Sinskea flammea (Mitt.) Buck, Journ. Hattori Bot. Lab. 75: 64. 1994.

Meteorium flammeum Mitt., Journ. Linn. Soc. Bot. Suppl. 1: 88. 1859.

Aerobryum hokinense Besch., Ann. Sc. Nat. Bot. Ser. 7, 15: 74. 1892. Noguchi, Journ. Hattori Bot. Lab. 41: 266. 1976.

Chrysocladium flammeum (Mitt.) Fleisch., Musci Fl. Buitenzorg 3: 830. 1907.

Chrysocladium rufifolioides Broth., Philip. Journ. Sci. 5: 153. 1910.

Floribundaria horridula var. *rufescens* Broth., Ak. Wiss. Math. Nat. Kl. Abt. 1, 133: 574. 1924; Brotherus, Symb. Sin. 4: 84. 1929.

Barbella ochracea Nog., Trans. Nat. Hist. Soc. Formosa 26: 145. 1936.

Chrysocladium flammeum subsp. *ochraceum* (Nog.) Nog., Journ. Hattori Bot. Lab. 41: 270. 1976.

Chrysocladium flammeum subsp. *rufifolioides* (Broth.) Nog., Journ. Hattori Bot. Lab. 41: 269. 1976.

Sinskea flammea subsp. *ochracea* (Nog.) Redfearn et Tan., Trop. Bryol. 10: 68. 1995.

Sinskea flammea subsp. *rufifolioides* (Broth.) Redfearn et Tan., Trop. Bryol. 10: 68. 1995.

体形多纤小，棕黄色至黄褐色，无光泽。茎长 3~8 cm，具叶茎宽约 4 mm，倾立、匍匐或悬垂，不规则分枝，枝、茎干时常弯曲，略硬挺。茎叶长卵状披针形，长约为 3.5 mm，宽 1 mm，有时稍背仰，具披针形长尖，常呈毛状，基部略呈心形，干、湿时均斜展；叶上部边缘一般具齿；中肋单一，细长，长达叶片中部。叶中部细胞线形，长 40~60 μm，宽 4~8 μm，一般具 2~3 个细疣，细胞厚壁，下部细胞稍短，长 35~45 μm，宽 8~9 μm，具明显壁孔，角部细胞短而宽。雌雄异株。蒴柄短，长约 1.5 mm，平滑。孢蒴卵形，多长 1.5 mm，宽 1 mm，直立，稍高出于雌苞叶。蒴齿两层；均具横隔；外齿层齿片狭披针形，具细密疣；内齿层齿条狭长披针形，疣稍大，齿毛退化，甚短。蒴盖圆锥形，具长斜喙。蒴帽兜形，平滑。孢子近于球形，直径长约 55 μm，表面具细密疣。

生境：一般生于亚洲地区的高山林下。

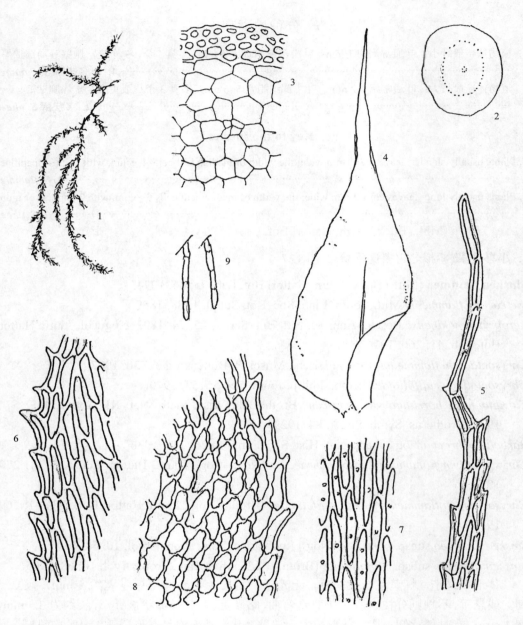

图 127 小多疣藓 *Sinskea flammea* (Mitt.) Buck 1. 植物体(×1), 2. 茎的横切面(×32), 3. 茎横切面的一部分(×470), 4. 茎叶(×32), 5. 叶尖部细胞(×470), 6. 叶上部边缘细胞(×470), 7. 叶中部细胞(×470), 8. 叶基部细胞(×470), 9. 腋毛(×320)(绘图标本：云南，点苍山，Redfearn 等 629, MO, SWMU, PE)(吴鹏程 绘)

Fig. 127 *Sinskea flammea* (Mitt.) Buck 1. habit (×1), 2. cross section of stem (×32), 3. portion of the cross section of stem (×470), 4. stem leaf (×32), 5. apical leaf cells (×470), 6. upper marginal leaf cells (×470), 7. middle leaf cells (×470), 8. basal leaf cells (×470), 9. axillary hairs (×320) (Yunnan: Diancang Mt., Redfearn *et al.*, 629, MO, SWMU, PE) (Drawn by P.-C. Wu)

产地：云南：福贡县，树枝上，海拔 2600~2900 m，汪楣芝 7016 (PE)；泸水县，海拔 3000 m，罗健馨 812870c (PE)；点苍山，海拔 2900~3045 m，Redfearn、He 和 Su 629 (MO，PE)；元阳县，海拔 2000 m，何树春 85178 (PE)。四川：会理县，海拔 2600~3500 m，

H. Handel-Mazzetti 943 (原定 *Floribundaria horridula* var. *rufescens*, H)；米易县，白坡山，树干，海拔 2900~3100 m，汪楣芝 21401 (PE)。广西：资源县，海拔 1650 m，陈照宙 52040 (PE)；临桂县，至花坪途中，海拔 1700 m，吴鹏程、林尤兴 892、929、1032、1127 (PE)；龙胜县，金鉴明、胡舜士 16、559-6 (PE)。广东：新宁县，采集人 s. n.10291 (PE)。台湾：Taihoku, Taihu-shan, A. Noguchi 6507 (NOG)。

分布：中国、尼泊尔、印度和泰国。

孢蒴稍高出于雌苞叶与垂藓属 *Chrysocladium* Fleisch.植物相类似，但后者叶细胞为单疣可予识别。

2. 多疣藓(新拟名) (粗垂藓)

Sinskea phaea (Mitt.) Buck, Journ. Hattori Bot. Lab. 75: 64. 1994.

Meteorium phaeum Mitt., Journ. Linn. Soc., Bot. Suppl. 1: 87. 1859.

Chrysocladium phaeum (Mitt.) Fleisch., Musci. Fl. Buitenzorg 3: 830. 1907; Noguchi, Journ.
　　Hattori Bot. Lab. 28: 152. 1965. et Journ. Hattori Bot. Lab. 41: 265. 1976.

C. robustum Nog., Trans. Nat. Hist. Soc. Formosa 24: 120. 1934.

植物体多为棕黄色、黄褐色至暗褐色，无光泽。茎长约 10 cm，宽约 5 mm，一般悬垂，不规则分枝，枝、茎干时常稍弯曲，略硬挺，枝端渐细或钝头。茎叶长卵状披针形，长约 3.5 mm，宽 1.2 mm，具披针形长尖，常呈毛状，有时稍背仰，基部略呈心形，干与湿时均斜展；叶上部边缘一般具锐齿；中肋单一，细长，长达叶片中部左右。叶中部细胞线形，长 40~55 μm，宽 5~8 μm，一般具单列 3 个细疣，稀具多个疣，壁厚，下部细胞略狭长，长 40~60 μm，宽 5~8 μm，具明显壁孔，角部细胞明显分化，一般直径为 8~12 μm。雌雄异株。蒴柄短，表面平滑。孢蒴长卵形，直立，隐生于雌苞叶中。蒴齿两层，具横隔；外齿层齿片狭披针形，具细密疣；内齿层齿条狭长，齿毛甚短。蒴盖圆锥形，具斜喙。蒴帽兜形，平滑。孢子近球形，直径约 55 μm，表面具细密疣。

生境：山坡林下树枝或岩面生长。

产地：云南：泸水县，海拔 3000 m，罗健馨等 81287c (PE)；景东县，哀牢山，张晋昆 517 (PE)；金平县，分水老岭，苔藓林，海拔 2300 m，云南大学生物系 590，592 (YUKU)；同前，树干，林业部综合队 L12，L14，L15 (PE)；文山县，薄竹山，雷达站，海拔 2950 m，余利顺 9306 (PE)；嵩明县，梁王山，元江栲林下，海拔 2550 m，朱维明 6421 (PE)；绿春县，臧穆 143c (HKAS)；新平县，阔叶林边，海拔 2040 m，王志英 26 (PE)；景东县，无量山，海拔 2600 m，景东林业局 645 (PE)；海拔 2600 m，张晋昆 679 (YUKU)；泸水县，片马丫口西坡，杜鹃树枝上，海拔 3000 m，罗健馨、汪楣芝 812410 (PE)；铁杉林树枝，海拔 2900 m，罗健馨、汪楣芝 812407b (PE)。四川：天全县，二郎山，海拔 2900 m，李乾 2713 (PE)；汶川县，卧龙自然保护区，海拔 1490 m，秦自生 319a (PE)；南川县，金佛山，牵牛坪-凤凰等途中，林内溪边枯枝，海拔 2100 m，吴鹏程，胡晓耘 523，522，21092 (PE)；南川县，金佛山，古佛洞外享有石壁，海拔 2150 m，吴鹏程 21020 (PE)；南川县，金佛山，凤凰寺，竹枝上，陈邦杰 1572 (PE)；南川县，金佛山，凤凰寺，焦启源(C.-C. Jao)KF 48，40 (PE)；南川县，金佛山，陈义 18 (PE)，夏立群 350 (PE)；米易县，白坡山西羊巢子沟，杂木林下，树干，海拔 2900~3100 m，汪楣芝 21401 (PE)。重庆：石柱县，黄水，树干，海拔 1600~1650 m，于宁宁 01728 (PE)。贵州：雷山县，雷公山，主峰，近山顶，老树干，海拔 1920 m，吴鹏程 23390，23396 (PE)；雷山县，雷公山，西山，海拔 1700 m，何小兰 1356 (PE)；江口县，梵净山，万宝岩至九龙池山脊，杜鹃林树枝，海拔 2000 m，吴鹏程 3815 (PE)；绥阳县，宽阔水林区，五家水库，树基，海拔 1450 m，吴鹏程 24004 (PE)；绥阳县，宽阔水林区，茶场至太阴山顶，海拔 1500 m，何小兰 1204 (PE)。湖南：吉首，奋峡溪树枝上，刘应迪 91-147a (PE)。广西：龙胜县，三门乡，金鉴明，胡舜士 559-6 (PE)；环江，九万大山，八拐树干 H 48 (PE)。台湾：台南，玉山，A. Noguchi 5865 (TNS)。

分布：中国、尼泊尔、印度、印度尼西亚和澳大利亚。

本种与小多疣藓 S. flammea (Mitt.) Buck 主要区别点在于每一叶细胞一般具 3 个以上细疣，而后者叶细胞疣多 1~2 个。在外形上，本种较长大。

属7　丝带藓属 *Floribundaria* Fleisch.

Hedwigia 44: 301. 1905

模式种：丝带藓 F. floribunda (Dozy et Molk.) Fleisch.

体形细长，黄棕色至黄褐色，无光泽，散生垂倾生长。主茎匍匐于基质；支茎长而下垂，稀疏分枝或不规则羽状分枝。腋毛由 1~2 个褐色短细胞和 1 个透明顶部细胞组成。叶扁平着生茎上，卵状披针形或披针形，常具细长毛尖，基部呈心脏形、卵形或卵状椭圆形；叶边具细齿，近尖部常有粗齿；中肋单一，消失于叶片中部。叶细胞多不透明，菱形至线形，薄壁，具多个细疣，稀单疣；叶基角部细胞略分化。枝叶略小于茎叶。雌雄异株。蒴柄短而平滑，常弯曲。孢蒴椭圆形。环带为 1~2 列大形厚壁细胞。蒴齿两层；外齿层齿片狭披针形，下部具密条纹，上部密被疣；内齿层齿条与外齿层齿片等长，具疣，脊部穿孔，具高基膜，齿毛缺失。蒴盖圆锥形，具长或短而弯曲的喙。蒴帽兜形或帽形，基部开裂，被毛。

热带或亚热带南部分布的藓类，习生树枝或树干上，稀阴湿岩面生长。全世界已知 18 种。中国有 5 种。

分种检索表

Key to the species

1. Each laminal cell with 1~3 papillae, rarely with more than 4 papillae ·················· 2
1. Each laminal cell with multi-papillae ·· 4
2. The apex of branch leaves caudate; each laminal cell with 2~3 papillae ············· **4. F. setschwanica**
2. The apex of branch leaves not caudate; each laminal cell with 1~2 papillae or 3~6 papillae ············· 3
3. Stem-leaves with a short apex ·· **5. F. intermedia**
3. Stem-leaves with a long apex ·· **3. F. pseudofloribunda**
4. Papillae of laminal cells arranged in the middle in a single row ·················· **1. F. floribunda**
4. Papillae of laminal cells arranged in two rows or spreaded ·················· **2. F. walkeri**

1. 丝带藓　图 131：4~5

Floribundaria floribunda (Dozy et Molk.) Fleisch., Hedwigia 44: 302. 1905 et Musci Fl. Buitenzorg 3: 816, f. 146. 1907; Bartram, Philip. Journ. Sci. 68: 224, f. 276. 1939; Brotherus, Symb. Sin. 4: 83. 1929.

Leskea floribunda Dozy et Molk., Ann. Sci. Nat. Sér. 3, 2: 310. 1844.

Meteorium floribundum (Dozy et Molk.) Dozy et Molk., Musci Frond. Ined. Arch. Ind.: 162, pl. 53. 1848.

Papillaria floribunda (Dozy et Molk.) C. Müll., Linnaea 40: 267. 1876.

植物体细柔,黄绿色或灰绿色,有时呈橙黄色,无光泽。主茎匍匐伸展;支茎长达 10 cm,匍匐于基质或下垂,尖部呈细条状;不规则疏羽状分枝。茎叶干燥时贴茎,基部阔卵形,向上呈披针形尖;叶边具细齿;中肋柔弱,单一,消失于叶片中部以上。叶细胞透明,中部细胞线形至近于呈线形,长 35~45 μm,宽约 3 μm,中央具单列细疣,3~6 个,胞壁薄;叶边细胞多透明无疣,叶基细胞壁厚,具壁孔,角部细胞略分化。枝叶与茎叶近似。雌雄异株。雌苞着生枝上。内雌苞叶椭圆状卵形,具细长弯曲的毛尖;无中肋。蒴柄高出于雌苞叶,长约 2 mm,褐色,近孢蒴处粗糙。孢蒴短圆柱形或卵状椭圆形。蒴齿两层;外齿层齿片阔披针形,下部具条纹,黄色,上部具细疣;内齿层齿条狭披针形,具脊,齿毛退化,基膜高出。蒴盖圆锥形,具斜喙。蒴帽兜形,具少数长纤毛。孢子直径约 15 μm。

生境:热带山地树上、叶面及阴湿石壁生长。

产地:云南:贡山县,壮堆,山坡枯木上,海拔 2000 m,王启无 6527 (PE);同上,高黎贡山东坡,海拔 1750~1850 m,汪楣芝 9121 (PE);同上,独龙江公社,海拔 1800~2400 m,岩面及树上,汪楣芝 11017、11759c (PE);金平县,附生 *Lindera latifolia* 树干,海拔 2200 m,林业部林型组 7 (PE)。四川:汶川县,卧龙,巴郎山,杜鹃树上,郎楷永 13190 (PE);南川县,金佛山南坡,银杉杂木林下,岩面,海拔 1750~1800 m,汪楣芝 860837 (PE)。台湾:嘉义县,阿里山,石壁上,海拔 2200~2500 m,Iwatsuki 和 Sharp 550 (NICH, TENN;从 Noguchi,1976);南投县,海拔 2500 m,Noguchi 6987 (NICH;从 Noguchi 1976)。

分布:中国、喜马拉雅地区、斯里兰卡、印度、泰国、印度尼西亚、菲律宾、日本、巴布亚新几内亚、大洋洲和非洲。

每一叶细胞具 3~6 个成列细疣,以及叶呈狭卵状披针形为本种主要识别点。

2. 疏叶丝带藓　图 128

Floribundaria walkeri (Ren. et Card.) Broth., Nat. Pfl. 1 (3): 822. 1906; Noguchi, Journ. Hattori Bot. Lab. 41: 273. 1976.

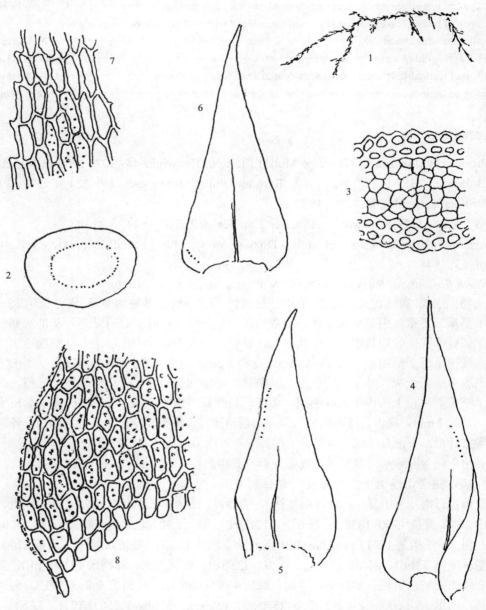

图 128　疏叶丝带藓 *Floribundaria walkeri* (Ren. et Card.) Broth. 1. 植物体(×1)，2. 茎的横切面(×146)，3. 茎横切面的一部分(×225)，4~6. 叶(×40)，7. 叶中部边缘细胞(×320)，8. 叶基部细胞(×320) (绘图标本：西藏，墨脱，陈书坤 59, HKAS) (吴鹏程 绘)

Fig. 128　*Floribundaria walkeri* (Ren. et Card.) Broth. 1. habit (×1), 2. cross section of stem (×146), 3. portion of the cross section of stem (×225), 4~6. leaves (×40), 7. middle marginal leaf cells (×320), 8. basal leaf cells (×320) (Xizang: Moto Co., S.-K. Chen 59, HKAS) (Drawn by P.-C. Wu)

Papillaria walkeri Ren. et Card., Bull. Soc. Roy. Bot. Belg. 34 (2): 70. 1896.

Floribundaria brevifolia Dix., Ann. Bryol. 9: 66. 1937.

体形甚纤弱，黄绿色，老时呈褐色，无光泽。主茎匍匐于基质；支茎倾垂，扁平被叶，具稀疏不规则羽状分枝。茎叶卵状披针形，上部渐尖，基部狭窄；叶边具细齿和疣状突起；中肋单一，纤弱，消失于叶中部。叶细胞多不透明，狭长菱形至近于呈线形，长约 30 μm，具多数纤细疣，多呈两列状；胞壁薄，近基部细胞呈长方形，角部细胞长方形或近于呈方形，平滑无疣。孢子体不常见。

生境：树干、树枝或腐木上悬垂生长。

产地：西藏：墨脱县，背崩附近，江边山坡石上，海拔 810~1100 m，西藏队 112、151 (PE)，陈书坤 59 (HKAS)。云南：昆明，西山，杨家村后林中，灌木丛小枝上，海拔约 1900~2000 m，徐文宣 36、626 (YUKU，PE)；禄功县，皎西，放召祖宗箐，海拔 2600 m，朱维明 645 (YUKU，PE)；西双版纳，勐腊县，606~607 km 处，海拔 840 m，石灰岩上，Redfearn 等 33961、33770 (MO，PE)；勐海县，南糯山，海拔 1400~1500 m，树基，Redfearn 等 34208 (MO，PE)；勐醒至易武，树基，海拔 840 m，Redfearn 33949、33941 (MO，PE)。

分布：中国、喜马拉雅地区、印度、老挝和菲律宾。

在丝带藓属中，本种叶细胞壁上的疣数多而多成两列状，与属内其他种较易区别。

3. 假丝带藓　图 129

Floribundaria pseudofloribunda Fleisch., Hedwigia 44: 302. 1905; Bartram, Philip. Journ. Sci. 68: 225, f. 277. 1939; Noguchi, Journ. Hattori. Bot. Lab. 41: 275. 1976.

植物体稍粗，黄橙色或灰绿色，略具光泽。茎横切面呈椭圆形，皮部细胞为 3~4 层小形厚壁细胞，及 4~5 层大形薄壁细胞的髓部，中轴分化，由 4~5 个小形细胞组成。支茎纤长，长达 10 cm 以上，不规则羽状分枝，分枝长 1~1.5 cm。茎叶卵状披针形，长可达 2 mm，上部渐尖，尖部有时扭曲；叶边具细齿；中肋单一，纤细，消失于叶片上部。叶细胞线形，每个细胞具 1~2 个疣，叶边细胞多平滑，中部细胞长 25~30 μm，宽约 4 μm，基部细胞趋短，长方形至长六角形，平滑。枝叶小于茎叶，较狭而短。雌苞着生枝上，具 10 多枚苞叶，内雌苞叶狭披针形，具细长毛尖。蒴柄长约 1.5 mm，平滑。孢蒴椭圆形，褐色。雄苞枝生；内雄苞叶阔卵形，具短尖。

生境：热带亚洲林内树干、树枝或石上生长。

产地：四川：南川县，合溪乡，三箐坎，树干上，海拔 850 m，傅连中 1406 (PE)。贵州：梵净山，海拔 700 m，林边岩面薄土，姜守忠 163 (GNUB、PE)，高谦 31686、31820 (IFP)。广西：融水县，九万大山，溪边，海拔 700 m，李振宇 89153 (PE)。台湾：太鲁阁，Noguchi 5974 (NICH)；南投县，溪底至瀑布，海拔 1800~2000 m，庄清璋 600-6A (BCU，PE)。

分布：中国、泰国、印度、印度尼西亚、马来西亚、菲律宾和巴布亚新几内亚。

从地理分布而言，本种为丝带藓属中最广布的类型。其叶细胞所具有的疣数最少，一般为 1~2 个，而区分于属内其他种。

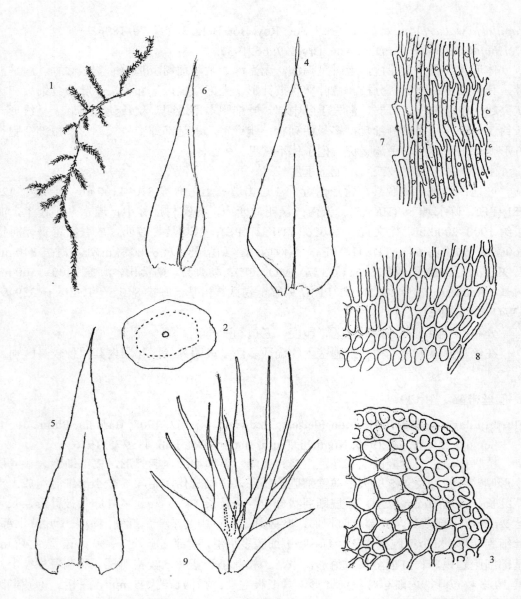

图 129　假丝带藓 *Floribundaria pseudofloribunda* Fleisch. 1. 植物体(×1), 2. 茎的横切面(×32), 3. 茎横切面的一部分(×320), 4~5. 茎叶(×32), 6. 枝叶(×32), 7. 叶中部边缘细胞(×320), 8. 叶基部细胞(×320), 9. 未成熟雌苞(×15) (绘图标本: 台湾, 野口彰 5974, NICH) (吴鹏程 绘)

Fig. 129　*Floribundaria pseudofloribunda* Fleisch. 1. habit (×1), 2. cross section of stem (×32), 3. portion of the cross section of stem (×320), 4~5. stem leaves (×32), 6. branch leaf (×32), 7. middle marginal leaf cells (×320), 8. basal leaf cells (×320), 9. young perichaetium (×15) (Taiwan: A. Noguchi 5974, NICH) (Drawn by P.-C. Wu)

4. 四川丝带藓　图 130, 图 131: 1~3

Floribundaria setschwanica Broth., Sitzungsb. Akad. Wiss. Wien Math. Nat. Klas. Abt. 1, 133: 574, 1924; Brotherus, Symb. Sin. 4: 84. 1929.

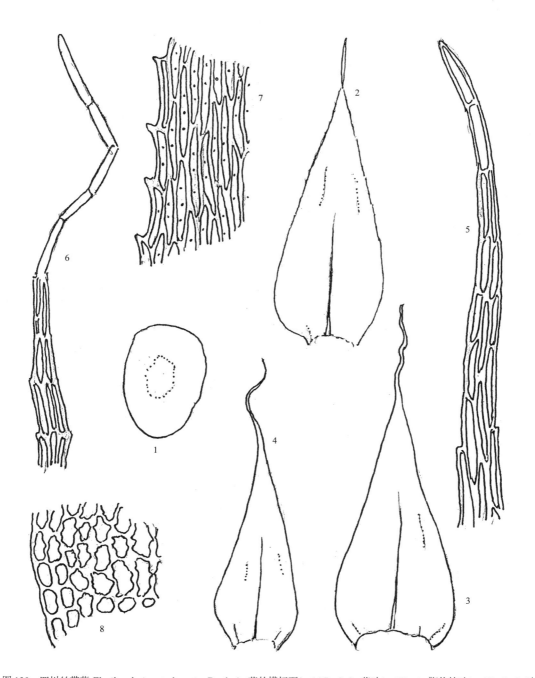

图 130　四川丝带藓 *Floribundaria setschwanica* Broth. 1. 茎的横切面(×146), 2~3. 茎叶(×40), 4. 鞭状枝叶(×40), 5~6. 叶尖部细胞(×320), 7. 叶中部边缘细胞(×320), 8. 叶角部细胞(×320) (绘图标本:云南:澜沧江, Handel-Mazzetti 8188, holotype, W) (吴鹏程　绘)

Fig. 130　*Floribundaria setschwanica* Broth. 1. cross section of stem (×146), 2~3. stem leaves (×40), 4. flagellum leaf (×40), 5~6. apical leaves cells (×320), 7. middle marginal leaf cells (×320). 8. basal alar leaf cells (×320) (Yunnan: Lancang river, Handel-Mazzetti 8188, holotype, W) (Drawn by P.-C. Wu)

Floribundaria armata Broth., Symb. Sin. 4: 83, pl. 2. f. 9. 1929.

Pseudobarbella niitakayamensis Nog., Journ. Hattori Bot. Lab. 3: 90, f. 38. 1948; Noguchi, Journ. Hattori Bot. Lab. 41: 277. 1976.

植物体纤细，黄绿色或绿色，略具光泽。支茎扭曲，扁平密被叶片，先端下垂，不规则分枝；枝长为 1~1.5 cm。茎叶疏松贴生，由椭圆状披针形向上略收缩呈披针形，具细长毛状尖，波曲和具弱纵褶，长不及 2 mm，基部收缩；叶边具细齿；中肋稍粗，长达叶片中部。叶细胞透明，中部细胞狭长菱形至线形，长约 40 μm，宽 5 μm，每个细胞具 2~4 个疣，稀达 5 个，胞壁薄至稍加厚；叶边细胞多无疣，基部细胞长菱形，无疣，角部细胞不规则方形，壁等厚，与周围细胞明显分化。基部枝叶扁平排列，枝叶与茎叶近似，较小而狭窄，多具长毛状尖。雌苞叶披针形，尖部呈毛状。蒴柄高出于雌苞叶。孢蒴长卵形。蒴齿两层；外齿层齿片披针形，基部宽阔，具密横纹，上部被细疣；内齿层齿条线形，具穿孔和细疣，与齿片近于等长，基膜甚低。

生境：中山和高山林区树枝上生长。

产地：云南：怒江和澜沧江间，海拔约 2800 m, Handel-Mazzetti 8188 (holotype, 原 *F. armata* Broth., H, 从 Noguchi 1976)。四川：林内，海拔 3500 m, Handel-Mazzetti 1000 (syntype, H, 从 Noguchi 1976)；大竹堡，沙木兰，汪发缵 2406 (PE)。台湾：嘉义县，玉山，Noguchi 6482 (holotype, 原 *Pseudobarbella niitakayamensis* Nog., 从 Noguchi 1976)。

分布：中国、尼泊尔和印度。

本种最早被发现于中国四川而命名，现在云南和台湾以至中国周边国家均有分布。其主要识别点为叶尖部细长，近于呈毛尖，每个叶细胞具 2~3 个细疣。

5. 中型丝带藓

Floribundaria intermedia Thèr., Monde de Plant. 9: 22. 1907; Brotherus, Symb. Sin. 4: 83, 1929.

Floribundaria thuidioides Fleisch., Hedwigia 44: 302. 1905; Fleischer, Musci Fl. Buitenzorg 3: 824, f. 147. 1907; Bartram, Philip. Journ. Sci. 61: 245. 1936; Noguchi, Journ. Hattori Bot. Lab. 41: 277. 1976.

体形纤长，黄绿色，无光泽。支茎扁平被叶，宽约 2 mm，长可达 10 cm 以上，密二回羽状分枝；分枝长 1~1.5 cm。茎叶卵状三角形，具少数不规则纵褶，先端短披针形，多扭曲；叶边略内曲，具细齿；中肋纤细，消失于叶长度 2/3 处。叶中部细胞线形，长度与宽度之比可达 8:1，薄壁，每个细胞中央具单个细疣，角部细胞较宽，方形或长方形，壁稍厚。雌雄异苞同株。雌苞着生枝上。雌苞叶具披针形尖部。蒴柄长约 2 mm。孢蒴卵形，长 2.5 mm，直径约 1.2 mm。雄苞叶卵状心脏形，具短披针形尖部。

生境：树干、枝上和叶面生长。

产地：西藏：林芝县，八一新村，沟内树干上，海拔 3400 m，郎楷永 301e (PE)；察隅县，奇马拉山东坡，云杉、冷杉、栎林下，海拔 4170~3100 m，汪楣芝 12787e (PE)。贵州：屏番，树干生长，Cavalerie 1982 (holotype, *F. intermedia* Thèr., PC, 从 Noguchi, 1976)。

分布：中国、马来西亚、印度尼西亚和菲律宾。

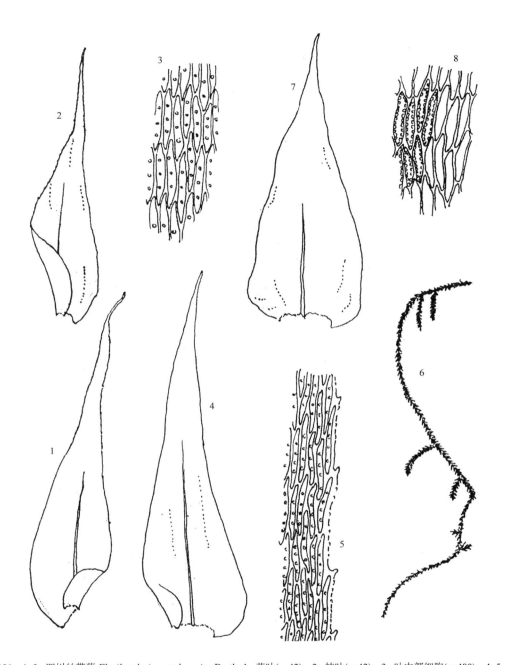

图 131　1~3. 四川丝带藓 *Floribundaria setschwanica* Broth. 1. 茎叶(×42)，2. 枝叶(×42)，3. 叶中部细胞(×490)，4~5. 丝带藓 *Floribundaria floribunda* (Dozy et Molk.) Fleisch. 4. 茎叶(×75)，5. 叶中部细胞(×490)；6~8. 细带藓 *Trachycladiella aurea* (Mitt.) Menzel, 6. 植物体(×1)，7. 茎叶(×42)，8. 叶中部细胞(×490) (绘图标本：1~3. 云南，Handel-Mazzetti 993, PE; 4~5. 四川，汪楣芝 860837，PE; 6~8. 浙江，龙泉，吴鹏程 265，PE) (吴鹏程 绘)

Fig. 131　1~3. *Floribundaria setschwanica* Broth. 1. stem leaves (×42), 2. branch leaf (×42), 3. middle leaf cells (×490); 4~5. *Floribundaria floribunda* (Dozy et Molk.) Fleisch. 4. stem leaf (×75), 5. middle leaf cells (×490); 6~8. *Trachycladiella aurea* (Mitt.) Menzel, 6. habit (×1), 7. stem leaf (×42), 8. middle leaf cells (×490) (1~3. Yunnan: Handel-Mazzetti 993, PE; 4~5. Sichuan: M.-Z. Wang 860837, PE; 6~8. Zhejiang, Longquan, P.-C.Wu 265, PE) (Drawn by P.-C. Wu)

属 8　细带藓属(新拟名)*Trachycladiella* (Fleisch.) Menzel

Journ. Hattori Bot. Lab. 75: 74. 1994.

(*Floribundaria* sect. *Trachycladiella* Fleisch., Musci Fl. Buitenzorg 3: 826. 1908.)

模式种：细带藓 *T. aurea* (Mitt.) Menzel

体形较硬挺，黄绿色或黄褐色，稀橙黄色，无光泽，呈束状下垂生长。主茎匍匐基质横展；支茎倾垂，具不规则疏羽状分枝；枝长 0.5~3 cm。茎叶卵形至卵状三角形，渐上成披针形尖或长毛尖，多具波纹或强波纹，基部宽阔，两侧基部圆钝，但不呈耳状，下延；叶边波曲，稀强烈波曲，具细齿；中肋单一，细弱，一般消失于叶片中部以上。叶上部细胞长菱形至线形，下部细胞线形，沿胞壁着生密细疣，胞壁薄，叶边细胞菱形至长菱形，沿叶边细胞有时平滑，叶基中肋两侧细胞均平滑而胞壁加厚，具壁孔。腋毛由 1 个短的褐色细胞和 2 个短长方形透明细胞组成。雌雄异株。蒴柄长为 1.3~2.5 mm，略粗糙。孢蒴长卵形，具环带。蒴齿两层；外齿层齿片具条纹；内齿层齿条具脊及穿孔，齿毛退化，基膜中等高度。蒴帽僧帽形，平滑。染色体数目 $n=6$。

细带藓属系由丝带藓属 *Floribundaria* 中的 *Trachycladiella* 组提升为属。Menzel 和 Schultze-Motel (1994)认为该组植物叶细胞的疣沿胞壁排列和染色体数 $n=6$ (Inoue and Momii, 1971)为蔓藓科中独特的形态类型，由此从丝带藓属中分离成独立的属。

本属仅分布热带和亚热带南部山区。全世界仅 2 种；中国均有分布。

分种检索表

1. 植物体多扁平被叶，稀枝上叶片着生成圆条形；茎叶卵状心脏形，叶边多波曲；叶边细胞有时透明无疣 ·· **1. 细带藓 *T.aurea***
1. 植物体茎和枝上叶片多呈圆条形；茎叶阔卵状心脏形，叶边略波曲；叶边细胞均具密疣 ················ ·· **2. 散生细带藓 *T. sparsa***

Key to the species

1. Plants usually complanately foliated, rarely terete branched; stem leaves ovate-cordate, leaf margins mostly undulate; marginal laminal cells often hyaline, smooth ································ **1. *T. aurea***
1. Plants usually with terete stems and branches; stem leaves broadly ovate-cordate, leaf margins slightly undulate; marginal laminal cells densely papillose ·· **2. *T. sparsa***

1. 细带藓(新拟名) (橙色丝带藓)　图 131：6~8

Trachycladiella aurea (Mitt.) Menzel in Menzel et Schultze-Motel, Journ. Hattori Bot. Lab. 75: 75. 1944.

Neckera aurea Griff., Calcutta Journ. Nat. Hist. 3: 72. 1843. *hom. illeg.*

Meteorium aureum Mitt., Journ. Linn. Soc. Bot. Suppl. 1: 89. 1859.

Papillaria aurea (Mitt.) Ren. et Card., Rev. Bryol. 23: 102. 1896.

Floribundaria aurea (Mitt.) Broth., Nat. Pfl. 1 (3): 822. 1906; Noguchi, Journ. Hattori Bot.

Lab. 3: 95. 1948. et Journ. Hattori Bot. Lab. 41: 279. 1976.

植物体较硬挺，黄绿色、橙黄色或稍呈红色，无光泽。主茎匍匐；支茎多下垂，长可达 10 cm 以上，扁平被叶，有时略呈圆条形，不规则疏分枝。茎叶长卵形、卵状心脏形或卵状三角形，常具波纹和弱纵褶，基部圆钝，两侧略下延，向上成披针形尖，有时具毛状尖；叶边下部常波曲，具细齿；中肋单一，细弱，透明，一般消失于叶片中部以上。叶细胞不透明，长菱形至近于呈线形，中部细胞长 30~35 μm，薄壁，沿胞壁具密疣，边缘细胞常透明无疣，或具少数疣，基部中肋两侧细胞较短，长方形，壁厚，具壁孔，角部细胞近于呈方形，平滑。枝叶小于茎叶，具弱纵褶。内雌苞叶椭圆形，具长尖，中肋弱。蒴柄长约 2 mm，平滑。孢蒴长椭圆形，老时呈褐色。蒴齿两层；外齿层齿片披针形，下部黄棕色，具密横条纹，上部呈淡黄色，透明；内齿层齿条狭披针形，齿毛缺失。蒴盖圆锥形，具斜喙。蒴帽尖帽形，基部开裂成瓣。孢子球形或卵形，具细疣，直径约 20 μm。

生境：多湿热林区树枝上生长。

产地：云南：Handel-Mazzetti 11794 (PE)；贡山县，高黎贡山东坡，至其期途中，海拔约 1700 m，岩面和树上，汪楣芝 9030b、9160、9275 (PE)；同上，巴坡—马库途中，树上及岩面，海拔 1300~1400 m，汪楣芝 9839、10045c、10675b、10701 (PE)；昆明，西山，华亭寺至太华寺林下，陈洪波 83-13 (PE)；蒙自，马尔拉地林场，老母鸡坡，海拔 2200 m，云南森林设计院 6310 (PE)；盈江县，昔马新塞山，树上，海拔 1300~1500 m，林尤兴 9202 (PE)；屏边县，大围山，海拔 1800 m，朱维明 194 (YUKU)。四川：汶川县，郑庆珠 22 (PE)、罗健馨 3653 (PE)；南川县，金佛山北坡，沟谷岩面，海拔 750 m，汪楣芝 860328、860540 (PE)；都江堰，溪口，海拔 1250 m，汪楣芝 57175 (PE)。贵州：雷山县，西江，小水沟边，石上，海拔 1320 m，吴鹏程 23449 (PE)；江口县，梵净山，高谦 31428 (IFP)。广西：龙胜县，三门乡，花坪林区，吴鹏程、林尤兴 258、1290b (PE)。台湾：南投县，海拔 1200~1800 m，庄清漳 446 (UBC，PE)。福建：武夷山，三港至南坑，树枝上，陈邦杰等 579 (PE)；同上，挂墩，李登科、高彩华 11021、11134 (SHM)；崇安县，四新伐木厂，岐山下，海拔 700 m，植物所 825 (PE)；将乐县，陇西山，海拔 750~1220 m，岩面及树枝上，汪楣芝 48192、48364、48802 (PE)。江西：井冈山，大井至下井，树枝上，刘月珍 20104 (PE)。浙江：龙泉县，昂山殿至青云山路旁，树枝上，海拔 950 m，吴鹏程 265、277、567 (PE)。

分布：中国、喜马拉雅地区、日本、缅甸、印度尼西亚、菲律宾。

本种与散生细带藓 Trachycladiella sparsa (Mitt.) Menzel 的区分点除叶形略有差异外，主要识别点在于叶边缘细胞一般透明，形成较明显的边缘，而后者叶边细胞均具密疣。

2. 散生细带藓(散生丝带藓)

Trachycladiella sparsa (Mitt.) Menzel in Menzel et Schultze-Motel, Journ. Hattori Bot. Lab. 75: 78. 1994.

Meteorium sparsum Mitt., Journ. Linn. Soc. Bot. Suppl. 1: 158. 1859.

Floribundaria sparsa (Mitt.) Broth., Nat. Pfl. 1 (3): 822. 1906; Noguchi, Journ. Hattori Bot. Lab. 28: 151, f. 3. 1965 et Journ. Hattori Bot. Lab. 41: 283. 1976.

Papillaria formosana Nog., Trans. Nat. Hist. Soc. Formosa 24: 119, f. 1. 1934.

　　植物体黄绿色至深绿色，无光泽。支茎长达 10 cm 以上，稀疏分枝；枝长 0.5~2 cm，叶片着生呈圆条形，钝端。茎叶阔心脏状卵形，长约 1.5 mm，两侧略下延，向上渐尖或呈毛状扭曲尖，基部着生处狭窄；叶边具波纹，具细齿；中肋单一，消失于叶片中部。叶细胞线形或长菱形，中部细胞长约 30 μm，密被疣，不透明，壁厚，边缘细胞均具密疣，基部细胞长方形，透明无疣，胞壁加厚，具壁孔，角部细胞方形或近于呈方形。雌苞着生枝上。内雌苞叶卵形，具细尖；中肋弱。蒴柄长约 1.5 mm，平滑。孢蒴卵状椭圆形，褐色。蒴齿与细带藓相似。蒴盖圆锥形，具直喙。蒴帽帽形，下部深裂成 5~6 瓣。孢子卵形至球形，直径约 20 μm，具细疣。

　　生境：海拔 1200~2500 m 间，树干、树枝和灌木上生长。

　　产地：西藏：墨脱县，得几工附近，密林内树干上，海拔 1800 m，郎楷永 505e、567 (PE)。云南：贡山县，独龙江，山坡树干上，海拔 1700 m，王启无 6974 (PE)；同上，高黎贡山东坡，贡山至其期途中，海拔 1700 m，岩面，汪楣芝 9032b (PE)；屏边县，大围山，海拔 1800 m，朱维明 609 (YUKU)；西双版纳，景洪，石灰岩上，海拔 1200 m，Redfearn 等 33932 (MO, PE)。四川：汶川县，卧龙自然保护区，五一棚，树干上，海拔 2500 m，罗健馨 3317 (PE)。福建：武夷山，关平，茶树上，海拔 900 m，李登科、高彩华 7772、7798、13175、14828 (SHM)；同上，三港至九子岗，树干上，陈邦杰等 634 (PE)。

　　分布：中国、尼泊尔、不丹、印度、缅甸、泰国和老挝。

属 9　悬藓属 *Barbella* Fleisch. ex Broth.

Nat. Pfl. 1 (3): 823. 1906;

Fleischer, Musci Fl. Buitenzorg 3: 794. 1907; Noguchi, Journ.

Hattori Bot. Lab. 3: 75. 1948.

　　模式种：悬藓 *B. compressiramea* (Ren. et Card.) Fleisch. et Broth.

　　植物体较纤细，柔弱，稀中等大小，黄绿色，具弱光泽。主茎匍匐，线形，疏被叶，近于羽状分枝；支茎基部扁平被叶，上部悬垂生长，螺旋状着生叶片，分枝细长，稀不形成下垂细长部分。茎叶干时贴生，湿润时疏展，基部卵状椭圆形、卵形或椭圆形，上部延伸成长披针形尖或毛状尖；叶边具细齿，上部有时波曲；中肋细弱，长达叶片中部。叶细胞线形至长菱形，每个细胞具 1 个或多个细疣，胞壁薄，叶细胞尖部常略加厚；叶基着生处细胞长方形或方形，胞壁加厚；角部细胞方形或近于方形。枝叶与茎叶近似，通常扁平展出，不相互贴生。腋毛长可达 7~8 个细胞，短而透明。雌雄异株。雌苞着生枝或茎上。蒴柄短，常弯曲，平滑或粗糙。孢蒴直立，椭圆形或椭圆状圆柱形。蒴齿两层；外齿层齿片狭披针形，被疣，栉片高出；内齿层齿条与外齿层齿片等长或稍短，基膜高出。蒴盖具喙。蒴帽帽形，基部瓣裂，或呈兜形，平滑或被纤毛。孢子圆球形，被细疣。

本属在上世纪初被确立后，种数曾达 40 种左右。现由 Buck (1994a,b)把该属内的 *Dicladiella* Fleisch.组和 *Neodicladiella* Nog.组等从悬藓属内分出独立成属。因此，悬藓属在全世界仅 5 种，中国记录有 3 种。根据张大成等(2003)报道，云南最近又新发现 2 新记录种，卷叶悬藓 *Barbella convolvens* (Mitt.) Broth.和斯氏悬藓 *B. stevensii* (Ren. et Card.) Fleisch. ex Broth.，现知中国悬藓属有 6 种。

分种检索表

1. 植物体密羽状分枝；分枝短，不延伸成长枝 ·················· **1. 悬藓 *B. compressiramea***
1. 植物体疏分枝或疏羽状分枝；分枝能延伸成长枝 ···································· 2
2. 茎叶与枝叶基部卵形，向上渐成披针形或毛尖 ············ **3. 狭叶悬藓 *B. linearifolia***
2. 茎叶与枝叶基部卵形、阔卵形或长椭圆形，向上收缩成披针形尖 ·················· 3
3. 茎叶基部卵形，向上呈披针形细尖；叶中部细胞长度在 65 μm 以下 ·········· **4. 斯氏悬藓 *B. stevensii***
3. 茎叶基部椭圆形，向上呈毛状细尖；叶中部细胞长度在 55~75 μm 以上 ·········· 4
4. 叶基具一列长方形、无色大细胞 ·························· **6. 细尖悬藓 *B. spiculata***
4. 叶基不具明显长方形、无色大细胞 ································ 5
5. 茎叶卵状椭圆形，尖部常扭曲；叶中部细胞长 70~85 μm；孢子直径 20~25 μm ···················· **5. 纤细悬藓 *B. convolvens***
5. 茎叶三角状椭圆形至卵状椭圆形，尖部多平直，稀卷扭；叶中部细胞长 55~75 μm；孢子直径 14~17 μm ·· **2. 鞭枝悬藓 *B. flagellifera***

Key to the species

1. Plants densely pinnately branched; branches short, not extending to the long ones ······ **1. *B. compressiramea***
1. Plants remotely branched or loosely pinnately branched; branches extending to the long ones ···················· 2
2. Stem leaves and branch leaves ovate at base, gradually to a lanceolate or hairy apex ··········· **3. *B. linearifolia***
2. Stem leaves and branch leaves ovate, broad ovate or oblong at base, suddenly constricted to a lanceolate apex ·· 3
3. Stem leaves ovate at base, gradually to a lanceolate apex; the length of median leaf cells below 65 μm ········ ·· **4. *B. stevensii***
3. Stem leaves oblong at base, gradually to a hairy apex; the length of median leaf cells usually more than 55~75 μm ·· 4
4. Leaf base with a rank of hyaline, large cells ···················· **6. *B. spiculata***
4. Leaf base without a rank of hyaline, large cells ···················· 5
5. Stem leaves ovate-oblong at the base, to a twisted apex; the median leaf cells 70~85 μm long; spores 20~25 μm in diam. ·· **5. *B. convolvens***
5. Stem leaves triangular-oblong to ovate-oblong at the base, to a straight apex, rarely criped; the median leaf cells 55~75 μm long; spores 14~17 μm in diam. ···················· **2. *B. flagellifera***

1. 悬藓 图 132：1~4

Barbella compressiramea (Ren. et Card.) Fleisch. in Broth., Nat. Pfl. 1 (3): 824. 1906; S.-H. Wu et S. H. Lin, Yushania 4 (4): 13. 1987.

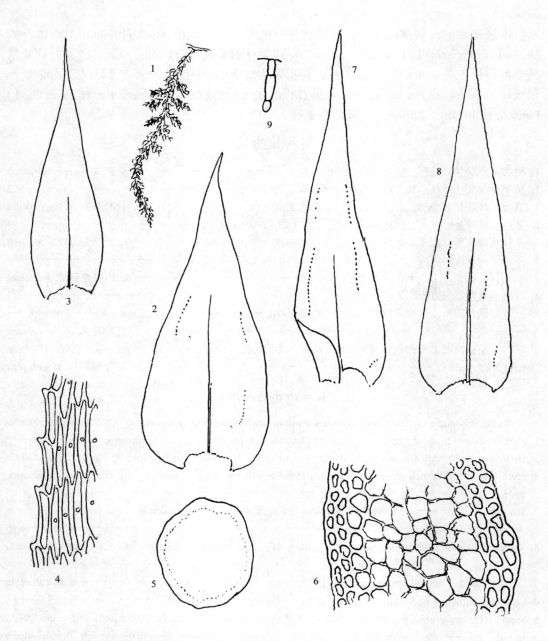

图 132　1~4. 悬藓 *Barbella compressiramea* (Ren. et Card.) Fleisch. in Broth. 1. 植物体(×1), 2. 茎叶(×40), 3. 枝叶(×40), 4. 叶中部边缘细胞(×320). 5~9. 斯氏悬藓 *B. stevensii* (Ren. et Card.) Fleisch. in Broth. 5. 茎的横切面(×146), 6. 茎横切面的一部分(×320), 7~8. 茎叶(×40), 9. 腋毛(×115) (绘图标本: 1~4. 云南, 绿春, 臧穆 52, HKAS; 5~9. 云南, 河口, 臧穆 4671, HKAS) (吴鹏程 绘)

Fig. 132　1~4. *Barbella compressiramea* (Ren. et Card.) Fleisch. in Broth. 1. habit (×1), 2. stem leaf (×40), 3. branch leaf (×40), 4. middle marginal leaf cells (×320). 5~9. *B. stevensii* (Ren. et Card.) Fleisch. in Broth. 5. cross section of stem (×146), 6. portion of the cross section of stem (×320), 7~8. stem leaves (×40), 9. axillary hair (×115) (1~4. Yunnan: Lüchun, M. Zang 52, HKAS; 5~9. Yunnan: Hekou, M. Zang 4671, HKAS) (Drawn by P.-C. Wu)

Meteorium compressirameum Ren. et Card., Bull. Soc. Roy. Bot. Belg. 38: 27. 1899.

Barbella formosica Broth., Ann. Bryol. 1: 20. 1928.

植物体中等大小，黄绿色，略具光泽。主茎匍匐生长，长可达 10 cm 以上，密羽状分枝；分枝近于等长，长约 1 cm，钝端，连叶宽约 3 mm。茎叶疏松贴生，卵形，内凹，上部渐成狭披针形尖，长约 2 mm；叶边具细齿；中肋单一，柔弱，消失于叶片中部。叶细胞线形，两端锐尖，长约 60 μm，透明，中央具单个细疣；胞壁薄，叶基及角部细胞卵状长方形，透明，无疣，胞壁不规则加厚。枝叶卵状椭圆形，渐尖。雌苞着生枝上。内雌苞叶椭圆状披针形；无中肋。蒴柄长约 3 mm，平滑。孢蒴椭圆形，褐色。蒴齿两层；外齿层齿片狭披针形，密被疣；内齿层齿条线形，脊部具穿孔。蒴帽圆锥形，具长喙。孢子直径 15~20 μm。

生境：树干和树枝上着生；海拔分布在 2000~3000 m 间。

产地：云南：绿春县，原始森林，臧穆 52 (HKAS)。台湾：嘉义县，阿里山至合社，枯木生，林善雄 895 (从吴声华和林善雄，1987)；台中，东能高山，铃木重良 1725 (TNS)。

分布：中国、尼泊尔、印度、缅甸和菲律宾。

2. 鞭枝悬藓　图 133

Barbella flagellifera (Card.) Nog., Journ. Jap. Bot. 14: 28, f. 3. 1938.

Meteorium flagelliferum Card., Beih. Bot. Centralbl. 19: 120, f. 18. 1905.

Barbella trichodes Fleisch., Musci Fl. Buitenzorg 3: 809, f. 145. 1907.

B. asperifolia Card., Bull. Soc. Bot. Geneve 3: 276. 1911; Noguchi, Journ. Hattori Bot. Lab. 3: 78, f. 32. 1948.

体形纤细，暗绿色或黄绿色，无光泽。主茎匍匐基质；支茎基部扁平被叶，渐转为细长下垂的枝；具稀疏分枝，长度在 1 cm 以下。茎叶贴生或疏展出，长约 2.5 mm，椭圆形或卵状椭圆形，内凹，先端渐成披针形尖或毛尖，常扭曲；叶边具疏不规则齿，基部边缘常背卷；中肋长达叶片上部。叶细胞线形或狭长菱形，中部细胞长 55~70 μm，宽约 5 μm；胞壁等厚，每个细胞中央具单个细疣；两侧角部细胞方形或近于呈方形，分化明显，透明，胞壁厚而具壁孔。枝叶较狭，具细长毛尖。蒴柄长可达 3 mm，平滑。孢蒴椭圆状圆柱形，褐色。蒴齿两层；外齿层齿片狭披针形，灰白色，被细密疣；齿条线形，脊部具穿孔。孢子直径约 15 μm。

生境：溪边小树枝和灌丛上；多分布在海拔 1000~3000 m 间。

产地：贵州：江口县，梵净山，海拔 700 m，吴鹏程 23656、23588 (PE)。广西：融水县，九万大山，树枝上，贾渝 1859 (PE)。台湾：花莲县，秀林乡，慈恩，海拔 1995 m，树生，林善雄 309A-2 (从吴声华、林善雄，1987)。浙江：昂山，至青云山，林边树枝上，吴鹏程 80、197、267 (PE)；西天目山，吴鹏程 8059 (PE)。

分布：中国、缅甸、越南、泰国、印度、斯里兰卡、印度尼西亚和菲律宾。

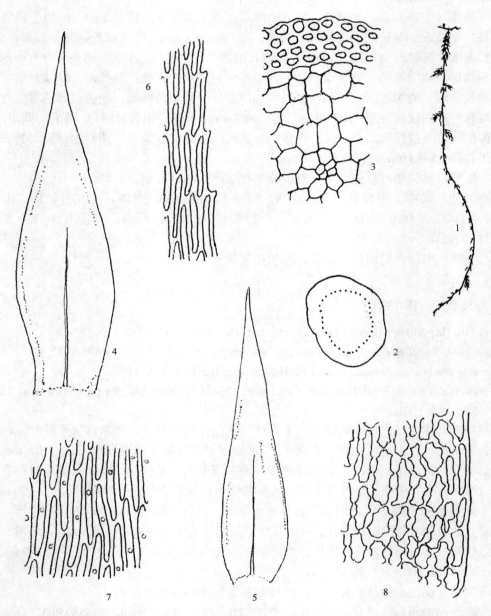

图 133　鞭枝悬藓 *Barbella flagellifera* (Card.) Nog. 1. 植物体(×1), 2. 茎的横切面(×146), 3. 茎横切面的一部分(×430), 4. 茎叶(×40), 5. 枝叶(×40), 6. 叶上部边缘细胞(×320), 7. 叶中部细胞(×320), 8. 叶基部细胞(×320) (绘图标本：四川, 金佛山, 刘阳 2602, PE) (吴鹏程 绘)

Fig. 133　*Barbella flagellifera* (Card.) Nog. 1. habit (×1), 2. cross section of stem (×146), 3. portion of the cross section of stem (×430), 4. stem leaf (×40), 5. branch leaf (×40), 6. upper marginal leaf cells (×320), 7. middle leaf cells (×320), 8. basal leaf cells (×320) (Sichuan: Jinfo Mt., Y. Liu 2602, PE) (Drawn by P.-C. Wu)

3. 狭叶悬藓(狭叶假悬藓、窄叶假悬藓)

Barbella linearifolia S.-H. Lin, Yushania 5 (4): 26. 1988.

Pseudobarbella angustifolia Nog., Journ. Hattori Bot. Lab. 41: 348. 1976; non. *Barbella angustifolia* Gangulee, Moss. East. India 2 (5): 1338. 1976.

植物体形纤细，黄绿色，略具光泽。支茎细，先端悬垂生长，稀疏被叶，疏羽状分枝；分枝通常单一，长 1~2 cm，疏生叶，连叶宽 3 mm，先端渐尖。茎叶贴茎生长，狭椭圆状披针形，内凹，基部略下延，先端渐成披针形狭长尖，长约 1.5 mm，宽 0.25 mm；叶边具细齿，基部狭背卷；中肋细弱，消失于叶中部以上。叶细胞线形或近于呈线形，中央具单个细疣，胞壁薄，中部细胞长约 50 μm，宽约 2.5 μm；叶边细胞趋宽；基部叶细胞长方形，平滑，胞壁加厚；角部细胞宽而不明显分化。内雌苞叶卵形，强烈内凹，具狭尖；叶边全缘；中肋缺失。

生境：蕨类植物叶面生长。

产地：四川：南川县，金佛山，海拔 1450~1950 m，刘阳 2602 (PE)。台湾：台北，太平山，Noguchi 6660 (Holotype，从 Noguchi, 1948)。

分布：仅见于中国南部山区。

4. 斯氏悬藓　图 132：5~9

Barbella stevensii (Ren. et Card.) Fleisch. in Broth., Nat. Pfl. 1 (3): 824. 1906; D.-C. Zhang *et al.*, Acta Bot. Yunnanica 25 (2): 196. 2003.

Meteorium stevensii Ren. et Card., Bull. Soc. Roy. Bot. Belg. 34: 72. 1895.

植物体中等大小，淡褐色，略具光泽。支茎细长，先端垂倾，疏分枝；分枝单一，长可达 1.5 cm，常弯曲，扁平被叶，连叶宽约 4 mm。茎叶斜展或贴生，卵形，向上延伸成渐尖长而较少扭曲的尖部，内凹，长可达 2.5 mm，稍具纵褶；叶边具细齿，基部略背卷；中肋消失于叶片中部。枝叶与茎叶近似，稍宽。叶细胞透明，线形，两端锐尖，长约 60 μm，每个细胞具单个疣，常不明显，胞壁薄；基部叶细胞宽短，近于呈长方形；角部细胞方形，胞壁略加厚。雌雄同株异苞。雌苞着生枝上。蒴柄长约 1 mm，平滑。孢蒴椭圆形，棕色。蒴齿两层；外齿层齿片披针形，透明，具不明显细疣；内齿层齿条短于外齿层齿片，线形，中缝开裂。蒴盖圆锥形，具短喙，或为长圆锥形。蒴帽兜形，边缘多瓣开裂，浅黄色，尖部浅棕色。孢子直径约 15 μm，多粗糙。

生境：林下岩面和树枝上生长。

产地：云南：河口，石灰岩区，臧穆 4671 (HKAS)。

分布：中国、尼泊尔和印度。

5. 纤细悬藓

Barbella convolvens (Mitt.) Broth., Nat. Pfl. 1 (3): 824. 1906; D.-C. Zhang *et al.*, Acta Bot. Yunnanica 25 (2): 195. 2003.

Meteorium convolvens Mitt., Proc. Linn. Soc. Bot. Suppl. 1: 90. 1859.

M. javanicum Bosch et Lac., Bryol. Jav. 2: 88. 1863.

M. bombycinum Ren. et Card., Bull. Soc. Roy. Bot. Belg. 38: 26. 1900.

Barbella javanica (Bosch et Lac.) Broth., Nat. Pfl. 1 (3): 825. 1906.

　　植物体柔软，暗绿色至灰绿色，光泽弱。主茎纤长，密分枝，先端垂倾；支茎与主茎近似；分枝近于等长，长 1 cm 或 1 cm 以上，单一，连叶宽 3 mm，钝端或渐尖，不呈鞭枝状。茎叶干时贴生，卵状椭圆形，渐尖，成长而扭曲尖部，长约 2.5 mm；叶边平展，近于全缘；中肋达叶中部。枝叶扁平宽展，椭圆形，具细齿尖，内凹；叶边全缘或具齿，中部波曲。叶中部细胞线形，长 70~85 μm，宽 4~5 μm，具单疣或疣不明显，胞壁薄；下部细胞宽短；角部细胞方形或近于呈线形，分化不明显，无色，厚壁。雌苞着生枝上。蒴柄长约 1.2 mm，多粗糙。孢蒴椭圆形，具蒴台。蒴齿两层；外齿层齿片狭披针形，黄褐色，长 0.6 mm，下部具密疣，上部透明，具粗疣；内齿层齿条狭披针形，脊部具穿孔。孢子直径 20~25 μm。

　　生境：腐木和树枝上生长。

　　产地：云南：贡山县，独龙江，溪边林下，臧穆 8309a (HKAS)。

　　分布：中国、斯里兰卡和印度。

6. 细尖悬藓(新拟名)　　图 134

Barbella spiculata (Mitt.) Broth., Nat. Pfl. 1 (3): 824. 1906; Fleischer, Musci Fl. Buitenzorg 3: 805. 1907.

Meteorium spiculatum Mitt., Journ. Linn. Soc. Bot. Suppl. 1: 90. 1859.

Barbella subspiculata Bosch. et Par., Rev. Bryol. 35: 46. 1908.

　　体形中等，黄褐色，老时褐色，具弱光泽。支茎倾垂生长，疏松被叶。茎叶长椭圆形，具长披针形尖；叶边上部具细齿；中肋细弱，消失于叶片中部。叶中部细胞线形，长 70~80 μm，宽 7 μm，透明，胞壁薄，具单个细疣；基部一列细胞长方形至狭长卵形；胞壁强烈加厚，具壁孔。雌苞着生枝上。蒴柄长约 1.5 mm。孢蒴椭圆状圆柱形，长约 1.5 mm。蒴齿两层；外齿层齿片狭披针形，密被细疣，基部有时呈垂直条纹；内齿层齿条线形，约为齿片长度的 3/4，具细疣和穿孔。

　　生境：多生长海拔 2000~2500 m 林内树枝上。

　　产地：云南：贡山县，独龙江，臧穆 4108 (HKAS)。

　　分布：中国、喜马拉雅地区、越南、印度和斯里兰卡。

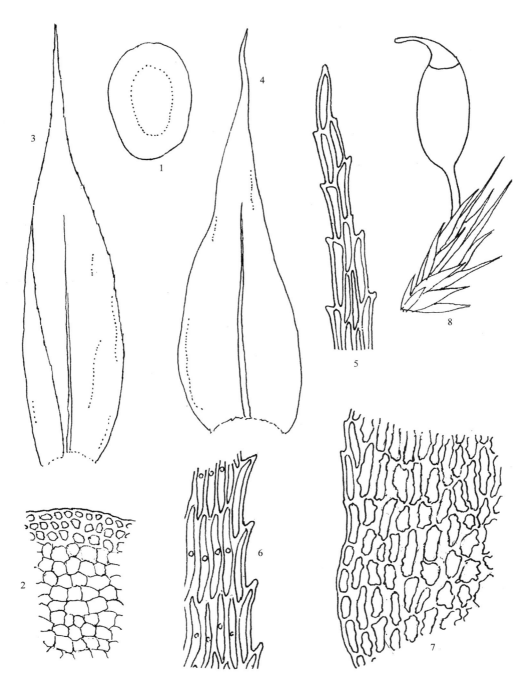

图 134　细尖悬藓 *Barbella spiculata* (Mitt.) Broth. 1. 茎的横切面(×32)，2. 茎横切面的一部分(×320)，3. 茎叶(×32)，4. 枝叶(×32)，5. 叶尖部细胞(×470)，6. 叶中部边缘细胞(×470)，7. 叶基部细胞(×470)，8. 孢蒴和雌苞叶(×20)(绘图标本：云南，独龙江，臧穆 4108, HKAS) (吴鹏程　绘)

Fig. 134　*Barbella spiculata* (Mitt.) Broth. 1. cross section of stem (×32), 2. portion of the cross section of stem (×320), 3. stem leaf (×32), 4. branch leaf (×32), 5. apical leaf cells (×470), 6. middle marginal leaf cells (×470), 7. basal leaf cells (×470), 8. capsule and　perichaetial bracts (×20) (Yunnan: Dulongjiang, M. Zang 4108, HKAS) (Drawn by P.-C. Wu)

属 10   新丝藓属(新拟名)*Neodicladiella* (Nog.) Buck

Journ. Hattori Bot. Lab. 75: 61. 1994.

模式种：新丝藓 *N. pendula* (Sull.) Buck

植物体纤长，黄绿色或淡黄褐色，略具光泽。主茎匍匐生长；支茎纤细，倾垂，稀具短分枝。茎叶狭卵状披针形，具长尖；叶边上部具细齿，基部平直。叶细胞线形，具2~3 个细疣，胞壁薄，叶基角部细胞方形或不规则方形。枝叶小于茎叶，具细长毛尖。腋毛透明，由 4 个短细胞组成。雌雄异株。蒴柄短，长为 1.5~3 mm，略粗糙。孢蒴具 2列小形、厚壁细胞组成的环带。蒴齿两层；外齿层齿片具穿孔，基部具条纹或细疣。蒴盖具短喙。蒴帽僧帽形，平滑。

新丝藓属系由悬藓属 *Barbella* Fleisch.中的多疣悬藓 *Barbella pendula* (Sull.) Fleisch.提升为属的等级，迄今该属内仅 1 种。

本属全世界有 1 种。中国见于长江流域以南山区。

1. 新丝藓(新拟名) (多疣悬藓)   图 135

Neodicladiella pendula (Sull.) Buck, Journ. Hattori Bot. Lab. 75: 62. 1994.

Meteorium pendulum Sull. in Gray, Man. Bot. No. U. S., ed 2: 681. 1856.

Barbella pendula (Sull.) Fleisch., Musci Fl. Buitenzorg 3: 812. 1907.

种的描述参阅属的特征。

生境：低山湿热沟谷树枝、灌木及草本植物上生长。

产地：浙江：昂山，山顶，树枝上，海拔 1280 m，吴鹏程 196 (PE)。安徽：黄山，西海门，竹枝上，陈邦杰等 6992、7007 (PE)；同上，狮子林，陈邦杰等 7060 (PE)。

分布：中国、日本和北美洲。

从地理分布而言，本种为东亚和北美间共同分布的苔藓植物之一，为研究两大洲间植物关系的重要依据。

属 11   假悬藓属 *Pseudobarbella* Nog.

Journ. Hattori Bot. Lab. 2: 81. 1947 et 3: 81. 1948.

模式种：假悬藓 *P. levieri* (Ren. et Card.) Nog.

植物体形小至中等大小，黄绿色、黄褐色，略具光泽。支茎基部匍匐于基质，尖部下垂，疏分枝或密分枝；分枝短，密扁平被叶，尖端钝。茎叶干时或湿润时均扁平展出，卵形至椭圆形，基部呈心脏形，着生处狭窄，上部渐窄成披针形尖或毛状尖；叶边具锯齿或细齿，基部一侧常内折；中肋纤细，长达叶中部或上部。叶细胞线形，每一细胞具单个疣或多个成列的疣，胞壁薄，角部细胞方形或长方形。枝叶与茎叶近似，常具宽短尖。雌雄异株。雌苞着生支茎或枝上。内雌苞叶具椭圆形鞘部。蒴柄细长，上部粗糙。孢蒴直立或倾立，椭圆状圆柱形，壶部分化或不分化。环带分化。蒴齿两层；外齿层齿

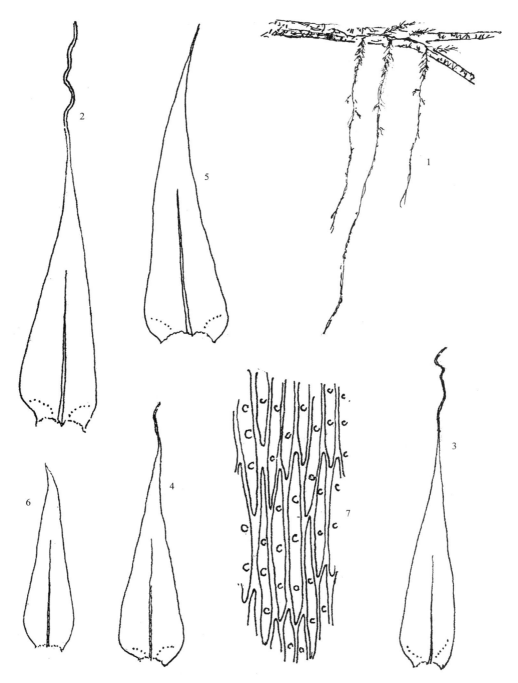

图 135　新丝藓 *Neodicladiella pendula* (Sull.) Buck 1. 植物体着生树枝上的生态(×1)，2. 支茎叶(×22)，3~4. 枝叶(×22)，5~6. 茎叶(×22)，7. 叶中部细胞(×550) (绘图标本：浙江，昂山，吴鹏程 196, PE) (吴鹏程 绘)

Fig. 135　*Neodicladiella pendula* (Sull.) Buck 1. habit, growing on the branch of tree (×1), 2. stem leaf (×22), 3~4. branch leaves (×22), 5~6. primary stem leaves (×22), 7. middle leaf cells (×550) (Zhejiang: Anshan Mt., P.-C. Wu 196, PE) (Drawn by P.-C. Wu)

片披针形，上部密被疣，下部具条纹；内齿层齿条与外齿层齿片等长或短于齿片，基膜高。蒴盖圆锥形，具长斜喙。孢子球形，具疣。

Buck (1994a,b)认为本属与扭叶藓科的 *Pseudotrachypus* 属类似，应并入后者作为它的异名。本书作者考虑两属地理分布上的不同，及 *Pseudotrachypus* 的孢蒴不详，保持假悬藓属的独立性是合宜的。本属模式种假悬藓 *P. levieri* (Ren. et Card.) Nog. 按林善雄(1988)和 Buck (1994a,b)的意见被调入毛扭藓属 *Aerobryidium* Fleisch.，但本书作者认为假悬藓和毛扭藓属其他种在植物体外形、叶形及至蒴齿等方面存在差异，仍保留假悬藓属作为独立的属。

全世界现知 8 种，分布热带和亚热带南部山地。中国有 4 种。

分种检索表

1. 每一叶细胞具 1~3 个疣；叶腋常具线形芽胞 ·················· **4. 芽胞假悬藓 *P. propagulifera***
1. 每一叶细胞具单个疣；叶腋无线形芽胞 ··· 2
2. 茎叶基部狭椭圆形或卵形，具锐尖或毛尖 ·················· **3. 短尖假悬藓 *P. attenuata***
2. 茎叶基部卵形或卵状心脏形，渐上成披针形尖 ··· 3
3. 茎叶具多数深纵褶，上部叶边具粗齿；叶细胞长约 40 μm ············· **1. 假悬藓 *P. levieri***
3. 茎叶具少数浅纵褶，叶边具细齿；叶细胞长约 50 μm ········· **2. 波叶假悬藓 *P. laosiensis***

Key to the species

1. Each laminal cells with 1~3 papillae; lineariform propagulae often growing in the leaf axils ··············
··· **4. *P. propagulifera***
1. Each laminal cells with a single papilla; lineariform propagulae absent ····························· 2
2. Stem leaves narrowly oblong or ovate, with a narrow apex or filiform apex ·········· **3. *P. attenuata***
2. Stem leaves ovate or ovate-cordate, with a lanceolate apex ··· 3
3. Stem leaves deeply multi-plicate; leaf margins grossly serrate; the length of median laminal cells ca. 40 μm
·· **1. *P. levieri***
3. Stem leaves fewly shallowly plicate; leaf margins serrate; the length of median laminal cells ca. 50 μm ········
·· **2. *P. laosiensis***

1. 假悬藓(莱氏假悬藓、南亚假悬藓)　图 136

Pseudobarbella levieri (Ren. et Card.) Nog., Journ. Hattori Bot. Lab. 3: 86, f. 36. 1948.

Meteorium levieri Ren. et Card., Bull. Soc. Belg. 41 (1): 78. 1902; Fleisch. ex Broth., Nat. Pfl. 1 (3): 824. 1906.

Floribundaria unipapillata Dix., Rev. Bryol. Lichenol. 13: 14. 1942.

体形稍粗，黄绿色，老时呈黄褐色，具光泽。支茎长可达 10 cm 以上，连叶片宽 2~3 mm；密不规则羽状分枝；分枝单一，长约 1 cm。叶扁平展出；茎叶自卵状心脏形基部渐上呈狭披针形，略内凹，具少数不规则深纵褶；叶边略内曲，上部具粗齿；中肋单一，消失于叶片中部。叶细胞中央具单个细疣；叶基部细胞方形或长方形，胞壁厚而平滑。枝叶与茎叶近似，稍宽。枝上部叶狭而形小。雌苞着生枝上；内雌苞叶狭披针形。蒴柄细长，长可达 1.5 mm。孢蒴倾立或下垂，狭椭圆形，具台部，褐色。蒴齿两层；外齿层齿片狭披针形，上部具细疣，下部具条纹；内齿层齿条线形，具细疣，略短于齿片，脊部具穿孔，齿毛不发育。孢子直径约 20 μm。

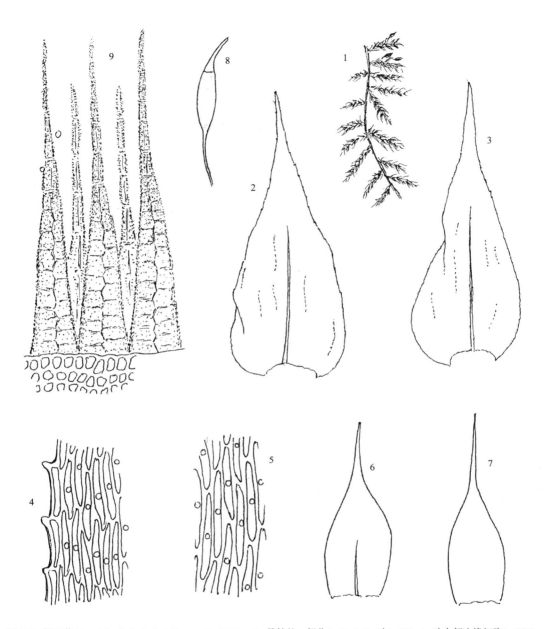

图 136　假悬藓 *Pseudobarbella levieri* (Ren. et Card.) Nog. 1. 雌株的一部分(×1), 2~3. 叶(×32), 4. 叶中部边缘细胞(×320), 5. 叶中部细胞(×320), 6~7. 雌苞叶(×32), 8. 孢蒴(×6), 9. 蒴齿(×350) (绘图标本: 云南, 西双版纳, 吴鹏程 26613, PE) (吴鹏程　绘)

Fig. 136　*Pseudobarbella levieri* (Ren. et Card.) Nog. 1. portion of female plant (×1), 2~3. leaves (×32), 4. middle marginal leaf cells (×320), 5. middle leaf cells (×320), 6~7. perichaetial bracts (×32), 8. capsule (×6), 9. peristome teeth (×350) (Yunnan: Xishuangbanna, P.-C. Wu 26613, PE) (Drawn by P.-C. Wu)

　　生境: 山地树干、树枝及岩面生长。

　　产地: 云南: 西双版纳, 勐海县, 货松寨, 沿 39 km 处, 溪边树干, 海拔 1900 m, 吴鹏程 26613 (PE)。海南: 尖峰岭, *Raphiolepis indica* Lindb.枝上, 陈邦杰等 461 (PE)。福建: 将乐县, 陇西山, 主峰山顶岩面, 海拔 1600 m, 汪楣芝 48052 (PE)。浙江: 凤阳山，蓝渠乡，炉坳，灌木枝上悬垂，海拔 1200 m，吴鹏程 551 (PE)。

分布：中国、喜马拉雅地区和日本。

2. 波叶假悬藓

Pseudobarbella laosiensis (Broth. et Par.) Nog., Journ. Hattori Bot. Lab. 41: 346. 1976.

Aerobryopsis laosiensis Broth. et Par., Rev. Bryol. 35: 51. 1908.

A. mollissima Broth., Ann. Bryol. 1: 20. 1928.

Pseudobarbella mollissima (Broth.) Nog., Journ. Hattori Bot. Lab. 2: 82. 1947 et 3: 85, f. 35. 1948.

植物体形细，柔弱，灰绿色至黄褐色，无光泽。支茎长可达 10 cm 以上，稀疏羽状分枝；分枝长 0.5~1 cm，基部密而扁平被叶，先端呈圆条形。支茎叶略背仰，卵形，上部渐成长披针形尖，长可达 2.5 mm；叶边平展或略呈波曲；中肋细弱，消失于叶中部。叶细胞近于呈线形或狭长六角形，长约 50 μm，每个细胞中央具单疣，胞壁波状加厚；角部细胞略分化。基部枝叶扁平展出，卵状椭圆形，上部渐尖，上部边缘波曲；中肋消失于叶片上部。上部枝叶较小，略扁平。雌苞着生枝上；内雌苞叶狭披针形，具细长毛尖。蒴柄长约 1 cm，具细疣。孢蒴圆柱形，具长台部。蒴齿两层；外齿层齿片披针形，下部密具横纹，尖部具疣；内齿层齿条与齿片近似，透明，具脊和细疣。蒴盖圆锥形，具斜长喙。

生境：湿热沟谷树干或树枝上悬垂生长，稀着生常绿阔叶树和蕨类叶面。

产地：海南：尖峰岭，附生于 *Dysoxylum lukii* Merr.叶面，陈邦杰等 243 (PE)。

分布：中国、印度尼西亚、老挝和日本。

3. 短尖假悬藓　图 137

Pseudobarbella attenuata (Thwait. et Mitt.) Nog., Bull. Nat. Sci. Mus. (Tokyo) 16: 312. 1973.

Meteorium attenuata Thwait. et Mitt., Journ. Linn. Soc. Bot. 13: 316. 1873.

Aerobryopsis assimilis (Card.) Broth., Nat. Pfl. 1 (3): 819. 1906.

A. brevicuspis Broth., Symb. Sin. 4: 82. 1929.

Barbella kiushiuensis Broth., Rev. Bryol. Lichenol. 2: 8. 1929.

Aerobryopsis concavifolia Nog., Trans. Nat. Hist. Soc. Formosa 26: 37, f. 2. 1936.

体形中等大小，黄绿色，老时呈棕褐色，具光泽。支茎长可达 10 cm 以上，密分枝。分枝长 1~1.5 cm，扁平展出，密分枝，连叶片宽 3~4 mm，钝端或短而渐狭。茎叶扁平展出，狭椭圆形或卵形，先端呈狭锐尖或毛尖，长可达 3 mm，基部狭窄，一侧常内折；叶边中上部常呈波状，具细齿；中肋细弱，长达叶上部。叶细胞透明，线形，长 70~90 μm，每个细胞中央具单个细疣，胞壁薄；基部细胞宽短，呈长方形，平滑，胞壁多加厚，具壁孔；角部细胞方形或长方形。内雌苞叶具狭尖。蒴柄长 1.5~2 cm。孢蒴圆柱形。蒴齿两层；外齿层齿片披针形；内齿层齿条与外齿层齿片等长，具脊。蒴帽兜形。孢子直径 20~30 μm。

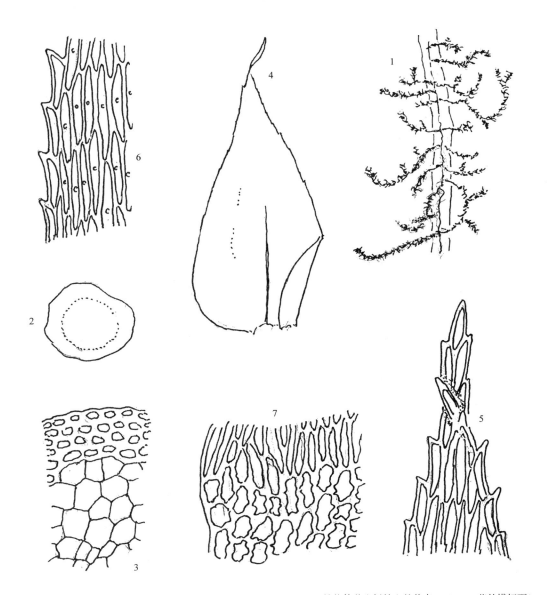

图 137 短尖假悬藓 *Pseudobarbella attenuata* (Thwait. et Mitt.) Nog. 1. 植物体着生树枝上的状态(×1)，2. 茎的横切面(×146)，3. 茎横切面的一部分(×480)，4. 茎叶(×40)，5. 叶尖部细胞(×320)，6. 叶中部边缘细胞(×320)，7. 叶基部细胞(×320)(绘图标本：云南，Djiou-djiang, Handel-Mazzetti 9478, W) (吴鹏程 绘)

Fig. 137 *Pseudobarbella attenuata* (Thwait. et Mitt.) Nog. 1. plants growing on the branch (×1), 2. cross section of stem (×146), 3. portion of the cross section of stem (×480), 4. stem leaf (×40), 5. apical leaf cells (×320), 6. middle marginal leaf cells (×320), 7. basal leaf cells (×320) (Yunnan: Djiou-djiang, Handel-Mazzetti 9478, W) (Drawn by P.-C. Wu)

　　生境：一般树枝悬垂生长；海拔为 600~2700 m。

　　产地：云南：怒江，海拔 2400~2700 m，Handel-Mazzetti 8988 (Syntype，原订名 *Aerobryopsis brevicuspis*，从 Noguchi, 1976)。台湾：南投县，Noguchi 6054b (Holotype，原订名 *Aerobryopsis concavifolia*，从 Noguchi, 1976)。

　　分布：中国、越南、泰国、斯里兰卡、印度尼西亚、马来西亚、菲律宾和日本。

4. 芽胞假悬藓

Pseudobarbella propagulifera Nog., Journ. Hattori Bot. Lab. 3: 89, f. 38. 1948 et Journ. Hattori Bot. Lab. 41: 394. 1976.

植物体较细，淡黄色，略具光泽。支茎匍匐，纤细，疏被叶和稀疏分枝；分枝一般长1 cm，部分分枝可长达5 cm，并具少数小枝，先端渐尖。茎叶阔卵形，上部趋窄而呈长毛尖，内凹，具少数长纵褶；叶边具锐齿，基部边缘略内卷；中肋单一，长达叶片中部以上。叶细胞线形，每个细胞多具2个细疣，稀为1个或3个疣；胞壁波状加厚；边缘细胞短；角部细胞方形，厚壁，平滑。枝叶卵状椭圆形，先端渐成狭披针形尖。芽胞线形，黄褐色，可由多达10个以上长方形薄壁细胞组成，每一叶腋有2~3个芽胞。雌雄生殖苞均未见。

生境：灌丛间生长。

产地：台湾：台南，Noguchi 6296 (Holotype, 从 Noguchi, 1948)。

分布：中国台湾特有。

本种茎叶宽阔和叶腋具丝状芽胞，为假悬藓属中较独特的类型，在中国有分布的该属其他种类均无此特性。

属12 毛扭藓属 *Aerobryidium* Fleisch. in Broth.
Nat. Pfl. 1 (3): 20, 1906.

模式种：毛扭藓 *A. filamentosum* (Hook.) Fleisch.

植物体较粗壮或略细长，绿色、黄绿色或褐黄色，略具光泽。主茎匍匐横生；支茎长，悬垂，规则或不规则羽状分枝，具成束假根。叶一般斜展，密生，椭圆形、长卵形或卵状披针形，常具细长扭曲的毛状尖；叶边近于全缘或具细齿；中肋单一，细弱，长达叶片中部以上。叶中部细胞菱形、长菱形至线形，具单疣，一般为薄壁，基部细胞疏松，角部细胞不分化。腋毛多6~8个细胞，透明。雌雄异株。蒴柄长，一般红棕色，有时具疣。孢蒴卵形或长卵形，通常直立。蒴齿两层；外齿层齿片披针形，常具横纹及密疣；内齿层齿条狭披针形，具细疣，齿毛短或缺失。蒴盖圆锥形，具斜喙。蒴帽兜形，具少数纤毛。孢子球形，具细密疣。

全世界4种，主要分布于亚洲暖热地区。现知中国有3种。另一种 *A. fuscescens* Broth. 仅见于巴布亚新几内亚。

分种检索表

1. 枝叶的毛状叶尖长度为叶片的 1/2 或 1/2 以上；一般支茎连叶宽 3~4 mm ·······················
······················ **3. 毛扭藓 *A. filamentosum***
1. 枝叶的叶尖短，不及叶片长度的 1/2；多数支茎连叶宽 2~2.5 mm ·····························2
2. 枝叶一般具细长毛状尖；叶平展，不具明显皱褶·············· **1. 卵叶毛扭藓 *A.aureo-nitens aureo***
2. 枝叶具披针形尖，一般不呈毛状；叶具明显皱褶·········· **2. 波叶毛扭藓 *A.crispifolium crispifolium***

Key to the species

1. Leaf hairy apex ca. 1/2 length of branch leaves; secondary stems with leaves ca. 3~4 mm width·····················

1. 卵叶毛扭藓 图 138

Aerobryidium aureo-nitens (Schwaegr.) Broth., Nat. Pfl. 1 (3): 820. 1906; Noguchi, Journ. Hattori Bot. Lab. 41: 287. 1976.

Hypum aureo-nitens Schwaegr., Sp. Musc. 3 (1): 221. 1827.

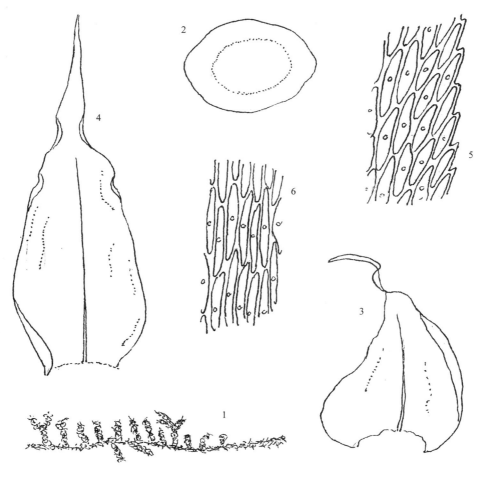

图 138 卵叶毛扭藓 *Aerobryidium aureo-nitens* (Schwaegr.) Broth. 1. 植物体(×1)，2. 茎的横切面(×146)，3. 主茎叶(×32)，4. 支茎叶(×32)，5. 叶中部边缘细胞(×320)，6. 叶中部细胞(×320) (绘图标本：云南，昆明，西南林学院内，Redfearn 等 2098, MO, PE) (吴鹏程 绘)

Fig. 138 *Aerobryidium aureo-nitens* (Schwaegr.) Broth. 1. plant (×1), 2. cross section of stem (×146), 3. primary stem leaf (×32), 4. secondary stem leaf (×32), 5. middle marginal leaf cells (×320), 6. middle leaf cells (×320) (Yunnan: Kunming, in Southwest Forestry College, Redfearn *et al.* 2098, MO, PE) (Drawn by P.-C. Wu)

Trachypus atratus Mitt., Journ. Linn. Soc. Bot. 1: 129. 1859.

Papillaria atrata (Mitt.) Salm., Journ. Linn. Sot. Bot. 34: 454. 1900.

Meteorium atratum (Mitt.) Broth., Nat. Pfl. 1 (3): 818. 1906.

植物体绿色、黄绿色或褐黄色，略具光泽。主茎匍匐；支茎略细，长约 10 cm，多悬垂，不规则羽状分枝；短枝连叶宽一般不及 3 mm。叶密生，卵状披针形，一般长约 3.2 mm，宽 1 mm，常斜展，急尖或渐尖，常呈毛状尖，尖部一般短于叶长度的 1/2，多扭曲；叶边近于全缘或具细齿；中肋单一，细弱，达叶片中部以上。叶中部细胞菱形至长菱形，长 30~45 μm，宽 4~5 μm，中央具单疣，下部细胞长 20~45 μm，宽 8.5~11 μm，角部细胞较短，一般薄壁。雌雄异株。蒴柄长 8~12 mm，粗糙。孢蒴卵形或长卵形，约 2.8 mm×1.3 mm，通常直立。蒴齿两层；外齿层齿片狭披针形，具横纹及细密疣；内齿层基膜高，齿条狭长，具细疣，齿毛一般退失。蒴盖圆锥形，具斜喙。蒴帽兜形，有时具少数纤毛。孢子球形，直径 15~20 μm，具细密疣。

生境：多亚高山地区岩面或树上着生。

产地：云南：丽江县，海拔 1800~2500 m，王立松 81679 (HKAS)，朱维明 595 (PE)；昆明：海拔 1980 m，徐文宣 152、5886 (PE)；同前，Laoling-schan 至 Sanyingpan，海拔 2600~2800 m，H. Handel-Mazzetti 661 (原 *Aerobryopsis longissima*, H)。四川：泸定县，石上，海拔 1350 m，杨俊良 2003a (PE)；会理县，海拔 1650 m，H. Handel-Mazzetti 1910 (原 *A. filamentosum*, H)。

分布：中国、喜马拉雅地区、印度、斯里兰卡、缅甸和泰国。

本种与散生细带藓 *Trachycladiella sparsa* (Mitt.) Menzel 的区分点除叶形略有差异外，主要识别点在于叶边缘细胞一般透明，形成较明显的边缘，而后者叶边细胞均具密疣。

2. 波叶毛扭藓

Aerobryidium crispifolium (Broth. et Geh.) Fleisch., Nat. Pfl. 1 (3): 821. 1906; Fleischer, Musci Fl. Buitenzorg 3: 793. 1907; Dixon, Ann. Bryol. 7: 29. 1934 et Linn. Soc. Journ. Bot. 50: 101. 1935; Noguchi, Journ. Hattori Bot. Lab. 34: 407. 1973.

Papillaria crispifolia Broth. et Geh., Bibl. Bot. 44: 19. 1898.

Aerobryum warburgii Broth., Monsunia 1: 50. 1899.

Aerobryidium longicuspis Broth., Mirreil. Inst. Allg. Bot. Hamburg 7 (2): 126. 1928.

A. subpiliferum Nog., Journ. Hattori Bot. Lab. 3: 71. 1948.

植物体绿色、黄绿色或褐黄色，略具光泽。主茎横生；支茎长可达 20 cm，多悬垂，不规则羽状分枝；分枝略细，长约 2 cm，通常带叶宽小于 3 mm。叶密生，长卵状披针形，一般长 3.5 mm，宽 1.7 mm，常具皱褶，尖部多扭曲；叶边近于全缘；中肋单一，细长，达叶片上部。叶中部细胞长菱形，长 30~40 μm，宽 3.5~4.5 μm，中央具单疣，下部细胞渐短，一般薄壁。雌雄异株。蒴柄短。孢蒴长卵形，一般长 2 mm，宽 0.65 mm，通常直立。蒴齿两层，具横纹及细密疣。蒴盖圆锥形，具斜喙。蒴帽兜形。孢子球形，直径 15~20 μm，具细密疣。

生境：一般于山地的林下岩面或树上生长。

产地：云南：贡山县，独龙江畔，树上和岩面，海拔 1850~2100 m，汪楣芝 9170、9824 (PE)；泸水县，片马，海拔 2350 m，罗健馨、汪楣芝 8121190-h (PE)；中甸县，海拔 2600 m，黎兴江 81584 (HKAS)；丽江县，海拔 1800~2500 m，黎兴江 81561 (HKAS)；大理，剑川，海拔 2500 m，王立松 81138 (HKAS)。

分布：中国、马来西亚、印度尼西亚和巴布亚新几内亚。

3. 毛扭藓　图 139

Aerobryidium filamentosum (Hook.) Fleisch., Nat. Pfl. 1 (3): 821. 1906; Noguchi, Journ. Hattori Bot. Lab. 1: 290. 1976.

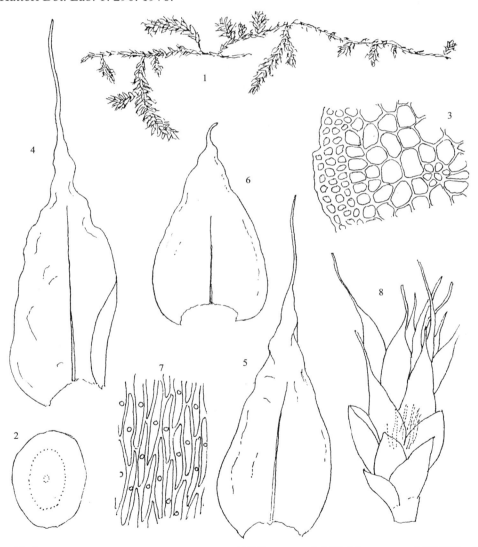

图 139　毛扭藓 *Aerobryidium filamentosum* (Hook.) Fleisch. 1. 植物体(×1), 2. 茎的横切面(×146), 3. 茎横切面的一部分(×320), 4~5. 枝叶(×32), 6. 枝基部叶(×32), 7. 叶中部细胞(×320), 8. 雌苞(×48) (绘图标本: 台湾，大雪山，Z. Iwatsuki 和 E. Sharp 2825d, NICH) (吴鹏程 绘)

Fig. 139　*Aerobryidium filamentosum* (Hook.) Fleisch. 1. habit (×1), 2. cross section of stem (×146), 3. portion of the cross section of stem (×320), 4~5. branch leaves (×32), 6. branch basal leaf (×32), 7. middle leaf cells (×320), 8. perichaetium (×48) (Taiwan: Mt. Daxue, Z. Iwatsuki and E. Sharp 2825d, NICH) (Drawn by P.-C. Wu)

Aerobryum integrifolium Besch., Ann. Sc. Nat. Bot. Ser. 7, 15: 74. 1892.

Aerobryidium taiwanense Nog., Journ. Hattori Bot. Lab. 3: 71. 1948.

Aerobryopsis integrifolia (Besch.) Broth., Nat. Pfl. 1 (3): 820. 1906.

Neckera filamentosa Hook., Musci Exot.: 14, t. 158. 1818.

植物体稍粗壮，绿色、黄绿色或棕黄色，有时呈棕黑色，略具光泽。主茎匍匐；支茎长可达 20 cm，悬垂，稀疏不规则羽状分枝；分枝长 1~3 cm，先端钝或渐尖，叶通常抱茎，有时斜列，连叶宽常 3~4 mm 或过之，多呈扁平形。茎叶椭圆状披针形，一般长 5 mm，宽 1.2 mm，常具波状扭曲的毛尖，尖部长度比叶身稍长或等长；内凹，有时具皱褶；叶边略具细齿；中肋单一，细弱，长达叶片中部以上。枝叶略平展。叶中部细胞长菱形或线形，长 50~70 μm，宽 4~4.5 μm，中央具单疣，一般薄壁，上部细胞有时无疣，下部细胞渐短宽，常近矩形，长 20~40 μm，宽 5~6.5 μm，厚壁，略具壁孔，角部细胞短小，不规则，为 12~20 μm。雌雄异株。蒴柄长 1~1.5 cm，上部粗糙，下部平滑。孢蒴长卵形，长 3 mm，宽 1.5 mm，通常直立。蒴齿两层；外齿层齿片狭披针形，下部具横纹，中上部具细密疣；内齿层基膜高，齿条狭长，具细疣，齿毛常退失。蒴盖圆锥形，具斜喙。蒴帽兜形，有时具少数纤毛。孢子球形，直径 20~25 μm，具密疣。

生境：一般生于山地林下岩石或树上。

产地：西藏：吉隆，林下岩面，郎楷永 1187 (PE)。云南：贡山县，独龙江畔，海拔 1850~2100 m，汪楣芝 9771b (PE)；中甸县，海拔 2000 m，黎兴江 81786 (HKAS)；丽江县，金沙江，海拔 1860 m，王立松 81595、81597 (HKAS)，黎兴江 81556、81693 (HKAS)；泸水县，片马，海拔 2350 m，罗健馨、汪楣芝 8121190b、812205a (PE)；保山县，海拔 1750~2300 m，罗健馨、汪楣芝 811873h (PE)；漾濞，罗里密山，山顶，王汉臣 3448 (PE)；昆明，海拔 2080 m，徐文宣 4 (PE)；普洱，海拔 1800 m，王启无 37269 (PE)；安宁，T. Koponen 37944 (PE)；耿马，西山，海拔 1900 m，昆明工作站 5576 (HKAS)；绿春县，海拔 2100 m，陶德定 239 (PE)；景东县，海拔 1400~2700 m，余有德 20、5985 (PE)。台湾：大雪山脉，大雪山，东势，海拔 2500 m，Z. Iwatsuki 和 A. J. et E. Sharp 2825d (NICH)；台南县，阿里山，倒木上，A. Noguchi 1759 (NICH)；南投县，溪头，海拔 1200 m，C. C. Chuang 和 W. B. Schofield 614 (UBC, PE)；同前，庐山，海拔 800-1000 m，C. C. Chuang 729 (UBC, PE)。

分布：中国、喜马拉雅地区、印度、斯里兰卡、缅甸、泰国、越南、马来西亚、菲律宾和印度尼西亚。

属 13　粗蔓藓属 *Meteoriopsis* Fleisch. in Broth.
Nat. Pfl. 1 (3): 825. 1906.

模式种：粗蔓藓 *M. squarrosa* (Hook.) Fleisch.

植物体粗壮至略细，黄绿色、黄棕色至褐色，略具光泽或无光泽，稍硬挺。主茎横生；支茎疏松或密集，细长悬垂或短而倾立，先端钝或渐尖，密被叶；不规则羽状或不规则分枝，分枝一般较短，常略弯曲。叶三角状或卵圆状披针形，基部抱茎，上部常背仰，具短尖或长尖；叶边有时波曲，多具齿；中肋单一，细弱，达叶片中部或在叶尖下消失。叶细胞长菱形至线形，多具单疣，部分为 1 列 2 (~3)个疣，壁薄；基部细胞渐短，略厚壁，有时具壁孔；角部细胞短，不分化。腋毛多由 5 个短细胞和 3 个长顶细胞组成。雌雄异株。蒴柄短，平滑。孢蒴卵形或长卵形，棕色，平滑，直立。环带分化，成熟时常存。蒴齿两层。蒴盖圆锥形，具直或斜喙。蒴帽兜形，仅罩覆孢蒴上部，平滑或具纤毛，有时尖部粗糙，基部多瓣裂。孢子近于球形，具细密疣。

本属全世界 3 种。中国均有分布。

分种检索表

1. 植物体枝条不悬垂；叶片多呈三角状披针形，有时稍背仰，枝叶多少具皱褶 ·············
·· **3. 波叶粗蔓藓 M. undulata**
1. 植物体枝条通常悬垂；叶片多呈卵状披针形，强烈背仰，枝叶多数不具皱褶 ·············2
2. 植物体较粗；多数叶片近卵形，一般长 3 mm，宽 1.5 mm，常具短尖·············**2. 粗蔓藓 M. squarrosa**
2. 植物体略细；多数叶片卵圆形，长 2 mm，宽 1 mm，常具细长尖 ·············**1. 反叶粗蔓藓 M. reclinata**

Key to the species

1. Secondary stems not pendulous; leaves mostly triangular-lanceolate, sometimes slightly reflexed; branch leaves more or less plicated ·· **3. M. undulata**
1. Secondary stems usually pendulous; leaves mostly ovate-lanceolate, strongly reflexed; branch leaves usually not plicated ··2
2. Plants rather thick; leaves nearly ovate-rounded, ca. 3 mm long, 1.5 mm wide, often with a short apex ··········
·· **2. M. squarrosa**
2. Plants rather slender; leaves mostly ovate-rounded, ca. 2 mm long, 1 mm wide, often with a long apex ··········
·· **1. M. reclinata**

1. 反叶粗蔓藓(陕西粗蔓藓、台湾粗蔓藓)　　图 140：1~4

Meteoriopsis reclinata (C. Müll.) Fleisch. in Broth., Nat. Pfl. 1 (3): 826. 1906.

Meteorium sinense C. Müll., Nuov. Giorn. Bot. Ital. 4: 264. 1897.

Meteoriopsis reclinata var. *subreclinata* Fleisch., Musci Fl. Buitenzorg 3: 643. 1907.

M. reclinata var. *ceylonensis* Fleisch., Musci Fl. Buitenzorg 3: 834. 1907.

M. formosana Nog., Journ. Hattori Bot. Lab. 3: 92. f. 40. 1948.

M. reclinata var. *formosana* (Nog.) Nog., Journ. Hattori Bot. Lab. 41: 338. 1976; Manuel, Bryologist 80: 506. 1977.

M. conanensis Gao, Acta Phytotax. Sinica 17 (4): 116. 1979.

M. squarrosa var. *pilifera* Lou, Acta Phytotax. Sinica 21: 228. 1983.

M. reclinata var. *ancistrodes* (Ren. et Card.) Nog., Journ. Hattori Bot. Lab. 41: 338. 1976.

植物体多较粗壮，黄绿色至黄褐色，略具光泽。主茎匍匐；支茎不规则分枝，尖端悬垂；分枝长可达 2 cm，略呈圆条形，连叶宽 2~5 mm，稍硬挺，常稍弯曲，疏松或密集被叶，先端钝。叶多卵圆状披针形，长 2~3.5 mm，宽 1~1.5 mm，内凹，明显背仰，具披针形短尖或狭长尖，基部多抱茎；叶边具细齿或粗齿，有时波曲；中肋单一，细弱，约长达叶中部。叶中部细胞长菱形至线形，长 20~50 μm，宽 3~5 μm，薄壁，多中央具

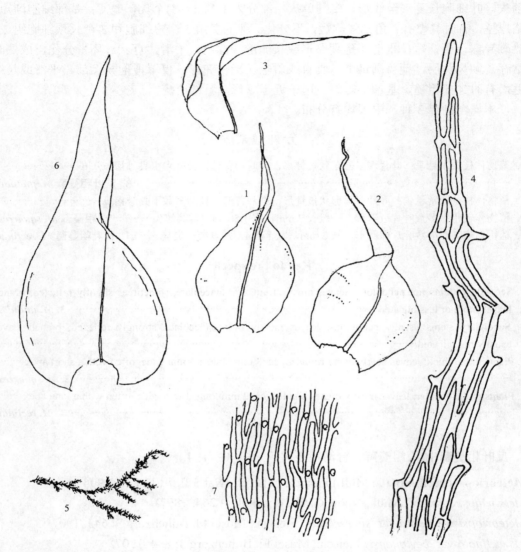

图 140　1~4. 反叶粗蔓藓 *Meteoriopsis reclinata* (C. Müll.) Fleisch. 1~2. 茎叶(×22)，3. 枝叶(×22)，4. 叶尖部细胞(×490);
5~7. 波叶粗蔓藓 *Meteoriopsis undulata* Horik. et Nog. 5. 植物体的一部分(×1)，6. 茎叶(×32)，7. 叶中部细胞(×450) (绘图
标本：1~4. 浙江，昂山，吴鹏程 251, PE; 5~7. 台湾，野口彰 5840, NICH) (吴鹏程 绘)

Fig. 140　1~4. *Meteoriopsis reclinata* (C. Müll.) Fleisch. 1~2. stem leaves (×22), 3. branch leaf (×22), 4. apical leaf cells (×490);
5~7. *Meteoriopsis undulata* Horik. et Nog. 5. portion of plant (×1), 6. stem leaf (×32), 7. middle leaf cells (×450) (1~4. Zhejiang:
Angshan, P.-C. Wu 251, PE; 5~7. Taiwan: A. Noguchi 5840, NICH) (Drawn by P.-C. Wu)

单个细乳头状疣，少数 2 个，有时不明显，壁略厚；基部细胞短宽，长 20~50 μm，宽
8~20 μm，厚壁，一般具壁孔；角部细胞短小，不规则。雌雄异株。雌苞叶狭披针形，
长 1~1.5 mm，宽 0.2~0.33 mm。蒴柄短，长 2 mm，平滑。孢蒴长卵形，长为 1.2~0.7 mm，
棕色，直立。环带分化，成熟时常存。蒴齿两层；外齿层齿片狭披针形，具横隔及横脊，
上部具细密疣；内齿层基膜高，齿条狭长，具横隔与细疣，齿毛退失。蒴盖圆锥形，具
长喙。蒴帽兜形，常具多数纤毛。孢子球形，具细密疣。

生境：多生于亚高山林下及石灰岩地区。

产地：云南：贡山县，海拔 1700~3600 m，汪楣芝 8881、9249、9811 (PE)；维西县，海拔 1800~2450 m，汪楣芝 5165a (PE)，郗建勋 82332、82514 (HKAS)；石鼓县，海拔 1890 m，黎兴江 737 (HKAS)，杨建昆 747 (PE)；保山县，海拔 1780~2300 m，罗健馨等 811873a、811882h (PE)；宾川县，海拔 2200 m，徐文宣 57 (PE)；剑川县，海拔 2500 m，王立松 811142 (HKAS)；大理县，Handel-Mazzetti 340、5728、9082 (PE)；昆明，海拔 2000 m，徐文宣 6456 (PE)，秦仁昌 15 (PE)；景东县，海拔 2250 m，张晋昆 1714 (PE)。四川：稻城县，海拔 3400~3600 m，汪楣芝 814237a (PE)；盐源县，海拔 2600 m，汪楣芝 22491 (PE)；汶川县，卧龙，谢德滋 113、129 (PE)；雷波县，陈邦杰 5831、5897c (PE)；马边县，陈邦杰 5801、5806 (PE)。广东：乐昌县，海拔 630 m，曾国驱 616 (IBSC)；乳源县，海拔 900 m，曾国驱 241 (IBSC)，林邦娟 804-a-b、810-b、1035 (IBSC)，海拔 1240 m，张力 216 (IBSC)；始兴县，林邦娟等 4517 (IBSC)；阳山县，海拔 420 m，曾国驱 292 (IBSC)，海拔 480 m，张力 312、324、391、393 (IBSC)；连南县，海拔 130~150 m，曾国驱 771 (IBSC)，张力 897 (IBSC)。台湾：玉山，Noguch. 6931，C. K. Wang 539、751 (TAI)，C. C. Chuang 387 (TAI)。福建：武夷山，林邦娟 2563 (IBSC)。

分布：中国、尼泊尔、不丹、印度、斯里兰卡、缅甸、泰国、越南、马来西亚、印度尼西亚、菲律宾、日本、巴布亚新几内亚、澳大利亚和太平洋的岛屿(新赫布里底群岛)。

2. 粗蔓藓　图 141

Meteoriopsis squarrosa (Hook.) Fleisch. in Broth., Nat. Pfl. 1 (3): 826. 1906; Fleischer, Musci Fl. Buitenzorg 3: 835. 1907; Dixon, Journ. Siam Sot. Nat. Hist. Suppl. 9: 29. 1932; Bartram, Philip. Journ. Bot. Nat. Hist. Soc. 39: 784. 1937; Bartram, Philip. Journ. Sci. 68: 231. 1939. et Farlowia 1: 183. 1943; Pocs, Rev. Bryol. Lichenol. 34: 882. 1966; Manuel, Bryologist 80: 592. 1977.

M. squarrosa var. *longicuspis* Nog., Journ. Hattori Bot. Lab. 41: 334. 1976.

植物体稍小，黄绿色至棕黄色，稍硬挺，略具光泽，具叶茎宽 3~5mm。主茎横生；支茎细长，悬垂，不规则羽状分枝；小枝常稍弓形弯曲，疏松或密被叶，先端钝。多数叶长卵状披针形，长 3 mm，宽 1.5 mm，具披针形短尖或狭长尖，尖部明显背仰，基部一般抱茎；叶边具细齿，常波曲；中肋单一，细弱，长达叶片中部左右。叶中部细胞长菱形，长 33~50 μm，宽 4~5 μm，具 2~5 个细疣，壁略薄；基部细胞稍小，壁稍厚，有时具壁孔；角部细胞短，不分化。雌雄异株。蒴柄短，平滑。孢蒴长卵形，棕色，直立。蒴齿两层。蒴盖圆锥形，具长喙。蒴帽兜形。孢子球形，具细密疣。

生境：多生于亚洲的高山、亚高山地区。

产地：云南：贡山县，独龙江，海拔 1200~1500 m，汪楣芝 9753d、10033b (PE)；泸水县，海拔 2300~2420 m，罗健馨等 8127389 (PE)；丽江县，海拔 2050 m，黎兴江 12709 (HKAS)；宾川县，鸡足山，徐文宣 57、66 (PE)；景东县，海拔 2700 m，云南林学院 610 (PE)；昆明，罗健馨 814292 (PE)；镇康县，红木山，山坡石上，海拔 1650 m，王启无 7818 (PE)。

分布：中国、喜马拉雅地区、印度、斯里兰卡、缅甸、泰国、老挝、菲律宾、印度尼西亚。

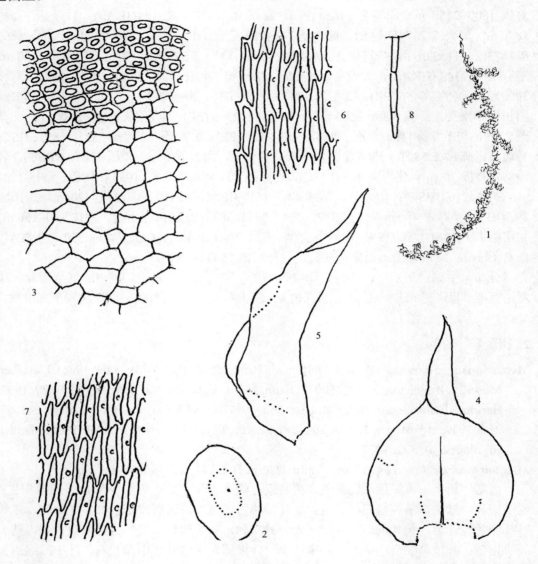

图 141　粗蔓藓 *Meteoriopsis squarrosa* (Hook.) Fleisch. in Broth. 1. 植物体(×1)，2. 茎的横切面(×54)，3. 茎横切面的一部分(×540)，4~5. 茎叶(×32)，6. 叶中部边缘细胞(×320)，7.叶中部细胞(×320)，8.腋毛(×320) (绘图标本：云南，镇康，王启无 7818，PE) (吴鹏程 绘)

Fig. 141　*Meteoriopsis squarrosa* (Hook.) Fleisch. in Broth. 1. habit (× 1), 2. cross section of stem (× 54), 3. portion of the cross section of stem (× 540), 4~5. stem leaves (× 32), 6. middle marginal leaf cells (× 320), 7. middle leaf cells (× 320), 8. axillary hair (× 320) (Yunnan: Zhenkang, C.-W. Wang 7818, PE) (Drawn by P.-C. Wu)

3. 波叶粗蔓藓　图 140：5~7

Meteoriopsis undulata Horik. et Nog., Journ. Sci. Hiroshima Univ. Ser. b, Div. 2, 3: 16. f. 4.

1936; Noguchi, Journ. Hattori Bot. Lab. 41: 340. 1976.

植物体稍小，黄色至黄褐色，无光泽。主茎横生；支茎一回羽状分枝，多近于偏向一侧，分枝较密集，长 0.5~1.2 cm，稍硬挺，略弯，密被叶，连叶宽约 1.5 mm，先端略钝。叶片多为三角状披针形，长 1.8 mm，宽 0.6 mm，具披针形长尖，基部略抱茎，一般不背仰；叶边具细齿，不波曲；中肋单一，细弱，达叶片中部以上。叶中部细胞长菱形或狭长形，长 20~60 μm，宽 4~5 μm，一般具 1~2 个细疣，下部细胞有时具 1 列 2~3 个疣，壁稍厚；基部细胞多宽短，长 30~40 μm，宽 5~5.5 μm，壁厚，具壁孔；角部细胞短，不分化。雌雄异株。雌苞叶狭披针形，长 1.5~2.4 μm，宽 0.2~0.4 μm，尖略弯。蒴柄短，平滑。孢蒴长卵形，棕色，直立。蒴齿两层。蒴盖圆锥形，具长喙。蒴帽兜形。孢子近于球形，具细密疣。

生境：生于湿热的山地林下。

产地：云南：镇康县，王启无 7818 (PE)。广西：融水县，九万山，贾渝 303、392 (PE)。台湾：南投，台北和宜兰，Noguchi 5840 (NOG, NICH)，5919、5994、6322 (NOG)。

分布：中国和日本。

属 14　灰气藓属 *Aerobryopsis* Fleisch.

Hedwigia 44: 304. 1905.

模式种：灰气藓 *A. longissima* (Dozy et Molk.) Fleisch.

植物体形大或中等大小，多灰绿色和黄绿色，有时带黑色，具光泽。主茎匍匐伸展；支茎下垂，具不规则疏分枝；分枝短而钝端。茎叶多扁平贴生而斜展，卵形至长椭圆形，略内凹，基部呈心脏形，向上渐尖或突成长而平直、扭曲或卷曲的尖部，上部多具波纹；叶边具细齿；中肋细弱，多消失于叶片的 2/3 处。叶细胞菱形、长菱形至线形，每个细胞具单疣，胞壁等厚，或厚壁而具明显壁孔，上部和基部细胞平滑，角部细胞方形或近于方形。枝叶与茎叶近似，宽展出。腋毛多 4 个细胞，短而透明。雌雄异株。雌苞着生枝上。内雌苞叶基部呈鞘状，具短或长尖。蒴柄长于孢蒴，略粗糙。孢蒴直立或近于直立，椭圆状圆柱形，具台部，常两侧不对称。蒴齿两层；外齿层齿片披针形，具疣；内齿层齿条与齿片等长，线形，具穿孔，齿毛缺失，基膜低。蒴盖圆锥形，具斜喙。蒴帽兜形，平滑。雄苞着生枝上；内雄苞叶卵形，强烈内凹。

本属植物喜湿热沟谷林内枝上或岩面生长；全世界现知 14 种。中国原有 4 种，张大成等(2003)最近发表云南 2 新种和中国新分布种 2 种，因此，中国现有灰气藓属植物 8 种，均见于长江以南山区。

分种检索表

1. 茎叶与枝叶异形；枝叶尖部宽阔 ………………………………… **4. 异叶灰气藓 A. cochlearifolia**
1. 茎叶与枝叶近于同形；枝叶尖部渐尖或趋窄成披针形尖或毛尖 …………………………… 2
2. 植物体粗大；茎叶阔卵形，上部渐尖或成毛尖 ……………………… **3. 大灰气藓 A. subdivergens**
2. 植物体略小；茎叶阔卵形或长卵形，多具扭曲毛尖 ……………………………………… 3
3. 茎叶阔卵形，具短披针形尖；叶上部细胞菱形 …………………………………………… 4
3. 茎叶长卵形，具长披针形尖或毛状尖；叶上部细胞线形 ………………………………… 5

4. 叶常具长毛尖 ·· **5. 芒叶灰气藓** *A. aristifolia*

4. 叶一般不具毛尖 ·· **6. 云南灰气藓** *A. yunnanensis*

5. 茎明显扁平被叶；茎叶不强烈内凹 ················· **1. 灰气藓** *A. longissima*

5. 茎不明显扁平被叶；茎叶强烈内凹或略内凹 ····························· 6

6. 茎叶强烈内凹，长可达 3 mm；叶尖明显扭曲 ········ **2. 扭叶灰气藓** *A. parisii*

6. 茎叶不强烈内凹，长为 2~2.5 mm；叶尖略扭曲 ······················· 7

7. 茎连叶宽约 1.5 mm；茎叶一般长 2.5 mm；叶尖扭曲或不扭曲 ············

·· **8. 纤细灰气藓** *A. subleptostigmata*

7. 茎连叶宽约 1 mm；茎叶一般长 2 mm；叶尖多明显扭曲 ···· **7. 膜叶灰气藓** *A. membranacea*

Key to the species

1. Stem leaves and branch leaves heteromorphous; the apex of branch leaves wide ············ **4. *A. cochlearifolia***

1. Stem leaves and branch leaves nearly homogeneas; the apex of branch leaves acuminate or suddenly narrow to a lanceolate or ciliated acumen ··· 2

2. Plants large; stem leaves broadly ovate, acuminate above or tapering to a lanceolate acumen ·· **3. *A. subdivergens***

2. Plants smaller; stem leaves broadly ovate or oblong-ovate, usually with a hair-acumen ············ 3

3. Stem leaves broadly ovate, with a short lanceolate apex; upper leaf cells rhomboidal ·········· 4

3. Stem leaves oblong-ovate, with a long lanceolate apex or hairy apex; upper leaf cells lineariform ··· 5

4. Leaves often with a long hairy apex ······························ **5. *A. aristifolia***

4. Leaves usually not with a long hairy apex ······················ **6. *A. yunnanensis***

5. Stems distinctly complanately leaved; stem leaves not strongly concave ·········· **1. *A. longissima***

5. Stems not distinctly complanately leaved; stem leaves strongly concave or slightly concave ············ 6

6. Stem leaves strongly concave, up to 3 mm long; leaf apices distinctly undulate ············ **2. *A. parisii***

6. Stem leaves not strongly concave, ca. 2~2.5 mm long; leaf apices slightly undulate ············ 7

7. Stem with leaves ca. 1.5 mm wide; stem leaves usually 2.5 mm long, undulate or not undulate above ·········

··· **8. *A. subleptostigmata***

7. Stem with leaves ca. 1 mm wide; stem leaves usually 2 mm long, mostly obviously undulate ·········

·· **7. *A. membranacea***

1. 灰气藓　图 142：1~5

Aerobryopsis longissima (Dozy et Molk.) Fleisch., Hedwigia 44: 305. 1905.

Aerobryopsis wallichii (Brid.) Fleisch., Musci Fl. Buitenzorg 3: 789. 1907; S.-H. Wu et S.-H. Lin, Yushania 3 (1): 5. 1986.

Hypnum wallichii Brid., Bryol. Univ. 2: 416. 1827.

Neckera longissima Dozy et Molk., Ann. Sci. Nat. Bot. Ser. 3, 2: 313. 1844.

Meteorium lanosum Mitt., Journ. Linn. Soc. Bot. Suppl. 1: 90. 1859.

Aerobryopsis pernitens Sak., Bot. Mag. Tokyo 57: 254, f. 16. 1943.

　　体形略小，黄绿色，稀呈黑色，具光泽。主茎贴基质生长；支茎扁平被叶，具不规则疏羽状分枝，连叶宽 4~6 mm，先端趋窄。茎叶扁平贴生，卵状椭圆形，长约 3 mm，上部渐尖成披针形尖或扭曲毛尖，具不规则短波纹，基部圆形，着生处狭窄；叶边具锯齿；中肋细弱，消失于叶片上部。叶细胞蠕虫形，中部细胞长约 30 μm，具单个粗疣，

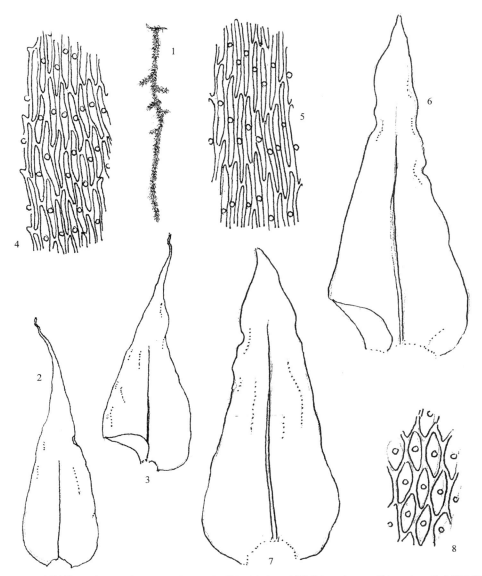

图 142　1~5. 灰气藓 *Aerobryopsis longissima* (Dozy et Molk.) Fleisch. 1. 植物体(×0.8), 2~3. 叶(×22), 4. 叶中部边缘细胞(× 320), 5. 叶中部细胞(×320); 6~8. 异叶灰气藓 *A. cochlearifolia* Dix. 6~7. 叶(×40), 8. 叶中部细胞(×550) (绘图标本: 1~5. 浙江，昂山，吴鹏程 262, PE; 6~8. 广东，新丰县，张桂才等 8, IBSC) (吴鹏程　绘)

Fig. 142　1~5. *Aerobryopsis longissima* (Dozy et Molk.) Fleisch. 1. habit (×0.8), 2~3. leaves (×22), 4. middle marginal leaf cells (×320), 5. middle leaf cells (×320); 6~8. *A. cochlearifolia* Dix. 6~7. leaves (×40), 8. middle leaf cells (×550) (Zhejiang: Angshan, P.-C. Wu 262, PE; 6~8. Guangdong: Xinfeng Co., G.-C. Zhang *et al.* 8, IBSC) (Drawn by P.-C. Wu)

胞壁等厚，叶基部细胞狭长方形，壁厚而具壁孔。枝叶类似于茎叶，但较狭长。雌苞着生枝上；内雌苞叶椭圆形，内凹，锐尖，中肋缺失或不明显。蒴柄长约 2 cm，上部粗糙。孢蒴褐色，椭圆状圆柱形，略弯曲，两侧不对称。蒴齿两层；外齿层齿片渐尖，被细疣，基部疣呈垂直排列；内齿层齿条脊部具穿孔。孢子直径约 15 μm。

　　生境：热带、亚热带南部山区沟谷树枝和岩面生长。

　　产地：广西：融水县，九万大山，树干和树枝上，海拔 700~1010 m，汪楣芝 46249,

李振宇 89121 (PE)；上思县，红旗，海拔 800 m，林邦娟等 2048 (IBSC、PE)。台湾：花莲县，秀林乡，慈恩，海拔约 1995 m，碎石壁生，林善雄 336b (从吴声华、林善雄，1986)。

分布：中国、喜马拉雅地区、越南、斯里兰卡、印度、印度尼西亚、菲律宾、巴布亚新几内亚，太平洋岛屿。

2. 扭叶灰气藓　图 143

Aerobryopsis parisii (Card.) Broth., Nat. Pfl. 1 (3): 820. 1906; Noguchi, Journ. Hattori Bot. Lab. 3: 70, f. 26. 1948; S.-H. Wu et S.-H. Lin, Yushania 4 (2): 17. 1987.

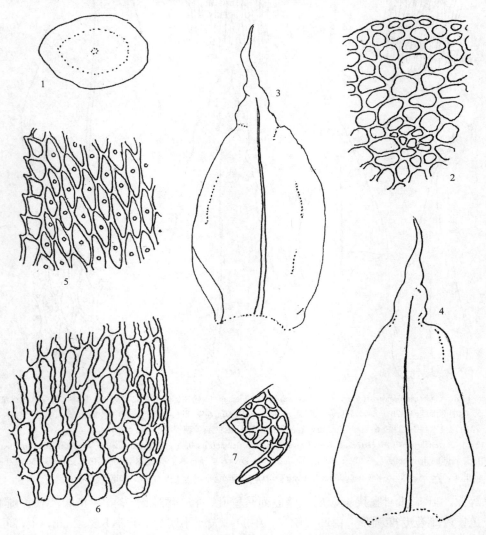

图 143　扭叶灰气藓 *Aerobryopsis parisii* (Card.) Broth. 1. 茎的横切面(×54)，2. 茎横切面的一部分(×320)，3~4. 叶(×32)，5. 叶中部边缘细胞(×410)，6. 叶基部细胞(×410)，7. 假鳞毛(×210) (绘图标本：海南，五指山，林尤兴 238b，PE) (吴鹏程 绘)
Fig. 143　*Aerobryopsis parisii* (Card.) Broth. 1. cross section of stem (×54), 2. portion of the cross section of stem (×320), 3~4. leaves (×32), 5. middle marginal leaf cells (×410), 6. basal leaf cells (×410), 7. pseudoparaphyllia (×210) (Hainan: Wuzhi Mt., Y.-X. Lin 238b, PE) (Drawn by P.-C. Wu)

Meteorium parisii Card., Beih. Bot. Centralbl. 19: 121, f. 19. 1905.

植物体柔软，灰绿色或黄绿色，老时呈褐绿色，略具光泽。主茎和支茎不扁平被叶；支茎长达 10 cm 以上，不规则稀疏羽状分枝。分枝略扁平被叶，连叶宽 3 mm，先端钝。茎叶疏松贴生，卵状椭圆形，内凹，向上渐成狭披针形、扭曲的毛尖；叶边强烈波曲，上部近于全缘，下部具齿。叶细胞长六角形，长 25~30 μm，上部细胞具单疣或平滑，叶边细胞略短，下部细胞长方形，角部细胞长方形至近于长方形，平滑，胞壁局部加厚。枝叶与茎叶近似，疏松着生。雌苞着生枝上；内雌苞叶椭圆形，具细锐尖，中肋近于贯顶。蒴柄长约 2.5 mm，红棕色，上部粗糙。孢蒴椭圆形，棕色；外齿层齿片狭披针形，常具横列的细疣。蒴盖圆锥形，具长斜喙。蒴帽平滑。孢子球形，具疣，直径 12~15 μm。

生境：树干和灌丛上生长。

产地：台湾：台北，Faurie 131、133 (Syntypes of *Meteorium parisii*，从 Noguchi, 1976)；地点不详，Noguchi s.n.(熊本大学，PE)。福建：武夷山，黄竹凹，桉木上，陈邦杰等 395 (PE)；将乐县，陇西山，树干，海拔 950 m，汪楣芝 47858 (PE)。浙江：遂昌县，九龙山，大龙里，海拔 480 m，刘仲苓 1216 (SHM)。

分布：中国、菲律宾和日本。

3. 大灰气藓

Aerobryopsis subdivergens (Broth.) Broth., Nat. Pfl. 1 (3): 820. 1906; Noguchi, Journ. Hattori Bot. Lab. 3: 67, f. 25. 1948.

Meteorium subdivergens Broth., Hedwigia 38: 227. 1899.

Aerobryopsis subdivergens (Broth.) Broth. var. *robusta* Card., Bull. Soc. Bot Geneva 3: 276. 1911; Noguchi, Journ. Hattori Bot. Lab 3: 69, 1948.

植物体粗大，灰绿色，老时呈黑色，具光泽。主茎匍匐，前端下垂，稀疏不规则羽状分枝，密扁平被叶，连叶宽 5 mm；分枝一般长 1~3 cm，部分分枝继续生长成支茎，先端宽钝。茎叶扁平伸展，阔卵形，长 3~4 mm，上部渐尖或趋窄而呈毛尖，基部圆钝，着生处狭窄；叶边具细齿，近基部全缘；中肋细弱，消失于叶片上部。叶细胞长菱形、长椭圆形至狭菱形，每个细胞具单个粗疣，叶边细胞平滑，基部细胞长方形或菱形，胞壁强烈加厚，具明显穿孔，平滑无疣。枝叶与茎叶近似。雌苞着生枝上。内雌苞叶狭椭圆形，具长披针形尖部，上部反曲。蒴柄棕色，长约 1.5 cm，上部粗糙。孢蒴圆柱形，长 1.5~3 mm。蒴齿两层。蒴盖圆锥形。孢子球形，直径 15~20 μm，具细密疣。

3a. 大灰气藓原亚种　　图 144

Aerobryopsis subdivergens (Broth.) Broth. subsp. **subdivergens**

植物体较柔软。茎叶阔卵形，具短锐尖。叶中部细胞长 25~35 μm。

生境：树干、树枝和阴湿岩面生长；海拔 100~700 m。

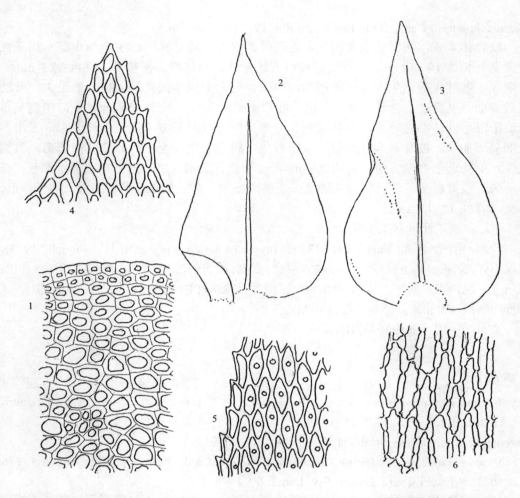

图 144　大灰气藓原亚种 *Aerobryopsis subdivergens* (Broth.) Broth. subsp. *subdivergens* 1. 茎横切面的一部分(×540)，2~3. 茎叶(×25)，4. 叶尖部细胞(×410)，5. 叶中部边缘细胞(×410)，6. 叶基部细胞(×410) (绘图标本：云南，贡山，汪楣芝 10030c，PE) (吴鹏程 绘)

Fig. 144　*Aerobryopsis subdivergens* (Broth.) Broth. subsp. *subdivergens* 1. portion of the cross section of stem (×540), 2~3. stem leaves (×25), 4. apical leaf cells (×410), 5. middle marginal leaf cells (×410), 6. basal leaf cells (×410) (Yunnan: Mt. Gongshan, M.-Z. Wang 10030c, PE) (Drawn by P.-C. Wu)

产地：云南：贡山县，独龙江，海拔 1200 m，汪楣芝 10030c (PE)。海南：尖峰岭，*Dendrophanax hainanensis* 树枝上，陈邦杰等 460 (PE)。台湾：宜兰县，Noguchi 6750 (NICH，从 Noguchi, 1976)。浙江：昂山，第三伐木场附近，树荫下干岩面，海拔 700 m，吴鹏程 569 (PE)。

分布：中国和日本。

3b. 大灰气藓长尖亚种(长尖灰气藓)　图 145

Aerobryopsis subdivergens (Broth.) Broth. subsp. **scariosa** (Bartr.) Nog. in Nog., Journ. Hattori Bot. Lab. 41: 301. 1976; Luo in Wu, Bryofl. Hengduan Mts: 513. 2000.

A. scariosa Bartr., Philip. Journ. Sci. 68: 223, f. 275. 1939.

A. longissima (Dozy et Molk.) Fleisch. var. *densifolia* auct. non. Fleisch.; Noguchi, Trans. Nat. Hist. Soc. Formosa 26: 38. 1936.

A. horrida Nog., Journ. Hattori. Bot. Lab. 3: 69, f. 24. 1948.

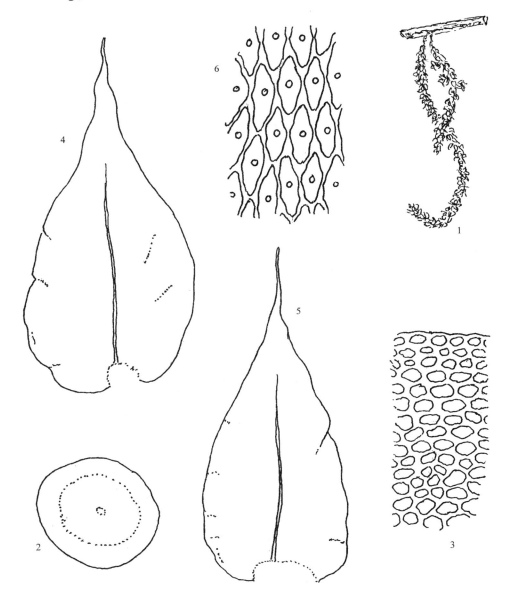

图 145　大灰气藓长尖亚种 *Aerobryopsis subdivergens* (Broth.) Broth. subsp. *scariosa* (Bartr.) Nog. 1. 植物体，示悬挂于树枝上 (×0.8)，2. 茎的横切面(×54)，3. 茎横切面的一部分(×320)，4~5. 叶(×32)，6. 叶中部细胞(×410) (绘图标本：安徽，黄山，万宗玲、罗健馨 9007, PE) (吴鹏程 绘)

Fig. 145　*Aerobryopsis subdivergens* (Broth.) Broth. subsp. *scariosa* (Bartr.) Nog. 1. habit, hanging on the tree branch (×0.8), 2. cross section of stem (×54), 3. portion of the cross section of stem (×320), 4~5. stem leaves (×32), 6. middle leaf cells (×410) (Anhui: Mt. Huangshan, Z.-L. Wan and J.-X. Luo 9007, PE) (Drawn by P.-C. Wu)

植物体大而较硬挺，黄绿色，带棕黑色。茎叶由卵形至心脏形基部向上呈披针形毛尖。叶中部细胞长 30~40 μm，胞壁强烈加厚，具明显壁孔。

生境：树干着生，稀湿土生；海拔 800~2500 m。

产地：西藏：墨脱县，老墨脱区，密林内树干，海拔 1300 m，郎楷永 527 (PE)。云南：贡山县，海拔 1200 m，汪楣芝 8880a、8959b (PE)。广东：封开县，黑石顶，李秉滔 1406 (PE)。台湾：台南，玉山，Noguchi 6760 (NICH)。福建：武夷山，黄溪至黄竹凹，檵木上，陈邦杰等 395 (PE)。安徽：黄山，林学院至宾馆途中，石壁，海拔 600 m，万宗玲、罗健馨 9007 (PE)。

分布：中国、日本、菲律宾和夏威夷。

与原亚种 *A. subdivergens* subsp. *subdivergens* 主要区分点，在于本亚种的叶尖细长和叶细胞较长。

4. 异叶灰气藓　图 142：6~8

Aerobryopsis cochlearifolia Dix., Ann. Bryol. 9: 65. 1937; Luo in Wu, Bryofl. Hengduan Mts: 513. 2000.

植物体主茎呈圆条状，不扁平被叶。枝长 1~2 cm，连叶宽为 3~4 mm，钝端。茎叶基部阔心脏形，向上呈阔披针形尖；叶边具齿；中肋消失于叶尖下部。叶上部细胞长而平滑，叶中部细胞菱形，长 10~15 μm，中央具单疣，胞壁部分加厚，叶基着生处细胞带黄色，长方形，角部细胞方形。枝叶卵状椭圆形，尖部宽钝，内凹，具深纵褶；叶边上部波状，具细齿；叶中部细胞短于茎叶中部细胞。

生境：着生乔木和灌丛上；海拔约 1000 m。

产地：云南：贡山县，海拔 1200 m，汪楣芝 10030c (PE)。广东：新丰县，张桂才等 8 (IBSC)；龙门县，南昆山，张桂才 15609 (IBSC)。台湾：苗栗县，马那邦山，海拔 1400 m，林善雄 12408B(从吴声华、林善雄，1987)。

分布：中国、泰国和老挝。

本种枝叶尖宽阔而钝端为灰气藓属中独特的特征，极易区分于该属的其他种类。

5. 芒叶灰气藓

Aerobryopsis aristifolia X.-J. Li, S.-H. Wu et D.-C. Zhang, Acta Bot. Yunnanica 25 (2): 192, f. 1. 2003.

植物体较细，柔弱，黄绿色，具光泽。主茎匍匐基质，长可达 10 cm 以上；分枝垂倾，长 1~1.5 cm，具短小枝。茎叶三角状披针形，长达 2 mm，宽 0.8 mm，先端锐尖，基部略下延；叶边具细齿；中肋细，消失于叶尖下。叶上部细胞菱形，胞壁薄，每个细胞中央具单细疣，沿叶边细胞平滑，叶基部细胞方形或长方形，平滑无疣。枝叶卵形，具短或长披针形尖，尖端具 5~18 单列细胞组成的毛尖或短渐尖；叶边具细齿；叶中部细胞狭长菱形，具单疣。未见雌雄生殖苞。

生境：沟谷雨林内树枝上生长。

产地：云南：西双版纳，勐笼，植物园 52~53 km 处雨林中，海拔 600 m，张力 859 (Holotype, HKAS；从张大成，2003)。

分布：中国云南特有。

6. 云南灰气藓　图 146

Aerobryopsis yunnanensis Li et D.-C. Zhang, Acta Bot. Yunnanica 25 (2): 194, f. 2. 2003.

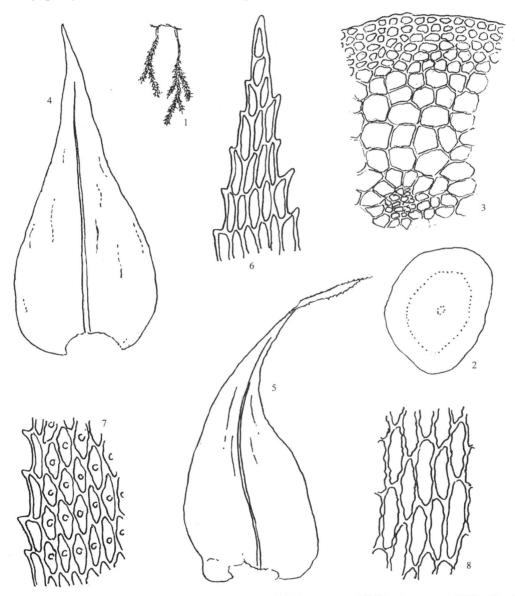

图 146　云南灰气藓 Aerobryopsis yunnanensis Li et D.-C. Zhang 1. 植物体(×0.5)，2. 茎的横切面(×54)，3. 茎横切面的一部分(×320)，4. 茎叶(×32)，5. 枝叶(×32)，6. 叶尖部细胞(×410)，7. 叶中部细胞(×410)，8. 叶基部细胞(×410) (绘图标本：云南，西畴，武全安 3901，HKAS) (吴鹏程 绘)

Fig. 146　Aerobryopsis yunnanensis Li et D.-C. Zhang 1. habit (×0.5), 2. cross section of stem (×54), 3. portion of the cross section of stem (×320), 4. stem leaf (×32), 5. branch leaf (×32), 6. apical leaf cells (×410), 7. middle leaf cells (×410), 8. basal leaf cells (×410) (Yunnan: Xichou, Q.-A. Wu 3901, HKAS) (Drawn by P.-C. Wu)

植物体粗硬，绿色，老时呈褐色，具光泽。主茎长可达 15 cm 以上；不规则羽状分枝，分枝长 1~2 cm。叶密生，倾立，卵状披针形，长 2~3 mm，宽 0.6~1 mm，具少数纵褶，基部宽阔，两侧圆钝，有时呈小叶耳状，先端渐尖，多扭曲；叶边波曲，具细齿；中肋单一，消失于叶尖下。叶上部细胞菱形，长 12~24 μm，宽 5~8 μm，胞壁薄，每个细胞中央具单疣；基部细胞长方形，近中肋两侧细胞胞壁强烈加厚，具明显壁孔，平滑无疣。其他特征不详。

生境：岩面或树干生长。

产地：云南：西双版纳，勐笼，海拔 600 m，张力 859 (Holotype, HKAS；从张大成等，2003)；西畴县，苹果山，武全安 3901 (HKAS)。

分布：中国云南特有。

7. 膜叶灰气藓

Aerobryopsis membranacea (Mitt.) Broth., Nat. Pfl. 1 (3): 819. 1906; D.-C. Zhang *et al.*, Acta Bot. Yunnanica 25 (2): 195. 2003.

Meteorium membranaceum Mitt., Journ. Linn. Soc. Bot. Suppl. 1: 88. 1859.

体形较小，黄绿色，无光泽。支茎长可达 10 cm 以上，不规则疏分枝或不规则羽状分枝，疏松略扁平被叶，连叶宽约 1 mm；分枝短，长约 1 cm，钝端。茎叶卵状椭圆形，基部一侧常内折，先端渐尖成近于毛状，扭曲，长约 2 mm，内凹；叶边具细齿，中部以上常波曲；中肋长达叶尖下消失。叶细胞狭长椭圆形至狭长菱形，长 15~20 μm，宽 4~5 μm，每个细胞中央具单个疣，叶基部细胞长方形，叶角部细胞近于呈方形，平滑无疣，胞壁略加厚。枝叶与茎叶近似，上部多波曲；叶边均具齿；叶细胞椭圆状菱形至菱形。

生境：林下岩面和树枝上。

产地：云南：河口，林下石灰岩上，臧穆 4559 (HKAS；从张大成等，2003)；西双版纳，勐笼自然保护区，林下，黎兴江 80-2364 (HKAS；从张大成等，2003)。

分布：中国、印度和泰国。

8. 纤细灰气藓　图 147

Aerobryopsis subleptostigmata Broth. et Par., Rev. Bryol. Lichenol. 38: 54. 1911; D.-C. Zhang *et al.*, Acta Bot. Yunnanica 25 (2): 195. 2003.

植物体柔弱，一般呈黄绿色，老时不呈黑色。支茎长超过 10 cm 以上，稀疏近羽状分枝；枝长可达 1~1.5 cm，疏松被叶，先端锐尖，扭曲或反曲。茎叶干时疏着生，椭圆形，内凹，上部渐呈披针形尖或毛状尖，长达 2.5 mm，宽约 0.5 mm；叶边具齿，中部波曲；中肋细弱，达叶的 2/3 处。叶中部细胞狭长椭圆形，长约 20 μm，宽约 4 μm，胞壁等厚；基部着生处细胞长方形，壁厚，具壁孔，稍带色泽，角部细胞略分化。枝叶湿润时多扁平着生，与茎叶近似，叶尖稍短；中肋稍长。雌雄生殖苞未见。

生境：腐木和树枝上生长。

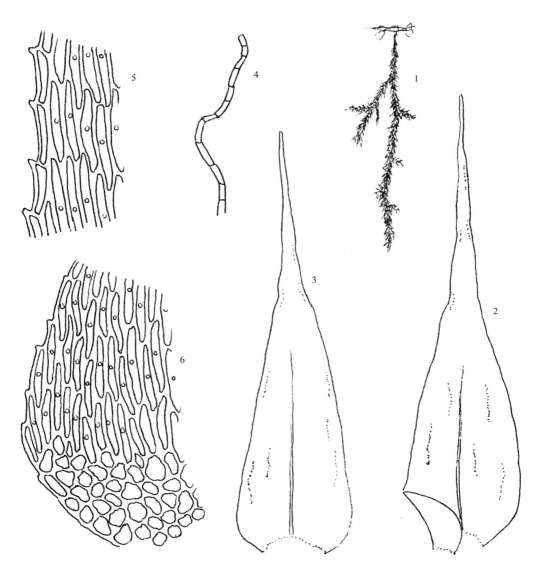

图 147 纤细灰气藓 *Aerobryopsis subleptostigmata* Broth. et Par. 1. 植物体(×1),2~3. 茎叶(×32),4. 叶尖部细胞(×32),5. 叶中部边缘细胞(×410), 6. 叶基部细胞(×410) (绘图标本：云南，河口，朱维明 78, PE) (吴鹏程 绘)

Fig. 147 *Aerobryopsis subleptostigmata* Broth. et Par. 1. habit (×1), 2~3. stem leaves (×32), 4. apical leaf cells (×32), 5. middle marginal leaf cells (×410), 6. basal leaf cells (×410) (Yunnan: Hekou, W.-M. Zhu 78, PE) (Drawn by P.-C. Wu)

产地：云南：贡山县，独龙江，溪边林下，臧穆 4559 (HKAS；从张大成等，2003)；昆明，西山，曾淑英 420 (HKAS；从张大成等，2003)；河口，南溪，海拔 1200 m，朱维明 70、78 (PE)。

分布：中国、越南、马来西亚、印度和日本。

属 15　无肋藓属(新拟名)*Dicladiella* Buck

Journ. Hattori Bot. Lab. 75: 57. 1994.

(*Barbella* sect. *Dicladiella* Fleisch., Musci Fl. Buitenzorg 3: 805. 1908.)

模式种：无肋藓 *D. trichophora* (Mont.) Redfearn et Tan [*Barbella cubensis* (Mitt.) Broth., *Barbella enervis* (Thwait. et Mitt.) Fleisch. ex Broth.]

植物体形较大，绿色、黄绿色、棕黄色、棕红色至褐色，略具光泽。主茎横生；支茎羽状分枝或不规则分枝，稍硬挺，一般悬垂，枝、茎疏松或密集扁平被叶，紧贴、斜展或与茎成 90°着生，枝端钝或渐尖，常呈毛状。茎叶三角状或长卵状披针形，具长毛状尖，基部宽，常呈耳状；叶边具齿；中肋多缺失，有时具不明显中肋，单一，细弱，长达叶片中部。枝叶与茎叶相似，较狭窄。叶中部细胞一般长六角形或线形，具单疣或平滑无疣，薄壁；基部细胞短宽，壁稍厚；角部细胞短，明显分化。腋毛由 4 个短而透明的细胞组成。雌雄异株。蒴柄平滑。孢蒴卵形或长卵形，棕色，直立。环带由 1~2 列小形、厚壁细胞组成，易散落。蒴齿两层；外齿层齿片狭长披针形，具条纹；内齿层齿条狭长，齿毛常缺失。蒴盖圆锥形，具直或斜喙。蒴帽钟形，仅罩覆孢蒴上部，平滑。孢子近于球形，具细密疣。

本属全世界 2 种；中国有 1 种。另一种 *Dicladiella macroblasta* (Broth.) Buck (*Barbella macroblasta* Broth.) 原仅分布于菲律宾，1991 年 Redfearn 等记录在中国有分布，但作者未见标本，故不能确定此种的存在。

1. 无肋藓(新拟名) (无肋悬藓)　　图 148

Dicladiella trichophora (Mont.) Redfearn et Tan, Trop. Bryol. 10: 66. 1995.

Isothecium trichophorum Mont., Ann. Sci. Nat. Bot. 2, 19: 238. 1843; Redfearn et Tan, Trop. Bryol. 10: 66. 1995.

Meteorium cubense Mitt., Journ. Linn. Soc. Bot. 12: 435. 1869.

M. enerve Thwait. et Mitt., Journ. Linn. Soc. Bot. 13: 317. 1873.

Barbella cubensis (Mitt.) Broth., Nat. Pfl. 1 (3): 824. 1906; Noguchi, Journ. Hattori Bot. Lab. 41: 321. 1976; Stremann, Bryologist 96 (2): 223. 1993.

Barbella determesii (Ren. et Card.) Fleisch. ex Broth., Nat. Pfl. 1 (3): 824. 1906.

Barbella enervis (Thwait. et Mitt.) Fleisch. ex Broth., Nat. Pfl. 1 (3): 824. 1906; Noguchi, Journ. Hattori Bot. Lab. 41: 321. 1976; Stremann, Bryologist 96 (2): 223. 1993.

Barbella trichophora (Mont.) Fleisch. ex Broth., Nat. Pfl. 1 (3): 824. 1906; Stremann, Bryologist 96 (2): 223. 1993.

Barbellopsis sinensis Broth., Symb. Sin. 4: 83. 1929.

Pseudobarbella validiramosa Wu et Lou, Acta Phytotax. Sin. 21 (1): 227. 1983, *syn. nov.*

Dicladiella cubensis (Mitt.) Buck, Journ. Hattori Bot. Lab. 75: 57. 1994, *syn. nov.*

植物体形稍大，悬垂，长可达 40 cm，绿色、黄绿色、棕黄色、棕红色至褐色，略具光泽。主茎匍匐；支茎不规则分枝，疏松或密集被叶。枝一般基部呈扁平形，枝端钝或为

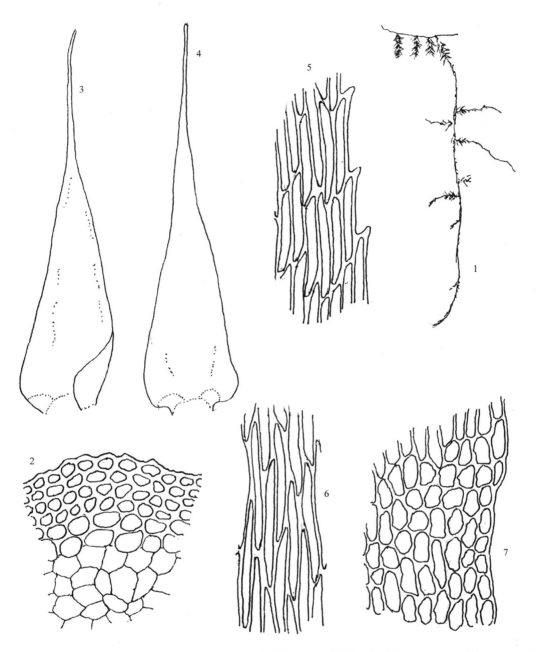

图 148　无肋藓 *Dicladiella trichophora* (Mont.) Redfearn et Tan 1. 植物体(×1)，2. 茎横切面的一部分(×480)，3~4. 茎叶(×32)，5. 叶上部边缘细胞(×550)，6. 叶中部细胞(×410)，7. 叶基部细胞(×550) (绘图标本：安徽，黄山，陈邦杰等 6529, PE) (吴鹏程 绘)

Fig. 148　*Dicladiella trichophora* (Mont.) Redfearn et Tan 1. habit (×1), 2. portion of the cross section of stem (×480), 3~4. stem leaves (×32), 5. upper marginal leaf cells (×550), 6. middle leaf cells (×410), 7. basal leaf cells (×550) (Anhui: Huangshan Mt., P.-C. Chen *et al.* 6529, PE) (Drawn by P.-C. Wu)

渐尖，多呈长鞭枝状。叶片长三角状或长椭圆状披针形，一般长 3.5 mm，宽 0.9 mm，略内凹，具短尖或狭长尖；基部略抱茎或伸展；叶边平直或稍波曲，全缘或具齿；中肋一般缺失，稀具不明显中肋，单一，细弱，长达叶片中部或中部以上。枝叶与茎叶相似，支茎先端的叶常具扭曲的长毛状尖，叶基部多较狭窄，长约 1.7 μm，宽 0.5 μm。叶中部细胞线形，长 100~120 μm，宽 6~7 μm，一般平滑，壁薄；上部细胞稍短；基部细胞渐短宽；角部细胞方形，壁稍厚，具壁孔。腋毛由 4 个短而透明的细胞组成。雌雄异株。蒴柄短，长 1.5~2 mm，平滑。孢蒴卵形或长卵形，通常 1.5~0.9 mm，棕色，直立。环带由 1~2 列小形、厚壁细胞组成，易散落。蒴齿两层；外齿层齿片狭长披针形，长 0.65 mm，具横隔及细密疣；内齿层齿条狭长，长约 0.45 mm，具横隔与疏疣，齿毛缺失或退化。蒴盖圆锥形，具长喙。蒴帽钟形，长约 1.2 mm。孢子球形，一般直径 23~30 μm，具细密疣。

生境：多生于山地林下。

产地：西藏：察隅县，海拔 2200 m，张经纬 7305 (PE)，倪志成 43 (PE)。云南：贡山县，海拔 1200~3000 m，汪楣芝 9235、9252d、10639e (PE)，青藏队 9292b (PE)，王启无 6629 (PE)；维西县，康普冷山，王启无 4497 (PE)；同前，海拔 3240 m，汪楣芝 5026 (PE)。四川：卧龙县，卧龙自然保护区，谢德滋 113a (PE)。安徽：黄山，陈邦杰等 6529 (PE)。

分布：中国、喜马拉雅地区、印度、斯里兰卡、泰国、日本、菲律宾、印度尼西亚、巴布亚新几内亚、太平洋岛屿和澳大利亚。

属 16　气藓属 *Aerobryum* Dozy et Molk.

Nederl. Kruidk. Arch. 2 (4): 279. 1851.

模式种：气藓 *A. speciosum* Dozy et Molk.

植物体粗壮，绿色或黄绿色，具光泽。主茎匍匐；支茎悬垂，不规则疏羽状分枝，具叶枝近于扁平。叶疏松倾立或近于横列，阔卵形或心脏状卵形，具短尖或细尖；叶边具细齿；中肋单一，细弱，长达叶片中部。叶细胞线形，平滑无疣，角部细胞不分化。假雌雄异苞同株或雌雄异株。雄株形小，常见于雌株叶腋或叶上。内雌苞叶直立，较茎叶小，长卵形，有狭长尖，具齿。蒴柄细弱，上部弯曲，棕红色，平滑。孢蒴直立，卵形或长卵形，垂倾或下垂，台部细窄，棕色，成熟时呈黑色。环带宽阔，成熟时自行脱落。蒴齿两层；齿毛 2~3，具节瘤。蒴盖圆锥形，有斜喙。蒴帽兜形，幼时具疏毛，老时脱落。孢子椭圆形，棕色，具疣。

全世界 1 种，分布亚洲南部地区。中国亦有分布。

1. 气藓　图 149

Aerobryum speciosum Dozy et Molk., Ned. Kruidk. Arch., 2 (4): 280. 1851.

Meteorium speciosum (Dozy et Molk.) Mitt., Musci Ind. Or.: 87. 1895.

Aerobryum speciosum var. *nipponicum* Nog., Journ. Hattori Bot. Lab. 3: 98. 1948.

Aerobryum nipponicum (Nog.) Sak., Musc. Jap. 105. 1954.

种的特征同属。

生境：多生于林下树上或岩石上。

产地：西藏：墨脱县，得儿工，海拔 1800 m，郎楷永 499 (PE)。云南：贡山县，海拔 1200~3600 m，汪楣芝 8871b、9296b、9909b、11581a (PE)；腾冲县，海拔 2100 m，

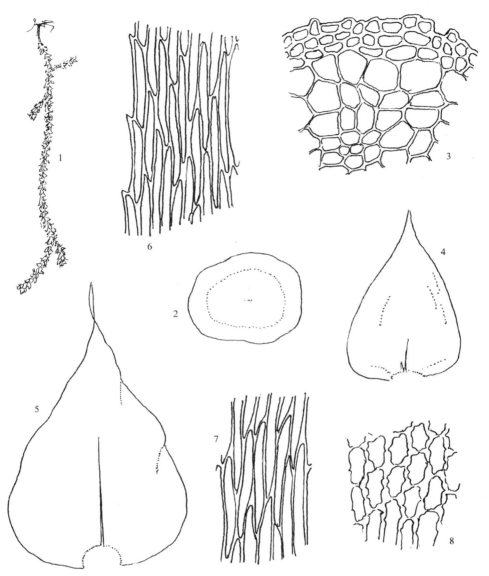

图 149　气藓 *Aerobryum speciosum* Dozy et Molk. 1. 植物体(×1/2), 2. 茎的横切面(×46), 3. 茎横切面的一部分(×320), 4. 支茎基部叶(×32), 5. 支茎叶(×32), 6. 叶中部边缘细胞(×320), 7. 叶中部细胞(×320), 8. 叶角部细胞(×320) (绘图标本：云南，贡山，汪楣芝 11581a, PE) (吴鹏程 绘)

Fig. 149　*Aerobryum speciosum* Dozy et Molk. 1. habit (×1/2), 2. cross section of stem (×46), 3. portion of the cross section of stem (×320), 4. basal leaf of secondary stem (×32), 5. leaf of secondary stem (×32), 6. middle marginal leaf cells (×320), 7. middle leaf cells (×320), 8. alar leaf cells (×320) (Yunnan: Gongshan Mt., M.-Z. Wang 11581a, PE) (Drawn by P.-C. Wu)

黎兴江 80432 (HKAS)。四川：雷波县，海拔 1820 m，管中天 7859 (PE)；沐川县，陈邦杰 5770 (PE)；峨眉山，方文培 16426 (PE)，林邦娟 3275 (IBSC, PE)。广西：田林县，海拔 1400 m，74 年采集队 2462、2486 (PE)；龙胜县，吴鹏程、林尤兴 979-1、980-1、1240、1495-2 (PE)，金鉴明 533、987 (PE)。广东：乐昌县，海拔 1120 m，曾国驱 389，张力 504 (IBSC，PE)；乳源县，海拔 1150 m，曾国驱 31 (PE)，73 年采集队 801、824 (PE)，林邦娟 801-b，张力 219 (IBSC)；仁化县，曾怀德 26102 (PE)。

分布：中国、喜马拉雅地区、印度、斯里兰卡、泰国、越南、日本、菲律宾和巴布亚新几内亚。

属 17 新悬藓属 *Neobarbella* Nog.

Journ. Hattori Bot. Lab. 3: 72. 1948;

Luo, Acta Bot. Yunnanica 11 (2): 159. 1989.

模式种：新悬藓 *N. comes* (Griff.) Nog.

体形较细，淡黄绿色，略具光泽。茎有分化中轴，皮部由约 3 层小形厚壁细胞及髓部 7~8 层大形薄壁细胞。支茎基部贴生基质，上部下垂，长度一般可超过 10 cm，尖部趋纤细，不规则密羽状分枝；分枝长 1~2 cm。茎叶椭圆形至长椭圆形，强烈内凹，上部渐成狭披针形尖或突收缩成细长毛状尖，其长度为叶片长度的 1/3 或超过 1/3；叶边略内曲，或下部两侧强烈内曲，上部具细齿；中肋极短弱，分叉，或缺失。叶细胞线形或蠕虫形，胞壁薄，平滑无疣，两侧角部细胞方形或长方形，胞壁强烈加厚。枝叶较小而尖部短。雌雄异株或雌雄异苞同株。内雌苞叶下部呈鞘状，尖部呈披针形；中肋缺失。蒴柄细长，黄棕色，平滑。孢蒴卵形或椭圆形。蒴齿两层；外齿层齿片狭长披针形，透明，具细疣；内齿层透明，齿条明显短于齿片，线形，基膜低，齿毛不发育。蒴盖圆锥形，具短斜喙。蒴帽兜形，平滑。孢子卵形或球形，具细疣。

热带、亚热带山区分布，全世界现知有 1 种及 1 变种。罗健馨(1989)曾报道中国有 3 种，包括 *N. pilifera* (Broth. et Yas.) Nog.、*N. comes* (Griff.) Nog. 和 *N. serratiacuta* Luo，现 *N. pilifera* 已作为 *N. comes* 的变种，而 *N. serratiacuta* Luo 实为 *N. comes* (Griff.) Nog. 的异名，因此，中国现有 1 种及 2 变种。

1. 新悬藓

Neobarbella comes (Griff.) Nog., Journ. Hattori Bot. Lab. 3: 73. 1948; Luo, Acta Bot. Yunnanica 11 (2): 159. 1989.

Neckera comes Griff., Calcutta Journ. Nat. Hist. 3: 71. 1843.

Neobarbella serratiacuta Luo, Acta Bot. Yunnanica 11 (2): 161. 1989.

1a. 新悬藓原变种

Neobarbella comes (Griff.) Nog. var. **comes**

种的特征同属的描述。

生境：树干附生。

产地：西藏：察隅县，洞穿西山，常绿阔叶林中，树干，海拔 2200 m，倪志诚 45 (PE)。云南：贡山县，独龙江公社，马库至山脊，路边树上，海拔 2100 m，汪楣芝 9819a (Isotype, *N. serratiacuta* Luo, PE)。广西：龙胜县，三门乡，吴鹏程、林尤兴 1390-2 (PE)。海南：五指山，邢福武、李汉贤 10 (IBSC，PE)。台湾：桃源县，拉拉山，李省三 79a (PE)。福建：武夷山，三港，海拔 600~700 m，林邦娟 2547 (IBSC，PE)；阳县，黄坑公社，黄竹桉树干，海拔 500 m，林邦娟(IBSC，PE)；将乐县，龙溪山，何小兰 756 (PE)。江西：
铅山县，武夷山，树生，海拔 1220 m，季梦成 5551 (PE)。

分布：中国、印度、斯里兰卡、菲律宾和印度尼西亚。

1b. 新悬藓毛尖变种(新拟名) (拟猫尾藓)　图 150

Neobarbella comes (Griff.) Nog. var. **pilifera** (Broth. et Yas.) Tan, S. He et Isov.,
　　　Cryptogamic Bot. 2: 1992.

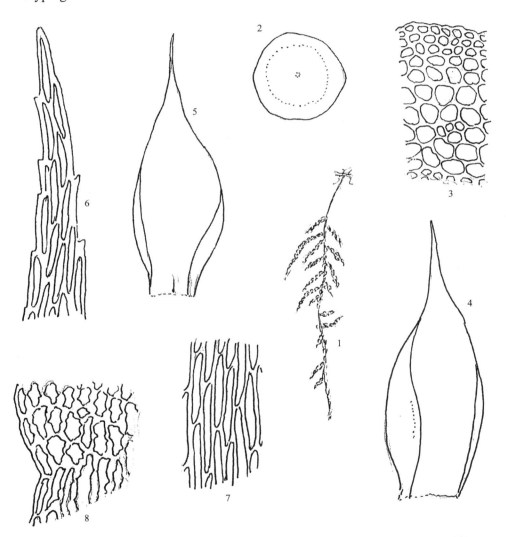

图 150　新悬藓毛尖变种 *Neobarbella comes* (Griff.) Nog. var. *pilifera* (Broth. et Yas.) Tan, S. He et Isov. 1. 植物体(×0.8), 2. 茎的横切面(×32), 3. 茎横切面的一部分(×320), 4~5. 茎叶(×32), 6. 叶尖部细胞(×320), 7. 叶中部细胞(×320), 8. 叶基部细胞(×320) (绘图标本：云南，怒江，Handel-Mazzetti 9106, W) (吴鹏程　绘)

Fig. 150　*Neobarbella comes* (Griff.) Nog. var. *pilifera* (Broth. et Yas.) Tan, S. He et Isov. 1. habit (×0.8), 2. cross section of stem (×32), 3. portion of the cross section of stem (×320), 4~5. leaves (×32), 6. apical leaf cells (×320), 7. middle leaf cells (×320), 8. basal leaf cells (×320) (Yunnan: Nujiang, Handel-Mazzetti 9106, W) (Drawn by P.-C. Wu)

Barbella pilifera Broth. et Yas., Rev. Bryol. 53: 2. 1926.

Neobarbella attenuata Nog., Journ. Hattori Bot. Lab. 3: 74. 1948.

Isotheciopsis pilifera (Broth. et Yas.) Nog., Bryologist 73: 135. 1970.

本变种与原变种主要区分点为茎叶呈椭圆形，强烈内凹呈船形，先端圆钝而突收缩成细长毛尖。其叶细胞则与模式变种基本上相似。

生境：湿热山区树干及树枝上悬垂生长。

产地：广西：龙胜县，花坪林区，吴鹏程、林尤兴 252、339、985 (PE)。云南：怒江，Handel-Mazzetti 9106 (W)。

分布：中国和日本。

属 18 耳蔓藓属(新野口藓)*Neonoguchia* S.-H. Lin

Yushania 5 (4): 27. 1988.

模式种：耳蔓藓 *N. auriculata* (Copp. ex Thèr.) S.-H. Lin

植物体粗壮，绿色、黄绿色至暗褐色，略具光泽。主茎横生；支茎常悬垂，长 10~20 cm；不规则羽状分枝；分枝长 1~2 cm，连叶宽 2~4 mm，被叶呈扁平形，枝先端钝头。茎叶卵状披针形或椭圆状披针形，渐上成长尖，长 3~4 mm，宽 1~1.5 mm，内凹，常波曲，稍具纵褶，基部两侧呈明显圆形耳状，于茎上呈 90°着生；中肋单一，长达叶片上部；叶边具齿或近于全缘。枝叶与茎叶近似，略小。叶中部细胞线形，长 40~70 μm，宽 4~8 μm，具单疣，壁稍厚，略具壁孔；基部与角部细胞略宽，近于菱形或矩形，不规则，厚壁，具壁孔。腋毛约为 3 个透明或具褐色基部的细胞，以及 3~4 个长而透明的尖部细胞。雌雄异株。雌苞叶狭披针形，尖部扭曲，长 1.5~2.0 mm。孢子体未见。

本属的外形与灰气藓属 *Aerobryopsis* 属近似，但本属植物具圆形叶耳而明显区别于后者。在蔓藓科中，具叶耳的仅见于松萝藓属 *Papillaria* 属，但 *Papillaria* 属植物体纤细，叶覆瓦状排列，叶细胞明显具多疣。

本属全世界仅 1 种；中国特有。

1. 耳蔓藓(耳叶新野口藓) 图 151

Neonoguchia auriculata (Copp. ex Thèr.) S-H. Lin, Yushania 5 (4): 27. 1988.

Aerobryopsis auriculata Copp. ex Thèr., Bull. Soc. Nancy Ser. 4, 2 (6): 711. 1926.

种的特征同属。

生境：山地林下树上或岩石。

产地：云南：Pe-long-tsin，海拔约 3200 m，Maire 8 (holotype, PC)；贡山县，海拔 1800~2400m，汪楣芝 11550b、11703 (PE)；维西县，海拔 2150~2200 m，汪楣芝 5164a (PE)；泸水县，海拔 1900 m，罗健馨、汪楣芝 812024p (PE)。台湾：Hsini 至 Choulu 之间，海拔 2000~3000 m，S. H. Lin 4144 (TUNC)。广西：融水县，树干，海拔 770 m，汪楣芝 46481b (PE)；天峨县，树生，海拔 1000 m，张灿明 T005 (PE)。贵州：道真县，岩石上，

海拔 690~650 m，何强 591 (PE)。

分布：中国特有。

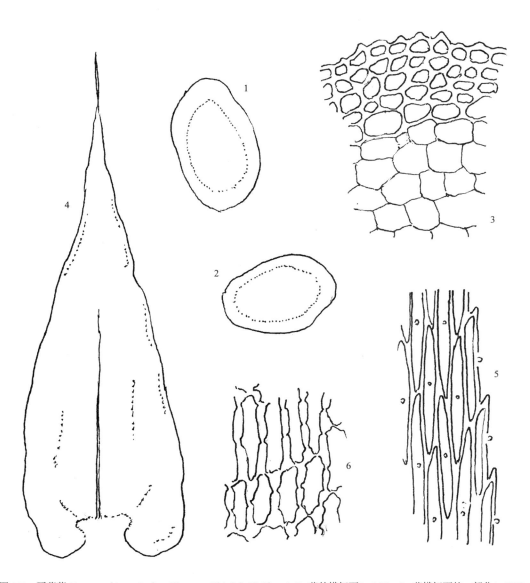

图 151　耳蔓藓 *Neonoguchia auriculata* (Copp. ex Thèr.) S.-H. Lin，1~2. 茎的横切面(×146)，3. 茎横切面的一部分(×320)，4. 茎叶(×32)，5. 叶中部边缘细胞(×320)，6. 叶角部细胞(×320) (绘图标本：云南，碧罗雪山，汪楣芝 5164a, PE) (吴鹏程绘)

Fig. 151　*Neonoguchia auriculata* (Copp. ex Thèr.) S.-H. Lin 1~2. cross sections of stem (×146), 3. portion of the cross section of stem (×320), 4. stem leaf (×32), 5. middle marginal leaf cells (×320), 6. alar leaf cells (×320) (Yunnan: Biluo snow mountain, M.-Z. Wang 5164a, PE) (Drawn by P.-C. Wu)

亚目 4　平藓亚目 Neckerinales

科 43　带藓科 Phyllogoniaceae[*]

多硬挺，丛集群生，具明显绢丝光泽；茎无中轴，分透明的基本组织和狭长形的周边细胞。主茎细长，匍匐，被鳞叶。支茎无假根，具叶枝显著扁平形，单一或叉状分枝，或呈不规则的羽状分枝；鳞毛缺失。叶明显两列状，叶片单层细胞，长卵形或长舌形，两侧对称而折合成强烈内凹；叶边平展，通常全缘；中肋短弱，单一或分叉，常缺失；叶细胞线形，薄壁，平滑。雌雄异株。雌雄生殖苞均呈芽胞形，侧生于短侧枝的顶端。苞叶分化，较小于叶。孢蒴隐没于苞叶中，稀高出，卵圆形，直立，台部不分化或略分化，淡棕色或棕色。环带不分化。蒴齿单层或双层，有时具前齿层；外齿层齿片狭长披针形，外侧具中缝和横脊，有横纹或平滑而有不规则的穿孔，内侧具密横隔；内齿层退化或仅有不发育的基膜。蒴盖大，圆锥形，具短直喙或斜长喙。蒴帽大，钟形，有长疏立毛，或兜形，有稀疏毛。孢子大小不等。有时有多细胞梭形的无性芽胞。

本科植物分布于热带和亚热带地区，共 4 属，中国仅有兜叶藓属。

属 1　兜叶藓属 *Horikawaea* Nog.

Journ. Sci. Hiroshima Univ. B. (2) Bot. 3: 46. 1937.

模式种：兜叶藓 *H. nitida* Nog.

暖地树生藓类，植物体硬挺，稀疏丛集生长，黄色或黄绿色，具绢丝光泽。主茎细长，匍匐，被红棕色假根，裸露或有稀疏小形鳞叶。鳞叶卵形，短尖，强烈内凹，无中肋。支茎直立或倾立，无假根，单一，稀叉形分枝。叶两列扁平状着生，干时紧贴，两侧对称，强烈对折而内凹，基部略下延，长卵形，上部内凹而近于对折，有兜形短尖；边缘平滑而内曲；中肋细弱，单一，长达叶片上部；叶细胞长形，薄壁，平滑，尖部细胞较短，角细胞明显分化，大而略呈长方形，厚壁，有明显壁孔，橙黄色。支茎上有丛生芽胞群；芽胞多细胞，梭形，有柄。生殖苞未见。

本属为中国特产，有 3 种。

分种检索表

1. 叶尖扁平；双中肋或缺失，中肋不及叶片长度的 1/2；角部细胞分化不明显 ························· ·· **3. 双肋兜叶藓 *H. redfearnii***
1. 叶尖呈兜形；中肋单一，极少为双中肋，强劲，达叶片长度的 1/2；角部细胞明显分化 ················· 2
2. 植物体大，支茎连叶宽 4~7 mm，长 1~5 cm；鞭状枝极少见；茎叶和枝叶疏松扁平··················· ·· **1. 兜叶藓 *H. nitida***

---

* 作者(Auctor)：贾渝(Jia Yu)

2. 植物体小，支茎连叶宽 2~4 mm，长 3 cm；鞭状枝常见；茎叶和枝叶强烈扁平 ··································
·· **2. 平尖兜叶藓 *H. dubia***

Key to the species

1. Leaf apex complanate; costae double or absent, not reaching 1/2 length of leaf; alar cells undifferentiated
··· **3. *H. redfearnii***
1. Leaf apex cucullate; costa single, rarely double, reaching 1/2 length of leaf; alar cells differentiated ··········· 2
2. Plants larger, secondary stems including leaves 4~7 mm wide, 1~5 cm long; flagelliform branches rare;
   stem leaves and branch leaves loosely complanate ·· **1. *H. nitida***
2. Plants smaller, secondary stems including leaves 2~4 mm wide, 3 cm long; flagelliform branches often
   present; stem leaves and branch leaves strongly appressed ······························· **2. *H. dubia***

1. 兜叶藓　图 152

Horikawaea nitida Nog., Journ. Sci. Hiroshima Univ. B (2), Bot. 3: 46. 1937.

植物体黄绿色，有光泽。横走茎匍匐，其上的叶片为鳞片状，具簇生的假根。支茎疏生，直立至下垂，长 3.0~7.0 cm，单一或不规则分枝，小枝长 1.0~3.0 cm，末端偶尔呈鞭状枝。

生境：低海拔阔叶林内树生或岩面着生。

产地：西藏：墨脱县，树干，海拔 800 m，郎楷永 466 (PE)。广西：靖西县，邦亮村，韦玉梅 1969 (PE)；隆林县，桠权镇，韦玉梅 1598 (PE)。广东：乳源县，林邦娟 837,840 (IBSC，FH)。海南：昌江县，霸王岭林业站，17516B (FH)。台湾：Taihoku Co., Shinten 和 Urai s. n. (NOG, PE)。

分布：中国和越南。

2. 平尖兜叶藓

Horikawaea dubia (Tix.) Lin, Journ. Hattori Bot. Lab. 55: 299. 1984.

Pterobryopsis dubia Tixier, Bot. Közlem. 54: 34. pl. 1. 1967.

生境：树上或岩石上。

产地：云南：勐腊县，勐仑镇，张力 897,901 (IBSC，FH)。四川：盐边县，汪楣芝 20548 (PE)。贵州：荔波县，张力 1646 (IBSC，FH)。广东：阳山县，曾国驱 308, 409 (IBSC，FH)。海南：昌江县，霸王岭林区，张力 1224, 1338 (IBSC，FH)。

分布：中国。

3. 双肋兜叶藓(新拟名)

Horikawaea redfearnii Tan et Lin, Trop. Bryol. 10: 59. 1995.

植物体具横走茎，呈疏松的聚生状态，黄绿色，多少具光泽。横茎线状，匍匐，叶片紧贴其上，成束的假根分布于横茎间。横茎上的叶片小，淡绿色，宽卵状披针形至三角形，急尖至短渐尖，或尾尖，无中肋，叶边全缘。支茎直立，长悬垂，达 10 cm，包

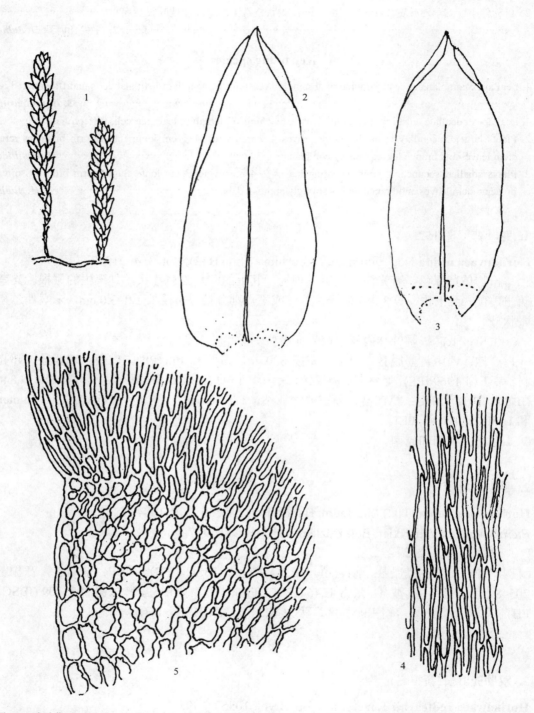

图 152　兜叶藓 *Horikawaea nitida* Nog. 1. 植物体(×2)，2. 茎叶(×24)，3. 枝叶(×24)，4. 叶中部细胞(×390)，5. 叶基部细胞(×390) (绘图标本：台湾，Taihoku, Shinten 和 Urai s.n., NOG, PE) (吴鹏程 绘)

Fig. 152　*Horikawaea nitida* Nog. 1. habit (×2), 2. stem leaf (×24), 3. branch leaf (×24), 4. middle leaf cells (×390), 5. basal leaf cells (×390) (Taiwan: Taihoku Co., Shinten and Urai s.n., NOG, PE) (Drawn by P.-C. Wu)

括侧叶在内宽 2~3 mm；不规则分枝，常在枝条的末端形成钻尖状或鞭状枝；茎横切面无中轴分化。假鳞毛丝状，有时分枝。茎基部的叶片小，卵状披针形，紧贴茎。中部和上部的茎叶明显呈扁平状，八列排列，侧面的叶片平铺，多少相等，中间叶片紧贴；叶片椭圆状披针形至狭舌形，长 2.5~3.0 mm，宽 0.5~0.8 mm，不对称的对折，或者假对折 (pseudo-conduplicate)，或扁平，叶尖急尖至圆钝，基部有或无一群有色，收缩的类似角细胞的区域；中肋常为双中肋，短或无；叶边缘全缘，平展，叶基部的一侧内卷，在叶片尖部有弱的小圆齿。叶细胞长轴形，具长而呈蠕虫状的细胞腔，长 67.5~135 μm，细胞壁薄至中等加厚，具壁孔，在叶尖部处呈卵状椭圆形，长 22.5~35 μm；在基部的细胞椭圆形至长方形，厚壁，壁孔明显，有颜色。雌雄异株。外雌苞叶小，宽卵形；内雌苞叶宽卵形至披针形，或者上部舌形，具宽的鞘部，有一骤长尖，叶边缘 1/3 以上有弱细齿；配丝丰富，硬挺，厚壁，长尖。孢子体侧生，孢蒴高出。蒴柄长 4.0~5.0 mm。孢蒴卵状椭圆形，直立，长 1.0~1.5 mm，干燥时稍微皱褶，蒴盖具圆锥形的喙；孢蒴口部形成一个 3~5 层方形或短长方形细胞组成的分化带并形成一个环带；孢蒴外壁细胞椭圆形或长方形，少数细胞卵形，波状厚壁。气孔和蒴帽未见。蒴齿高度退化，外齿层齿片 8，着生于蒴口内深处，表面有弱条纹。孢子球形或四分体形，直径 22~44 μm，表面具疣状突起。

生境：树干。

产地：海南：昌江县，霸王岭林区，P. L. Redfearn 35918 (MO，FH)；尖峰岭，陈邦杰等 431g (PE，IBSC)。

分布：中国和菲律宾。

科 44 平藓科 Neckeraceae*

多树干或阴湿岩面着生。植物体多硬挺，粗壮，稀形小，黄绿色、褐绿色或翠绿色，多具光泽，常疏松成片或成层生长。茎横切面无分化中轴，皮层外壁细胞狭长，基本组织细胞透明。主茎匍匐；支茎直立或下垂，一至三回羽状分枝。叶多扁平或疏松贴生，长卵形、舌形、圆卵形或卵状舌形，两侧多不对称，平滑或具强横波纹，稀具不规则纵褶，叶尖多圆钝或具短尖，叶基一侧内折或具小瓣；叶边上部具粗齿或细齿，稀全缘；中肋单一，细弱，稀为双中肋。叶细胞多平滑，稀有单疣，上部细胞菱形、圆方形或圆多角形，厚壁，下部细胞狭长形，厚壁，常具壁孔。雌雄多异株或同株。雌苞呈芽胞状。孢蒴多隐生于雌苞叶内，稀高出。蒴齿两层；外齿层齿片狭长披针形，常有穿孔，外面有疣或横纹，稀平滑，内面有低横隔；内齿层齿条披针形，齿毛常缺失。蒴盖圆锥形。蒴帽兜形或帽形，平滑或被纤毛。

热带、亚热带山地树生或石生藓类。全世界有 29 属；中国现知有 7 属。

分属检索表

1. 植物体多三回扁平羽状分枝成树形或扇形，稀一回扁平羽状分枝，体形多粗壮，稀形小 ··················

---

* 作者(Auctor)：吴鹏程(Wu Pan-Cheng)

··· **4. 树平藓属 Homaliodendron**

1. 植物体单一，为羽状分枝，或不规则羽状分枝，但不呈树形或扇形，体形一般中等大小，稀粗壮
··· 2

2. 支茎长可达 10 cm 以上；叶尖部多平截，稀锐尖 ··· 3

2. 支茎长度一般不超过 5 cm；叶尖部圆钝或具短钝尖 ··· 4

3. 叶常具波纹，尖部平截；中肋较粗，稀短弱 ····························· **2. 拟平藓属 Neckeropsis**

3. 叶不具波纹，尖部锐尖；中肋仅达叶长度的 3/4 ······················· **7. 亮蒴藓属 Shevockia**

4. 叶多紧密扁平贴生，一般无强横波纹，具强光泽 ·· 5

4. 叶多疏松贴生，稀密生，常具横波纹，稀平展，具弱光泽或无光泽 ································· 6

5. 叶卵状椭圆形或近于卵圆形，基部一侧具瓣；中肋缺失 ············· **6. 拟扁枝藓属 Homaliadelphus**

5. 叶椭圆形，基部一侧无瓣；中肋单一，细弱 ····························· **5. 扁枝藓属 Homalia**

6. 叶阔卵形或卵状舌形，具横波纹或无波纹；中肋多单一，稀为双中肋，短弱或不明显；叶细胞菱形
   至线形，胞壁较薄 ··· **1. 平藓属 Neckera**

6. 叶阔舌形，具不规则波纹；中肋单一，粗壮；叶细胞多不规则菱形，胞壁厚 ·······················
   ·· **3. 波叶藓属 Himantocladium**

Key to the genera

1. Plants mostly 3 pinnately flattenly branched, in dendroid-form or fan-form, rarely 1 pinnately flattenly branched, usually robust, rarely small ··· **4. Homaliodendron**

1. Plants simple, pinnately branched or irregularly pinnately branched, but not in dendroid-form or fan-form, usually median-sized, rarely robust ·· 2

2. Secondary stems up to more than 10 cm long; leaf apice mostly truncate, rarely acute ··············· 3

2. Secondary stems usually not more than 5 cm long; leaf apice rounded-obtuse or short obtuse ··········· 4

3. Leaves often undulate, apex mostly truncate; costa rather thick, rarely weak and short ·········· **2. Neckeropsis**

3. Leaves not undulate, apex acute; costa only 3/4 length of leaf···································· **7. Shevockia**

4. Leaves mostly densely complanate, usually not strongly undulate, strongly shining ····················· 5

4. Leaves loosely appressed, rarely dense, usually undulate, rarely complanate, weakly shining or not shining ··· 6

5. Leaves ovate-elliptic or nearly ovate-rounded, one basal side with a lobe; costa absent··· **6. Homaliadelphus**

5. Leaves elliptic, without any lobe at base; costa single, weak ································· **5. Homalia**

6. Leaves broadly ovate or ovate-lingulate, transversely undulate or without undulate; costa mostly single, rarely 2, weak or indistinct; leaf cells rhomboid to lineariform, rather thin··························· **1. Neckera**

6. Leaves broadly lingulate, irregularly undulate; costa mostly single, thick; leaf cells irregularly rhomboidal, walls thick ··· **3. Himantocladium**

属 1　平藓属 *Neckera* Hedw.

Spec. Musc. 200. 1801.

模式种：平藓 *N. pennata* Hedw.

体形中等大小，黄绿色，老时呈褐绿色，具绢丝状光泽，多成片垂倾生长。茎横切面呈圆形至椭圆形，无中轴。主茎匍匐伸展，多具棕红色假根；支茎倾立或下垂，扁平被叶，多一回羽状分枝，部分种类两回羽状分枝；分枝钝头或渐尖，稀呈鞭枝状形成新植株。叶一般呈 8 列而扁平贴生，并交替向左、右斜列，阔卵形、长

舌形或卵状长舌形，多具横波纹或不规则波纹，叶尖短钝、渐尖或圆钝；中肋多单一，长达叶片中部或中上部，稀短弱或缺失。叶细胞平滑，上部细胞为卵形、菱形，下部细胞狭长方形，胞壁多加厚，具明显壁孔，角部细胞一般呈方形。雌雄同株或雌雄异株。雌苞多着生支茎上；内雌苞叶具高鞘状基部。孢蒴卵形或卵状椭圆形，隐生或高出于雌苞叶。蒴齿两层；外齿层齿片披针形，淡黄色，平滑或具疣，中脊有时开裂；内齿层齿条披针形，具细疣，基膜略高出，齿毛常缺失。蒴帽兜形，稍具纤毛。

多热带、亚热带地区分布。仅少数种类见于温带沿海低山地区。全世界约有 70 种，中国现知有 17 种。

分种检索表

1. 植物体叶片不呈扁平排列；叶由卵状基部向上呈狭长舌形至阔带形，尖部具不规则粗齿；中肋单一，粗壮，可长达叶片上部，并常扭曲 ·················· **16. 粗肋平藓 N. undulatifolia**
1. 植物体叶片多扁平排列；叶卵形、椭圆状卵形，或卵状基部向上呈短阔舌形，尖部具细齿；中肋 2，短弱，或为单中肋消失于叶中部以上 ·· 2
2. 茎二、三回羽状分枝；叶不紧密贴生 ·························· **7. 扁枝平藓 N. neckeroides**
2. 茎通常一回羽状分枝或不规则羽状分枝，稀二、三回羽状分枝；叶紧密贴生或疏松贴生 ·········· 3
3. 孢蒴隐生于雌苞叶内；蒴柄长 0.5 cm 以下 ·· 4
3. 孢蒴高出于雌苞叶；蒴柄长 2~3 cm ·· 10
4. 叶具双中肋 ·· 5
4. 叶具单中肋 ·· 7
5. 叶阔卵形，上部具强波纹 ·· **1. 平藓 N. pennata**
5. 叶狭卵形或阔卵形，上部不具波纹 ·· 6
6. 叶中部以下宽阔；齿片基部具横纹 ······························ **4. 阔叶平藓 N. borealis**
6. 叶上下等宽或狭卵形；齿片基部平滑 ·························· **6. 平齿平藓 N. laevidens**
7. 叶基长下延 ··· **9. 延叶平藓 N. decurrens**
7. 叶基一般不下延 ·· 8
8. 叶卵形，强烈内凹，具不规则波纹 ······························ **3. 矮平藓 N. humilis**
8. 叶长卵形至卵状舌形，不强烈内凹，具横波纹或无波纹 ···································· 9
9. 雌苞叶狭长披针形；叶卵状舌形；中肋达叶中部以上；叶细胞长菱形，胞壁多波状不规则加厚 ·······
   ·· **2. 短齿平藓 N. yezoana**
9. 雌苞叶短披针形；叶卵形或长卵形；中肋消失于叶中部；叶细胞菱形，胞壁近于等厚 ··············
   ·· **5. 短肋平藓 N. goughiana**
10. 植物体一般 2~3 cm，叶具 2 短肋 ······························ **8. 曲枝平藓 N. flexiramea**
10. 植物体可达 5 cm 左右；叶具单中肋 ··· 11
11. 茎密被假鳞毛；叶基两侧边缘卷曲 ······························ **10. 四川平藓 N. setschwanica**
11. 茎一般不密被假鳞毛；叶基仅腹侧边缘内卷，稀两侧均内卷 ···························· 12
12. 叶长卵形，上部渐尖，两侧明显不对称 ························ **11. 八列平藓 N. konoi**
12. 叶基部卵形，向上呈舌形，两侧略不对称 ··· 13
13. 植物体长不及 5 cm；叶先端锐尖 ······························· **15. 翠平藓 N. perpinnata**
13. 植物体长可达 5 cm 以上；叶先端宽阔 ··· 14
14. 茎多二、三回羽状分枝 ·· **13. 齿叶平藓 N. crenulata**

Key to the species

1. Plants not complanately foliated; leaves from ovate base to a narrow lingulate or broad apex, grossely dentate at the apex; costa single, sometimes twisted near the tip, up to 2/3 of leaf length ·································· ··· **16. N. undulatifolia**

1. Plants complanately foliated; leaves from oblong-ovate or ovate base to a broadly lingulate, serrulate apex; costa bifid, short and weak, or single and disappeared above the middle of leaf ····························· 2

2. Stem 2~3 pinnately branched; leaves not densely appressed ··································· **7. N. neckeroides**

2. Stem usually 1 pinnately branched or irregularly pinnately branched, rarely 2~3 pinnately branched; leaves closely or loosely appressed ·· 3

3. Capsules immersed in perichaetial bracts; the length of seta under 0.5 cm ·································· 4

3. Capsules exserted from perichaetial bracts; the length of seta 2~3 cm ···································· 10

4. Leaf costa bifid, usually weak ··· 5

4. Leaf costa single, stout ·· 7

5. Leaves widely ovate, strongly undulate above, serrate at apical leaf margin ················ **1. N. pennata**

5. Leaves narrowly ovate or widely ovate, not undulate above, serrulate at apical leaf margin ············· 6

6. Leaves wide below the middle; exostome teeth striated at base ······························· **4. N. borealis**

6. Leaves nearly equally wide or narrowly ovate; exostome teeth smooth ······················ **6. N. laevidens**

7. Leaf base usually decurrent ··· **9. N. decurrens**

7. Leaf base usually not decurrent ··· 8

8. Leaves ovate, strongly concave, irregularly undulate ·· **3. N. humilis**

8. Leaves oblong-ovate to ovate-lingulate, not strongly concave, undulate or not undulate ··············· 9

9. Inner perichaetial bracts narrowly lanceolate; leaves ovate-lingulate, costa reaching above the middle of leaf; leaf cells oblong-rhomboid, walls usually thick, porose ··· **2. N. yezoana**

9. Inner perichaetial bracts shortly lanceolate; leaves ovate or oblong-ovate, costa vanishing in the middle of leaf; leaf cells rhomboid, walls equally thickened ··· **5. N. goughiana**

10. Plants rather small; leaf costa bifid ·· **8. N. flexiramea**

10. Plants rather large; leaf costa single ··· 11

11. Stem covered with dense pseudoparaphyllia; both basal margins of leaf involute or revolute ············· ··· **10. N. setschwanica**

11. Stem usually not covered with dense pseudoparaphyllia; only one basal margin of leaf involute, rarely both basal margins involute ·· 12

12. Leaves oblong-ovate, acuminate above, distinctly asymmetrical ································· **11. N. konoi**

12. Leaves ovate, lingulate above, slightly asymmetrical ·· 13

13. Plants less than 5 cm long; leaf apices acute ·· **15. N. perpinnata**

13. Plants 5 cm long or more; leaf apices wide ·· 14

14. Stem 2~3 pinnately branched; both basal margins of leaf involute ···························· **13. N. crenulata**

14. Stem 1 pinnately branched; one basal margin of leaf involute ··· 15

15. Plants more than 10 cm long, often with flagelliform branches, the ratio of leaf length and width more than 3:1; leaf apex serrulate ·· **14. *N. polyclada***

15. Plants less than 5 cm long, without flagelliform branches; the ratio of leaf length and width less than 2.5: 1; leaf apex irregularly dentate ·· 16

16. Walls of leaf cells incrassate, porose; base of inner perichaetial bracts widely ovate ······ **12. *N. yunnanensis***

16. Walls of leaf cells thick, subporose; base of inner perichaetial bracts narrowly ovate or ovate-triangular ····· ··· **17. *N. serrulatifolia***

1. 平藓

Neckera pennata Hedw., Spec. Musc. 200. 1801.

体形中等大小，黄绿色或褐绿色，略具光泽，多成片或稀疏垂倾生长。主茎匍匐横展，叶片多脱落；支茎通常倾立或下垂，长为 3~4 cm，稀疏或密扁平羽状分枝，分枝扁平排列，长为 0.5~1 cm，多单一，钝端。茎叶狭长椭圆形至舌形，长达 3 mm，两侧不对称，有时略呈弓形弯曲，上部具强波纹；叶边具细齿；中肋短弱。叶上部细胞椭圆状菱形，20~30 μm，中部细胞长菱形至线形，长 40~50 μm，宽 3 μm，多扭曲，胞壁薄，近基部细胞略加厚，角部细胞方形。枝叶略小于茎叶。雌雄异苞同株。雌苞着生支茎上部。内雌苞叶披针形，中肋长达叶中部。孢蒴长卵形，红褐色，隐生。外齿层齿片线披针形，淡黄色，平滑，下部具不明显条纹；内齿层齿条线形。蒴盖具短斜喙。蒴帽兜形。孢子纤小，直径约 20 μm。

生境：多生于海拔 1000~3000 m 的针叶林或针阔叶混交林内树干或背阴岩面。

产地：西藏：派区至多雄拉，树干，海拔 3300~3500 m，郎楷永 302d、585 (PE)。云南：贡山，独龙江，近南坡，石上，海拔 2400 m，汪楣芝 11670 (PE)。四川：九寨沟，冷杉树干，海拔 3650 m, Li P. X. 3 (PE)；稻城，贡嘎山，林下，海拔 3400~3600 m，汪楣芝 814225b (PE)；同前，树干，海拔 2600 m，汪楣芝 22479 (PE)；卧龙，罗健馨 174 (PE)。台湾：花莲，路边，海拔 2300~2500 m，林忠魁 B0437 (PE)。浙江：西天目山，树干，吴鹏程 7734 (PE)。黑龙江：小兴安岭，五营，冷杉树枝，陈邦杰、高谦 615 (PE)。新疆：布尔青，白海潴兵站 40 km 处，河边石坡，海拔 1200 m，B. C. Tan 93-934 (FH，PE)。

分布：中国、日本、朝鲜、俄罗斯、欧洲和北美洲等地。

本种为中国平藓属中最习见的种，其主要识别点为扁平被叶，且叶片具强横波纹，中肋甚短弱。

2. 短齿平藓 图 153

Neckera yezoana Besch., Ann. Sc. Nat. Bot. Ser. 7, 17: 358. 1893.

Neckera hayachinensis Card., Bull. Soc. Bot. Genève Ser. 2, 3: 276. 1911.

体形较大，黄绿色或灰绿色，基部多褐色，略具光泽，多呈小片集生。主茎匍匐；支茎倾立，长达 5 cm，钝端，密不规则羽状分枝；分枝长约 5 mm，疏松扁平被叶。茎

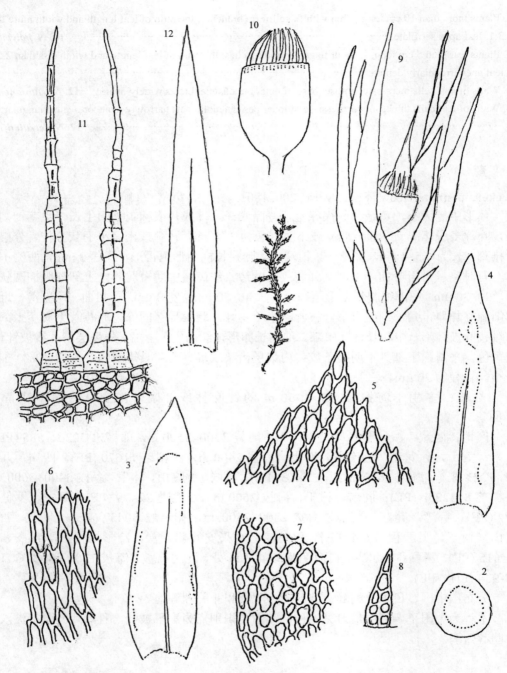

图 153　短齿平藓 *Neckera yezoana* Besch. 1. 植物体(×0.8), 2. 茎的横切面(×95), 3~4. 茎叶(×36), 5. 叶尖部细胞(×470), 6. 叶中部边缘细胞(×470), 7. 叶基部细胞(×470), 8. 假鳞毛(×180), 9. 雌苞, 示开启的孢蒴(×30), 10. 脱盖的孢蒴(× 45), 11. 蒴齿(×350), 12. 内雌苞叶(×36) (绘图标本：湖北, 神农架林区, Luteyn 1839, NY, MO, PE) (吴鹏程 绘)

Fig. 153　*Neckera yezoana* Besch. 1. habit (×0.8), 2. cross section of stem (×95), 3~4. stem leaves (×36), 5. apical leaf cells (× 470), 6. middle marginal leaf cells (×470), 7. basal leaf cells (×470), 8. pseudoparaphyllia (×180), 9. perichaetium, showing the opened capsule (×30), 10. opened capsule (×45), 11. peristome teeth (×350), 12. inner perichaetial bract (×36) (Hubei: Shennongjia Forest Region, Luteyn 1839, NY, MO, PE) (Drawn by P.-C. Wu)

叶干时贴生，湿润时倾立，卵状阔披针形，两侧近于对称，具短尖，内凹，3 mm×1 mm，上部具少数不规则波纹；叶边上部具细齿；中肋单一，细弱，消失于叶片中部以上，或短而分叉。叶上部细胞长菱形或卵形，长 25~30 μm，宽 8 μm，胞壁强烈加厚，具壁孔，中部细胞狭菱形或线形，长 40~60 μm，宽 6 μm，胞壁厚而具壁孔，角部细胞近于呈方形，20~30 μm，厚壁。雌雄异苞同株。雌苞多着生支茎上，稀枝生。内雌苞叶形大，由椭圆形基部渐向上成狭披针形。孢蒴隐生于雌苞叶内，椭圆状卵形，棕色。蒴盖具斜喙。蒴帽具稀疏纤毛。

生境：山地树干着生。

产地：西藏：错那，麻麻乡，铁杉林内，海拔 2900 m，杨永昌 60b (PE)。四川：都江堰，龙池，树干，海拔 1850 m，汪楣芝 50540 (PE)，吴鹏程 25221 (PE)；金佛山，望乡台，湿石上，海拔 1850 m，刘正宇 3663 (PE)。贵州：大沙河保护区，树干，海拔 1350 m，黄玉茜 48a (PE)。湖北：神农架林区，土地垭，树干，海拔 1850~2000 m，吴鹏程 327 (PE)；同前，大岩层，树干，海拔 1850~2000 m，吴鹏程 342 (PE)；同前，桂竹园，树干，海拔 1600~1810 m，吴鹏程 375、422b (PE)；同前，千家坪至老君山，树干，海拔 1700~2020 m，Luteyn 656b、659d、714e、1380b、1839 (PE)。湖南：大庸，张家界，金鞭溪，路边树干，海拔 580 m，吴鹏程 20004、20229 (PE)。浙江：西天目山，老殿西，腐木上，吴鹏程 8080 (PE)；同前，近仙顶，树干，海拔 1450 m，吴鹏程 7734 (PE)。陕西：秦岭南坡，火地塘，分水岭，海拔 1800 m，陈邦杰 20 (PE)。

分布：中国、日本和朝鲜。

内雌苞叶狭长披针形尖部为本种主要识别点，且叶片明显内凹，叶细胞壁具明显壁孔，在平藓属中较为突出。

3. 矮平藓(新拟名)　图 154

Neckera humilis Mitt., Trans. Linn. Soc. Lodon Bot. Ser. 2, 3: 174. 1891.

Neckera humilis Mitt. var. *complanatula* Card., Bull. Soc. Bot. Genève Ser. 2, 3: 276. 1911.

植物体灰绿色或褐绿色，略具光泽，呈疏松小片状生长。支茎长可达 5 cm，连叶宽 3~4 mm，钝端；不规则疏分枝；茎皮层 3~4 层淡黄色小形厚壁细胞，髓部为大形透明细胞，中轴不分化；假鳞毛披针形，有时成簇生长，叶腋透明毛为单列细胞。枝长 5~20 mm。叶干燥时疏松贴生；茎叶长卵形至阔卵形，下部宽阔，基部收缩，向上渐呈钝尖，两侧略不对称，具不规则短波纹，长可达 3 mm，宽约 1 mm，强烈内凹；叶边上部具细齿；中肋单一，达叶片中部或中部以上，稀及叶片 1/3 或分叉。叶细胞菱形或卵形，长 15~20 μm，胞壁厚，角部明显加厚，中部细胞趋长方形至菱形，厚壁，角部细胞近方形至扁卵形，7~8 列，直径约 10 μm，胞壁角部加厚，基部中央细胞长卵形至长方形，胞壁强烈加厚，具明显壁孔。雌雄异苞同株。雌苞着生支茎。内雌苞叶椭圆状披针形，具短钝尖，长约 3 mm；中肋达叶片中部。孢蒴椭圆状圆柱形，长约 2 mm。蒴齿两层；外齿层齿片披针形，具细长尖，淡黄色，上部具细疣，下部平滑；内齿层齿条细弱，长度约为齿片 1/2。蒴盖圆锥形，具斜喙。蒴帽帽形，具少

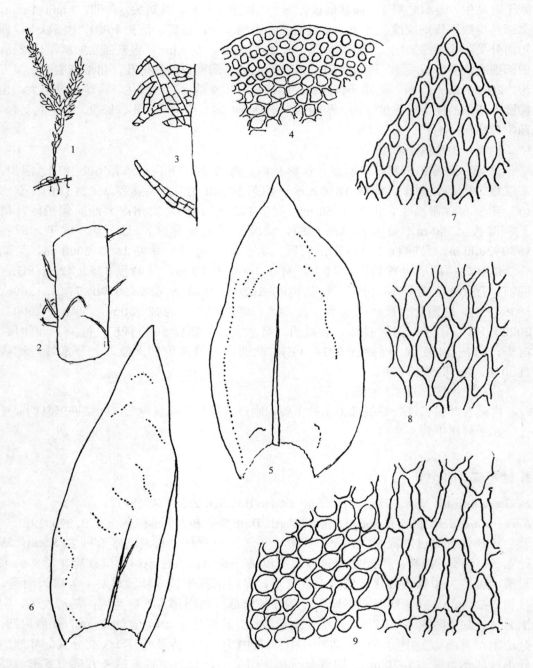

图 154　矮平藓 *Neckera humilis* Mitt. 1. 植物体(×1.5)，2. 着生茎上的假鳞毛(×12)，3. 假鳞毛(×120)，4. 茎横切面的一部分(×320)，5~6. 茎叶(×40)，7. 叶尖部细胞(×410)，8. 叶中部细胞(×410)，9. 叶基部细胞(×410) (绘图标本：上海，大金山岛，高彩华 21371，SHM) (吴鹏程 绘)

Fig. 154　*Neckera humilis* Mitt. 1. habit (×1.5), 2. pseudoparaphyllia on the stem (×12), 3. pseudoparaphyllia (×120), 4. portion of the cross section of stem (×320), 5~6. stem leaves (×40), 7. apical leaf cells (×410), 8. middle leaf cells (×410), 9. basal leaf cells (×410) (Shanghai: Dajinshan Island, 21371, SHM) (Drawn by P.-C. Wu)

数纤毛。

生境：海拔 250 m 至近千米丘陵和岛屿的树干或土表。

产地：浙江：普陀山，树干，海拔 250 m，李登科、高彩华 7015a (SHM)。安徽：黄山，清凉台至二道亭，李登科 4832 (SHM)。江苏：南京，梅花山，树干，李登科 16633 (SHM)。上海：金山县，大金山岛，土表，高彩华 21371、李登科 7613 (SHM，PE)。

分布：中国、日本和朝鲜。

本种主要识别点为植物体短小，叶片多卵状具短尖，波纹不规则，叶上部细胞卵形或菱形。在亚洲东部地区，曲枝平藓 *N. flexiramea* Card. 与本种近似，但叶片一般不强烈内凹，中肋短弱而常分叉，可明显区分于本种。

4. 阔叶平藓(新拟名)　图 155

Neckera borealis Nog., Journ. Hattori Bot. Lab. 16: 124. 1956.

N. laeviuscula Card., Bull. Soc. Bot. Genève Sèr. 2, 3: 277. 1911. hom. illeg.

植物体形小至中等大小，淡黄绿色，略具光泽。支茎长可达 6 cm，羽状分枝，扁平被叶；横切面呈椭圆形，髓部细胞形大，薄壁，透明，外面包被 3~4 层小形、淡黄色细胞；假鳞毛披针形或 3 个单列细胞，黄褐色。茎叶卵状椭圆形，稀呈长舌形，两侧不对称，长约 2.5 mm，具短钝尖；叶边上部具细齿；中肋短弱，或分叉，稀达叶片近中部或 1/3。叶上部细胞长卵形至长菱形，叶下部细胞狭长方形，长 30~50 μm，宽 3~4 μm。枝叶与茎叶近似，但较小，具锐尖。雌雄异苞同株，雄苞芽胞形。雌苞着生支茎。内雌苞叶椭圆形，具长尖。蒴柄短。孢蒴隐生，椭圆状卵形。蒴齿两层；外齿层齿片线形，略扭曲，上部透明，下部具横纹或斜纹；内齿层膜状。蒴盖圆锥形，具短喙。孢子直径 15~20 μm，外壁粗糙。

生境：习生于海拔 2000 m 以上亚高山林内树干和树枝。

产地：四川：南坪，70 km 处，九道拐，树干，海拔 2360 m，吴鹏程 22963a (PE)。陕西：太白山，南坡，树干，魏志平 6373 (WUK)；太白山西北坡，冷杉树干，海拔 2720 m，黄金、李国献 1922 (PE)。甘肃：西固，黑峪沟，山神爷林下，海拔 3000 m，王作宾 14442 (PE)；榆中，兴隆山，海拔 2540 m，曾丽勋 4 (PE)。青海：南山，N. M. Przewalski 773，(原订名 *Neckera przewalskii* Broth., H)。

分布：中国、朝鲜和日本。

本种主要特点为叶扁平着生，无波纹，长卵状椭圆形，具钝尖至锐尖，叶边齿细，与中国平藓属其他种类均相异。目前，主要见于中国西北部山区。

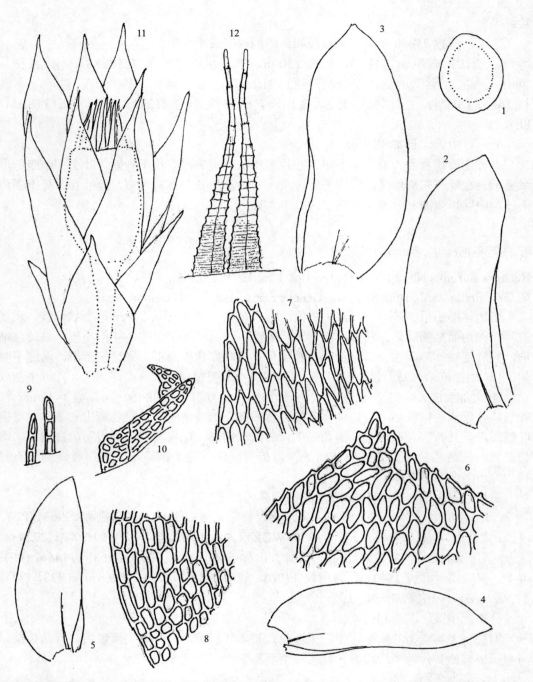

图 155　阔叶平藓 *Neckera borealis* Nog. 1. 茎的横切面(×125), 2~3. 茎叶(×36), 4~5. 枝叶(×36), 6. 叶尖部细胞(×410), 7. 叶中部边缘细胞(×410), 8. 叶基部细胞(×410), 9~10. 假鳞毛(×180), 11. 雌苞, 孢蒴已开启(×45), 12. 蒴齿(×180)(绘图标本：甘肃, 西固县, 王作宾 14442, PE) (吴鹏程 绘)

Fig. 155　*Neckera borealis* Nog. 1. cross section of stem (×125), 2~3. stem leaves (×36), 4~5. branch leaves (×36), 6. apical leaf cells (×410), 7. middle marginal leaf cells (×410), 8. basal leaf cells (×410), 9~10. pseudoparaphyllia (×180), 11. perichaetium, showing the opened capsule (×45), 12. peristome teeth (×180) (Gansu: Xigu Co., Z.-B. Wang 14442, PE) (Drawn by P.-C. Wu)

5. 短肋平藓(新拟名)　图 156

Neckera goughiana Mitt., Journ. Proc. Linn. Soc. Bot. Suppl. 1: 120. 1859; He, Journ. Hattori
　　Bot. Lab. 81: 39. 1997.

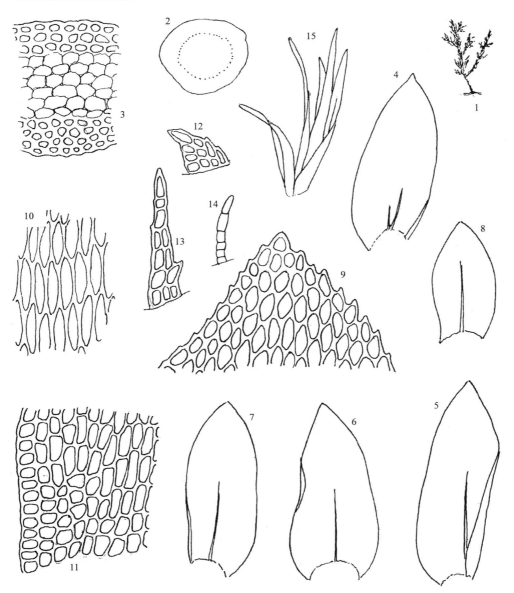

图 156　短肋平藓 *Neckera goughiana* Mitt. 1. 植物体(×0.8), 2. 茎的横切面(×125), 3. 茎横切面的一部分(×320), 4~7. 茎叶(×36), 8. 枝叶(×36), 9. 叶尖部细胞(×470), 10. 叶中部细胞(×470), 11. 叶基部细胞(×470), 12~13. 假鳞毛(×180), 14. 腋毛(×180), 15. 幼嫩雌苞(×40) (绘图标本: 河南, 栾川县, 涂大正 3146e, PE) (吴鹏程 绘)

Fig. 156　*Neckera goughiana* Mitt. 1. habit (×0.8), 2. cross section of stem (×125), 3. portion of the cross section of stem (×320), 4~7. stem leaves (×36), 8. branch leaf (×36), 9. apical leaf cells (×470), 10. middle leaf cells (×470), 11. basal leaf cells (×470), 12~13. pseudoparaphyllia (×180), 14. axillary hair (×180), 15. young perichaetium (×40) (Henan: Luanchuan Co., D.-Z. Tu 3146e, PE) (Drawn by P.-C. Wu)

Homalia goughiana (Mitt.) Jaeg., Ber. Thätigk. St. Gallischen. Naturwiss. Ges. 1875~1876: 297. 1877.

Homalia goughii Mitt. ex Kindb. Enum., Bryin. Exot. 16. 1888, nom. illeg. incl. spec. prior.

Neckera muratae Nog., Journ. Sci. Hiroshima Univ., Ser. B, Dir. 2, 3: 17. 1936.

植物体黄绿色，具光泽，呈片生长。主茎纤细，匍匐；支茎倾立或下垂，扁平被叶，密羽状分枝。叶扁平，平直伸展或斜展，卵状椭圆形，长 0.6~0.8 mm，宽 0.3~0.4 mm，两侧明显不对称，腹侧内凹，基部狭内折，着生处狭窄，尖部宽钝，圆弧形或具钝尖；叶边仅尖部具细齿；中肋短弱，或分叉。叶细胞方形至菱形，10~17 μm，中部细胞菱形，长 17~25 μm，宽 6~8 μm，基部细胞长方形至狭长方形，长 17~35 μm，宽 6~8 μm，角部细胞方形或不规则方形，直径 6~8 μm，胞壁均等厚。雌雄异株。雌苞叶倒椭圆形，突具披针形尖。蒴柄长约 0.7 mm。孢蒴长卵形，长约 1.5 mm。蒴齿两层；外齿层齿片披针形，长约 0.25 mm，扭曲，中缝多不规则开裂，上部被细疣；内齿层齿条纤弱，长约齿片的 1/3。蒴盖短圆锥形，具长喙。蒴帽兜形，长约 2 mm。

生境：树干生长。

产地：江西：庐山，王森林 024b (PE)。河南：栾川，大东沟，涂大正 3146a；予北，鳌背山，新乡师范 1042 (PE)，涂大正 1106 (PE)；同前，布袋沟，涂大正 1061 (PE)；西峡，黄石庵，树干或岩面，罗健馨 255、279c (PE)；同前，太平镇，石上，罗健馨 362a (PE)。陕西：太白山，丰田宫附近，彭泽祥 23 (PE)。甘肃：留坝，庙台子后山，P. I. Wen 5d (PE)。

分布：中国、日本和印度。

就本种的归属问题，虽然 Mitten (1859) 认为应系平藓属的成员，但 Jaeger (1877) 却把它调至扁枝藓属 *Homalia*。现经近年研究，Gangulee (1976)、Enroth 和 Tan (1994) 和 He (1997) 均确认它的叶形、叶细胞及叶片多少具横波纹等特征仍应把它归在平藓属内。

在叶形、叶细胞及叶细胞壁等特征方面，本种与阔叶平藓 *N. complanata* (Hedw.) Hüb. 十分相似，但本种叶尖部宽阔和叶细胞较短等性状可区分于后者。

6. 平齿平藓　图 157

Neckera laevidens Broth. ex Wu et Jia, Chenia 10: 20, fig. 6. 2011.

植物体较细弱，黄绿色，稀疏小片状生长。支茎长可达 5 cm，连叶宽约 1.5 mm，稀少分枝，或不规则短羽状分枝，分枝长约 0.5 cm，扁平被叶。茎叶长卵形，约 2 mm×0.6 mm，上部宽阔，具钝尖，基部略窄，一侧狭带状内折；叶边尖部具细齿；中肋单一，纤弱，甚短，稀分叉。叶尖部细胞卵形或长卵形，长 10~28 μm，宽 8 μm，角部加厚，中部细胞狭长卵形，长 28~33 μm，宽 5 μm，胞壁加厚，基部细胞狭长卵形至近于呈线形，长 45~55 μm，宽 8~10 μm，胞壁强烈波状加厚。枝叶略小于茎叶，长 1.6~1.8 mm，宽 0.6 mm，尖部略短；中肋不明显。雌雄异株。雌苞叶 5~6，卵状披针形。蒴柄甚短，隐生于雌苞叶内。孢蒴卵形，长约 1.5 mm，直径 1 mm。蒴齿两层；外齿层齿片狭披针形，长约 0.33 mm，中脊之字形，平滑，内面横脊明显；内齿层齿条未见。蒴盖圆锥形，具尖喙。孢子圆形，直径 13~18 μm，被密细疣。

生境：树干附生。

产地：四川：北部，Dongnag，海拔 3900~4000m, H. Smith s. n. (Type, H)。

分布：中国特有种。

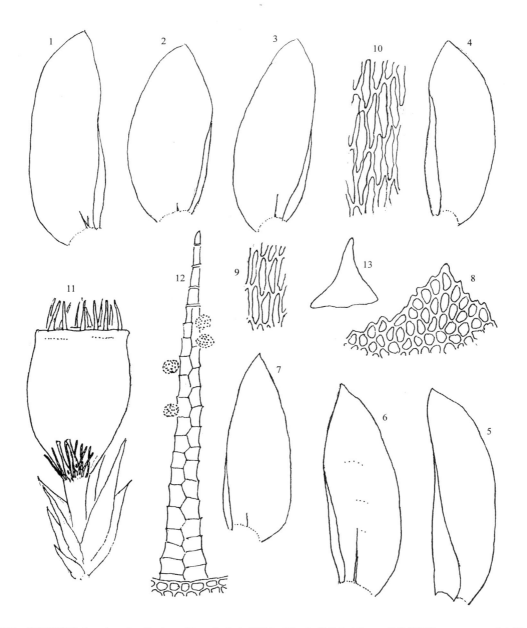

图 157　平齿平藓 *Neckera laevidens* Broth. ex Wu et Jia 1~6. 茎叶(×28)，7. 枝叶(×28)，8. 叶尖部细胞(×450)，9. 叶中部细胞(×450)，10. 叶基部细胞(×450)，11. 开启的孢蒴及内雌苞叶，示孢蒴基部的不孕颈卵器(×28)，12. 齿片及 4 个孢子(×280)，13. 蒴盖(×28) (绘图标本：四川，H. Smith s. n., Type, H) (吴鹏程 绘)

Fig. 157　*Neckera laevidens* Broth. ex Wu et Jia 1~6. stem leaves (×28), 7. branch leaf (×28), 8. apical leaf cells (×450), 9. middle leaf cells (×450), 10. basal leaf cells (×450), 11. opened capsule and inner perichaelial bracts, showing several unfertilizeded archigonia at the base of capsule (×28), 12. exostome tooth and 4 spores (×280), 13. operculum (×28) (Sichuan: H. Smith s. n., Type, H) (Drawn by P.-C. Wu)

　　本种蒴齿平滑为平藓属中较独特的类型，其叶形与阔叶平藓 *N. complanta* (Hedw.) Hueb. 近似，但叶下部细胞长而胞壁波状加厚，而后者叶基角部细胞明显分化。

7. 扁枝平藓　图 158

Neckera neckeroides (Broth.) Enroth et Tan, Ann. Bot. Fennici 31: 53. f. 1~2. 1994.

Homaliodendrom neckeroides Broth., Symb. Sin. 4: 88. 1929.

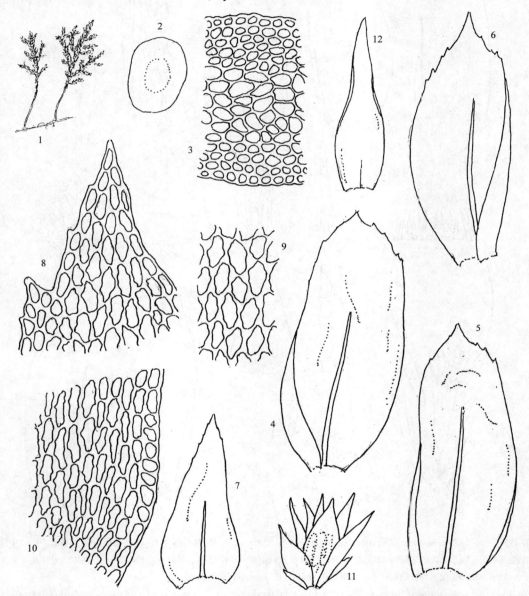

图 158　扁枝平藓 *Neckera neckeroides* (Broth.) Enroth et Tan 1. 植物体(×0.8), 2. 茎的横切面(×95), 3. 茎横切面的一部分(×360), 4~6. 茎叶(×36), 7. 茎基叶(×36), 8. 叶尖部细胞(×470), 9. 叶中部细胞(×470), 10. 叶基部细胞(×470), 11.雄苞(×25), 12. 内雄苞叶(×36) (绘图标本：湖南，武康，云山，Handel-Mazzetti 12115, Lectotype, W) (吴鹏程　绘)

Fig. 158　*Neckera neckeroides* (Broth.) Enroth et Tan 1. habit (×0.8), 2. cross section of stem (×95), 3. portion of the cross section of stem (×360), 4~6. stem leaves (×36), 7. stipe leaf (×36), 8. apical leaf cells (×470), 9. middle leaf cells (×470), 10. basal leaf cells (×470), 11. perigonium (×470), 12. inner perigonial bract (×36) (Hunan: Wukang, Yunshan Mt. Handel-Mazzetti 12115, Lectotype, W) (Drawn by P.-C. Wu)

植物体黄褐色，略具光泽，群集小片状生长。主茎匍匐，老时叶脱落；支茎长 4~5 cm，不规则羽状分枝；茎横切面椭圆形，由 4~5 层小形厚壁细胞，包围髓部大形透明细胞，无中轴；腋毛长 3~5 个细胞；假鳞毛缺失。叶略膨起，不呈扁平贴生；茎叶卵状椭圆形，长 2.2~2.3 mm，宽约 1 mm，两侧略不对称，基部一侧常内折，先端钝尖或突成一小尖；叶边尖部具疏粗齿；中肋单一，达叶片 2/3 处。叶尖部细胞菱形至椭圆形，中部细胞菱形至椭圆形，长 40~50 μm，基部细胞椭圆形至近方形，胞壁强烈加厚，具壁孔。枝叶明显小于茎叶，约为茎叶长度的 2/3。雌雄异株。雄苞芽状，着生茎上；内雄苞叶卵状披针形。蒴柄长 0.5 mm，平滑。内雌苞叶卵状长披针形，具宽鞘部。孢蒴卵形，成熟时棕色。蒴齿两层；外齿层齿片 16，披针形，背面下部具横条纹，稀具斜纹，中缝之字形，上部具突起；内齿层齿条线形，与齿片交互着生，近于等长，中脊具穿孔。蒴盖圆锥形，具斜喙。蒴帽兜形，被多数纤毛。孢子圆球形，直径约 25 μm，具细疣。

生境：着生栎树树干。

产地：湖南：南岳，藏经殿，树干，海拔 1000 m，罗健馨 96460 (PE)；武康，海拔 1250 m，Haudel-Mazzetti 12115 (*Homaliodendrom neckeroides* Broth. 的 Iso-lectotype, W, H)。陕西：秦岭南坡，火地塘，雅雀场，陈邦杰等 272 (PE)。

分布：中国。

8. 曲枝平藓　图 159

Neckera flexiramea Card., Bull. Soc. Bot. Genève Ser. 2, 3: 277. 1911.

植物体较柔软，灰绿色，稀疏交织生长。主茎匍匐贴生基质，叶片多脱落，着生有棕色假根；支茎扭曲，具疏分枝，枝长 0.5~1 cm，疏松被叶，具钝尖。茎叶卵状椭圆形至椭圆形，长 1.2~1.5 mm，两侧不对称，具钝尖或渐尖，内凹，上部具疏波纹；叶边具细齿；中肋 2，短弱，稀单一。枝叶小于茎叶，尖部较窄而叶边具齿粗。叶尖部细胞菱形或长菱形，中部细胞近于呈线形，长 30~40 μm，胞壁薄，角部细胞方形，直径 10~15μm，厚壁。雌雄异株。内雌苞叶椭圆形，向上呈短渐尖。蒴柄长 3~4 mm，远高出于雌苞叶。孢蒴卵形或卵状椭圆形，具蒴台。蒴齿两层；外齿层齿片长披针形，具细疣或粗疣；内齿层缺失。蒴盖长约 0.7 mm，具斜喙。蒴帽长约 1.5 mm，被疏长纤毛。孢子直径 25~35 μm。内雄苞叶卵形，兜状，具披针形尖。

生境：多低海拔山区树干着生。

产地：四川：金佛山，北坡，路边树基，海拔 1150 m，汪楣芝 860489 (PE)。广西：融水，九万大山，山脊树干，海拔 1370 m，汪楣芝 46777 (PE)。台湾：台南，阿里山，Noguchi s. n. (HIRO)。安徽：金寨，天堂寨，大椰榆树干，海拔 960 m，吴鹏程 54082 (PE)。

分布：中国、朝鲜和日本。

本种为一东亚特有类型，其枝条多扭曲，叶片短而尖部常波曲，在平藓属中较易于识别。

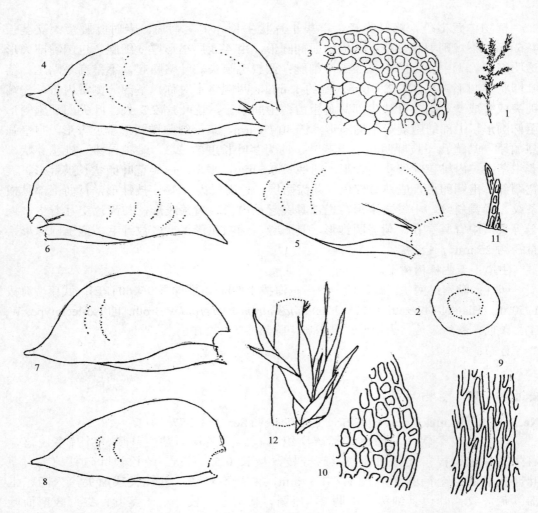

图 159　曲枝平藓 *Neckera flexiramea* Card. 1. 植物体(×0.8), 2. 茎的横切面(×95), 3. 茎横切面的一部分(×360), 4~5. 茎叶(×36), 6~8. 枝叶(×36), 9. 叶中部细胞(×450), 10. 叶基部细胞(×450), 11. 假鳞毛(×180), 12. 茎上的幼嫩雌苞(×40)(绘图标本：广西，九万大山，汪楣芝 46777, PE)(吴鹏程 绘)

Fig. 159　*Neckera flexiramea* Card. 1. habit (×0.8), 2. cross section of stem (×95), 3. portion of the cross section of stem (×360), 4~5. stem leaves (×36), 6~8. branch leaves (×36), 9. middle leaf cells (×450), 10. basal leaf cells (×450), 11. pseudoparaphyllia (×470), 12. a young perichaetium on the stem (×40) (Guangxi: Mt. Jiuwanda'shan M.-Z. Wang 46777, PE) (Drawn by P.-C. Wu)

9. 延叶平藓　图 160

Neckera decurrens Broth., Symb. Sin. 4: 86. 1929.

Neckera decurrens Broth. var. *rupicola* Broth., Symb. Sin. 4: 86. 1929.

　　植物体较纤长，黄绿色，具光泽，疏松丛集生长。主茎匍匐；支茎倾立，长达 7 cm，密扁平被叶，连叶宽可达 2.5 mm，基部无分枝，上部羽状分枝，枝展出，长达 1 cm，钝端。茎叶倾斜展出，卵状椭圆形，长可达 1.5 mm 以上，内凹，基部趋窄，一侧常内折，长下延，上部多具浅横纹，尖部宽钝，渐尖；叶边全缘或尖部具细齿；中肋纤细，短弱或稀达叶片中部，或中肋不明显。叶尖部细胞卵形至长菱形，长 15~20 μm，宽约 5 μm，

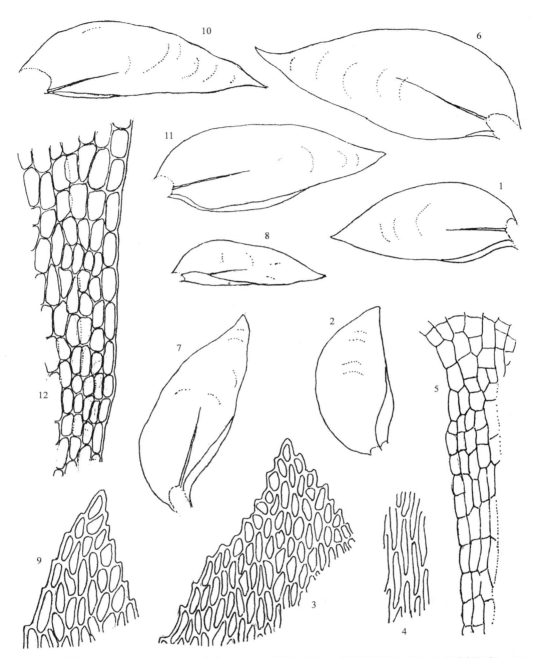

图 160　延叶平藓 *Neckera decurrens* Broth. 1. 茎叶(×28), 2. 枝叶(×28), 3. 叶尖部细胞(×450), 4. 叶中部细胞(×450), 5. 叶基部细胞(×450) (绘图标本：湖南，岳麓山，Handel-Mazzetti 11449, H); 6. 茎叶(×28), 7. 枝叶(×28), 8. 小枝叶(×28), 9. 叶尖部细胞(×28) (绘图标本：贵州，Handel-Mazzetti 10736, Type, H)10, 11. 茎叶(×28), 12. 叶基部细胞(×450) (绘图标本：湖南，岳麓山，Handel-Mazzetti 11937, Type: *N. decurrens* var. *rupicola*, H) (吴鹏程 绘)

Fig. 160　*Neckera decurrens* Broth. 1. stem leaf (×28), 2. branch leaf (×28), 3. apical leaf cells (×450), 4. middle leaf cells (×450), 5. basal leaf cells (×450) (Hunan: Mt. Yuelushan, Handel-Mazzetti 11449, H); 6. stem leaf (×28), 7. branch leaf (×28), 8. small branch leaf (×28), 9. apical leaf cells (×28) (Guizhou: Handel-Mazzetti 10736, Type, H)10, 11. stem leaves (×28), 12. basal leaf cells (×450) (Hunan: Mt. Yuelushan, Handel-Mazzetti 11937, Type: *N. decurrens* var. *rupicola*, H) (Drawn by P.-C. Wu)

中部细胞长 40~50 μm，宽 5 μm，胞壁等厚，角部略加厚，基部下延细胞大而疏松，长方形，长 60~100 μm，宽 40~60 μm。雌雄异株。雌苞叶内卷，具狭披针形尖。孢蒴隐生。其他特征不详。

生境：低海拔树干和阴湿岩面生长。

产地：云南：贡山，独龙江，龙元，海拔 2000 m，树干，汪楣芝 11045 (PE)；同前，布卡瓦至献九当途中，海拔 1460~1520 m，汪楣芝 10785 (PE)。贵州：近都匀，石灰石上，海拔 550~700 m，Handel-Mazzetti 10736 (Type, var. *rupicola* Broth., H)。湖南：长沙，岳麓山，林内枫香树干，海拔 150 m，Handel-Mazzetti 11449 (Holotype, H)；西华山，石灰石上，海拔 550~700 m，Handel-Mazzetti 11937 (Type, H)；无具体地点，刘应迪 97-126 (PE)。

分布：中国特有。

1929 年由 Handel-Mazzetti 主编的《中国植物志要》(*Symbolae Sinicae*)第 4 卷中，把湖南所采的 Handel-Mazzetti 11937 的石灰岩上生长的标本作为本种的岩生变种，但经重新观察本志认为它应归入原变种，而另一号贵州标本(Handel-Mazzetti 10736)则可作为岩生变种(var. *rupicola* Broth.)。两者主要区分点为岩生变种的叶明显狭长、波纹数多，且中肋长度可达叶片的中部以上，但从整体而论达两变种仅是形态上量的变化，因此合并两亚种是可以肯定的。

10. 四川平藓　图 161

Neckera setschwanica Broth., Sitz. Ak. Wiss. Wien Math. Nat. Kl. Abt. 1, 131: 215. 1923.

植物体中等大小，黄绿色，老时呈褐色，疏松成片倾垂生长。主茎匍匐伸展，支茎直立或倾垂；常密生披针形假鳞毛；不规则羽状分枝。叶扁平着生，卵状舌形，长达 2 mm，干燥时具强烈波纹，尖部宽阔，具钝尖；叶边仅尖部具粗齿，一侧内折而膨起，另一侧为背曲；中肋单一，长达叶片的 2/3 处。叶细胞菱形至长菱形，具壁孔，中部细胞直径约 40 μm×7 μm，叶基角部细胞方形，壁厚，红棕色。孢子体未见。芽胞丝状，一般由单列多细胞组成，着生叶片背面。

生境：树干生长，海拔约 2000 m。

产地：西藏：密波，冷杉林，海拔 3250 m，张经纬 M 7313 (PE)；三安曲林，结巴拉山，树干，臧穆 1489 (HKAS，PE)。云南：贡山，布卡瓦至献九当途中，石上，海拔 1460~1520 m，汪楣芝 10785 (PE)；同前，龙地耿至南代途中，海拔 2200 m，汪楣芝 11653b (PE)。四川：宁盐，大凉山，石灰石上，海拔 2600~2800 m，Handel-Mazzetti 1695 (Holotype, H)；木里，石上，海拔 3850~3950 m，汪楣芝 23739a、23717 (PE)；理县，夹壁，海拔 2900 m，赵良能 111 (PE)；南坪，70 km 处，九道弯，小树干，海拔 2360 m，吴鹏程 22963b (PE)；大金，绰斯甲，河边石上，海拔 2850 m，管中天 5356 (PE)。

分布：为中国西南地区特有。

在叶形上，本种与齿叶平藓 N. *crenulata* Harv. 甚近似，但前者植物体较小，且叶细胞亦短。

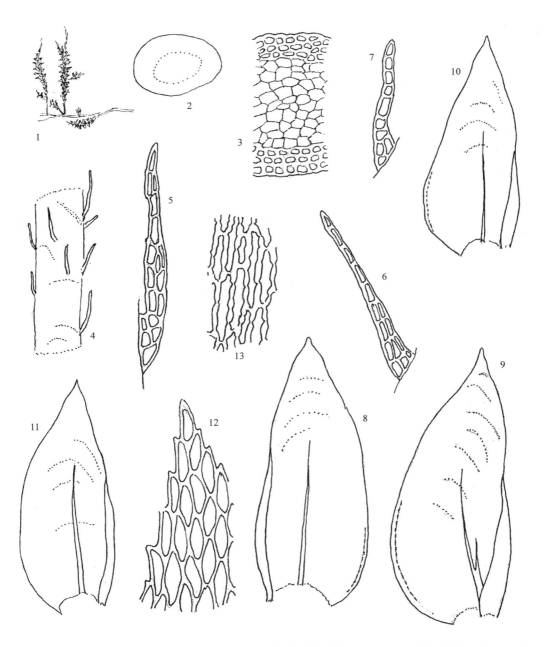

图 161　四川平藓 *Neckera setschwanica* Broth. 1. 植物体，示尖部着生芽条(鞭状枝)(×0.8)，2. 茎的横切面(×95)，3. 茎横切面的一部分(×360)，4. 茎的一部分，示密被假鳞毛(×60)，5~7. 假鳞毛(×470)，8~9. 茎叶(×36)，10~11. 枝叶(×36)，12. 叶尖部细胞(×470)，13. 叶基部细胞(×470)(绘图标本：西藏，波密县，张经纬 M7313, PE)(吴鹏程 绘)

Fig. 161　*Neckera setschwanica* Broth. 1. habit, showing the flagelliform branches at the tips (×0.8), 2. cross section of stem (×95), 3. portion of the cross section of stem (×360), 4. portion of the stem, showing the dense pseudoparaphyllia on it (×60), 5~7. pseudoparaphyllia (×470), 8~9. stem leaves (×36), 10~11. branch leaves (×36), 12. apical leaf cells (×470), 13. basal leaf cells (×470) (Xizang: Bomi Co., J.-W. Zhang M7313, PE) (Drawn by P.-C. Wu)

11. 八列平藓

Neckera konoi Broth. in Card., Bull. Soc. Bot. Geneve ser. 2, 3: 277. 1911.

植物体外形粗壮，暗绿色至灰绿色，略具光泽，呈疏松大片状生长。主茎匍匐伸展，老时叶片多脱落；支茎倾立，长可达 10 cm，连叶片宽 0.5 cm，不规则羽状分枝，枝单一，有时具小分枝，尖部常具鞭状枝。茎叶倾立，椭圆状舌形，长可达 3 mm，锐尖或渐尖，基部趋窄，两侧不对称，内凹，上部具少数深纵褶；叶边基部一侧内折，上部具细齿；中肋纤细，单一，长达叶片中部，稀短而分叉。叶上部细胞长菱形，长 20~30 μm，壁厚，中部细胞线形，长达 50 μm，胞壁厚而波曲，角部细胞黄褐色，方形，胞壁厚，具壁孔。雌雄异株。雌苞着生支茎上。内雌苞叶椭圆形，向上突成针形，无中肋，叶边全缘，仅尖部具细齿。蒴柄细长，褐色，长约 5 mm。孢蒴卵状椭圆形，长可达 2 mm。蒴齿两层；外齿层齿片狭披针形，淡黄色，略具细疣；内齿层齿条与齿片近于同形，平滑，齿毛线形，长约为齿的 2/3。蒴盖圆锥形，具斜长喙。蒴帽兜形，覆盖及蒴盖的中部，被少数长纤毛。孢子直径约 18 μm。

生境：多树干附生，稀阴湿岩面生长。

产地：云南：德钦县，奔子栏，云杉、高山松林下，海拔 3400 m，王立松 811657 (HKAS)。安徽：黄山，莲花峰下，陈邦杰等 6879 (PE)；同前，始信峰，树干，海拔 1600 m，高彩华 21271 (SHM)。

分布：中国、朝鲜和日本。

本种与四川平藓 *N. setschwanica* Broth. 在叶形上甚近似，但植物体枝尖常呈鞭状，叶边仅一侧内折。

12. 云南平藓　图 162

Neckera yunnanensis Enroth, Hikobia 12: 3. 1996.

植物体略粗大，黄色，稍具光泽，成片群生。主茎不明显，密羽状分枝；枝条多少呈弓形。假鳞毛叶状，披针形，稀缺失。茎叶具少数纵褶，并有波纹，干燥时倾立，湿润时展出，约 2.6 mm×1.2 (1.3) mm，卵状舌形，两侧对称至不对称，尖部钝至圆钝，基部不下延。枝叶与茎叶同形，但较小，内凹更明显而极少具横波纹；叶边内曲，尖部具 1~2 个细胞构成的齿；中肋较强，单一，长达叶片上部。叶细胞平滑，上部细胞菱形至六角形，中部细胞梭形至线形，长 25~60 μm，宽 5~7 μm，叶基角部细胞不明显。雌雄异株。雌苞假侧生于茎上。内雌苞叶卵状长舌形；隔丝多数，单细胞丝状，透明。孢子体不详。

生境：山区林内生长。

产地：云南：澜沧江畔，海拔 2400~2600 m，Handel-Mazzetti 9077 (type，原订名 *Neckera brachyclada* Besch., H)。

分布：为云南特有。

本种与其近似种齿叶平藓 *N. crenulata* Harv. 等热带和亚热带地区的种类归为同一个类群，但本种叶较内凹、叶基不下延且叶基角部细胞不明显而与其近似种相区分。

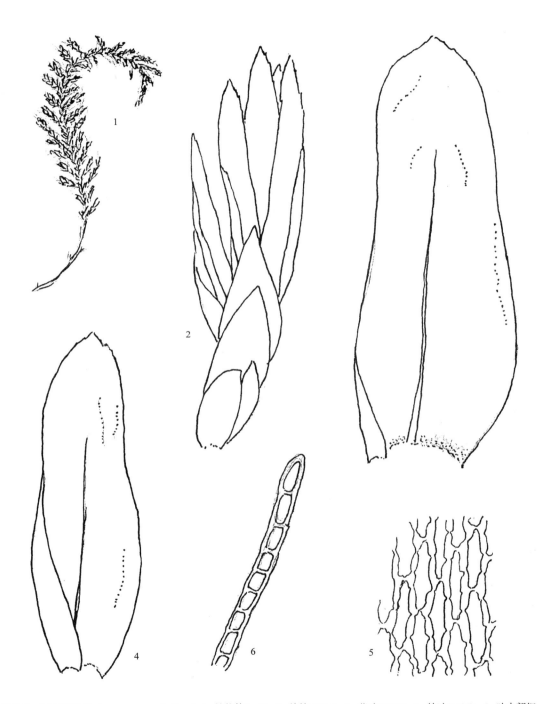

图 162 云南平藓 *Neckera yunnanensis* Enroth 1. 植物体(×1)，2. 幼枝(×25)，3. 茎叶(×36)，4. 枝叶(×36)，5. 叶中部细胞(×470)，6. 假鳞毛(×180) (绘图标本：云南，怒江附近，Handel-Mazzetti 9077, Type, H, W) (吴鹏程 绘)

Fig. 162 *Neckera yunnanensis* Enroth 1. habit (×1), 2. young branch (×25), 3. stem leaf (×36), 4. branch leaf (×36), 5. middle leaf cells (×470), 6. pseudoparaphyllia (×180) (Yunnan: near Nujiang, Handel-Mazzetti 9077, Type, H, W) (Drawn by P.-C. Wu)

13. 齿叶平藓(台湾平藓、西藏拟波叶藓)　图 163, 图 164

Neckera crenulata Harv. in Hook., Icon. Pl. Rar. L: 21. 1836; Enroth, Hikobia 12 (2): 5.
　　1996.

Pterobryum crenulata (Harv.) Jaeg., Ber. S. Gall. Naturw. Ges. 1875~1876: 241. 1877.

Neckera luzonensis Williams, Bull. New York Bot. Gard. 8: 358. 1914.

Himantocladium speciosum Nog., Trans. Nat. Hist. Soc. Formosa 24: 473. 1934.

Neckera morrisonensis Nog., Journ. Sci. Hiroshima Univ. ser. B, div. 2, 3: 20, 6. 1936.

Calyptothecium luzonense (Williams) Bartr., Philipp. Journ. Sci. 68: 235. 1939.

Neckera crenulata Harv. ex Nog., Journ. Hattori Bot. Lab. 16: 124. 1956. err. pro *crenulata*.

Baldwiniella tibetana Gao in Gao et Chang, Acta Phytotax. Sinica 17: 117. f. 2, 12~17. 1979;
　　Enroth, Ann. Bot. Fennici 28: 251. 1992.

植物体较硬挺, 黄绿色, 略具光泽, 疏松成片生长。主茎匍匐伸展; 支茎直立或倾立, 长达 8 cm, 密羽状分枝。茎叶扁平着生, 卵状舌形, 干燥时上部具强波纹, 长达 3 mm 以上, 内凹, 上部舌形, 具钝尖, 基部趋窄, 两侧下延; 叶边上部具粗齿, 基部一侧内折; 中肋单一, 消失于叶片中部。叶细胞狭长六角形, 具明显壁孔, 上部细胞 20~35 μm, 中部细胞长 45~60 μm, 宽 5~7 μm, 胞壁略加厚, 基部细胞方形, 胞壁具壁孔。枝叶较小, 长椭圆形, 长 1~1.7 mm, 尖部圆钝, 具小短尖。雌雄异株。内雌苞叶披针形。蒴柄长 5~7 mm。孢蒴直立, 长椭圆形, 棕红色。蒴齿两层; 外齿层齿片披针形, 被密细疣; 内齿层线形, 与齿片等长, 中脊具穿孔, 基膜低。蒴盖圆锥形, 具短斜喙。孢子近于呈球形, 直径约 30 μm。

生境: 习生树干和岩面。

产地: 西藏: 墨脱, 汗密附近, 树干, 海拔 2000 m, 郎楷永 439p、566a (PE); 亚东, 阿桑桥, 树干, 臧穆 307 (HKAS); 左贡, 甲郎至东郎途中, 河边树干, 海拔 3000 m, 汪楣芝 14610a。云南: 贡山, 独龙江, 南代, 海拔 2400 m, 树干, 汪楣芝 11732f、11759f、11767a、11777f (PE); 同前, 龙元后山, 树干, 海拔 1800~2200 m, 汪楣芝 10868 (PE); 高黎贡山, 树干, 海拔 1750~2000 m, 汪楣芝 9156a、9329a、9657c (PE); 镇康, 立立箐, 树干, 王启无 8099 (PE); 同前, 雪山, 林间石上, 海拔 3100 m, 王启无 7692 (PE); 同前, 德堂, 山林树上, 海拔 2000 m, 王启无 7789 (PE); 宁蒗, 石门坎, 海拔 2600 m, 黎兴江 81497 (*N. setschwanica* Broth.); 宾川, 鸡足山, 树干, 海拔 2400 m, 崔明昆 41c (YUKU, PE); 同前, 祝圣寺, 树干, 海拔 2300~2550 m, 崔明昆 108c、216c、219c (YUKU); 景东, 徐家坝, 树干, 哀植组 009-02 (原订名 *Baldwiniella tibetana* Gao, type, YUKU, PE); 漾濞县, 点苍山, 树干, 海拔 2600~2800 m, Redfearn 159a (MO, PE)。台湾: 台南, 海拔 2000 m, A. Noguchi 9852 (type, HIRO, from Noguchi, 1936)。

分布: 中国、日本、菲律宾和印度。

平藓属中个体较大的类型之一, 其叶片宽阔, 具细长单中肋, 叶尖多宽钝而具粗齿。

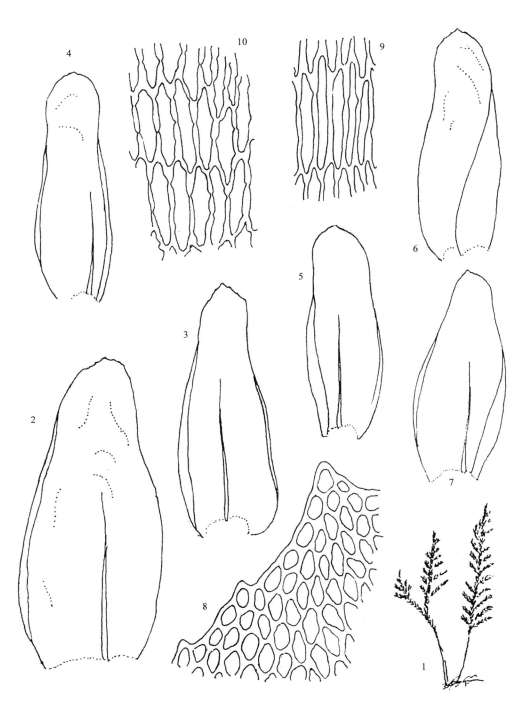

图 163　齿叶平藓 *Neckera crenulata* Harv. 1. 植物体(×1/3), 2. 茎叶(×30), 3. 枝叶(×30), 4~7. 小枝叶(×30), 8. 叶尖部细胞 (×420), 9.叶中部细胞(×420), 10. 叶基部细胞(×420) (绘图标本：云南，Delavay 4768, Type, H) (吴鹏程 绘)

Fig. 163　*Neckera crenulata* Harv. 1. habit (×1/3), 2. stem leaf (×30), 3. branch leaf (×30), 4~7. small branch leaves (×30), 8. apical leaf cells (×420), 9. middle leaf cells (×420), 10. basal leaf cells (×420) (Yunnan: Delavay 4768, Type, H) (Drawn by P.-C. Wu)

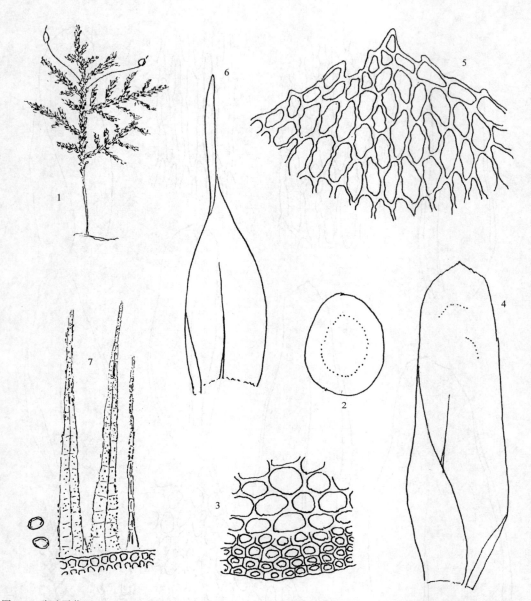

图 164　齿叶平藓 *Neckera crenulata* Harv. 1. 雌株(×1/2)，2. 茎的横切面(×125)，3. 茎横切面的一部分(×360)，4. 茎叶(×36)，5. 叶尖部细胞(×470)，6. 内雌苞叶(×36)，7. 蒴齿和孢子(×210)(绘图标本：云南，镇康县，王启无 8099, PE)(吴鹏程 绘)

Fig. 164　*Neckera crenulata* Harv. 1. female plant (×1/2), 2. cross section of stem (×125), 3. portion of the cross section of stem (×360), 4. stem leaf (×36), 5. apical leaf cells (×470), 6. inner perichaetial bract (×36), 7. peristome teeth and spores (×210) (Yunnan: Zhenkang Co., Q.-W. Wang 8099, PE) (Drawn by P.-C. Wu)

14. 多枝平藓　图 165

Neckera polyclada C. Müll., Nuov. Giorn. Bot. Ital. n. ser. 3: 114. 1896.

N. menziesii auct. non Hook. in Drumm., Journ. Hattori Bot. Lab. 10: 62, f. 3, 4. 1953.

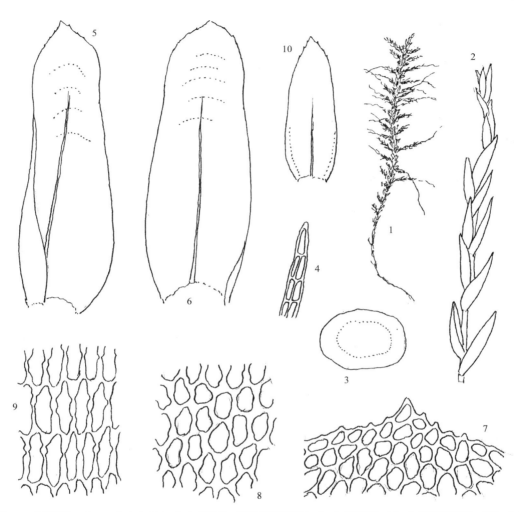

图 165　多枝平藓 *Neckera polyclada* C. Müll. 1. 植物体，示具多数鞭状枝(×1)，2. 鞭状枝(×15)，3. 茎的横切面(×125)，4. 假鳞毛(×180)，5，6. 茎叶(×36)，7. 叶尖部细胞(×470)，8. 叶中部细胞(×470)，9. 叶基部细胞(×470)，10. 鞭状枝叶(×36) (绘图标本：四川，九寨沟，吴鹏程 24642, PE) (吴鹏程 绘)

Fig. 165　*Neckera polyclada* C. Müll. 1. habit, showing many flagelliform branches (×1), 2. flagelliform branch (×15), 3. cross section of stem (×125), 4. pseudoparaphyllia (×180), 5~6. stem leaves (×36), 7. apical leaf cells (×470), 8. middle leaf cells (×470), 9. basal leaf cells (×470), 10. flagelliform branch leaf (×36) (Sichuan: Jiuzhaigou P.-C. Wu 24642, PE) (Drawn by P.-C. Wu)

　　体形粗大，硬挺，灰绿色，略具光泽，疏松片状生长。主茎匍匐基质平横伸展；支茎倾立，长达 7 cm 以上，扁平被叶，连叶宽可达 5 mm，尖部宽钝；具少数丝状鳞毛；密羽状分枝或疏分枝，枝扁平伸展，尖部常呈尾尖状。茎叶平展，干燥时稀收缩，卵状长舌形，基部略下延，内凹，上部略具波纹，具钝尖；叶边基部一侧内折，尖部具钝齿；中肋单一，纤细，长达叶片近尖部。枝叶与茎叶近似，但较小而狭窄。叶上部细胞菱形或椭圆形，厚壁，中部细胞线形至狭长卵形，胞壁波状加厚。孢蒴隐生于雌苞中，不常见。

　　生境：习生于山地石灰岩石壁和树干上。

　　产地：四川：金佛山，刘振宇 3663 (PE)；南平，九寨沟，树干，海拔 2560 m，吴鹏程 24642 (PE)。陕西：无详细地点，C. Müller 897 (H)。甘肃：舟曲，河边石上，海拔

1550 m，汪楣芝 52621 (PE)。

　　分布：中国和日本。

　　植物体粗大，常具鞭状枝，茎叶呈卵状长舌形，为平藓属中孢蒴隐生类型中独特的种类。

15. 翠平藓　图 166

Neckera perpinnata Card. et Thèr., Bull. Ac. Int. Géogr. Bot. 21: 271. 1911.

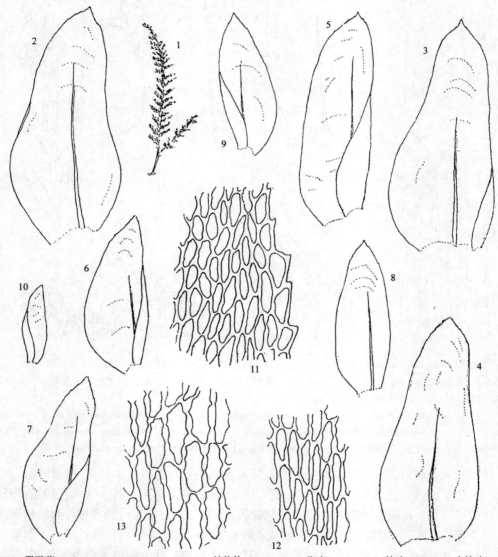

图 166　翠平藓 Neckera perpinnata Card. et Thèr. 1. 植物体(×1/3)，2~5. 茎叶(×30)，6~8. 枝叶(×30)，9. 小枝叶(×30)，10. 枝尖部小叶(×30)，11. 叶上部边缘细胞(×495)，12. 叶中部细胞(×495)，13. 叶基部细胞(×495) (绘图标本：贵州，屏番，J. Lavalerie s.n., H) (吴鹏程　绘)

Fig. 166　Neckera perpinnata Card. et Thèr. 1. habit (×1/3), 2~5. stem leaves (×30), 6~8. branch leaves (×30), 9. small branch leaf (×30), 10. apical leaf of branch (×30), 11. upper marginal leaf cells (×495), 12. middle leaf cells (×495), 13. basal leaf cells (×495) (Guizhou: Pingfan, J. Lavalerie s.n., H) (Drawn by P.-C. Wu)

植物体粗壮，黄绿色，略具光泽，呈疏松片状生长。主茎匍匐，纤细；支茎倾立，稀叉状分枝，长可达 7 cm，多一回羽状分枝，分枝长达 7~8 mm，疏松被叶。茎叶卵状舌形，长约 2.5 mm，宽 1~1.2 mm，基部宽阔，着生处趋窄，略下延，中上部突狭窄或渐呈阔舌形，具锐尖及小尖头，下部内凹，上部具不规则波纹或横波纹；叶边下部平滑，上部具粗齿；中肋粗壮，多达叶片 2/3 处，稀达叶上部。叶尖部细胞长 1~31 μm，宽 5~6.4 μm，中部细胞长 30 μm，宽 5~6.4 μm，壁厚，具壁孔，基部细胞长 30~43 μm，宽 8.5~13 μm，胞壁强烈加厚，具明显壁孔。枝叶长 1.8~2.0 mm，宽 0.52~0.68 mm，与茎叶外形近似，或呈长椭圆形。其余特征不详。

生境：树干附生。

产地：贵州：屏番，J. Cavalerie s.n.(H)。

分布：中国特有种。

迄今，本种仅见于贵州，其粗壮体形与云南平藓 *N. yunnanensis* 相类似，但其叶片尖部多渐尖，而叶细胞壁强烈加厚，显然为一独立的类型，可能是一濒危种类。

16. 粗肋平藓　图 167

Neckera undulatifolia (Tix.) Enroth, Ann. Bot. Fennici 29: 249. f. 1. 1992.

Porothamnium undulatifolium Tix., Rev. Bryol. Lichenol. 34: 149. 151. f. 14. 1966.

Neckera undulatifolia Mitt. ex Par., Ind. Bryol. Suppl. 254, 255. 1900. nom. nud.

体形较粗大，黄绿色，无光泽，疏松成片生长。主茎匍匐，一般叶片已脱落或具鳞片状叶；支茎长 7~8 cm，不规则疏或密羽状分枝；茎横切面卵形，大形薄壁细胞外包被 5~6 层小形厚壁细胞；假鳞毛稀少。枝长为 1~1.5 cm。茎叶长达 2.5 mm，由阔卵状基部向上渐成阔长舌形，上部具不规则短波纹，具锐尖；叶边上部具粗齿，下部平滑，一侧有时内折；中肋粗壮，达叶片长度 3/4 处，上部多扭曲。叶上部细胞椭圆形，长 20~40 μm，胞壁极厚，具强烈三角体及中部球状加厚；中下部细胞呈狭椭圆形，长达 50~60 μm，胞壁强烈加厚，直径与胞腔近于相等，具明显壁孔；叶基角部细胞圆方形，角部加厚，叶边有数列近线形细胞。

生境：石灰岩山地砂质阴石壁生长。

产地：贵州：赤水，南部约 30 km 处，泗张石灰岩洞附近，河边山谷，次生林旁砂质石壁上，海拔约 400 m，B. C. Tan 91-1065 (FH)。广西：那坡，百省乡，树干，海拔 1010~1058 m，韦玉梅 363 (PE)；隆林，桠权镇，石生，海拔 1050~1100 m，韦玉梅 1450 (PE)。

分布：中国和越南。

从粗壮外形及长舌形具粗齿叶片，本种为平藓属内极突出的类型，与平藓属内其他种类无相似之处，甚至从植物体外形即可识别。其确切系统位置有待进一步研究。

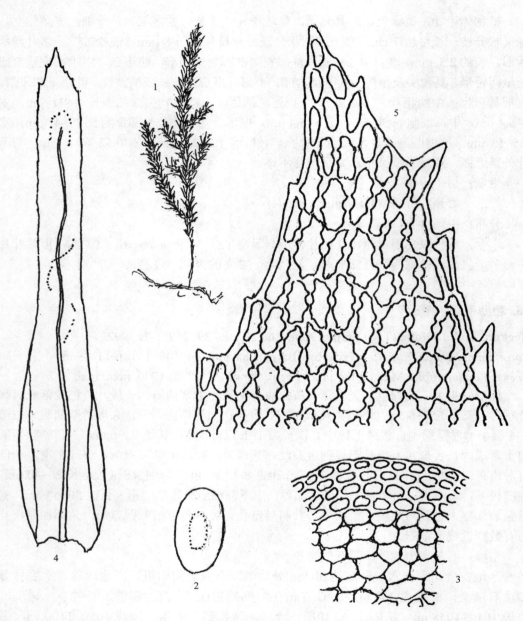

图 167 粗肋平藓 Neckera undulatifolia (Tix.) Enroth et M.-C. Ji 1. 植物体(×1)，2. 茎的横切面(×98)，3. 茎的横切面的一部分(×350)，4. 茎叶(×30)，5. 叶尖部细胞(×540) (绘图标本：贵州，赤水，B. C. Tan 91-1065, FH) (吴鹏程 绘)

Fig. 167 Neckera undulatifolia (Tix.) Enroth et M.-C. Ji 1. habit (×1), 2. cross section of stem (×98), 3. portion of the cross section of stem (×350), 4. stem leaf (×30), 5. apical leaf cells (×540) (Guizhou: Chishui Co., B. C. Tan 91-1065, FH) (Drawn by P.-C. Wu)

17. 粗齿平藓

Neckera serrulatifolia Enroth et M.-C.Ji, Edinburgh Journ. Bot. 64 (3): 295. 2007.

植物体绿色至暗绿色，略具光泽，疏群生成片。主茎匍匐，被覆小而趋白色的叶片；

着生成束红棕色假根。支茎长 4~6 cm，不规则羽状至近于羽状分枝；支茎横切面呈椭圆形，皮层细胞小而厚壁，5~7 层，髓部细胞形大，薄壁，中轴缺失。茎基叶小，阔卵形，具锐尖，紧贴茎基部；假鳞毛多数，由单列或多列细胞构成。茎叶卵状舌形，两侧不对称，扁平展出，具强波纹，长达 4 mm，基部宽约 1.6 mm，先端钝尖至锐尖；叶边上部具单细胞至多细胞的粗齿，下部具细齿；中肋单一，达叶长度的 1/2~3/4，稀短而分叉。叶上部细胞菱形至椭圆形，长 15~25 μm，宽 10~12 μm，叶中部细胞狭长椭圆形至近线形，具钝端，长 40~70 μm，叶基部细胞线形至狭长方形，长 60~90 μm，常呈淡黄色，壁厚，具壁孔，角部细胞近方形；叶边细胞稍短。枝叶狭长卵形，小于茎叶。雌雄异株，雌苞着生支茎；内雌苞叶卵状狭长舌形，长可达 2.8 mm；中肋长 1/3 至近叶中部；叶边具细齿。孢蒴未见。

生境：*Quercus tungmaiensis* 树干生，海拔约 2300 m。

产地：西藏：提郎宗，栎树林，G. Miehe 和 U. Wuendish 10112: 14 (Holotype, H, Isotype G. Miehe，从 Enroth and Ji, 2007)。

本种为中国西藏地区新发现的一个新种，与云南平藓 *N. yunnanensis*、齿叶平藓 *N.crenulata* 和长柄平藓 *N. polyclada* 等十分接近。主要识别特征为中肋可达叶上部 1/3 处，具强波纹及孢蒴未成熟前雌苞叶基部狭窄。目前在邻近西藏的云南、四川省等未发现相同植物，本种尚有待进一步深入研究。

属 2　拟平藓属 *Neckeropsis* Reichardt

Reise Oesterr. Freg. Novara Bot. 1 (3):181.1870.

模式种：拟平藓 *N. undulata* (Hedw.) Reichardt

植物体形小或较粗大，黄绿色或暗绿色，有时略带紫色或黑色，多少具光泽，呈疏松束状垂倾生长。主茎匍匐，扭曲，具棕色假根；支茎长达 10 cm 以上，连叶片宽达 5 mm，单一，或具短羽状分枝；分枝扁平，钝端。茎叶与枝叶略异形；茎叶多阔舌形，两侧不对称，上部具强横波纹，稀具长纵褶或斜波纹，先端多平截或圆钝，有时具小钝尖，基部狭窄，前侧多呈圆弧形，后侧较平直而内折，有时基部具小圆耳，或略下延；叶边具细齿或全缘，上部多有不规则细齿；中肋多单一，粗壮，长达叶片中部，稀短弱或近于缺失，或短而分叉。叶上部细胞呈扁方形、多角形或椭圆形，中部细胞多六角形或长菱形，近基部细胞长方形至线形，近叶边细胞常较狭长而形成不明显分化边缘，胞壁多厚壁，并具壁孔。雌雄混生同苞。雌苞着生短枝顶端。内雌苞叶长大，内凹或近于呈鞘状，渐尖或突成长尖。蒴柄长不及 0.5 mm。孢蒴卵形至短圆柱形。蒴齿两层；外齿层齿片披针形，具细疣；内齿层多少透明，具疣，基膜低。孢子球形，浅黄色至褐色。

全世界约 10 多种，热带地区分布，习生树干或背阴岩面。中国有 8 种。

分种检索表

2. 叶除尖部至叶上部约 1/4 处的边缘分化 ···················· **7. 疏枝拟平藓** *N. boniana*
2. 叶边两侧边缘细胞均分化 ·· 3
3. 叶具由 3~4 列长方形至线形细胞组成的分化边，但叶基边缘为 1~4 列小形方纬胞
　　··· **8. 缘边拟平藓** *N. moutieri*
3. 叶具 4~6 列线形厚壁细胞组成的分化边 ················ **9. 厚边拟平藓** *N. takahashii*
4. 叶无波纹 ·· 5
4. 叶具强波纹 ·· 6
5. 植物体紧贴着生叶片，具强绢泽光；叶中肋纤细，消失于叶片中部；叶基部细胞壁波状加厚···
　　··· **3. 光叶拟平藓** *N. nitidula*
5. 植物体不紧贴着生叶片，具弱绢泽光；叶中肋粗壮，达叶近尖部；叶基部细胞厚壁 ···
　　··· **6. 舌叶拟平藓** *N. semperiana*
6. 叶先端圆钝；中肋单一 ·································· **5. 短枝拟平藓** *N. obtusata*
6. 叶先端多平截；中肋单一，稀分叉 ··· 7
7. 植物体长度一般在 5 cm 以下；叶中肋达叶近尖部 ········ **4. 长柄拟平藓** *N. exserta*
7. 植物体长达 5~10 cm；叶中肋消失于叶中部或中部以下 ··························· 8
8. 叶中肋长，单一或分叉，其中一中肋可达叶片中部 ······· **1. 东亚拟平藓** *N. calcicola*
8. 叶中肋短弱，常分叉，一般不超过叶片长度的 1/4 ············· **2. 截叶拟平藓** *N. lepineana*

Key to the species

1. Leaves bordered by the narrow cells ·· 2
1. Leaves not bordered by the narrow cells ··· 4
2. Leaf margins bordered, except the leaf apex and up to 1/4 length of leaf above ········ **7.** *N. boniana*
2. Leaf margins all bordered from the leaf apex to leaf base ··························· 3
3. Leaf margins bordered by 3~4 ranks of rectangular and lineariform cells, but to wards the base the basal
　　margin consisted of 1~4 ranks of quadrate small cells ··················· **8.** *N. moutieri*
3. Leaf margins bordered by 4~6 ranks of narrow thicken walled cells ··········· **9.** *N. takahashii*
4. Leaves not undulate ··· 5
4. Leaves strongly undulate ·· 6
5. Plants closely foliated, strongly shining; leaf costa slender, vanishing in the middle of leaf; walls of basal
　　leaf cells strongly thickened, porose ······························· **3.** *N. nitidula*
5. Plants loosely foliated, weakly shining; leaf costa thick, reaching near the leaf apex; walls of basal Leaf
　　cells thickened ·· **6.** *N. semperiana*
6. Leaf apice rounded; costa single ····································· **5.** *N. obtusata*
6. Leaf apice truncate; costa single, rarely forked ·································· 7
7. Plants usually less than 5 cm long; leaf costa reaching nearly leaf apex ··········· **4.** *N. exserta*
7. Plants up to 5~10 cm long; leaf costa vanishing in the middle or below the middle of leaf ········· 8
8. Leaf costa long, single or sometimes forked, reaching the middle of leaf ·········· **1.** *N. calcicola*
8. Leaf costa weak, often forked at leaf base, not reaching 1/3 length of leaf ··········· **2.** *N. lepineana*

1. 东亚拟平藓　图 168

Neckeropsis calcicola Nog., Journ. Hattori Bot. Lab. 16: 124. 1956.

植物体粗壮，淡绿色或黄绿色，略具光泽，常疏松成束生长。主茎匍匐基质；支茎下垂，长可达 10 cm 以上，稀疏短分枝。叶扁平宽展出，阔舌形，具平截先端，有时具

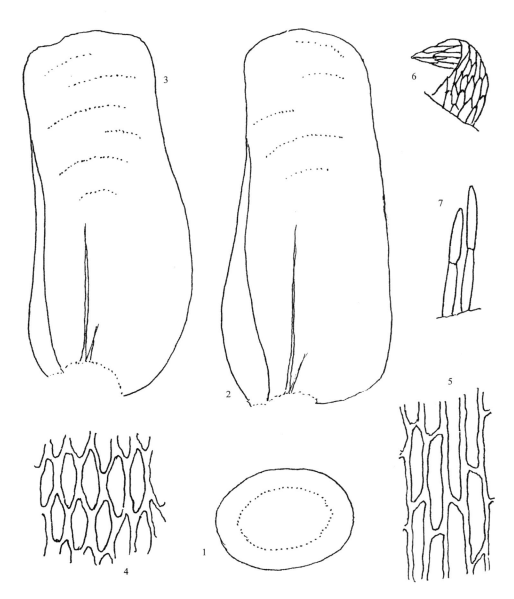

图 168　东亚拟平藓 Neckeropsis calcicola Nog. 1. 茎的横切面(×145)，2~3. 茎叶(×45)，4. 叶中部细胞(×470)，5. 叶基部细胞(×470)，6. 假鳞毛(×270)，7. 腋毛(×270)(×258)，(绘图标本：浙江，杭州，胡人亮 280, HSNU, PE) (吴鹏程　绘)

Fig. 168　*Neckeropsis calcicola* Nog. 1. cross section of stem (×145), 2~3. stem leaves (×45), 4. middle leaf cells (×470), 5. basal leaf cells (×470), 6. pseudoparaphyllia (×270), 7. axillary hairs (×270) (Zhejiang: Hangzhou, R.-L. Hu 280, HSNU, PE) (Drawn by P.-C. Wu)

小尖头，具强横波纹；中肋单一，细弱，消失于叶片中部，稀短而分叉。叶细胞多角形至长菱形，长 20~40 μm，胞壁厚。雌雄异株。雌苞多着生支茎上。雌苞叶椭圆状披针形。蒴柄红棕色，长 1.5~2 mm。孢蒴卵状椭圆形，略高出于雌苞叶。蒴齿两层；外齿层齿片狭披针形，透明，表面密被乳头；内齿层齿条线形，具低基膜，与外齿层近于等长。蒴帽兜形，被少数纤毛。孢子纤细，直径约 15 μm。

具细乳头。

生境：多着生海拔 1700~3600 m 山地岩面。

产地：云南：维西，碧罗雪山东坡，西叶枝公社，海拔 1850~2100 m，汪楣芝 4681a (PE)；贡山，壮堆，山林树干，海拔 2000 m，王启无 6529 (PE)；同前，高黎贡山东坡，海拔 1750~1850 m，汪楣芝 9107 (PE)；西双版纳，勐腊，71 km 处林下岩面，海拔 620~650 m，汪楣芝 4267 (PE)；同前，离勐仑植物园约 8 km 处，翠屏峰，岩面，海拔 900 m，贾渝 1243 (PE)。四川：南川，金佛山北坡，三泉至大河坝，公路边岩面，海拔 750 m，胡晓云 0296 (PE)，汪楣芝 860442 (PE)。湖北：神农架林区，宋洛河东，灌丛中，海拔 980~1138 m，中美鄂西植物考察队 1718b，S-5，1721 (NY, MO, PE)。湖南：大庸，张家界，金鞭溪，海拔 450 m，树干，李登科 18181a (SHM)。广西：天峨县，龙光日、张灿明 159a (PE)T010 (PE)；龙洲，灵岗，后山，石上，海拔 291~372 m，裴林英 1916 (PE)。浙江：杭州，飞来峰，石灰岩面，胡人亮 280 (PE)；同前，灵隐寺，石上，陈邦杰 6047 (PE)。

分布：中国和日本。

本种在叶形上与截叶拟平藓 N. lepineana (Mont.) Fleisch.甚近似，但前者叶片中肋可达叶的中部，而截叶拟平藓叶片中肋多短弱而分叉，一般不及叶长度的 1/4。

2. 截叶拟平藓　图 169

Neckeropsis lepineana (Mont.) Fleisch., Musci Fl. Buitenzorg 3: 879. 155. 1908.

Neckera lepineana Mont., Ann. Sci. Nat. 107. 1845.

植物体粗壮，淡黄绿色或褐绿色，略具光泽。主茎横展，贴生基质，一般叶片脱落；支茎垂倾，长达 10 cm 以上，具疏生不规则羽状分枝。叶扁平横展，阔舌形，先端平截或略圆钝，具强横波纹；叶边仅尖部具不规则齿；中肋 2，多短弱。叶上部细胞六角形或多边形，下部细胞长菱形，胞壁厚。雌苞着生支茎上。雌苞叶卵状披针形。孢蒴隐生于雌苞叶内，卵状椭圆形。蒴齿两层；外齿层齿片披针形，具细疣；内齿层齿条线形，有穿孔，基膜低，与外齿层近于等长。

生境：树干或林下岩面生长，海拔 2000~2800 m。

产地：云南：怒江，27°18′，海拔 2400~2600 m，Handel-Mezzetti 9074 (W)。湖北：神农架林区，阴石上，Luteyn s-5 (MO, NK, PE)。台湾：台北，Noguchi 6253 (Touw, 1972)；台中，南投，Nakanishi 12830 (L, Touw, 1972)；火烧岛，Kano s. n. (Touw, 1972)。浙江：杭州，灵荫，阴石壁，吴鹏程 20a (PE)。

分布：中国、日本南部、亚洲南部、太平洋群岛和非洲东部。

本种主要识别点为植物体长大而叶片具双中肋，中肋的长度一般不及叶长的 1/3，为拟平藓属中较独特的类型。

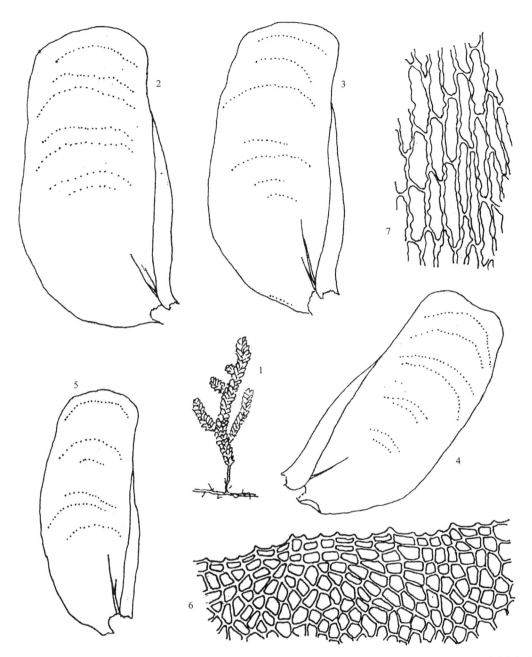

图 169　截叶拟平藓 *Neckeropsis lepineana* (Mont.) Fleisch. 1. 植物体(×1)，2~4. 茎叶(×36)，5. 枝叶(×36)，6. 叶尖部细胞(×420)，7. 叶基部细胞(×420)（绘图标本：浙江，杭州，灵荫，吴鹏程 20a，PE）（吴鹏程 绘）

Fig. 169　*Neckeropsis lepineana* (Mont.) Fleisch. 1. habit (×1), 2~4. stem leaves (×36), 5. branch leaf (×36), 6. apical leaf cells (×420), 7. basal leaf cells (×420) (Zhejiang: Hangzhou, Lingyin, P.-C. Wu 20a, PE) (Drawn by P.-C. Wu)

3. 光叶拟平藓　图 170

Neckeropsis nitidula (Mitt.) Fleisch., Musci Fl. Buitenzorg 3: 882. 1908.

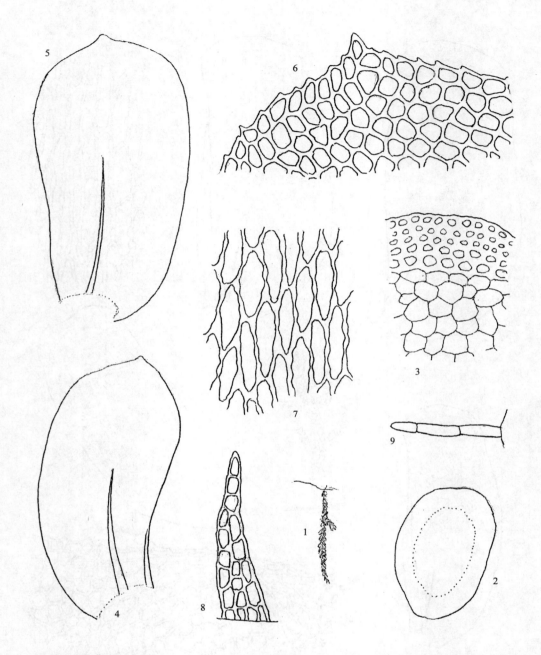

图 170　光叶拟平藓 *Neckeropsis nitidula* (Mitt.) Fleisch. 1. 植物体(×1/2)，2. 茎的横切面(×150)，3. 茎横切面的一部分(×450)，4. 茎叶(×45)，5. 枝叶(×45)，6. 叶尖部细胞(×470)，7. 叶基部细胞(×470)，8. 假鳞毛(×270)，9. 腋毛(×180) (绘图标本：浙江，普陀山，李登科 5785，SHM) (吴鹏程 绘)

Fig. 170　*Neckeropsis nitidula* (Mitt.) Fleisch. 1. habit (×1/2), 2. cross section of stem (×150), 3. portion of the cross section of stem (×450), 4. stem leaf (×45), 5. branch leaf (×45), 6. apical leaf cells (×470), 7. basal leaf cells (×470), 8. pseudoparaphyllia (×270), 9. axillary hair (×180) (Zhejiang: Mt. Putuo, D.-K. Li 5785, SHM) (Drawn by P.-C. Wu)

Homalia nitidula Mitt., Journ. Linn. Soc. Bot. 8: 155. 1864.

Neckera nitidula (Mitt.) Broth., Hedwigia 38: 228. 1899.

Homalia apiculata Dozy et Molk. ex Lac., Ann. Mus. Bot. Lugd. Bat. 2: 296. 1866.

外形扁平，黄绿色或黄色，具光泽，疏松小片状生长。支茎单一，或具少数分枝，长可达 0.5 cm 或稍长，连叶片宽度约 3 mm；枝条扁平展出，长约 1 cm，钝端。茎叶宽展，相互贴生，阔椭圆形、刀形或略呈倒卵形，两侧不对称，先端宽钝，具小尖；叶边仅尖部具细齿；中肋纤细，单一，长达叶片中部以上，稀短而分叉。叶尖部细胞菱形，中部细胞椭圆形或长椭圆形，长约 30 μm，宽 10 μm，胞壁薄，边缘细胞略小。雌雄异株。雌苞着生支茎上。内雌苞叶长椭圆形，突成披针形尖，长可达 3 mm，上部具齿。孢蒴椭圆形或卵状椭圆形，隐生雌苞叶内。外齿层齿片披针形，淡黄色；内齿层齿条与齿片近于等长，线形，脊部具穿孔。蒴盖短圆锥形。蒴帽兜形，具稀疏纤毛。

生境：树干附生。

产地：云南：贡山县，四季桶，林下，海拔 1800 m，王启无 6636 (PE)。湖南：衡山，毕列爵 2032 (PE)。香港：大帽山，梧桐寨，石上，海拔 120 m，高彩华、周锦超(SHM，CUHK)。福建：崇安，疗养院至天游，背阴石壁，海拔 2000 m，李登科 1765 (SHM)。浙江：普陀山，古佛洞，沟边石面，李登科 5785 (SHM，PE)。江苏：南京，栖霞山寺后，水沟土壁，陈邦杰 s. n.(PE)；宜兴，龙池，陈邦杰 2194 (PE)；苏州，邓慰山，石壁，陈邦杰 2214 (PE)。

分布：中国和日本南部。

本种曾与钝叶树平藓 *Homaliodendron microdendron* (Mont.) Fleisch. 相混淆，但本种分枝少，叶狭长而近于呈长舌形，具小钝尖；而后者植物体二、三回羽状分枝，叶阔舌形且多先端圆钝，从外部形态观察，两者是不难区分的。

4. 长柄拟平藓(新拟名)   图 171

Neckeropsis exserta (Hook. ex Schwaegr.) Broth., Nat. Pfl. 2, 11: 188. 1925.

Neckera exserta Hook. ex Schwaegr., Sp. Musc. Suppl. 3 (1): 244. 1828.

Himantocladium exsertum (Hook. in Schwaegr.) Fleisch., Musci Fl. Buitenzorg 3: 887. 1908.

体形多变异，黄绿色，具强光泽，疏松片状生长。主茎匍匐，具鳞片状叶和成束假根；支茎长可达 10 cm 或 10 cm 以上，扁平被叶，稍扭曲或直挺，疏分枝至羽状分枝，枝长约 1 cm，尖部圆钝或渐尖成鞭状枝。叶呈假 4 列至 8 列状着生，与茎近于呈直角形，阔舌形，两侧不对称，尖部平截或圆钝，常具小钝尖，具多数强波纹，基部宽，常具抱茎叶耳；叶边尖部具齿，有时全缘，近基部处有时波曲；中肋单一，长达叶片的 3/4 处，稀上部分叉。叶细胞透明，尖部细胞为 3~4 μm，不规则方形或圆卵形，厚壁，近基部细胞斜菱形至长卵形，长可达 20 μm，近叶边细胞略长，形成不明显分化边缘。雌雄枝生同株。内雌苞叶由阔鞘状基部向上呈披针形。孢蒴高出于雌苞叶，圆柱形，棕色。蒴齿两层；外齿层齿片黄绿色，披针形，具细疣和横脊，尖部具穿孔；内齿层黄绿色，具结节和细疣。蒴盖褐色，圆锥形，具斜喙。蒴帽尖帽形，稀呈兜形，黄色，具贴生和扭曲的纤毛。孢子绿色，直径 15~20 μm，具细疣。

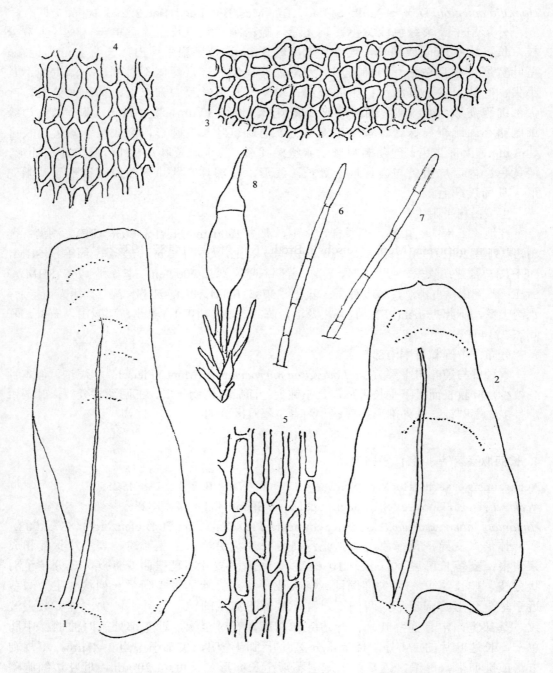

图 171 长柄拟平藓 *Neckeropsis exserta* (Hook. ex Schwaegr.) Broth. 1. 茎叶(×45), 2. 枝叶(×45), 3. 叶尖部细胞(×420), 4. 叶中部细胞(×470), 5. 叶基部细胞(×470), 6, 7. 腋毛(×270), 8. 孢蒴和雌苞叶(×12) (绘图标本: 云南, 西双版纳, 基诺山, 汪楣芝 4281, PE) (吴鹏程 绘)

Fig. 171 *Neckeropsis exserta* (Hook. ex Schwaegr.) Broth. 1. stem leaf (×45), 2. branch leaf (×45), 3. apical leaf cells (×420), 4. middle leaf cells (×470), 5. basal leaf cells (×470), 6, 7. axillary hairs (×270), 8. capsule and perichaetial bracts (×12) (Yunnan: Xishuangbanna, Mt. Jinuo, M.-Z. Wang 4281, PE) (Drawn by P.-C. Wu)

生境：暖湿地区低海拔至 2000 m 以上山区树干或阴石上生长。

产地：云南：西双版纳，景洪，基诺山 16 km 处，路边坡地林下树干，海拔 1100 m，汪楣芝 4281 (PE)；同前，勐海，曼打，徐文宣 6064；同前，勐养县，666 km 附近，沟中，徐文宣 11397 (PE)；同前，勐腊县至小勐养途中，16 km 处，海拔 1100 m，吴鹏程 21839、21850、21854 (PE，MO)。

分布：中国、尼泊尔、泰国和印度。

在中国发现的拟平藓属中，本种在体形上显得较小。它的重要识别点是叶片呈阔舌形，基部宽阔，两侧明显不对称，具波纹。此外，叶的中肋粗壮，达叶片的 3/4 处。

5. 钝叶拟平藓(新拟名) 图 172

Neckeropsis obtusata (Mont.) Fleisch. in Broth., Nat. Pfl. 2, 11: 187. 1925.

Neckera obtusata Mont., Ann. Sc. Nat. Bot. Ser. 2, 19: 240. 1843.

N. tosaensis Broth., Hedwigia 38: 227. 1899.

N. brevicaulis Broth. in Card., Bull. Soc. Bot. Geneve Ser. 2, 3: 276. 1911.

Neckeropsis kiusiana Sak., Bot. Mag. Tokyo 46. 375. 1932.

体形粗壮，淡绿色至黄绿色，多具光泽，老时呈浅褐绿色，呈小片状生长。主茎匍匐，具鳞片状叶和成束红棕色假根；支茎长可达 10 cm，单一或稀疏近羽状分枝，有时尖部可延伸呈鞭状枝。叶呈扁平 8 列或假 4 列状着生，阔长舌形，长约 3 mm，宽 1~1.2 mm，两侧不对称，上部等宽，具多数强横波纹，尖部圆钝，基部腹侧常内折呈长披针形，具浅横波纹，基部狭窄，下延；叶边尖部具细齿；中肋单一，消失于叶片中部或分叉。叶细胞透明，尖部细胞方形或菱形，直径 3~5 μm，厚壁，中部细胞椭圆形至狭长方形，下部细胞长椭圆形，厚壁而具壁孔，无分化边缘。雌雄异株。雌苞着生支茎上。内雌苞叶基部鞘状，渐上呈披针形，尖部圆钝，具齿，下部边缘全缘。蒴柄棕色，直立，长 0.5 mm。孢蒴长卵形，棕色，大部分包被于雌苞叶内，仅尖部裸露。蒴齿两层；外齿层齿片狭披针形，平滑或具细疣，中脊明显，具穿孔；内齿层齿条黄色，与齿片等长，齿毛线形，平滑或具细疣，基膜低。蒴盖短圆锥形，具斜喙。蒴帽兜形，密被纤毛。孢子球形，棕色，直径 15~25 μm，被疣。

生境：习生温湿林内树干或枝上，稀岩面生长。

产地：四川：南川，三泉，大河坝一级电站上方大洞穴口，海拔 1100 m，吴鹏程 21203 (PE)。湖北：神农架林区，阴石上，海拔 980~1130 m，Luteyn 1721 (NY, MO, PE)。广西：天峨，六排令当，龙光日、张灿明 184 (PE)。甘肃：文县，刘家坪，岩面，海拔 1410 m，贾渝 9186 (PE)。

分布：中国、越南、琉球群岛和日本。

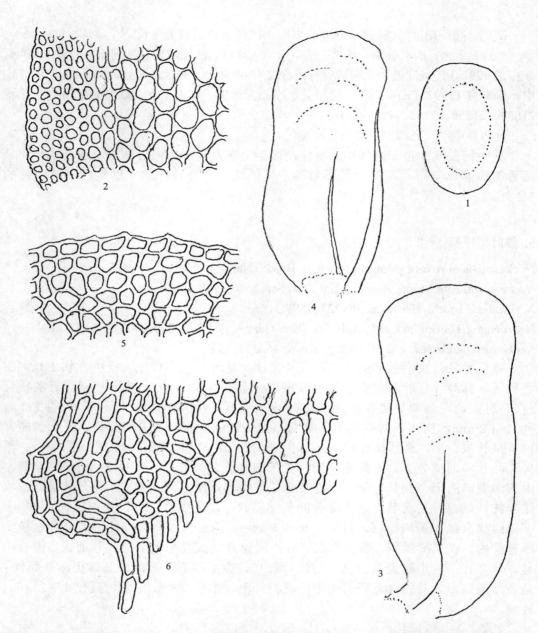

图 172 钝叶拟平藓 *Neckeropsis obtusata* (Mont.) Fleisch. in Broth. 1. 茎的横切面(×150), 2. 茎横切面的一部分(×520), 3. 茎叶(×45), 4. 枝叶(×45), 5. 叶尖部细胞(×470), 6. 叶基部细胞(×470) (绘图标本：广西，天峨，龙光日、张灿明 184, PE) (吴鹏程 绘)

Fig. 172 *Neckeropsis obtusata* (Mont.) Fleisch. in Broth. 1. cross section of stem (×150), 2. portion of the cross section of stem (×520), 3. stem leaf (×45), 4. branch leaf (×45), 5. apical leaf cells (×470), 6. basal leaf cells (×470) (Guangxi: Tiane, G.-R. Long and C.-M. Zhang 184, PE) (Drawn by P.-C. Wu)

6. 舌叶拟平藓　图 173

Neckeropsis semperiana (Hampe ex C. Müll.) Touw, Blumea 9 (2): 414, Pl. 18. 1962.

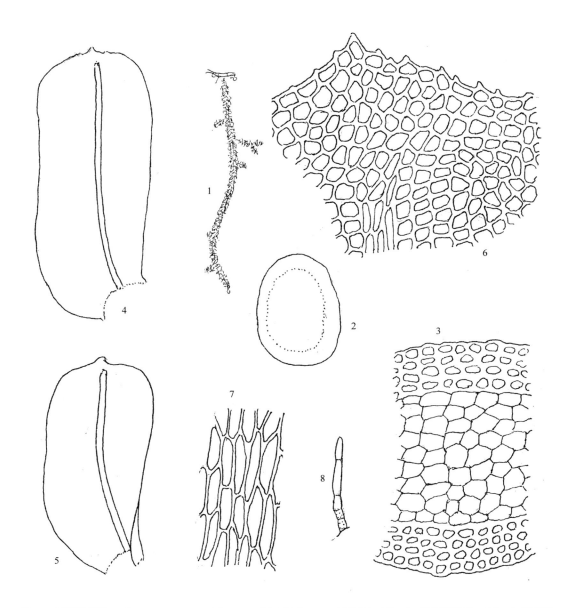

图 173　舌叶拟平藓 *Neckeropsis semperiana* (Hampe ex C. Müll.) Touw 1. 植物体(×1/2)，2. 茎的横切面(×180)，3. 茎横切面的一部分(×450)，4. 茎叶(×45)，5. 枝叶(×45)，6. 叶尖部细胞(×470)，7. 叶基部细胞(×470)，8. 腋毛(×180)（绘图标本：海南，吊罗山，吴鹏程 24383, PE)（吴鹏程 绘）

Fig. 173　*Neckeropsis semperiana* (Hampe ex C. Müll.) Touw 1. habit (×1/2), 2. cross section of stem (×180), 3. portion of the cross section of stem (×450), 4. stem leaf (×45), 5. branch leaf (×45), 6. apical leaf cells (×470), 7. basal leaf cells (×470), 8. axillary hair (×180) (Hainan: Mt. Diaoluo, P.-C. Wu 24383, PE) (Drawn by P.-C. Wu)

Neckera semperiana Hampe ex C. Müll., Bot. Zeit. 20: 381. 1862.

Homalia semperiana (Hampe ex C. Müll.) Paris, Index Bryologicus 2, 7. 2. 1904.

Homaliodendron semperianum (Hampe ex C. Müll.) Broth., Nat. Pfl. 11: 192. 1925.

植物体淡黄绿色，具弱光泽，疏松片状生长。主茎匍匐贴生基质上；支茎悬垂生长，长 2~8 cm，具稀疏不规则羽状短分枝；横切面椭圆形，直径 0.2 mm，由 4~5 层厚壁小细胞包围中央透明薄壁大形细胞；中轴缺失；腋毛约由 5 个透明长细胞组成，基部 2 个细胞黄色；假鳞毛多为 3~4 个厚壁细胞。叶扁平贴生，茎叶阔舌形，上下近于等宽，长约 2 mm，阔 0.9 mm，两侧不对称，基部略收缩，先端圆钝至平截，具小尖头；叶边上部具细齿；中肋粗壮，消失于叶尖下 6~8 个细胞处。叶上部细胞六角形至多角形，厚壁，中部及中下部细胞长菱形，长 10~30 μm，近基部细胞近线形至狭菱形，长可达 40 μm，胞壁均等厚。枝叶与茎叶同形，约为茎叶长度的 2/3。雌雄异株。雌苞卵形；内雌苞叶长舌形，具鞘部，无中肋；配丝多数。蒴柄长约 1 mm。孢蒴卵形，长约 2 mm。蒴盖圆锥形，具长斜喙。

生境：热带沟谷阴石壁生长。

产地：广西：龙州，弄岗自然保护区 5 号界碑，陇水淹，海拔 142~241 m，裴林英 1759、1766、1819、1824、1837、1861 (PE)。海南：乐东，吊罗山，林北局北侧大水沟阴岩壁，海拔 700 m，吴鹏程 24383 (PE)。

分布：中国、越南和菲律宾。

本种叶片中肋长达叶尖下为拟平藓属在中国较独特的类型。此外，蒴柄高出于雌苞叶极易识别于该属在中国分布的其他种。

7. 疏枝拟平藓(新拟名)　图 174

Neckeropsis boniana (Besch.) Touw et Ochyra, Lindbergia 13: 101. 1987.

体形细长，黄绿色，光泽不明显，稀疏群生。主茎匍匐，着生少数假根。支茎直立或倾立，稀少分枝；横切面近圆形，外层为 4~5 层小形细胞，中央为大形细胞，胞壁均强烈加厚；无分化中轴；腋毛单列细胞，透明，由 3~4 个细胞组成；未见假鳞毛。叶扁平着生，干时扭曲，阔舌形，两侧略不对称，长 0.8~1 mm。基部趋窄，上部略宽，成钝尖或小尖；叶边下部全缘，上部具细齿；中肋粗壮，消失于叶片近尖部。叶上部细胞多边形，厚壁，除近尖部外，两侧边缘分化 2~3 列狭长方形细胞，基部细胞狭长方形至近卵形，壁等厚。枝叶与茎叶同形，略小。雌雄生殖苞未见。

生境：热带、亚热带低海拔林区树干着生。

产地：云南：西双版纳，勐醒，树干，海拔约 650 m，刘俏、朱永青、王幼芳 561 (HSNU)。

分布：亚洲热带山地。

除叶片尖端部分，本种的叶片边缘均由狭长方形细胞组成。与缘边拟平藓 *N. moutieri* (Broth. et Par.) Fleisch. 除叶尖边缘不相同外，后者叶尖多趋狭窄，而不同于本种宽阔的叶尖。

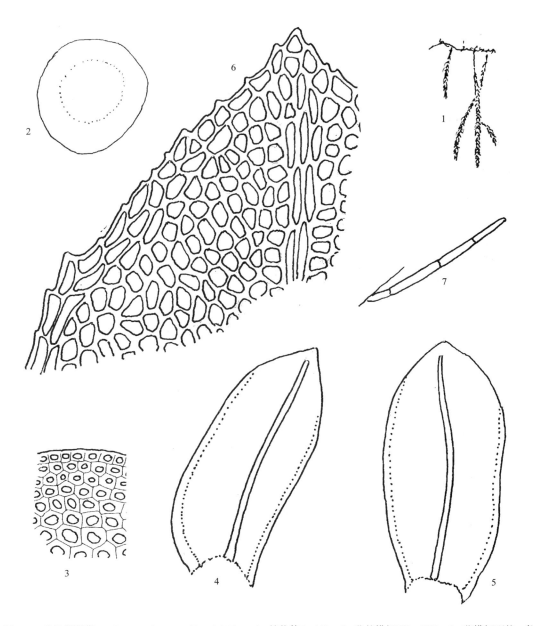

图 174 疏枝拟平藓 *Neckeropsis boniana* (Besch.) Touw 1. 植物体(×1/2)，2. 茎的横切面(×150)，3. 茎横切面的一部分(×450)，4~5. 叶(×45)，6. 叶尖部细胞(×470)，7. 腋毛(×270) (绘图标本：云南，西双版纳，刘倩、朱永青、王幼芳 561, HSNU) (吴鹏程 绘)

Fig. 174 *Neckeropsis boniana* (Besch.) Touw 1. habit (×1/2), 2. cross section of stem (×150), 3. portion of the cross section of stem (×450), 4~5. leaves (×45), 6. apical leaf cells (×470), 7. axillary hair (×270) (Yunnan: Xishuangbanna, Q. Liu, Y.-Q. Zhu and Y.-F. Wang 561, HSNU) (Drawn by P.-C. Wu)

8. 缘边拟平藓(新拟名)　图 175

Neckeropsis moutieri (Broth. et Par.) Fleisch., Musci Fl. Buitenzorg 3: 882. 1908.

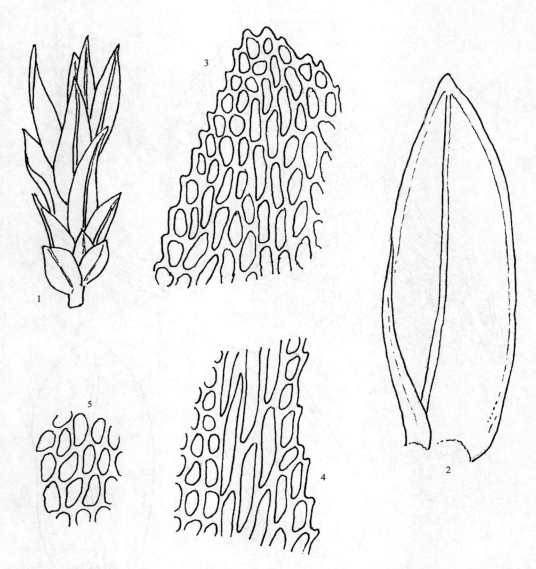

图 175　缘边拟平藓 *Neckeropsis moutieri* (Broth. et Par.) Fleisch. 1. 植物体的一部分(×15)，2. 叶(×45)，3. 叶尖部细胞(×470)，4. 叶中部边缘细胞(×470)，5. 叶中下部细胞(×470)(绘图标本：贵州，熊源新 Lp 310800, GU)(吴鹏程　绘)

Fig. 175　*Neckeropsis moutieri* (Broth. et Par.) Fleisch. 1. portion of plant (×15), 2. leaf (×45), 3. apical leaf cells (×470), 4. middle marginal leaf cells (×470), 5. low middle leaf cells (×470) (Guizhou: Y.-X. Xiong Lp 310800, GU) (Drawn by P.-C. Wu)

Neckeropsis moutieri Broth. et Par., Rev. Bryol. 27: 78. 1900.

Neckeropsis moutieri (Broth. et Par.) Broth., Nat. Pfl. Fam. 1, 1 (3): 842. 1909.

　　体形中等大小，亮绿色至暗绿色，略具光泽，呈疏小片状生长。支茎硬挺，近于直立，长可达 5 cm，连叶宽约 2 mm；单一分枝或近羽状分枝，枝先端多圆钝。叶阔舌形至卵状舌形，长约 1.5 mm；先端宽阔或钝尖，两侧略不对称，基部收缩；叶边具细钝齿；中肋粗壮，近于贯顶。叶细胞不透明，上部细胞卵形至长卵形，长约 10 μm，叶边分化

3~4 列狭长线形细胞，但叶基分化细胞趋内侧，叶基角部边缘 4~5 列为多角形细胞，明显不同于其他细胞，胞壁均加厚。雌雄生殖苞未见。

生境：湿热林内树干生长，海拔约 500 m。

产地：贵州：地点不详，熊源新 LP310800 (贵州大学)。

分布：中国和越南。

在拟平藓属中，本种叶边除尖端外全分化狭长细胞，极易区分于该属在中国的其他种。其分化边独特处在于叶基部沿叶边的 1~2 列细胞仍与其他叶细胞相同，而内侧的 3~4 列叶细胞明显不同于一般的叶细胞。

9. 厚边拟平藓

Neckeropsis takahashii Higuchi, Iwatsuki, Ochyra et Li, Nova Hedwigia 48 (3~4): 431, Pl. 1. 1989.

体形中等大小，基部褐色至褐绿色，上部呈黄绿色至暗绿色。主茎匍匐，直径 70~100 μm，具成束棕色假根；横切面表皮细胞多层，由小形厚壁细胞组成，包围大形薄壁髓部细胞，中轴不分化。支茎直立至倾立，不规则疏分枝，有时呈树形；枝长 5~10 mm，多扁平被叶；假鳞毛狭披针形；腋毛线形，长 4~5 个细胞。主茎叶披针形至狭三角形，长 225~300 μm，宽 100~150 μm；中肋不及叶尖即消失。支茎叶疏生，阔卵状舌形至阔椭圆形，两侧对称或略不对称，尖部宽钝，有时突出小尖头，长 1.35~1.65 mm，宽 0.45~0.65 mm，基部收缩，略下延；叶边尖部具粗齿，下部具细齿至全缘；中肋粗，及顶，稀叶尖下消失。叶细胞 4~6 角形，菱形至椭圆形，长 7.5~12.5 μm，宽 3~7 μm，沿叶边约 3 列细胞内侧分化 4~6 列线形厚壁细胞，在叶尖部与中肋细胞相连，向下达叶基部。雌雄异株(？)。雌苞着生支茎上，长约 1 mm；内雌苞叶基部卵形，鞘状，向上突收缩呈狭长尖；上部边缘具齿；中肋不及叶尖即消失。颈卵器长 0.25~0.30 mm；配丝线形，透明，长 8~13 个细胞。孢蒴未见。

生境：树干附生。

产地：云南：思茅，近普阳河(澜沧江的支流)，1982. 5,6，H. Takahashi 130 (模式标本，HIRO；等模式标本 KRAM，KUN)。

在外形和叶形上，本种与拟平藓 N. moutieri (Broth. et Par.) Fleisch. 十分相似，但后者叶片嵌条宽 3~5 个细胞，厚 2~3 层，近叶尖嵌条细胞即消失而不与叶中肋细胞相连。

属 3　波叶藓属 *Himantocladium* (Mitt.) Fleisch.
Musci Fl. Buitenzorg 3: 883. 1908.

模式种：波叶藓 *H. loriforme* (Bosch et Lac.) Fleisch.

植物体形大或中等大小，暗绿色或黄绿色，略具光泽，稀疏片状生长。主茎匍匐横展，被稀疏小形茎基叶或裸露，有束状假根。支茎直立，疏分枝或密羽状分枝，呈不规则树形，稀具悬垂鞭状枝；无假鳞毛。叶多列或 8 列着生，疏松扁平而不紧贴，基部多阔卵形，渐上呈舌形，尖部宽钝，多具小尖，具多数横波纹；叶边上部常具细齿；中肋单一，粗壮，常达叶片上部。叶上部细胞圆方形或椭圆形，中部及基部细胞长菱形或狭长菱形，胞壁等厚。雌雄异株或雌雄同株。雌苞叶形小，基部鞘状，上部呈狭长尖。蒴柄短，平滑。孢蒴略高出于雌苞叶，卵形；环带不分化。蒴齿两层；外齿层齿片狭披针形，近于平滑或具细疣，中脊平直，横脊高出，内面具弱横隔；内齿层齿条与齿片近似，具穿孔和粗疣，基膜高出，齿毛不发育。蒴盖圆锥形。蒴帽一侧开裂，被疏纤毛。孢子球形或不规则球形，近于平滑或具疣。

本属全世界约 20 种；中国现知 3 种。

分种检索表

1. 植物体较小，一般长不及 6 cm；茎叶卵状椭圆形 ··· **1. 小波叶藓 H. plumula**
1. 植物体较大，长可达 10 cm；茎叶卵状舌形 ··· 2
2. 茎皮层薄；茎叶尖部宽，近于平截，多波曲 ································· **2. 轮叶波叶藓 H. cyclophyllum**
2. 茎皮层厚；茎叶上部趋狭，近于圆钝，多不波曲 ························· **3. 台湾波叶藓 H. formosicum**

Key to the species

1. Plants smaller, not longer than 6 cm; stem leaves ovate-oblong ···························· **1. H. plumula**
1. Plants large, up to 10 cm long; stem leaves ovate-lingulate ·· 2
2. Epidermal of stem thin; stem leaves wider at the apex, sub-truncate, mostly undulate ······ **2. H. cyclophyllum**
2. Epidermal of stem thick; stem leaves narrow at the apex, nearly obtusely rounded, mostly not undulate ·· **3. H. formosicum**

1. 小波叶藓　图 176

Himantocladium plumula (Nees in Brid.) Fleisch., Musci Fl. Buitenzorg 3: 889, f. 156. 1907.
Pilotrichum plumula Nees in Brid., Bryol. Univ. 2: 759. 1827.

植物体灰绿色，略具光泽，呈疏松小片生长。主茎匍匐，被稀疏小叶；支茎无中轴分化，直立，长可达 6 cm，密树形分枝，枝斜展，长约 1 cm，近于扁平被叶，钝端。茎叶长约 2 mm，基部阔卵形，向上呈短舌形，具不规则波纹，尖部宽阔，渐尖；叶边尖部具不规则细齿，基部一侧常内折；中肋单一，粗壮，长达叶尖下部。叶尖部细胞圆卵形或六角形，直径 8~12 μm，中部细胞方形、圆六角形或多边形，长 10~15 μm，宽 6 μm，基部细胞狭长方形，长 25~30 μm，宽 4~5 μm，胞壁均加厚。雌雄混生同苞。雌苞叶小于营养叶。蒴柄长约 1.5 mm。孢蒴卵状圆柱形，长约 1.5 mm，高出于雌苞叶。蒴齿两层；外齿层齿片披针形，具细疣；内齿层齿条线形，中缝开裂。孢子绿色，具细疣，直径约 15 μm。

生境：温暖湿润林内树干附生。

产地：海南：尖峰岭，树干，陈邦杰等 335 (PE)；昌江，坝王岭，东四林场，树干，海拔 820 m，吴鹏程 20654 (PE)；乐东，吊罗山，白水林区，树干，海拔 700 m，吴鹏程 24417 (PE)。

分布：中国、菲律宾、印度尼西亚和新喀里多尼亚。

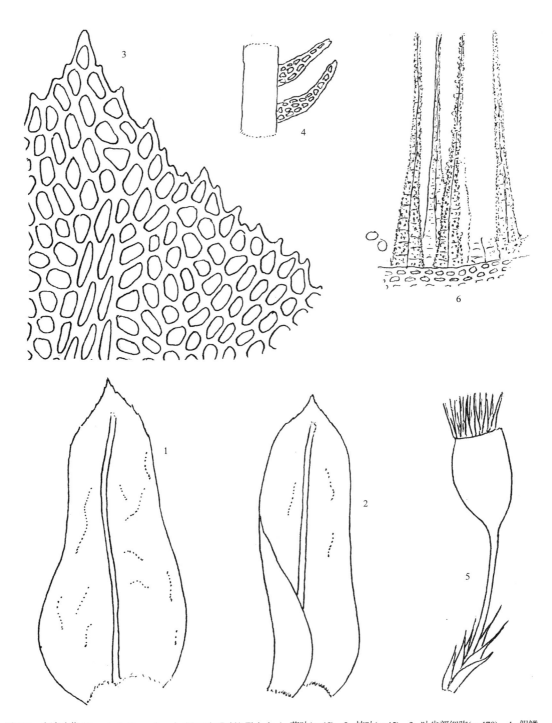

图 176　小波叶藓 *Himantocladium plumula* (Nees in Brid.) Fleisch. 1. 茎叶(×45)，2. 枝叶(×45)，3. 叶尖部细胞(×470)，4. 假鳞毛(×150)，5. 开裂的孢蒴及雌苞叶(×15)，6. 蒴齿及孢子(×160) (绘图标本：海南，吊罗山，吴鹏程 24417，PE) (吴鹏程 绘)

Fig. 176　*Himantocladium plumula* (Nees in Brid.) Fleisch. 1. stem leaf (×45), 2. branch leaf (×45), 3. apical leaf cells (×470), 4. pseudoparaphyllia (×150), 5. opened capsule and perichaetial bracts (×15), 6. peristome teeth and spores (×160) (Hainan: Mt. Diaoluo, P.-C. Wu 24417, PE) (Drawn by P.-C. Wu)

2. 轮叶波叶藓　图 177

Himantocladium cyclophyllum (C. Müll.) Fleisch., Laubmf. Java 8: 887. 1907.

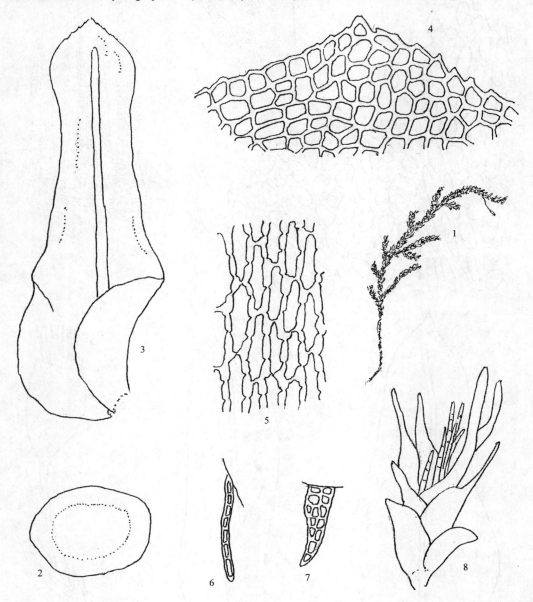

图 177　轮叶波叶藓 *Himantocladium cyclophyllum* (C. Müll.) Fleisch. 1. 植物体(×1)，2. 茎横切面的一部分(×150)，3. 茎叶 (×42)，4. 叶尖部细胞(×470)，5. 叶基部细胞(×470)，6~7. 假鳞毛(×270)，8. 幼嫩雌苞(×12) (绘图标本：西藏，墨脱， 郎楷永 554, PE) (吴鹏程　绘)

Fig. 177　*Himantocladium cyclophyllum* (C. Müll.) Fleisch. 1. habit (×1), 2. portion of cross section of stem (×150), 3. stem leaf (×42), 4. apical leaf cells (×470), 5. basal leaf cells (×470), 6~7. pseudoparaphyllia (×270), 8. young perichaetium (×12) (Xizang: Motuo, K.-Y. Lang 554, PE) (Drawn by P.-C. Wu)

Neckera cyclophylla C. Müll., Syn. 2: 664. 1851.

Himantocladium elegantulum Nog., Journ. Hattori Bot. Lab. 4: 21, fl 50. 1950.

体形粗壮，黄绿色，略具光泽，呈稀疏片状生长。主茎匍匐，纤细；支茎倾立，长可达 10 cm，不规则扁平羽状分枝，枝尖常呈鞭枝状。茎叶扁平着生，斜展，呈明显背、腹叶分化，由卵状基部向上呈狭舌形，长约 2.5 mm，上部具横波纹，尖部圆钝，具短尖；叶上部边缘具不规则齿，下部具细齿；中肋粗壮，不达叶尖即消失。叶尖部细胞卵状六角形，直径 5~7 μm，下部细胞长 10~25 μm，宽 5~7 μm，胞壁强烈加厚。雌雄异株。雌苞叶长不及 1 mm，上部渐尖。蒴柄平滑，略呈弓形，长 1.5~2 mm。孢蒴高出于雌苞叶，圆柱形，直立，长约 1.5 mm。蒴齿两层；外齿层齿片披针形，被细疣；内齿层具低基膜。

生境：湿热林内树干或岩面生长。

产地：西藏：墨脱，老墨脱区至穗兴区，途中林内树干，海拔 850 m，郎楷永 554 (PE)；同前，阿尼桥，树基，海拔 1200~1400 m，汪楣芝 800196a (PE)。

分布：中国、印度尼西亚、菲律宾、巴布亚新几内亚和塔希堤岛。

3. 台湾波叶藓(新拟名)　图 178

Himantocladium formosicum Broth. et Yas. in Broth., Rev. Bryol. 53: 2. 1926; Enroth, Ann. Bot. Fennici 29: 86. 1992.

植物体粗大，黄褐色或黄绿色，略具光泽，疏丛集生长。主茎匍匐；支茎近于羽状分枝，长可达 10 cm，尖部可延生成新植株。茎基叶紧贴茎上，由圆卵形宽阔基部向上突成狭披针形，茎上部叶片湿润时疏松倾立，基部卵圆形，渐成长舌形上部，叶尖圆钝，有时具短锐尖，一般具弱纵纹，不波曲；叶边尖部具细齿，下部平滑；中肋粗壮，不及叶近尖部即消失。枝叶与茎叶同形，约为茎叶长度的3/4。叶尖部细胞不规则多角形，直径约 6 μm，胞壁等厚，中下部细胞长方形至长六角形，叶基中央细胞长卵形至狭长方形，胞壁强烈波状加厚，具壁孔。孢子体不详。

生境：阴湿石壁或树干着生。

产地：台湾：屏东县，庄清璋 1209 (UBC, NY, PE)；南投县，溪头，海拔 1400~1700 m，树干，林善雄 1：21 (Tonghai Univ.)。

分布：台湾地区特有。

本种与轮叶波叶藓 *H. cyclophyllum* (C. Müll.) Fleisch. 外形及叶形均近似，但本种叶尖圆钝，不宽于下部，一般不呈波状，可区分于后者。

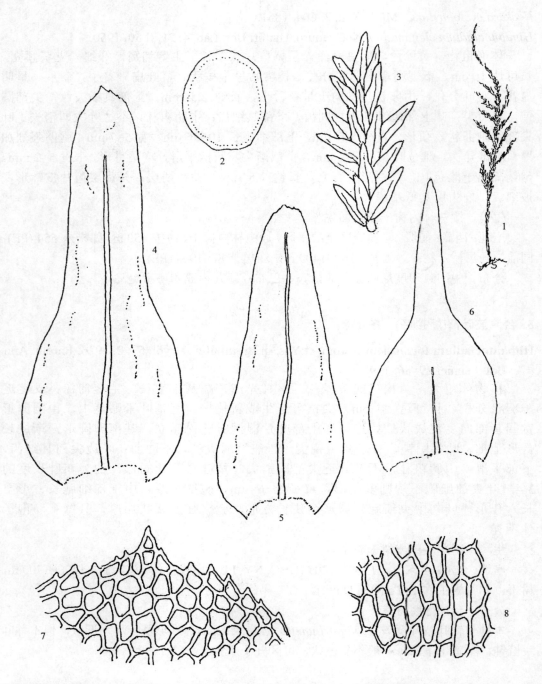

图 178　台湾波叶藓 *Himantocladium formosicum* Broth. et Yas. 1. 植物体(×1), 2. 茎横切面(×150), 3. 枝(×10), 4. 茎叶(×42), 5. 枝叶(×42), 6. 茎基叶(×470), 7. 叶尖部细胞(×470), 8. 叶中部细胞(×470) (绘图标本：台湾，屏东县，庄清璋 1209, UBC, PE) (吴鹏程　绘)

Fig. 178　*Himantocladium formosicum* Broth. et Yas. 1. habit (×1), 2. cross section of stem (×150), 3. branch (×10), 4. stem leaf (×42), 5. branch leaf (×42), 6. stipe leaf (×42), 7. apical leaf cells (×470), 8. middle leaf cells (×470) (Taiwan: Pingdong Co, C.-C. Chuang 1209, UBC, PE) (Drawn by P.-C. Wu)

属 4　树平藓属 *Homaliodendron* Fleisch.

Hedwigia 45: 74. 1906.

模式种：树平藓 *H. flabellatum* (Sm.) Fleisch.

外形多较大，稀小形，呈扁平树形或扇形，黄绿色或褐绿色，具强绢泽光，或暗光泽，疏松成片倾垂生长。茎横切面呈圆形或椭圆形，无分化中轴，皮层具多层厚壁细胞，髓部薄壁、透明或浅黄色细胞。主茎匍匐于基质，叶片脱落，或具鳞叶，密被红棕色假根；支茎多倾立或垂倾，先端多上仰，多一至三回扁平羽状分枝成树形，稀尖部呈鞭枝状。茎叶扁平贴生，多卵形、长卵形或舌形，稀阔卵形而上部宽于下部，尖部圆钝或锐尖，全缘或尖部具细齿或不规则粗齿；中肋单一，达叶片中部或中上部，稀粗壮。枝叶呈阔倒卵形、卵状椭圆形或狭长舌形。叶细胞圆方形或卵状菱形，胞壁厚，下部细胞狭长，胞壁波状加厚。雌雄异株。雌苞多着生支茎或主枝上。内雌苞叶基部呈鞘状，上部呈披针形。蒴柄直立，淡黄色，平滑，长于孢蒴。孢蒴卵形，略高出于雌苞叶。蒴齿两层；外齿层齿片狭披针形，具疣和横条纹，内面具密横隔；内齿层齿条狭披针形，呈折叠状，具明显穿孔，齿毛缺失。蒴盖圆锥形，具短喙，平滑。蒴帽兜形，多被纤毛，稀平滑。雄苞呈芽胞状，着生茎或主枝上。雄苞叶卵形，内凹。

全世界约 20 种，亚洲热带和亚热带南部广布，少数种类见于澳大利亚；多着生树干及阴湿岩壁。中国有 8 种。

分种检索表

1. 叶阔舌形，先端圆钝；叶边仅具细齿 ·· 2
1. 叶椭圆状舌形、卵状舌形或阔卵状椭圆形，先端锐尖或钝尖；叶边尖部多具不规则粗齿 ·············· 3
2. 植物体形小，一般高 1~2 cm，一、二回羽状分枝；叶中部细胞长约 15 μm，宽 7 μm ···············
　　　　　　　　　　　　　　　　　　　　　　　　　　　　1. 小树平藓 *H. exiguum*
2. 植物体较大，一般长达 5 cm 以上，二、三回羽状分枝；叶中部细胞长 25~35 μm，宽 6~7 μm ···········
　　　　　　　　　　　　　　　　　　　　　　　　2. 钝叶树平藓 *H. microdendron*
3. 叶一般较宽短，上部常较阔，具短钝尖 ·······················**3. 树平藓 *H. flabellatum***
3. 叶一般较长，上下近于等宽，一般具锐尖，稀先端宽钝 ·································· 4
4. 叶细胞多具粗疣 ·····································**8. 疣叶树平藓 *H. papillosum***
4. 叶细胞平滑 ·· 5
5. 叶先端圆钝 ·······································**7. 西南树平藓 *H. montagneanum***
5. 叶先端锐尖 ·· 6
6. 中肋粗壮，多消失于叶片近尖部 ·······················**6. 粗肋树平藓 *H. crassinervium***
6. 中肋细弱，一般消失于叶片中上部 ··· 7
7. 叶片多上下等宽，具钝尖或锐尖 ·······················**5. 舌叶树平藓 *H. ligulaefolium***
7. 叶片一般下部略宽于上部，多具锐尖 ·················**4. 刀叶树平藓 *H. scalpellifolium***

Key to the species

1. Leaves broadly lingulate, apex obtuse; leaf margin crenulate ····································· 2
1. Leaves oblong-lingulate, ovate-lingulate or broadly ovate-oblong, apex acute or obtuse; leaf margin mostly

1. 小树平藓

Homaliodendron exiguum (Bosch et Lac.) Fleisch., Musci Fl. Buitenzorg 3: 897, f. 156.
 1908.

Homalia exiguua Bosch et Lac., Bryol. Jav. 2: 55. 175. 1862.

Neckeropsis pseudonitidula Okam., Journ. Col. Sc. Imp. Univ. Tokyo 38 (4): 39.1916.

Homaliodendron pseudonitidulum (Okam.) Nog., Trans. Nat. Hist. Soc. Formosa 24: 291.
 1934.

  植物体形小，黄绿色或灰绿色，具绢丝光泽，稀疏或疏松成小片状生长。主茎纤细，匍匐，具少数假根。支茎直立或倾立，长度一般 1~2 cm，稀达 2 cm 以上，常具尾尖，具稀少短分枝；假鳞毛丝状。茎叶长约 1.5 mm，宽 0.7~0.8 mm，舌形至卵状舌形，两侧不对称，具圆钝尖；叶边基部一侧内折，上部具不规则细齿；中肋纤细，消失于叶片上部的 2/3 处。枝叶短舌形或近于呈圆卵形，两侧不对称，基部狭窄。叶上部细胞近于呈方形，厚壁，中部细胞六角形至菱形，直径约 15 μm×7 μm，壁等厚。雌雄异株(？)雌苞着生于支茎。内雌苞叶由椭圆状基部渐上呈长舌形，具宽钝尖，仅尖部具齿。蒴柄红褐色，长度超过 1 mm。孢蒴卵形。外齿层齿片具密疣；内齿层齿条具脊和疣，基膜低。孢子直径 13~18 μm。雄苞芽胞状。内雄苞叶卵形，具狭尖。配丝多数。

  生境：习生树干及阴湿岩面。

  产地：江苏：宜兴，1936. 3. 15, 陈邦杰 2214 (PE)。福建：将乐，陇西山电站，河边岩面，海拔 550~600 m，汪楣芝 47954 (PE)。江西：龙南县，九连山，树干，刘仲苓 34246、34269 (SHM)。广东：深圳，梧桐山，深圳考察队 2514b、2544 (PE)；同前，大梧桐山，汪楣芝 54752、54802、60670、60963 (PE)；同前，盐田，岩面，海拔 180 m，贾渝、米大海 3783 (PE)。海南：吊罗山，石生，海拔 450 m，张宪春 20011；云南：贡山县，高黎贡山东坡，贡山至其期途中，双拉瓦附近岩面，海拔 750~1850 m，汪楣芝

9105 (PE)；同上，独龙江公社，青朗当江边树上，海拔 1300 m，汪楣芝 10065a (PE)；西双版纳，景洪至勐笼，*Pometia tomentosa* 的板根上，Redfearn 等 33689 (MO、SWMU、PE)；同上，景洪县，至勐笼途中，海拔 790~830 m，树基，Redfearn 等 33713 (MO、SWMU、PE)。

分布：中国、日本南部、亚洲热带地区和澳大利亚。

本种为树平藓属中体形最小，又以其叶片阔而具圆钝尖，为该属中独特的类型。

2. 钝叶树平藓　图 179

Homaliodendron microdendron (Mont.) Fleisch., Hedwigia 45: 78. 1906.

Hookeria microdendron Mont., Ann. Sc. Nat. Bot. Ser. 2, 19: 240. 1843.

Neckera glossophylla Mitt., Journ. Linn. Soc. Bot. suppl. 1:119. 1859.

Homalia glossophylla (Mitt.) Jaeg., Ber. S. Gall. Naturw. Ges. 1875-76: 294. 1877.

Homalia microdendron (Mont.) Jaeg., Ber. S. Gall. Naturw. Ges. 1875-76: 296. 1877.

Homaliodendron spathulaefolium (C. Müll.) Fleisch., Hedwigia 45: 78. 1906.

H. elegantulum Thèr., Rev. Bryol. 49: 7. 1922.

体形较大，黄绿色或灰绿色，具强光泽，多成片生长。支茎二、三回羽状分枝呈扁平扇形，长可达 10 cm 以上；分枝疏生或因再分枝而相互贴生；假鳞毛丝状。茎叶阔舌形，多向一侧偏曲，长可达 2.5 mm，叶基部略窄，一侧多呈条状内折，先端宽阔圆钝，有时具小尖；叶边全缘，仅尖部具不规则细齿；中肋纤细，单一，消失于叶片 2/3 处。叶尖部细胞方形或多角形，壁等厚，8~10 μm，中部细胞长六角形或长菱形，长 25~35 μm，宽 6~7 μm，壁薄，叶基中央的细胞狭长方形，壁厚，具壁孔。雌雄异株。蒴柄纤细，长 1.5~2 mm。孢蒴长圆柱形，蒴齿灰白色，两层，发育良好。孢子直径 13~17 μm，具细疣。

生境：多着生树干下部，或成大片见于背阴石壁，海拔一般为 1000~2500 m。

产地：云南：西双版纳，勐腊县，石灰岩及 *Ficus* 树干，海拔 580~1020 m，Redfearn 33782、33990 (MO、SWMU、PE)；贡山县，丙中洛公社，丙中洛至闷打路边，岩面，海拔 1700 m，汪楣芝 8926c、8927、8931c、8932f、8933d (PE)；同上，高黎贡山东坡，贡山至其期途中，岩面，海拔 1750~1850 m，汪楣芝 9091a (PE)；同上，独龙江公社，巴坡至马库途中，树基，海拔 1500 m，汪楣芝 9706c (PE)；建水县，羊街坝至甘棠，刘慎谔 18316 (PE)。海南：陵水，吊罗山，白水保护区，沟内树干，海拔 700 m，吴鹏程 20920 (PE)；五指山，沟中，林尤兴 323 (PE)。台湾：台东，雾山，知本山，细川 s. n.(PE)。

分布：中国、日本南部、越南、印度、印度尼西亚和菲律宾。

在树平藓属中，本种为最常见种类之一，但分布区多限于热带和亚热带地区的南部。其叶形与小树平藓十分相似，然而本种体形明显大而二、三回羽状分枝，很易于识别于后者。

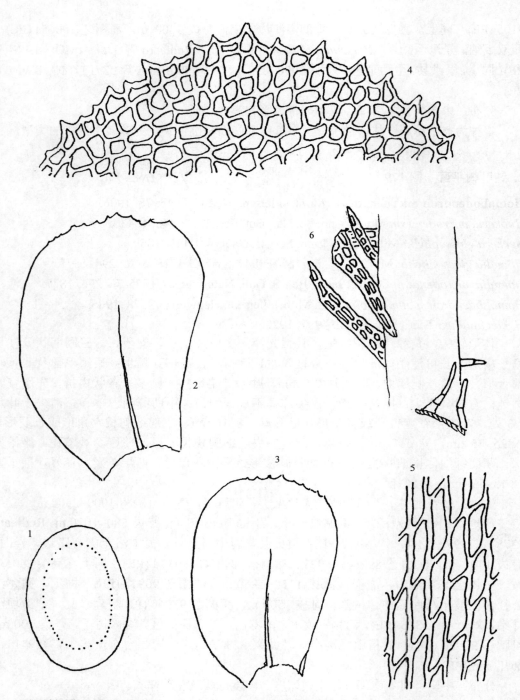

图 179　钝叶树平藓 *Homaliodendron microdendron* (Mont.) Fleisch. 1. 茎的横切面(×150)，2. 茎叶(×40)，3. 枝叶(×40)，4. 叶尖部细胞(×470)，5. 叶基部细胞(×470)，6. 茎的一部分，示假鳞毛(左侧)及腋毛(右侧) (×215) (绘图标本：海南，吊罗山，汪楣芝 45854, PE) (吴鹏程 绘)

Fig. 179　*Homaliodendron microdendron* (Mont.) Fleisch. 1. cross section of stem (×150), 2. stem leaf (×40), 3. branch leaf (×40), 4. apical leaf cells (×470), 5. basal leaf cells (×470), 6. portion of stem, showing pseudoparaphyllia (left) and axillary hairs (right) (×215) (Hainan: Mt. Diaoluo, M.-Z. Wang 45854, PE) (Drawn by P.-C. Wu)

3. 树平藓 图 180

Homaliodendron flabellatum (Sm.) Fleisch., Hedwigia 45: 74. 1906.

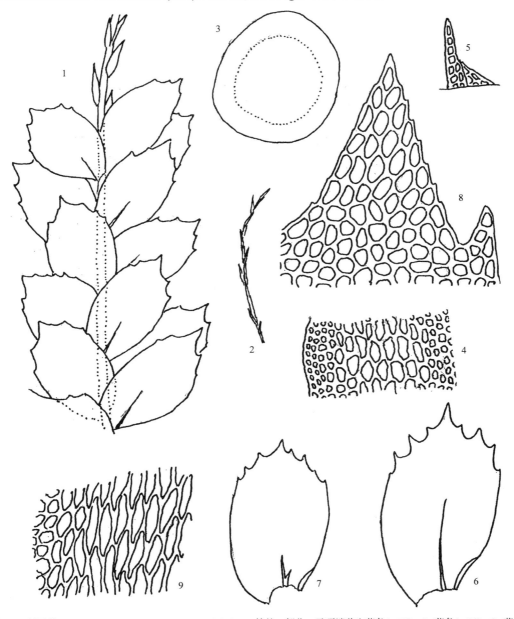

图 180 树平藓 *Homaliodendron flabellatum* (Sm.) Fleisch. 1. 枝的一部分，示顶端着生芽条(×32)，2. 芽条(×20)，3. 茎的横切面(×105)，4. 茎横切面的一部分(×270)，5. 假鳞毛(×215)，6. 茎叶(×40)，7. 枝叶(×40)，8. 叶尖部细胞(×470)，9. 叶基部细胞(×470)(绘图标本：海南，吴鹏程 20931, PE) (吴鹏程 绘)

Fig. 180 *Homaliodendron flabellatum* (Sm.) Fleisch. 1. portion of a branch, showing the apical branchlet (×32), 2. branchlet (×20), 3. cross section of stem (×105), 4. portion of the cross section of stem (×270), 5. pseudoparaphyllia (×215), 6. stem leaf (×40), 7. branch leaf (×40), 8. apical leaf cells (×470), 9. basal leaf cells (×470) (Hainan: P.-C. Wu 20931, PE) (Drawn by P.-C. Wu)

Hookeria flabellata Sm., Trans. Linn. Soc. 9: 280. 1808.

Leskea flabellata (Sm.) Schwaegr., Sp. Musc. Suppl. 1 (2): 164. 1816.

Neckera flabellata (Sm.) Mitt., Musci Ind. Or. : 118. 1859.

Homalia flabellata (Sm.) Bosch et Lac., Bryol. Jav. 2: 58. 1863.

Neckera javanicum (C. Müll.) Fleisch., Hedwigia 45: 74. 1906.

植物体形大，灰绿色至淡绿色，老时呈黄绿色，具光泽，呈疏松片状生长。主茎纤长，匍匐；支茎垂倾至平横伸展，横切面呈椭圆形，皮层为 6~8 列橙黄色厚壁细胞组成，包被大形、薄壁淡黄色细胞；二、三回羽状分枝，长达 10 cm；假鳞毛披针形。叶长可达 3 mm，椭圆状舌形或卵状扇形，两侧不对称，具短钝尖；叶边上部具不规则粗齿，下部具细齿，基部一侧内折；中肋单一，达叶片上部，有时顶端分叉。叶细胞六角形至多边形，近基部渐趋长，具壁孔，长约 50 μm，宽 8 μm，枝叶阔匙形或倒卵形，两侧不对称，基部一侧内折。雌苞着生主侧枝上。雌苞叶具狭长尖。蒴柄直立或下垂。孢蒴卵形，蒴齿两层；外齿层齿片狭披针形，具细疣；内齿层齿条与齿片近似，具低基膜。蒴盖短圆锥形。孢子纤小，直径 12~15 μm。

生境：生于海拔 3100 m 林内岩面。

产地：云南：西双版纳，徐文宣 6053、6193、6299 (PE)。湖南：南狱市，白龙潭，西南山上，岩面，海拔 2500 m，单人骅 L-65 (PE)。海南：陵水，吊罗山，白水保护区，沟内树干，海拔 700 m，吴鹏程 20931 (PE)。

分布：中国和南亚地区。

4. 刀叶树平藓　图 181

Homaliodendron scalpellifolium (Mitt.) Fleisch., Hedwigia 45: 75. 1906.

Neckera scalpellifolia Mitt., Journ. Linn. Soc. Bot. Suppl. 1: 119. 1859.

Homalia scalpellifolia (Mitt.) Bosch et Lac., Bryol. Jav. 2: 60. 1863.

体形多较大，黄绿色或暗褐绿色，具光泽，往往大片生长。主茎匍匐贴生基质；支茎横切面呈椭圆形，皮层由 8~12 层细胞组成；倾立，长可达 10 cm，一至三回扁平羽状分枝，呈扇形。茎叶长可达 5 mm，阔卵状椭圆形，常呈刀形，两侧不对称，叶基明显趋窄，一侧基部内折，先端锐尖；叶边除尖部具不规则粗齿，两侧边缘均全缘；中肋单一，纤细，消失于叶片中部。枝叶与茎上部叶近似，但较小。叶尖部细胞菱形或不规则六角形，长 15~20 μm，宽 10 μm，中部细胞长菱形或长六角形，直径约 50 μm×8 μm，胞壁厚，略具波纹。雌雄异株。蒴柄略高出于雌苞叶，略粗糙。孢蒴卵形。外齿层齿片狭长披针形，淡黄色，平滑；内齿层齿条线形，具穿孔。蒴盖圆锥形。蒴帽兜形，被稀疏纤毛。孢子纤细，直径约 15 μm，具细疣。

生境：喜着生阴湿林内溪边岩面或老树干上，海拔 500~2500 m 间。

产地：云南：景东县，哀牢山，徐家坝，林下树干，海拔 2500 m，张晋昆 1685 (HKAS)。四川：盐源县，百灵山至二队途中，栎林下，岩面，海拔 3600 m，汪楣芝 22860 (PE)。福建：将乐县，陇西山主峰，沟谷树上和岩面，海拔 1100~1200 m，汪楣芝 48067、48600、47483 (PE)。江西：石城，武夷山脉，赣江源，洋地林场，树干，海拔 1000 m，汪楣芝、彭焱松 680427a (PE)；玉山县，三清山，梯元岩石壁，海拔 1200 m，李登科 19763 (SHM)。

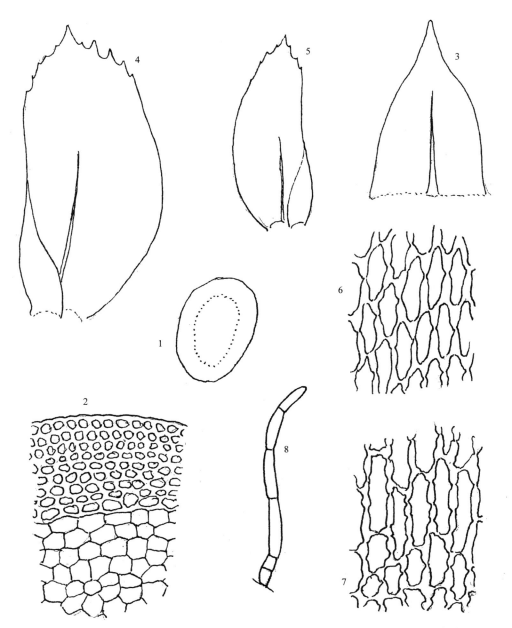

图 181　刀叶树平藓 *Homaliodendron scalpellifolium* (Mitt.) Fleisch. 1. 茎的横切面(×54), 2. 茎横切面的一部分(×320), 3. 茎基叶(×30), 4. 茎叶(×30), 5. 枝叶(×30), 6. 叶中部细胞(×470), 7. 叶基部细胞(×470), 8. 腋毛(×470) (绘图标本：四川，大凉山，Handel-Mazzetti 1699, W) (吴鹏程　绘)

Fig. 181　*Homaliodendron scalpellifolium* (Mitt.) Fleisch. 1. cross section of stem (×54), 2. portion of the cross section of stem (×320), 3. stipe leaf (×30), 4. stem leaf (×30), 5. branch leaf (×30), 6. middle leaf cells (×470), 7. basal leaf cells (×470), 8. axillary hair (×470) (Sichuan: Mt. Daliang, Handel-Mazzetti 1699, W) (Drawn by P.-C. Wu)

分布：中国、日本南部和亚热带地区广泛分布。

在树平藓属中本种最习见，且往往大片生长。其主要识别点为叶片下部宽阔，上部锐尖而具不规则粗齿，系与近似种舌叶树平藓 *H. ligulaefolium* (Mitt.) Fleisch.的区分特征。

5. 舌叶树平藓 图 182

Homaliodendron ligulaefolium (Mitt.) Fleisch., Hedwigia 45: 77. 1906.

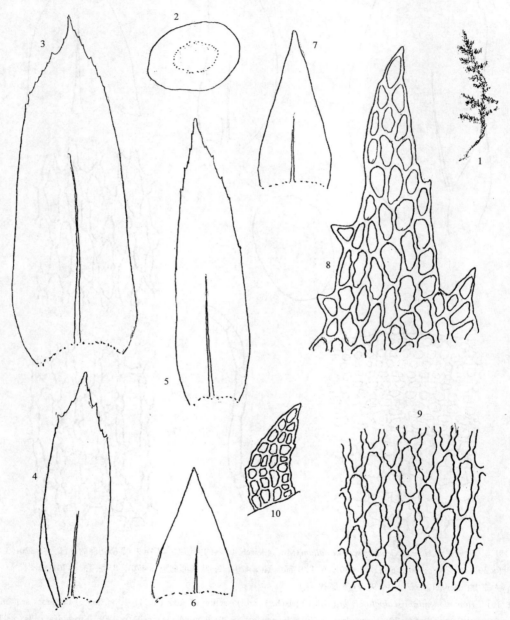

图 182 舌叶树平藓 *Homaliodendron ligulaefolium* (Mitt.) Fleisch. 1. 植物体(×0.8)，2. 茎的横切面(×54)，3. 茎叶(×40)，4~5. 枝叶(×40)，6~7. 茎基叶(×40)，8. 叶尖部细胞(×470)，9. 叶基部细胞(×470)，10. 假鳞毛(×215)(绘图标本：江西，井冈山，刘仲苓 36185, SHM) (吴鹏程 绘)

Fig. 182 *Homaliodendron ligulaefolium* (Mitt.) Fleisch. 1. habit (×0.8), 2. cross section of stem (×54), 3. stem leaf (×40), 4~5. branch leaves (×40), 6~7. stipe leaves (×40), 8. apical leaf cells (×470), 9. basal leaf cells (×470), 10. pseudoparaphyllia (×215) (Jiangxi: Mt. Jinggang, Z.-L. Liu 36185, SHM) (Drawn by P.-C. Wu)

Neckera ligulaefolia Mitt., Journ. Linn. Soc. Bot. suppl. 1: 119. 1859.

Homalia hookeriana Bosch et Lac., Bryol. Jav. 2: 57. 1863.

植物体形大，黄绿色，具光泽，多大片生长。支茎横切面呈椭圆形，皮层细胞 7~10 层；上部二、三回羽状分枝呈扁平树形，长可达 10 cm。叶扁平着生，椭圆状舌形，两侧不对称，干燥时具纵长褶，具钝尖或锐尖；叶边尖部具粗齿，下部具细齿，基部狭窄；中肋单一，消失于叶片上部。枝叶狭长舌形，具锐尖，上部具疏粗齿。叶细胞菱形至近于呈长方形，平滑，胞壁厚，强烈呈波状，具明显壁孔；中部边缘分化 2 列狭而薄壁的细胞。孢蒴多着生短侧枝上。雌苞叶短而具狭尖，直立。蒴柄长约 2 mm。孢蒴卵形，与蒴柄近于等长。蒴齿发育良好。

生境：着生山地岩面。

产地：云南：泸水县，片马丫口西坡，阔叶林，海拔 2350 m，树枝，罗健馨、汪楣芝 812119h (PE)。江西：武夷山，猪母岭，海拔 1300 m，刘仲苓 36185 (SHM，PE)。

分布：中国和南亚地区。

本种与刀叶树平藓 *H. scalpellifolium* (Mitt.) Fleisch. 的区分，在于前者叶片上下近于等宽，而刀叶树平藓下部明显宽于上部。

6. 粗肋树平藓　图 183

Homaliodendron crassinervium Thèr., Rec. Publ. Soc. Havraise, Etud. Div. 1919: 39. 1919.

植物体中等大小，黄绿色或暗绿色，呈疏松片状。主茎匍匐；支茎上部不规则分枝或二、三回羽状分枝呈扁平树形，长可达 7 cm，近基部被鳞片状叶。叶扁平展出，干时具长纵褶，卵状舌形，内凹，两侧不对称，近基部宽阔；叶边尖部具不规则锐齿或粗齿；中肋单一，粗壮，消失于叶片近尖部或叶片上部。枝叶倾立或斜展，卵状椭圆形，尖部具 3~5 粗齿。叶细胞菱形至长椭圆形，约 15 μm×8 μm，基部着生处细胞呈长方形，胞壁强烈加厚，具明显壁孔，长可达 40 μm。雌苞着生短枝上。内雌苞叶阔卵形，鞘状，具长狭尖。蒴柄长为 2~3 mm。孢蒴卵形至卵状圆柱形，长可达 2 mm。蒴帽短圆锥形，具喙。

生境：湿热山地树干和岩面生长。

产地：云南：镇康，立立箐，山沟树干，海拔 2200 m，王启无 7901 (PE)；贡山县，独龙江公社，南代，路边树上，林下岩面，海拔 2100~2400 m，汪楣芝 9805b、11747a (PE)。海南：陵水，吊罗山，白水，右侧沟谷雨林内老树干，海拔 730 m，吴鹏程 20953 (PE)；乐东，吊罗山，三角山顶，溪边树干，海拔 780 m，汪楣芝 45884 (PE)；昌江，东四林场，阴沟内树干，海拔 980~1100 m，汪楣芝 45432 (PE)。

分布：中国和越南。

本种主要识别点为叶尖具不规则粗齿，叶强烈内凹，中肋明显粗于树平藓属的其他种。

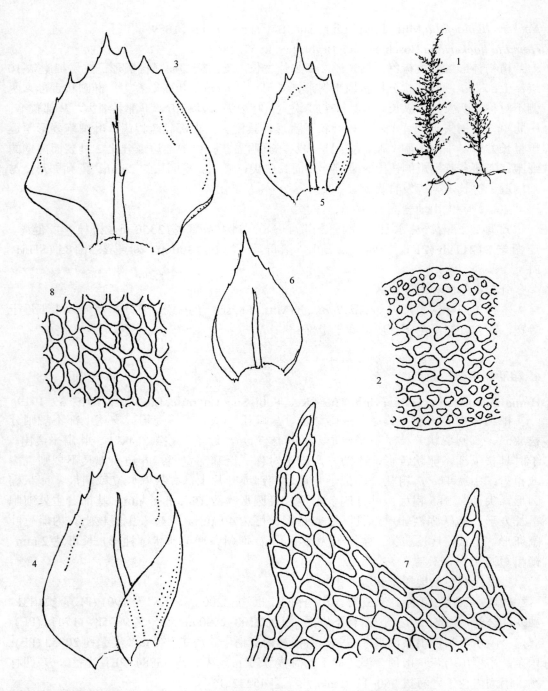

图 183　粗肋树平藓 *Homaliodendron crassinervium* Thèr. 1. 植物体(×1)，2. 茎横切面的一部分(×270)，3~4. 茎叶(×30)，5~6. 枝叶(×30)，7. 叶尖部细胞(×470)，8. 叶中部细胞(×470) (绘图标本：海南，吊罗山，汪楣芝 45884, PE) (吴鹏程　绘)

Fig. 183　*Homaliodendron crassinervium* Thèr. 1. habit (×1), 2. portion of cross section of stem (×270), 3~4. stem leaves (×30), 5~6. branch leaves (×30), 7. apical leaf cells (×470), 8. middle leaf cells (×470) (Hainan: Mt. Diaoluo, M.-Z. Wang 45884, PE) (Drawn by P.-C. Wu)

7. 西南树平藓(孟氏树平藓)　图 184

Homaliodendron montagneanum (C. Müll.) Fleisch., Hedwigia 45: 74. 1906.

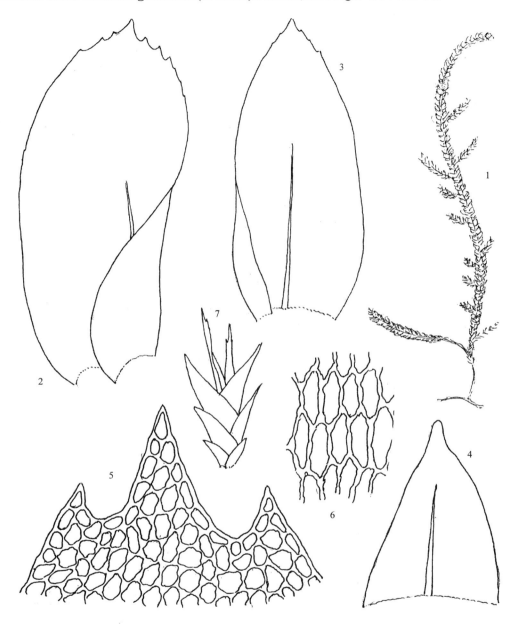

图 184　西南树平藓 *Homaliodendron montagneanum* (C. Müll.) Fleisch. 1. 植物体(×1), 2. 茎叶(×40), 3. 枝叶(×40), 4. 茎基叶(×40), 5. 叶尖部细胞(×470), 6. 叶基部细胞(×470), 7. 未发育雌苞(×20) (绘图标本：四川, Handel-Mazzetti 961, W) (吴鹏程 绘)

Fig. 184　*Homaliodendron montagneanum* (C. Müll.) Fleisch. 1. habit (×1), 2. stem leaf (×40), 3. branch leaf (×40), 4. stipe leaf (×40), 5. apical leaf cells (×470), 6. basal leaf cells (×470), 7. young perichaetium (×20) (Sichuan: Handel-Mazzetti 961, W) (Drawn by P.-C. Wu)

Neckera montagneana C. Müll. Bot. Zeit. 14: 436. 1856.

Homalia montagneana (C. Müll.) Jaeg., Ber. S. Gall. Naturw. Ges. 1875~1876: 299. 1877.

Hypnum montagneanum C. Müll. ex Par., Ind. Bryol.: 564. 1896.

Neckera hockeriana Mitt., Journ. Linn. Soc. Bot. suppl. 1: 118. 1859.

Homaliodendron hookerianum (Bosch et Lac.) Fleisch., Hedwigia 45: 74. 1906.

体形较大，黄绿色，具光泽，疏松成片生长。主茎匍匐，支茎横切面呈椭圆形；一至三回羽状分枝呈扁平树形；假鳞毛稀少，叶状，阔三角形至披针形。茎上部叶平展，卵状舌形，两侧不对称，长可达 5 mm，干燥时具长纵褶，基部趋窄，略下延，尖部圆钝；叶边尖部具多数锐齿，尖部齿略长于其他齿或等长；中肋长达叶片 2/3 处。枝叶疏松排列，与尖部茎叶近似，但叶尖较长；中肋消失于叶片中部。叶上部细胞六角形，长 20~35 μm，宽 10~15 μm，胞壁厚，具壁孔，中部细胞长 80~100 μm，具多数壁孔。雌雄异株。内雌苞叶由阔卵形基部向上突收缩成狭披针形尖；中肋纤细或缺失。蒴柄直立，长约 2 mm。孢蒴卵形。蒴齿两层；外齿层齿片披针形，具细密疣；内齿层齿条与齿片近似，但略短，基膜高。蒴盖兜形。孢子具疣，直径 17~25 μm。

生境：习生约 2000 m 海拔的常绿阔叶树树干或枝上。

产地：云南：宾川，鸡足山，祝圣寺前山箐，常绿林下岩面，海拔 2290 m，张晋昆 217b；镇康，立立箐，山坡树干，海拔 2300 m，王启无 8072 (PE)；点苍山，杜鹃林树干，Redfearn, He and Su 618 (MO, HKAS, PE)；西北部，28°6'，海拔 2950~3500 m，Handel-Mazzetti 8264 (H, W)。四川：盐边，大坪子区，九道竹林，树干，海拔 2600 m，汪楣芝 20471 (PE)。广东：沙椤山，石上，Y. W. Taam 330 (PE)。台湾：台中，碧罗山，路边，海拔 2600~2900 m，王忠魁 B0523 (NSM, PE)；台东，垭口，高速公路南，铁杉林，海拔 2800 m，赖明洲 9666 (PE)。

分布：中国、尼泊尔、印度南部、缅甸、泰国和印度尼西亚。

体形多长大，叶尖较宽大，及阔三角形至披针形的茎基叶系本种主要识别点，与刀叶树平藓 *H. scalpellifolium* (Mitt.) Fleisch. 和舌叶树平藓 *H. ligulaefolium* (Mitt.) Fleisch. 的多锐尖的茎叶及短三角形或狭三角形的茎基叶可于区分。

8. 疣叶树平藓　图 185

Homaliodendron papillosum Broth., Sitzungsber Akad. Wiss. Wien Math. Nat. K. Abt. 1, 131: 216. 1923.

Homaliodendron crassinervium Thèr. var. *bacvietensis* Tix., Rev. Bryol. Lichenol. 34: 146. 1966.

体形中等大小，多灰绿色、暗绿色或黄绿色，无明显光泽，疏松丛集成片生长。主茎纤细，匍匐；支茎直立或垂倾，长可达 7 cm，上部一至三回羽状分枝；假鳞毛纤细，极稀少。茎叶扁平排列，斜展，卵形至舌形，两侧不对称，干燥时具纵长褶，长达 3 mm，尖部钝，具小尖和粗齿，基部略下延；中肋较粗，长达叶片 2/3 处或叶尖下部。枝叶与茎叶近似，但叶基狭窄。叶细胞不规则六角形至短菱形，厚壁，中央背面具粗疣或平滑，长 10~20 μm，中部细胞长 25~35 μm，宽 10 μm，基部细胞近于呈长椭圆形或长方形，

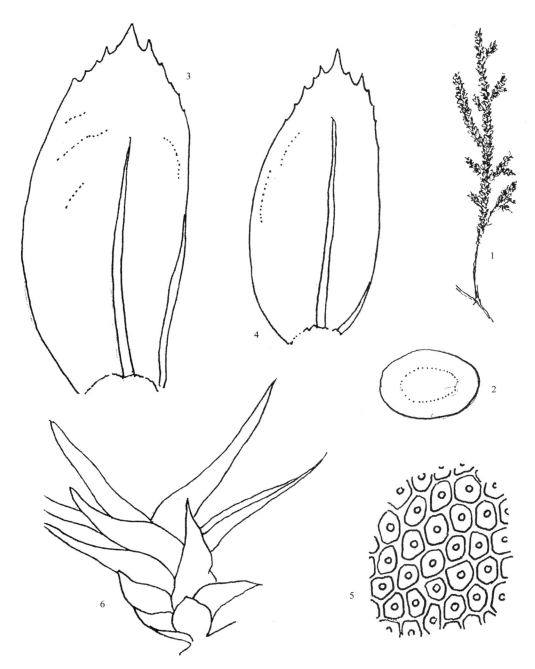

图 185　疣叶树平藓 *Homaliodendron papillosum* Broth. 1. 植物体(×0.8)，2. 茎的横切面(×54)，3. 茎叶(×40)，4. 枝叶(×40)，5. 叶中部细胞(×470)，6. 未成熟雌苞(×40)(绘图标本：云南，镇康县，立立箐，王启无 7903，PE)(吴鹏程 绘)

Fig. 185　*Homaliodendron papillosum* Broth. 1. habit (×0.8), 2. cross section of stem (×54), 3. stem leaf (×40), 4. branch leaf (×40), 5. middle leaf cells (×470), 6. young perichaetium (×40) (Yunnan: Zhenkang Co., Liliqing, Q.-W. Wang 7903, PE) (Drawn by P.-C. Wu)

胞壁波状加厚，长可达 40~60 μm。雌雄异株(？)。蒴柄直立，长 2~3 mm，淡黄色，平滑。孢蒴卵形或长卵形，长可达 2 mm。环带缺失。外齿层齿片披针形，具密疣；内齿层齿条与齿片近似，基膜较高，具疣。蒴盖小，喙弯向一侧。孢子直径 15~22 μm。

生境：多着生中等海拔的常绿阔叶树树干。

产地：云南：镇康，立立箐，树干，海拔 2200 m，王启无 7901、7903 (PE)；屏边，大围山，溪边，老树干，海拔 2000 m，吴鹏程 26930 (PE)。贵州：绥阳，宽阔水林区，林齐维 722 (PE)；江口，梵净山，黑河湾，阴石壁及倒木上，海拔 680~840 m，吴鹏程 23651、23679 (PE)。湖北：神农架，洪湾西，林下土上，海拔 1100~1350 m，Luteyn 2067b (NY, MO, PE)。湖南：大庸，张家界，石壁，海拔 1000 m，李登科 18020 (PE)。广西：环江，九万大山，树干，海拔 1500 m，龙光日、张灿明 H093 (PE)。福建：将乐，陇西山脉，黑山，路边岩面，海拔 780 m，汪楣芝 48600 (PE)。江西：庐山，牯岭，华中师范学院 3039 (PE)。安徽：清凉山，头坞，刘仲苓 35440 (SHM)。

分布：中国南部、尼泊尔、不丹和越南北部。

在树平藓属中，本种叶细胞具一粗疣为独特的类型，其茎叶尖一般较短钝亦为识别特征之一。

属 5　扁枝藓属 *Homalia* (Brid.) B. S. G.

Bryol. Eur. 5: 53. 1850.

模式种：扁枝藓 *Homalia trichomanoides* (Hedw.) B. S. G.

习生树干，稀阴湿岩面贴生，黄绿色，老时呈暗绿色，多具绢光泽，成小片浮蔽贴生。茎横切面呈卵形，无分化中轴。主茎匍匐伸展，老时叶片脱落，被棕色假根，常具分枝；枝茎倾立或下垂，羽状分枝或叉形不规则分枝；无鞭状枝及假鳞毛。叶扁平四列状着生，外观呈两列型，阔卵形、阔卵状椭圆形或阔舌形，无波纹，尖部圆形或圆钝，基部趋窄，略下延，一侧略内折；叶边全缘，或尖部具细齿；中肋单一，长达叶片上部，稀缺失或为双中肋。叶细胞多厚壁，上部细胞为六边形或菱形，叶基中部细胞为狭长形或狭长菱形，壁厚而无壁孔。雌雄同株或雌雄异株。内雌苞叶由短鞘部渐上成狭披针形。蒴柄细长，平滑，高出于雌苞叶。孢蒴长卵形，红棕色，直立或近于垂倾。环带分化，由两列细胞组成。蒴齿两层；外齿层黄色或橙黄色，齿片披针形，尖部透明，外面密被横条纹或斜纹，内面具横隔；内齿层黄色，齿条呈折叠状，有穿孔，具细疣，齿毛退化，稀发育良好。蒴盖圆锥形，具斜喙。蒴帽兜形，多平滑。孢子球形，纤小，直径 11~16 μm，近于平滑。

扁枝藓属为平藓科中的一个小属，其模式种扁枝藓 *Homalia trichomanoides* 在 1801 年就被 Hedwig 确认为藓类植物之一，但本属先后归在薄罗藓属 *Leskea*、灰藓属 *Hypnum* 或平藓属 *Neckera* 内，成为这些属的一个亚属或组。

本属内曾包含 10 余个种，He 在 1997 年仔细研究后在扁枝藓属内只保留 5 个种及 2 个变种。中国南部和西南地区记录的弯叶扁枝藓 *Homalia arcuata* Bosch et Lac. 和拟弯叶扁枝藓 *H. subarcuata* Broth. 现已归灰藓科的鳞叶藓属中，成为 *Taxiphyllum arcuatum* (Bosch et Lac.) He，而 *Homalia japonicum* Bosch. 则改为扁枝藓的变种。因此，扁枝藓属在中国现仅有 1 种，包括 2 个变种。

分变种检索表

1. 植物体较大；分枝一般不呈尾尖状；叶中肋消失于中部；雌雄同株 ·····················
·························· **1a.** 扁枝藓原变种 *H. trichomanoides* var. *trichomanoides*
1. 植物体略小；分枝多呈尾尖状；叶中肋长可达叶中部以上；雌雄异株 ·····················
·························· **1b.** 扁枝藓日本变种 *H. trichomanoides* var. *japonica*

Key to the varieties

1. Plants rather large; branches generally not caudate at the apex; costa vanishing in the middle of leaf; monoicous ····················· **1a.** *H. trichomanoides* var. *trichomanoides*
1. Plants slightly small; branches mostly caudate at the apex; costa reaching leaves above; dioicous ·····················
····················· **1b.** *H. trichomanoides* var. *japonica*

1. 扁枝藓

Homalia trichomanoides (Hedw.) Brid., Bryol. Univ. 2:812. 1827.

Leskea trichomanoides Hedw., Sp. Musc. 231. 1801.

Neckera trichomanoides Hartm., Handb. Skand. Fl. 5: 338. 1849.

Omalia trichomanoides (Hedw.) Schimp., Bryol. Eur. 5: 55 (fasc. 44~45 Mon. 1). 1850.

Hypnum trichomanoides (Hedw.) C. Müll., Syn. 2: 233. 1851.

Homalia trichomanoides (Brid.) Schimp. in B. S. G., Syn. Musc. Eur. 571. 1860.

Homalia fauriei Broth., Hedwigia 38: 229. 1899.

1a. 扁枝藓原变种   图 186

Homalia trichomanoides (Hedw.) Brid. var. **trichomanoides**

体形中等大小，黄绿色，具明显光泽，相互扁平贴生。主茎纤细，匍匐；支茎横切面呈椭圆形，皮部由 2~4 层小形厚壁细胞组成，单一或不规则分枝，枝短而端钝。茎叶扁平交互着生，椭圆形，两侧不对称，略呈弓形弯曲，上部宽阔，具钝尖或锐尖，基部着生处狭窄；叶边基部一侧常狭内折，上部 1/3 具细齿；中肋细弱，长达叶片中部，稀分叉。叶上部细胞长方形至菱形，6~12 μm，中部细胞长六角形至椭圆形，长 30~40 μm，宽 8~12 μm，基部细胞近于呈线形，胞壁均薄而透明。枝叶与茎叶同形，但小于茎叶。雌雄异苞同株。内雌苞叶椭圆形，边内卷，尖部呈狭披针形。蒴柄平滑，长可达 1 cm。孢蒴直立，椭圆状圆柱形。蒴齿两层；外齿层淡黄色，齿片披针形，下部具密条纹，上部被密疣；内齿层齿条与齿片等长，中缝穿孔，被细疣，齿毛不发育。蒴盖具长喙。

生境：多着生树干基部，海拔分布多处于低山地区。

产地：云南：宾川县，鸡足山，沙址村-祝圣寺，常绿阔叶林树干附生或岩面生，海拔 2100 m，崔明昆 253、344b、489b、520a (HKAS)；同上，玉龙瀑布下，山箐，樟树干生，海拔 2060 m，崔明昆 1147a、1150、1152c (HKAS)。四川：峨眉山，海拔 2070~2430 m，槭树干，Redfearn 34655a (MO, SWMU, PE)；都江堰，龙池，长河坝，树干，海拔 1850 m，汪楣芝 50738b (PE)。湖北：神农架林区，Luteyn 663d (NY, PE)。湖南：林邦娟 50 (PE)。

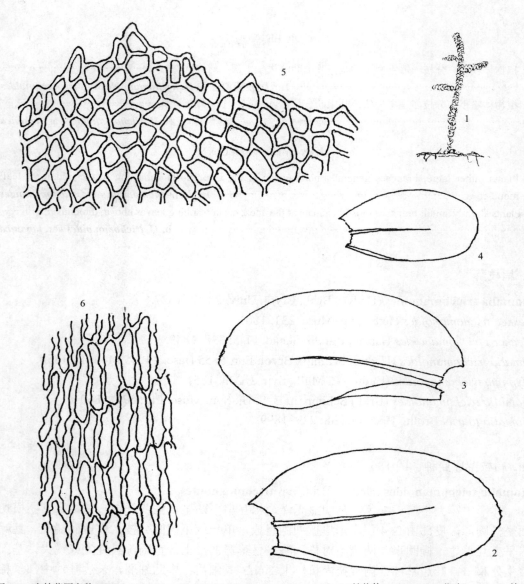

图 186　扁枝藓原变种 *Homalia trichomanoides* (Hedw.) Brid. var. *trichomanoides* 1. 植物体(×0.8)，2~3. 茎叶(×42)，4. 枝叶 (×42)，5. 叶尖部细胞(×420)，6. 叶基部细胞(×420) (绘图标本：浙江，西天目山，吴鹏程 7741, PE) (吴鹏程 绘)

Fig. 186　*Homalia trichomanoides* (Hedw.) Brid. var. *trichomanoides* 1. habit (×0.8), 2~3. stem leaves (×42), 4. branch leaf (×42), 5. apical leaf cells (×420), 6. basal leaf cells (×420) (Zhejiang: West Tianmu Mt., P.-C. Wu 7741, PE) (Drawn by P.-C. Wu)

广东：深圳，梧桐山，曲力书 16 (PE)；汪楣芝 54737 (PE)。台湾：南投，凤凰谷，树基，海拔 1400 m，林善雄 171 (东海大学，PE)。上海：大金山岛，高彩华 21375 (SHM, PE)。山东：昆俞山，林内石上，张艳敏 301 (山东林校，PE)。河北：雾灵山，莲花池至宇召途中，石上，海拔 1500 m，汪楣芝、曾昭梅 24680b (PE)。黑龙江：伊春，小兴安岭，半河，冷杉树干，朱心濂 148 (PE)；宁安，长汀，长白山北部，大海林区，冷杉树基，朱心濂 229a (PE)。陕西：西太白山南坡，黄柏源，石壁，海拔 1900 m，魏志平 6541 (PE)。

分布：中国(东部)、日本、朝鲜、俄罗斯(远东地区和高加索)、印度、欧洲和北美洲。

1b. 扁枝藓日本变种　图 187

Homalia trichomanoides (Hedw.) Brid. var. **japonica** (Besch.) He in He et Enroth, Novon 5: 334. 1995.

Homalia japonica Besch., Journ. de Bot. (Morot) 13: 39. 1899.

Homalia japonica (Besch.) Broth., Bull. Herb. Boissier. (ser. 2) 2: 993. 1902.

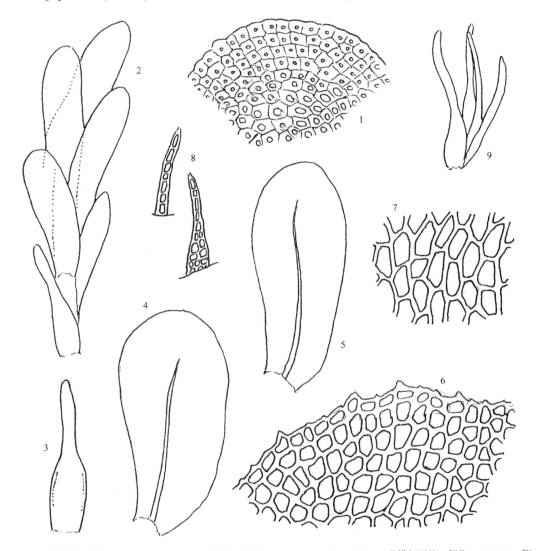

图 187　扁枝藓日本变种 *Homalia trichomanoides* (Hedw.) Brid. var.*japonica* (Besch.) He 1. 茎横切面的一部分(×450)，2. 鞭状枝(×20)，3. 鞭状枝叶(×45)，4. 茎叶(×45)，5. 枝叶(×45)，6. 叶尖部细胞(×470)，7. 叶中部细胞(×470)，8. 假鳞毛(×270)，9. 幼嫩雌苞(×12)(绘图标本：海南，吊罗山，吴鹏程 24388, PE)(吴鹏程　绘)

Fig. 187　*Homalia trichomanoides* (Hedw.) Brid. var. *japonica* (Besch.) He 1. portion of cross section of stem (×450), 2. flagelliform branch (×20), 3. flagelliform branch leaf (×45), 4. stem leaf (×45), 5. branch leaf (×45), 6. apical leaf cells (×470), 7. middle leaf cells (×470), 8. pseudoparaphyllia (×270), 9. young perichaetium (×12) (Hainan: Mt. Diaoluo, P.-C. Wu 24388, PE) (Drawn by P.-C. Wu)

外形与扁枝藓近似，黄褐色，具光泽，扁平小片状生长。主茎匍匐于基质；支茎不规则分枝，尖部呈尾状，贴附基质后可萌生新植株。茎叶长椭圆形，向腹侧弯曲，上部宽阔而钝端，基部一侧狭内折，着生处狭窄；叶边尖部具细齿；中肋纤长，达叶片的 2/3 处。叶尖部细胞椭圆形至多边形，5~8 μm，中部细胞狭长六角形至线形，长35~50 μm，宽 7~9 μm，胞壁薄。雌雄异株。雌苞着生支茎上；内雌苞叶卵形，具短渐尖。蒴柄红棕色，平滑，长不及 1 cm。孢蒴长椭圆状圆柱形，棕色。蒴齿两层；外齿层齿片披针形，上部密被疣，下部具细横条纹；内齿层齿条与齿片近于等长，具密疣，基膜高出，约为齿片高的 1/3。蒴盖圆锥形，具长斜喙。孢子近于平滑，直径10~15 μm。

生境：树基或阴湿石上生长。

产地：湖北：神农架，桂竹园至燕子丫，海拔 1600~1750 m，吴鹏程 382b (PE, MO, NY)。海南：乐东，吊罗山，吴鹏程 24388 (PE)。辽宁：长白山，漫江，二道岭子，*Acer* 树干，郎奎昌 35 (PE)。

分布：本种前仅见于日本，在中国的记录系新分布。

属 6　拟扁枝藓属 *Homaliadelphus* Dix. et P. Varde

Rev. Bryol. n. ser. 4: 142. 1932.

模式种：拟扁枝藓 *H. targionianus* (Mitt.) Dix. et P. Varde

植物体中等大小，黄绿色，老时呈褐绿色，具明显光泽，多平横成片生长。主茎匍匐细长；支茎倾立，不分枝，或具不规则短羽状分枝。叶呈 4 列相互紧密贴生，湿润时略倾立，圆形至圆卵形，后缘基部具狭椭圆形瓣；叶边全缘或具细齿；中肋缺失。叶细胞方形至菱形，基部中央细胞一般呈狭长菱形，胞壁厚，基部细胞多具壁孔。雌雄异株。内雌苞叶由椭圆形基部渐上呈狭舌形，尖部具齿。蒴柄棕色，平滑。孢蒴椭圆形或圆柱形。蒴齿两层；外齿层齿片披针形，淡黄色，透明，平滑；内齿层齿条狭披针形，具低基膜。蒴盖圆锥形，具斜喙。蒴帽兜形，被疏纤毛。孢子圆球形，被细疣。

本属植物仅见分布于亚洲东部和北美，为东亚和北美植物区系关系的代表类型。

全世界有 2 种，我国有 1 种及 1 变种。

分种检索表

1.植物体形略大；叶卵圆形或椭圆形，长约 1.5 mm ························· **1. 拟扁枝藓 *H. targionianus***
1.植物体形小；叶圆形至圆卵形，长约 1 mm ················· **2. 圆叶拟扁枝藓 *H. sharpii* var. *rotundatus***

Key to the species

1.Plants medium-sized; leaves ovate-rounded or oblong, ca. 1.5 mm long ························· **1. *H. targionianus***
1.Plants small; leaves rounded or rounded-ovate, ca. 1 mm long ················· **2. *H. sharpii* var. *rotundatus***

1. 拟扁枝藓　图 188

Homaliadelphus targionianus (Mitt.) Dix. et P. Varde, Rev. Bryol. n. ser. 4: 142. 1932.

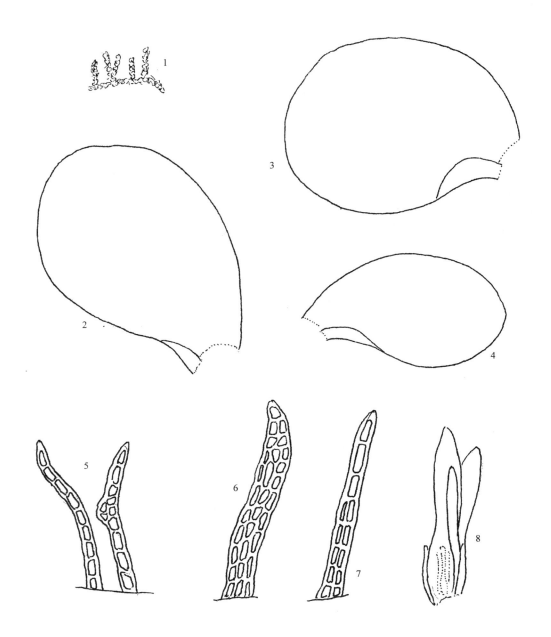

图 188　拟扁枝藓 *Homaliadelphus targionianus* (Mitt.) Dix. et P. Varde 1. 植物体(×0.8), 2~3. 茎叶(×40), 4. 枝叶(×40), 5~7. 假鳞毛(×215), 8. 幼嫩雌苞(×10) (绘图标本：贵州，梵净山，吴鹏程 23643, PE) (吴鹏程 绘)

Fig. 188　*Homaliadelphus targionianus* (Mitt.) Dix. et P. Varde 1. habit (×0.8), 2~3. stem leaves (×40), 4. branch leaf (×40), 5~7. pseudoparaphyllia (×215); 8. young perichaetium (×10) (Guizhou: Mt. Fanjing, P.-C. Wu 23643, PE) (Drawn by P.-C. Wu)

Neckera targionianus Mitt., Musci Ind. Or. 117. 1859.

Homalia targioniana (Mitt.) Jaeg., Ber. S. Gall. Naturw. Ges. 1875~1876: 296. 1877.

　　外形扁平，淡绿色，基部呈褐绿色，具光泽。主茎匍匐，中轴不分化。支茎密生，长可达 2 cm 以上，近于平行排列，稀具小分枝。叶呈 4 列状着生，扁平，卵圆形或卵状椭圆形，多两侧不对称，长约 1.5 mm，后缘基部多具舌状瓣；叶边全缘；中肋缺失。叶细胞平滑，方形至菱形，约 30 μm×12 μm，基部细胞长菱形或菱形，具明显壁孔，边缘细胞趋短而呈方形。雌苞着生短侧枝近尖部。内雌苞叶卵状舌形，基部宽阔，呈鞘状。蒴柄长达 5 mm。孢蒴圆锥形，具短颈部。外齿层平滑，齿片披针形；内齿层齿条线形，易脆折。蒴帽兜形，被疏纤毛。孢子球形，被细疣。

生境：多常绿阔叶林树干附生，海拔 500~3600 m。

产地：云南：贡山县，松塔山南坡，路边，海拔 3600~2200 m，汪楣芝 8885b (PE)；宾川县，鸡足山，沙址村-祝圣寺，树干，海拔 2030 m，崔明昆 500d、515c、604 (HKAS，PE)；同上，玉龙瀑布下，树干，海拔 2150 m，崔明昆 1167c、1181a、1189a、1190 (HKAS)；西双版纳，勐腊县，勐醒-易武，石灰岩壁，海拔 840 m，Redfearn 等 33948 (MO，SWMU，PE)；安宁县，海拔 2000 m，Redfearn 等 34312 (MO，SWMU，PE)；景洪县，小街-大勐笼，树基，海拔 650~700 m，Redfearn 等 34062 (MO，SWMU，PE)。四川：灌县，二郎庙，树干，陈邦杰 5201 (PE)；茂汶县，保护区石灰岩壁，海拔 1600 m，Redfearn 等 35536 (MO，SWMU，PE)。重庆：北碚，枫香树干，P. C. Chen 标本集 I：56 (PE，NICH)。贵州：江口，梵净山，黑湾河第一凉亭，伐木上，海拔 680 m，吴鹏程 23643 (PE)。湖北：神农架林区，阳日湾，瀑布旁石上，海拔 500 m，吴鹏程 218b (PE)。江西：龙南县，九连山，海拔 450 m，树根及河边石上，刘仲苓 34231、34262、34411 (SHM)。上海：大金山岛，西山，刘仲苓 33447 (SHM，PE)。山东：崂山，靓岗湾，石生，全治国 20 (PE)。

分布：中国、日本南部、泰国和印度。

本种叶片呈卵状椭圆形而无中肋，为平藓科中突出的类型。

2. 拟扁枝藓圆叶变种

Homaliadelphus sharpii (Williams) Sharp var. **rotundata** (Nog.) Iwats., Bryologist 61: 75, f. 28~35. 1958.

Homaliadelphus targionianus (Mitt.) Dix. et P. Varde var. *rotundata* Nog., Journ. Hattori Bot. Gard. 4: 27. 1950.

植物体形较小，绿色或黄绿色，具绢泽光，扁平紧贴基质生长。支茎长不及 2 cm，不规则疏分枝；枝短钝。茎叶扁平贴生，圆形，稀略呈圆卵形，0.8~1.0 mm×0.6~0.8 mm，前端宽阔圆钝，基部趋窄，一侧多具半月形瓣；叶边全缘；叶上部细胞圆方形至多角形，胞壁等厚，下部细胞椭圆形至卵形，强烈加厚。枝叶与茎叶近似，但形较小。未见雌雄苞。

生境：习生中海拔温暖湿润山地树干。

产地：云南：丽江县，白汉至石鼓，合欢树基，海拔 2050 m，黎兴江 81542 (HKAS)。福建：将乐县，陇西山里山，林下树干和瀑布旁岩面，海拔 360~1100 m，汪楣芝 48569、48648、47404、47523 (PE)。甘肃：文县，范坝乡，竹园村，树干，海拔 822 m，贾渝 9159 (PE)。

分布：中国和日本。

本变种与拟扁枝藓 *H. targionianus* (Mitt.) Dix. et P. Vard. 最主要区分点为本种明显形小，且叶片为圆形而不呈椭圆形。

属 7　亮蒴藓属 *Shevockia* Enroth et M. C. Ji

Journ. Hattori Bot. Lab. 100: 690. 2006.

模式种：亮蒴藓 *Shevockia inunctocarpa* Enroth et M. C. Ji.

体形粗大，暗黄绿色，或褐绿色，具弱光泽，疏丛集生长。匍匐茎被疏叶和密红棕色假根。主茎长可达 10 cm，上部不规则分枝或近羽状分枝；横切面圆形，直径约 0.5 mm，皮部具 3~4 层小形黄色厚壁细胞，髓部细胞大形，透明，薄壁，可达 10 层，无中轴分化。茎基叶阔卵形或卵状短披针形，两侧下延；中肋单一，达叶上部，稀分叉；叶边略内曲。茎叶疏展出，长卵形，长达 3 mm，两侧明显不对称，常具不规则弱纵褶，尖部具疏粗齿；叶边两侧或一侧由基部达叶长度 2/3 内卷；中肋粗壮，消失于叶上部。叶尖部细胞菱形至卵形，长 12~40 μm，宽约 10 μm，厚壁，具明显壁孔，中部细胞狭长菱形，厚壁，长可达 70 μm，基部细胞长椭圆形或长方形，胞壁强烈加厚，具明显壁孔。雌雄异株(？)。雌苞着生茎上部。蒴柄细长，达 3 mm，黄色至棕色，平滑。成熟内雌苞叶基部长卵形，具突收缩披针形尖，长约 2.5 mm。孢蒴圆卵形，黄棕色，成熟时具强光泽，长约 1.5 mm。蒴齿两层；外齿层齿片披针形，灰黄色，密被尖疣，中缝之字形；内齿层齿条淡黄色，狭披针形，中缝具穿孔，基膜高约 50 μm，齿毛缺失。蒴盖圆锥形，具斜喙。蒴帽兜形，平滑。孢子直径约 20 μm，被细疣。

本属系中国平藓科一新属，由 James R. Shevock 在 2004 年在云南福贡县采得，属的拉丁名取其采集者的姓加以拉丁化，中文名以孢蒴成熟后具强光泽而取名。现有 1 种。

1. 亮蒴藓　图 189

Shevockia inunctocarpa Enroth et M. -C. Ji, Journ. Hattori Bot. Lab. 100: 70. 2006.

本种与卵叶羽枝藓 *Pinnatella anacamptolepis* 甚近似，但本种体形明显大，叶具长单中肋。

生境：高海拔针阔混交林树桩上生长。

产地：云南：福贡县，横断山区南端，高黎贡山，Shibali 森林站上 4.3 km 处，大瀑布务杨平小道，27°10′N，98°45′E，海拔 2700 m，槭树、杜鹃、铁杉和落叶松混交林内树桩上，James R. Shevock、方绪中 25325 (Holotype KUN, Isotype AS, E, H, PE)；James R. Shevock 31113 (AS, PE)。

分布：中国特有。

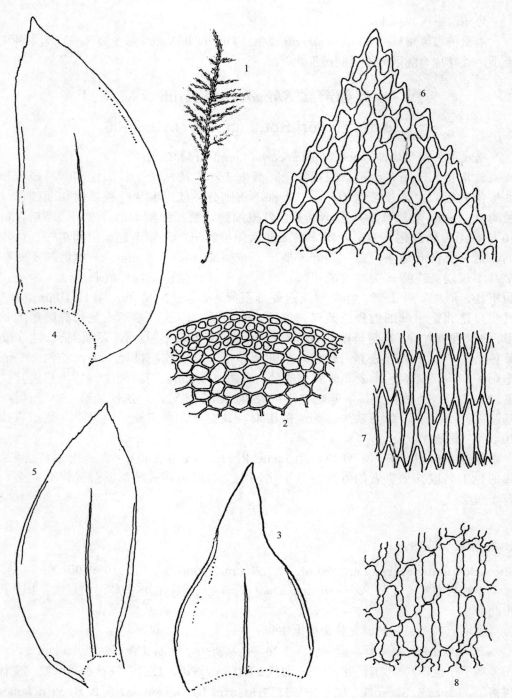

图 189　亮蒴藓 *Shevockia inunctocarpa* Enroth et M. C. Ji 1. 植物体(×0.8)，2. 茎横切面的一部分(×230)，3. 茎基叶(×36)，4. 茎叶(×36)，5. 枝叶(×36)，6. 叶尖部细胞(×470)，7. 叶中部细胞(×470)，8. 叶基部细胞(×470) (绘图标本：云南，福贡，J. R. Shevock 31113, A, PE) (吴鹏程 绘)

Fig. 189　*Shevockia inunctocarpa* Enroth et M. C. Ji 1. habit (×0.8), 2. portion of cross section of stem (×230), 3. leaves of basal stem (×36), 4. stem leaves (×36), 5. branch leaf (×36), 6. apical leaf cells (×470), 7. middle leaf cells (×470), 8. basal leaf cells (×470) (Yunnan: Co. Fugong, J. R. Shevock 31113, A, PE) (Drawn by P.-C. Wu)

科 45　木藓科 Thamnobryaceae[*]

习生树干或腐木，稀着生背阴岩面。植物体多形大，粗挺，稀形小，黄绿色或暗绿色，老时呈褐绿色，略具光泽或无光泽，多疏松丛集成片生长。主茎匍匐着生基质，叶片多脱落，具红棕色假根；支茎直立或倾立，上部具一、二回羽状分枝，或扁平分枝呈树形。茎基叶鳞片状，贴生支茎下部。茎叶卵形或卵状椭圆形，具钝尖或披针形尖部，稀呈阔舌形，多强烈内凹，稀较扁平，有时具少数不规则横波纹；叶边下部全缘，上部具粗齿或细齿；中肋多粗壮，单一，消失于叶片尖部，少数种类背面具刺。叶细胞六角形、椭圆形或菱形，胞壁多等厚，平滑，叶下部细胞狭长方形或长六角形。雌雄异株。蒴柄纤长，平滑。蒴齿两层；外齿层齿片披针形；内齿层基膜高，齿条与外齿层等长。

本科原为平藓科的亚科，近年来被提升为独立的科。本科全世界报有 4 属；中国藓类植物属志(陈邦杰等，1978)记载有羽枝藓属、硬枝藓属和木藓属，现知中国木藓科中除木藓属、硬枝藓属和羽枝藓属外，增加一新分布的弯枝藓属。

分属检索表

1. 植物体多大形，黄绿色至褐绿色，具暗光泽；支茎上部呈疏或密树形分枝；叶多卵形至长卵形，强烈内凹，尖部具粗齿；齿毛多缺失 ·· 2
1. 植物体多中等大小，青绿色，稀具光泽；支茎上部一般呈羽状分枝；叶卵状舌形、卵形至卵状披针形，略内凹，尖部多具细齿，稀具粗齿；齿毛发育或缺失 ·············· 3
2. 叶中肋背面有时具刺；叶细胞厚壁，无壁孔；孢蒴具台部 ············· **1. 木藓属 Thamnobryum**
2. 叶中肋背面平滑；叶细胞壁常呈波状加厚；孢蒴无台部 ············· **4. 硬枝藓属 Porotrichum**
3. 茎和枝尖不弯曲；茎上具假鳞毛 ···································· **2. 羽枝藓属 Pinnatella**
3. 茎和枝尖多弯曲；茎上无假鳞毛 ································· **3. 弯枝藓属 Curvicladium**

Key to the genus

1. Plants mosly large, yellowish green to brownish green, dark shining; secondary stems loosely or densely dendroidly branched; leaves ovate or oblong-ovate, strong concave, grossly dentate at the apex; cilia usually absent ·· 2
1. Plants medium-sized, light green or yellowish green, rarely shining; secondary stems pinnately branched; leaves ovate-lingulate, ovate or ovate-lanceolate, slightly concave, serrulate at the apex, rarely grossely dentate; cilia develop or lacking ··· 3
2. Back of leaf costae often with spines; walls of leaf cells thick, without pores; capsules with hypophysis ········ ·· **1. Thamnobryum**
2. Back of leaf costae smooth; walls of leaf cells undulate thickened; capsules without hypophysis ················· ·· **4. Porotrichum**
3. The apices of stems and branches not curved; stems covered with pseudoparaphyllia ············· **2. Pinnatella**
3. The apices of stems and branches curved; stems not covered with pseudoparaphyllia ········ **3. Curvicladium**

---

* 作者(Auctor)：吴鹏程(Wu Pan-Cheng)

属 1　木藓属 *Thamnobryum* Nieuwl.

Am. Midland Natural. 5: 50. 1917.

模式种：木藓 *T. subseriatum* (Mitt. ex S. Lac.) Tan

植物体形大，硬挺，黄绿色，常疏松丛集成片生长。主茎匍匐，横展；支茎直立，上部一回至二回羽状分枝呈树形；枝条常扁平展出。茎基叶阔卵形，茎叶卵形至卵状椭圆形，通常内凹，叶边上部具齿；中肋粗壮，消失于叶尖下，背面常突出成刺或平滑。叶尖部细胞圆方形，中部细胞六角形至菱形，胞壁多加厚，但不具壁孔，稀薄壁，叶基中央细胞狭长方形，角部细胞不分化。枝叶与茎叶近似，但较小。雌雄异株。雌苞着生支茎上。内雌苞叶由卵形或椭圆形基部向上渐尖。蒴柄纤细，平滑。孢蒴椭圆形或卵状椭圆形，具台部。蒴齿两层；外齿层齿片披针形，基部具横纹，上部具细疣；内齿层基膜高，齿条线披针形，与外齿层齿片等长，齿毛线形。蒴盖具长斜喙。蒴帽兜形，平滑。

本属植物见于欧洲、北美洲和大洋洲温暖湿润的山区，尤以在亚洲南部较常见。全世界有约 40 种(Crosby *et al.*, 1999)；中国曾记载有 6 种(陈邦杰等，1978)，现知有 4 种。

分种检索表

1. 茎叶强烈内凹；中肋背面先端常具刺，有时呈栉片状⋯⋯⋯⋯⋯⋯⋯⋯⋯**1. 木藓 *T. subseriatum***
1. 茎叶内凹或略内凹；中肋背面先端平滑，或稀具刺⋯⋯⋯⋯⋯⋯⋯⋯⋯⋯⋯⋯⋯⋯⋯⋯⋯⋯2
2. 茎叶卵形至阔卵形，中肋背面稀具刺⋯⋯⋯⋯⋯⋯⋯⋯⋯**2. 南亚木藓 *T. subserratum***
2. 茎叶卵状椭圆形；中肋背面平滑⋯⋯⋯⋯⋯⋯⋯⋯⋯⋯⋯**3. 粗茎木藓 *T. tumidum***

Key to the species

1. Stem leaves strongly concave; abaxial side of costa apex often with spines, sometimes lamellate⋯⋯⋯⋯⋯⋯⋯⋯⋯⋯⋯⋯⋯⋯⋯⋯⋯⋯⋯⋯⋯⋯⋯⋯⋯⋯⋯⋯⋯⋯⋯**1. *T. subseriatum***
1. Stem leaves concave or slightly concave; abaxial side of costa apex smooth or rarely with spines⋯⋯⋯⋯⋯2
2. Stem leaves ovate or widely ovate; abaxial side of costa apex rarely spinose⋯⋯⋯⋯⋯**2. *T. subserratum***
2. Stem leaves ovate-oblong; abaxial side of costa smooth⋯⋯⋯⋯⋯⋯⋯**3. *T. tumidum***

1. 木藓(匙叶木藓)　图 190

Thamnobryum subseriatum (Mitt. ex S. Lac.) Tan, Brittonia 41: 42. 1989.

Thamnium subseriatum (Hook.) Mitt., Journ. Linn. Soc. Bot. 8: 155. 1864.

Neckera subseriata Hook., Icon. Pl. Rar. 1: 21. f. 7. 1836.

Thamnium sandei Besch., Ann. Sci. Nat. Bot. Ser. 7: 17: 381. 1893.

植物体大形，暗绿色或褐绿色，多丛集成大片状生长。主茎匍匐于基质上，叶片多脱落；支茎直立，上部呈羽状分枝，并再不规则分枝而呈树形。叶卵形，长 2~3 mm，具锐尖，强烈内凹；叶边近尖部具疏粗齿；中肋单一，粗壮，近于达叶尖部，背面常具少数粗齿。叶细胞菱形至六角形，长 12~20 μm，宽 8~10 μm，胞壁厚。雌苞多生于植株顶端。雌苞叶具短尖。蒴柄可达长 2 cm 以上。孢蒴椭圆形至长椭圆形，略呈弓形弯曲。外齿层齿片披针形，下部具横条纹，上部具细疣；内齿层具高基膜。蒴盖具长喙，孢子直径 10~12 μm。

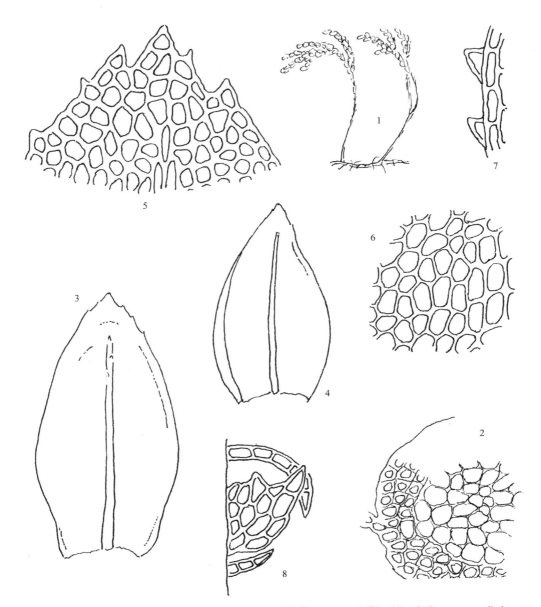

图 190　木藓 *Thamnobryum subseriatum* (Mitt. ex S. Lac.) Tan 1. 植物体(×0.8), 2. 茎横切面的一部分(×270), 3. 茎叶(×40), 4. 枝叶(×40), 5. 叶尖部细胞(×470), 6. 叶中部细胞(×470), 7. 叶中肋背面的突起(×470), 8. 假鳞毛(×215)(绘图标本: 安徽, 金寨, 天堂寨, 吴鹏程 54115, PE)(吴鹏程 绘)

Fig. 190　*Thamnobryum subseriatum* (Mitt. ex S. Lac.) Tan 1. habit (×0.8), 2. portion of cross section of stem (×270), 3. stem leaf (×40), 4. branch leaf (×40), 5. apical leaf cells (×470), 6. middle leaf cells (×470), 7. spines on the back of costa (×470), 8. pseudoparaphyllia (×215) (Anhui: Jinzhai, Tiantangzhai, P.-C. Wu 54115, PE) (Drawn by P.-C. Wu)

生境: 着生海拔 1700~2400 m 的树干基部和岩面。

产地: 湖北: 神农架林区, 中美考察队 295 (NY, MO, PE)。台湾: 赖明洲 8355、9433、9585 (从 Tan, 1989), 林善雄 198 (Donghai Univ., 从 Tan, 1989)。

分布: 中国、日本、朝鲜和俄罗斯(远东地区)。

2. 南亚木藓 图 191

Thamnobryum subserratum (Hook.) Nog. et Iwats., Journ. Hattori Bot. Lab. 36: 470. 1972.

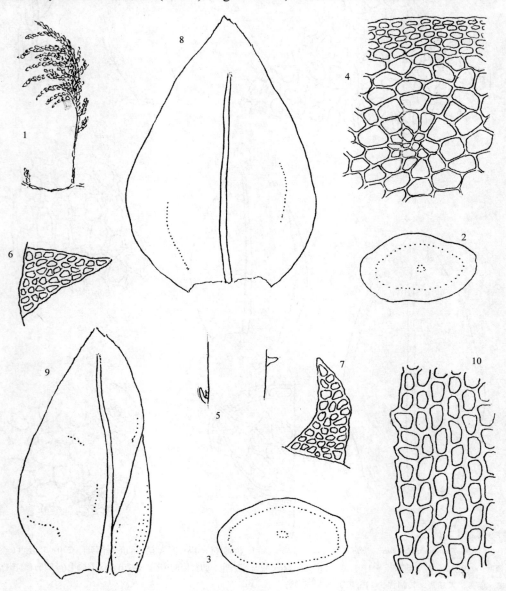

图 191 南亚木藓 *Thamnobryum subserratum* (Hook.) Nog. et Iwats. 1. 植物体(×0.8), 2~3. 茎的横切面(×146), 4. 茎的横切面的一部分(×320), 5. 茎的一部分, 示假鳞毛(×80), 6~7. 假鳞毛(×215), 8. 茎叶(×40), 9. 枝叶(×40), 10. 叶中部边缘细胞(×470) (绘图标本：湖南, 大庸, 张家界, 李登科 18161, SHM) (吴鹏程 绘)

Fig. 191 *Thamnobryum subserratum* (Hook.) Nog. et Iwats. 1. habit (×0.8), 2~3. cross sections of stem (×146), 4. portion of cross section of stem (×320), 5. portion of stem, showing pseudoparaphyllia (×80), 6~7. pseudoparaphyllia (×215), 8. stem leaf (×40), 9. branch leaf (×40), 10. middle marginal leaf cells (×470) (Hunan: Dayong, Zhangjiajie D.-K. Li 18161, SHM) (Drawn by P.-C. Wu)

Neckera subserrata Hook., Icom. Pl. Rar. 1: t. 21. 1836.

Thamnium subserratum (Hook.) Besch., Ann. Sci. Nat. Bot. Ser. 7, 17: 382. 1893.

　　植物体与匙叶木藓近似，黄绿色，老时褐绿色，近于无光泽。主茎匍匐；支茎直径 0.5 mm，横切面呈椭圆形，中轴分化。假鳞毛呈片状；上部羽状分枝；枝尖常一向弯曲，长为 1~2 cm。茎叶阔卵形，长约 3 mm，略内凹；叶边尖部具疏齿；中肋粗壮，消失于叶片上部，背面上部平滑，稀具刺。叶上部细胞多角形或不规则长方形，厚壁，角部略加厚；叶基中央细胞长方形。枝叶狭卵形，长约 2.5 mm，略内凹。雌雄同株。雌苞叶长披针形。孢蒴卵形至椭圆形。

　　生境：多林内阴湿石生，稀树干生长。

　　产地：云南：贡山县，海拔 1250 m，汪楣芝 10009a (PE)。四川：峨眉山，海拔 1800 m，李登科 15072b (SHM)。湖北：神农架，海拔 1600 m，吴鹏程 454 (PE)。湖南：大庸县，张家界，海拔 650 m，李登科 18161 (SHM)。浙江：莫干山，李登科 12447 (SHM)。

　　分布：中国、日本、喜马拉雅地区、印度、斯里兰卡、印度尼西亚和菲律宾。

3. 粗茎木藓

Thamnobryum tumidum (Nog.) Nog. et Iwats. in Iwats., Misc. Bryol. Lichenol. 6: 1972.

Thamnium tumidum Nog., Trans. Nat. His. Soc. Formosa 26: 40. 1936.

　　体形粗大，黄褐色，具光泽。主茎匍匐伸展，被褐色假根；茎基叶疏生，紧贴，阔卵形，长约 0.75 mm，上部渐尖，略内凹；叶边全缘；中肋缺失。支茎长可达 10 cm，基部不分枝，疏扁平被叶，连叶宽约 4 mm，上部稀少分枝，枝长达 5 cm，疏生膨起的叶片，钝端。茎叶干燥时具纵褶，内凹，长约 3 mm，基部宽阔；叶边上部具齿，卵状椭圆形，下部全缘；中肋长达叶近尖部消失，背面平滑。叶细胞长六角形，厚壁，尖部细胞长 18~22 μm，宽 10~12μm，中部细胞长 20~25 μm，宽 7~8 μm，基部细胞长方形，胞壁具小壁孔，长 55~60 μm，宽 7~8.5 μm，角部细胞较少分化。其他特征不详。

　　生境：较干燥岩面生长。

　　产地：台湾：地点不详，Noguchi 6673 (Typus, Hiroshima)。

　　分布：中国和日本。

属 2　羽枝藓属 *Pinnatella* Fleisch.

Hedwigia 45: 79. 1906.

　　模式种：羽枝藓 *P. kuehliana* (Bosch et S. Lac.) Fleisch.

　　植物体粗壮或中等大小，稀小形，黄绿色或暗绿色，无光泽，呈稀疏丛集成片生长。主茎匍匐着生基质；支茎直立或倾立，长 1~10 cm，一、二回羽状分枝，具中轴或中轴不分化；假鳞毛多披针形。茎基叶阔三角形至扁卵形。茎叶多卵形，具短披针形尖部，稀呈阔舌形，多强烈内凹，有时具少数不规则横波纹；叶边上部具小齿；中肋粗壮，多消失于叶片近尖部，稀为 2 短肋。叶细胞椭圆形或菱形，厚壁，平滑，角部细胞方形，近叶边缘细胞常分化嵌条(teniole)。枝叶较小，多呈卵形。雌雄异株。雌苞侧生于支茎上。蒴柄略粗糙，隐生于雌苞中。孢蒴卵形。蒴齿两层。为平藓类蒴盖，多具斜喙。

本属全世界约 40 种。中国现知有 8 种。

分种检索表

Key to the species

1. 东亚羽枝藓　图 192, 图 193: 1~5

Pinnatella makinoi (Broth.) Broth., Nat. Pfl. 1 (3): 858. 1906.

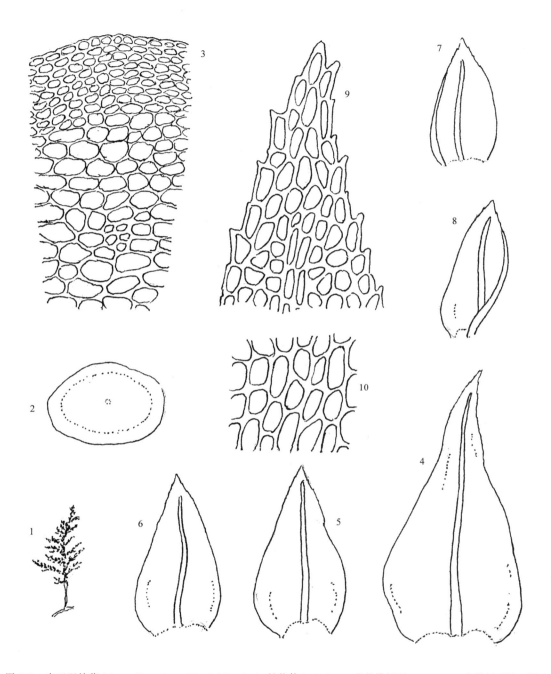

图 192 东亚羽枝藓 *Pinnatella makinoi* (Broth.) Broth. 1. 植物体(×0.8)，2. 茎的横切面(×125)，3. 茎横切面的一部分(×420)，4. 茎叶(×36)，5~6. 枝叶(×36)，7~8. 小枝叶(×36)，9. 叶尖部细胞(×470)，10. 叶中部细胞(×470) (绘图标本：海南，吊罗山，汪楣芝 45651, PE) (吴鹏程 绘)

Fig. 192 *Pinnatella makinoi* (Broth.) Broth. 1. habit (×0.8), 2. cross section of stem (×125), 3. portion of cross section of stem (×420), 4. stem leaf (×36), 5~6. branch leaves (×36), 7~8. small branch leaves (×36), 9. apical leaf cells (×470), 10. middle leaf cells (×470) (Hainan: Mt. Diaoluo, M.-Z. Wang 45651, PE) (Drawn by P.-C. Wu)

植物体一般较粗壮，幼时绿色，老时呈褐绿色，无光泽，疏松成片生长。主茎匍匐伸展，叶片多脱落，具少数假根；支茎直立或垂倾，一般长可达 5 cm，下部无分枝，中部以上一、二回密羽状分枝或树形分枝。叶着生茎或枝上呈圆条形；横切面呈椭圆形，皮部 8~9 层小形厚壁细胞，髓部为 7~8 层大形透明薄壁细胞，中轴分化；干燥时舒展。茎叶由卵形基部渐成锐尖，强烈膨起；叶边尖部具细齿；中肋粗壮，长达叶片近尖部；叶细胞椭圆形至菱形，长 5~12 μm，角部细胞短而呈方形，胞壁多加厚，平滑。枝叶约为茎叶长度的 1/2。孢蒴未见。

生境：多岩面生长，海拔 1200~3600 m。

产地：西藏：墨脱县，马尼翁至背崩途中，林下树干上，海拔 700 m，郎楷永 462 (PE)。云南：贡山县，汪楣芝 4106、9090a (PE)。

分布：中国和日本。

本种在亚洲东部为羽枝藓属中的常见种，习生于含钙质石上，其叶片细胞单一，无明显分化。

2. 异苞羽枝藓(新拟名)　图 193: 11~18

Pinnatella alopecuroides (Hook.) Fleisch., Hedwigia 45: 84. 1906.

Hypnum alopecuroides Hook., Icon. Pl. Rar. 1: 24. 1836.

Neckera alopecuroides (Hook.) Mitt., Musci Ind. Or. 123. 1859.

Thamnium alopecuroides (Hook.) Bosch et Lac., Bryol. Jav. 2: 73. 1863.

Pinnatella intralimbata Fleisch., Hedwigia 45: 82. 1906.

植物体硬挺，黄绿色，老时呈褐绿色，无光泽，稀疏成片生长。主茎匍匐，被鳞叶；支茎倾垂生长，羽状分枝或不规则羽状分枝，长达 2 cm 以上；横切面近圆形，皮部细胞 5~6 层，小形，厚壁，髓部细胞 5~6 层，大形，薄壁。茎基叶阔卵形，具披针形尖。茎叶干燥时向内卷曲，或疏松贴生，阔卵形基部向上狭窄成阔披针形，长为 1.3~2 mm；叶边全缘，尖部有时具疏齿；中肋粗壮，消失于叶尖下。叶细胞圆六角形或圆方形，胞壁近于等厚，叶边自尖部以下近边缘分化成数列狭长方形细胞直径约 5 μm 的嵌条。雌苞着生短侧枝上。蒴柄长约 1 cm。孢蒴圆卵形，不常见。

生境：习生湿热林内树干。

产地：云南：镇康，着生树上，海拔 1600 m，王启无 7803，徐文宣 6419 (PE)；西双版纳，勐海，树干等，徐文宣 6013a、6371a、6396 (PE)；同前，勐养，曼乃庄后山，徐文宣 6762 (PE)。

分布：中国、缅甸、泰国、斯里兰卡、越南和印度。

本种与东亚羽枝藓 *P. makinoi* (Broth.) Broth.主要识别点为叶片较宽，但不强烈内凹，近叶边分化成数列狭长细胞的嵌条。

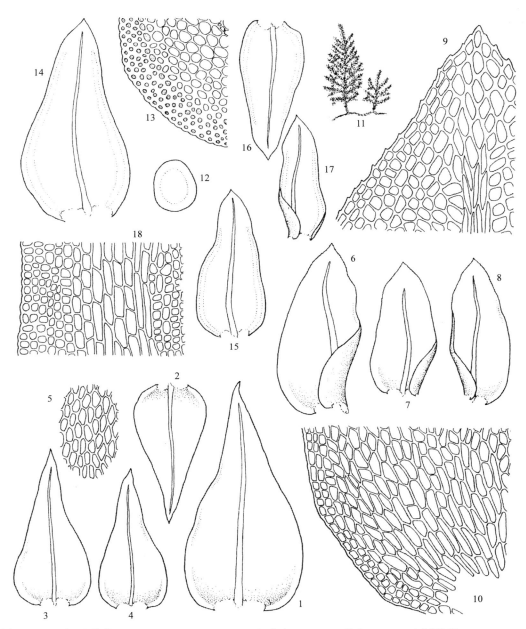

图 193　1~5. 东亚羽枝藓 Pinnatella makinoi (Broth.) Broth. 1. 茎叶(×28), 2~4. 枝叶(×74), 5. 叶中部细胞(×366); 6~10. 小羽枝藓 Pinnatella ambigua (Bosch et S. Lac.) Fleisch 6. 茎叶(×74), 7~8. 枝叶(×36), 9. 叶尖部细胞(×366), 10. 叶基部细胞(×366); 11~18. 异苞羽枝藓 Pinnatella alopecuroides (Hook.) Fleisch. 11. 植物体(×1), 12. 茎的横切面(×52), 13. 茎横切面的一部分(×260), 14. 茎叶(×38), 15~17.枝叶(×38), 18. 叶中部边缘细胞(×366) (绘图标本: 1~5. 云南, 贡山, 汪楣芝 9090a, PE; 6~10. 云南, 西双版纳, Redfearn 34007, MO, PE; 11~18. 云南, 镇康, 王启无 7803, PE) (郭木森 绘)

Fig. 193　1~5. Pinnatella makinoi (Broth.) Broth. 1. stem leaf (×28), 2~4. branch leaves (×28), 5. middle leaf cells (×366); 6~10. Pinnatella ambigua (Bosch et S. Lac.) Fleisch. 6. stem leaf (×74), 7~8. branch leaves (×74), 9. apical leaf cells (×366), 10. basal leaf cells (×366); 11~18. Pinnatella alopecuroides (Hook.) Fleisch. 11. habit (×1), 12. cross section of stem (×52), 13. portion of cross section of stem (×260), 14. stem leaf (×38), 15~17. branch leaves (×38), 18. middle marginal leaf cells (×470) (1~5. Yunnan: Mt. Gongshan, M.-Z. Wang 9090a, PE; 6~10. Yunnan: Xishuangbanna, Redfearn 34007, MO, PE; 11~18. Yunnan: Zhenkang, C.-W. Wang 7803, PE) (Drawn by M.-S. Guo)

3. 小羽枝藓 图193：6~10

Pinnatella ambigua (Bosch et S. Lac.) Fleisch, Hedwigia 45: 81. 1906.

Thamnium ambiguum Bosch et S. Lac., Bryol. Jav. 2: 72. 1863.

Porotrichum ambiguum (Bosch et S. Lac.) Jaeg., Ber. S. Gall. Naturw. Ges. 1875-76: 304. 1877.

Pinnatella pusilla Nog., Trans. Nat. His. Soc. Formosa 25: 66. 1935.

　　植物体中等大小，暗黄绿色，呈疏松丛集生长。主茎匍匐，纤长；支茎直立，不规则羽状分枝至树形分枝，长可达 4 cm。茎基叶形小，卵状披针形，疏生；上部茎叶形大，长 1.5~2 mm，阔椭圆状卵形基部，向上成锐尖至短披针形尖；叶边具疏齿；中肋粗壮，消失于叶片尖部。叶上部细胞圆六角形，壁薄，平滑，叶边细胞较小，近基部细胞长方形，沿叶边 3~4 列细胞形小而成圆形无色。枝叶形小，卵形，内凹。雌苞着生枝上。内雌苞叶尖部突趋窄成披针形。蒴柄黄棕色，长约 3 mm，上部具疣，下部平滑。孢蒴卵形，直立，长约 2 mm。

　　生境：热带、亚热带山区树干生长。

　　产地：云南：西双版纳，徐文宣 6440、6760 (PE)，汪楣芝 4025、4266 (PE)，吴鹏程 21666、21676、21723、21729 (PE)，罗健馨 86024 (PE)。台湾：Noguchi 6600 (HIRO，从 Noguchi, 1932)。

　　分布：中国、不丹、缅甸、印度尼西亚和菲律宾。

　　在云南西双版纳地区，本种为羽枝藓属中极为广布的种。

4. 粗羽枝藓

Pinnatella robusta Nog., Trans. Nat. His. Soc. Formosa 25: 67, Pl. 1: 12~14. 1935.

　　体形粗壮，褐绿色，无光泽。主茎纤长，匍匐，着生棕色假根。茎基叶形小，椭圆形，内凹，具锐尖，长约 0.6 mm，全缘。支茎长 4~7 cm，密扁平被叶，上部密羽状分枝，枝长 0.5~1 cm，密生叶片稀呈扁平，具少数锐端分枝。茎叶两侧对生，内凹，具少数弱纵褶，阔卵形或卵状舌形，长 1.5~2.2 mm，先端钝尖或宽钝；叶边全缘或尖部具细齿；中肋粗，消失于近叶尖。叶尖部细胞椭圆形，长 7.5~12 μm，宽 5.5~7.5 μm，中部细胞圆六角形，长 10~16 μm，宽 4~7 μm，基部细胞呈长方形，长 22~35 μm，宽 5.5~7.5 μm，角部细胞稀少分化，胞壁均较厚。枝叶小而强烈内凹。其余特征不详。

　　生境：树干附生。

　　产地：台湾：台南，玉山，Noguchi 6947 (Leutotype, HIRO)。

　　分布：中国特有。

　　除模式产地外，本种在中国其他地区尚未见有分布，可能系羽枝藓属内的濒危物种。

5. 台湾羽枝藓

Pinnatella taiwanensis Nog., Journ. Sci. Hiroshima Univ. Ser. B, Div. 2, 3, Art. 15: 218, 1939.

植物体粗大，褐绿色至暗绿色，无光泽。主茎匍匐，扭曲，疏被叶；叶阔三角形，长约 0.6 mm，具长披针形尖；叶边全缘；中肋短弱。支茎长可达 8 cm，下部 2~4 cm 不分枝，上部羽状分枝，枝倾立，长可达 1 cm，多稀少分枝。茎基叶鳞片状，阔三角形基部向上呈长披针形。茎叶阔卵状披针形，长可达 2.8 mm，具不规则短纵褶；叶边全缘，上部具齿；中肋强劲，消失于近叶尖处。茎叶干燥时倾立，阔卵状披针形，长约 3 mm，阔 1.5 mm，具锐尖；叶边内曲，尖部具不规则粗齿，中部具细齿；中肋消失于叶片近尖部。叶细胞透明，长六角形、菱形或长方形，胞壁薄，中部细胞长 15~20 μm，宽 5~6 μm，上部细胞长 15~28 μm，宽 6~7 μm，基部细胞长六角形或六角形，长 20~30 μm，宽 5~6 μm。枝叶较小，与茎叶近似。内雌苞叶卵形，向上渐成狭披针形，内凹，长约 1.5 mm；叶边全缘；中肋细弱。蒴柄长约 2 mm，深褐色。孢蒴直立，黑褐色。蒴齿两层；外齿层齿片狭披针形，长约 0.5 mm，上部具细密疣，下部栉片高出；内齿层基膜高出，齿条狭披针形，中脊具穿孔，被细密疣，略短于外齿层齿片，齿毛 2，长约为齿条的 1/2。孢子圆球形，具细疣，直径为 17~22 μm。

生境：树干生长。

产地：台湾：台东，Hosokawa M. 34 (Type, HIRO；从 Noguchi, 1939)。

分布：中国和越南。

体形极粗大，长可达 20 cm，为本种主要识别点。其茎叶具长披针形尖，叶中部细胞长卵形至梭形，亦明显不同于其近似种东亚羽枝藓 *P. makinoi* (Broth.) Broth.

6. 卵舌羽枝藓(新拟名)　图 194

Pinnatella foreauana Thèr. et P. Varde in P. Varde, Rev. Bryol. 52: 39. 1925.

Pinnatella sikkimensis Broth., Mitteil. Inst. Allgemeine Bot. Hamburg 8: 404. 1931.

Porotrichum microcarpum Broth. ex Gangulee, Mosses. East. India 5: 1437. 1976. nom. nud.

体形中等大小至粗壮，黄褐色至淡褐色，无光泽或略具光泽，群集生长。主茎匍匐。支茎长 6~7 cm；横切面椭圆形，表皮细胞 5~6 层，由小形厚壁细胞组成，髓部为大形、薄壁细胞；无中轴分化；扁平羽状分枝。匍匐茎叶基部阔卵形至阔心脏形，向上趋窄成一短钝尖。茎基叶阔卵形，具锐尖，基部两侧下沿。茎叶阔卵形基部向上呈短舌形，具尖头，长约 2.5 mm，宽 1.2~1.3 mm，两侧近于对称，具不规则短波纹；叶边尖部具不规则齿，下部多内卷；中肋粗壮，达叶尖下消失。叶上部细胞不规则多角形或方形，厚壁，长 10~15 μm，宽 7~10 μm，表面具单个细疣，中部细胞等径，基部细胞长方形至长椭圆形，长 25~60 μm，宽 5~8 μm，胞壁厚，具明显壁孔，角部细胞方形或短椭圆形；叶边缘细胞自尖部 2~3 列至近基部约 10 列细胞形小，方形、圆形、卵形至不规则形。枝叶与茎叶近似，短钝。假鳞毛叶状，稀少。叶腋毛 3~4 个细胞，基部 1~2 个细胞短，具色泽。雌雄异株。雌苞假侧生茎上。内雌苞叶基部鞘状，上部披针形。蒴柄直立或略呈弓形弯曲，长约 3 mm，上部具乳头。孢蒴近椭圆形，深褐色，长 1~1.3 mm；台部具少数气孔。蒴齿两层；外齿层齿片披针形，灰色，被细疣，近尖部平滑，中缝之字形，内面近于平滑；内齿层齿条狭披针形，与外齿层齿片近于

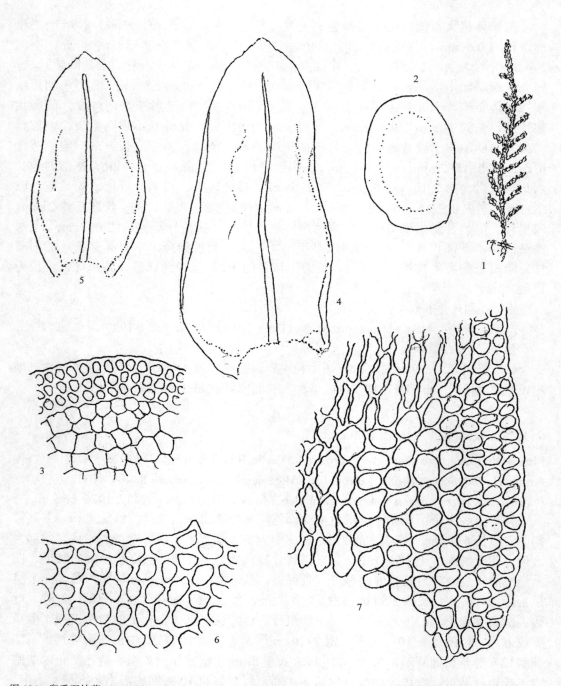

图 194　卵舌羽枝藓 Pinnatella foreauana Thèr. et P. Varde 1. 植物体(×0.7)，2. 茎的横切面(×150)，3. 茎横切面的一部分(×470)，4. 茎叶(×42)，5. 枝叶(×42)，6. 叶尖部细胞(×470)，7. 叶基部细胞(×470) (绘图标本：云南，西双版纳，勐海，徐文宣 6347, PE) (吴鹏程 绘)

Fig. 194　*Pinnatella foreauana* Thèr. et P. Varde 1. habit (×0.7), 2. cross section of stem (×150), 3. portion of cross section of stem (×470), 4. stem leaf (×42), 5. branch leaves (×42), 6. apical leaf cells (×470), 7. basal leaf cells (×470) (Yunnan: Xishuangbanna, Menghai Co., W.-S. Hsu 6347, PE) (Drawn by P.-C. Wu)

等长，灰黄色，具细疣；齿毛缺失。蒴盖圆锥形，具斜喙。孢子黄褐色，被细疣，直径 12~25 μm。生境：多见于海拔 500~2000 m 常绿阔叶林树干或枝上，亦着生石灰岩上。

产地：云南：西双版纳，勐海，徐文宣 6347 (PE, MO)。

分布：中国、尼泊尔、缅甸、泰国和印度。

本种叶片阔卵形状舌形具钝尖，且短而不规则波纹，在羽枝藓属中除 *P. gollanii* Broth. 外，均无相似之处。本种叶边小形细胞可多达 10 列，茎基叶阔三角形，向上突呈阔短尖，而 *P. gollanii* 叶边小形细胞仅多达 6 列，茎基叶呈卵状三角形，上部渐尖，可区分于前者。

7. 卵叶羽枝藓(新拟名) 图 195

Pinnatella anacamptolepis (C. Müll.) Broth., Nat. Pfl. 1 (3): 857. 1906.

Neckera anacamptolepis C. Müll., Syn. Musc. Fr. 2: 663. 1851.

Thamnium anacamptolepis (C. Müll.) Kindb., Hedwigia 41: 251. 1902.

Porotrichum anacamptolepis C. Müll. ex Fleisch., Musci Fl. Buitenzorg 3: 913. 1908. *nom. inval.*

Porotrichum gracilescens Nog., Trans. Nat. Hist. Formosa 25: 66. 4f. 8~9. 1935.

Homaliodendron pygmaeum Herz. et Nog., Journ. Hattori Bot. Lab. 14: 65. f. 21: 6~11. 1955.

体形中等大小至较粗壮，绿色至黄绿色，多少具光泽，群集成小片生长。主茎匍匐；着生成束假根。支茎长可达 5 cm；横切面椭圆形，皮层为 6~8 层小形厚壁细胞，髓部细胞大形、薄壁，5~6 角形；中轴缺失。假鳞毛披针形，腋毛长 4~5 细胞，1~2 个基部细胞短而具色泽。茎基叶扁半圆形基部，向上突收缩成背仰披针形短尖。茎叶卵形，具宽尖，长约 1.8~2 mm，两侧不对称，略内凹，上部具横波纹；叶边尖部具细齿；中肋单一达叶上部，稀分叉成 2 短肋。叶上部细胞卵形、菱形或不规则多角形，长 10~15 μm，宽 5~7 μm，厚壁，角部加厚，中部细胞狭椭圆形至近菱形，长 20~30 μm，宽 5 μm，胞壁具壁孔，基部细胞狭长方形至近线形，长达 80 μm，胞壁强烈加强，具明显壁孔，角部细胞数少，近方形或不规则形；叶边缘细胞 1 列至数列狭菱形至近长方形细胞。枝叶与茎叶近似，但长度约为茎叶的 2/3。雌雄异株。内雌苞叶卵形至阔椭圆形基部向上突成披针形尖。孢蒴不详。

生境：习见于山地密林内树干、树枝、灌丛和腐木上。

产地：西藏：墨脱，背崩后山，密林下树枝上，海拔 800 m，郎楷永 486b (PE)。广东：英德，滑水山，泥门顶，山毛榉树干，徐祥浩 23 (PE)。海南：昌江，霸王岭，至那加途中，海拔 950~1000 m，汪楣芝 45099 (PE)。台湾：具体地点不详，树干，Schwabe-Behm 100 (type of *Homaliodendron pygmaeum* Herz. et Nog., NICH, PE)。

分布：中国、日本、越南、泰国、马来西亚、斯里兰卡、印度、菲律宾和巴布亚新几内亚。

在中国，本种为常见的羽枝藓属植物。其叶片明显两侧不对称，中肋常成二短肋，且茎上多着生披针形假鳞毛，系羽枝藓属中突出的类型。

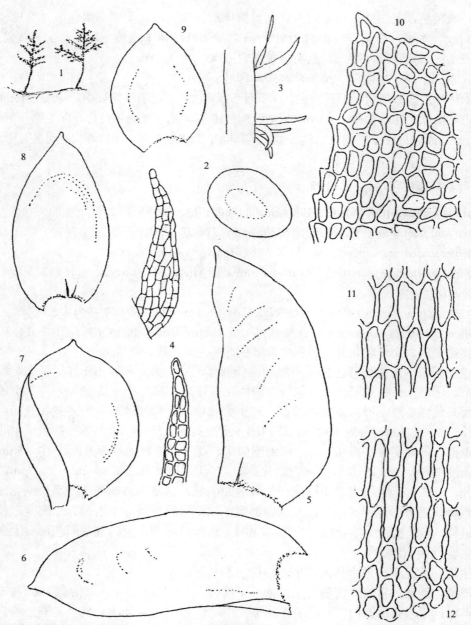

图 195　卵叶羽枝藓 Pinnatella anacamptolepis (C. Müll.) Broth. 1. 植物体(×0.7)，2. 茎的横切面(×125)，3. 茎上蔟生的假鳞毛(×60)，4. 假鳞毛(×215)，5, 6. 茎叶(×36)，7~9. 枝叶(×36)，10. 叶尖部细胞(×470)，11. 叶中部细胞(×470)，12. 叶基部细胞(×470) (绘图标本：西藏，墨脱县，郎楷永 486b, PE) (吴鹏程 绘)

Fig. 195　Pinnatella anacamptolepis (C. Müll.) Broth. 1. habit (×0.7), 2. cross section of stem (×125), 3. pseudoparaphyllia in cluster on stem (×60), 4. pseudoparaphyllia (×215), 5, 6. stem leaves (×36), 7~9. branch leaves (×42), 10. apical leaf cells (×470), 11. middle leaf cells (×470), 12. basal leaf cells (×470) (Xizang: Motuo Co., K.-Y. Lang 486b, PE) (Drawn by P. C. Wu)

8. 羽枝藓

Pinnatella kuehliana (Bosch et S. Lac.) Fleisch., Hedwigia 45: 80. 1906.

Thamnium kuehlianum Bosch et S. Lac., Bryol. Jav. 2: 71. 189. 1863.

T. laxum Bosch et S. Lac., Bryol. Jav. 2: 72. 191. 1863.

Porotrichum elegantissima Mitt., Journ. Linn. Soc. Bot. 10: 187. 1868.

植物体中等大小至较粗壮，黄绿色或暗绿色，无光泽或略具光泽，疏松成小片生长。主茎匍匐，着生成束棕黄色假根。支茎近羽状或二回羽状分枝；横切面卵形，皮层由 5~7 层小形厚壁细胞组成，髓部为大形多角形薄壁细胞；中轴分化。常腋生细长鞭状枝。假鳞毛稀少，叶状。叶腋毛 3~5 个细胞。茎基叶阔三角形，具披针形尖部，叶基不下延。茎叶卵形至卵状舌形，长 1.5~1.6 mm，宽 0.9~1.0 mm，具钝尖或略具小尖头；叶边常内曲，上部具齿；中肋单一，有时分叉。叶上部细胞卵形、菱形或近圆形，长 8~12 μm，宽 6~8 μm，胞壁近于等厚，中部细胞卵形、菱形至椭圆形，长 10~25 μm，基部细胞狭长方形、长椭圆形至狭长方形，长 15~30 μm，胞壁厚，略呈波形；叶边自上部向下边缘的 2~4 列细胞呈近方形至短长方形，近尖部边缘细胞不明显。雌雄异株。雌苞着生茎上部。内雌苞叶由卵状鞘形基部向上突成狭披针形尖。蒴柄长约 3 mm，黄色，上部具乳头突起。孢蒴直立或略倾垂，圆柱形，长约 1.5 mm，淡褐色至暗褐色。环带不分化。蒴齿两层；外齿层齿片披针形，灰黄色，具密疣状突起；内齿层齿条与外齿层等长，狭披针形，具密疣；齿毛缺失。蒴盖圆锥形，具斜喙。孢子黄褐色，具密疣，直径一般为 15~20 μm。

生境：习生海拔 1500~3000 m 的树干、树枝、腐木、石灰岩和其他岩面。

产地：云南：西双版纳，景洪，树干，Redfearn 等 34007（MO，从 Enroth，1994）。

分布：中国、缅甸、泰国、马来西亚、太平洋岛屿、澳大利亚和新喀里多尼亚。

植物体在外形上，本种与鞭枝羽枝藓 *P. ambigua* (Bosch et S. Lac.) Fleisch. 近似，但后者茎叶披针形尖部为与本种明显区分点。此外，本种茎基叶呈三角形为羽枝藓属中突出的类型。

属 3　弯枝藓属(新拟名) *Curvicladium* Enroth

Ann. Bot. Fennici 30: 110. 1993.

模式种：弯枝藓 *T. kurzii* (Kindb.) Enroth

植物体粗壮，暗绿色或褐绿色，无光泽，疏松群集成片生长。主茎匍匐，具成束假根。支茎直立，长达 10 cm 以上；横切面呈卵形或近圆形，皮层由 5~7 层小形厚壁细胞组成，髓部为大形、多角形薄壁细胞；中轴分化；一、二回近羽状分枝，有时具鞭状枝；茎和枝尖常呈弓形弯曲。假鳞毛缺失。叶腋毛 4~5 个细胞，基部 2 个细胞短而具色泽。茎基叶三角形，叶边狭内卷，叶基不下延；中肋消失于叶尖下方。茎叶干燥时疏松贴生，湿润时倾立，卵状舌形，叶尖钝，具小尖头，下部略宽阔；叶边尖部具粗齿，基部边缘狭内卷；中肋单一，粗壮，不及叶尖即消失。叶尖部细胞卵形、菱形或不规则形，长 10~15 μm，宽 6~8 μm，厚壁，中部细胞与尖部细胞近似，基部细胞椭圆形至长方形，长约 20 μm，宽 5~6 μm，胞壁等厚或具壁孔，角部细胞不明显分化。雌雄异株。雄苞芽胞形，侧生于茎或主枝上。雄苞叶内凹，由阔椭圆形基部，成披针形尖，无中肋。雌苞侧生于茎，有时着生主枝。内雌苞叶阔卵形，向上突成狭披针形尖。蒴柄红棕色，长约 10 mm，干时稍扭曲，上部具乳头突起。孢蒴卵形至近圆柱形，长 1.2~1.7 mm，直径 0.8~1.0 mm，淡褐色至深褐色。环带不分化。蒴齿两层；外齿层齿片 16，披针形，密被疣，中缝之字形；内齿层齿条与外齿层齿片近于等长，狭披针形，密被尖疣，齿毛有时缺失，常 2 条，基膜高约 100 μm。蒴盖未见。蒴帽灰棕色，下部被疏纤毛。孢子褐色，具细疣，直径 13~25 μm。

本属系近年来由 Enroth 把原属羽枝藓属 *Pinnatella* 的 *P. kurzii* (Kindb.) Wijk et Marg.，依据其茎和枝尖呈弓形弯曲，茎上无假鳞毛，叶尖具粗齿，成熟内雌苞叶阔鞘状基部向上突成狭披针形，以及蒴柄上部具乳头，长为 8~11 mm，暗褐色等特性建立此新属，确认它是平藓类植物中较原始的类型。在系统关系上，与羽枝藓属最为接近。

本属现仅 1 种，主要分布喜马拉雅地区。

1. 弯枝藓(新拟名) 图 196

Curvicladium kurzii (Kindb.) Enroth, Ann. Bot. Fennici 30: 110. 1993.

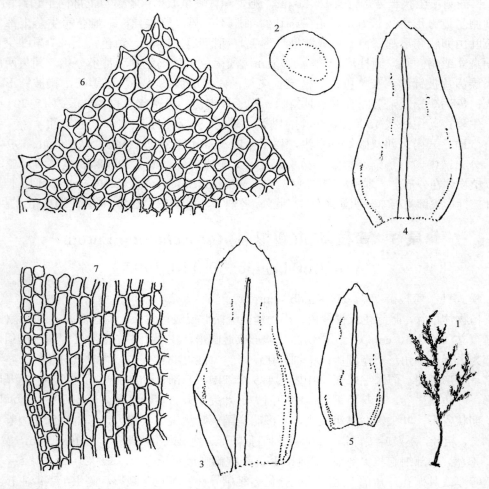

图 196 弯枝藓 *Curvicladium kurzii* (Kindb.) Enroth. 1. 植物体(×0.8)，2. 茎的横切面(×54)，3~4. 茎叶(×48)，5. 枝叶(×48)，6. 叶尖部细胞(×580)，7. 叶基部细胞(×470) (绘图标本：云南，镇康，云南大学森林系 No. 7, L) (吴鹏程 绘)

Fig. 196 *Curvicladium kurzii* (Kindb.) Enroth. 1. habit (×0.8), 2. cross section of stem (×54), 3~4. stem leaves (×48), 5. branch leaf (×48), 6. apical leaf cells (×580), 7. basal leaf cells (×470) (Yunnan: Zhenkang Co., Department of Forestry, Yunnan University No. 7, L) (Drawn by P.-C. Wu)

Thamnium kurzii Kindb., Hedwigia 41: 246. 1902.

Pinnatella kurzii (Kindb.) Wijk et Marg., Taxon 11: 222. 1962.

Thamnium siamense Horik. et Ando in Kira et Umesao (eds.), Nature and Life in Southeast Asia 3: 23. f. 4. 1964.

种的描述同属。

生境：习生于海拔 1800~2500 m，湿润林内树干或树桩上。

产地：云南：镇康，大雪山，海拔 2300 m，云南大学森林系 7 (L)。

分布：中国、尼泊尔、不丹、印度和泰国。

属 4　硬枝藓属 *Porotrichum* (Brid.) Hampe

Linnaea 32: 154. 1863.

模式种：硬枝藓 *P. longirostre* (Hook.) Mill.

植物体粗壮，形大或纤长，绿色、淡黄色或褐绿色，具光泽或无光泽。主茎匍匐，被疏假根；支茎直立或倾立，稀倾垂；横切面呈圆形或椭圆形，皮部细胞较小、厚壁，髓部细胞形大，无中轴分化；不规则分枝或不规则羽状分枝。支茎下部的茎基叶呈鳞片状。茎叶长卵形、卵形或长舌形，略内凹，两侧略不对称，具锐尖或钝短尖；叶边多平展，基部一侧常内折，上部具锐齿；中肋较粗，长达叶尖或叶上部。叶细胞呈阔菱形、长卵形或狭长方形，平滑或有前角突。雌雄异株。雌苞着生支茎或主枝近尖部。内雌苞叶高鞘状，具狭长尖。蒴柄短或细长。孢蒴卵形，直立，规则。环带分化。蒴齿两层；外齿层淡黄色或黄色，齿片披针形，具疣，外面基部常具横纹，内面横隔弱，中脊具穿孔；内齿层齿条狭披针形，多具疣，基膜低或略高出，中缝开裂，齿毛短或缺失。蒴盖具斜喙。蒴帽兜形，平滑或被纤毛。

全世界约 40 种，多热带地区分布。我国记录有 4 种。

1. 树枝硬枝藓　图 197

Porotrichum fruticosum (Mitt.) Jaeg., Ber. S. Gall. Naturw. Ges. 1875-1876: 306. 1877.

Neckera fruticosa Mitt., Musci Ind. Or.: 122. 1859.

Thamnium fruticosum (Mitt.) Kindb., Hedwigia 41: 220. 1902.

Thamnobryum fruticosum (Mitt.) Gangulee, Mosses of Eastern India 5: 1447. 1976.

体形甚粗大，黄绿色至褐绿色，略具光泽，呈疏松片状生长。主茎匍匐伸展，被棕色假根；支茎硬挺，长达 9~12 cm，下部被鳞片状茎基叶，上部不规则分枝或一、二回不规则羽状分枝，枝和叶均扁平着生。支茎横切面呈椭圆形，表面呈淡紫红色，皮部淡黄色，由 5~6 层小形厚壁细胞组成，包被 10 多层大形透明细胞。茎叶卵形至阔椭圆形，长 2~3 mm，宽 1.1~1.2 mm，两侧略不对称，略内凹，基部一侧常内折；叶边近尖部具疏粗齿；中肋粗壮，有时带淡红色，长达叶片长度的 3/4，稀消失于叶片近尖部。叶上部细胞长方形至斜菱形，中部细胞长菱形，长约 50 μm，宽 10 μm，胞壁厚，具明显壁孔，叶基中央细胞呈狭长方形，长可达 70 μm，胞壁波状加厚，具壁孔。枝叶多呈卵圆形，约为茎叶长度的 2/3；叶边尖部具疏粗齿。小枝叶椭圆形，约为茎叶长度的 1/2。雌雄异株。雌苞着生侧枝上。雌苞叶狭小。蒴柄细长，直立至略弯曲，长 1.5~2 cm。孢蒴卵形，长

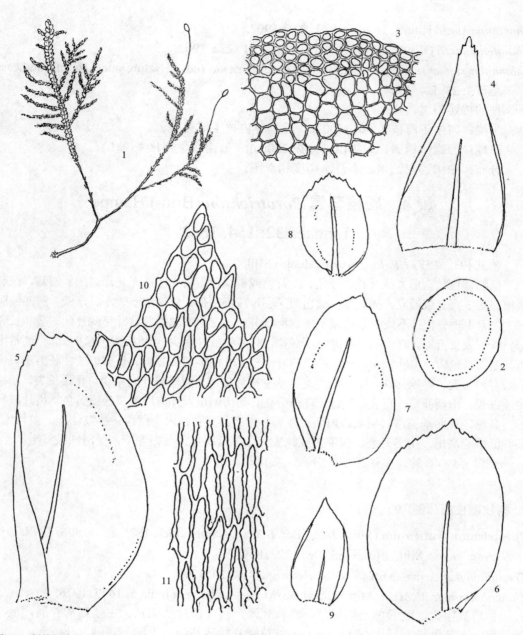

图 197　树枝硬枝藓 *Porotrichum fruticosum* (Mitt.) Jaeg. 1. 雌株(×0.8), 2. 茎的横切面(×42), 3. 茎横切面的一部分(×300), 4. 茎基叶(×30)5. 茎叶(×30), 6~7. 枝叶(×30), 8~9. 小枝叶(×30), 10. 叶尖部细胞(×300), 11. 叶基部细胞(×300) (绘图标本: 云南, 腾冲, 高黎贡山, J.R. Shevock 28269, CA, PE) (吴鹏程 绘)

Fig. 197　*Porotrichum fruticosum* (Mitt.) Jaeg. 1. female plant (×0.8), 2. cross section of stem (×42), 3. portion of the cross section of stem (×300), 4. stipe leaf (×30), 5. stem leaf (×30), 6~7. branch leaves (×30), 8~9. small branch leaves (×30), 10. apical leaf cells (×300), 11. basal leaf cells (×300) (Yunnan: Tengchong, Gaoligong Mts. J.R. Shevock 28269, CA, PE) (Drawn by P.-C. Wu)

约 2.5 mm。蒴齿两层；外齿层齿片狭披针形，被细疣；内齿层齿条与外齿层等长，中缝常开裂，未见齿毛。孢蒴圆球形，直径 12~15 μm，外壁被细疣。

生境：湿热高山岩面生长。

产地：云南：腾冲，高黎贡山南翼西坡，48°56.8″N，37°22.3″E，J. R. Shevock 28269 (CAS，PE)。台湾：无详细记录。

分布：中国、尼泊尔、印度和斯里兰卡。

本种仅限于喜马拉雅地区和斯里兰卡分布，为木藓科中体形粗大的类型之一。其分枝和叶片多扁平着生，叶细胞壁具壁孔等性状极易识别于木藓属 Thambobryum 的植物。

科 46　细齿藓科 Leptodontaceae*

植物体形小或近于中等，黄绿色或褐绿色，不具光泽，一般稀疏生长。主茎匍匐伸展，具披针形假鳞毛；支茎单一，或一至二回羽状分枝。叶内凹，干燥时具少数横波纹，扁平着生茎上，尖部圆钝；叶边全缘，平滑，基部一侧向内折；中肋单一，稀上部分叉。叶细胞圆方形，胞壁厚，近叶边细胞不分化由异形细胞组成的嵌条，近叶基部细胞呈长椭圆形。雌雄异株或雌雄同株异苞。蒴齿两层；内齿层齿条不发育或发育不全。

本科全世界现知有 1 属：尾枝藓属。中国近年发现有分布。

属 1　尾枝藓属 *Caduciella* Enroth

Journ. Bryol. 16: 611. 1991.

模式种：尾枝藓 *C. mariei* (Besch.) Enroth

体形小，黄绿色，老时呈褐绿色，无光泽，多呈稀疏小片状生长。主茎匍匐着生基质，叶片多脱落；支茎倾立或下垂，稀少分枝或一回羽状分枝，支茎尖部常呈尾尖状，并形成新植株；假鳞毛披针形，簇生于茎上。叶阔卵形或长卵形，略内凹，有时具横波纹，先端宽阔，圆钝；叶边全缘，近于平滑；中肋单一，长达叶片上部，稀上部分叉。叶细胞六角形或圆方形，具乳头，近基部细胞趋狭长椭圆形，胞壁厚。孢蒴不详。

本属见于亚洲南部，共有 2 种；中国现知有 2 种。

分种检索表

1. 植物体一回羽状分枝，叶尖常呈尾尖状；叶细胞多圆方形，胞壁角部加厚 ………… **1. 尾枝藓 *C. mariei***
1. 植物体一、二回羽状分枝，枝尖多不呈尾尖状；叶细胞菱形、多角形至六角形，胞壁等厚 …………
……………………………………………………………………………… **2. 广东尾枝藓 *C. guangdongensis***

Key to the species

1. Plants 1 pinnately branched, apex of branch often caudate; leaf cells mostly rounded quadrate, walls thickened at the corner ……………………………………………………………………………………**1. *C. mariei***
1. Plants 1~2 pinnately branched, apex of branch not caudate; leaf cells rhomboidal, to hexagonal, walls equally thickened ………………………………………………………………………………**2. *C. guangdongensis***

---

* 作者(Auctor)：吴鹏程(Wu Pan-Cheng)

1. 尾枝藓(新拟名)　图 198

Caduciella mariei (Besch.) Enroth, Journ. Bryol. 16: 611. 1991.

Pinnatella microptera Fleisch., Musci Fl. Buitenzorg 3: 915. 1906.

Homalia microptera C. Müll in Fleisch., Musci Fl. Buitenzorg. 3: 915. 1906. nom. inval.

植物体形小，黄绿色，多小片生长。主茎匍匐；支茎疏生，长多为 1 cm 左右，单一或一回羽状分枝；横切面呈椭圆形，皮部及髓部细胞均厚壁，皮部细胞形小，3~4 层，髓部细胞 7~8 层，形大；假鳞毛披针形，有时见于支茎。叶扁平着生茎上，干燥时具横波纹，

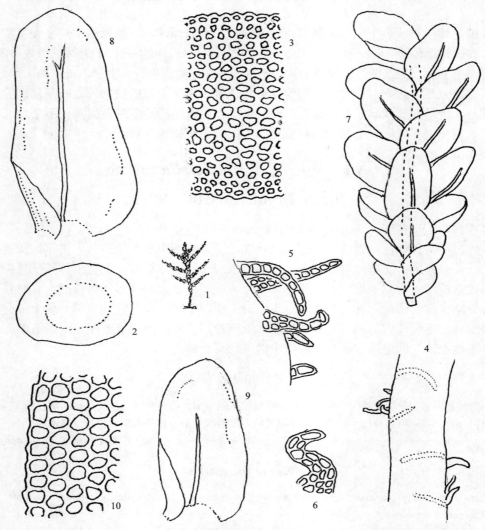

图 198　尾枝藓 *Caduciella mariei* (Besch.) Enroth 1. 植物体(×2), 2. 茎的横切面(×125), 3. 茎横切面的一部分(×270), 4. 茎的一部分，示着生假鳞毛(×320), 5~6. 假鳞毛(×640), 7. 枝(×40), 8. 茎叶(×72), 9. 枝叶(×72), 10. 叶中部边缘细胞(×420) (绘图标本：云南，西双版纳，黎兴江 2691, HKAS) (吴鹏程 绘)

Fig. 198　*Caduciella mariei* (Besch.) Enroth 1. habit (×2), 2. cross section of stem (×125), 3. portion of the cross section of stem (×270), 4. portion of stem, showing the pseudoparaphyllia (×270), 5, 6. pseudoparaphyllia (×640), 7. branch (×40), 8. stem leaf (×72), 9. branch leaf (×72), 10. middle marginal leaf cells (×420) (Yunnan: Xishuangbanna, X.-J. Li 2691, HKAS) (Drawn by P.-C. Wu)

长卵形，内凹，长度一般不及 1 mm，具圆钝尖；叶边近于平滑，基部一侧内折；中肋单一，仅及叶片中上部，有时顶端分叉。叶细胞圆方形，具乳头，胞壁厚，近基部细胞狭长椭圆形，长约 10 μm。孢蒴不常见。芽胞有时存在。

生境：阴湿树干附生。

产地：云南：西双版纳，镇康县，徐文宣 6795a（PE，MO），黎兴江 2691（HKAS）。

分布：中国和菲律宾。

在植物体外形和树干附生生境方面，本种与木藓科的羽枝藓属 Pinnatella 植物易混淆，但本种植物的叶片宽钝而叶细胞圆方形或长椭圆形，与羽枝藓属植物叶片多卵状披针形和六角形的叶细胞相异。

2. 广东尾枝藓(新拟名)

Caduciella guangdongensis Enroth, Bryologist 96 (3): 471. 1993.

Pinnatella microptera Fleisch., Musci Fl. Buitenzorg 3: 915. 1906.

Homalia microptera C. Müll in Fleisch., Musci Fl. Buitenzorg. 3: 915. 1906. nom. inval.

从集，暗绿色，成片生长。主茎匍匐伸展，横切面卵形，皮层由 2~3 层小形厚壁细胞组成，包被大形、多角形或六角形薄壁髓部细胞。主茎叶舌形，钝尖或锐尖，中肋不明显。支茎高约 1 cm，横切面卵形，皮层由 3~5 层小形厚壁细胞组成，渐成大形、薄壁、多角形髓部细胞；扁平近羽状分枝或二回羽状分枝。茎基叶稀少，阔卵形至阔椭圆形基部突收缩至披针形长尖；叶边全缘或尖部具细齿。假鳞毛数多，叶状或披针形。腋毛长 3~5 个细胞，基部 1~2 个多具色泽。茎叶卵形至阔椭圆形，尖部宽钝，两侧不对称，基部收缩略下延；叶边平展，下部全缘，中上部具细齿；中肋消失于叶中部上方，有时分叉或甚短。叶上部细胞方形，或短长方形至短菱形，长 8~13 μm，宽 7~9 μm，中部细胞菱形、多角形或六角形，长 10~20 μm，宽 6~10 μm，胞壁多等厚，仅中肋两侧细胞具壁孔，叶基部细胞狭长方形，长 20~30 μm，宽 5~8 μm，胞壁厚，略具壁孔，叶边近尖部数列细胞呈方形或短长方形。雌雄异株；雌苞侧生支茎上。内雌苞叶由椭圆形至狭卵形基部，向上呈狭舌形尖部，长约 1.1 mm；叶边仅尖部具细齿；中肋短弱或缺失。孢子体未见。

生境：低海拔树干生长。

产地：广东：鼎湖山，*Castanopsis sinensis* 树基，海拔 100~150 m，Touw 23459（L，从 Enroth, 1993）。

这是尾枝藓属 Caduciella Enroth 在 1991 年由 Enroth 建立新属以来发现的第 2 个种。本种与属的模式种 C. mariei (Besch.) Enroth 主要区分在于植物体形大而无尾状枝，假鳞毛数多。在叶形上本种宽短，具钝尖，而尾枝藓的叶多呈阔舌形，具圆钝尖。

科 47　船叶藓科 Lembophyllaceae[*]

温带树生、稀岩面生藓类。体纤长而粗壮，硬挺，多具光泽。主茎匍匐伸展，密被棕

---

[*] 作者(Auctor)：吴鹏程(Wu Pan-Cheng)

红色假根。支茎直立或倾立，或贴生基质而上部弓形倾立，有时较细长而匍匐横展，尖部着生有假根，多树形分枝，并具小羽枝，或呈不规则羽状分枝，圆形或扁平被叶；无鳞毛或具稀少的片状鳞毛。茎横切面多圆形，无中轴或具不明显中轴，有疏松的髓部组织和强烈厚壁的皮部细胞分化。茎基叶鳞片状，脆弱，无中肋。茎叶两侧对称，内凹，或近于匙形、长卵形、倒长卵形，或近于圆形，或阔圆形；叶边上部具齿，或边缘全被钝齿；中肋2，或缺失，稀单一，达叶片中部消失。叶细胞平滑，或具前角突，厚壁，多长轴形，有长形胞腔，稀为短轴状菱形，角部细胞纤小，呈圆形或方形，常具叶绿体，叶基细胞无色泽。雌雄多异株或假雌雄同株，两性生殖苞均着生支茎和枝上。雌苞不具假根。孢蒴高出于雌苞叶，平滑，有时直立，对称，有时平展或垂倾而不对称，干燥时略呈弓形。气孔显形。蒴齿两层，发育正常；外齿层齿片背面常具密横条纹，无前蒴齿，腹面有正常发育的横隔；内齿层通常基膜高出，齿条宽阔褶叠状，齿毛多发育良好。蒴帽兜形，平滑。孢子细小。

本科全世界有 14 属，多数分布温带及亚热带地区，着生树干而稀见于阴湿岩面。中国原有 5 属(陈邦杰等，1978)，其中，匙叶藓属 *Camptochaete* Reichdt 的中华匙叶藓 *C. sinensis* Broth.已并入新悬藓属 *Neobarbella* Nog；而双肋藓属 *Elmeriobryum* Broth.被 Higuchi (1985)作为粗枝藓属 *Gollania* Broth.的成员。因此，中国船叶藓科现仅有 3 属。

分属检索表

1. 叶具长尖；齿片外面具横条纹 ·· **3. 猫尾藓属 *Isothecium***
1. 叶钝头或具短尖；齿片外面无横条纹 ··· 2
2. 叶长卵形，上部具细齿；内齿层基膜甚低；蒴帽仅覆及孢蒴上部··· **2. 拟船叶藓属 *Dolichomitriopsis***
2. 叶圆卵形，上部具粗齿；内齿层基膜高约为外层齿片的 1 / 2；蒴帽被覆孢蒴的大部分 ··················
··· **1. 船叶藓属 *Dolichomitra***

Key to the genera

1. Leaves with a long apex; exostome teeth striate ································· **3. *Isothecium***
1. Leaves with an obtuse or short apex; exostome teeth without striate ······················ 2
2. Leaves oblong-ovate, serrulate above; the membrane of endostome low; calyptra only covered the upper part of capsule ··· **2. *Dolichomitriopsis***
2. Leaves rotundate-ovate, with grossly teeth above; the membrane ca. 1 / 2 length of endostome; calyptra covered the most part of capsule ·· **1. *Dolichomitra***

属 1　船叶藓属 *Dolichomitra* Broth.

Nat. Pfl. 1 (3): 867. 1907.

模式种：船叶藓 *D. cymbifolia* (Lindb.) Broth.

粗壮，硬挺，多疏松丛集成片生长，绿色或黄绿色，稀呈棕黄色，具明显绢丝光泽。

支茎直立，下部被稀疏倾立的茎基叶及下垂被小叶的鞭状枝，上部呈树形分枝；分枝卷曲，密被叶片，常具小分枝，尖部圆钝。茎叶倾立，匙状内凹，基部狭窄，不下延，渐上为阔卵形或圆卵形，叶尖圆钝，背仰，叶边基部反曲，尖部有粗重齿；中肋单一，粗壮，平滑，达叶上部消失，顶端常分叉；叶细胞狭菱形，近基部细胞为近线形，平滑，角部细胞甚疏松，纤小，方形，棕色。雌雄异株。内雌苞叶基部为高鞘状，渐上成短尖，上部倾立，具不规则重齿；无中肋；叶细胞甚狭长。孢蒴直立，长圆柱形，台部粗短，红棕色。环带近于分化。蒴齿两层；外齿层黄色，齿片狭披针形，具钝尖，无分化边，具疣，内面有密生低横隔；内齿层被疣，基膜高约为外层齿片的1/2，齿条披针形，与齿片近于等长，齿毛缺失。蒴盖圆锥形，具细长喙。蒴帽甚长，兜形，基部覆及蒴柄。

本属全世界仅 1 种；中国有分布。

1. 船叶藓　图 199

Dolichomitra cymbifolia (Lindb.) Broth., Nat. Pfl. 1 (3): 868, f. 636. 1907.

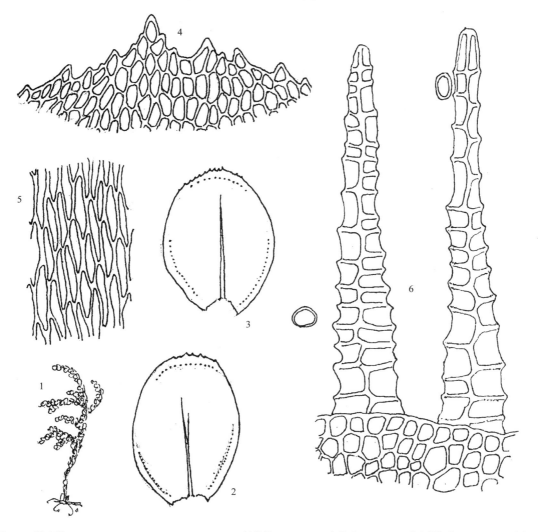

图 199　船叶藓 *Dolichomitra cymbifolia* (Lindb.) Broth. 1. 植物体(×1), 2~3. 支茎叶(×22), 4. 叶尖部细胞(×550), 5. 叶中部细胞(×320), 6. 齿片和孢子(×550) (绘图标本：浙江，西天目山，吴鹏程 7760, PE) (吴鹏程 绘)

Fig. 199　*Dolichomitra cymbifolia* (Lindb.) Broth. 1. habit (×1), 2~3. secondary stem leaves (×22), 4. apical leaf cells (×550), 5. middle leaf cells (×320), 6. exostome teeth and spores (×550) (Zhejiang: Mt. West Tianmu, P.-C. Wu 7760, PE) (Drawn by P.-C. Wu)

Isothecium cymbifolium Lindb., Acta Soc. Fenn. 10: 231. 1872.

　　种的特征同属。

　　生境：树干、树根或岩石上生长。

　　产地：贵州：梵净山，树上，焦启源 647 (PE)。浙江：西天目山，山顶，海拔 1500 m，岩石上，吴鹏程 7742 (PE)。安徽：黄山，玉屏峰下，石壁上，陈邦杰等 6767 (PE)；同上，西海门，树根上，海拔 1800 m，陈邦杰等 6481、6988 (PE)；同上，莲花峰，陈邦杰等 6883；同上，云谷寺，周琴宝 717 (PE)。

　　分布：中国、朝鲜和日本。

属 2　拟船叶藓属 *Dolichomitriopsis* Okam.

Bot. Mag. Tokyo 25: 66. 1911.

　　模式种：拟船叶藓 *D. crenulata* Okam.

　　植物体较小或中等大小，绿色，具光泽，疏松丛集。支茎多直立或倾立，下部被疏生鳞片状茎基叶，上部不规则羽状分枝，有时单出而呈匍枝状，具假根；分枝倾立，圆形被叶，钝头或具锐尖，稀为长匍枝状。叶倾立，匙状内凹，基部狭而略下延，渐上呈卵形、倒长卵形或圆卵形，叶尖钝头；叶边基部反曲，上部具齿或近于全缘；中肋单一，达叶中部以上消失，顶端常分叉；叶细胞狭菱形，上部为近线形，角部细胞方形或正方形，厚壁。雌雄异株。孢蒴直立，规则长卵形，台部粗短，红棕色。环带近于分化。蒴齿两层；外齿层黄色，齿片狭披针形，尖部钝头，基部相互连合，无分化边，被细疣，内面具低横隔；内齿层有疣，基膜高约为外齿层片的 1/6，无齿毛。蒴盖圆锥形，具细长喙。蒴帽兜形，近于覆及孢蒴基部。

　　本属仅 3 种，均见于亚洲东部；中国有 1 种。

1. 尖叶拟船叶藓　图 200

Dolichomitriopsis diversiformis (Mitt.) Nog., Journ. Jap. Bot. 22: 83. 1948.

Hypnum diversiformis Mitt., Linn. Soc. London Bot. Ser. 2, 3: 185. 1891.

Isothecium diversiforme Mitt. var. *longisetum* Nog., Journ. Sc. Hiroshima Univ. ser. b, div. 2, 3: 22. 1936.

Dolichomitriopsis diversiformis (Mitt.) Nog. var. *longisetum* (Nog.) Nog., Journ. Hattori Bot. Lab. 3: 44. 1948.

　　植物体中等大小，灰绿色，略具光泽，呈小片丛集生长。主茎匍匐，叶片多脱落；支茎不规则树形分枝，长可达 3 cm。基部茎叶卵形，具锐尖，上部茎叶阔椭圆形，长约 2 mm，强烈内凹，先端短锐尖；叶边直立，尖部具细齿；中肋单一，长可达叶片长度的 2/3。叶尖部细胞卵形、长卵形至近于呈线形，胞壁强烈加厚，中部边缘细胞卵形，中部细胞近于呈线形，长 30~40 μm，宽约 5 μm，胞壁厚，角部细胞圆方形或长方形，长 10~15 μm，厚壁。枝叶椭圆形至卵形，明显小于茎叶。内雌苞叶卵状披针形。蒴柄细长，红棕色，长可达 1.8 cm，平滑。孢蒴圆柱形，长约 3 mm，老时呈红棕色。蒴齿两层；内外齿层的齿片和齿条等长，均为狭披针形，具细密疣。蒴盖圆锥形，具斜长喙。孢子直径约 15 μm。蒴帽兜形。

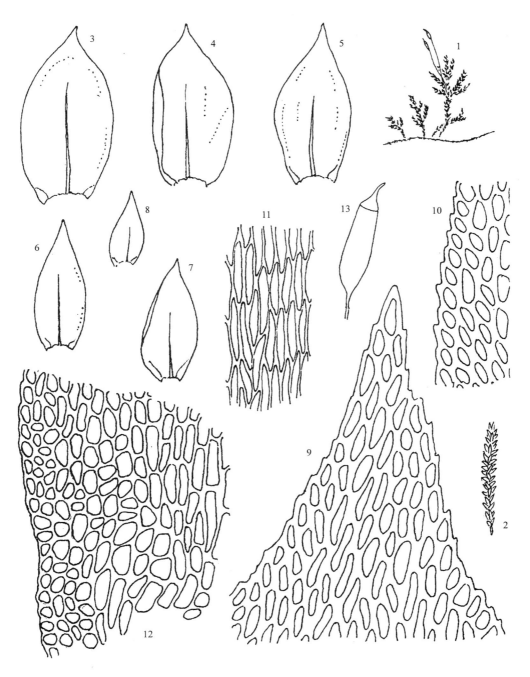

图 200　尖叶拟船叶藓 *Dolichomitriopsis diversiformis* (Mitt.) Nog. 1. 雌株(×1), 2. 枝(×4), 3~5. 茎叶(×22), 6~7. 枝叶(×22), 8. 小枝叶(×22), 9. 叶尖部细胞(×550), 10. 叶上部边缘细胞(×550), 11. 叶基部细胞(×550), 12. 叶基角部细胞(×550), 13. 孢蒴(×12) (绘图标本：浙江，西天目山，吴鹏程 7931, PE) (吴鹏程 绘)

Fig. 200　*Dolichomitriopsis diversiformis* (Mitt.) Nog. 1. female plant (×1), 2. branch (×4), 3~5. stem leaves (×22), 6~7. branch leaves (×22), 8. small branch leaf (×22), 9. apical leaf cells (×550), 10. upper marginal leaf cells (×550), 11. basal leaf cells (×550), 12. alar leaf cells (×550), 13. capsule (×12) (Zhejiang: Mt. West Tianmu, P.-C. Wu 7931, PE) (Drawn by P.-C. Wu)

生境：林内树干或阴湿岩面生长。

产地：贵州：绥阳县，宽阔水林区，林齐维 209 (GBHS，PE)。浙江：西天目山，老殿至横塘，炭窑林中干岩面，吴鹏程 7933 (PE)；同上，宾馆至老殿，海拔 1000~1300 m，B. C. Tan 93-536 (FH)。安徽：黄山，白鹅岭，陈邦杰等 7145 (PE)；同上，清凉台至二道亭，陈邦杰等 7266、7356 (PE)。

分布：中国、朝鲜和日本。

属 3　猫尾藓属 *Isothecium* Brid.

Bryol. Univ. 2: 355. 1827.

模式种：猫尾藓 *I. viviparum* Lindb.

北半球温带的树生或阴湿岩面着生藓类，体多粗壮，疏松成片丛集，绿色或浅棕色，略具光泽。支茎倾立或直立，下部着生稀疏鳞片状茎基叶和匍匐枝，上部叉形分枝、树形分枝，或呈羽状分枝；分枝多锐尖，略呈弓形弯曲，密被叶片，不呈扁平形。叶倾立，干时疏松贴生，强烈内凹，基部为卵形或长卵形，略下延，渐上为披针形，具短尖或长尖；叶边上部具细齿或锐齿，基部常内折；中肋单一，长达叶片上部消失。叶细胞厚壁，菱形或狭长形，角部细胞细小，膨起，圆形，4~6 边形或近于方形，部分为两层细胞。雌雄多异株，内雌苞叶基部呈鞘状，渐上成长尖。孢蒴直立或平列，对称或不对称，卵形或呈长椭圆形，台部细窄。环带成熟后脱落。蒴齿两层；外齿层黄色，齿片披针形，外面具横条纹，内面有密横隔；内齿层透明或淡黄色，被细疣，稀平滑，基膜多高出，齿条与外层齿片等长，披针形，齿毛通常发育，无节条。蒴盖圆锥形，具尖喙或短斜喙。

本属全世界约 20 种，多树干和阴湿岩面生长。中国有 1 种。

1. 异猫尾藓　图 201

Isothecium subdiversiforme Broth., Hedwigia 38: 237. 1899.

I. subdiversiforme Broth. var. *complanatulum* Card., Bull. Soc. Bot. Genève Ser. 2, 3: 288. 1911.

I. subdiversiforme Broth. var. *filiforme* Nog., Journ. Hattori Bot. Lab. 4: 46. 1949.

植物体灰绿色，略具光泽，疏松丛集生长。主茎短，匍匐伸展；支茎长可达 5 cm，基部不分枝，上部呈不规则羽状分枝；枝倾立，单一或具少数小枝。茎基叶稀疏，三角形，长约 1.2 mm，具披针形尖；上部茎叶倾立，长卵形，内凹，先端渐尖或钝尖，两侧基部膨起；叶边上部具粗齿；中肋长达叶片的 2/3 处，有时上部分叉，背面平滑。叶中部细胞近于呈线形，胞壁厚，长 20~30 μm，角部细胞分化明显，方形。枝叶小于茎叶，狭长卵形，具钝尖。雌雄异株。内雌苞叶长卵形，具狭披针形尖。蒴柄细长，长 1~1.5 cm，平滑。孢蒴圆柱形，棕褐色。蒴齿两层；外齿层齿片披针形，上部具密疣，下部具横条纹；内齿层齿条短于外齿层齿片，狭披针形，中脊具穿孔，具高基膜，齿毛 1~2，短弱。蒴盖具长斜喙。蒴帽覆及孢蒴基部，稀基部具少数纤毛。孢子直径 12~17 μm。

生境：阴湿土生、树干或岩面生长。

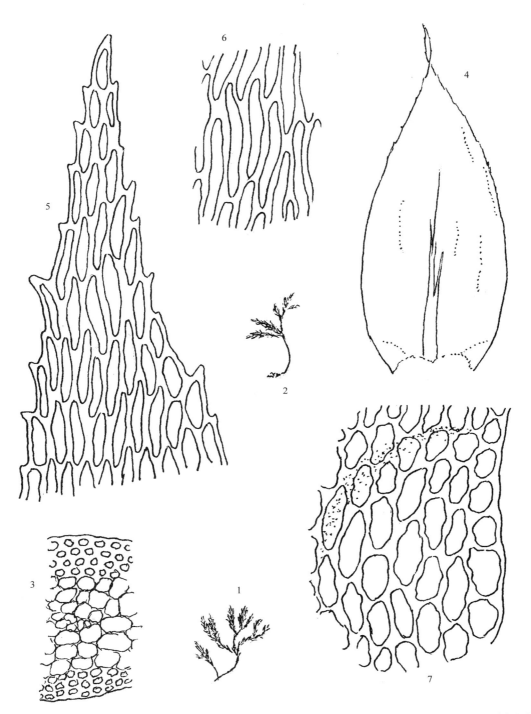

图 201 异猫尾藓 *Isothecium subdiversiforme* Broth. 1~2. 植物体(×1), 3. 茎横切面的一部分(×270), 4. 茎叶(×40), 5. 叶尖部细胞 (×470), 6. 叶中部细胞(×470), 7. 叶基部细胞(×470) (绘图标本：云南，大围山，王幼芳、杨丽琼 186b, HSNU) (吴鹏程 绘)

Fig. 200 *Isothecium subdiversiforme* Broth. 1~2. habit (×1), 3. portion of cross section of stem (×270), 4. stem leaf (×40), 5. apical leaf cells (×470), 6. middle leaf cells (×470), 7. basal leaf cells (×470) (Yunnan: Mt. Dawei, Y.-F. Wang and L.-Q. Yang 186b, HSNU) (Drawn by P.-C. Wu)

产地：云南，大围山，王幼芳、杨丽琼 186b (HSNU)。湖南：衡山，广洛寺，海拔 700 m，绒毛皂荚树干，杨一光 25 (PE)。台湾：台南，阿里山，Noguchi 6150 (Type, NICH；从 Noguchi，1946)。

分布：中国和日本。

在叶形上，本种和尖叶拟船叶藓 *Dolichomitriopsis diversiformis* (Mitt.) Nog. 甚相似，区分点在于本种体形大而分枝亦多。

亚目 5　水藓亚目 Fontinalinales[*]

科 48　水藓科 Fontinalaceae

植物体细长或粗壮，水生或沿溪水生长，暗绿色，无光泽，不规则分枝或近于羽状分枝，基部不分枝，着生于基质上。叶多呈三列状排列，直立、倾立或镰刀状弯曲，阔卵形至狭披针形，先端钝、锐尖、渐尖或长披针形，脊部突起，内凹或尖部呈兜形或近于平展，基部多少下延，有时呈耳状；叶边全缘，或尖部具齿；中肋缺失，或单一，贯顶或长突出。叶上部细胞椭圆状六角形至线形，平滑，下部细胞宽短，常具壁孔和色泽；角部细胞有时明显分化。雌雄异株。雌苞顶生于茎的短枝或主枝上。内雌苞叶具鞘部。蒴柄甚短或细长。孢蒴隐生或高出于雌苞叶，卵形至圆柱形，直立，两侧对称，平滑。环带缺失。蒴齿两层；外齿层齿片 16，狭披针形，暗红色、黄色或褐色，多被粗疣，中脊具穿孔，有时短于内齿层，或尖部成对相连；内齿层齿条线形，黄褐色，稀尖部与侧面相连，上部成格状，稀分离并具结节或节条。蒴盖短圆锥形至具喙。蒴帽呈钟形或兜形，有时甚纤小。孢子绿色，平滑或有细密疣。

本科为藓类植物中罕有的完全水中生长的类型。全世界有 2 亚科和 3 属；中国仅有水藓亚科 Fontinaloideae 的水藓属 *Fontinalis* Hedw. 和弯刀藓属 *Dichelyma* Myrin 植物，后属系由买买提明·苏来曼和吴鹏程(2009)刚报道的中国一个新分布属。

分属检索表

1. 叶无中肋；蒴帽小而呈圆锥形；孢蒴隐生于雌苞叶内 ······························· **1. 水藓属 *Fontinalis***
1. 叶具中肋；蒴帽形小或大，呈兜形；孢蒴高出于雌苞叶 ····························· **2. 弯刀藓属 *Dichelyma***

Key to the genus

1. Leaves ecostate; calyptrae small, conical; capsules submerged in the perichaetial bracts ············ **1. *Fontinalis***
1. Leaves costate; calyptrae small or large, cucullate; capsules higher than the perichaetial bracts ····················
·· **2. *Dichelyma***

---

* 作者(Auctor)：吴鹏程(Wu Pan-Cheng)

属 1 水藓属 *Fontinalis* Hedw.

Sp. Musci 298. 1801.

模式种：水藓 *F. antipyretica* Hedw.

属的特征参阅科的描述。主要特征是叶片无中肋；蒴帽呈圆锥状钟形。

本属为较早被确立的藓类植物属之一，其根部着生基质而上部漂流的类型。我国仅见于北方未受污染的山涧小溪中。

全世界约有 20 种；中国有 2 种，其中羽枝水藓可能为濒危物种。

分种检索表

1. 叶明显具脊，呈对折状；叶尖多宽钝 ··· **1. 水藓 *F. antipyretica***
1. 叶近于扁平；叶尖多锐尖或长渐尖 ·· **2. 羽枝水藓 *F. hypnoides***

Key to the species

1. Leaves distinctly keeled and folded; the apex of leaves mostly broadly obtuse ··············· **1. *F. antipyretica***
1. Leaves nearly flat; the apex of leaves usually acute or broadly acuminate ······················· **2. *F. hypnoides***

1. 水藓(大水藓) 图 202

Fontinalis antipyretica Hedw., Sp. Musci 298. 1801; Chen *et al.*, Gen. Mus. Sin. 2: 111.
1978; Gao, Fl. Musci Chinae Bor.-Orient. : 214. 1977; Bai, Chenia 1: 97. 1993; Zhao,
Chenia 1: 111, 1993.

F. gigantean Sull. ex Sull. et Lesq., Musci Bor.-Amer. ed. 1, no. 224. 1856.

F. antipyretica Hedw. var. *gigantea* (Sull. ex Sull. et Lesq.) Sull., Icones Musci 106.
1864.

体形粗大，绿色或暗绿色，无光泽，呈疏束状生长。茎长达 30 cm 以上，具疏或密的不规则羽状分枝。茎叶与枝叶相似，呈稀疏或密三列状着生，椭圆状卵形至长卵形，长可达 7 mm，具脊或呈对折状，先端圆钝至锐尖，基部狭窄，略下延；叶边全缘，平展或有时一侧反曲。叶细胞菱形或狭长菱形，胞壁薄；叶基角部细胞疏松排列，长方形；叶基中部细胞成狭长菱形或近于呈线形。雌苞叶具宽圆尖。孢蒴卵形，长约 2 mm。蒴齿两层；外齿层齿片被疣，尖部相连或分离，脊部具穿孔；内齿层齿条呈格状。孢子被细疣，直径 15~20 μm。染色体数 $n=11$。

生境：流动浅水中附生岩石、树根和灌丛。

产地：内蒙古：大兴安岭，根河中游，山涧溪流河底石上生，张玉良 83 (PE)；白学良 216 (从白学良，1993)。新疆：东部天山，赵建成 2656、2714、3069 (从赵建成，1993)。

分布：中国、日本，亚洲中部和北部、欧洲、北美洲、非洲和格陵兰岛。

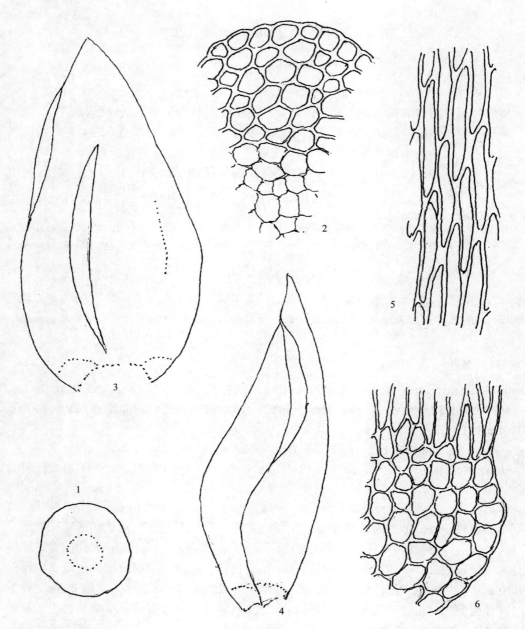

图 202　水藓 Fontinalis antipyretica Hedw. 1. 茎的横切面(×150)，2. 茎横切面的一部分(×450)，3~4. 叶(×45)，5. 叶中部细胞(×470)，6. 叶基部细胞(×470) (绘图标本：新疆，阿尔泰，陈家瑞 86274, PE) (吴鹏程 绘)

Fig. 202　*Fontinalis antipyretica* Hedw. 1. cross section of stem (×150), 2. portion of cross section of stem (×450), 3~4. leaves (×45), 5. middle leaf cells (×470), 6. basal leaf cells (×470) (Xinjiang: Altai, J.-R. Chen 86274, PE) (Drawn by P.-C. Wu)

2. 羽枝水藓(柔枝水藓)　图 203

Fontinalis hypnoides C. J. Hartm., Handb. Skand. Fl. (ed. 4): 434. 1843; Chen *et al.*, Gen. Mus. Sin. 2: 111. 1978; Gao, Fl. Mus. Chinae Bor.-Orient. 216. 1977.

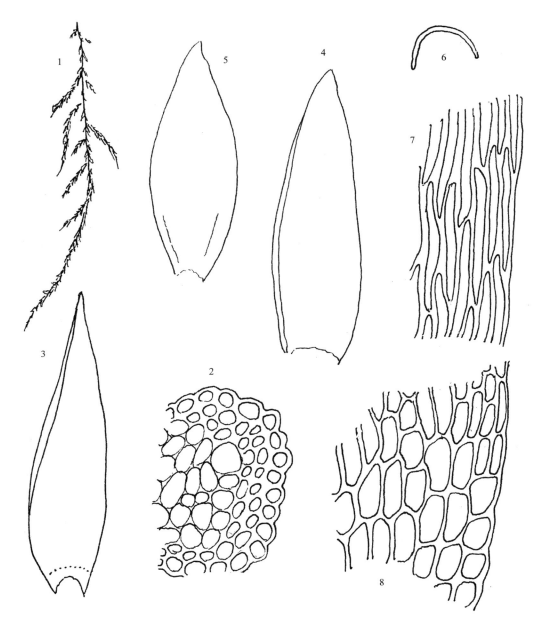

图 203　羽枝水藓 *Fontinalis hypnoides* C. J. Hartm. 1. 植物体(×1)，2. 茎横切面的一部分(×310)，3~4. 茎叶(×45)，5. 枝叶(×45)，6. 叶的横切面(×47)，7. 叶中部细胞(×470)，8. 叶基部细胞(×470)(绘图标本：辽宁，临江，刘慎谔 1076, PE) (吴鹏程 绘)

Fig. 203　*Fontinalis hypnoides* C. J. Hartm. 1. habit (×1), 2. portion of cross section of stem (×310), 3~4. stem leaves (×45), 5. branch leaf (×45), 6. cross section of leaf (×47), 7. middle marginal leaf cells (×470), 8. basal leaf cells (×470) (Liaoning: Linjiang, S.-E. Liu 1076, PE) (Drawn by P.-C. Wu)

　　体形纤长，中等大小，长可达 30 cm，黄褐色，稀淡绿色至暗绿色，略具光泽，成稀疏束状生长。茎不规则羽状分枝；枝先端有时锐尖。茎叶疏生，倾立，卵形或卵状披针形，长 3~4.5 mm，具宽锐尖或长尖，扁平，或基部着生处抱茎，下延；叶边全缘，或尖部具细齿。叶细胞角部细胞形大，短椭圆形，呈褐色。枝叶与茎叶近似，长 2~3 mm，稀长 4 mm。雌苞叶具圆尖。孢蒴长可达 2 mm。孢蒴两层；外齿层齿片具疣，基部多具穿孔；内齿层齿条呈格状。孢子直径多 15~20 μm，平滑或具细疣。

生境：附生树根、木桩或石壁，生于流动浅水中。

产地：辽宁：临江，河流内石上，海拔 800 m，刘慎谔 1076 (PE)。

分布：中国、日本、俄罗斯(西伯利亚)，欧洲、北美洲、巴西和北非洲。

属 2　弯刀藓属 *Dichelyma* Myrin

K. Svensk. Vet. AK. Handel. 1832: 273. 1833.

模式种：弯刀藓 *D. capillaceum* (With.) Myrin

植物体细长，黄绿色至暗绿色，呈疏束状生长深溪水或湿润土上。茎长可达 10~20 cm；横切面呈圆形或椭圆形，外壁为多层红棕色或黄色厚壁细胞，髓部为大形无色透明细胞；中轴不分化；分枝不规则。叶多呈三列状着生，常一向偏曲；茎叶与枝叶近似，卵状披针形或狭披针形，渐上呈针状，常折合，上部多一向弯曲；叶边全缘，尖部多具齿；中肋贯顶或不及顶，稀突出于叶尖。叶细胞狭长菱形，平滑，基部细胞趋短，略分化。雌雄异株。雌苞叶长椭圆形，渐尖；叶边全缘；中肋多缺失。蒴柄短或细长。孢蒴隐生或高出于雌苞叶，卵状圆柱形，褐色至黄褐色，无气孔。蒴齿两层；外齿层多短于内齿层，齿片狭披针形，褐色，具疣，中缝具穿孔，基部具不规则加厚；内齿层齿条线形，尖部相连呈网状。蒴盖圆锥形，且斜喙。蒴帽长兜形。孢子圆球形，直径 11~17 μm。

全世界 6 种，温带山区溪涧石生或溪边树基及湿土生。中国有 1 种。

1. 网齿弯刀藓(新拟名)　图 204

Dichelyma falcatum (Hedw.) Myrin, K. Svensk. Vet. AK. Handl. 1832: 274. 1833.

Fontinalis falcata Hedw., Sp. Musci 299. 1801.

植物体黄绿色，老时呈暗绿色，疏松束状生长。茎长可达 5 cm；横切面呈椭圆或圆形，皮层细胞小，强烈加厚，橙红色或黄褐色，5~6 层，髓部细胞约 10 层，由大形、透明、薄壁细胞组成；中轴缺失。茎不规则分枝或叉状分枝。茎叶与枝叶近似，卵状椭圆形的基部渐呈披针形，长 3~5 mm，多褶合而具明显脊部，尖部多弯曲，叶基收缩；叶边尖部具齿；中肋粗挺，贯顶或突出于叶尖。叶尖部细胞长卵形至长菱形，尖部有前角突起，中部细胞近线形，薄壁，基部细胞略呈黄色，椭圆形至近方形，胞壁强烈加厚。雌雄异株。蒴柄长 10~15 μm。雌苞叶长达 6 mm。孢蒴椭圆状圆柱形，高出于雌苞叶。蒴齿两层，黄褐色；外齿层齿片密被刺疣；内齿层齿条具密刺疣，相互连接具孔网状圆锥形。蒴盖圆锥形，具斜喙。孢子圆球形，直径 12~14 μm，表面平滑或粗糙。

生境：溪涧水中湿石上附生，或溪边树基及林地土生。

产地：新疆：喀纳斯自然保护区，湿润土上，海拔 2200 m，买买提明·苏来曼 1635、2742 (XJU，PE)。

分布：欧洲和北美洲。

本种在亚洲地区为首次记录，其主要识别点为叶片常一向弯曲，中肋贯顶或突出于叶尖，而蒴齿相互连接成网状极为突出。

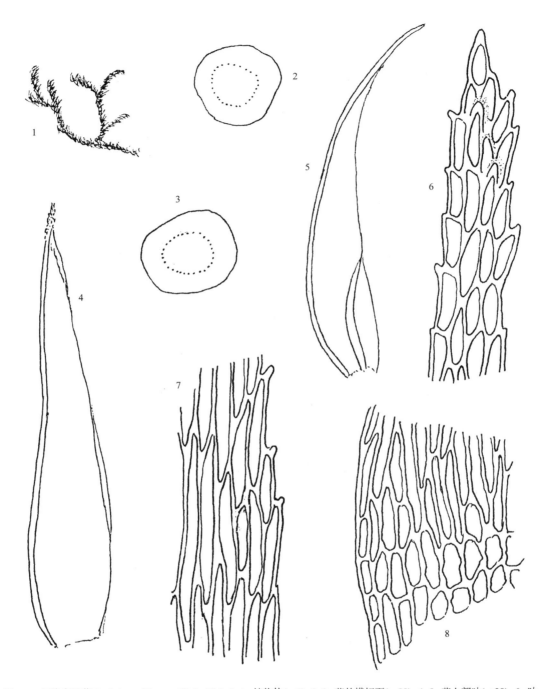

图 204　网齿弯刀藓 *Dichelyma falcatum* (Hedw.) Myrin 1. 植物体(×1), 2~3. 茎的横切面(×98), 4~5. 茎上部叶(×28), 6. 叶尖部细胞(×4280), 7. 叶中部边缘细胞(×420), 8. 叶基部细胞(×420) (绘图标本: 新疆, 哈纳斯, 买买提明·苏来曼 1635, XJU) (吴鹏程 绘)

Fig. 204　*Dichelyma falcatum* (Hedw.) Myrin 1. habit (×1), 2~3. cross sections of stem (×98), 4~5. upper stem leaves (×28), 6. apical leaf cells (×420), 7. middle cells of leaf margin (×420), 8. basal leaf cells (×420) (Xinjiang: Kanas Nat. Res., M. Sulayman 1635, XJU) (Drawn by P.-C. Wu)

科 49　万年藓科 Climaciaceae*

体形粗大，硬挺，黄绿色或褐绿色，具光泽，呈稀疏大片状生长。主茎粗壮，匍匐于基质，密被红棕色假根。支茎直立，下部无分枝，上部一、二回羽状分枝；枝呈圆条形，先端多呈尾尖状，稀钝端；鳞毛密被茎和枝上，丝状，单一，或分枝。主茎和支茎下部叶呈鳞片状，紧贴生长；支茎上部叶和枝叶椭圆状卵形至近于呈心脏形，叶基部两侧多少呈耳状，先端宽钝或锐尖，具多数纵褶；叶边上部具不规则粗齿；中肋单一，粗壮，消失于叶尖下，背面上部有时具粗刺。叶细胞狭长菱形至线形，胞壁等厚，平滑，基部细胞较大而具壁孔，两侧角部细胞长方形，或形大，透明，薄壁，为多层细胞。雌雄异株。内雌苞叶有明显高鞘部。蒴柄细长，红棕色。孢蒴长卵形或长圆柱形，直立或弓形弯曲，深红褐色或淡棕色。蒴齿两层；外齿层齿片狭长披针形，棕红色，外面有密横脊和横纹，内面有密横隔；内齿层淡黄色，齿条长于外齿层齿片或与外齿层等长，脊部有连续穿孔，齿毛不发育。蒴盖圆锥形，具直或斜喙。蒴帽兜形。孢子呈锈色或绿色，平滑或具细疣。

本科有 2 属，包括万年藓属和树藓属；中国均有分布。

分属检索表

1. 枝叶基部一般略下延；叶角部细胞长方形，壁等厚；孢蒴直立，内齿层基膜低 ·················
·· **1. 万年藓属 Climacium**
1. 枝叶基部长下延；叶角部细胞大形，透明，壁薄；孢蒴弓形弯曲，内齿层基膜高 ·················
·· **2. 树藓属 Pleuroziopsis**

Key to the genera

1. Leaf bases usually slightly decurrent; leaf alar cells rectangular, walls thick; capsules erect, endostome with lower membrane ·· **1. Climacium**
1. Leaf bases long decurrent; leaf alar cells large, hyaline, walls thin; capsules curved, endostome with high membrane ··· **2. Pleuroziopsis**

属 1　万年藓属 *Climacium* Web. et Mohr

Naturh. Reise Schweden : 96. 1804.

模式种：万年藓 *C. dendroides* (Hedw.) Web. et Mohr

植物体粗壮，暗绿色或黄绿色，略具光泽，疏松小片状丛集或呈稀疏大片状生长。支茎直立，上部呈树形分枝；鳞毛密生，线形，分枝。茎叶心状卵形，略内凹，基部宽阔，先端圆钝，具小尖；叶边全缘；中肋单一，消失于叶上部。枝叶阔卵状披针形，基部宽阔，两侧呈耳状，略下延，先端阔披针形；叶边上部具粗齿；中肋长达叶的 2/3 处消失，背面上部平滑具粗锐刺。叶细胞长菱形或线形，胞壁薄；基部细胞长大，胞壁厚而具明显壁孔；角部细胞方形或长方形。雌雄异株。内雌苞叶具高鞘部，上部突狭窄成

---

* 作者(Auctor)：吴鹏程(Wu Pan-Cheng)

细长尖。蒴柄细长，紫红色。孢蒴长卵形或长圆柱形，直立，老时呈棕红色。蒴齿两层；外齿层齿片狭长披针形，深橙红色，外面有密横隔；内齿层淡黄色，齿条线形，具细疣，脊部具穿孔，基膜低，齿毛不发育。蒴盖圆锥形，具直或斜喙。蒴帽兜形。孢子红棕色，具细疣。

  本属植物见于北温带地区，全世界有 3 种。中国有 2 种，常分布长江流域及东北林区。

<h1 style="text-align:center">分种检索表</h1>

1. 枝的尖端通常粗钝；枝叶基部叶耳小，中肋背面平滑······························**1. 万年藓** *C. dendroides*
1. 枝的尖端呈尾尖状；枝叶基部叶耳明显，中肋背面前端多具粗齿··········**2. 东亚万年藓** *C. japonicum*

<h2 style="text-align:center">Key to the species</h2>

1. The apex of branches usually obtuse; branch leaves with small auricles, the antical surface of costae smooth
 ··**1.** *C. dendroides*
1. The apex of branches caudate; branch leaves with large auricles, the upper antical surface of costae grossly
 dentate ··**2.** *C. japonicum*

1. 万年藓 图 205

Climacium dendroides (Hedw.) Web. et Mohr, Naturh. Reise Sweden: 96. 1804.

Leskea dendroides Hedw., Sp. Musc. 228. 1801.

  体形粗壮，黄绿色，略具光泽。主茎匍匐，横展，密被红棕色假根；支茎直立，长 6~8 cm，下部不分枝，茎基叶紧密覆瓦状贴生茎上，上部密生羽状分枝；枝多直立，密被叶，先端钝。茎基部叶阔卵形，先端具钝尖，无纵褶；叶边平展，上部具齿；中肋不及叶尖下方消失。上部茎叶长卵形，具长纵褶，先端宽圆钝，具齿。枝叶狭长卵形至卵状披针形，具长纵褶，基部圆钝，上部宽钝至锐尖；叶边上部具齿；中肋细弱，消失于叶尖下。叶尖部细胞六角形，中部细胞线形至狭长六角形，胞壁薄，基部细胞疏松，透明。雌苞着生支茎上部。内雌苞叶长卵形，具长锐尖。蒴柄细长，长 2~3 cm，平滑。孢蒴长圆柱形或椭圆状圆柱形，略弓形弯曲。蒴齿两层；外齿层齿片狭长披针形，被细密疣；内齿层齿条长于外齿层齿片，中缝具穿孔，基膜低，齿毛不发育。蒴盖长圆锥形。

  生境：林下湿润肥沃土上生长。

  产地：黑龙江：红星，北京林学院红旗林场，陈邦杰 10101 (PE)。吉林：安图县，长白山，二道白河，*Betula emnanii* 林、落叶松-杜鹃林下，海拔 1250~1700 m，Koponen 36852、36944、37254 (H，PE)。河北：东陵，于连泉 22a；小五台山，王启无 s.n.(PE)。山西：恒曲，落凹黑龙沟，包士英 2291 (PE)。安徽：黄山，安徽师范学院 20 (PE)、刘慎谔、钟補求 2918 (PE)。

  分布：北半球温带地区广布，可达新西兰。

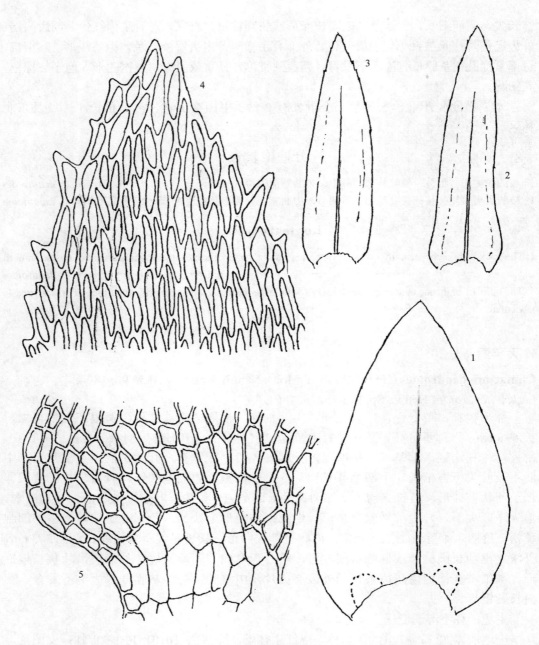

图 205　万年藓 *Climacium dendroides* (Hedw.) Web. et Mohr 1. 茎基叶（×22），2~3. 枝叶（×40），4. 枝叶尖部细胞（×380），5. 枝叶基部细胞（×380）(绘图标本：内蒙古，大兴安岭，张玉良 68, PE) (吴鹏程 绘)

Fig. 205　*Climacium dendroides* (Hedw.) Web. et Mohr 1. stipe leaf (×22), 2~3. branch leaves (×40), 4. apical cells of branch leaf (×380), 5. basal cells of branch leaf (×380) (Neimenggu: Daxing'anling, Y.-L. Zhang 68, PE) (Drawn by P.-C. Wu)

2. 东亚万年藓

Climacium japonicum Lindb., Acta Soc. Sc. Fenn. 10: 232. 1872.

C. americanum Brid. subsp. *japonicum* (Lindb.) Perss., Bryologist 50: 296. 1947.

C. elatum Sak., Bot. Mag. Tokyo 50: 263. 1936.

植物体粗大，黄绿色，略具光泽。主茎匍匐，密被红棕色假根；横切面近于圆形，具钝角，中轴分化，皮部由 3~4 层小形厚壁细胞及与中轴间为大形薄壁细胞；支茎直立，长 6~10 cm，上部多倾立，向一侧偏曲，上部不规则密羽状分枝；分枝上部常趋细而呈尾尖状。茎叶阔卵形，先端圆钝；叶边平展，全缘；中肋细长，消失于近叶先端。枝叶阔卵状披针形，基部两侧呈耳状，渐上具宽尖或呈阔披针形，具多数长纵褶；叶边上部的 1/3 具粗齿，下部波曲；中肋尖端背面常具少数刺。茎叶中部细胞近于呈线形。枝叶尖部细胞长菱形，厚壁；中部细胞近于呈狭长方形。雌苞着生支茎上部；内雌苞叶长卵形，具长细尖。孢蒴长圆柱形，呈弓形弯曲。蒴齿两层；外齿层齿片细长披针形，上部密被细疣；内齿层齿条长于外齿层，近于呈线形，中缝多开裂；齿毛退化成单个细胞。蒴盖圆锥形。孢子直径约 15 μm。

生境：山地林下草丛中或伐木林地成片散生。

产地：安徽：黄山，西海门和清凉台至二道亭，陈邦杰等 7009、7016、7245 (PE)。江西：庐山，秦仁昌 10139 (PE)；武宁县，熊耀国 4051 (PE)。湖南：鄜县，竹山下，白水漕，南 211 (PE)。重庆：南川，金佛山，胡晓耘 50 (PE)。

分布：中国、日本、朝鲜和俄罗斯(西伯利亚)。

本种曾被 Persson (1947)归为北美万年藓 *C. americanum* Brid.的亚种，本志从叶形、孢蒴和蒴齿等性状认为两者存在较大差异，因此东亚万年藓宜作者独立的种处理。

属 2　树藓属 *Pleuroziopsis* Kindb. ex Britt.

Canad. Rec. Sc. 6: 19. 1894.

模式种：树藓 *P. ruthenica* (Weinm.) Kindb.

外形呈树形，黄绿色，老时呈褐绿色，具弱光泽。主茎匍匐横展，着生棕色假根。支茎直立，下部无分枝，密被鳞片状茎基叶，顶部一、二回密羽状分枝，近茎顶部分枝趋短；分枝圆条形；鳞毛多分枝。茎叶紧密覆瓦状贴生主茎和支茎，阔卵形，内凹，基部略下延，先端具短钝尖；叶边全缘；中肋消失于叶上部。枝叶长卵形，具钝渐尖，基部两侧长下延；叶边上部具粗齿；中肋不及叶尖即消失。叶上部细胞狭长菱形至线形，胞壁等厚，基部细胞方形或长方形，角部细胞形大，疏松，薄壁，透明，由多层细胞组成。雌雄异株。雌苞着生茎顶分枝丛生处。内雌苞叶具高鞘部，上部突趋窄，中肋长达叶中部。蒴柄红棕色，长可达 3 cm。孢蒴卵形或长卵形，弓形弯曲，淡褐色。蒴齿两层；外齿层齿片狭长披针形，棕红色，外面密集低横脊及横纹，内面有密横隔；内齿层齿条与外齿层等长，淡黄色，狭披针形，具细疣，脊部明显，具穿孔，齿毛未发育。蒴盖圆锥形，具短喙。蒴帽兜形。孢子绿色，平滑。

本属仅 1 种，分布北太平洋地区。中国见于四川西部和长白山区。

1. 树藓 图 206

Pleuroziopsis ruthenica (Weinm.) Kindb. ex Britt., Canad. Rec. Sc. 6: 19. 1894.

Hypnum ruthenicum Weinm., Bull. Soc. Imp. Nat. Moccou 18 (4): 485. 1845.

种的特征同属。

生境：寒冷针叶林林地。

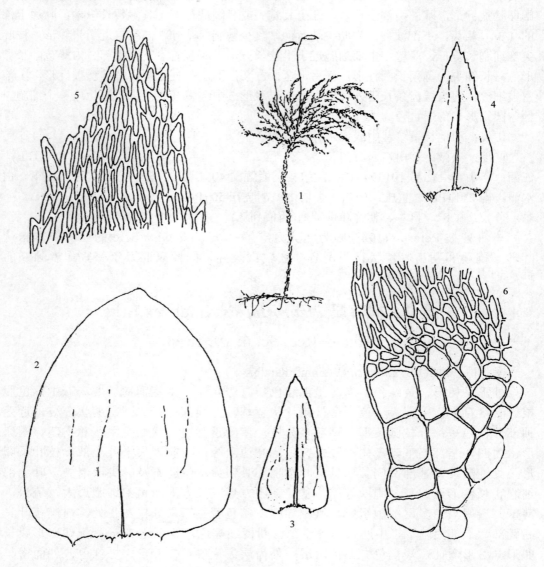

图 206 树藓 *Pleuroziopsis ruthenica* (Weinm.) Kindb. ex Britt. 1. 雌株(×1)，2. 茎基叶(×22)，3~4. 枝叶(×40)，5. 枝叶尖部细胞(×380)，6. 叶角部细胞(×380) (绘图标本：辽宁，长白山，郎奎昌 36b, PE) (吴鹏程 绘)

Fig. 206 *Pleuroziopsis ruthenica* (Weinm.) Kindb. ex Britt. 1. female plant (×1), 2. stipe leaf (×22), 3~4. branch leaves (×40), 5. apical cells of branch leaf (×380), 6. basal cells of branch leaf (×380) (Liaoning: Changbai Mt., K.-C. Lang 36b, PE) (Drawn by P.-C. Wu)

产地：黑龙江：小兴安岭，二道白河，s.n.(PE)。辽宁：长白山，郎奎昌 36b (PE)。四川：峨眉县，接引殿，铁杉林地及树根，海拔 250 m，吴鹏程 24010 (PE)；同上，天门石下，*Tsuga* 林地，海拔 2800 m，吴鹏程 24052 (PE)；同上，雷洞坪-万年寺，公路边杜鹃林下，海拔 2430 m，吴鹏程 24089 (PE)。重庆南川，金佛山，刘正宇 7789 (PE)。

分布：中国、日本、朝鲜和俄罗斯(远东地区)。

从植物地理学考虑，本种可作为高寒山区针叶林的指示植物。其植物体枝条较细，且海拔分布较高，可明显区分于万年藓属 *Climacium* 植物。

参 考 文 献

韩留福，张秀萍，刘伟，等．2001．河北省木灵藓属植物的初步研究．河北师范大学学报（自然科学版），25 (1)：106-108

Argent G C G. 1973. A taxonomic study of African Pterobryaceae and Meteroriaceae I. Pterobryaceae. Journ. Bryol., 7: 353-378

Bartram E B. 1935. Additions to the Moss Flora of China. Ann. Bryol., 8: 13. (6-21)

Bartram E B. 1939. Mosses of the Philippines. Philipp. Journ. Sci., 68: 1-437

Bescherelle E. 1892. Musci yunnanenses. Enumeration et description des mousses nouvelles recoltees par m. l'abbe Delavay au Yun-nan en Chine, das les envrions d' Hokin et de Tali (Yun-nan). Ann. Sci. Bot., 7 (15): 47-94

Brotherus V F. 1899. Neue Beitrage zur Moosflora. Japans. Hedwigia, 38: 204-247

Brotherus V F. 1909. Musci, Teil Ⅱ. *In*: Engler & Prantl, Die Naturlichen Pflanzenfamilien. Leipzig

Brotherus V F. 1922. Musci novi sinensis, collecti a Dre. Henr. Handel-Mazzetti. I. Sitzung-sber. Akad. Wiss. Wien Math. Naturw. Klasse. Abt. 1, 131: 209-220

Brotherus V F. 1923. Musci novi sinensis, collecti a Dre. Henr. Handel-Mazzetti. I. Sitzung-sber. Akad. Wiss. Wien Math. Naturw. Klasse. Abt. 1, 131: 209-220

Brotherus V F. 1925. Musci. *In*: Engler & Prantl, Die Naturlichen Pflanzenfamilien. 2 Auflage, Band 11. Leipzig. 817-864

Brotherus V F. 1929. Symbolae Sinicae. Botanische Ergebnisse der Expedition der Akademie der Wissenschaften in Wien Nach Sudwest-China 1914/1918. IV. Musci. Wien:Verlag Von Julius Springer

Buck W R. 1994a. A new attempt at understanding the Meteoriaceae. Journ. Hattori Bot. Lab., 75: 51-72

Buck W R. 1994b. A nomenclatural correction in the Meteoriaceae. Bryologist, 97 (4): 436

Chen P C. 1943. Musci Sinici Exsiccati Series I. Contributions from the institute of Biology, Graduate School of College of Science, National Central University, Chungking, China: 1-12

Chen P C, *et al.* 1978. Genera Muscorum Sinicorum. II. Beijing: Science Press. 1-114

Crosby M R, Magill R E, Allen B, *et al.* 1999. A Checklist of the Mosses. Version: 2. St. Louis: Missouri Botanical Garden. 1-301

Crum H. 1972 (1973). Taxonoomic account of the Erpodiaceae. Nova Hedwigia, 23: 201-224

Dixon H N. 1937. Notulae bryologicae I. Journ. Bot., 75: 121-129

During H J. 1977. A taxonomical revision of the Garovaglioideae (Pterobryaceae, Musci). Bryophyt. Bibilioth., 12: 1-244

Enroth J. 1991a. Notes on the Neckeraceae (Musci). 9. *Porotrichum usagania*, a neglected Tanganian endemic, with a note on the groth patten in the Neckeraceae. Ann. Bot. Fennici, 28: 197-200

Enroth J. 1991b. Notes on the Neckeraceae (Musci). 10. The taxonomic relationships of *Pinnatella mariei*, with the description of *Caduciella* (Leptodontaceae). Journ. Bryol., 16: 611-618

Enroth J. 1992a. Notes on the Neckeraceae (Musci). 14-16. *Baldwiniella tibetana*, plus the second record of *Neckeropsis touwii*. Ann. Bot. Fennici, 28: 249-251

Enroth J. 1992b. Notes on the Neckeraceae (Musci). 13. Taxonomy of the genus *Himantocladium*. Ann. Bot. Fennici, 29: 79-88

Enroth J. 1993. Notes on the Neckeraceae (Musci). 18. Description of *Curvicladium*, a new genus from southern and southeastern Asia. Ann. Bot. Fennici, 30: 109-117

Enroth J, Tan B C. 1994. Contributions to the bryoflora of China. 10. The identity of *Homaliodendron neckeroides* (Neckeraceae, Musci). Ann. Bot. Fennici, 31: 53-57

Enroth J. 1996. Contributions to tropical Asian Neckeraceae (Bryopsida). Hikobia, 12: 1-7

Enroth J, Ji M C. 2006. *Shevockia* (Neckeraceae), a new moss genus from SE Asia. Journ. Hattori Bot. Lab, 100: 69-76

Enroth J, Ji M C. 2007. A new species of *Neckera* (Neckeraceae, Bryopsida) from Xizang, China. Edinburgh Journ. Bot., 64, (3): 295-301

Fleischer M. 1905. Neue Familien, Gattungen und Arten der Laubmoose. Hedwigia, 45: 53-87

Fleischer M. 1907. Meteoriaceae. *In*: Die Musci der Flora von Buitenzorg. Vol 3. Leiden: E. J. Brill. 750-847

Fleischer M. 1922. Die Musci der Flora von Buitenzorg. Vol.4. Bogen 75. Leiden:.E. J. Brill

Gangulee H C. 1976. Mosses of Eastern India and Adjacent Regions. Fasc.5 Published by the author, Calcutla

Gao C, Chang K C. 1979. Plantae novae bryophytanum Tibeticarum. Acta Phytotax. Sinica, 17: 115-120

Goffinet B, Buck W R, Shaw A J. 2009. Morphology, anatomy, and classification of the Bryophyta. *In*: Goffinet B, Shaw A J. Bryophyte Biology. New York: Camberidge University Press. 55-138

Goffinet H. 1997. The Rhachitheciaceae: Revised circumscription and ordinal affinities. Bryologist, 100: 425-439

Grout A J. 1944. Preliminary synopsis of the North American Macromitriae. Bryologist, 47: 1-22

Guo S L, Mo Y Y, Cao T. 2007. *Orthotrichum coutoisii* (Bryophyte), a new synonym of *O. consobrinum*. Acta Phytotaxonomica Sinica, 45 (3): 405-409

Guo S L, Gao T, Tan B C. 2007. Three new species records of Orthotrichaceae (Bryopsida) in China, with comments on their type specimens. Crypt. Bryol, 28: 149-158

Guo S L, Enroth J, Virtanen V. 2004. Bryophyte flora of Hunan Province, China. 10. Ulota gymnostoma sp. nova (Orthotrichaceae). Ann. Bot. Fennici, 41(6): 459-463

Guo S L, Enroth J, Koponen T. 2007. Bryophyte flora of Hunan Province, China. 11. Orthotrichaceae. Ann. Bot. Fennici, 44(6): 1-34

Herzog Th, Noguchi A. 1955. Beitrag zur kenntnis der Bryophytenflora von Formosa und den benachbarten Inseln Botel Tobago und Kwashyoto. Journ. Hattori Bot. Lab., 14: 29-70

He S, Luna E. 2004. The Genus *Braunia* in China. Bryologist, 107 (3): 373-376

Hu X Y, Wu P C. 1991. Study on the mossflora of Mt. Jinfu, Sichuan Province. Acta Phytotaxonomica Sinica, 29 (4): 315-334

Hyvoenen J, Enrooth J. 1994. Cladistic analysis of the genus *Pinnatella* (Neckeraceae, Musci). Bryologist, 97: 305-312

Inoue S, Himeno S T, Iwatsuki Z. 1978. Cytotaxonomic studies of the Japanese species of *Myurium* (Musci). Journ. Hattori Bot. Lab., 44: 201-208

Iwatsuki Z. 1964. Bryological miscellanies XIV-XV. Journ. Jap. Bot., 39 (6): 179-184

Iwatsuki Z. 1979. Re-examination of *Myurium* and its related genera from Japan and its adjacent area. Journ. Hattori Bot. Lab, 46: 257-283

Iwatsuki Z, Sharp A J. 1970. Interesting mosses from Formosa. Journ. Hattori Bot. Lab., 33: 161-170

Ji M C, Enroth J, Qoang S. 2005. *Neckera noguchiana* (Neckeraceae, Bryopsida), a new species from Nepal. Ann. Bot. Fennici, 42 (5): 391-393

Ji M C, Cai J G, Enroth J. 2006. *Leucoomium* (Leucomiaceae), a moss genus new to Jianxi Province. Journ. Zhejiang Univ. (Agricul. Biol. Sci., 32 (6): 683-686

Ji M C, Enroth J. 2006. The identity of *Neckera tjibodensis*. Journ. Bryol., 28: 167-169

Ji M C, Enroth J. 2008. *Neckera hymenodonta* (Neckeraceae, Bryopsida) reinstated, with an enended description. Ann. Bot. Fennici, 45 (4): 277-280

Koponen T, Norris D H. 1986. Bryophyte flora of the Huon Peninsula, Papua New Guinea. XVII. Acta Bot. Fennica 133

Koponen T, Enroth J. 1992. Notes on the genus *Schlotheimia* (Orthotrichaceae, Musci) in China. Bryobrothera, 1: 277-282

Koponen T, Cao T, Huttunen S, et al. 2004. Bryophyte flora of Human Province, China. 3. Bryophyles from Taoyuandong and Yankou Nature Reserves and Badagongshan and Hupingshan Mational Nature Reserves, with additions to floras of Mangshan

Nature Reserve and Wu lingyuan Global cultural Heritage area. Acta Bot. Fennica, 177: 1-47.

Levier E. 1906. Muscinee raccolte nello Schen-si (China) dal Rev. Giuseppe Giraldi. Estratto dal Nuovo Giornale Botanico italiano (Nuova Serie), 13: 237-280

Lewinsky J. 1977. The genus *Orthotrichum*. Morphological studied and evolutionary remarks. Journ. Hattori Bot. Lab., 43: 31-61

Lewinsky-Haapasaari J, Tan B C. 1995. *Orthotrichum hallii* Sull. et Lesq. new to Asia. Harvard Papers in Botany, 7: 1-6

Lewinsky-Haapasaari J, Crosby M R. 1996. *Orthotrichum tuberculatum* (Orthotrichaceae), a new genus and species from Guizhou, China. Novon, 6: 1-5

Lewinsky-Haapasaari J. 1984. *Orthotrichum* Hedw. in South America 1. Introduction and taxonomic revision with immersed stomata. Lindbergia, 10 (2): 1-65

Lewinsky-Haapasaari J. 1992. The genus *Orthotrichum* (Orthotrichaceae) in SE Asia. Journ. Hattori Bot. Lab., 72: 1-88

Lewinsky-Haapasaari J. 1993. A synopsis of the genus *Orthotrichum* Hedw. (Musci, Orthotrichaceae). Bryobrothera, 2: 1-59

Lewinsky-Haapasaari J. 1996. On the morphological variation in *Orthotrichum hookeri* Mitt. Journ. Hattori Bot. Lab., 80: 233-239

Lewinsky-Haapasaari J. 1999. *Orthotrichum vermiferum*, a new species from the Qinghai province of China, together with comments on *Orthotrichum schofieldii* (Orthotrichaceae). Lindbergia, 24: 33-37

Li X J. 1985. Bryoflora of Xizang. Beijing: Science Press. 1-581

Li X J. 2005. Meteoriaceae. Flora Yunnanica. Beijing: Science Press. 19: 1-631

Liu Q, Wang Y F, Zhu Y Q, *et al.* 2007. *Neckeropsis boniana* (Besch.) Touw et Ochyra (Neckeraceae, Musci) newly recorded in China. Chenia, 9: 349-351

Liu Y, Jia Y, Wang M Z. 2005. Glyphomitrium tortifolium, a new species of the Glyphomitriaceae (Musci). Acta Phytotaxonomica Sinica, 43 (3): 278-280

Lou J S. 1989a. New species and records of Meteoriaceae in China. Bull. Bot. Res., 9 (3): 25-31 (in Chinese)

Lou J S. 1989b. A study on *Neobarbella* (Mosses) of the southeast Asiatic endemic genus. Acta Bot. Yunnanica, 11 (2): 159-164

Magill R E. 1980. A monograph of the genus *Symphyodontella* (Pterobryaceae, Musci). Journ. Hattori Bot. Lab., 48: 33-70

Manuel M G. 1975a. A note on the monotypic moss genus *Hydrocryphaea* Dix. and its affinities (1). Rev. Bryol. Lichnol., 41 (3): 333-337

Manuel M G. 1975b. Review of the genus *Penzigiella* (Bryopsida: Pterobryaceae). Bryologist, 78: 423-430

Manuel M G. 1977. Monograph of the genus *Meteoriopsis* (Bryopsida: Meteoriaceae). Bryologist, 80: 584-599

Mascheke J. 1976. Taxonomische revision der Laubmoos gattung *Myurium* (Pterobryaceae). Bryophytorum Bibliotheca. Band 6. Vaduz

Menzel M. 1992. The bryophytes of Sabah (North Borneo) with special reference to the BRYOTROP transect of Mount Kinabalu. XVII. Meteoriaceae (Leucodontales, Bryopsida). Willdenowia, 22: 171-196

Menzel M, Schultze-Motel W. 1994. Taxonische Notizen zur Gattung *Trachycladiella* (Fleisch.) stat. nov.(Meteoriaceae, Leucondontales). Journ. Hattori Bot. Lab., 75: 73-83

Mitten W. 1868. A list of the Musci collected by the Rev. Thomas Powell in the Samoa or Navigator's Islands. Journ. Linn. Soc., 10: 166-195

Mueller C. 1896. Bryologia provinciae Schen-si sinensis. Nouvo G. Bot. Ital. n. s., 3: 89-129

Ninh T. 1984. A revision of Indochinese *Homaliodendron*. Journ. Hattori Bot. Lab., 57: 1-39

Noguchi A, Li X J. 1988. Some species of the Pterobryaceous mosses from SW China. Journ. Jap. Bot., 63 (4): 143-149

Noguchi A, Iwatsuki Z. 1988. Illustrated Moss Flora of Japan. Part 2. Nichinan: The Hattori Botanical Laboratory

Noguchi A. 1948. A review of the Leucodontiaceae and Neckerineae of Japan, Loo Choo and of Formosa, I. Journ. Hattori Bot. Lab., 10: 166-195

Noguchi A. 1965. On some species of the Mosses Genus *Calyptothecium*. Bot. Mag. Tokyo., 78: 63-67

Noguchi A. 1967. Musci Japonici. VII. The genus *Macromitrium*. Journ. Hattori Bot. Lab., 30: 205-230

Noguchi A. 1968. Musci Japonici. VIII. The genus *Orthotrichum*. Journ. Hattori Bot. Lab., 31: 114-129

Noguchi A. 1976. A taxonomic revision of the family Meteoriaceae of Asia. Journ. Hattori Bot. Lab., 41: 231-357

Noguchi A. 1980. Notulae Bryologicae, X. Journ. Hattori Bot. Lab., 47: 311-317

Noguchi A. 1984. Notulae Bryologicae, XI. Journ. Hattori Bot. Lab., 57: 63-70

Noguchi A. 1985. The Isobryalian Mosses Collected by Dr. Z. Iwatsuki in New Caledonia. Journ. Hattori Bot. Lab., 58: 87-109

Noguchi A. 1986. Notulae Bryologicae, XII. Journ. Hattori Bot. Lab., 60: 149-158

Noguchi A. 1987. Notulae Bryologicae, XIV. Journ. Hattori Bot. Lab., 62: 183-190

Noguchi A. 1987. Taxonomic Notes on *Calyptothecium wightii* (Pterobryaceae). Memoirs of the New York Botanical Garden, 45: 505-508

Noguchi A. 1989. Illustrated Moss Flora of Japan. Part 3. Nichinan: The Hattori Botanical Laboratory

Noguchi A. Studies on the Japanese mosses of the orders Isobryales and Hookeriles II. Journ. Sci. Hiroshima Univ., Ser. B, Div. 2, 3: 37-56

Ochyra R J. Enroth. 1989. Neckeropsis touwii (Musci, Neckeraceae), new species from Papua New Guinea, with an evaluation of sect. *Pseudoparaphysanthus* of *Neckeropsis* . Ann. Bot. Fennici, 26: 127-181

Redfearn P L, Wu P C, He S, *et al.* 1989. Mosses new to mainland China. Bryologist, 92 (2): 183-185

Robinson H. 1964. New taxa and new records of bryophytes from Mexico and central America. Bryologist, 67: 446-458

Sakurai Y. 1936. Beobachtungen ueber Japanische Moosflora, XIIb. Mog. Magazine, 50 (599): 618-624

Sakurai K, 1954. Muscologia Japonica. Tokyo (in Japanese)

Seki T. 1968. A revision of the family Sematophyllaceae of Japan with special reference to a statistical demarcation of the family. Journ. Sci. Hiroshima Univ., ser. B, div. 2, 12: 1-80

Sulayman M, Wu P C, Deguchi H. 2004. New records of the mosses in Xinjiang, China. Acta Bot. Yunnanica 26 (1): 19-22

Sulayman M, Wu P C. 2009. *Dichelyma* Myrin (Musci: Fontinalaceae), a newly recorded genus in China. Journ. Wuhan Bot. Res, 27(1): 19-21

Tan B C. 1989. *Thamnobryum subserratum* and *T. subseriatum* (Musci) in Asia. Brittonia, 41 (1): 41-43

Tan B C, Jia Y. 1997. Mosses of Qinghai-Tibetan Plateau, China. Journ. Hattori Bot. Lab., 82: 305-320

Tan B C, He S, Isoviita P. 1992. A review of *Isotheciopsis* and *Neobarbella* (Lembophyllaceae, Musci). Crypt. Bot., 2: 314-316

Tchen P T. (陈伯川) 1936. Note preliminaire, sur les bryophytes de Chine (中国苔藓植物之初步研究). Contr. Inst. Bot., National Academy Peiping, 4 (6): 301-336 (313)

Tixier P. 1977. Clastobryoidees et taxa apparentes. Rev. Bryol. Lichenol., 43: 397-464

Touw A. 1962. Revision of the moss-genus *Neckeropsis* (Neckeraceae). I. Asiatic and Pacific species. Blumea, 11 (2): 373-425

Touw A. 1972. Additional notes on *Neckeropsis*. Lindbergia, 1: 184-188

Toyama R. 1937. Spicilegium muscologiae asiae orientalis, 4. Acta phytotax. Geobot., 6: 169-178

Vitt D H. 1971. The infrageneric evolution, phylogeny, and taxonomy of the genus *Orthotrichum* (Musci) in North America. Nova Hedwigia, 21: 683-711

Vitt D H. 1973. A revision of the genus *Orthotrichum* in North America, north of Mexico. Bryophyt. Biblioth., 1: 1-208

Vitt D H. 1973. A revisionary study of the genus *Macrocoma*. Rev. Bryol. Lichen., 39: 205-220

Vitt D H. 1980. The genus *Macrocoma* I. Typification of names and taxonomy of the species. Bryologist, 83: 405-435

Vitt D H. 1980. The genus *Macrocoma* II. Geographical variation in the *Marcocoma tenue-M. sullivantii* species Complex. Bryologist, 83: 437-450

Vitt D H. 1994. Orthotrichaceae. *In*: Sharp A J. *et al.* Moss Flora of Mexico. Mem. New York Bot. Gard. 69: 590-656

Vitt D H. 1972. A monograph of the genus *Drummondia*. Can. Journ. Bot., 50: 1191-1208

Wijk R. van der et l., 1969. Index Muscorum Vol. V. Utrecht

Wu P C. 2000. Bryoflora of Hengduan Mts., SW China. Beijing: Science Press. 1-698

Wu P C, Wang M Z, Jia Y. 2007. Synopsis of Chinese Meteoriaceae. Chenia, 9: 303-325

Wu P C, Jia Y. 2011. A review of Chinese *Neckera* (Musci, Neckeraceae). Chenia, 10: 11-32

Wu P C. 2010. Notes of Chinese *Homaliodendron*. (Neckeraceae, Musci). Acta Bryolichenol. Asia, 3: 119-123

Wu S H, Lin S H. 1985. A taxonomic study of the genus *Chrysocladium* and *Floribundaria* (Meteoriaceae, Musci) of Taiwan. Yushania, 2 (4): 1-24

Wu S H, Lin S H. 1986a. A taxonomic study of the genus *Meteorium* (Meteoriaceae, Musci) of Taiwan. Yushania, 3 (4): 5-16

Wu SH, Lin S H. 1986b. A taxonomic study of the genus *Aerobridium* and *Meteoriopsis* (Meteoriaceae, Musci) of Taiwan. Yushania, 3 (1): 1-16

Wu S H, Lin S H. 1987a. A taxonomic study of the genus *Barbella* (Meteoriaceae, Musci) of Taiwan. Yushania, 4 (4): 477-575

Wu S H, Lin S H. 1987b. A taxonomic study of the genus Aerobryopsis (Meteoriaceae, Musci) of Taiwan. Yushania, 4 (2): 13-23

Zanten B O. van. 1959. Trachypodaceae, a critical revision. Blumea, 9: 477-575

Zanten B O. van. 2006. A synoptic review of the Racopilaceae (Bryophyta, Musci). Journ. Hattori Bot. Lab., 100: 527-552

Zhang D C, Li X J, Wu S H. 2003. Two new species and five new records of the family Meteoriaceae in China. Acta Bot. Yunnanica, 25 (2): 192-196. (in Chinese)

中 名 索 引

拉丁名索引

A

(Q–2716.0101)

ISBN 978-7-03-031231-0